KB140526

조경구조학

Landscape Structural Design & Construction

최기수 · 이상석 지음

일조각

머리말

이 책은 조경분야를 중심으로 그 학문과 관련된 건축 및 토목을 전공으로 하는 조경기술자들을 대상으로 하여 조경구조와 관련된 지식을 함양하고 실천적인 응용능력을 배양하기 위해 만들어졌다. 그 뿌리는 지금부터 20여 년 전에 출간된 (주)일조각 발행의 『조경시공구조학』에 근간을 두고 있다. 당시 『조경시공구조학』은 초창기 조경분야에서 시공구조분야의 방향성을 제시하고 지식과 정보전달에 적지 않은 기여를 하였다. 그러나 시간이 흘러가면서 일부 내용은 현실과 맞지 않게 되었고 내용의 구성이나 표현방법이 불합리하여, 많은 독자들로부터 개정요구가 있었으나 차일피일 시간이 흘러, 이제는 개정의 차원이 아니라 신간으로서 『조경구조학』을 만들게 되었다.

원고를 작성하면서 중점을 두었던 것은 첫째 조경분야에서 구조학 지식의 독자성에 대한 부분이다. 지금까지 조경구조와 관련된 연구나 서적이 많지 않아서 조경설계와 시공분야에서 구조와 관련된 지식은 일부 건축이나 토목분야의 지식을 차용하거나 조경분야에서 지금까지 얻어진 제한적인 지식이 대부분이었다. 그러나 이 책에서는 저자의 경험과 실무분야 전문가의 의견을 반영하여 조경분야에서 일반 구조학의 지식과 조경의 특성을 고려한 독자적인 지식을 심사숙고하여 반영하였다. 또 다른 중요한 사항은 조경구조학은 현실 적용을 전제로 한다는 측면에서 실천적 지식이어야 하며, 논리적 이해에 근간을 두어야 한다는 것이다. 따라서 각 장마다 가능하다면 구조적 지식에 대한 상세한 설명과 실습문제의 논리적 해결과정을 제시하였다. 마지막으로 이 책의 내용은 전체 9개 장으로 구성되어 있으나 각 장마다 해당분야에서는 한 권의 책으로 출간하고 있는 실정이어서 어떻게 제한된 지면에 필요한 내용을 적절히 포함시킬 것인지에 대해서 많은 고심을 하였다. 그래서 일부의 내용은 삭제와 선택을 되풀이하기도 하여, 중요한 내용이 누락되거나 군더더기가 포함되지 않았는지 하는 우려감을 지울 수 없다.

이와 같이 학생들과 실무자들의 논리적 이해와 실천타당성을 확보하기 위해 상세한 설명과 노력을 하였으나 아직까지 부족한 점이 많으므로 제현들의 아낌없는 충고를 바라는 바이고, 지속적인 보완 · 수정을 약속드리며, 앞으로 이 책이 학생들의 구조지식에 대한 이해와 응용능력을 배양하고 조경기술자의 실무에 활용되기를 간절히 바라는 마음이다.

2002년 8월

저 자 씀

차 례

Ⅲ. 정지설계(Grading Design)

Ⅳ. 순환로설계(Design of Circulation)

Ⅴ. 배수(Drainage)

Ⅵ. 기본구조역학(Basic Static and Mechanics of Structural Design)

Ⅶ. 살수관개시설(Sprinkler Irrigation System)

Ⅷ. 수경시설(Fountain, Pool, and Waterfall)

Ⅸ. 옥외조명(Landscape Lighting)

조경구조학

토양과 토질(Soil)

토양은 식물의 생육기반인 동시에 건물이나 시설물 등 구조물의 지반이 되기도 한다. 따라서 토양을 식물생육을 위한 환경으로서 인식할 경우 토양내 유기물, 수분, 화학적 성질 등이 주요 관심사지만, 구조물의 설치기반으로 볼 경우 흙 자체에 작용하는 힘, 즉 토질역학적 측면이 중요하다. 이 장에서는 토양의 일반론에 대한 고찰과 흙의 물리적 · 역학적 성질에 대하여 언급하고, 토질역학의 응용적인 측면에서 비탈면과 옹벽의 안정에 관하여 기술하고자 한다.

1. 개 요

토양은 입자의 배합, 입경 등에 따라 그 성질이 다르고 또 그것이 동일하다 하더라도 생성과정, 함수량 등에 따라서 달라지므로 동일한 성질을 보여주는 것이 없다. 그러므로 흙은 성질이 일정하지 않은 천연생성물이다. 토양의 성질을 나타내는 계수는 많으며, 토양을 제대로 이해하기 위해서는 항상 토질에 대한 실험을 한 후에 사용하여야 한다.

가. 토양의 생성과 토층단면

(1) 토양의 생성

지각을 형성하고 있는 모든 토양은 암석이 붕괴되었거나 또는 분해되어 형성된 것이다. 화산활동에 의해서 지구 내부의 암장岩奬*magma*이 외부로 분출되어 그대로 냉각 및 경화되면 화성암火成岩*igneous rock*이 되고, 이 암석이 화학적 및 물리적인 작용에 의하여 풍화되면 자갈, 모래, 가루모래 및 점토가 된다. 이와 같이 분해된 암석이 다시 중력 또는 유수 등에 의하여 운반되어 퇴적되면 수성암水成岩*sedimentary rock*으로 되고, 다시 화성암과 수성암이 압력과 지구의 열에 의해 그 성질이 변화되었을 때 이것을 변성암變成岩*metamentary rock*이라 한다. 이렇게 생성된 암석이 풍화작용을 받아 모재母材가 만들어지게 되며, 이 모재에 유기물이 가해져서 생화학적인 반응이 일어나고, 환경조건과 평행상태를 유지하기 위하여 변화를 거듭하여 만들어진 것이 토양이다. 모재로부터 토양이 되기까지는 많은 인자가 작용하며 그 결과가 토양의 성질로 나타나게 된다. 위의 3가지 암석들이 지표에서의 풍화작용*weathering*에 의하여 분해되어 원래의 위치에서 이동하지 않고, 모암의 광물질을 그대로 함유한 채 쌓이게 된 것을 잔류토殘留土*residual soil*라 하고, 이동하여 퇴적된 흙을 퇴적토堆積土*transported soil*라 한다.

암석이나 광물이 오랫동안 비바람을 맞고 대기나 온열을 쬐면 점차 파쇄되고 분해되어 미세한 입자로 되는 동시에 각종 산기나 염기를 용출한다. 이런 작용을 암석 · 광물의 풍화작용이라고 하는데, 이 작용은 비바람 외에 흐르는 물이나 생물 등 여러 인자에 의해서도 일어나며, 온도의 영향도 크게 받는다.

암석의 풍화작용은 복잡하지만, 크게 분류하면 물리적 풍화작용, 화학적 풍화작용, 그리고 생물학적 풍화작용으로 나뉜다. 물리적 풍화작용은 암석이나 광물이 기계적으로 파쇄되는 붕괴작용이고, 화학적 풍화작용은 이들이 화학적으로 변화되어 그 조성분이나 성질이 달라지는 분해작용이다. 자연계에서 야기되는 암석의 물리 · 화학적인 풍화작용은 동시에 일어나는 경우가 많은데, 일반적으로 춥거나 건조한 곳에서는 물리적 풍화작용이, 온도가 높고 다습한 곳에서는 화학적 풍화작용이 일어난다. 또한, 바위틈을 뚫고 들어간 식물뿌리에 의하여 암석이 갈라지고, 지렁이가 먹은 모래나 흙알이 녹아서 용액이나 미세한 입자가 되는 과정을 생물학적 풍화작용이라고 하는데, 이 작용을 자세히 살펴보면 물리적 풍화작용 또는 화학적 풍화작용이 병행되고 있음을 알 수 있다.

(2) 토층단면

토양을 수직방향으로 파 내려갈 때 보는 단면을 토양단면 또는 토층단면*soil profile*이라 한다. 이 단면은 토양생성인자의 작용을 받은 부위와 그렇지 못한 부위로 구분되는데, 전자를 솔럼*solum*이라 한다. 결국, 흙이란 이 솔럼을 가리키는 것인데, 자연계에서는 솔럼의 두께가 다양하여 얇은 경우에는 불과 수 cm 아래에서 모재가 나오는 경우도 있다. 토양의 생성작용이 진행됨에 따라 유기물이 지표면에 집적되고, 이것은 땅 속의 각종 미생물과 동물에 의하여 분해되어 표토에 분해산물이 집적된다. 강우량이 증발 · 증산량보다 많은 지역에서는, 지하침투수량이 모세관을 따라 상승하는 수량보다 많아서 분해산물은 표토의 가용성 성분과 더불어 용해된다. 동시에 미세한 점토입자와 유기성 콜로이드는 세탈수洗脫水를 따라 이동하는데, 이와 같이 이동한 물질은 용탈된 물질의 일부와 더불어 표층 아래 어느 곳에 집적된다.

용탈과 집적의 정도 및 위치는 토양 내로 흡수되는 수량과 토양성질 등에 따라 다른데, 이런 환경조건이 비슷한 곳에서는 용탈과 집적이 비슷한 위치에서 비슷한 정도로 이루어져서, 그 지역에서만 볼 수 있는 특이한 토양단면이 형성된다. 이와 같이 용탈층과 집적층이 뚜렷이 구별되는 토양단면의 발달을 토층이 분화한다고 하고, 발달된 각 층을 층위*horizon*라 한다.

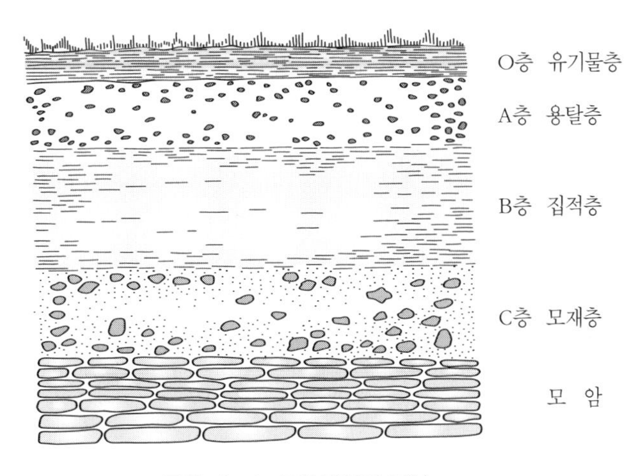

그림 I-1. 토양단면의 모형

그림 I-1에서 맨 위에 유기물층인 O층이 있고, 다음에 용탈층, 집적층이 따른다. 용탈층은 A층, 집적층은 B층이라고도 한다. 솔럼 이하는 용탈과 집적작용을 거의 받지 않은 모재층으로 C층이라고 한다. 더욱 상세히 구분하기 위하여 토층의 발달이 왕성한 토양을 대상으로 각 층을 추가적으로 세분하기도 한다. 그러나 자연토양이 위에서 말한 층위를 모두 포함하는 경우는 드물다. 이를테면 경사지에서는 유기물층을 포함한 A층의 대부분이 깎여 나가고 B층의 일부 또는 B층도 깎여 나가서 C층의 일부에서 경작되는 경우가 있다. 우리나라 밭의 대부분이 그러하며, 야산에서는 C층이 노출되어 있는 경우도 많다.

식물생육을 위해서 유기물층, 용탈층, 집적층 등 토양생성작용을 받은 솔럼 부위는 근계의 발달과 영양분의 제공이라는 측면에서 매우 중요하다. 따라서 건설공사 전에 이러한 표층을 별도로 모아서 표토 복원에 활용하여야 한다. 또한 구조물의 지반으로서 솔럼 부위는 상대적으로 중요성이 덜하거나 필요 없는 경우가 있다. 이 경우에는 오히려 모재층이나 모암이 구조물의 기반으로서 바람직하며, 지나치게 솔럼 부위가 발달해 있는 경우에는 구조물의 지반을 보완하기 위한 조치를 취해야 한다.

나. 토양의 조성

(1) 토양의 구조

모래알과 같이 입자가 하나하나 떨어져 있는 것을 단립구조單粒構造*single grained structure*라 하고, 찰흙과 같이 입경(0.01mm 이하)이 극히 작아서 입자들간의 전기적 작용이나 점착력에 의해 입자들이 집단화되어 벌집모양*honey-combed structure*이나 면모구조綿毛構造*flocculent structure*를 이루는 것을 입단구조粒團構造*aggregate*라 한다. 단립구조의 토양은 자갈, 모래, 조립질 흙에서 볼 수 있는 대표적인 구조로서 충분히 다져지면 구조물의 기반으로 적합하며, 입단구조의 토양은 공극이 크거나 결합이 느슨해서 가벼운 하중에도 쉽게 파괴되므로 시설물을 설치하기 위한 기반보다는 식물생육 기반으로서의 효과가 크다.

자연토양의 구조는 단립單粒에서 시작하여, 단립이 서로 뭉치거나 커다란 토괴가 깨져서 입단粒團으로 발달한다. 이렇게 만들어진 토양은 각각의 성질에 따라 큰 집단화된 경향을 띠어 일정한 형태를 가지게 된다. 형상 및 크기에 따른 자연토양의 구조에는 그림 I-2와 같이 여러 가지가 있다.

① 판상板狀*platy*

토양입자가 얇은 층으로 배열되어 있다. 이러한 구조가 발달해 있을 때는 수직배수가 잘 안 되며, 이 구조는 충적토沖積土와 같은 모재에서 만들어지게 된다.

② 주상柱狀*columnar*

각주상角柱狀과 원주상圓柱狀의 형태가 있다. 토양입자가 수직방향으로 배열되어 때로는 상당히 길고 또 큰 구조를 만든다. 찰흙의 함량이 많은 염류토鹽類土의 심토에서 보기 쉽고, 또 건조 혹은 반건조 지방의 심토에서 발달되는 경우도 있다.

③ 괴상塊狀*blocky*

모난 각괴角塊와 모의 일부가 깨져서 호두와 비슷한 모양의 원괴圓塊가 있다. 보통 심토에서 발견되며, 때로는 상당히 큰 덩어리로 되어 있기도 한다.

④ 입상粒狀*granular*

입단상과 쇄립상이 있다. 모양은 둥글며, 직경 1cm 이하의 작은 입단인 경우가 많다. 특히 다공성인 입단은 쇄립이라 한다. 이 입단은 서로 연하게 겹치거나 쌓여서 토양이 젖더라도 입단 사이의 공극에 물이 저장되어 식물생육에 적합한 조건이 된다. 입단구조는 흔히 경작지 토양에 생기는데, 특히 유기물이 많은 토양에서 잘 발견된다. 이 구조는 인위적인 영향을 크게 받아서, 토양을 다루는 방법에 따라 파괴되거나 발달된다.

① 판상

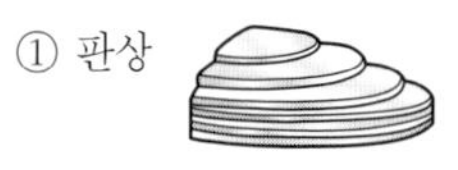

종이나 나뭇잎이 겹쳐진 모양

② 주상

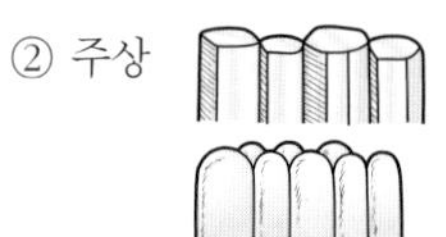

각주상 : 모진 기둥 모양

원주상 : 모가 깨져서 둥글게 된 기둥 모양

③ 괴상

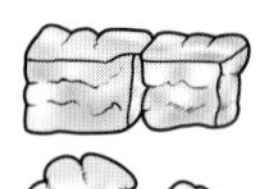

각괴 : 모난 흙덩어리

원괴 : 모가 없는 흙덩어리

④ 입상

표면이 대부분 매끈한 입단

표면이 고르지 않고 거칠어서 많은 공극을 만드는 입단

그림 I-2. 형상 및 크기에 따른 토양의 구조

(2) 토양의 구성과 공극

토양은 암석이나 광물의 파편 또는 식물의 부후산물腐朽産物 등의 고형물과 이들 고형물 사이를 채우고 있는 공기와 물로 되어 있다. 즉, 고상固相 · 액상液相 · 기상氣相으로 되어 있는데, 이들을 토양의 3상이라 한다. 3상의 중량비는 고상이 제일 크고, 액상이 다음이며, 기상은 거의 영에 가깝기 때문에 토양의 3상은 일반적으로 용적비로 표시된다. 대개의 경우 고상은 일정한 부피를 갖지만, 고상 사이의 공간을 차지하는 기상과 액상은 서로 반대되는 관계를 가지므로 어느 하나가 많아지면 다른 것은 적어진다. 이를테면, 비가 내렸거나 관수를 했을 때는 액상이 늘어나는 대신 기상이 줄어들고, 한발이 계속되어 기상이 커지면 액상이 줄어든다. 이와 같이 토양의 3상은 토양의 종류와 환경여건에 따라 달라지게 되며, 이와 관련하여 공극률, 함수율, 비중이 언급될 수 있다.

고상과 고상 사이에는 물이나 공기로 채워질 수 있는 액상 및 기상의 공극이 생긴다. 이것을 토양의 공극이라 하는데, 이 공극은 식물생육과 공학적 측면에 많은 영향을 주게 된다. 식물생육 측면에서 공극은 공기의 유통이나 물의 저장 또는 물의 통로가 되며, 공극량이 너무 적거나 너무 작은 공극만 있으면 공기의 유통이 불량하여 식물 뿌리가 질식할 염려가 있으며, 반대로 공극이 너무 크고 거칠면 공기의 유통은 좋지만, 물을 저장할 수 없어서 한발의 피해를 입고 영양분의 유실을 초래하게 된다. 자연토양의 공극량은 토양의 종류나 토양을 관리하는 방법에 따라 크게 달라진다. 부식이 많은 토양은 공극량이 많고, 또 잘 관리되어 토양입자가 입단으로 엉기어 있다. 일반적으로 사질토에서보다는 양질토에서, 심토에서보다는 표토에서 공극량이 많다.

이와 달리 토양의 공극이 크면 구조물의 기반으로서 불안정하여, 지반침하, 구조물의 전도 및 파괴를 야기시킬 수 있다. 따라서 구조물의 기반으로서 토양의 공극은 가급적 적어야 한다. 건설 공사시에는 사전에 충분히 다지거나 공극이 적은 토양을 사용하여 토양의 공극을 줄이도록 한다.

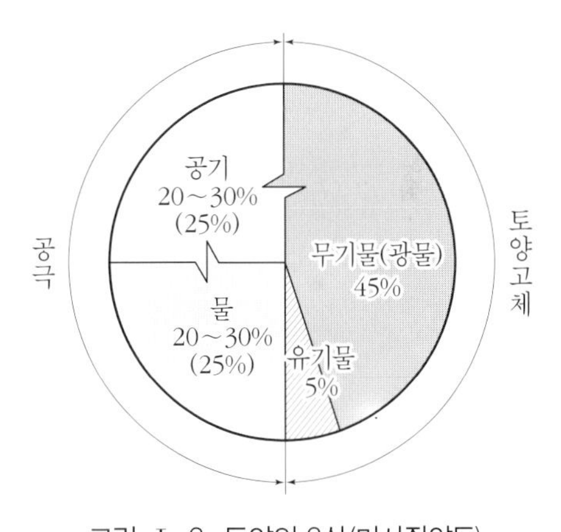

그림 Ⅰ-3. 토양의 3상(미사질양토)

다. 토양의 분류

농업전문가들은 식물성장 매개체로서의 토양의 역할로, 지질학자들은 토양의 물리적 · 형태적 성질로, 공학자들은 토양의 기계적이고 구조적인 능력으로 토양을 분류한다. 여기서는 농업적인 분류와 공학적인 분류에 대하여 다루고자 한다.

토양의 대표적인 분류는 토양의 무기질입자의 크기에 의한 분류, 입경조성粒徑組成에 의한 분류, 그리고 입경조성과 결지성을 함께 고려한 분류방법으로 구분할 수 있다. 무기질입자의 크기에 의한 분류는 입자의 크기별로 분류하는 기초적인 방법이고, 입경조성에 따른 분류는 토양을 구성하는 무기질입자의 입경조성 비율을 기초로 하여 토양을 구분하는 것이며, 마지막 방법은 토양의 구조적인 중요한 성질을 표시하기 위하여 입경조성과 토양 내 수분함량의 변화에 따른 토양의 물리적 성질인 결지성을 복합적으로 고려하여 구분하는 것이다.

(1) 토양입자의 크기에 따른 분류

우리나라에서는 예로부터 토양을 점토와 모래로 구분하고, 모래는 다시 왕모래, 거친모래 등으로 재구분하였으나, 지금은 국제토양학회법 또는 미국농무부법에 따라 〈표 I-1〉과 같이 구분하고 있다.

직경이 2mm 이상 되는 것은 자갈*gravel*이라 불리는데, 그 모습이 둥글거나 모나 있고 때로는 판상板狀의 것도 있다. 모래*sand*도 형태적으로는 둥글거나 모나 있으나, 그 크기가 자갈보다 훨씬 작다. 또한 모래는 표면이 찰흙으로 덮여 있지 않는 한, 끈기가 없기 때문에 서로 엉기는 일이 거의 없으며, 수분의 저장력이 아주 적으며 투수력이 큰 반면 공기가 잘 유통된다.

가루모래*silt*는 대개 모양이 불규칙한 조각이며, 그 표면에 약간의 점토 입자가 흡착되어 있기 때문에 다소 끈기가 있고, 물이나 비료성분을 흡수하여 응집성도 갖는다. 점토*clay*는 일반적으로 운모와 같은 판상으로 되어 있으며, 물에 젖으면 끈기가 생겨 어떤 모양으로 만들 수 있는 소성을 갖는다. 점토보다 더 작은 입자 중에는 여러 개의 판이 겹쳐진 것과 같은 모양이 많다. 그리고 이런 입자는 판의 내부에도 물이나 양분을 흡수하는 면이 있다. 이런 내면적은 입자가 미세할수록 크며, 여기에 입자의 외면적이 더해져서 미세입자의 총 표면적은 매우 크고, 접착성이나 흡수성, 기타 물리성도 따라서 커진다.

〈표 I-1〉 토양구분과 그 크기 (단위: mm)

구 분	국제토양학회법	미국농무부법
자갈礫*gravel*	>2.00	>2.00
왕모래極粗砂*very coarse sand*	–	2.00~1.00
거친모래粗砂*coarse sand*	2.00~0.20	1.00~0.50
중모래中砂*medium sand*	–	0.50~0.25
가는모래細砂*fine sand*	0.20~0.02	0.25~0.10
고운모래極細砂*very fine sand*	–	0.10~0.05
가루모래微砂*silt*	0.02~0.002	0.05~0.002
점토粘土*clay*	0.002 이하	0.002 이하

이와 같이 토양의 물리적인 작용은 입자의 표면에서 일어나는 것이기 때문에, 표면의 성질이나 표면적은 토양의 물리성을 지배하는 중요한 요소가 된다.

(2) 토양입자의 조성에 따른 분류

각 토양 입자의 양적 비율, 즉 조성에 따라 그 토양의 주요 물리적 성질이 결정된다. 즉, 모래성분이 많으면 모래흙의 성질을, 점토성분이 많으면 점토의 성질을 갖는다. 이와 같이 물리적 성질을 크게 지배하는 토양의 물리적 조성을 토성이라 한다.

국제토양학회에서 정한 토성(그림 Ⅰ-4) 혹은 미국농무부에서 정한 토성(그림 Ⅰ-5)의 삼각도법을 이용하면 토성을 쉽게 결정할 수 있다. 토양분석결과를 점토, 가루모래(미사), 모래(세토 중 가루모래 외의 모래)로 구분하고, 각 구분의 함량비율을 집어서 서로 맞닿는 점이 위치하는 구역의 토성이 바로 그 토양의 토성이 되는 것이다. 예를 들면 점토가 23%, 가루모래가 34%, 모래가 43%인 물리적 조성의 토양은 그림 Ⅰ-4와 Ⅰ-5에서 의하여 거의 중앙부에 위치하므로, 국제토양학회법에서는 질참흙, 미국농무성법에서는 참흙이 된다.

아울러 자갈이나 조립자의 모래성분이 많은 토양에는 역질礫質 또는 조사질粗砂質 등의 접두어를 붙이거나 점토의 함량이 많고 아주 빽빽한 토양에는 '중重'을 붙여서 중점토, 모래나 미사가 많은 토양에는 '경輕'을 붙여서 경점토 등으로 부른다.

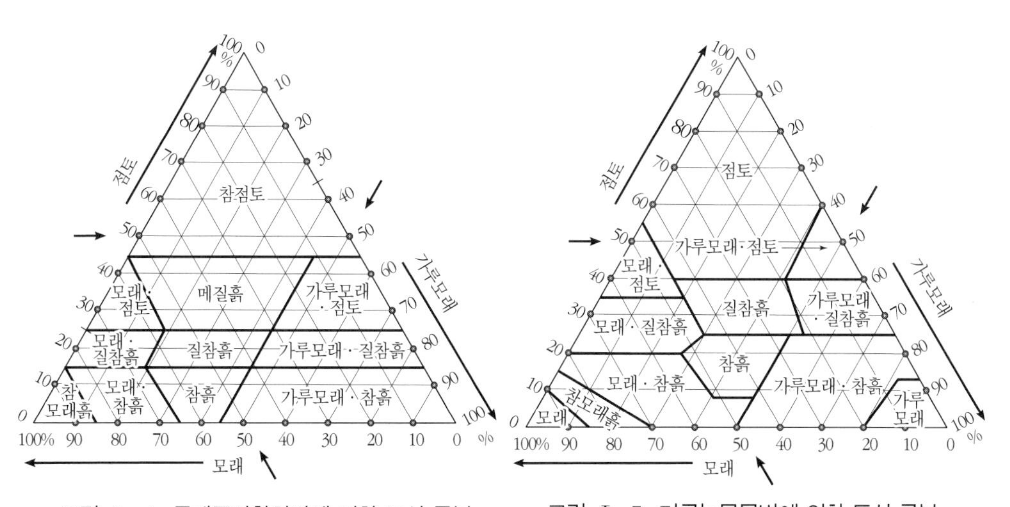

그림 Ⅰ-4. 국제토양학회법에 의한 토성 구분

그림 Ⅰ-5. 미국농무부법에 의한 토성 구분

(3) 입도와 결지성에 의한 분류

입도에 의한 분류방법은 흙의 물리적 성질을 나타내는 한 가지 요소에 불과하므로 흙의 구조적인 성질을 표시하려면 입도와 함께 결지성을 고려한 분류방법이 필요하다. 이러한 분류방식으로는 AASHTO 분류법과 통일분류법이 있다.

① AASHTO 분류법(A 분류법)

Hogentoyler에 의하여 처음 고안된 것으로 계속적으로 개정되어 현재와 같은 분류방법을 취하게 되었다. 이 방법은 입도, 액성한계, 소성지수를 이용하여 0~20 범위의 군지수*G.I : group index*를 산출하고, 군지수를 A-1로부터 A-7의 7군으로 분류하며, 추가적으로 A-1은 입도에 따라 A-1-a와 A-1-b로, A-2는 액성한계와 소성지수에 따라 A-2-4, A-2-5, A-2-6, A-2-7로, A-7은 소성지수에 따라 A-7-5, A-7-6으로 세분하였다(〈표 1-2〉).

$$G.I = 0.2a + 0.005ac + 0.01bd$$

a : 200번체 통과량의 백분율에서 35를 감하여 0~40의 정수값을 갖는다. 단, 통과량이 75%를 넘을 경우에는 75%로 계산한다.

b : 200번체 통과량의 백분율에서 15를 감하여 0~40의 정수값을 갖는다. 단, 통과량이 55%를 넘을 경우에는 55%로 계산한다.

c : 액성한계에서 40을 감하여 0~20의 정수값을 갖는다. 단, 액성한계가 60 이상인 경우에는 60으로 계산한다.

d : 소성지수에서 10을 감하여 0~20의 정수값을 갖는다. 단, 소성지수가 30 이상인 경우에는 30으로 계산한다.

〈표 Ⅰ-2〉 ASSHTO 분류법에 따른 흙의 분류

일반적 분류		조립토粗粒土 (0.075mm체 통과량≦35%)							세립토細粒土 (0.075mm체 통과량≧35%)			
									실토		점토	
군 분 류		A-1		A-3	A-2				A-4	A-5	A-6	A-7
		A-1-a	A-1-b		A-2-4	A-2-5	A-2-6	A-2-7				A-7-5 A-7-6
체통과량	2.0mm(%) (10번체)	50이하										
	0.42mm(%) (40번체)	30이하	50이하	51이상								
	0.075mm(%) (200번체)	15이하	25이하	10이상	35이하	35이하	35이하	35이하	36이상	36이상	36이상	36이상
연경도	액성한계(%)				40이하	41이상	40이하	41이상	40이하	41이상	40이하	41이상
	소성지수(%)	6이하		NP	10이하	10이하	11이상	11이상	10이하	10이하	11이상	11이상
군 지 수		0		0	0		4이하		8이하	12이하	16이하	20이하
주성분의 종류		암편, 자갈 및 모래		세사	가루모래질 또는 점토질의 자갈 및 모래				가루모래질토		점토질토	
노상으로서의 가부		우~양호					가~불가					

AASHTO : American Association of State Highway and Transportation Officials

군지수는 도로건설을 위한 노상토의 평가에 사용되며, 군지수가 클수록 노상토로서 부적합하다. 일반적으로 A-2-5까지는 우 또는 양호이며, A-2-6부터 A-7-6까지는 가~불가이다. 그러나 노상토로서 적합하려면 기본적으로 충분한 다짐과 적절한 배수조건이 전제되어야 한다.

② **통일분류법** *unified soil classification system*

A. Casagrande가 제안한 분류법으로 도로 등 시설의 설치기반 토양에 대한 분류방법으로 사용하고 있다. 우리나라에서 흙의 공학적 분류방법으로 KS F 2324에 규정되어 있다. 흙의 분류는 입도와 결지성을 근거로 하여 2개의 로마문자를 조합하여 표시하는데, 첫째 문자는 흙의 형型을 표현하고, 둘째 문자는 흙의 속성을 나타낸다. 단, *S*, *M*, *O*, *C*로 표시되는 흙은 액성한계와 소성지수로 표현한 소성도표*plasticity chart*를 사용하여 분류한다.

〈표 Ⅰ-3〉 흙의 분류와 문자

형 태		첫째 문자	속 성	둘째 문자
조립토	gravel	*G*	입도분포가 양호하고 세립분은 거의 없음(well)	*W* (Well graded)
			입도분포가 불량하고 세립분은 거의 없음(poor)	*P* (Poorly graded)
	sand	*S*	결합재가 silt이며, 세립분 12% 이상, 소성지수 4 이하	*M*
			결합재가 clay이며, 세립분 12% 이상, 소성지수 7 이상(clay)	*C*
세립토	silt	*M*	초기 압축성이 낮으며 $L_L \leqq 50$(low)	*L* (Low compressibility)
	clay	*C*		
	organic clay	*O*	초기 압축성이 낮으며 $L_L \geqq 50$(high)	*H* (High compressibility)
유기질토	Peat	P_t	없 음	*NP* (Non plastic)

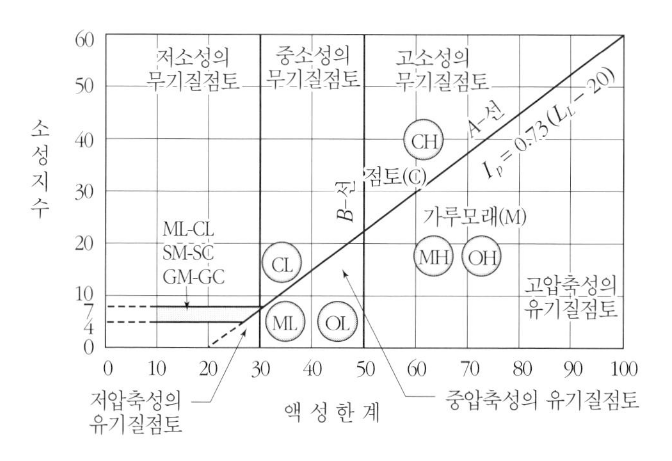

그림 Ⅰ-6. 소성도표

〈표 Ⅰ-4〉 통일분류법에 따른 흙의 분류

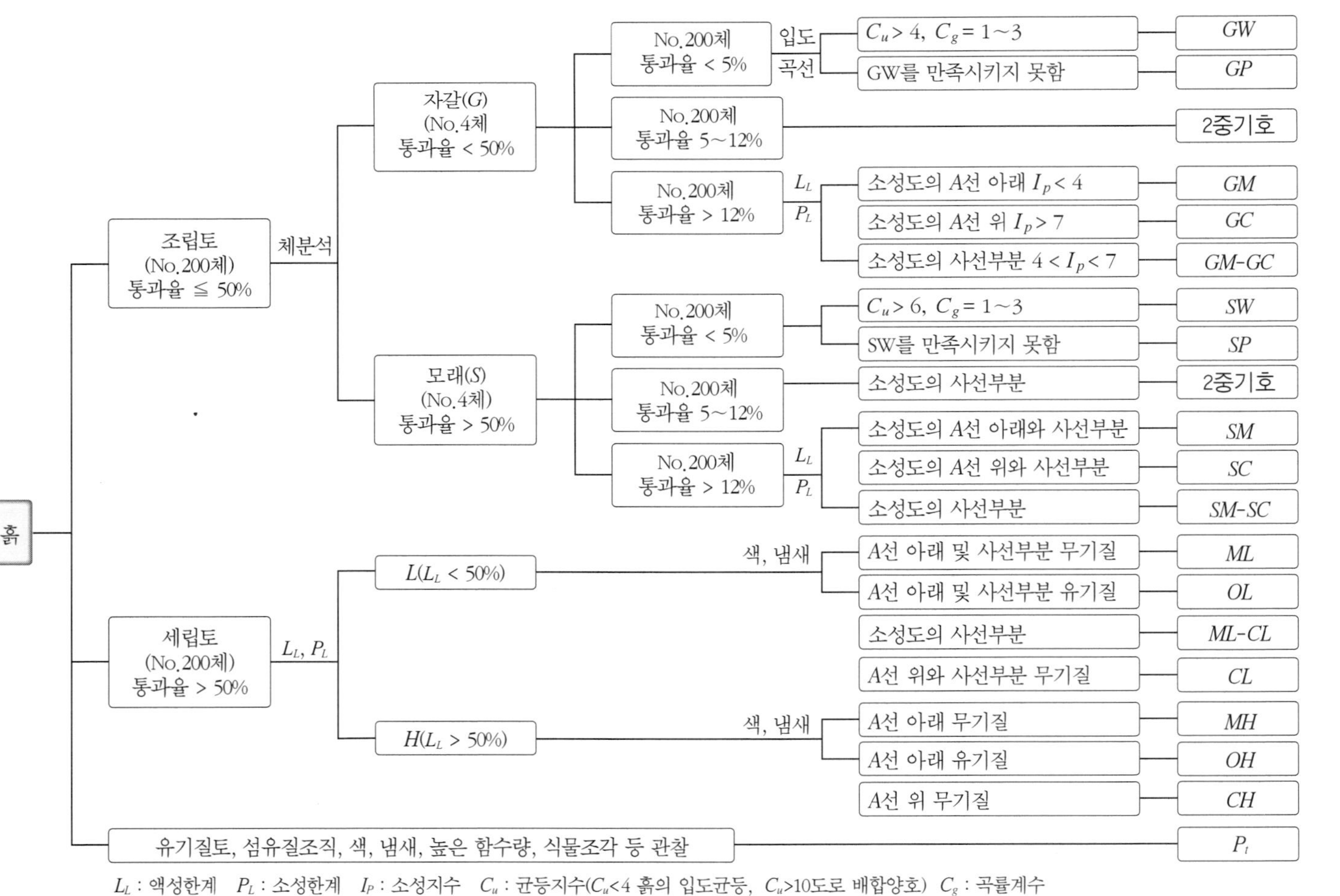

L_L : 액성한계 P_L : 소성한계 I_P : 소성지수 C_u : 균등지수(C_u<4 흙의 입도균등, C_u>10도로 배합양호) C_g : 곡률계수

라. 토양조사분석

토양조사란 한 지역 내에 분포된 토양을 분류하고 이것을 지도에 옮기는 동시에, 토양의 성질을 정확히 기술하여 토양을 효율적으로 이용하기 위한 것이다.

(1) 토양도

우리나라에서는 토양도를 제작하여 사용하고 있는데, 토양도*soil map*는 항공사진 해독*aerial photo interpretation* · 현지 토양조사 및 토양분류*field soil survey and soil classification* · 토양분석*soil analysis* · 토양도제작*soil mapping*의 과정을 거쳐 만들어진다. 토양도 작성의 기준이 되는 토양조사는 토양조사의 목적, 기본도의 축척 및 조사정밀도에 따라 개략토양조사*reconnaissance*, 반정밀토양조사*semi-detailed soil survey*, 정밀토양조사*detailed soil survey*의 3가지로 구분할 수 있다. 개략토양조사는 비교적 넓은 지역에 대하여 실시하는 조사로서 일반적으로 도 이상의 지역에 적용된다. 토양의 작도상 분류단위는 토양군*soil association*이고, 조사에 사용되는 기본도의 축척은 1:20,000 이상의 소축척이며, 제작시에는 1:50,000으로 조정한다. 개략토양조사에서 지도상에 표시되는 작도단위별 최소면적은 0.25ha이며, 조사지점간의 거리는 500～1,000m이다. 반정밀토양조사는 한 지역에 대하여 일부에는 개략토양조사를, 그 밖에는 정밀토양조사를 하는 방법으로 작도단위도 조사방법에 따라서 달리 사용한다. 정밀토양조사는 토양조사 중 가장 중요한 방법으로서 일반적으로 소지역, 즉 군 단위 정도의 범위 또는 개개의 부지계획에 이용하고자 실시한다. 작도단위로는 토양형*soil-type*과 토양상*soil phase*을 사용한다. 기본도의 축적은 1:25,000 축척보다 큰 대축척이며, 토양도는 1:25,000으로 제작한다. 지도상에 표시되는 작도단위별 최소면적은 0.25ha이고, 조사지점간의 거리는 보통 100～200m이다.

(2) 현지토양조사

제한된 부지의 토양을 상세히 조사하거나 토양도를 작성하기 위해서는 현지토양조사를 해야 한다. 토양조사는 조사지점 선정, 토양시료의 채취 및 조제, 토양의 물리적 · 화학적 특성에 대한 분석 순서로 진행된다. 자연토양의 경우는 토양형별로 토양단면을 조사하며, 동일한 토양형일 경우에는 0.5ha당 1개소의 토양단면을 조사하지만, 인위적으로 반입된 토양의 경우는 토양의 특성이 바뀌는 지점마다 토양단면을 조사한다. 조사용 구덩이는 가로 1m, 세로 1.5m, 깊이 1m로 하고 한쪽 면에는 단면과 축상이 각각 30cm인 계단을 설치한다.

토양조사의 내용은 토양의 이용목적에 따라 달라지는데, 일반적으로 조사지점에 대한 개황,

토양의 일반적인 사항 및 토양단면에 관련된 내용을 대상으로 시행된다. 이러한 토양조사 내용을 기초로 하여 토양의 물리적·화학적 특성을 알기 위해 토양분석이 이루어지는데, 물리적 특성에 대해서는 입도, 투수성, 유효 수분량, 토양경도, 그리고 화학적 특성에 대해서는 토양산도, 전기전도도, 염기치환용량, 전질소량, 유효태인산 함유량, 치환성 양이온의 함유량, 유기물 함량 등을 분석하는데, 분석의 목적에 따라 필요한 항목을 선택하여 분석한다.

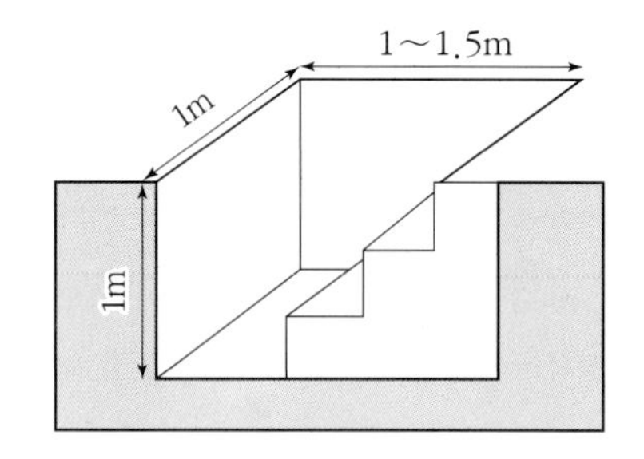

그림 Ⅰ-7. 토양단면 조사용 구덩이

(3) 토질조사와 토질시험

구조물을 합리적으로 설계하고 시공하려면 기초지반을 충분히 조사하여야 한다. 즉, 공학적인 토지이용을 위해 토질조사가 필요하다. 토질조사의 주요 내용은 퇴적토의 지질학적 조사, 토층단면에서 각 토층의 두께와 분포 조사, 기초암반의 위치와 암질 조사, 지하수의 양과 위치와 계절적인 변화 조사, 구조물에 영향을 미치는 흙이나 암반의 공학적 성질의 시험이며, 구조물의 종류나 중요도에 따라서 일부만 시행할 수 있다. 또한 조경분야의 경우는 표층의 토질에 대한 조사가 주요 내용이 된다.

현장토질조사는 조사대상지 인근의 자연상태에 대한 흙의 공학적 성질을 파악하고자 시행되며, 오거보링*auger boring*, 기계보링, 관입시험, 현장투수시험, 탄성파 탐사 및 전기탐사 같은 물리적 조사방법을 이용할 수 있다. 이러한 조사로 얻어진 시료의 토질을 시험하여 흙의 구조와 성질을 파악할 수 있으며, 이를 통하여 조사대상 토양이 안전한 구조물의 지반으로서 적합한지를 판단하고 부적합할 경우 토양 개선책을 수립할 수 있다.

토질시험의 내용은 흙의 분류 및 판별시험, 흙의 공학적 성질을 파악하기 위한 시험, 자연지반의 성질을 알기 위한 시험으로 구분할 수 있다. 흙의 분류를 위해서는 입도시험과 컨시스턴시*consistency* 시험, 공학적 성질을 알기 위해서는 전단시험, 투수시험, 압밀시험, 다짐시험, C.B.R 시험, 자연지반의 성질을 알기 위해서는 각종 관입시험, 평판재하시험, 노반의 C.B.R 및 지반계수시험 등을 하게 된다. 이러한 토질시험의 종류와 주요 내용은 〈표 Ⅰ-5〉와 같다.

〈표 I-5〉 토질시험의 종류

종 류	목적 및 작용
I. 흙의 분류 및 판별시험	
1. 토립자의 비중시험	흙의 분류를 위해서 필요
2. 입도분석시험	입도분포의 결정
a) 체분석	
b) 비중계법(침전법)	
3. 흙의 함수비시험	흙이 보유하고 있는 함수량 측정
4. 밀도	
a) 원상原狀 시료	다짐 정도를 알기 위해서 점토질에만 적용
b) 모래병	모든 흙에 대해서 적용
5. Atterberg 한계시험(consistency 시험)	흙의 분류와 성질의 예비시험
a) 액성한계	
b) 소성한계	
c) 수축한계	
II. 흙의 공학적 성질을 파악하기 위한 시험	
6. 압밀시험	흙의 압축성의 결정
7. 전단시험	기초, 사면, 옹벽의 안정성 검토
a) 직접 전단시험	각종 흙에 대해서 적용
b) 1축 압축시험 } 간접 전단시험	점성토에 대해서 적용
c) 3축 압축시험 } 간접 전단시험	측압을 받을 때의 전단강도
8. 투수시험	
a) 정수위 투수시험	투수성토에 대해서 적용(모래질흙)
b) 변수위 투수시험	투수성이 비교적 적은 흙에 대해서 적용(silt)
c) 압밀시험	점토에 대해서 간접방법으로 투수계수를 구함
9. 다짐시험	최대 건조밀도를 위한 최적 함수비의 결정
10. C.B.R 시험(실내시험)	가소성 포장의 단면설계에 쓰임
III. 자연지반의 성질을 알기 위한 시험	
11. 현장밀도 측정시험	다짐시공의 관리 등에 쓰임
12. 현장투수시험	기초지반의 투수도를 구함
a) 흡상법	지하수위가 높은 경우
b) 주수법	지하수위가 얕은 경우
13. 표준 관입시험(S.P.T)	시료 채취와 더불어 상대밀도, 지지력의 측정 단면
14. 평판재하시험	구조물 기초의 안전, 지지력과 압축성을 구함
15. C.B.R 시험(현장시험)	노반 또는 기초의 두께 결정, 가소성 포장의 단면설계
16. cone penetration 시험	콘지수 결정, 지반의 강도 추정
17. vane 전단시험	현장점토의 전단강도 측정

2. 흙의 성질

가. 흙의 공극

토양의 공극상태는 공극비void ratio와 공극률porosity로 표현한다. 공극비는 고체부분의 용적에 대한 공극의 용적비이고, 공극률은 토양 전체의 용적에 대한 공극의 용적률 백분율이다. 일반적으로 공극률(n)이 많이 사용되지만 토질역학에서는 공극비(e)가 보다 유용하게 사용된다. 그 이유는 주어진 흙 시료가 압축되면 공극률의 경우 분자와 분모가 모두 변하지만 공극비는 분모가 불변이므로 그 변화가 적기 때문이다.

공극비 :

$$e = \frac{V_v}{V_s} \quad \cdots\cdots \text{(식 I-1)}$$

e : 공극비, V_s: 고체부분의 체적, V_v: 공극의 체적

공극률 :

$$n(\%) = \frac{V_v}{V} \times 100 \quad \cdots\cdots \text{(식 I-2)}$$

n : 공극률(%), V: 흙 전체의 용적

나. 함수량

공학적 측면에서는 토양내 수분의 함량은 함수비moisture content와 함수율moisture ratio을 이용하여 나타낸다. 함수비는 토양에 존재하는 수분의 무게를 건조된 토립자 무게만의 중량비를 백분율로 나타낸 것으로 KS F 2306에 함수비 시험이 규정되어 있으며, 함수율은 공극수 중량과 흙 전체 중량의 백분율이다.

함수비 :

$$\omega(\%) = \frac{W_w}{W_s} \times 100 \quad \cdots\cdots \text{(식 I-3)}$$

ω : 함수비

W_s : 110℃±5℃의 온도에서 항량으로 건조된 흙의 무게

W_w : 110℃±5℃의 온도에서 증발한 수분의 무게

함수율 :

$$\omega'(\%) = \frac{W_w}{W} \times 100 \quad \cdots\cdots (식\ I-4)$$

W : 흙 전체의 무게

다. 비 중

토양의 비중에는 겉보기비중*apparent specific gravity*과 진비중*true specific gravity*이 있으며, 보통 비중이라고 하면 진비중을 말한다. 비중이란 건조한 토양입자만의 중량을 그와 동일한 용적의 15℃의 물의 중량으로 나눈 것으로서 흙 속의 모든 광물입자의 평균중량을 의미한다. 비중은 대체적으로 2.3～2.9의 범위에 있으며, 보통 2.65를 적용한다.

겉보기비중 :

$$G = \frac{\gamma_t}{\gamma_w} \quad \cdots\cdots (식\ I-5)$$

γ_t : 토양의 단위중량
γ_w : 15℃ 물의 단위중량

진비중 :

$$G_s = \frac{\gamma_s}{\gamma_w} \quad \cdots\cdots (식\ I-6)$$

γ_s : 고체입자의 단위중량

라. 토양의 결지성

토양은 수분함량이 포화상태 이상이 되면 유동성을 갖고, 수분함량이 이보다 줄면 유동성을 잃고 소성을 갖게 되며, 수분함량이 더 줄면 부스러지기 쉬우며, 건조되면 마침내 토양입자가 서로 단단히 응집하여 굳어버린다. 이와 같이 수분함량에 따라 변화하는 토양의 상태 변화를 결지성堅持性*consistence*이라 하는데, 이러한 성질은 각 수분함량 조건하에서 토양의 입자 사이 또는 토양입자와 다른 물체와의 인력에 의하여 나타나는 것으로 물리적으로 토양을 다루는 데 있어서 고려해야 할 대단히 중요한 성질이다.

(1) 강성(견결성)*rigidity*

토양이 건조하여 딱딱하게 되는 성질로서 토양입자 표면 사이의 접촉량과 잡아당기는 힘에 의해 결정되며, 함수비 0%에서 수축한계S_L; *Shrinkage Limit*까지의 수분함량 조건에서 나타나게 된다. 판상의 구조를 갖는 점토를 많이 함유할수록 이러한 성질이 강하다.

(2) 이쇄성(취쇄성)*friability*

강성과 소성의 중간상태의 성질을 가지는 반고태의 상태로서 수분함량 조건으로는 수축한계 S_L에서 소성하한P_L; *Plastic Limit*까지의 범위에 해당된다.

(3) 가소성(소성)*plasticity*

가소성은 물체에 힘을 가했을 때 파괴되지 않고 모양이 변화되고, 힘이 제거된 후에도 원형으로 돌아가지 않는 성질로서 가소성을 나타내는 최소수분을 소성하한 또는 소성한계P_L; *Plastic Limit*, 최대수분의 한도를 소성상한 또는 액성한계L_L; *Liquid Limit*라고 하며, 이 양자의 차이를 소성지수I_p;*Plastic Index*라고 한다.

일반적으로 흙은 액성한계와 소성한계 사이에 있으며, 소성지수가 높으면 가소성이 커서 노상토로서 좋지 않으므로 점토의 함량이 많거나 유기물이 많은 토양은 지반 기초토양으로서 바람직하지 않다.

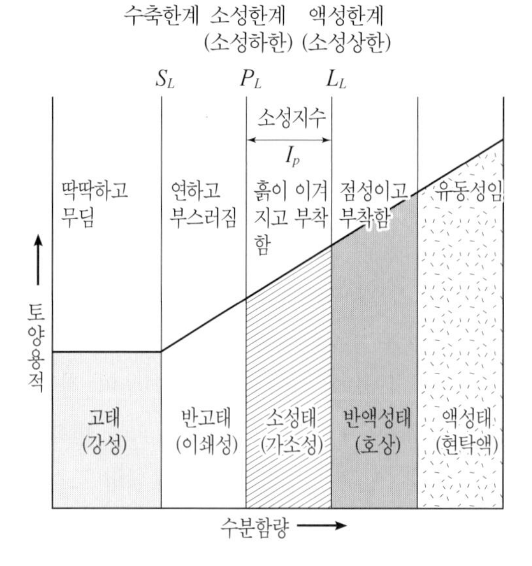

그림 Ⅰ-8. 수분함량과 결지성의 관계

마. 토양의 팽창과 수축

토양이 팽창 · 수축하는 성질은 식물생육은 물론이고 공학적 측면에서도 대단히 중요하게 다루어져야 할 성질 중의 하나이다. 팽창성이 큰 토양이 물에 젖을 때는 모세공극의 전부가 메워질 뿐만 아니라 비모세공극의 일부도 메워져서 투수성이 나빠지는 동시에 통기성이 감소되고, 반대로 건조할 때는 수축하는 정도가 커서 큰 균열이 생기고 이 균열은 물이 빠져 나가는 통로가 된다. 이러한 팽창과 수축이 극히 심한 토양에서 건설사업을 할 때에는 좋은 기반을 닦기 어려우며, 이를 개선하기 위한 대책이 필요하다.

(1) 팽창*bulking*

점토나 부식은 전기적으로 음성이기 때문에 주위에서 양성성질을 끌어당긴다. 한편, 물은 극성물질이어서 한 쪽은 양성, 다른 쪽은 음성으로 분극된다. 이러한 성질을 갖는 두 물질이 접촉하면 물의 양성부분이 찰흙 또는 부식의 음성 쪽으로 배향흡착된다. 물의 흡착은 토양입자의 외표면에서 뿐만 아니라 몬모릴로나이트와 같은 결정 격자층간에서도 이루어진다. 이 때문에 침투작용에 의하여 많은 물이 외부로부터 침입해 들어가서 토양입자를 부풀게 한다. 건조한 모래에 5～6%의 수분을 가하면 25% 정도까지 팽창현상이 생긴다. 그러나 팽창한 토양에 계속해서 수분을 가하면 점착력이 약화되어 입자가 분리되면서 체적이 감소하게 된다.

(2) 수축*shrinkage*

팽창했던 토양이 말라서 그 용적이 줄어드는 것을 수축이라 한다. 구조가 잘 발달되고 식물뿌리나 동물에 의하여 만들어진 공극이 많은 토양에서는 공극에 들어 있던 물의 감소량에 비례하여 수축하지는 않기 때문에, 이런 토양에서의 수축은 매우 작다. 그러나 구조가 발달되지 않은 토양에서는 삼투압이나 극성에 의하여 흡수 또는 흡착된 물이 마를 때 물의 감소량에 비례하여 수축이 일어난다. 이러한 수축을 정규수축*normal shrinkage*이라 하는데, 이 수축이 끝나면 물은 거의 다 말랐다고 볼 수 있다. 정규수축 다음에 일어나는 수축은 잔수축인데, 이 수축은 아주 작은 것이다. 잔수축도 끝나서 더 줄지 않는 한계점을 수축한계*shrinkage limit*라 하며, 이 한계에 도달한 토양입자는 반-데르-발스*van der Waals*의 힘에 의하여 견고히 결속된다. 반-데르-발스의 힘은 접촉면이 클수록 크기 때문에 모래알과 같이 그 표면적이 작을 때는 결속력이 약하고, 찰흙 특히 몬모릴로나이트일 때는 매우 강하다.

바. 흙 속의 수리특성

(1) 흙의 투수성

흙 속의 공극을 통해 물이 침투되는 현상을 투수라고 하며, 이와 같은 성질을 투수성이라고 한다. 토양입자의 크기나 형태가 다양하므로 토양의 공극은 다양하게 이루어져 있으며, 토양내 중력수는 중력의 작용을 받아 토양내 낮은 부위로 흐르게 된다.

투수계수는 공극비와 밀도의 차이가 없더라도 세립자로 이루어진 점토질의 흙보다 조립자로 된 사질토에서 투수계수가 매우 크다. 또한 공극비의 대소에 따라 침투수에 대한 저항력이 달라지게 되어 투수계수도 달라지게 된다.

흙 속의 투수성의 대소는 지하에서 이루어지는 공사에 많은 영향을 주게 된다. 이러한 중력수의 흐름에 의한 수류의 힘은 흙 속의 세립토의 유출로 인하여 구조물의 침하나 붕괴를 유발시키는 원인이 되기도 하며, 표면수의 지하침투에 큰 영향을 주게 된다.

〈표 Ⅰ-6〉 각종 흙의 투수계수 κ (단위: cm/sec)

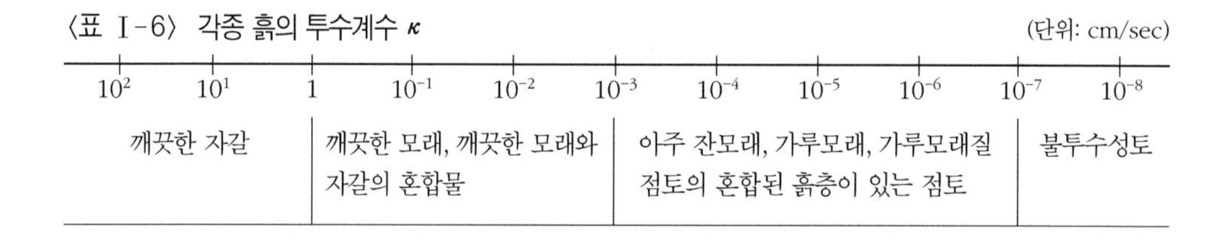

<table>
<tr><td>10^{2}</td><td>10^{1}</td><td>1</td><td>10^{-1}</td><td>10^{-2}</td><td>10^{-3}</td><td>10^{-4}</td><td>10^{-5}</td><td>10^{-6}</td><td>10^{-7}</td><td>10^{-8}</td></tr>
<tr><td colspan="2">깨끗한 자갈</td><td colspan="3">깨끗한 모래, 깨끗한 모래와 자갈의 혼합물</td><td colspan="4">아주 잔모래, 가루모래, 가루모래질 점토의 혼합된 흙층이 있는 점토</td><td colspan="2">불투수성토</td></tr>
</table>

(2) 흙의 동해凍害

흙의 동해는 겨울철에 토양온도가 0℃ 이하로 내려가 지표면 아래의 토양수분이 동결하여 얼음층이 생기고, 이에 따라 구조물의 기초 등에 피해를 일으키는 현상으로 동상현상*frost heave*과 연화현상*frost boil*으로 구분된다. 동상현상은 흙 속의 공극수가 동결하여 흙 속에 얼음층이 형성되어 부피팽창에 따라 지표면이 위로 떠올려지는 현상이며, 연화현상은 동결했던 지반이 기온의 상승으로 융해하여 흙 속에 다량의 수분이 생겨 지반이 연약화되는 현상이다.

흙에서 일어나는 동결작용은 흙 속에 존재하는 수분의 다양한 유동현상에 기인하므로 동해발생의 가능성이나 그 정도는 흙 속의 물에 대한 제성질 중 특히 흙의 투수도에 크게 영향을 받게 된다. 따라서 비교적 입경이 큰 건조한 모래나 자갈은 동해가 발생하지 않고 가루모래나 점토와 같은 세립의 흙은 동해 발생 가능성이 높아지게 된다. 따라서 겨울철에 동결할 가능성이 있는 곳에서 구조물을 설치할 경우, 동해를 방지하기 위해서는 적절한 투수도의 흙을 사용해야 하며 수분의 침투를 차단하기 위한 대책이 필요하다.

이와 같은 동상의 피해를 방지하기 위해서는 동상을 유발시키는 원인을 제거하거나 경감시켜야 하며, 이를 위하여 다음의 조치를 강구하여야 한다.

① 심토층 배수를 통하여 지하수위를 낮춘다.
② 세립질 흙을 동상이 발생하지 않는 조립질 흙으로 치환한다.
③ 조립질 흙으로 된 차단층을 지하수위보다 높은 위치에 설치한다.
④ 동결깊이보다 위에 있는 흙은 잘 동결하지 않는 자갈, 쇄석, 석탄재를 사용한다.
⑤ 포장면의 아래 지표에 가까운 부분에 외기와 단열을 위하여 석탄재, 이탄 찌꺼기, 코크스 등의 단열재료를 사용한다.
⑥ 지표의 흙을 $CaCl_2$, $MaCl_2$, NaCl 등의 화학약품으로 처리하여 동결온도를 내린다.
⑦ 보온장치를 설치한다.

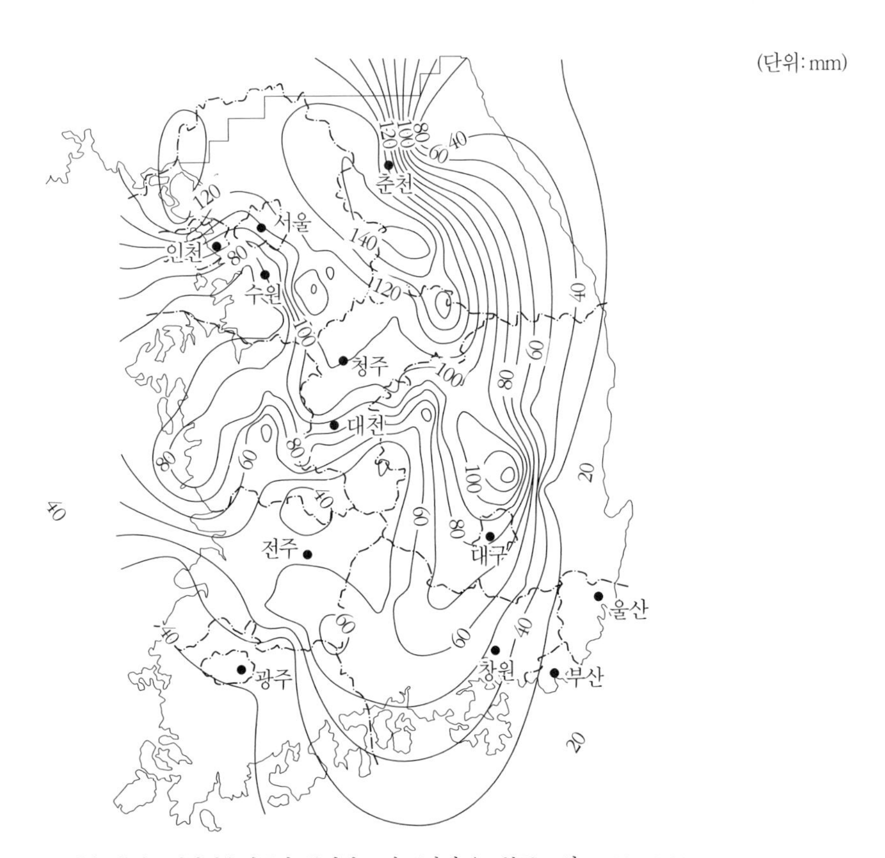

【자료】 한국건설기술연구원, 동결심도 및 포장체 온도분포 조사, 1999.12.31

그림 I-9. 동결심도 분포도

(3) 동결깊이

기온이 0℃ 이하로 하강하여 추운 날씨가 계속되면 지표면에서부터 흙이 동결하기 시작하여 얼음층이 점차적으로 발달하게 된다. 지표에서 동결선까지의 깊이, 즉 동결깊이는 기온의 시간적 변화, 날씨, 바람, 적설과 같은 기후조건에 따라 달라진다.

이러한 동결심도는 포장단면의 두께나 상 · 하수도 등 매설관의 깊이를 산정하고, 옹벽 등 구조물 기초 근입깊이를 산정하는 데 사용될 수 있다. 국내에서는 동결깊이를 산정하기 위하여 국내제안식, 일본간편식, 미공병단식 등을 혼용하여 사용하고 있으며, 이 중 미공병단 설계법을 가장 많이 사용하고 있으나 각 공식간에 동결깊이 편차가 심하여 정확도가 낮다. 더구나 최근의 기후 온난화 현상이 적절히 반영되지 못하고 있고, 과거 동결지수 자료를 답습적으로 그대로 적용하는 등의 문제가 제기되고 있다. 우리나라의 건설부 국립건설시험소에서 발행한 동결심도 조사보고서에서 제시한 동결심도 분포도는 그림 Ⅰ-9와 같다.

사. 흙의 다짐

도로나 넓은 광장을 조성하기 위해서는 지반의 지지력이 약하기 때문에 다짐을 하여 밀도를 높이고 지반의 지지력을 증대시켜야 한다. 다짐이란 토양내 기상의 공극을 제거하고 물과 토양입자가 함께 결합하도록 진동, 충격을 가해서 인공적으로 흙의 밀도를 높이는 작업이다.

흙의 다짐밀도는 토질, 함수량, 다짐에너지에 따라 크게 달라지며, 동일한 토양을 동일한 다짐에너지로 다지더라도 함수비에 따라 얻어지는 다짐밀도가 달라진다. 다짐시험의 방법은 세계적으로 동일하며, 우리나라에서도 KS F 2312로 규정하고 있다. 다짐시험을 통하여 건조밀도와 함수비를 구할 수 있으며, 이를 통하여 건조밀도-함수비 곡선을 만들 수 있다. 그림 Ⅰ-10

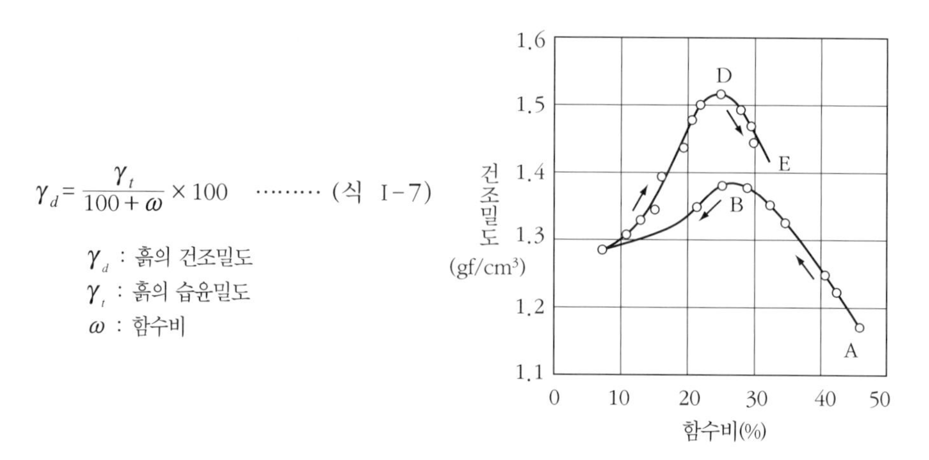

그림 Ⅰ-10. 건조밀도-함수비 곡선

에 나타낸 바와 같이 함수비의 증가에 따라 건조밀도가 증가하지만 함수비가 일정 수준을 넘게 되면 감소하게 되는데, 이 곡선에서 정점의 건조밀도를 최대건조밀도*maximum dry density*라 하며 이때의 함수비를 최적함수비*optimum moisture content*라고 한다. 실험실에서 구한 최대건조밀도에 대한 현장 흙의 건조밀도의 비율을 다짐률이라 하는데, 보통 95% 이상의 값이 요구된다.

(1) 함수비에 따른 다짐상태의 변화

건조한 흙의 함수비를 증가시키면서 다짐시험을 실시하는데, 이 때 함수비의 증가에 따라 다져진 흙의 성질 변화는 수화단계*hydration*, 윤활단계*lubrication*, 팽창단계*swelling*, 포화단계*saturation*로 구분할 수 있다.

수화단계는 함수량이 부족하여 토양입자들이 서로 접촉하지 않고 공극이 존재하는 과정으로 함수비 20.7% 이내인 경우이다. 이 때의 상태는 반고체 상태로서 다짐효과가 적기 때문에 다짐밀도가 낮다. 윤활단계에서는 수화단계를 넘어서 함수비가 증가하면 수분이 토양입자 사이에서 윤활작용을 하면서 입자간의 접촉이 용이해진다. 함수비를 점차 증가시켜 보통 31%에 달하면 최대건조밀도를 나타내는 최적함수비 상태가 된다.

팽창단계에서는 윤활단계에서 함수비를 증가시키면 수분이 공극 속에 남아 있는 공기를 압축하면서 흙의 건조밀도가 낮아진다. 이 때 다짐력을 제거하면 토양입자가 팽창하게 되는데, 함수비는 44.7% 정도이다. 포화단계에서는 팽창단계에서 수분이 증가하여 토양입자와 치환하여 토양이 포화상태가 되어 유동성을 갖게 된다. 이 때 건조밀도는 토양입자가 수분에 의해서 치환된 양만큼 감소한다. 이 때의 함수비는 55% 정도이다.

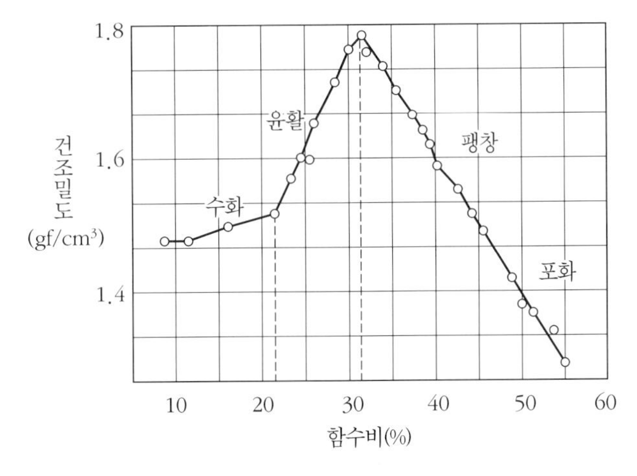

그림 Ⅰ-11. 함수비 변화에 따른 다짐상태 변화

(2) 토질의 다짐효과

토질에 따라 다짐시험에서 얻어지는 최대건조밀도와 최적함수비의 값이 달라진다. 그림 I-12에서 입도조성이 다른 9개의 흙에 대하여 구한 다짐곡선을 보면 최대건조밀도는 모래질 흙(곡선(1))일수록 높고 점토(곡선 (9))일수록 낮다. 또한 점토에서는 다짐곡선의 기울기가 완만하여 함수비가 변화해도 다짐효과는 크게 달라지지 않는다. 이와 같이 흙의 종류와 입도배합에 따라 다짐효과가 달라지게 되어 입도배합이 좋은 흙에서는 높은 건조밀도를 얻을 수 있지만, 세립분을 많이 포함한 입도배합이 나쁜 흙에서는 건조밀도가 낮은 것을 알 수 있다. 또한 건조밀도와 함수비의 관계는 다짐에너지에 의해서도 변화되는데, 다짐에너지가 클수록 최대건조밀도는 커지고 최적함수비는 낮아지게 된다.

흙을 다지면 공극이 매우 작아짐에 따라 투수성이 저하되고, 전단강도와 압축강도는 높아져서 안전성이 커지며, 다짐시의 함수량 및 다짐에너지에 따라 다짐 정도가 달라지게 된다. 일반적으로 흙의 성질 변화를 고려하면 최적함수비를 목표로 하여 다짐을 하는 것이 바람직하다.

최적함수비가 높은 함수비를 갖는 사질양토를 여러 가지의 시공기계로 다졌을 때의 건조밀도와 전압횟수의 관계는 대부분 전압횟수가 5회에 이를 때까지 건조밀도가 급격히 증가한다. 또한 시공기계에 의한 최대건조밀도는 표준다짐시험에서의 최대건조밀도보다 낮으며, 탬핑 롤러 *tamping roller*나 불도저로 최대로 다진 건조밀도는 현장함수비에 있어서의 최대로 다진 건조밀도값보다 크다는 것을 알 수 있으나 로드롤러로 다진 효과는 거기에 미치지 못하고 있다.

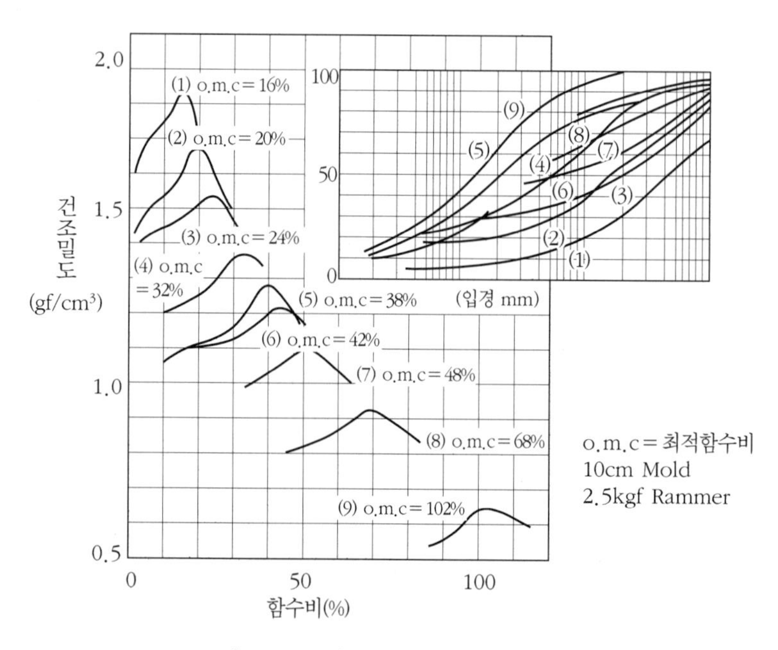

그림 I-12. 입도조성에 따른 건조밀도의 변화

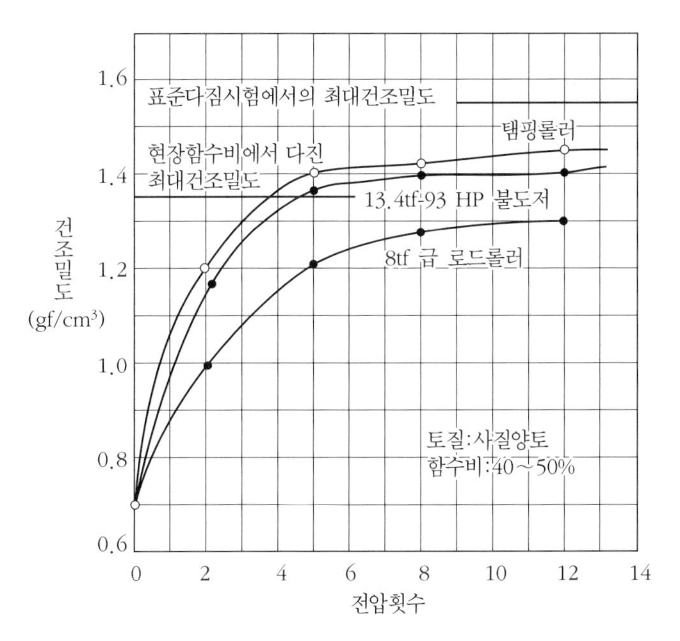

그림 Ⅰ-13. 다짐기계의 전압횟수와 다짐효과

3. 포장공간의 설계

자연지반의 흙은 그 자체만으로는 상부의 보행자의 보행하중이나 차량의 하중에 만족할 만한 포장에 요구되는 특성을 가지지 못하고 있다. 따라서 인공적으로 포장면을 조성하여야 한다. 포장공간은 상부하중을 지탱할 수 있도록 노반과 노상이 지지력을 가져야 하며, 각 층은 바로 밑에 있는 층이 지나치게 응력을 받지 않도록 충분한 두께와 강도를 가져야 한다. 따라서 포장면은 가해진 하중의 크기와 종류, 접촉면적, 노반·노상의 안전성 및 지지력, 사용재료에 따라 달라지게 되므로 이러한 요소를 적절히 고려하여 결정하여야 한다. 또한 강우나 한서 등의 기후조건, 침투수의 영향으로 인해 지지력의 크기가 변화되지 않도록 해야 한다.

가. 노반 및 노상의 지지력 시험

노반 및 노상의 지지력을 시험하기 위하여 평판재하시험과 C.B.R 시험(California bearing ratio test)을 주로 사용한다.

(1) 평판재하시험

평판재하시험은 KS F 2310(도로의 평판 재하 시험 방법)에 규정되어 있는데, 도로와 같은 흙 구조물의 기초 지지력계수를 얻기 위한 시험으로서 재하판의 침하량을 y라 하고 재하중강도를 q라 하면 다음과 같이 해서 지지력을 얻을 수 있다.

$$K = \frac{q}{y} \quad \cdots\cdots \text{(식 I-8)}$$

K : 지지력계수(kgf/cm³)
y : 재하판의 침하량(cm)
q : 침하량 y일 때의 재하중강도(kgf/cm²)

재하판의 두께는 22mm 이상으로서 직경 30, 40, 75cm 등의 강제 원판을 사용하며, 도로에서는 주로 30cm를 사용한다. 재하용량은 5~40tf의 오일잭*oil jack*을 사용하고 다이얼 게이지*dial gauge*는 동장動長(20mm, 1/100mm) 읽기를 사용한다. 이와 같은 장치를 하여 평판재하시험을 한 후 하중-침하량 곡선을 그려 이 곡선상으로부터 침하량 y(보통 1.25mm를 기준)일 때의 하중강도 q를 구해서 지지력계수 K를 구한다. 똑같은 시험을 하더라도 재하판의 직경이 작을수록 지지력계수는 커지므로 재하판의 직경을 고려해서 환산하여야 한다.

$$K_{75} = \frac{1}{2.2} K_{30}, \; K_{75} = \frac{1}{1.5} K_{40} \quad \cdots\cdots \text{(식 I-9)}$$

K_{75} : 직경 75cm의 재하판을 써서 구한 지지력계수(kgf/cm³)
K_{30} : 직경 30cm의 재하판을 써서 구한 지지력계수(kgf/cm³)
K_{40} : 직경 40cm의 재하판을 써서 구한 지지력계수(kgf/cm³)

(2) C.B.R 시험(California bearing ratio test)

노상의 지지력이 큰 것은 포장의 두께를 얇게 할 수 있으나 지지력이 작은 것은 포장의 두께를 두껍게 해야 한다. 이와 같이 노상토의 지지력은 가소성 포장*flexible paving* 두께를 결정하는 중요한 요소이다.

노상토의 지지력을 관입법으로 측정하는 시험은 KS F 2320에 규정되어 있으며, 이 시험으로 구한 값을 노상토 지지력비*C.B.R*라 한다. C.B.R은 직경 5cm의 강제원봉을 공시체 속에 관입시켜 그때의 관입깊이에서의 표준 하중강도에 대한 시험 하중강도와의 비를 백분율로 표시한 것이다. 여기서 표준 하중강도란 잘 다져진 쇄석에 직경 5cm의 강봉을 관입시켰을 때 침하하는 관입깊이에 따른 하중강도이다.

$$\text{C.B.R} = \frac{\text{시험 하중강도}}{\text{표준 하중강도}} \times 100 \quad \cdots\cdots \text{(식 I-10)}$$

〈표 Ⅰ-7〉 C.B.R 시험에서의 표준단위 하중강도

관입깊이	표준 하중강도	전하중
2.5mm	70kgf/cm^2	1,375kgf
5.0mm	105kgf/cm^2	2,060kgf
7.5mm	134kgf/cm^2	2,630kgf
10.0mm	162kgf/cm^2	3,180kgf
12.5mm	183kgf/cm^2	3,600kgf

아스팔트 포장 두께를 설계할 때는 교통량의 크기와 노상토의 C.B.R 값을 고려해야 하는데, 특히 포장 두께를 결정할 때 쓰이는 C.B.R을 설계 C.B.R이라고 한다. 설계 C.B.R을 구하기 위해서는 먼저 노상토의 C.B.R을 구한 다음 절차에 따라 결정한다.

① 흐트러지지 않은 시료일 때

A. $\text{설계 C.B.R} = \text{현장 C.B.R} \times \dfrac{\text{4일간 수침한 후의 C.B.R}}{\text{자연함수비에서의 C.B.R}}$

B. 간략하게 4일간 수침한 후의 C.B.R을 사용하는 수도 있다.

② 흐트러진 시료일 때

A. 다짐횟수와 C.B.R이 비례할 때
(그림 Ⅰ-14의 A 시료)

$$\text{설계 C.B.R} = \frac{\text{C.B.R(25회)} + \text{C.B.R(55회)}}{2}$$

B. 다짐횟수–C.B.R 곡선이 정점을 가질 경우
(그림 Ⅰ-14의 B 시료)

$$\text{설계 C.B.R} = \frac{\text{C.B.R(10회)} + \text{C.B.R(최대)}}{2}$$

C. 다짐횟수와 C.B.R이 반비례할 때
(그림 Ⅰ-14의 C 시료)
설계 C.B.R = C.B.R(25회)

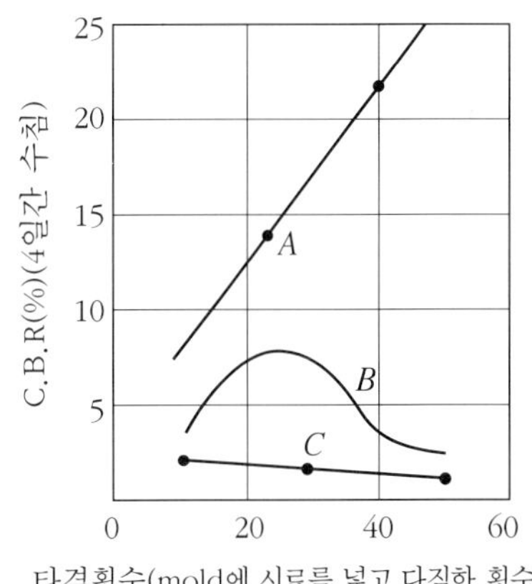

그림 Ⅰ-14. 토질에 따른 C.B.R의 변화

그러나 여기서 설계 C.B.R이 결정되었다 하더라도 현장의 소요밀도에 대응하는 C.B.R을 다시 결정해야 하는데, 이를 수정 C.B.R이라고 한다. 수정 C.B.R을 결정하는 방법은 다음과 같다.

시료를 5층 55회로 다져 최적함수비를 구하고, 최적함수비와의 차가 1% 이내의 함수비로서 매층을 55회, 25회, 10회 다짐을 하여 3개의 공시체를 만들어 4일간 수침한 후 C.B.R 시험을 하여 C.B.R 값을 얻은 다음 그림 Ⅰ-15의 다짐시험($\gamma_d-\omega$) 우측에 γ_d–C.B.R 곡선을 그린다.

현장다짐률에 알맞은 소요밀도(예 : 다짐곡선에서 $\gamma_{d\,max}$의 95% 밀도)에 맞추어 수평선을 긋고 γ_d–C.B.R 곡선과의 교점을 구한다. 이 교점에 해당하는 C.B.R 값을 수정 C.B.R 값으로 한다.

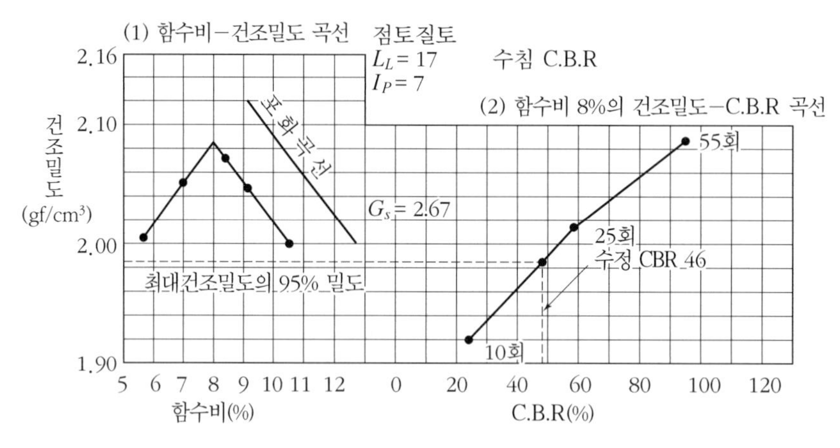

그림 Ⅰ- 15. 수정 C.B.R을 구하는 방법

나. 포장 단면의 설계

가소성 포장*flexible pavement*이란 교통하중으로 인한 변형에 저항을 갖지 않는 포장으로 노상의 변형에 따라 포장도 변형되는 아스팔트 포장을 말한다. 표층 밑에 기층이나 노반을 설치하여 교통하중을 노상에 등분포시켜 세립토가 노상재료 속에 박히는 것을 막아주어야 한다.

강성 포장*rigid pavement*은 노반에 요철이 어느 정도 있어도 슬라브와 같은 강도를 갖는 포장방식으로 노상이 약하면 표층과 노상 사이에 노반을 두어 하중을 등분시켜야 한다.

포장 두께는 교통하중을 받을 때 각 점에서 과대한 응력을 일으키지 않도록 적당하여야 하며, 노반이나 노상의 강도로 결정되는 전단강도나 C.B.R 등에 따라 포장의 두께를 결정한다.

(1) 아스팔트 포장

우선 노상토의 지지력비를 구한 다음, 그림 Ⅰ-16처럼 설계곡선을 사용해서 가소성 포장의 전 두께(표층＋기층＋노반) D를 구한다. 그림 Ⅰ-16으로부터 노반재료의 지지력비에 대응하는 포장 두께 D_1을 구하면 이것이 표층과 기층의 합계 두께로서 $(D-D_1)$에서 필요한 노반의 두께 D_G가 구해진다. 그 후 같은 조작을 기층에 대해서 행하여 기층의 지지력비에 해당하는 표층의 두께 D_S를 구하면 필요한 기층의 두께 D_B는 (D_1-D_S)에서 구해진다.

예를 들어, 어느 지점에서 노상토의 C.B.R을 구한 결과 3.7이었다. 이 지점의 교통량은

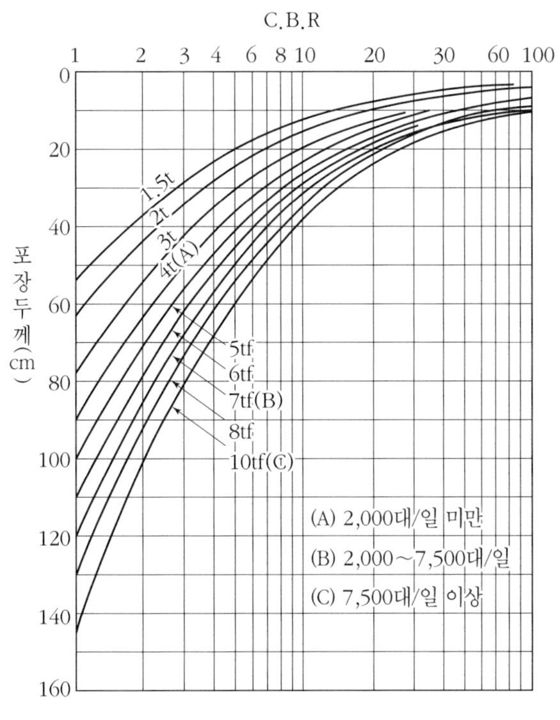

그림 Ⅰ-16. C.B.R에 의한 설계곡선

8,000대/일이었다. 그림에서 설계 C.B.R이 3.7일 때 합계 두께는 C곡선에 의해 75cm이므로 합계 포장 두께는 표층+기층+노반=75cm, 하층노반으로서 수정 C.B.R이 12의 현지재료를 사용하는 것으로 하면 설계곡선으로부터 표층+기층+상층노반=35cm가 되며, 따라서 하층노반 두께는 75−35=40cm가 된다.

상층노반 재료로서 수정 C.B.R이 70인 양질의 노반재료를 사용하면 표층+기층=12cm, 따라서 상층노반 두께는 35−12=23cm이다. 이것을 그리면 그림 Ⅰ-17과 같다.

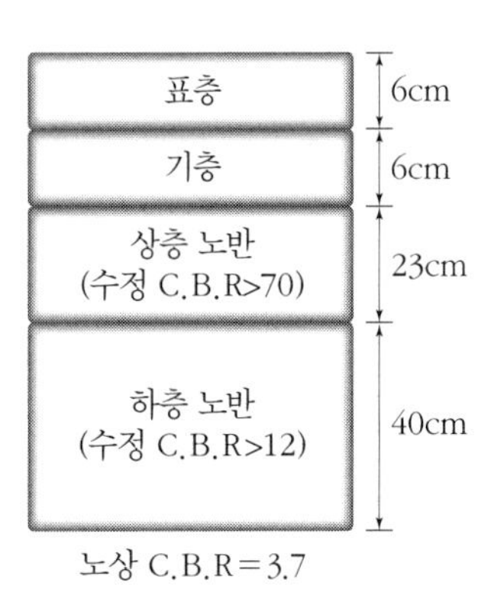

그림 Ⅰ-17. 아스팔트 포장단면

(2) 콘크리트 포장

콘크리트 포장의 경우에는 평판재하시험의 결과를 이용하여 설계하는데, 직경 30cm의 재하판이 0.125cm 침하할 때의 강도로서 지지력비를 계산한다. 즉, 지지력계수 K_{30}의 값은

$$K_{30}=\frac{q_{30}\,(\mathrm{kgf/cm^2})}{0.125\,(\mathrm{cm})}$$

이며, 일반적으로 콘크리트 포장에서 노반상의 지지력계수는 다음 식을 만족시켜야 한다.

$K_{30} \geqq 20\text{kgf/cm}^3$

노반설계는 위의 식을 만족하도록 시험노반을 축조해서 결정하는 것이 좋지만 그렇지 못할 경우에는 그림 Ⅰ-18과 같은 설계곡선을 이용하여 그 두께를 결정한다. 설계에 사용하는 지지력계수는 동일한 재료로 만든 성토, 절토 구간에서 각각 3개소 이상의 장소에서 실측한 값을 기준으로 다음 식으로 얻을 수 있다.

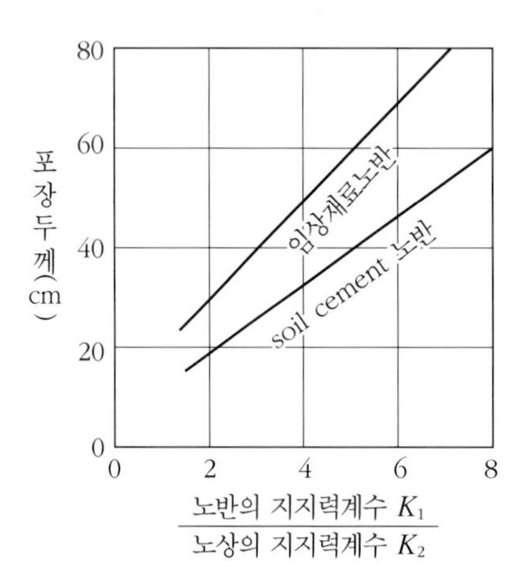

그림 Ⅰ-18. 노상 두께의 설계곡선(30cm 재하판)

$$\text{지지력계수} = \text{각 지점의 지지력계수의 최대값} - \frac{\text{지지력계수의 최대값} - \text{지지력계수의 최소값}}{C} \quad \cdots\cdots\cdots \text{(식 I-11)}$$

〈표 Ⅰ-8〉 실측장소의 수와 C값

개수(n)	3	4	5	6	7	8	9	10 이상
C	1.91	2.24	2.48	2.67	2.84	2.96	3.08	3.18

또한 Wester-Gaard의 콘크리트 포장 실험결과를 기본으로 Sheets가 간단한 공식을 발표하여 널리 쓰이고 있다.

$$d = \sqrt{\frac{2WC}{S}} \quad \cdots\cdots\cdots \text{(식 I-12)}$$

d : 포장 두께(cm)
S : 콘크리트의 허용휨강도(kgf/cm^2)
C : 지반 지지력계수에 의해서 정해지는 계수(그림 Ⅰ-19)
W : 자동차 륜하중(kgf)

그림 Ⅰ-19의 K_{75}는 재하판의 직경이 75cm가 되는 것을 사용하여 구한 지반의 지지력계수이다. 또한 우각부 등이 철근 등으로 보강되어 있을 때는 〈표 Ⅰ-9〉의 륜하중을 20% 적게하여 적용한다. 실제 계산을 할 때 W와 S는 아래에 나타낸 표의 값을 이용한다.

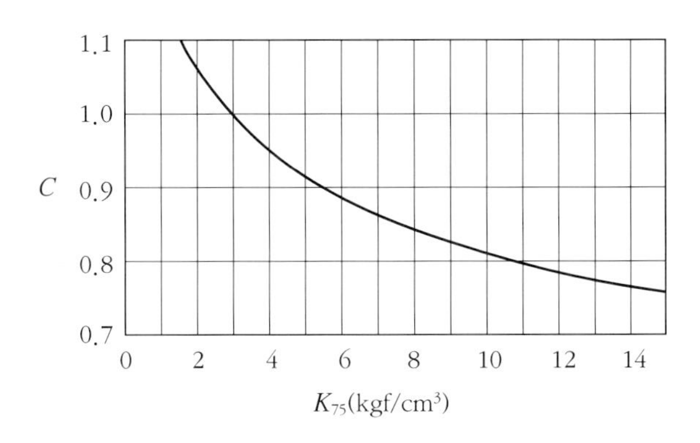

그림 Ⅰ-19. C와 K_{75}의 관계

〈표 Ⅰ-9〉 륜하중(W)

자동차 중량(T)	후륜하중(W)kgf
18	7,200
13	5,200
9	3,600

〈표 Ⅰ-10〉 S값의 산정 참고값

응력의 반복횟수 (교통량×내구기간)	휨강도에 대한 안전율
1.1만회	1.55
1.5	1.60
1.9	1.65
2.5	1.70
3.2	1.75
4.0	1.80
5.0	1.85
6.4	1.90
8.3	1.95
10.0	2.00

【주】 S값(허용휨강도)을 산출하기 위해 적용하는 안전율은 포장의 내구연한×1차선 교통량/연간으로 결정한 응력의 반복횟수를 통해 얻는다.

4. 전단강도와 사면의 안정

가. 흙의 전단강도

흙에 면해서 구조물의 외력이 작용하면 흙 내부의 각 점에 전단응력이 생기고 이 응력 때문에 구조물의 내부에서 어떤 면에 따라 활동을 일으키게 되어 파괴가 일어나게 된다. 이와 같이 흙 속에 전단응력이 생기면 활동에 대하여 저항하려는 전단저항*shearing resistance*이 생기는데, 흙구조물이 평형을 유지하고 있는 경우에는 전단응력과 전단저항이 서로 같게 된다. 그러나 점차적으로 전단응력이 커지면 전단저항도 커지지만 전단저항은 한계가 있기 때문에 전단응력이 이 한계를 넘어서면 파괴되기 시작한다. 이 때의 한계를 전단강도*shearing strength*라 한다.

흙의 전단강도를 측정할 때는 쿨롱*Coulomb*이 만든 방정식을 사용하는데, 전단강도는 토양입자 사이의 점착력*cohesion*과 마찰력*friction*의 두 요소로 나뉘어지게 된다. 식 Ⅰ-13은 지반이 파괴될 때는 $S(\tau f)$로, 비파괴시에는 τ로 표시할 수 있다.

$$S = C + \sigma \tan \phi \quad \cdots\cdots \text{(식 Ⅰ-13)}$$

S : 흙의 전단강도(kgf/cm²)
C : 점착력*cohesion*(kgf/cm²)
σ : 파괴면에 작용하는 유효수직응력(kgf/cm²)
ϕ : 흙의 내부마찰각*angle of friction*
tan ϕ : 마찰계수*coefficient of friction*

여기서 C, ϕ 는 토질과 그 상태가 정해지면 거의 일정한 값을 가지는데, 이것을 강도정수强度定數라고 한다. 또한 σ는 하중상태에 따라 변하기 때문에 실제로 전단강도S를 구하기 위해서는 토질과 그 상태에 따라 정해지게 되는 C, ϕ 를 구하는 것이 중요하다. 그림 Ⅰ-20은 보통 흙, 사질토, 점토의 전단응력을 표시한 것이다.

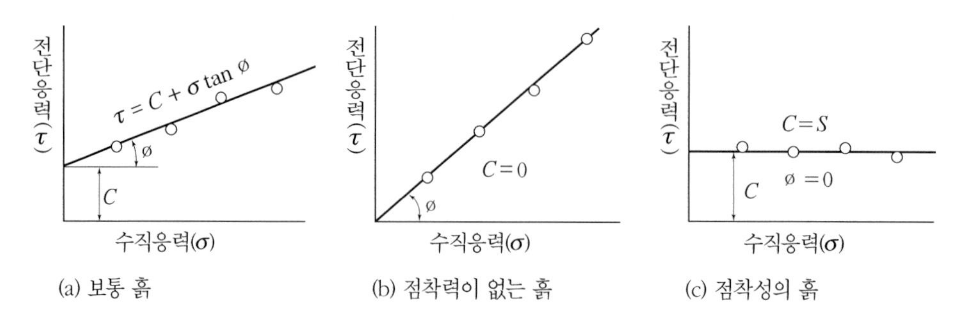

그림 Ⅰ-20. 흙의 종류에 따른 전단응력

나. 사면의 안정

경사를 이루고 있는 사면은 여러 가지 원인으로 붕괴된다. 외력으로 인하여 흙 속에는 전단응력 τ가 생기는데, 전단응력이 그 흙이 지니고 있는 전단강도 s를 넘지 않는 한 사면은 안전하지만 더 크게 발생할 때는 사면이 파괴된다. 따라서 흙 속에 작용하는 전단응력을 줄이고 전단강도를 높이기 위한 조치가 필요하다.

흙 속에 발생하는 전단응력을 높이는 요인은 주로 외적 요인으로서 건물, 물, 눈 등 외력의 작용, 함수비의 증가에 따른 흙의 단위중량 증가, 균열 내에 작용한 수압 등이다. 흙의 전단강도를 감소시키는 요인은 주로 내적 요인으로서 흡수로 인한 점토의 팽창, 공극수압의 작용, 수축 · 팽창 · 인장으로 인하여 생기는 미세한 균열, 다짐 불충분, 융해로 인한 지지력 감소 등이다.

(1) 사면의 종류

사면은 단면형태에 따라 직립사면, 반무한사면, 단순사면으로 구분할 수 있다. 직립사면은 연직으로 절취된 사면으로 암반이나 일시적인 점토사면에서 볼 수 있으며, 반무한사면은 일정한 경사를 가진 사면이 계속되어 펼쳐진 것으로 일반 경사진 산이 이에 속하며, 활동면은 깊이에 비해 길이가 긴 평판상으로 만들어진다. 단순사면은 사면의 일반적인 형태로서 사면의 길이가 한정되어 있으며, 사면의 선단부와 꼭지부가 평면을 이루고 있는데 활동면의 위치에 따라서

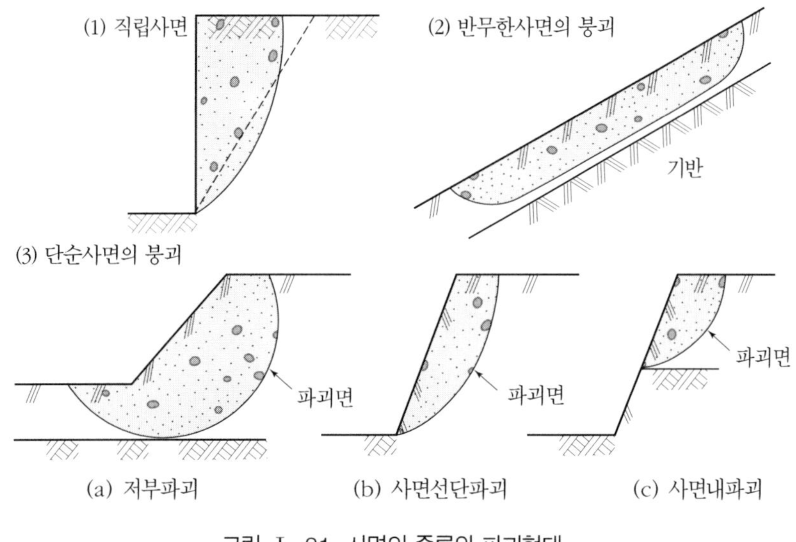

그림 Ⅰ-21. 사면의 종류와 파괴형태

기초암반의 위치가 깊을 때는 저부파괴, 얕을 때는 사면내파괴, 중간일 때는 사면선단파괴가 일어난다.

(2) 사면의 안정 계산

사면의 안정 계산은 붕괴 위험이 예상되는 여러 개의 활동면을 정해서 가장 위험한 면, 즉 임계활동면*critical surface*을 찾아내어 활동을 일으키는 힘이나 모멘트에 대하여 저항하는 힘 또는 모멘트를 비교하여 사면의 안정여부를 판단하게 된다.

사면의 안정 계산에 쓰이는 전단강도는 쿨롱의 방정식으로 구하며, 여기에는 전응력에 의한 경우와 유효응력에 의한 경우가 있는데, 전자는 단기 안정 해석에 후자는 장기 안정 해석에 쓰인다.

전응력에 의한 경우 :

$$S = C + \sigma \tan \phi \quad \cdots\cdots \text{(식 I-14)}$$

유효응력에 의한 경우 :

$$S = C' + (\sigma - u)\tan \phi' = C' + \sigma' \cdot \tan \phi' \quad \cdots\cdots \text{(식 I-15)}$$

S : 흙의 전단저항(전단강도)
σ : 전단면에 작용하는 전수직응력
u : 공극수압
σ' : 전단면에 작용하는 유효수직응력
$C \cdot \phi$: 각각 전응력에 의한 점착력과 내부마찰각
$C' \cdot \phi'$: 각각 유효응력에 의한 점착력과 내부마찰각

사면의 안정 해석은 먼저 가상활동을 그리고 이 활동면에 작용하는 외력(흙의 자중, 공극수압, 재하중 지진력 등)을 구한 다음 전단응력τ을 산정하고 활동면에 따라서 작용하는 마찰력과 점착력을 구하여 전단강도S를 계산한다. 이 두 힘에 의해서 다음 방법으로 안정을 검토한다.

A. 평면활동일 때

$$F = \frac{\text{활동에 저항하는 힘}(S)}{\text{활동을 일으키는 힘}(\tau)}$$

B. 원형활동일 때

$$F = \frac{\text{활동에 저항하는 힘의 활동원의 중심에 대한 모멘트}}{\text{활동을 일으키는 힘의 활동원의 중심에 대한 모멘트}}$$

C. 점토사면에 대한 Taylor의 안전율

$$F = \frac{\text{흙이 발휘할 수 있는 최대 점착력}}{\text{흙이 현재 나타내고 있는 점착력}}$$

이와 같이 하여 구한 안전율의 최저값은 〈표 Ⅰ-11〉과 같다.

〈표 Ⅰ-11〉 안전율

안전율(F)	안정성 여부
< 1.0	불안정
1.0~1.2	안정적이나 다소 불안
1.3~1.4	굴착이나 성토에 대해서는 안전, earth dam에 대해서는 불안
> 1.5	earth dam에도 안전, 지진을 고려할 때 필요

토질 고유의 점착력과 마찰력을 각각 C_e, $\varnothing_e$라 하고, 사면의 안정을 유지하기 위해서 필요한 점착력과 마찰력을 각각 C_d, $\varnothing_d$라고 하면

$$F_c = \frac{C_e}{C_d},\quad F_\varnothing = \frac{\varnothing_e}{\varnothing_d}$$

여기서 F_c, $F_\varnothing$를 점착력과 마찰력에 대한 안전율이라고 한다.

일반적으로 어떤 활동면에서의 전단응력은 $\tau = C_d + \sigma' \tan \varnothing_d$이고, 전단강도는 $S = C_e + \sigma' \tan \varnothing_e$로 되기 때문에 전단강도에 따른 안전율은

$$F_s = \frac{S}{\tau} = \frac{C_e + \sigma' \tan \varnothing_e}{C_d + \sigma' \tan \varnothing_d} \quad \cdots\cdots\cdots\cdots\cdots (\text{식 Ⅰ-16})$$

로 된다. 여기서 σ'는 유효응력에 의한 수직응력이다.

이와 같이 동일한 사면의 점착력과 마찰력 전단강도에 따른 안전율은 각각 다르게 나타날 수 있으므로 가장 합리적인 설계가 되려면 $F_s = F_c = F_\varnothing$이어야 하며, 이렇게 되기 위한 F를 구하려면 $\varnothing_d$를 여러 가지로 가정하고 이에 맞는 C_d를 얻은 다음, 이것으로부터 여러 개의 F_c, $F_\varnothing$를 구하여 그림 Ⅰ-22와 같이 그래프에 그려 넣어 연결한 곡선을 얻고 원점에서 45°의 직선을 그어 교점을 찾으면 F를 구할 수 있다.

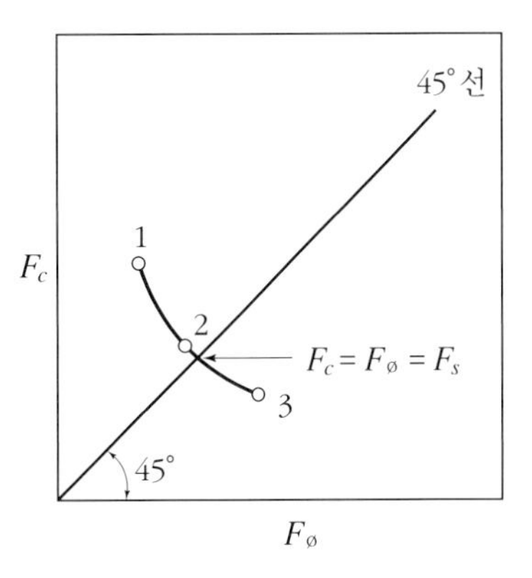

그림 Ⅰ-22. 안전율 F의 산정

다. 사면의 종류별 안정

(1) 직립사면의 안정

① 보통 흙에서 파괴면이 평면일 때(by Coulomb)

$$H_c = 2Z_c = \frac{4C}{\gamma_t}\tan\left(45^\circ + \frac{\varnothing}{2}\right) = \frac{2 \cdot q_u}{\gamma_t}$$

H_c : 한계고(m), Z_c : 점착고(m)

q_u : 1축 압축강도(kgf/cm²) C : 점착력(kgf/cm²)

② 파괴면이 곡면일 때(by Fellinius)

$$H_c = \frac{1.93q_u}{\gamma_t}$$

③ 지표의 인장균열을 고려할 때(by Terzaghi)

$$H'_c = \frac{2}{3}H_c$$

④ 안전율

$$F = \frac{H_c}{H}$$

H : 직립사면의 높이(m)

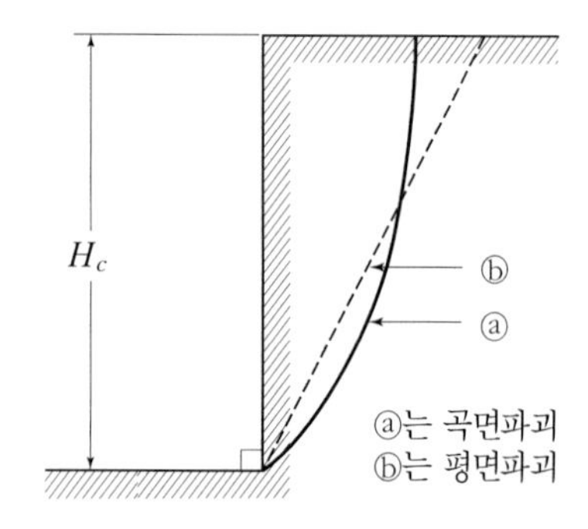

그림 I-23. 직립사면의 파괴

(2) 단순사면의 안정

가장 일반적인 단순사면의 안정 해석을 하기 위해서는 Taylor의 안정도표를 이용하는 것이 간편하다. 이 방법은 공극수압이 작용하지 않는 균질의 토질에서 사면의 예비설계나 간이설계에 활용된다.

안정도표는 그림 I-25와 같이 사면의 경사각 i와 안정계수*stability factor* N_s, 심도계수 N_d를 이용하여 나타낸 것이다.

안정계수 N_s는

$$N_s = \frac{\gamma_t \cdot H_c}{C} = 4\tan\left(45^\circ + \frac{\varnothing}{2}\right)$$

이며, 안정계수의 역수는 안정수*stability number*라 한다.

심도계수 N_d는 그림 I-24의 사면 어깨에서 기

그림 I-24. 단순사면

반까지의 깊이 H와 사면 높이 H'의 비로서 $N_d = H/H'$로 나타낼 수 있다.

1) 연약점토의 경우

ø = 0 인 연약점토지반의 경우는 vane 전단시험이나 1축 압축강도시험으로 흙의 전단강도 S를 구한 다음 아래 순서에 맞추어 사면의 안정을 검토한다.

① $S = C = \dfrac{q_u}{2}$ (q_u : 1축 압축강도)

(Vane 전단시험으로 C를 구해도 된다.)

② $H_c = \dfrac{N_s \cdot C}{\gamma_t}$

③ $F = \dfrac{H_c}{H} = \dfrac{N_s \cdot C}{H \cdot \gamma_t}$ (H : 사면의 높이, m)

단순사면의 파괴형태는 그림 I-25에서 볼 수 있듯이 $i < 53°$ 이면 N_d에 따라 파괴형태가 달라지게 되어,

① 기반이 얕을 때(N_d=1.5 정도)는 사면내파괴

② 기반이 깊을 때(N_d=3～4 정도)는 저부파괴

③ 기반이 중간일 때(N_d=1.5～2.5 정도)는 선단파괴가 일어난다. 그러나 $i > 53°$ 이면 N_d에 관계없이 사면은 선단파괴를 일으키게 되며, $N_d \geq 4$일 때는 i에 관계없이 저부파괴만 일어난다.

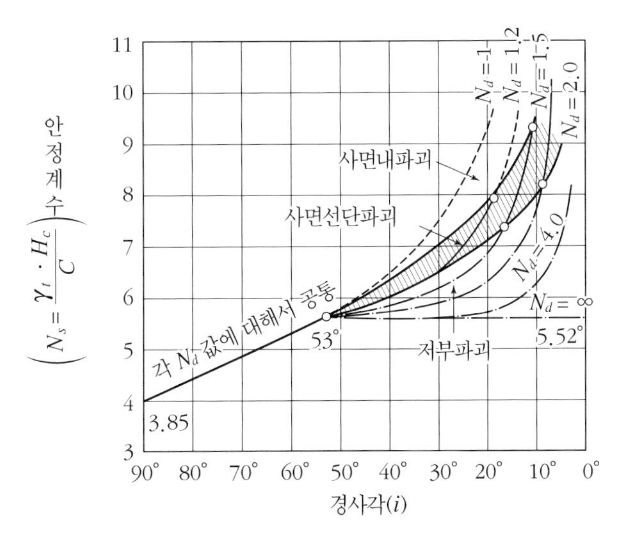

그림 I-25. 안정계수와 사면경사, 심도계수의 관계(ø =0)

예를 들어 그림 I-26과 같은 포화점토 사면의 파괴에 대한 안전율을 계산하고, 단순사면의 파괴형태를 알아보자(단, 점토의 포화 단위 중량은 2.0tf/m^3, 흙의 전단강도정수 $C = 6.5\text{tf/m}^2$, $\phi = 0$, 안정계수 $N_s = 5.55$ 이다).

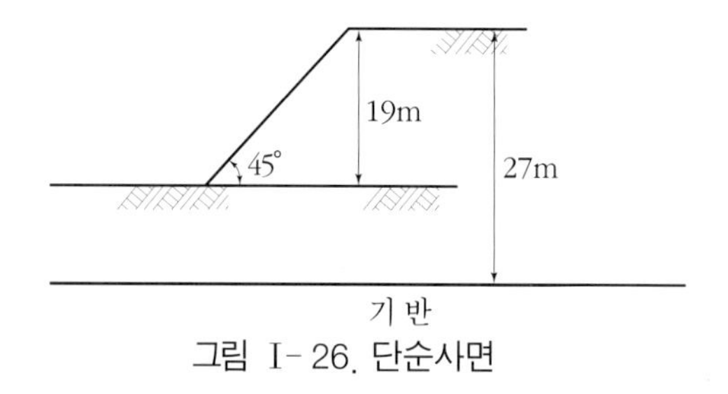

그림 I-26. 단순사면

$$\text{안전율}(F) = \frac{N_s \cdot C}{H \cdot \gamma_t} = \frac{5.55 \times 6.5}{19 \times 2.0} = 0.9493$$

따라서 안전율$(F) < 1.0$이므로 이 사면은 불안정하다. 또한, 심도계수(N_d)는 $N_d = H/H' = 27/19 = 1.42$이고 i는 45° 이므로 사면파괴시 사면내파괴가 일어난다. 참고로, 한계고 $H_c = N_s \cdot C/\gamma_t = 5.55 \times 6.5/2.0 = 18.0375$이므로 사면의 높이는 이보다 낮게 만들어져야 한다.

2) 점착력과 내부마찰력을 가지는 경우

이 경우에는 앞에 설명한 Taylor의 도표를 이용하는 것보다 그림 I-27과 같은 안정수를 이용한 도표를 활용하는 것이 편리하다.

① i가 크면 A영역으로 사면선단파괴가 되고,
② i, ϕ가 작으면 B영역으로 저부파괴가 되고,
③ i가 작아도 $\phi \geq 3°$ 이면 사면선단파괴가 되지만 기반이 얕아서 $N_d = 1$ 정도에서는 사면내 파괴가 일어난다.

그림 I-27을 사용하면 주어진 사면의 경사각 i에 대하여 안정수가 구해지고, γ_t와 사면의 높이 H에 대해서 필요한 C_d가 얻어진다. 여기서 다시 ϕ_d를 변화시키면서 이에 대응하는 C_d를 구한다. 이러한 방식으로 계속해서 반복하면 Fellenius의 안전율을 구할 수 있다.

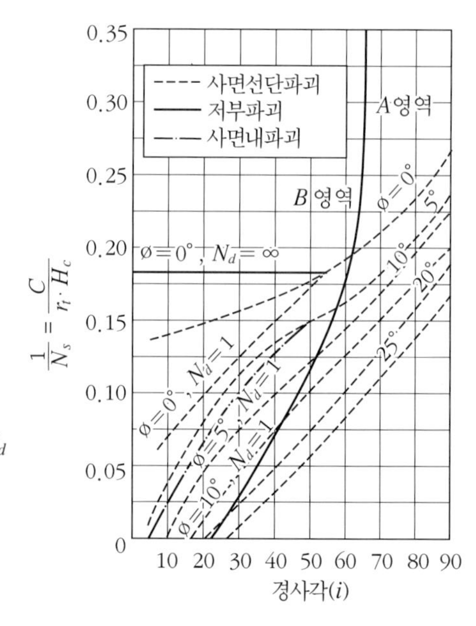

그림 I-27. 안정수를 이용한 도표

5. 비탈면의 보호

가. 비탈면의 안전

사면의 붕괴를 방지하기 위해서는 앞에서 검토한 것처럼 토질역학적 측면에서 사면의 안정성을 검토해야 하며, 이를 토대로 하여 비탈면을 침식으로부터 보호하고 녹화하기 위한 다양한 방법을 강구하여야 한다.

우리나라의 경우 과거 산사태 발생 자료분석 결과를 보면 산사태의 대부분이 여름철 장마기인 7∼8월에 집중하여 발생하고 있으며, 또한 같은 기간 중의 강우량이 연강우량의 절반을 훨씬 넘고 있어 사면붕괴의 주 원인은 강우라는 데 의문의 여지가 없다. 그러나 여기에는 강우 이외에도 토질, 지형, 사면의 표면상태, 지하수위, 배수로의 조건 등 다양한 요인들이 상호작용을 한다. 이와 같이 다양한 요인을 고려하여 사면의 안전을 진단하기 위한 방안이 연구되고 있다. 한 예로 한국건설기술연구원에서 제시한 우리나라의 위험사면 평가기준은 〈표 Ⅰ-12〉와 같다. 여기서 불안정점수는 사면의 붕괴위험 정도를 나타내며, 피해점수는 붕괴가 발생할 경우 예상되는 인명 및 재산 피해를 나타낸다. 이 2가지를 합해서 낸 종합점수가 높을수록 사면붕괴의 위험성과 피해 정도가 높으므로 그에 대한 대책을 세워야 한다.

나. 비탈면의 보호공법

우리나라는 대부분 지형의 기복이 심하여 시설부지가 부족하므로 절·성토면의 발생이 불가피한 상황이다. 비탈면의 대부분은 인공비탈면(법면: 法面)으로 공공부문에서 도로개설이나 택지조성사업에서 많이 발생되며, 민간부분의 택지개발이나 골프장조성사업에서도 적지 않은 비탈면이 발생되고 있어, 자연환경파괴의 주요한 원인이 되고 있다.

비탈면보호를 위해 사용 가능한 공법은 〈표 Ⅰ-14〉에서처럼 다양하지만, 크게는 비탈면의 침식이나 붕괴가 예상되는 취약부를 구조적으로 개선하기 위한 공법, 비탈면을 녹화하여 침식을 방지하고 자연경관을 회복하기 위한 녹화공법, 그리고 비탈면의 침식이나 붕괴의 주 원인이 되는 우수의 흐름을 차단하고 조절하기 위한 배수공법으로 구분이 가능하다. 그러나 실제적용에 있어서는 3가지가 함께 사용되는 경우가 많으며, 특히 우리나라는 여름장마철에 강우가 집중되는 경우가 많으므로 배수시설공법은 비탈면의 안정을 위해 사전에 주의하여 설치되어야 한다.

〈표 Ⅰ-12〉 사면의 평가기준

요 소	점 수
a) 사면 높이 H (무제한)	흙사면 = H×1 암사면 = H×0.5 혼합사면 = H×1
b) 사면경사각 (20)	자연사면 / 절개사면(암사면) / 절개사면(이외 사면) ≥36° = 10, 90° = 10, ≥60° = 20 ≥31° = 8, ≥80° = 8, ≥55° = 15 ≥26° = 5, ≥70° = 5, ≥45° = 5 ≥21° = 3, ≥60° = 2, ≥35° = 3 ≤20° = 0, ≤60° = 0, ≤35° = 0
c) 사면상부의 경사각 또는 사면상부 도로 유무 (15)	상부경사각 도로 유무 ≥45° = 15 ≥35° 고속도로, 국도 = 10 ≥20° 지방도로 = 5 ≤20° = 0
d) 옹벽이 있는 경우 (무제한)	옹벽의 높이(m)×2
e) 임분 경급 (15)	미림목지 = 10 유 수 림 = 10 소 경 목 = 10 중 경 목 = 0 상기 중 임지의 이용상태가 변경된 경우 5점 추가
f) 횡단 면형 (10)	요 형 = 10 평행형 = 10 철 형 = 0
g) 사면상태 (10)	느슨한 암편이 있는 경우 = 10 파괴의 징후가 있는 경우 = 10 사면 상태가 불량 = 5
h) 사면과 옹벽의 결합상태 (10)	불량 = 10 보통 = 5 양호 = 0
i) 사면방향과 일치하는 절리 (5)	절리가 있는 경우 = 5
i) 사면방향과 일치하는 절리 (5)	절리가 있는 경우 = 5
j) 지질 (15)	변성암 = 10 화강암 = 10 분출암 = 10 제3기 암류 = 10 퇴적암 = 0 상기 암 상부에 붕적층으로 피복된 경우는 5점 가산

요 소	점 수
k) 불투수성 사면에 대한 지표수의 배수로 (15)	전혀 없음 = 15 50%(부분적) = 8 나쁨 = 5 양호 = 0
l) 사면 상부에 물이 고일 수 있는 조건 (5)	사면 상부에 물이 고일 수 있는 여건이 형성된 경우 = 5
m) 사면에 배수로 (10)	전혀 없거나 완전하지 못함 = 10 완전하나 큰 균열이 있는 경우 = 5 완전한 경우 = 0
n) 물을 이동시킬 수 있는 시설 (5)	높이 'H' 내에 있으면 = 5 없으면 = 0
o) 용수상태 (절개사면) (15)	위치 / 극심 / 보통 사면 중간 상부 15 10 사면 하부 10 5 자연사면인 경우 용출수를 확인 15
p) 사면저부로부터 구조물, 도로, 운동장과의 거리(m) (무제한)	구조물 = 실제거리 도로 = 거리+2 운동장 = 실제거리 또는 1/2H 농경지 = 실제거리 또는 1/2H
q) 사면의 상하부 상태 (20)	사면의 상단부에 확장사면이 있는 경우 = 0.5 사면의 상하단에 확장사면이 있는 경우 = 20
r) 예상되는 피해구조물	병원, 학교 주거 지역, 공장 2 농경지, 운동장 1.0 고속도로, 국도 1.0 지방도로 0.5 확 트인 경우 0
s) 위험피해요소 (1.25)	인구밀집지역이나 산사태에 의해 구조물의 붕괴가 예상 1.25 그 외 1.0

① 불안정점수
= Σ{a, b, c, d, e, f, g, h, i, j, k, l, m, n, o}
② 예상피해점수
= S[20r{1.5(a+d)−p}/1.5(a+d)+40r{(a+d)−p}/(a+d)
+(q·r)+2(a+d)]
종합점수 = ①불안정점수 + ②예상피해점수

【주】( )는 각 요인별 획득할 수 있는 최고점수 【자료】 한국건설기술연구원, 사면의 안전진단 및 보호공법, 1989. 12.

(1) 비탈면녹화공법

비탈면(사면)녹화공법은 비탈면 표층부에 식물을 식재하여 뿌리에 의하여 흙의 결속력을 높이고, 표층수의 유입을 억제하여 흙의 침식, 건조, 동상 등의 피해를 줄이고, 궁극적으로는 친환경적으로 자연경관을 회복하는 데 목적을 둔다.

상대적으로 구조공법보다 시공비가 저렴하고, 미관상 좋으나 심층부까지는 보강효과가 미치지 않고, 시공시기나 장소의 제약을 받게 되며, 시공 후 지속적인 유지관리가 필요하다. 아울러 식생공은 다른 공법과 병행하여 사용하기도 하는데, 비탈면보호의 효과를 높이기 위한 것으로 망, 편책, 틀을 사용하기도 한다. 일반적으로 비탈면의 입지조건별 녹화공법의 적용은 〈표 Ⅰ-13〉을 참조하여 선정한다.

〈표 Ⅰ-13〉 비탈면 입지조건별 녹화공법의 선정

비탈면의 입지조건				녹화공법	
지질	비탈면 기울기	토양의 비옥토	토양 경도(mm)	초본에 의한 녹화 (외래초종+재래초종)	목본·초본의 혼파에 의한 녹화 (목본+외래초종+재래초종)
토사	45° 미만	높음	23 미만 (점성토)	종자 뿜어붙이기 떼붙이기 식생매트공법 등	종자 뿜어붙이기(흙쌓기에 사용) 식생기반재 뿜어붙이기
		낮음	27 미만 (사질토)	종자 뿜어붙이기 떼붙이기 식생매트공법 잔디포복경심기 식생자루심기(이상 추비 필요) 식생기반재 뿜어붙이기 (두께 1～5cm)	식생기반재 뿜어붙이기 (두께 1～5cm)
토사	45°～60°	-	23 미만 (점성토) 27 이상 (사질토)	식생구멍심기(추비 필요) 식생기반재 뿜어붙이기 (두께 3～5cm)	식생혈공 식생기반재 뿜어붙이기 (두께 3～5cm)
절리가 많은 연암, 경암	-	-	-	식생기반재 뿜어붙이기 (두께 3～5cm 이상)	식생기반재 뿜어붙이기 (두께 3～5cm 이상)
절리가 적은 연암, 경암	-	-	-	식생기반재 뿜어붙이기(두께 3～5cm 이상)	

【주】 1) 식생기반재 뿜어붙이기는 두께가 3cm 이상인 경우 원칙적으로 철망붙임공을 병용한다.
2) 식생기반재 뿜어붙이기의 두께는 공법에 따라 적정한 값을 적용한다.

【자료】 한국조경학회, 국토해양부 승인 조경설계기준, 2013
도로비탈면 녹화설계 및 시공지침, 2009

〈표 Ⅰ-14〉 비탈면의 보호공법

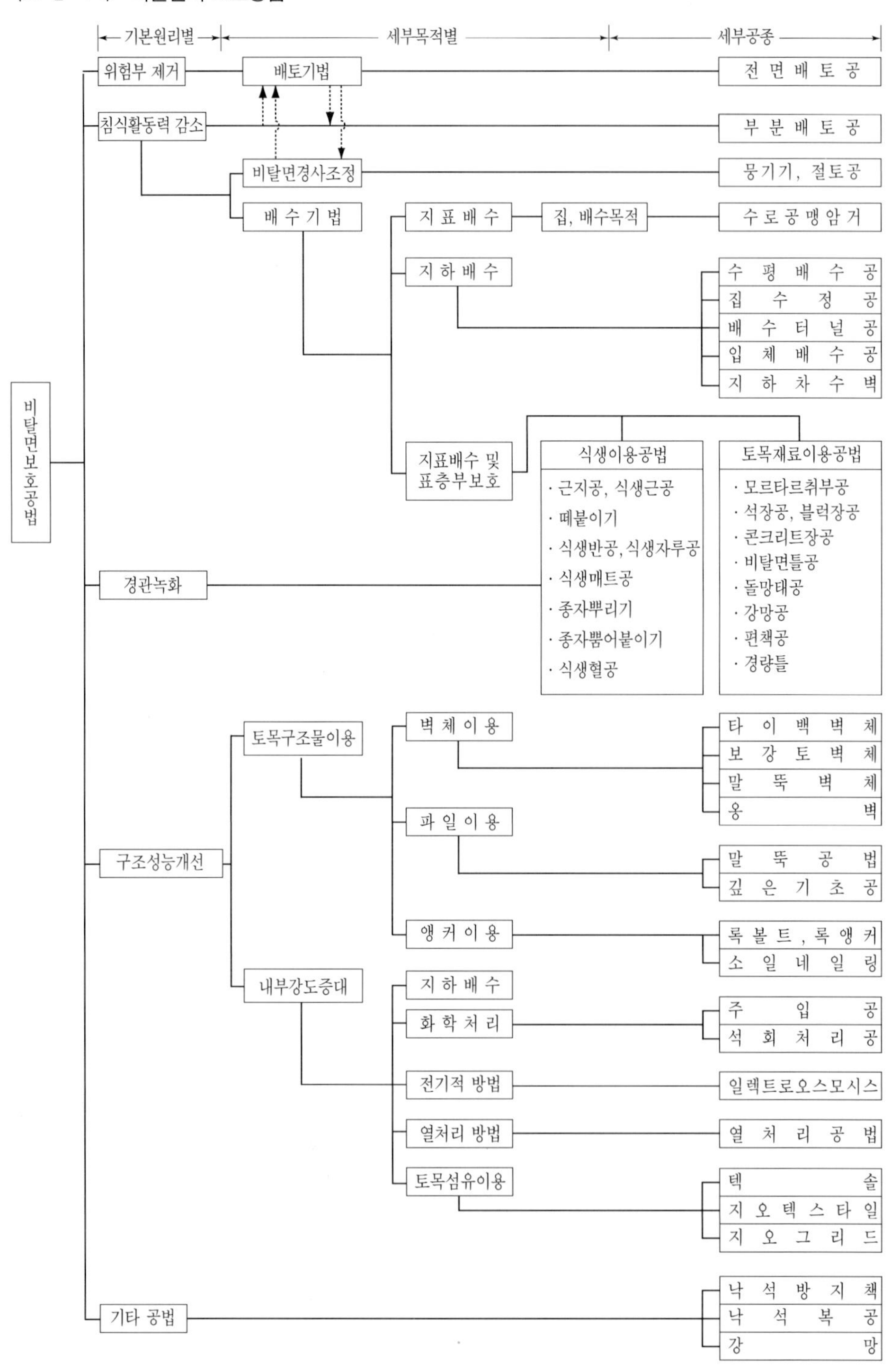

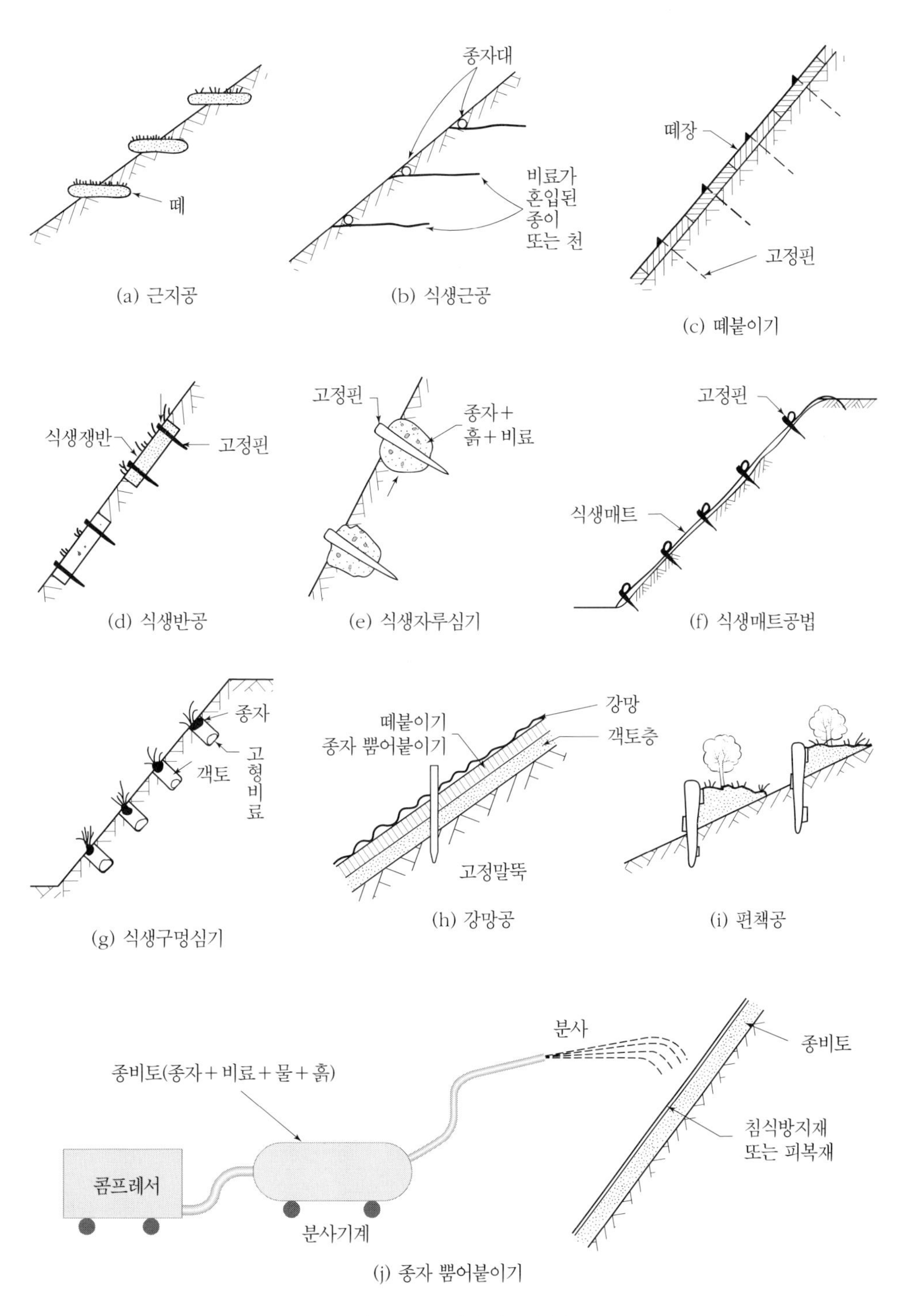

그림 Ⅰ-28. 비탈면녹화공법

(2) 구조개선공법

석재, 강재, 콘크리트재 등의 재료의 자중이나 자체강도를 이용하여 비탈면의 붕괴를 예방하기 위한 적극적인 구조공법으로 예전에는 돌과 같은 자연재료를 사용하였으나, 최근에는 콘크리트 블록이나 현장콘크리트 사면틀, 강재 경량틀, 콘크리트 상자, 말뚝이나 앵커를 이용하기도 한다. 비탈면을 보호하는 데는 다른 방법보다 안정적이지만 시공비가 많이 들고 미관효과가 떨어진다. 그러나 비탈면에 따라서는 불가피하게 도입해야 하는 경우도 적지 않다. 최근에는 녹화공법과 병행하여 구조개선공법을 적용하는 사례가 점차 늘어나고 있다.

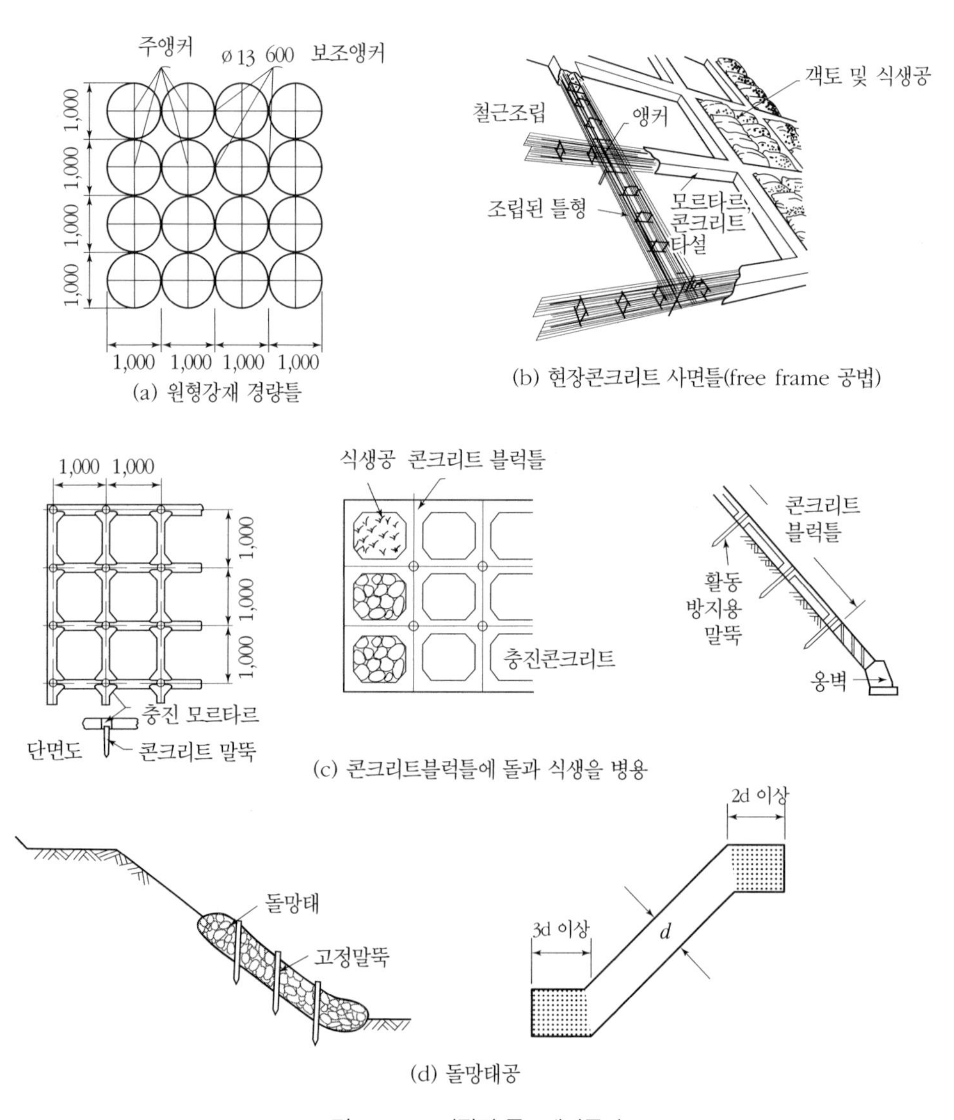

그림 I-29. 비탈면 구조개선공법

(3) 배수공법

비탈면의 침식과 붕괴의 주요 원인인 우수를 원활히 배수하여 지나친 유출수로부터 비탈면을 보호하기 위한 것으로 지표배수공법과 지하배수공법으로 구분할 수 있다. 지표배수공법에는 표면유출수를 집수하여 수로로 운반하는 공법과 표면배수공법이 있다. 지하배수공법에는 지표로부터의 침투수를 배출시키기 위한 맹암거와 비탈면활동의 주요한 원인이 되는 대규모의 지하수를 배제하여 내부의 함수비와 간극수압을 저하시킴으로써 비탈면안정을 도모하기 위한 수평배수공법, 집수정공법, 배수터널공법, 지하수차단공법이 있다.

1) 지표배수공법

수로의 역할에 따라서 지표수를 모으기 위해 비탈어깨 및 소단, 그리고 비탈기슭에 설치되는 집수로와 집수된 지표수를 비탈면 외부로 방류하는 역할을 하는 배수로가 있으며, 수로의 굴곡이나 기울기의 변화가 심한 지점이나 집수로와 배수로의 합류점에 집수정을 설치하여 토사유출을 막고 유속을 조절하여야 한다.

수로는 주로 사다리꼴, 반원형, 장방형의 단면의 형태로서 돌, 잔디, 콘크리트를 주재료로 사용하며, 수로의 기능에 따라 적합한 재료와 형태의 수로를 도입하여야 하며, 집수로는 지표수를 집수하기에 용이한 구조로 하고, 배수로는 물의 운반에 유리한 수리단면을 가진 것을 사용하도록 한다. 집수로는 그림 Ⅰ-30을 참조하여 적절한 규격으로 만들어야 한다.

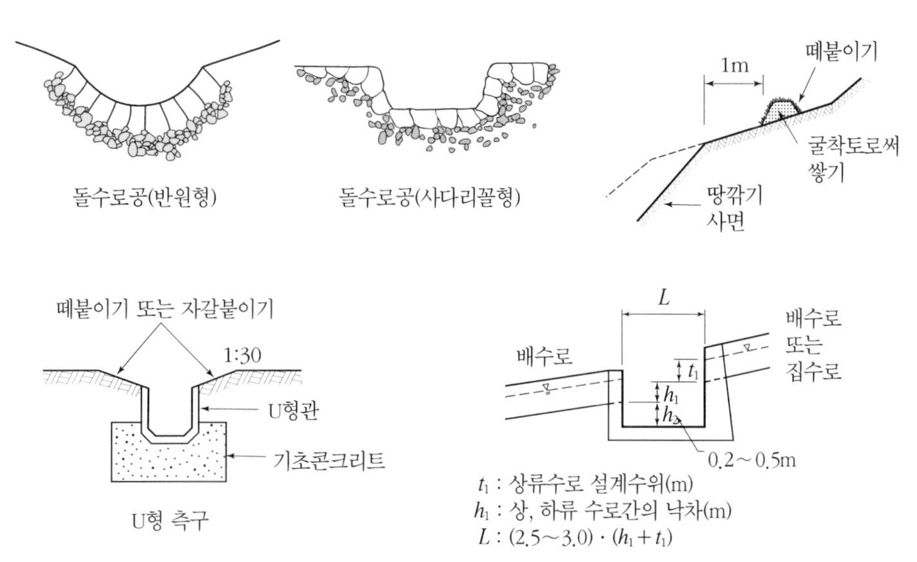

그림 Ⅰ-30. 비탈면 배수시설

이와 달리, 표면배수공법은 비탈면녹화와 같이 잔디나 지피식생을 도입할 때 사용되는 방법으로 매트*mat*나 블랭킷*blanket*을 이용하여 지표면이나 수로경사면을 덮어 침식을 완화하는 방법이다.

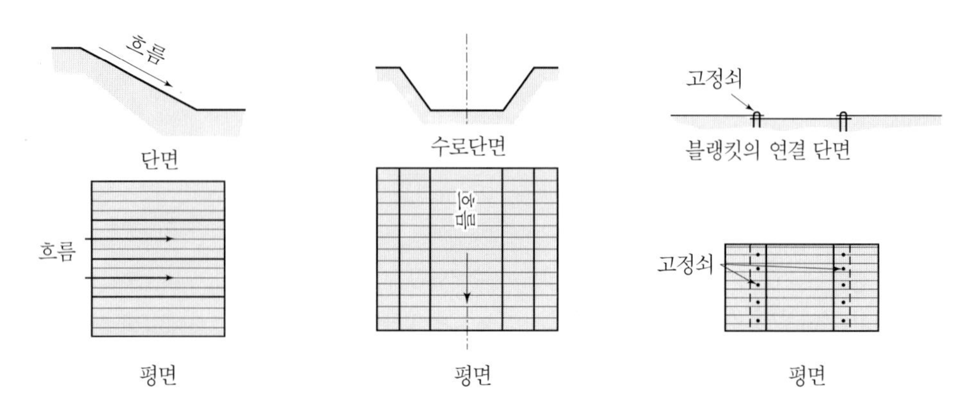

그림 Ⅰ-31. 침식방지를 위한 블랭킷과 매트

2) 지하배수공법

맹암거는 지표면으로부터의 침투수를 배제할 목적으로 시공하는데, 지반조건이 습하거나 투수성이 낮은 점성토 사면에는 상당히 효과적이다. 침투수를 효과적으로 모으기 위해 투수성이 좋고 잘 막히지 않는 것을 사용하고, 바깥쪽에는 세립질 재료를, 내부로 갈수록 조립질 재료를 사용한다. 아울러 암거의 하부에는 다공성 콘크리트관이나 합성수지관을 설치하고 섬유부직포를 감아 이물질이나 점토가 관 내부로 침투하지 못하도록 하여야 한다.

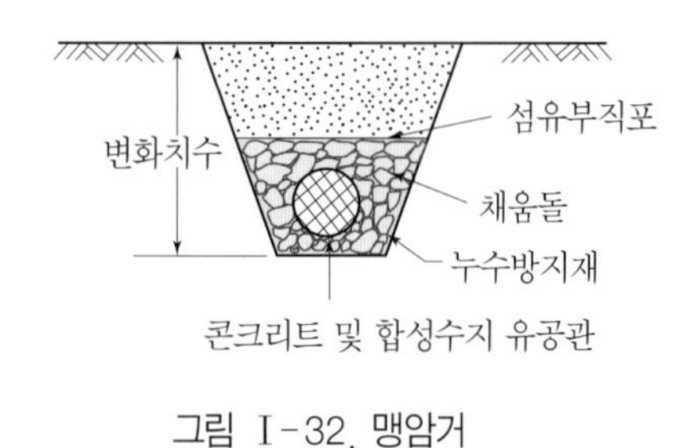

그림 Ⅰ-32. 맹암거

맹암거와 달리 지하수를 차단하거나 지하수위를 낮추기 위한 규모가 크며 토목공학적 측면의 접근방법으로 수평배수공법, 집수정공법, 배수터널공법, 지하수차단공법이 있다.

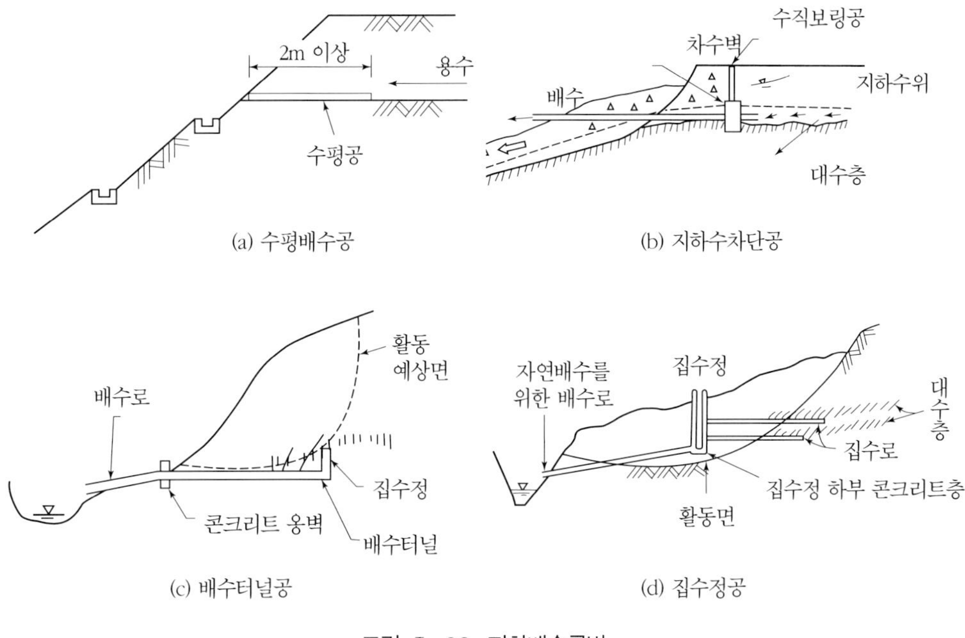

그림 Ⅰ-33. 지하배수공법

다. 비탈면 보호공법의 선정절차

비탈면 보호공법은 절토비탈면, 성토비탈면, 그리고 자연비탈면에 따라 선정절차와 공법이 달라지게 되는데, 예시적으로 절토비탈면의 보호공법을 선정하는 과정은 그림 Ⅰ-34와 같다. 여기서 절토비탈면의 보호공법은 먼저 비탈면의 규모, 경사, 지형, 지질 등의 여건을 고려하여 사전보호공법이나 복구보호공법을 결정하여야 하며, 만약 복구보호공법을 적용할 경우 사면붕괴 원인에 대한 면밀한 조사가 필요하다.

절토사면에 적용 가능한 보호공법은 비탈면의 지반조건이 암석, 토사, 역질 여부에 따라 달라지게 되며, 그 후 암석사면은 풍화정도, 용출수 유무, 암석의 강도, 절리상태에 따라 공법을 결정하고, 토사사면은 토질상태, 식생에 적합 여부를 고려하여 최종적으로 공법을 선정하도록 되어 있다. 그리고 역질사면은 공학적 판단에 의거하여 적합한 공법 및 병용공법을 선정한다.

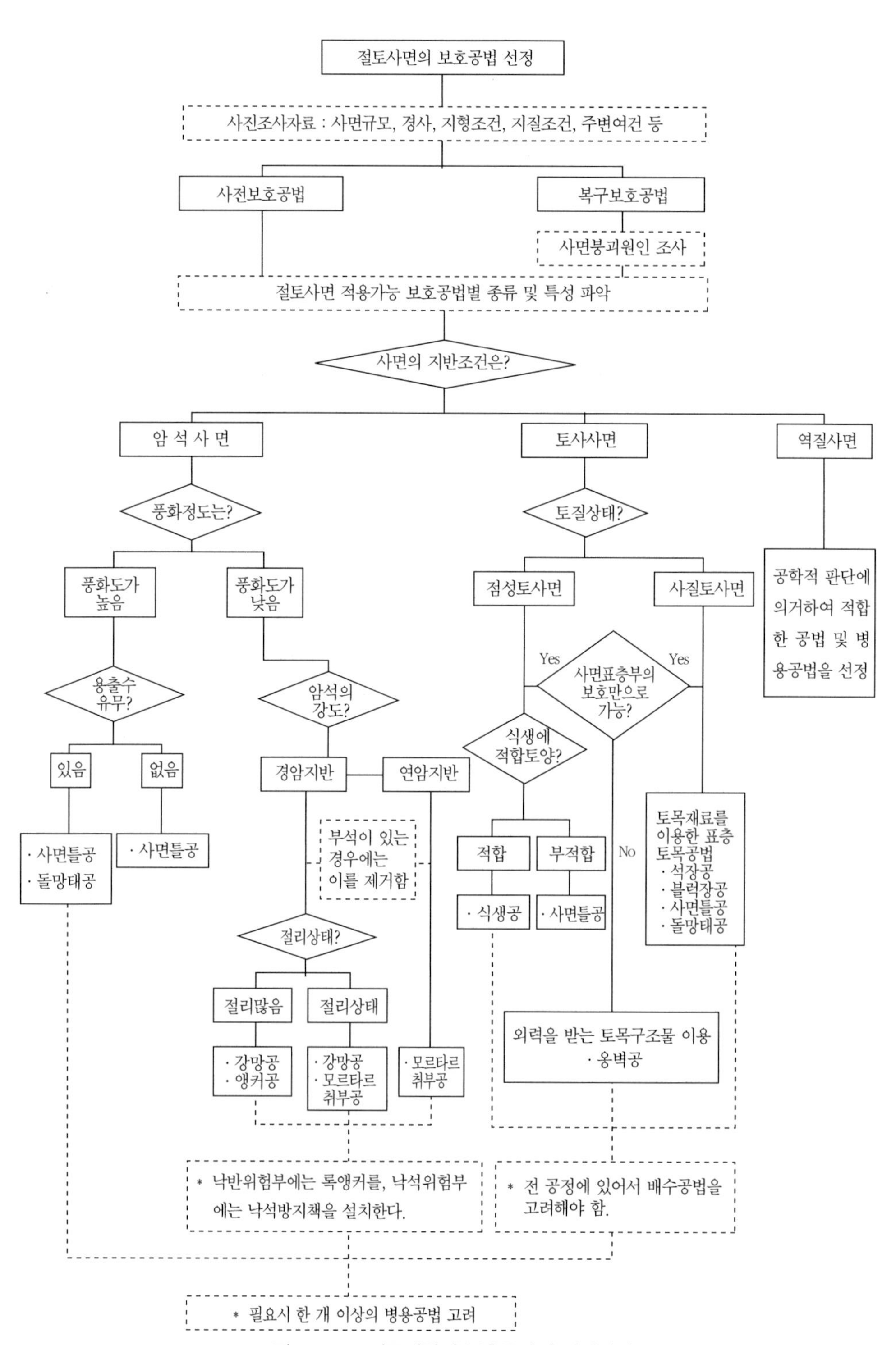

그림 Ⅰ-34. 절토비탈면 보호공법의 선정과정

6. 토압과 옹벽

가. 토 압

(1) 토압의 종류

옹벽, 널말뚝 등의 구조물은 자연지반이나 인위적으로 성토를 하여 축조한 부분을 지지하는 구조물로서 이들 구조물에 작용하는 흙의 압력을 토압이라고 한다. 토압의 크기는 토질, 함수량, 흙의 다짐정도, 옹벽의 배면경사, 옹벽 자체의 변위의 차이에 따라 달라지게 된다. 예를 들어 옹벽의 뒷채움 흙을 강하게 다짐하거나 진동을 가한다면 느슨한 상태나 진동을 주지 않는 상태보다 훨씬 큰 토압이 발생하게 된다.

옹벽에 작용하는 토압은 힘의 작용방향과 변위특성에 따라 정지토압靜止土壓, 주동토압主動土壓, 수동토압受動土壓으로 구분할 수 있다. 옹벽에 뒷채움 흙을 채운 뒤에도 벽체에 변위가 생기지 않으면 그 때에 작용하는 토압을 정지토압*earth pressure of rest*이라고 한다. 그러나 옹벽은 그 상단이 자유단이어서 배면에 있는 흙의 압력으로 인하여 약간의 변위를 수반하기 때문에 정지상태가 되는 경우는 드물다. 그림 Ⅰ-35에서와 같이 옹벽이 횡방향의 압력으로 반시계 방향으로 회전을 하거나 벽체를 외측으로 움직일 때의 토압을 주동토압*active earth pressure* 또는 자연토압이라 한다. 이와 반대로 어떤 힘이 옹벽을 배면 쪽으로 민다면 뒷채움한 흙은 압박을 받아 그 중 일부가 하나의 활동면을 따라서 상향으로 밀려 올라가는데, 이 때의 토압을 수동토압*passive earth pressure*이라 한다.

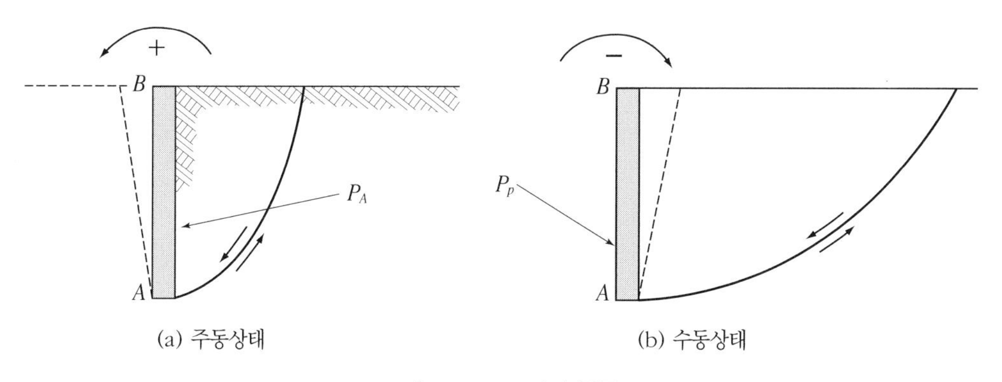

(a) 주동상태 (b) 수동상태

그림 Ⅰ-35. 토압의 종류

(2) 토압론

토압을 구하는 이론은 여러 가지가 있지만, 그 중에서도 랑킨*Rankine*과 쿨롱*Coulomb*의 이론이 보편적으로 쓰이고 있다.

랑킨의 토압론은 중력만이 작용하는 반무한으로 펼쳐진 지반이 지금 막 파괴하려고 하는 상태, 즉 사면이 소성평형 상태에 있을 때의 흙 속의 응력을 구한 것으로 벽체와 흙 사이의 마찰력이 무시되어 실제와는 다소 오차가 있으며, 이 식으로 구한 주동토압은 실제보다 큰 반면에 수동토압은 작아지는 경향이 있으므로 높이가 높은 옹벽의 토압을 계산할 때는 이 공식을 적용하기 곤란하다.

지표면이 수평일 때와 경사일 때 랑킨의 토압론으로 구한 주동토압(P_a)과 수동토압(P_P)은 다음과 같다.

① 지표면이 수평일 때 토압(모래질흙)

$$P_a = \frac{1}{2} Wh^2 \tan^2(45^\circ - \frac{ø}{2}) \quad \cdots\cdots (식\ Ⅰ-17)$$

$$P_p = \frac{1}{2} Wh^2 \tan^2(45^\circ + \frac{ø}{2}) \quad \cdots\cdots (식\ Ⅰ-18)$$

② 지표면이 경사져 있을 때 토압

$$P_a = \frac{1}{2} Wh^2 \times \cos i \frac{\cos i - \sqrt{\cos^2 i - \cos^2 ø}}{\cos i + \sqrt{\cos^2 i - \cos^2 ø}} \quad \cdots\cdots (식\ Ⅰ-19)$$

$$P_p = \frac{1}{2} Wh^2 \times \cos i \frac{\cos i + \sqrt{\cos^2 i - \cos^2 ø}}{\cos i - \sqrt{\cos^2 i - \cos^2 ø}} \quad \cdots\cdots (식\ Ⅰ-20)$$

W : 흙의 단위중량(kgf/m³)
h : 옹벽의 수직높이
ø : 흙의 내부마찰각
i : 지표의 경사각

쿨롱의 토압론은 흙쐐기론*earth wedge theory*으로 옹벽의 배면과 흙의 가상활동면에 의해 만들어지는 흙쐐기가 옹벽을 바깥쪽으로 움직이도록 하면 주동토압이 되고, 반대로 외력이 작용하여 옹벽을 배면으로 움직이게 하면 벽체는 수동토압을 받게 되어 흙쐐기를 위쪽으로 밀어 올린다고 가정하고 토압을 계산하는 것이다. 쿨롱의 공식에서는 그림 Ⅰ-36에서 보여지는 *BC*면을 활동면이라고 하고 편의상 평면으로 가정하며, 주동토압의 경우 흙쐐기 압력이 옹벽에 가장 크게 영향을 미치도록 하고, 수동토압인 경우에는 계산상 토압이 최소치를 나타내도록 한다. 이 이론으로 구한 주동토압의 값은 활동면을 곡면으로 가정한 경우보다 다소 크지만 비교적 실제에 근접하여 널리 사용되고 있다. 쿨롱의 토압론으로 구한 주동토압과 수동토압은 다음과 같다.

$$P_a = \frac{1}{2} W \cdot h^2 \cdot \frac{\sin^2(\theta - \varnothing)}{\sin^2\theta \cdot \sin(\theta + \delta)\left[1 + \sqrt{\dfrac{\sin(\varnothing + \delta)\sin(\varnothing - i)}{\sin(\theta + \delta)\sin(\theta - i)}}\right]^2} \quad \cdots\cdots (\text{식 I}-21)$$

$$P_p = \frac{1}{2} W \cdot h^2 \cdot \frac{\sin^2(\theta + \varnothing)}{\sin^2\theta \cdot \sin(\theta - \delta)\left[1 - \sqrt{\dfrac{\sin(\varnothing + \delta)\sin(\varnothing + i)}{\sin(\theta - \delta)\sin(\theta - i)}}\right]^2} \quad \cdots\cdots (\text{식 I}-22)$$

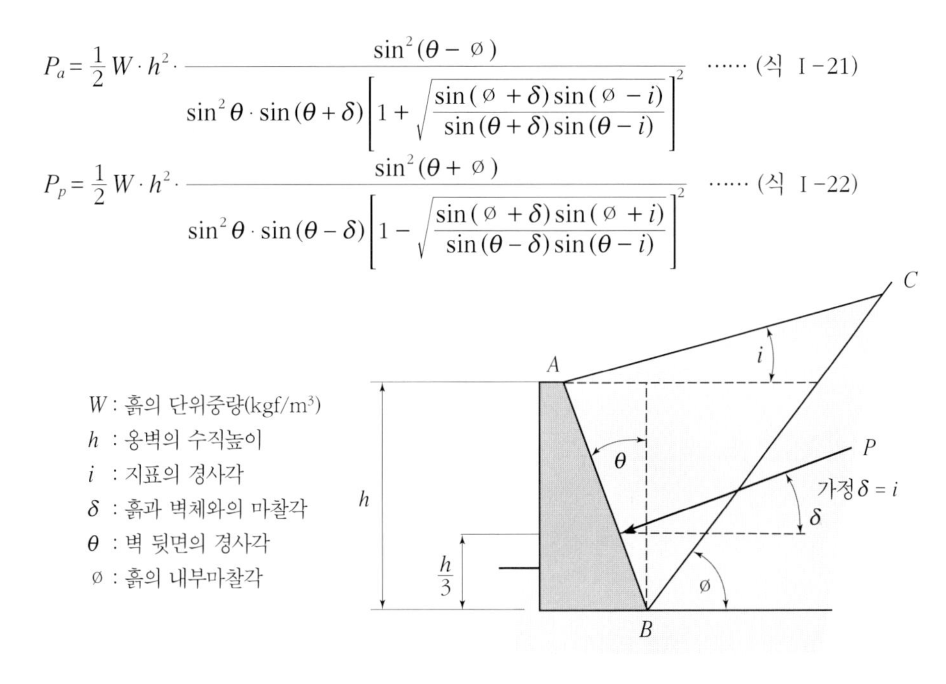

그림 I-36. 쿨롱의 법칙으로 구한 토압

(3) 토압의 계산

흙을 높이 쌓아두면 미끄러져 내려와 일정한 경사면을 이루게 되는데, 역학적으로는 흙입자간의 인력 및 마찰력과 중력이 평형상태를 이루게 된다. 이 때 수평면과 흙의 경사면이 이루는 각도를 안식각*angle of repose*이라 한다. 만약 흙의 입자간에 점착력이 없거나 다소 있더라도 쌓아두는 높이가 높을 때에는 안식각이 내부마찰각*angle of internal friction*과 같아진다.

〈표 I-15〉 토질 및 수분함량에 따른 지반안정기울기

토질구분		수분함량		
		건조	수분이 적은 것	과습
점토	안식각(°)	20~37	40~45	14~20
	자연경사	1:2.8~1.3	1:1.2~1.0	1:40~2.8
모래	안식각(°)	27~40	30~45	20~30
	자연경사	1:2.0~1.2	1:1.7~1.0	1:2.8~1.7
자갈	안식각(°)	30~45	27~40	25~30
	자연경사	1:1.7~1.0	1:2.0~1.2	1:2.1~1.7
보통흙	안식각(°)	20~40	30~35	14~27
	자연경사	1:2.8~1.2	1:1.7~1.0	1:0.4~2.0
작은돌	안식각(°)	35~48		
	자연경사	1:1.4~0.9		

【자료】 한국조경학회, 국토해양부 승인 조경설계기준, 2013, 435쪽

〈표 Ⅰ-16〉 흙의 제계수

배토의 종류	내부마찰각 ø	점착력 C (t/m³)	중량 (kg/m³)	토양계수	
				옹벽일 때 Ka	지하벽일 때 Kn
모래 · 자갈	35	–	1,800	0.34	0.5
침적토 · 진흙 섞인 모래	30	–	1,800	0.40	0.5
진흙질이 많은 사질토	24	–	1,750	0.50	0.5
연약한 침적토 · 침니沈泥질 진흙	0	–	1,600	0.50	0.5
경질 진흙	0	1.2	1,700	0.50	0.5

옹벽에 토압을 일으키는 배토는 그림 Ⅰ-37에 나타낸 바와 같이 흙의 안식각 외부에 옹벽과 접하고 있는 흙의 부위이다. 여기서 배토의 지표면이 수평면일 때 토압은 옹벽 높이의 1/3지점에서 작용한다. 그러나 만일 옹벽 배면의 지표면이 경사져 상재하중上載荷重이 작용하는 경우에는 그림 Ⅰ-38에 나타낸 바와 같이 경사진 지표면에 평행하게 토압이 작용하게 되며, 작용점의

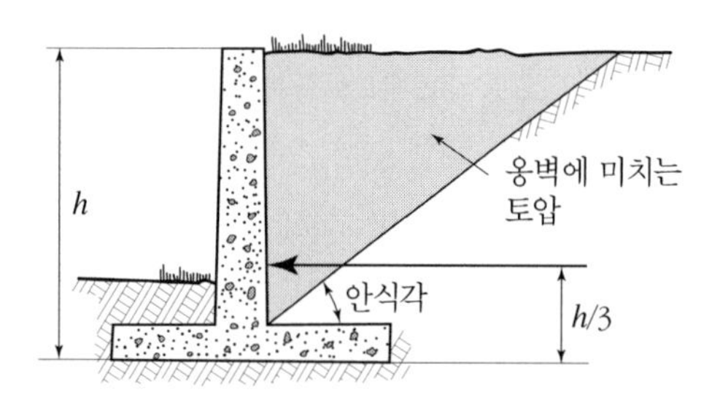

그림 Ⅰ-37. 옹벽에 영향을 주는 토압

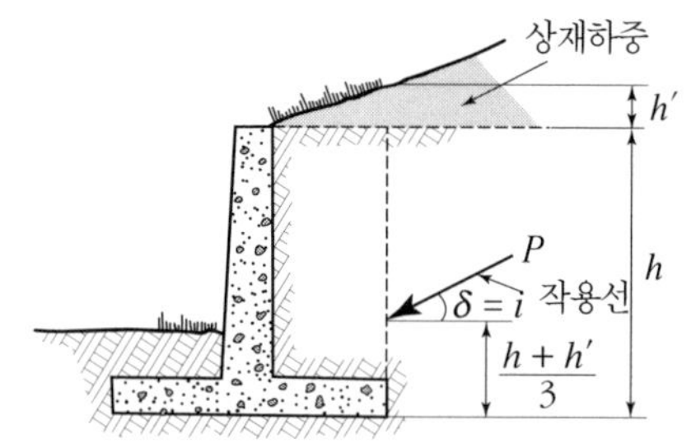

그림 Ⅰ-38. 상재하중이 작용하는 옹벽

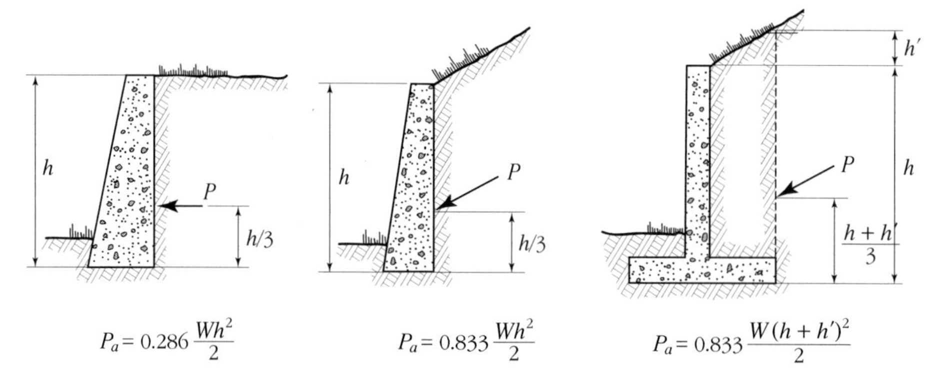

(a) 상재하중 없는 중력식이나 캔틸레버 옹벽 (b) 상재하중 있는 중력식 옹벽 (c) 상재하중 있는 캔틸레버 옹벽

그림 Ⅰ-39. 옹벽의 종류별 토압과 작용점

위치도 달라진다. 이러한 토압의 계산과 작용점의 파악은 앞에서 제시된 쿨롱과 랑킨의 이론이 주로 적용되는데, 여기서 랑킨의 주동토압공식을 사용하여 흙의 안식각과 내부마찰각(ø)이 같으며 약 34°라고 가정하여 구한 옹벽의 종류별 주동토압과 토압의 작용점은 그림 Ⅰ-39와 같다.

나. 옹벽의 종류

옹벽擁壁*retaining wall*은 구조적으로 강성이 매우 커서 구조물 자체의 변형 없이 일체로 거동하는 흙막이 구조물로서 자연사면을 깎아서 도로나 건물을 축조하기 위한 공간을 확보할 목적으로 만들어지는 구조물이다. 공간을 넓히기 위해 일반적으로 낮은 쪽의 지면에 옹벽을 만들고 그 배면을 성토하게 된다.

옹벽의 재료로는 돌, 벽돌과 같은 조적재료나 콘크리트 블록, 그리고 콘크리트(철근콘크리트) 재료가 많이 사용된다. 구조적으로 많이 쓰이는 방법은 석조나 무근 콘크리트로 하는 중력식 옹벽, 철근콘크리트로 하는 캔틸레버 옹벽과 부축벽 옹벽扶築壁擁壁, 그리고 콘크리트 블록을 이용한 조립식 옹벽이 있다. 이 밖에도 특수한 목적과 형태의 옹벽이 있다.

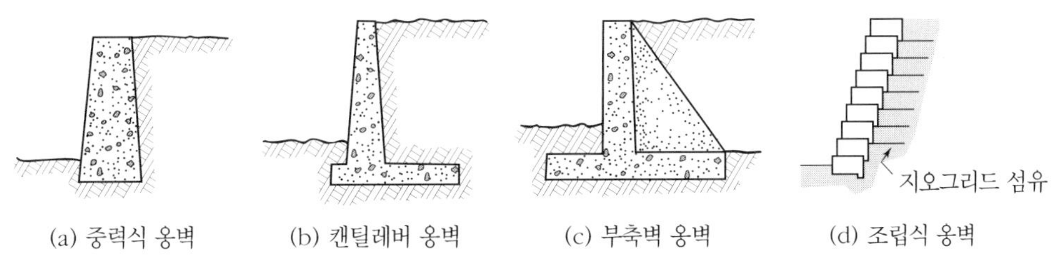

그림 Ⅰ-40. 옹벽의 종류

(1) 중력식 옹벽*gravity retaining wall*

자중自重으로 토압에 저항하는 것으로, 무근 콘크리트 옹벽이나, 돌이나 벽돌을 이용한 조적식 옹벽이 이에 속한다. 옹벽의 자중에 의하여 토압에 견디어야 하므로 그 부피와 무게가 크므로 기초지반이 견고하여야 한다. 옹벽의 높이는 4m 정도까지로 비교적 낮은 경우에 유리하다.

반중력식 옹벽은 중력식 옹벽을 철근으로 보강하여 구조체의 두께를 얇게 하여 자중을 줄이는 만큼 안정성을 높이기 위하여 중심의 위치를 낮게 하고, 내부에 생기는 인장력을 철근이 받도록 설계된 구조이다.

(2) 캔틸레버 옹벽*cantilever retaining wall*

철근콘크리트 구조로서 구조적 단면의 형태를 취하여 구조체의 부피가 상대적으로 적어 자중이 줄어든 만큼 옹벽 배면의 기초 저판 위의 흙의 무게를 보강하여 토압에 견딜 수 있도록 안정성을 높인 것으로, 구조상 중력식 옹벽보다 경제적이다. 이 옹벽은 단면의 형상에 따라 역T형, L형으로 나누어지며, 높이가 비교적 높은 곳에 사용되고 6m까지 사용 가능하다. 대표적인 캔틸레버 옹벽의 단면을 제시하면 그림 Ⅰ-41과 같으며, 여기서 저판의 깊이는 동결 깊이보다 커야 하며 최소 1m 이상이어야 한다.

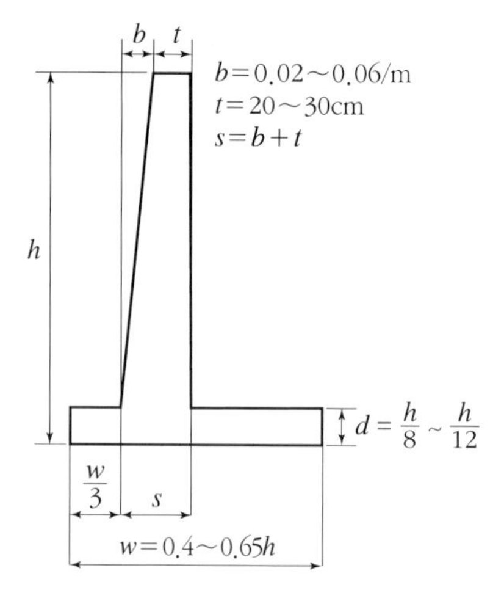

그림 Ⅰ-41. 캔틸레버 옹벽의 표준단면

(3) 부축벽 옹벽

이 옹벽은 철근콘크리트 옹벽이며, 역T형 옹벽으로 설계하였을 때, 수직벽의 강도가 부족할 경우에 이것을 보강하기 위하여 수직벽과 직교된 밑판 위에 일정한 간격으로 부벽을 연결한 것이다. 부벽의 위치에 따라 두 가지 형식으로 나누어지는데, 부벽이 토압을 받는 쪽에 설치된 것을 뒷부벽식 옹벽*counterforted retaining wall*이라 하고, 그 반대쪽(벽 앞면)에 설치된 것을 앞부벽식 옹벽*butteressed retaining wall*이라 한다. 지형이나 부지여건에 따라 한 형식을 선택하지만 일반적으로 뒷부벽식 옹벽이 널리 사용되고 있다.

(4) 조립식 옹벽*segmental retaining wall*

옹벽을 조성하기 위하여 조립식 콘크리트 블록을 사용하는 것으로, 다양한 곡선의 옹벽을 쉽게 만들 수 있어 최근 들어 활발히 사용되고 있다. 옹벽이 다공질이고 개별적인 블록으로 구성되므로 옹벽 배면의 수압을 줄이기 위한 별도의 조치가 필요 없다.

다. 옹벽의 설계과정

옹벽을 설계하기 위해서는 앞에서 언급된 토압을 계산하는 과정과 이를 토대로 하여 옹벽의 안정성을 검토하고, 이에 따라 옹벽 구조체의 단면과 세부구조를 설계하는 과정을 거치게 되는데, 일반적인 옹벽의 설계과정은 다음과 같다.

① 지형의 조사, 지반의 토질조사 및 시험을 한다.

② 위의 자료를 토대로 하여 설계에 사용될 내부마찰각, 점착력, 흙의 단위중량 등 설계조건을 결정한다.

③ 옹벽의 형상을 결정하고 단면을 가정한다.

④ 옹벽의 자중, 옹벽에 작용하는 토압 및 뒷채움 흙의 재하중을 계산한다.

⑤ 옹벽의 안정성을 계산하여 만약 불안정하다고 판단되면 단면을 다시 가정하고 계산을 반복하는 과정을 거쳐 안정된 단면을 설계한다.

⑥ 옹벽 각 부재의 구조체를 설계한다.

⑦ 뒷채움 흙의 배수설비 등 세부 구조물을 결정한다.

라. 옹벽의 안정 조건

옹벽의 안정을 계산할 때는 옹벽에 접한 토사 전체의 전단에 의한 활동파괴와 옹벽 자체의 파괴를 검토해야 한다. 전단에 의한 활동파괴는 사면의 안정에서 다루었으므로 여기서는 옹벽 자체의 파괴에 대한 안정성을 검토하기로 한다.

옹벽의 안정성은 여러 가지 외력을 받고 있기 때문에 임의 단면에서 검토해야 하지만 일반적으로 저면이 가장 위험하므로, 이 부분에서 안정계산을 철저히 하여 저면의 폭을 산정해야 한다. 이 때 일반적 안정, 활동에 대한 안정, 전도에 대한 안정, 그리고 기초지반의 지지력, 즉 침하에 대한 안정을 계산한다.

(1) 일반적*general stability* 안정

옹벽에 작용하는 토압과 옹벽의 중량의 합력이 옹벽기부의 중앙삼분점*middle third* 부분에 작용하면 모든 힘이 등분포하중의 압축력으로 작용하게 되어, 인장응력으로 인한 기초파괴나 부등침하를 예방할 수 있다. 만약 합력이 중앙삼분점을 벗어날 경우, 단면을 크게 하거나 발생하는 인장응력에 대응하기 위하여 중력식 옹벽에 철근을 보강하기도 한다. 따라서 옹벽의 일반적인 안정성 검토는 이러한 외력이 과연 옹벽기부의 중앙삼분점에 작용하는지에 대한 판단이며, 이것은 힘의 방향과 크기를 정확한 축척으로 표현한 시력도로 구하거나 좀더 정확하게는 계산을 통하여 구할 수 있다.

(2) 활동*sliding*에 대한 안정

옹벽의 저부에 작용하는 외력의 합력 중 수평분력은 옹벽을 앞쪽으로 활동시키려고 한다. 반대로 옹벽에는 활동에 대한 저항력이 생기는데, 옹벽의 중량과 그것이 지지하고 있는 토양의 중량의 합에 마찰계수를 곱한 마찰력이 해당된다. 따라서 활동력이 저항력보다 커지면 옹벽은 활동하게 되고, 반대인 경우에 옹벽은 활동에 대해 안전하다고 볼 수 있다. 일반적으로 활동에 대한 안전율은 1.5～2.0을 적용한다.

$$F(\text{안전율}) = \frac{S_r(\text{활동에 대한 저항력})}{\Sigma H(\text{활동력})} > 1.5 \sim 2.0 \quad \cdots\cdots (\text{식 I}-23)$$

단, $S_r = w$(옹벽과 저판 위의 흙의 중량의 합)$\times \mu$(마찰계수)

〈표 I-17〉 마찰계수

토질 종류	보통흙 · 진흙	모래	자갈 · 둥근돌	콘크리트
	습윤~건조	습윤~건조		
콘크리트에 대한 마찰계수(μ)	0.2~0.5	0.2~0.5	0.5	0.65

(3) 전도*overturning*에 대한 안정

옹벽을 전도시키려는 힘은 옹벽에 작용하는 주동토압에 의해서 옹벽의 외측 기초하단부에 걸리는 회전모멘트에 의해서 생기고, 이에 대한 저항력은 옹벽의 중량과 그것이 지지하고 있는 토양의 중량의 합이 동일한 지점에 대한 저항모멘트이다. 따라서 저항모멘트가 회전모멘트보다 커야만 옹벽이 안정하게 된다. 전도에 대한 안전율은 2.0을 적용한다.

$$F = \frac{M_r(\text{작용점에서 전도에 대한 저항모멘트})}{M_o(\text{작용점에서 토압에 의한 회전모멘트})} > 2.0 \quad \cdots\cdots (\text{식 I}-24)$$

(4) 침하*settlement*에 대한 안정

옹벽에 작용하는 외력의 합력에 의하여 기초지반에 생기는 최대압축응력 $\delta_{\max}$이 지반의 지내력 δ_a보다 작으면 기초지반은 안정하다. 만약 최대압축응력이 지반의 허용지지력보다 클 경우 지반면을 보완하여야 한다.

$$\delta_{\max} \leqq \delta_a \quad \cdots\cdots (\text{식 I}-25)$$

단, $\delta_{\max} = \frac{\Sigma P_v}{A}(1 + \frac{6e}{d})$

A : 옹벽의 단위길이당 면적　　ΣP_v : 수직하중

e : 편심거리　　d : 옹벽의 저면폭

마. 중력식 옹벽의 안정 검토

그림 I-42와 같은 상부의 폭이 0.5m, 기부의 폭이 1.0m, 높이가 2.5m 되는 사다리꼴의 단면을 가진 중력식 콘크리트 옹벽이 건조한 보통 흙에 축조되었을 때를 예로 들어 안정성을 검토해 보도록 한다.

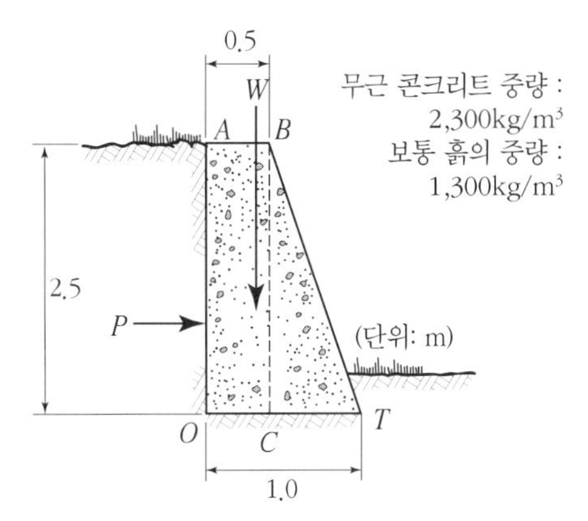

그림 Ⅰ-42. 중력식 옹벽의 단면

(1) 옹벽의 중량과 토압의 계산 및 단면의 무게중심의 결정

토압 *P*와 옹벽의 중량 *W*를 구하기 위해 그림 Ⅰ-42에서 *OABC*의 사각형단면을 W_1, *BCT*의 삼각형 단면을 W_2로 한다. 표 Ⅰ-18에서 모멘트는 그 단면의 중심*centroid*을 구하고, 점 *O*로부터의 거리인 모멘트 팔을 계산한 후, 단면의 단위당 무게와 모멘트 팔을 곱하여 구한 것이다. 참고로, 기하학적 단면의 무게중심은 그림 Ⅰ-44에서 알 수 있다.

〈표 Ⅰ-18〉 모멘트의 계산

단면	무게(kg)	모멘트 팔(m)	모멘트(kg · m)
W_1	1×2.5×0.5×2,300=2,875	0.5/2=0.25	719
W_2	1×0.5×2.5×1/2×2,300=1,437.5	0.5+0.5/3=0.67	963
합계	*W*=4,312.5	0.39	1,682

토압은 그림 Ⅰ-39(a)에 준하여 구할 수 있다.

$$P = 0.286\frac{Wh^2}{2}$$

$$= 0.286 \times \frac{1300 \times 2.5^2}{2} = 1162(\text{kg})$$

그림 Ⅰ-43에서 토압은 저판底板에서 옹벽의 높이 1/3 지점에 작용하며, 옹벽의 중량은 〈표 Ⅰ-18〉에서 구해진 모멘트 팔에 의해 *O*에서 0.39m 되는 점 *D*에 작용함을 알 수 있다.

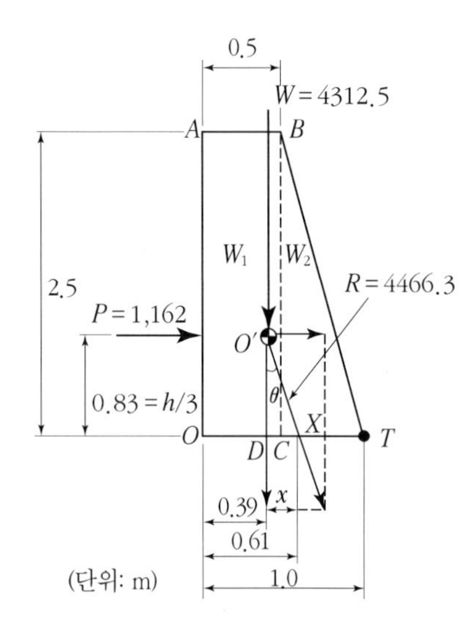

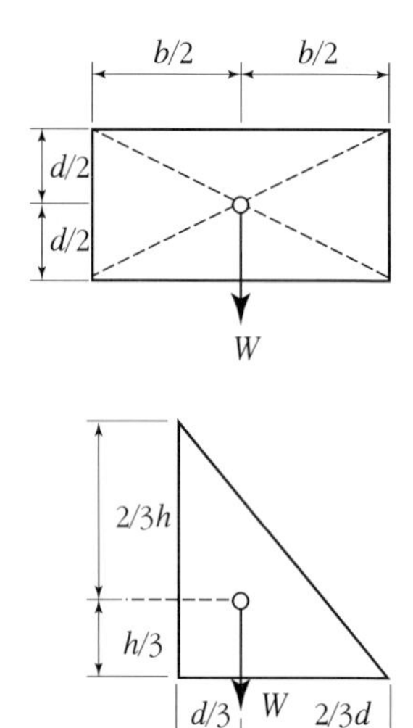

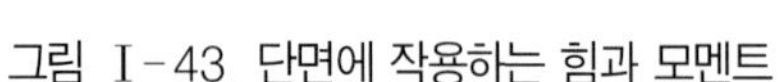
그림 Ⅰ-43. 단면에 작용하는 힘과 모멘트

그림 Ⅰ-44. 단면의 중심

(2) 일반적 안정성의 검토

위의 계산으로 일반적인 안정성을 검토해 보면 토압 P와 옹벽의 중량 W의 합력이 기부基部의 중앙삼분점*middle third* 부분에 작용하면 일반적으로 안정된 옹벽이라 할 수 있다. 즉, 토압과 옹벽의 중량이 작용하는 교점 O'를 구하여 합력 R이 중앙삼분점 구간인 기부의 점 O에서 0.33m로부터 0.67m 안에 작용하면 일반적으로 이 옹벽은 안정하다고 본다.

합력 R은

$$R = \sqrt{W^2 + P^2} = \sqrt{4312.5^2 + 1162^2} = 4,466.3$$

$$\sin\theta = \frac{P}{R} = \frac{1162}{4466.3} = 0.2602 \qquad \theta = 15.08°$$

$$x = \frac{h}{3}\tan\theta = \frac{2.5}{3} \times \tan 15.08° \quad = 0.22$$

∴ 합력은 점 O에서 0.61m(0.39+0.22) 되는 점 X를 통과하므로 일반적으로 안정된 옹벽임을 알 수 있다.

(3) 전도에 대한 안정성 검토

옹벽을 전도하려고 하는 힘은 옹벽의 높이 1/3 지점에 작용하는 토압이고, 또 벽의 전도는 옹벽의 앞부리 T에서 일어난다.

$$\text{전도모멘트}(M_o) = P \times h/3 = 1162 \times \frac{2.5}{3} = 968.3\,(\text{kg} \cdot \text{m})$$

$$\text{저항모멘트}(M_r) = W \times TD = 4312.5 \times 0.61 = 2630.6\,(\text{kg} \cdot \text{m})$$

$$\frac{M_r}{M_o} = \frac{2630.6}{968.3} = 2.72 > 2.0$$

∴ 전도모멘트에 안전율 2를 적용한 것보다 저항모멘트가 크므로 전도에 대해서 안전하다.

(4) 침하에 대한 안정성 검토

기부의 중심은 0.5m이고 옹벽의 무게와 토압의 합력은 그림 Ⅰ-43에서 저판 위의 점 0.61m를 지나므로 편심거리 e 0.11m에 대한 기부의 압축력이 건조한 보통 흙의 허용 지내력 30tf/m²보다 작으면 안정된 옹벽이다.

기초지반에 생기는 압축응력은

$$f = \frac{P}{A}\left(1 + \frac{6e}{d}\right)$$

$$= \frac{4312.5}{1.0}\left(1 + \frac{6 \times 0.11}{1.0}\right) = 7158.7\,(\mathrm{kgf/m^2}) < 30\mathrm{tf/m^2}$$

∴ 지반의 허용 지내력이 압축응력보다 크므로 안전하다.

(5) 활동에 대한 안정성 검토

활동을 일으키려는 힘은 토압이고 활동을 방지하려는 힘은 구조물의 중량과 그것을 지지하고 있는 토양의 콘크리트에 대한 마찰계수(〈표 Ⅰ-17〉)을 곱한 것이다.

안전계수(F) = 활동저항력(S_r) / 활동력(ΣH)

$= 4312.5 \times 0.5 / 1{,}162 = 1.86 > 1.5$

∴ 활동력에 안전율 1.5를 적용한 것보다 활동저항력이 크므로 활동에 대해서 안전하다.

바. 캔틸레버 옹벽의 안정 검토

그림 Ⅰ-45와 같은 콘크리트 캔틸레버 옹벽의 안정성을 검토해 보자. 중력식 옹벽에서는 옹벽 자체의 중량만이 압축력이었지만, 이 경우에는 옹벽 위에 있는 토양, 즉 *BCDIH* 부분도 이 옹벽에 중량으로 작용한다는 것을 고려하여야 한다.

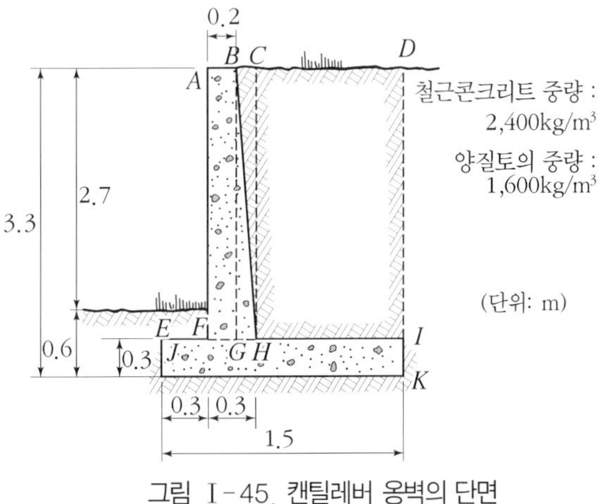

그림 Ⅰ-45. 캔틸레버 옹벽의 단면

(1) 옹벽의 중량과 토압의 계산 및 단면의 무게중심의 결정

옹벽이 받는 하중 W는 옹벽의 중량과 옹벽 저판 위의 흙의 중량을 합해서 구하며, 이러한 각 하중 요소들이 옹벽저부의 J점을 기준으로 하여 작용하는 모멘트의 합을 구하면, 전체 옹벽이 받는 하중의 모멘트 값과 J점으로부터 하중이 작용하는 지점까지의 모멘트 팔을 구할 수 있다.

〈표 Ⅰ-19〉 모멘트의 계산

단 면	무 게(kg)	모멘트 팔(m)	모멘트(kg · m)
EIJK	0.3×1.5×1×2400 = 1080	0.75	810
ABFG	0.2×3.0×1×2400 = 1440	0.3 + 0.1 = 0.4	576
BGH	0.1×3.0×1×1/2×2400 = 360	0.5 + 0.1/3 = 0.53	191
BCH	0.1×3.0×1×1/2×1600 = 240	0.5 + 0.1×2/3 = 0.57	137
CDHI	0.9×3.0×1×1600 = 4320	10.6 + 0.9×1/2 = 1.05	4,536
합계	ΣW = 7440	0.84	ΣM = 6,250

토압은 상재하중이 없는 캔틸레버 옹벽이므로

$$P_a = 0.286\,\frac{Wh^2}{2} = 0.286 \times \frac{1,600 \times 3.3^2}{2} = 2,492\,(\text{kg})$$

단, 이것은 주동토압만 계산한 것이므로 필요한 경우에는 수동토압 P_a을 함께 계산하여 토압을 구하여야 한다.

또한 토압은 옹벽의 저판에서 옹벽의 높이 1/3 지점에 작용하며, 옹벽의 중량은 〈표 Ⅰ-19〉에서 구해진 모멘트 팔에 의해 J에서 0.84m 되는 점 O'에 작용함을 알 수 있다.

6,250÷7,440 = 0.84(m) (J에서부터 모멘트 팔의 길이)

(2) 일반적 안정성의 검토

옹벽의 중량 W와 토압 P의 합력이 기부의 중앙삼분점 부분에 어떻게 작용하는지를 확인해 보자.

합력 R은

$$R = \sqrt{W^2 + P^2} = \sqrt{7,440^2 + 2,492^2} = 7,846$$

$$\sin\theta = \frac{P}{R} = \frac{2,492}{7,846} = 0.3176 \qquad \theta = 18.52^\circ$$

$$\overline{XO'} = \frac{h}{3}\tan\theta = \frac{3.3}{3} \times \tan 18.52^\circ \quad = 0.37$$

∴ 그림 I-46에서 합력은 기초의 저판 0.47m 지점을 통과하고 중앙삼분점 구간(0.5~1.0m)의 바깥쪽을 통과하므로 이 옹벽은 인장력이 발생할 우려가 있으므로 옹벽의 단면을 보완하거나 인장응력에 대응하도록 철근을 넣어주어야 한다.

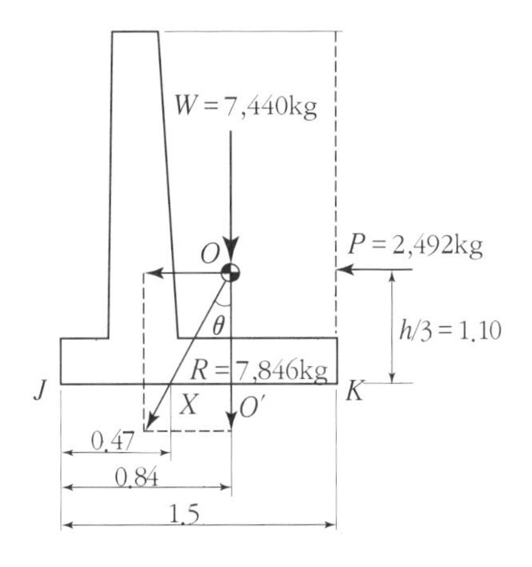

그림 I-46. 단면에 작용하는 힘과 모멘트

(3) 전도에 대한 안정성 검토

옹벽을 전도하려고 하는 힘은 옹벽의 높이 1/3 지점에 작용하는 토압이고, 또 벽의 전도는 옹벽의 앞부리 J에서 일어난다.

$$\text{전도모멘트}(M_o) = P \times \frac{h}{3} = 2,492 \times \frac{3.3}{3} = 2,741\,(\text{kg} \cdot \text{m})$$
$$\text{저항모멘트}(M_r) = W \times \overline{JO'} = 7,440 \times 0.84 = 6,250\,(\text{kg} \cdot \text{m})$$
$$\frac{M_r}{M_o} = \frac{6,250}{2,741} = 2.28 > 2.0$$

∴ 전도모멘트에 대한 안전율 2를 초과하므로 전도에 대해서 안전하다.

(4) 침하에 대한 안정성 검토

기부의 중심은 0.75m이고 옹벽의 무게와 토압의 합력은 그림 I-46에서 저판 위의 점 0.47m를 지나므로 편심거리 e 0.28m에 대한 기부의 압축력이 건조한 보통 흙의 허용 지내력 30tf/m²보다 작으면 안정된 옹벽이다.

$$f = \frac{P}{A}\left(1 + \frac{6e}{d}\right)$$
$$= \frac{7,440}{1.5 \times 1.0}\left\{1 + \frac{6 \times (0.75 - 0.47)}{1.5}\right\} = 10,515\,(\text{kgf/m}^2) > 30\,(\text{tf/m}^2)$$

∴ 허용 지내력이 압축응력보다 크므로 침하할 가능성이 낮다.

(5) 활동에 대한 안정성 검토

활동을 일으키는 힘은 토압이고 활동을 방지하려는 힘은 옹벽구조체의 중량과 저판 위의 흙 부위이므로 이 두 가지 요소를 비교해 보면

안전계수 $= 7,440 \times 0.3 / 2,496 = 0.895 < 1.5$

∴ 활동력에 안전율 1.5를 적용한 것보다 활동저항력이 작으므로 활동하기 쉽다. 그러므로 기초부분에 활동방지턱을 만들어 활동을 막을 수 있도록 저판의 단면을 변경하여야 하며, 이 경우 저판과 일체로 만들어야 한다.

사. 옹벽의 배수

옹벽 배면의 흙은 우수 등에 의해서 함수량이 증가하거나 침수상태가 되면 흙의 단위중량이 증가하고 내부마찰각과 점착력이 저하되고, 점성토일 때에는 팽창을 일으키게 되며, 침투압이나 정수압 등의 수압이 가해져서 토압이 크게 증대된다.

이러한 옹벽배면의 물을 다루기 위한 옹벽 배수는 옹벽의 안정성을 결정짓는 주 원인이다. 배수와 관련하여 몇 가지 원칙이 있다. 첫째, 옹벽의 배면에 작용하는 수압이 완화되거나 조절되지 않는다면 옹벽의 전도나 활동을 야기시킬 수 있으므로 수압을 줄이기 위해서는 과도한 지하수를 모아서 처리하는 배수구를 옹벽의 저부에 설치하여야 한다. 둘째, 옹벽 아래의 토양수분의 포화에 따라 옹벽의 지내력이 저하되어 전도될 수 있으므로, 옹벽 상부로의 강우 침투를 차단하여 토양내 수분의 과잉포화나 옹벽 배면에 수압이 작용하지 않도록 해야 한다. 셋째, 옹벽의 종벽에 수평, 수직으로 1.5～2.0m²마다 직경 5～10cm의 배수공을 설치하며, 부벽식 옹벽에서는 부벽 사이의 한 구획마다 적어도 한 개 이상 설치한다. 또한 옹벽배면의 배수공 위치에 자갈 또는 쇄석을 채워서 물만 배수시키고 토사가 빠져나오지 않도록 휠터층을 만들도록 한다.

마지막으로, 옹벽의 뒷채움시에는 다짐이 용이하고 배수가 잘 되는 양질의 토사를 사용하여야 한다.

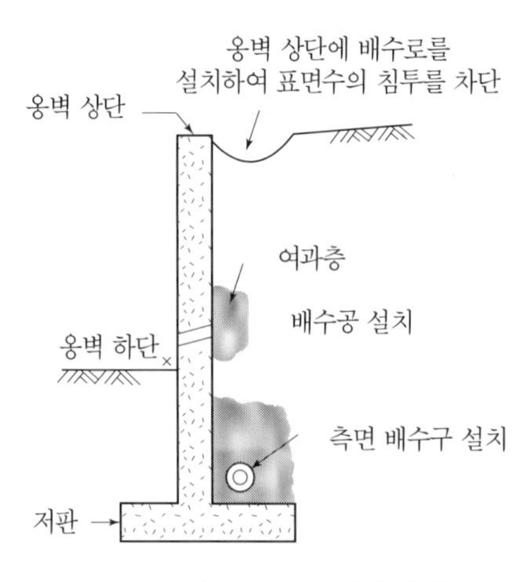

그림 Ⅰ-47. 옹벽의 단면

연습문제

1. 조경가들은 왜 토양조사를 해야 하는가?
2. 토층단면의 모형을 그리고, 각 층위별 특성에 대해 설명하라.
3. 토양의 물리적, 화학적 성질과 그리고 공학적 성질이란 무엇인가?
4. 토양입자의 크기에 따라 토양을 분류하고 입자의 특성에 대해 설명하라.
5. 토양수분의 토양내 존재 형태를 들고 식물생육 측면에서의 효용성에 대하여 설명하라.
6. 비탈면의 종류와 그 파괴형태에 대하여 설명하라.
7. 그림 I-48과 같은 캔틸레버 옹벽의 안정성을 검토하라.

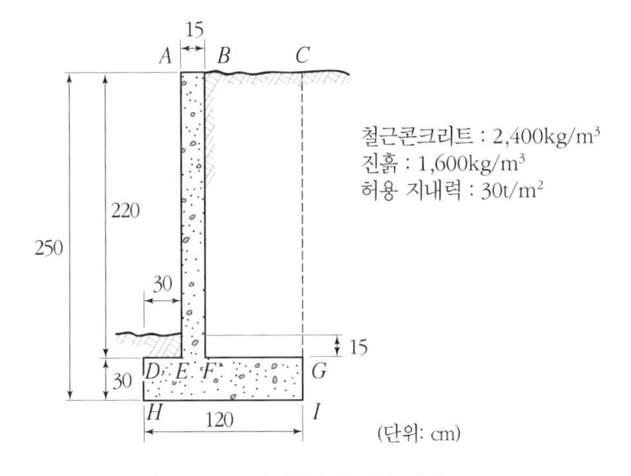

그림 I-48. 캔틸레버 옹벽의 단면

참고문헌

조성진 · 박천서 · 엄대익, 『삼정 토양학』, 향문사, 1985.
오왕근, 『최근토양학』, 일조각, 1978.
임선욱 저, 『토양학통론』, 문운당, 1991.
원종관 외 5인, 『지질학원론』, 우성문화사, 1989.
최대호 저, 『토질역학』, 형설출판사, 1998.
한국건설기술연구원, 『사면의 안전진단 및 보호공법』, 1989.12.
한국조경학회, 국토해양부 승인 조경설계기준, 2013.
Harlow C. Landphair & Fred Klatt, Jr., *Landscape Architecture Construction*, Prentice Hall PTR, 1999.
W.L.Schroeder, *Soil in Construction*, NewYork:John Wiley & Sons, Inc., 1975.
中村貞一 著,「綠地 · 造園の工法」, 東京:鹿島出版會, 1977.
最新斜面 · 土留め技術總攬編輯委員會,「斜面 · 土留め技術總攬」, (株)産業技術サ-ヒスセンタ-, 1991.

II 지 형(Landform)

지구 표면은 다양한 형태를 가지고 있으며, 이러한 지표의 형태와 지표상에 존재하는 지물을 합쳐서 지형地形이라고 한다. 지형을 묘사하는 방법은 다양하지만 이 중에서 등고선법은 가장 효율적인 수단이며, 등고선의 원리에 근거해 지형을 일정한 축척과 도식으로 그려 지형에 관련된 상세한 정보를 제공하기 위해 만들어진 것을 지형도*topographical map*라고 한다. 조경설계와 시공을 위해서는 이러한 등고선에 대한 이해와 더불어 부지의 지형과 각 지점의 공간상의 위치를 결정하기 위한 측량에 대한 지식이 요구된다.

1. 지형의 묘사

가. 지형의 표시법

정지설계整地設計를 하는 데 있어서 가장 큰 어려움 중에 한 가지는 3차원적인 지형상태를 2차원적으로 묘사하는 것이다. 음영*shading*, 점고저*spot elevation*, 측면과 단면도*profiles and sections*, 그리고 등고선*contour line*을 사용하여 지형을 묘사한다.

(1) 음영법

명암법이라고도 하며, 빛이 지표에 비치면 지표기복의 형상에 따라서 명암이 생기는 이치를 응용한 것으로, 수직음영법, 사선음영법, 쇄상선법이 있다. 수직음영법에서 지표면은 평탄하면 평탄할수록 더 많은 빛이 반사되어 엷게 나타나며, 급경사는 더 적은 빛을 반사하므로 더 어둡게 나타나게 된다. 사선음영법에서는 광원이 왼쪽 위에 있다고 가정하고 빛이 남동으로 그림자를 드리우게 되며, 급경사는 어두운 그림자, 완경사는 밝은 그림자로 표현된다.

쇄상선법은 선의 간격 · 굵기 · 길이 · 방향 등으로 지형을 표시하는 방법으로, 지형의 기복起伏을 알기 쉽게 묘사할 수 있으며, 등고선과 병행하여 부지분석에 효과적으로 사용된다. 그러나 어느 지점의 높이, 특히 산 정상과 저지의 높이는 점고저로 명시하지 않으면 고저를 결정하기가 어려우며, 정확한 경사를 측정하기 불가능하다. 일반적으로 쇄상선*hachure line*은 연속적인 등고선 사이의 가장 짧은 거리의 1/4의 간격으로 가장 짧은 거리인 2개의 등고선 사이에 수직으로 그려지므로 짙고 가까우면 급한 경사를 보여주고, 엷고 멀리 떨어져 있으면 완만한 경사를 나타내며, 아울러 물이 흐르는 방향을 보여준다.

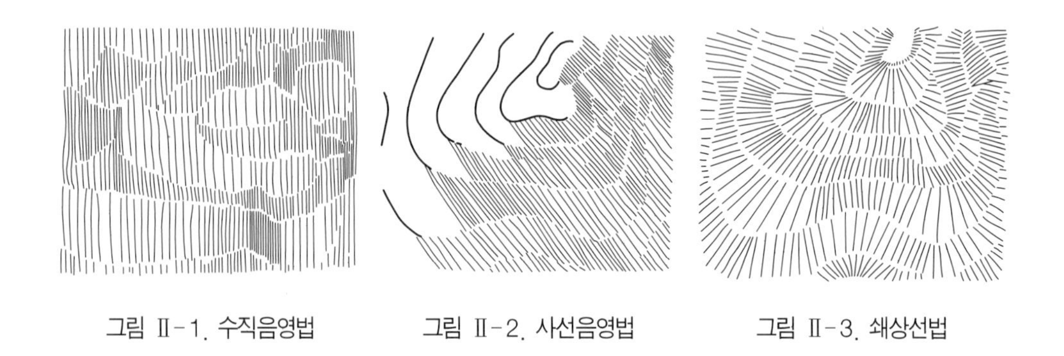

그림 Ⅱ-1. 수직음영법　　그림 Ⅱ-2. 사선음영법　　그림 Ⅱ-3. 쇄상선법

(2) **점고법***spot elevation*

지표면의 표고나 수심을 도상에 숫자로 기입하는 방법으로, 주로 산 정상 및 하천이나 항만의 깊고 얕음을 표시하는 데 사용된다. 점고법은 지형적인 차이를 등고선으로 충분히 표현할 수 없는 경우에 보완적으로 사용되며, 상세설계에 주로 사용된다. 일반적으로 표기하고자 하는 정확한 위치에 '×' 표시를 하고, 소수점 이하 한 자리까지 높이를 명기한다. 점고저는 옹벽이나 계단 등 구조체의 상하단이나 연석 꼭대기의 높이, 보존해야 할 수목의 지표면에서 높이, 그리고 부지내 배수와 관련된 주요 지점을 표시하는 데 이용할 수 있다.

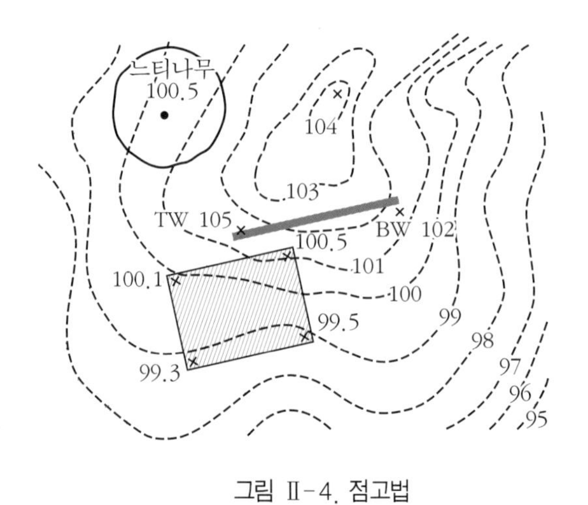

그림 Ⅱ-4. 점고법

(3) 단면도*section*

토지의 수직적인 지형 변화를 나타내는 그림을 단면도라고 한다. 도로와 같이 선형의 형태를 취하는 시설은 도로의 중심선을 기준으로 하여 종단면도에 작성하게 되며, 도로를 횡단하여 차도, 길어깨, 보도를 포함하는 횡단면도를 만들 수도 있다. 이러한 단면도는 단순히 기존의 단면 형태만을 보여주는 데 그치지 않고 계획선과 이로 인해 발생하는 절 · 성토의 면을 보여주어 도로와 같은 선형 요소의 토공량 산정을 위한 주요한 표현방법이 된다.

(4) 등고선법*contour line*

등고선은 지표의 같은 높이의 점을 연결하는 곡선이다. 등고선은 보통 어떤 기준면에서부터 일정한 높이마다 한 둘레씩, 즉 등간격으로 구한 것을 평면도상에 나타낸 것이다. 지형도를 보면 높이 차이를 곧 알 수 있을 뿐만 아니라, 인접 등고선과의 수평거리로 지표경사의 완급도 알 수 있어 경사도를 용이하게 산출할 수 있으므로 지형을 나타내는 데 필요한 다양한 정보를 제공해 준다.

2. 등고선

가. 등고선의 정의

등고선은 동등한 높이의 모든 점을 연결하여 평면 위에 그려진 선이므로 등고선 위의 모든 점은 높이나 깊이가 같다. 등고선법은 네덜란드의 기술자 크루키어스 N.Cruquius가 1730년경 메르베데*Merwede*강의 하저를 표시하는 데 처음으로 사용하였으며, 20세기 들어서면서 측량지도를 만드는 일반적인 방법으로 사용하여 시작하였다.

나. 지형과 등고선

등고선은 3차원의 형태를 2차원으로 표현하는 것이다. 조경가는 지형도를 보고 지형을 분석하고 이해할 수 있어야 하며, 동시에 지형을 시각적으로 표현할 수 있는 능력을 배양해야 한다. 또한 현재의 등고선과 지형뿐만 아니라 등고선의 변화에 따른 새로운 지형의 미적 · 생태적 변화를 예상할 수 있어야 한다.

그림 Ⅱ-5는 등고선이 지형을 결정하는 것을 설명해 준다. (a)는 동심원의 등고선이며, 이것을 근간으로 하여 (b)와 같은 다층상의 형태와 (c)에서 볼 수 있는 원추체를 만들 수 있다.

그러나 등고선 사이의 지형은 일반적으로 점진적으로 변화하는 것으로 간주되므로 인접한 등고선 사이의 표면이 부드럽게 경사진 형태인 (c)의 형태가 현실에 더 가깝다.

그림 Ⅱ-5. 등고선과 지형의 모식

다. 등고선의 종류와 간격

지형도의 축척에 따라 결정되는 등고선의 간격은 지형을 묘사할 때 정확도를 결정짓는다. 지형을 표시하는 데 기본이 되는 곡선은 주곡선主曲線이고, 땅의 모양을 명시하고 표고를 쉽게 읽기 위하여 주곡선 5개마다 굵게 표시한 곡선은 계곡선計曲線이다. 주곡선 간격의 1/2로 산정山頂, 안부鞍部, 경사가 고르지 않은 완경사지, 그 외에 주곡선만으로는 지모의 상태를 명시할 수 없는 곳을 가는 파선으로 표시한 곡선이 간곡선間曲線이다. 그 간곡선 간격의 1/2로 간곡선으로 충분히 표시할 수 없는 불규칙한 지형을 가는 점선으로 표시한 곡선이 조곡선助曲線이다. 주곡선의 간격은 우리나라에서 기본도로 사용하고 있는 1:25,000 축척의 지형도에서는 10m이고 1:50,000 축척의 지형도에서는 20m이다. 그림 Ⅱ-6은 1:25,000 축척의 지형도에서 각 등고선을 이용하여 표시한 것이며, 〈표 Ⅱ-1〉은 각 지형도의 축척별 주곡선과 계곡선의 간격이다.

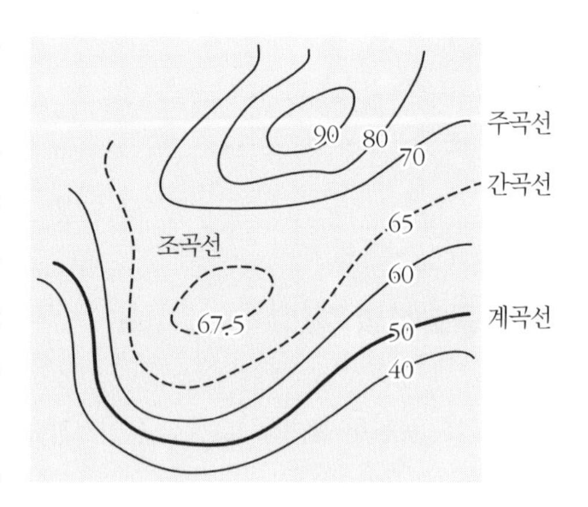

그림 Ⅱ-6. 등고선의 종류

〈표 Ⅱ-1〉 지형도의 축척과 등고선의 간격 (단위: m)

등고선 \ 축척	1/500	1/1,000	1/2,500	1/5,000	1/10,000	1/25,000	1/50,000	1/250,000
주곡선	1	1	2	5	5	10	20	100
계곡선	5	5	10	25	25	50	100	500

이와 같이 등고선의 간격은 지형도의 축척에 따라 결정되지만 이것과는 달리 별도로 등고선을 작성할 경우에는 부지의 지형상의 특성, 등고선의 이용 목적, 도면의 축척, 비용을 복합적으로 고려하여야 한다. 지형의 기복이 심한 곳이나 완경사지에서는 등고선의 간격을 좁게 하고 급경사지인 산지 등은 간격을 넓게 하여, 지형의 형태를 효과적으로 인식할 수 있도록 해야 한다. 또한 구조물 설계와 토공량 측량시에는 좁은 간격을 취하고, 노선측량, 저수지 측량, 그리고 지질도의 지형 측량시에는 넓은 간격을 취하는 경우가 많다.

라. 등고선의 성질

① 등고선상에 있는 모든 점들은 같은 높이로서 등고선은 같은 높이의 점들을 연결한다.

② 서로 다른 높이의 등고선은 도면 안 또는 밖에서 서로 만나지 않으며, 도중에 소실되지 않는다(그림 Ⅱ-9(a)).

③ 등고선이 도면 안에서 폐합하는 경우는 산정이나 요지凹地*depressed area*를 나타낸다. 산정은 점고로써 표기하지만, 요지는 가장 낮은 점의 높이를 점고*spot elevation* 혹은 문자 'D'를 사용하여 나타내거나 등고선의 낮은 편으로 짧은 쇄상선으로써 표시할 수 있다(그림 Ⅱ-7의 ③).

④ 높이가 다른 등고선은 현애懸崖*overhanging cliff*, 동굴洞窟*cave*을 제외하고는 교차되거나 합치되지 않는다. 현애나 동굴에서는 2개소에서 교차한다(그림 Ⅱ-9(b)).

⑤ 등고선의 간격은 급경사지에서는 좁고 완경사지에서는 넓다(그림 Ⅱ-7의 ⑤).

⑥ 등고선은 등경사지에서는 같은 간격이며, 등경사 평면인 지표에서는 같은 간격의 평행선으로 된다(그림 Ⅱ-7의 ⑥).

⑦ 등고선 사이의 최단거리의 방향은 그 지표면의 최대경사로서 등고선에 수직방향으로 강우시 배수방향이 된다(그림 Ⅱ-8).

⑧ 등고선은 결코 분리되지 않는다. 그러나 양편으로 서로 같은 숫자가 기록된 두 등고선을 때때로 볼 수 있다.

⑨ 철凸*convex*경사에서 높은 쪽의 등고선은 낮은 쪽의 등고선의 간격보다 더 넓게 되어 있다(그림 Ⅱ-7의 ⑨).

⑩ 요凹*concave*경사에서 낮은 등고선은 높은 것보다 더 넓은 간격으로 증가한다(그림 Ⅱ-7의 ⑩).

⑪ 등고선이 높은 방향으로 산형山形(A자형)의 곡선을 이루는 경우는 계곡*valley*을 나타내고, 이와 반대인 경우에는 산령*ridge*을 나타낸다(그림 Ⅱ-7의 ⑪).

⑫ 산령과 계곡이 만나 이들의 등고선이 서로 쌍곡선을 이루는 것과 같은 부분은 안부*saddle*, 즉 고개라 한다. 이 안부의 주위에는 다소 평탄한 곳도 있다(그림 Ⅱ-10의 c).

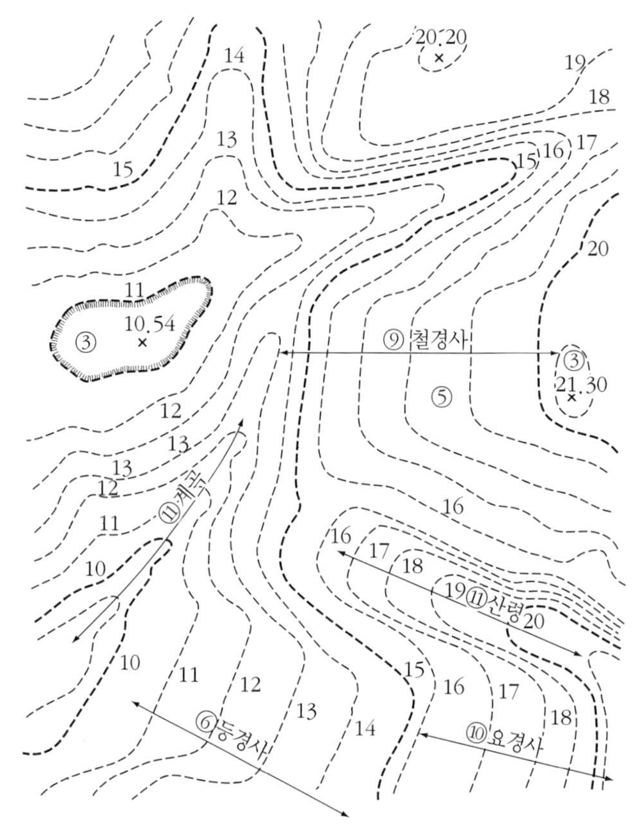

그림 Ⅱ-7. 등고선의 성질(1)

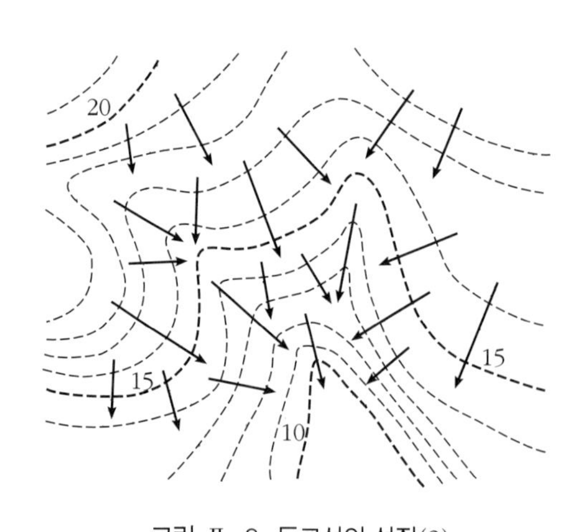

그림 Ⅱ-8. 등고선의 성질(2)

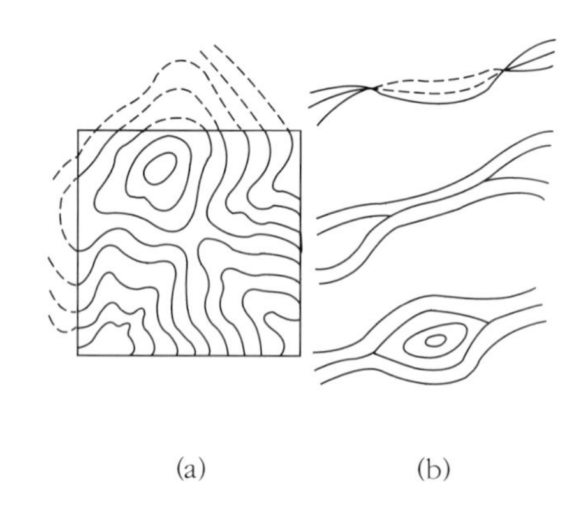

그림 Ⅱ-9. 등고선의 성질(3)

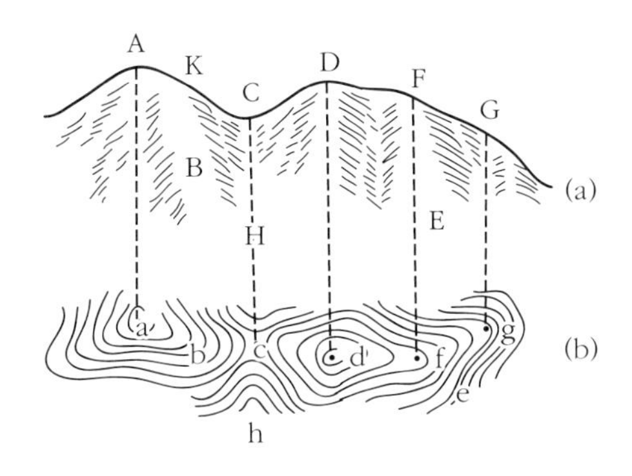

그림 Ⅱ-10. 등고선의 성질(4)

마. 지형의 특성

(1) 계곡과 산령

계곡溪谷 *valley*과 산령山嶺 *ridge*에서 등고선의 형태는 둘 다 'U'나 'V'자 모양의 선들의 연속이다. 'U'나 'V'자 모양으로 바닥이 낮은 높이의 등고선으로 향하면 이것은 산령이고, 반대로 높은 높이의 등고선으로 향하면 계곡이다. 일반적으로 산령은 계곡보다 둥글게 나타나는데, 이것은 산령에서 일어나는 침식 때문이다.

산령과 계곡의 등고선이 확인되었으면 부지의 특성을 이해하기 위한 추가적인 노력이 필요하다. 이 단계에서는 지형의 높고 낮음뿐만 아니라 자연적인 배수도 확인해야 한다. 계곡에 만들어지는 수로는 산령을 경계로 하여 계곡 주위지역으로부터 모든 표면배수를 운반한다. 이러한 계곡과 산령의 조합을 통상 유역流域 *watershed*이라고 하며, 이는 1단위의 분류分流까지 산령선을 경계로 하여 표면배수에 기여하는 지역을 말한다.

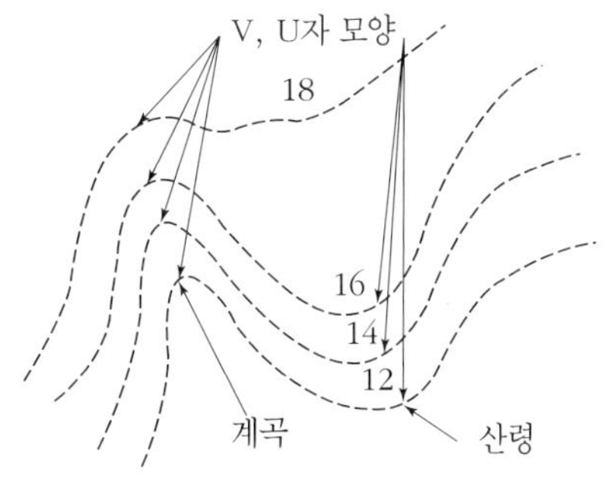

그림 Ⅱ-11. 산령과 계곡

(2) 급경사와 완경사

동일한 축척의 지형도에서 등고선의 간격이 좁으면 급경사를 나타내고, 넓으면 완경사를 나타낸다. 일반적으로 급경사 지역은 무분별한 개발을 할 경우 환경파괴와 경제적 손실, 그리고 표면 식생의 파괴로 인한 침식과 지나친 우수의 표면유출로 인하여 홍수의 우려가 커지므로 개발을 피해야 한다. 또한 완경사도 배수가 원활하지 못하거나 침수의 우려가 있으므로 사전에 이에 대한 방안을 강구하여야 한다.

(3) 요凹사면 · 철凸사면 · 평平사면

경사지의 높은 곳으로 등고선이 밀집하여 있고 낮은 곳에 등고선의 간격이 넓으면 요사면*concave slope plane*이고, 반대로 낮은 곳은 등고선이 밀집하고 높은 곳은 간격이 넓어지는 경우는 철사면*convex slope plane*이다. 또한 등고선이 동일한 간격을 유지하고 있을 경우에는 평사면에 해당된다.

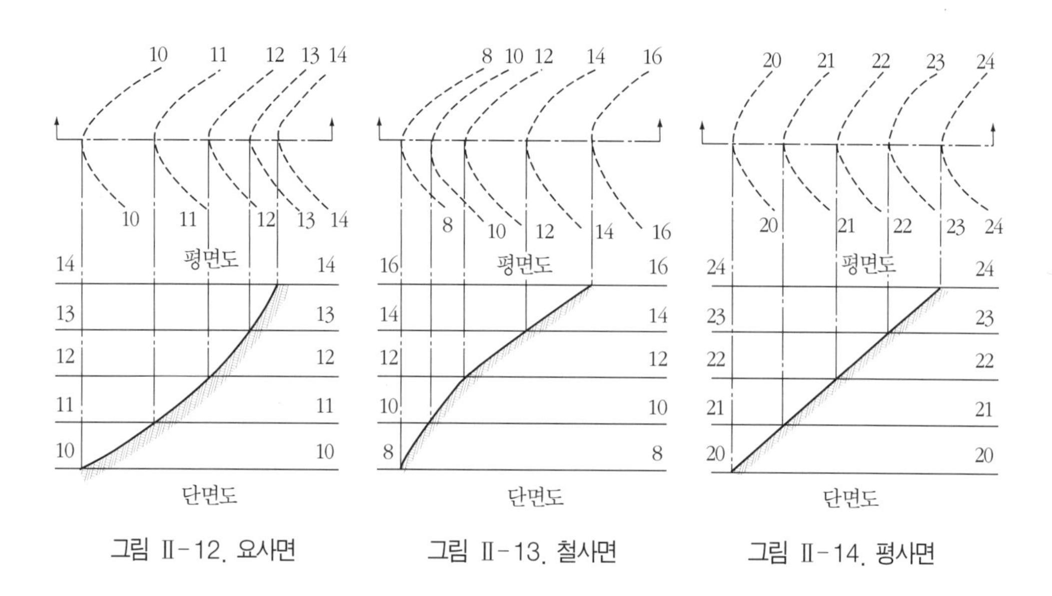

그림 Ⅱ-12. 요사면 그림 Ⅱ-13. 철사면 그림 Ⅱ-14. 평사면

지형도 안에 폐합된 등고선은 요부나 철부를 나타낸다. 닫힌 등고선의 권내로 점차적으로 높아지는 몇 개의 폐합한 등고선이 있으면 철지부이고, 이와 반대로 차차 낮아지는 몇 개의 등고선이 있으면 요지부이다. 요지부는 쇄상선이나 점고를 사용하여 최저지점을 표기하고, 철지부는 점고를 사용하여 최고지점을 추가적으로 표기한다.

(4) 지성선地性線과 지성변환점地性變換点

모든 부지의 지형을 분석하고자 할 때에는 우선 그 땅 모양의 기본이 되는 선과 점을 이해하는 것이 중요하다. 이 지모의 골격이 되는 선을 지성선이라 하며, 그 지성이 변환되는 지점을 지성변환점이라 한다. 등고선과 지성선은 매우 밀접한 관계가 있으며, 등고선을 정확히 그리고 능률적으로 표시하기 위해서는 지성선을 기초로 해야 한다. 그림 Ⅱ-17은 실제의 지형(a)을 지성선과 등고선(b)으로 표시하였을 때를 나타낸 것이다. 이들의 선과 점에는 다음과 같은 것들이 있다.

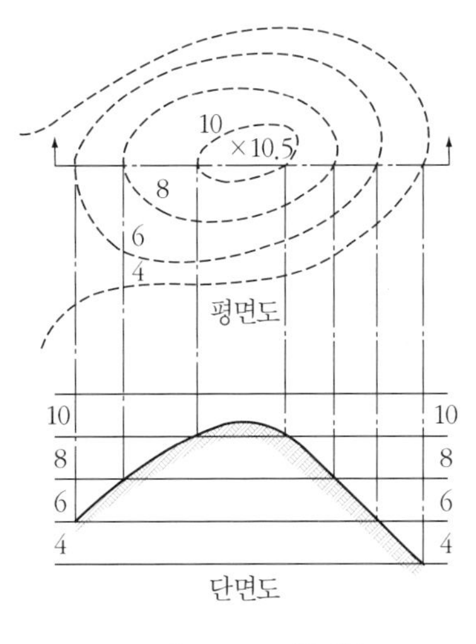

그림 Ⅱ- 15. 철지부

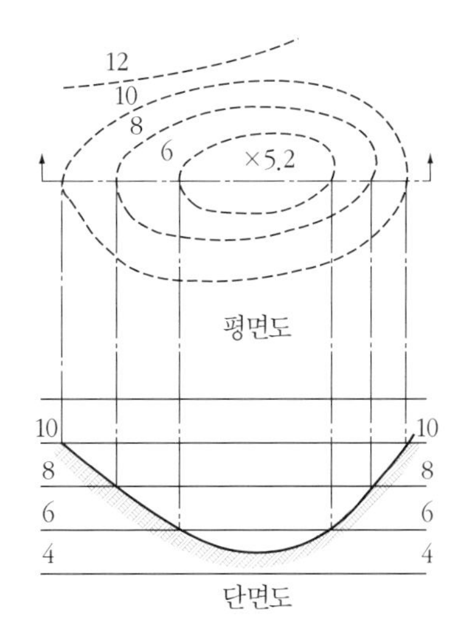

그림 Ⅱ-16. 요지부

1) 산령선(능선)

지표면의 최고부, 즉 산배를 연결한 선은 표면배수의 분수선分水線이다. 그림 Ⅱ-17(b)에서 실선으로 표시된 것이 산령선으로 이 선은 등고선과 직각을 이룬다.

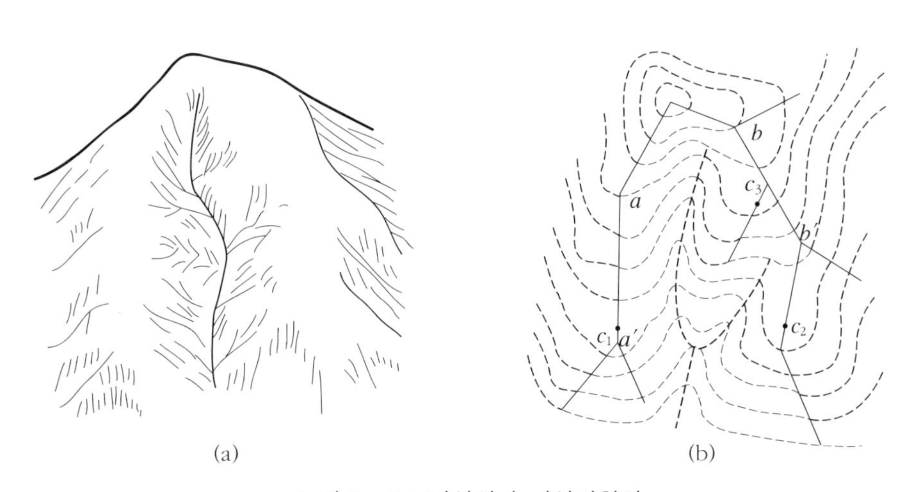

그림 Ⅱ-17. 지성선과 지성변환점

2) 계곡선

지표면의 최저부, 즉 계곡의 최저부에 연하는 선으로서, 표면수가 모이는 합수선合水線이다. 그림 Ⅱ-17(b)에서 계곡선은 파선으로 철선과 같이 등고선과 직각방향을 이룬다.

3) 방향변환점

계곡선 혹은 산령선이 진행중에 방향을 바꾸어 다른 방향으로 향하는 점, 계곡이 합류하는 점, 혹은 산령이 분기하는 점으로서, 그림 Ⅱ-17(b)에서 a, a' 및 b, b'와 같은 점이다.

4) 경사변환점

산령선이나 계곡선상의 경사상태가 변하는 점으로서, 그림 Ⅱ-17(b)에서 c_1, c_2, c_3 등의 점이다.

바. 등고선의 삽기법

조경가는 측정한 높이로 등고선을 작성하고 작성한 등고선상의 주요 지점의 수평위치와 높이를 산출할 수 있어야 한다. 이를 위해서는 등고선의 경사비율을 고려한 등고선의 삽기의 원리를 이해하여야 한다.

(1) 계산에 의한 방법

그림 Ⅱ-18에서 AB는 지표면, A, B 두 지점의 표고는 각각 H_A, H_B, 수평거리는 D, 그리고 A, B간의 지표의 경사는 균일하다고 할 때, 두 점 사이에 표고 H인 C점을 구하려면 다음과 같이 한다.

$$\frac{X}{H_C - H_A} = \frac{D}{H_B - H_A}$$

$$\therefore X = \frac{H_C - H_A}{H_B - H_A} \cdot D = \frac{h}{H} \cdot D \quad \cdots\cdots \text{(식 Ⅱ-1)}$$

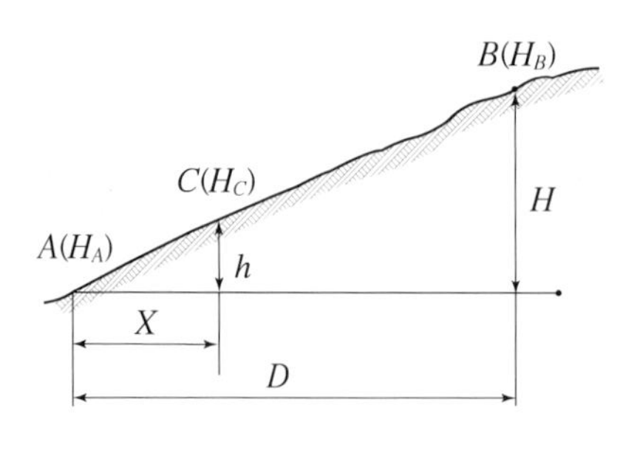

그림 Ⅱ-18. 경사지 단면도

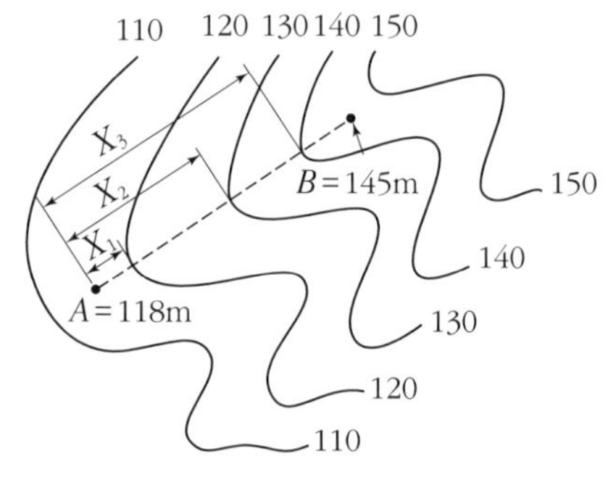

그림 Ⅱ-19. 등고선상의 주요지점

예를 들어 그림 Ⅱ-19에서, A, B점의 표고는 각각 118m, 145m이고, 수평거리는 250m이며, AB 간은 등경사일 때 AB선상에 표고가 각각 120m, 130m, 140m가 되는 점을 구하고자 한다. A에서 이들 등고선까지의 거리를 각각 X_1, X_2, X_3라고 하면, 각 점의 거리는 다음과 같다.

$$X_1 = \frac{250}{(145-118)} \times (120-118)$$
$$= \frac{250}{27} \times 2 \fallingdotseq 18.5\,(\mathrm{m})$$
$$X_2 = \frac{250}{27} \times 12 \fallingdotseq 111.1\,(\mathrm{m})$$
$$X_3 = \frac{250}{27} \times 22 \fallingdotseq 203.7\,(\mathrm{m})$$

(2) 척尺에 의한 방법

그림 Ⅱ-20에 나타낸 바와 같이, 수평거리가 50m인 A, B, C, D의 정방형 대지 위의 AB와 BD선에서 등고선 54m선과 만나는 점을 E, F라고 한다면, 축척으로 AE와 DF 간의 수평거리를 구할 수 있다. 그림 Ⅱ-20을 토대로 하여 A, B, C, D점의 높이를 정하면 A(53.2), B(54.2), C(53.2), D(53.8)과 같다. 그러므로 그림 Ⅱ-21에 표시된 것처럼 AE 간의 수평거리는 40m, DF 간의 거리는 25m가 됨을 알 수 있다.

$$AE = \frac{54.0-53.2}{54.2-53.2} \times 50$$
$$= \frac{0.8}{1.0} \times 50 = 40\,(\mathrm{m})$$
$$DF = \frac{54.2-54.0}{54.2-53.8} \times 50$$
$$= \frac{0.2}{0.4} \times 50 = 25\,(\mathrm{m})$$

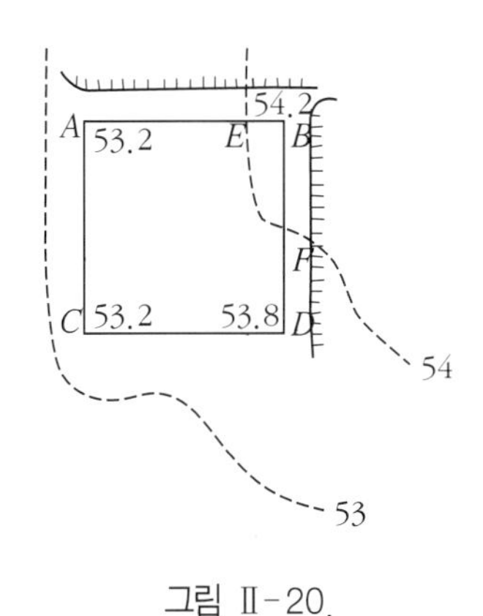

그림 Ⅱ-20.

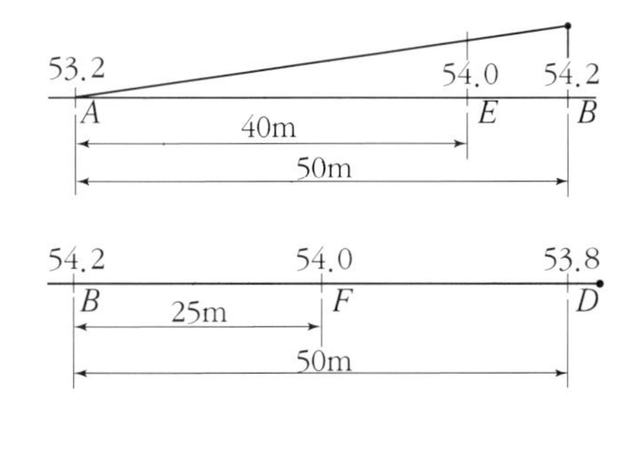

그림 Ⅱ-21.

(3) 등고선의 삽기 사례

등고선을 삽입하기 위하여 그림 Ⅱ-22에 건물, 나무, 조그만 샛강이 위치하고 있는 1m 간격의 등고선을 삽입해 보자. 먼저 격자 사이의 높이 차를 각 지점에 균등하게 배분하기 위해서 각 격자의 선상의 경사가 일정하다고 가정하여야 한다.

그림 Ⅱ-23에서 볼 수 있듯이 건물 전면의 교점 A에서 시작하여 교점 B는 2.65m의 높이 차가 있다. 따라서 두 지점 사이에 64, 63, 62m의 등고선이 지나가게 된다. 각 점을 설치하기 위하여 *A*점에 자의 눈금 0을 맞추고 *B*점에서 연장한 수평선과 자의 26.5 단위가 일치하도록 한

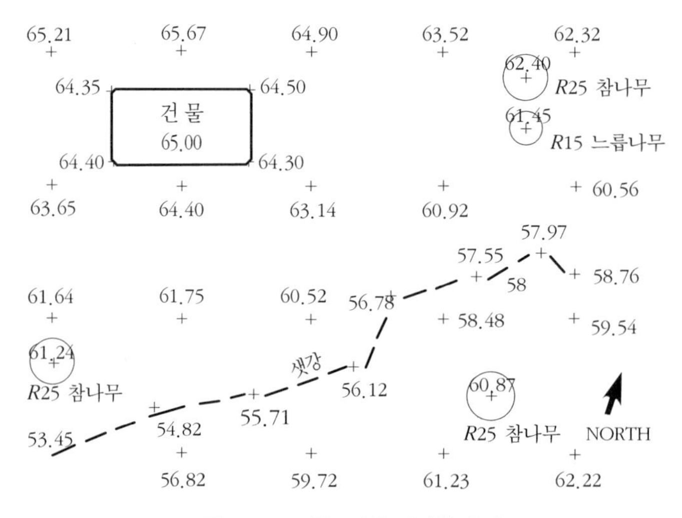

그림 Ⅱ-22. 등고선을 삽기할 측량도

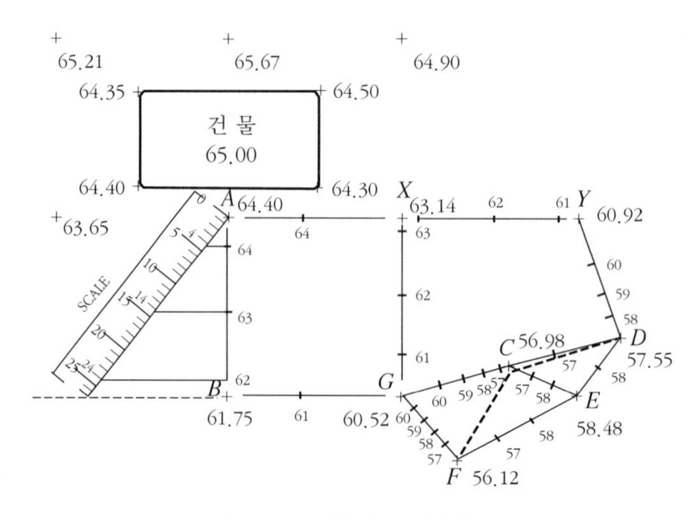

그림 Ⅱ-23. 기준지점의 표기

다. 이 경우, 자의 각 단위간 간격은 0.1m이므로 각 눈금으로부터 찾고자 하는 높이의 눈금을 계산한 후 수평선을 그려 *AB*상의 교점을 찾아내면, 각각 64, 63, 62의 높이 지점을 알 수 있다. 각 격자의 선을 대상으로 이러한 과정을 수행하면, 1m 단위의 높이 점을 찾아낼 수 있다.

샛강을 따라 측정한 높이를 표시할 때 경우에 따라서는 삼각형이나 평행사변형을 따라 등고선을 삽입한다. 그러나 그림 II-23에서는 *CF* 선상의 높이 차가 미미하여 별도의 높이점이 생기지 않으므로 등고선을 삽입할 필요가 없으며, 사변형인 *DGXY*는 부지의 경사가 전반적으로

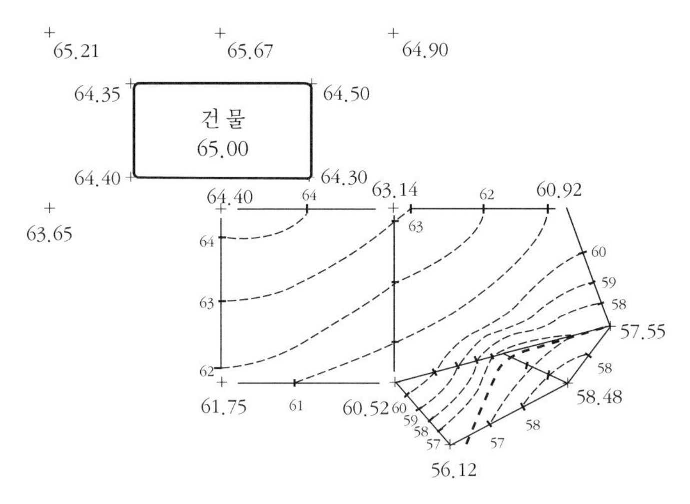

그림 II-24. 등고선의 삽기

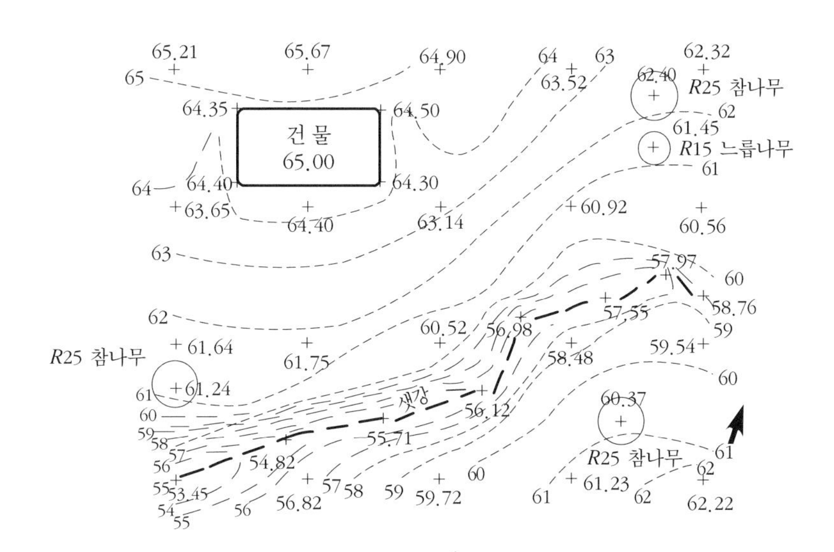

그림 II-25. 완성된 등고선 지도

일정하므로 추가적인 삼각분할이 필요 없다. 참고점의 표기가 끝나면 동일한 높이의 지점을 그림 Ⅱ-25에서 볼 수 있는 것처럼 부드러운 자유곡선으로 연결하여 등고선을 삽입한다.

등고선 삽입이 끝난 다음, 측량단계에서 설계나 시공에 영향을 줄 수 있다고 판단했던 미묘한 지형의 변화를 점검하고, 동시에 배수구와 도랑, 연석 등 시설과의 일치 여부를 판단해야 한다. 만약 문제가 발견되면 측량기사와 협의한 후 높이와 등고선을 재조정하여 설계와 시공에 사용할 정확한 준비도면을 만들어야 한다.

3. 지형도

가. 개 요

지형도는 지표면상의 자연 및 인공적인 지물地物, 지모地貌의 형태와 수평 및 수직의 위치관계를 결정하여 그 결과를 일정한 축척에 따라 등고선과 표기원칙으로써 표현한 그림이다. 지형도에 표현되는 지형은 지물과 지모로 구분될 수 있으며, 지모는 산정, 구릉, 계곡, 평야 등 주로 자연적인 토지의 기복을 말하며 일반적으로 등고선으로 표시된다. 지물은 도로, 철도, 시가지, 촌락 등 주로 인공적인 시설을 말하며, 지형도상에는 수평면 형태만이 나타나게 된다.

나. 지형도의 종류

지형도는 축척에 따라서 대축척(1:1,000 이상), 중축척(1:1,000~1:10,000)과 소축척(1:10,000 이하)으로 구분된다. 보통 공사용으로는 대축척이나 중축척이 많이 사용되며, 넓은 지역의 지형도는 소축척으로 제작한다. 우리나라의 기본 지형도의 축척은 1:5,000, 1:25,000, 1:50,000이며, 1:250,000 지도와 같이 소축척인 것은 실측에 의한 것이 아니고 1:50,000 지형도에 의하여 편찬된 것으로, 편찬(집)도라 하며 지형도와 구별된다. 정지계획을 위해서 사용되는 지형도의 축척은 부지규모, 정지계획의 정확도, 사업의 복잡성, 예산 그리고 설계가들의 선호에 의해 결정된다. 소규모 부지의 경사변경을 위해 흔히 쓰이는 축척은 1:300, 1:600(1:500), 1:1,200(1:1,000)이며, 경사를 상세하게 변경을 할 때는 이보다 큰 축척의 지형도를 사용한다.

다. 지형도를 읽는 법

지형도로 지형을 읽는 기술은 실제적으로 부지를 답사하여 조사하는 것 못지 않게 중요하며,

조경가에게 있어서 지형도의 정보와 부지조사의 자료는 설계와 시공을 위해 필수적인 요소이다.

지형, 지물의 판독을 용이하게 하고 필요한 제반정보를 알아보기 쉽게 하려면 사전에 약속된 일정한 기호와 표기법을 이해하여야 한다. 지형도에 쓰이는 일정한 기호와 표현상의 약속을 지형도의 도식圖式이라 하는데, 이러한 도식은 지형도의 사용목적, 축척, 지형지물의 표현에 적합하도록 적절히 정해져야 하며, 규정에 정해진 도식을 사용하여야 한다.

도식은 도식기호圖式記號, 주기註記, 난외주기欄外註記로 구분된다. 도식기호는 지형도를 작성하기 위해 필요한 위치, 투영면, 도상표현 한도, 색도, 음영 등의 표기 기본원칙과 지형과 지물을 표기하기 위한 기호이며, 주기는 인공물과 자연물의 명칭, 산정의 표고, 등고선 수치, 수심 등 기호로만 표시하기 힘든 내용을 설명하기 위하여 사용하는 표시방법으로 글자체, 크기, 배열, 형태, 종류 및 배열방법을 달리할 수 있다.

난외주기는 지형도의 이용에 필요한 사항을 도곽 외부에 간결하게 기입하는 것으로 지형도의 표제, 인접도와의 관계, 내용설명이 포함된다. 난외주기의 표제로는 지형도의 명칭, 종류, 도엽번호, 도력圖歷(작성일자, 수정일자 등), 작성기관 등이 기입된다. 인접도와의 관계에는 색인도索引圖(인접도면의 명칭과 도엽번호), 도곽 외로 넘어가는 도로, 철도의 도달지 등이 포함된다. 내용설명에는 경위도 또는 평면직교좌표, 축척자, 주요도식(범례), 도법 등의 설명(투영법, 높이 기준면, 등고선 간격, 진북, 자북, 도북의 관계), 행정구역, 주의사항 등이 기입된다.

우리나라 지형도의 도엽번호는 NI52-6-02인 경우, NI는 UTM 좌표구역, 6과 02는 각각

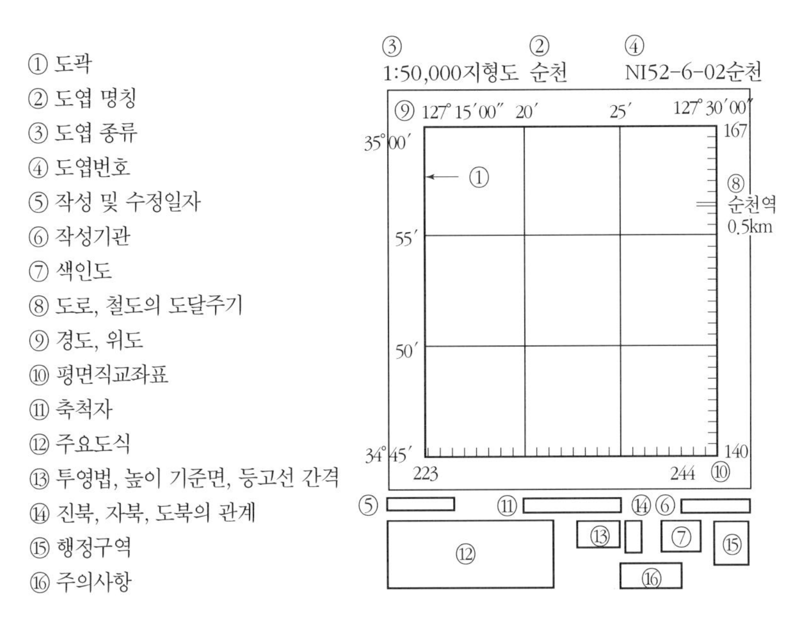

그림 Ⅱ-26. 지형도의 난외주기

1:250,000 지세도 번호와 1:50,000 지형도 위치를 나타낸다. 즉, N은 북반구를 나타내고, I는 적도로부터 북방으로 위도 4°씩 A, B, C,… 순으로 부여한 좌표역을 나타낸다. 따라서 I는 위도 32°~36°, J는 위도 36°~40°에 해당한다. 또한 52는 경도 180°를 기준으로 동쪽으로 경도 6°씩 1, 2, 3, … 순으로 부여한 좌표구역을 나타내는 것으로 51은 경도 120°~126°E, 52는 경도 126°~132°E를 표시한다. 두 번째 숫자 6은 1:250,000 축척의 번호이며, 세 번째 숫자 02는 1:250,000 축척의 도면을 28구역으로 구분하여 좌상으로부터 번호를 부여한 1:50,000 도면의 위치를 나타낸다. 1:250,000 지세도는 경도 1°45′, 위도 1°를 포함하고, 1:50,000 지형도는 경도 15′, 위도 15′을 포함한다.

4. 측량 일반

측량이란 거리, 방향, 높이를 여러 가지 방법으로 측정하여 지구 표면상의 모든 지점의 상호관계의 위치를 정하는 것으로 측량수단 및 대상에 따라 다양하게 분류되는데, 본 절에서는 조경구조와 관련된 시설물 측량으로서, 위치에 관련된 수평위치 결정과 높이에 관련된 수직위치 결정에 초점을 둔다. 따라서 각 점의 위치를 해석하기 위하여, 측량의 목적과 방법에 적합한 좌표계를 선택하고 일정한 기준면으로부터 거리, 방향, 각의 측량요소를 이해할 수 있어야 한다. 조경분야와 같이 제한된 부지에 적용되는 2차원 위치결정 방법으로 삼각측량, 다각측량, 평판측량이 사용되고 있다.

가. 우리나라의 측량기준

(1) 경위도 원점

우리나라 전국에는 경위도 및 표고 등을 정확히 구해 놓은 삼각점을 연결한 삼각망이 형성되어 있다. 과거에는 이 삼각망에 근거하여 좌표를 결정하였으나, 현재는 1985년 12월 27일에 국립지리원에서 고시한 "대한민국 경위도 원점"을 사용하고 있다. 국립지리원(수원) 내에 위치하고 있는 경위도 원점의 성과는 경도:127°03′14.8913″E, 위도:37°16′33.3659″N, 원방위각:3°17′32.195″이다.

(2) 평면직교좌표 원점(*X*, *Y*)

평면직교좌표 원점은 지표면상의 점을 표면상의 위치로 표시하는 데 사용되며 남북축을 *X*축, 동서축을 *Y*축으로 하고 있다. 우리나라에서는 3개의 가상도원점(측량원점)이 사용되며, 각

가상도원점에는 동일한 좌표값이 주어진다.

서부도원점 38°00′N, 125°00′00″
중부도원점 38°00′N, 127°00′00″
동부도원점 38°00′N, 129°00′00″

각 원점좌표는 경도에서 10′.405의 오차를 갖고 있으므로 평면직교좌표에서 UTM좌표로 변환시킬 때는 경도에 10′.405를 더해야 한다.

(3) 표고의 기준

우리나라의 육지부 표고기준은 전국 각지에서 다년간에 걸친 조석관측潮汐觀測의 결과를 평균 조정한 평균 해수면을 사용한다. 평균 해수면은 일종의 가상면으로서 고저측량에 직접 사용할 수는 없으므로 그 위치를 지상에 영구표석으로 설치하여 고저원점*OBM:original bench mark*으로 삼고, 이것으로부터 전국에 걸쳐 고저측량망을 형성하였다. 우리나라의 고저원점은 인천에 있는 인하대학교 구내에 설치되어 있으며, 표고는 26.6871m이다.

나. 좌표의 종류

좌표는 종류가 매우 다양한데, 그 중 지구상의 위치를 표시하기 위한 좌표계에는 평면좌표로서 평면직교좌표, 평면극좌표, UTM좌표, 곡면좌표로서 경위도 좌표, 구면극좌표, 3차원 좌표가 있다. 이 중에서 지구상의 3차원 위치를 표시하는 데는 주로 경위도좌표에 의한 경도, 위도와 여기에 타원체면으로서의 높이 또는 표고가 도입되어 경도, 위도, 표고(λ, φ, h)가 주로 사용되어 왔다. 또한, 조경분야와 같이 좁은 지역의 위치결정이나 평면측량에서는 평면직교좌표(X, Y)가 주로 사용되며, 수직위치는 평균 해수면 또는 지구타원체면으로부터의 표고 또는 임의의 기준면으로부터의 높이를 사용한다.

(1) 경위도 좌표

지구상의 절대적 위치를 표시하는 데 가장 널리 쓰이는 좌표계로서 경도 λ와 위도 φ에 의한 좌표(λ, φ)로 수평위치를 나타낸다. 경우에 따라서 3차원 위치를 표시하려면 표고를 추가적으로 명시하여야 한다. 경도는 영국 그리니치*greenwich* 천문대를 지나는 본초자오선*prime meridian*을 기준으로 동쪽과 서쪽으로 0°에서 180°까지 부여할 수 있다. 위도는 적도면을 기준으로 하여 적도(위도 0°)와 평행한 평면이 지표와 만나 이루는 평행원(위선)이 적도와 이루는 각으로서 남쪽과 북쪽으로 0°에서 90°까지 값을 부여할 수 있다. 따라서 본초자오선과 적도가 만나는 교점은

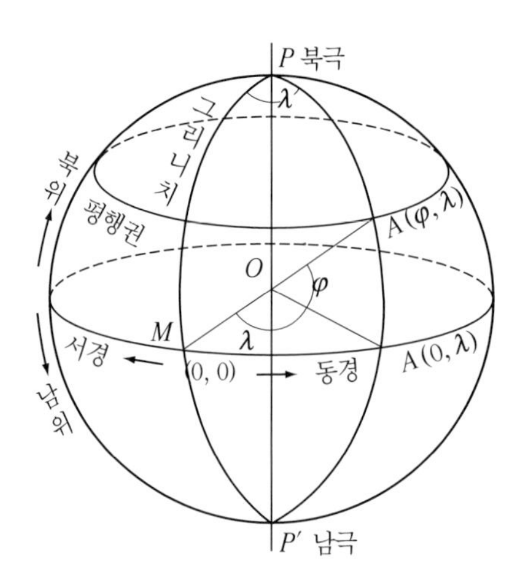

그림 Ⅱ-27. 경위도 좌표

경위도 좌표의 원점으로 경도 0°, 위도 0°이다.

(2) 평면직교좌표

조경분야에서 일반적으로 다루는 부지와 같이 측량범위가 크지 않은 좁은 지역에서는 평면직교좌표가 널리 사용된다. 평면직교좌표에서는 측정하고자 하는 지점을 나타내기 위하여 우리나라 전국에 대한 평면직교좌표계의 서부원점, 중부원점, 동부원점의 3개 원점을 사용하여 위치를 나타낼 수 있지만, 효율성을 높이기 위하여 측량지점의 1점을 좌표원점으로 하여 이 지점을 기준으로 좌표를 부여하는 상대좌표계를 사용할 수 있다.

일반적으로 평면직교좌표에서는 수학에서의 좌표축과 달리 남북방향을 X축, 동서방향을 Y축으로 하며, 기준선을 중심으로 하여 북쪽과 동쪽이 +값을 갖게 된다. 또한 수학에서는 X축

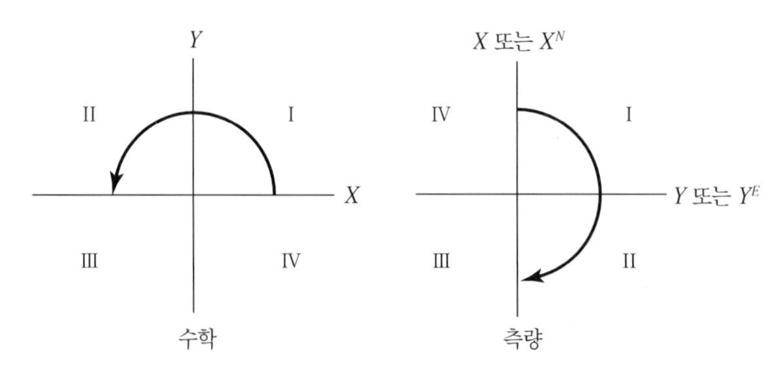

그림 Ⅱ-28. 평면직교좌표

으로부터 반시계방향으로 각을 측정하지만, 평면직교좌표계에서는 종축인 자오선 북방으로부터 시계방향으로 방위각을 측정한다.

평면직교좌표계의 원리에 따라 각 지점은 좌표값 x, y로 표시되며, 아래 그림에서와 같이 $P_1(x_1, y_1)$과 $P_2(x_2, y_2)$의 좌표값은 다음 식으로 표현할 수 있다. 다각측량에서는 x를 위거*latitude*, y를 경거*departure*라 한다.

그림 Ⅱ-29에서 S_1, S_2는 측선의 길이이고, T_1, T_2는 X^N축 방향으로부터 측선까지 시계방향으로 관측한 수평각으로 방향각*direction angle*이라 한다.

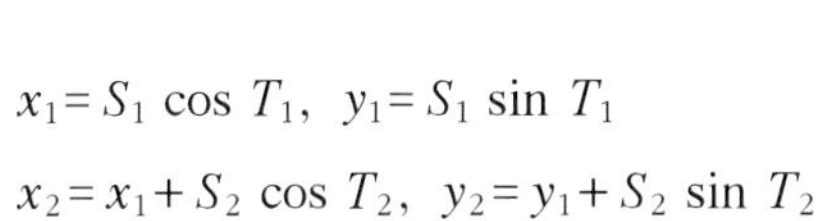

$$x_1 = S_1 \cos T_1, \quad y_1 = S_1 \sin T_1$$
$$x_2 = x_1 + S_2 \cos T_2, \quad y_2 = y_1 + S_2 \sin T_2$$

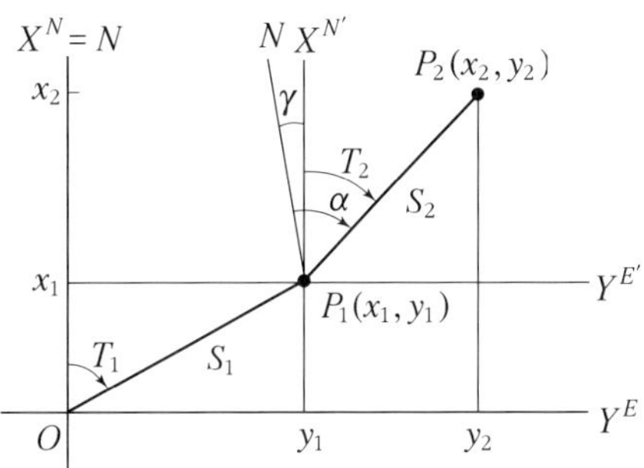

그림 Ⅱ-29. 평면직교좌표

다. 관측각

공간상 한 점의 위치는 원점과 기준점, 기준선이 정해져 있다면, 원점에서 그 점을 향하는 직선의 방향과 길이로 결정되며, 두 방향선의 방향의 차이는 각으로 표시된다. 지구상의 절대적 위치나 천구에서의 천체 위치를 결정할 때에는 중력방향을 엄밀히 설정하고 수평면 내에서 정확하게 관측기기를 정치하여 측량하지만, 조경에서와 같이 소규모 측량이나 상대적인 값만을 요구하는 공사측량에서는 중력방향, 즉 연직선과 이에 직교하는 수평방향에서의 각과 거리의 요소로서 관측을 하게 되고, 때로는 상대적인 각의 크기를 이용할 수도 있다.

(1) 개 설

각은 공간에 따라 평면각*plane angle*, 곡면각*curved surface angle*, 공간각*solid angle*으로 구분할 수 있으나, 이 중에서 넓지 않은 지역의 상대적 위치 결정을 위한 평면측량이나 공사측량을 위해서는 평면각이 널리 사용되고 있다. 평면각의 단위로는 일반적으로 원을 360°로 하여 1°를 60′(분), 1′을 60″(초)로 환산하는 60진법과 호도법*radian*(1rad = 180°/π)이 주로 사용되고 있다.

각은 면에 따라 수평각과 수직각으로 나뉘는데, 수평각은 중력에 직교하는 평면인 수평면 내에서 관측되는 각으로 각의 관측에서 주요한 대상이 되지만, 중력방향면, 즉 연직면 내에서 관측되는 각인 수직각은 제한적으로 적용되고 있어 여기서는 수평각을 대상으로 살펴보기로 한다.

기준면, 수평각*horizontal angle*, 수직각*vertical angle*이 결정되면 공간상의 점의 위치를 표시할 수 있는데, 지구좌표에서 사용되는 경도와 위도가 대표적인 사례이다. 이러한 각의 관측을 위해서 일반측량에서는 트랜시트*transit*와 데오도라이트*theodolite*가 가장 많이 사용되었으며, 최근에는 각과 거리를 동시에 측정할 수 있는 토탈스테이션과 같은 복합 측량기기가 사용되고 있다.

그림 Ⅱ-30. 토탈스테이션

(2) 수평각의 기준

수평각은 중력에 직교하는 평면, 즉 수평면 내에서 관측되는 각으로서 그 기준선의 설정과 관측방법에 따라 방향각, 방위각, 방위 등으로 구분된다. 수평각은 대부분 자오선*meridian*을 기준으로 하는데, 원칙적으로는 진자오선眞子午線*true meridian*을 사용하는 것이 이상적이지만 측량의 편의상 자磁자오선*magnetic meridian*, 도圖자오선*grid meridian*, 가상자오선*assumed meridian* 등을 사용하기도 한다. 이 중에서 진자오선은 천문측량, 자자오선은 주로 공사측량에 사용되며, 도자오선은 대규모 건설공사에 필요한 측량좌표계, 평면직교좌표계, 삼각측량과 다각측량좌표계에 이용된다. 그리고 가상자오선은 조경과 같이 작은 범위의 부지에서 상대적인 값만을 필요로 할 때 사용된다.

(3) 방향각과 방위각

방향각*direction angle*은 기준선으로부터 어느 측선까지 시계방향으로 잰 수평각을 말하는 것으로 넓은 의미로는 방위각도 방향각에 포함된다고 할 수 있다. 그림 Ⅱ-31에서와 같이 측량에서 방향각이란 좌표축의 X^N방향, 즉 도북방향을 기준으로 어느 측선까지 시계방향으로 잰 수평각을 나타내며, 방위각*azimuth*이란 자오선을 기준으로 어느 측선까지 시계방향으로 잰 수평각으로 북반구에서는 자오선의 북쪽(*N*)을 기준으로 하지만, 남반구에서는 자오선의 남쪽(*S*)을 기준으로 하기도 한다.

진북방위각과 평면직교좌표계의 X^N좌표축 방향을 기준으로 하는 방위각 사이에는 진북(*N*)과 도북(X^N)의 차이가 발생하게 되며, 이것을 자오선수차子午線收差*meridian convergence*라고 한다. 그림 Ⅱ-29에서 볼 수 있듯이, 좌표원점에서는 진북과 도북이 일치하여 자오선수차가 0이지만 동서로 멀어질수록 그 값이 커지게 되며, 측점이 원점의 서쪽에 있을 때는 ＋값, 동쪽에 있을 때는 －값을 갖게 된다.

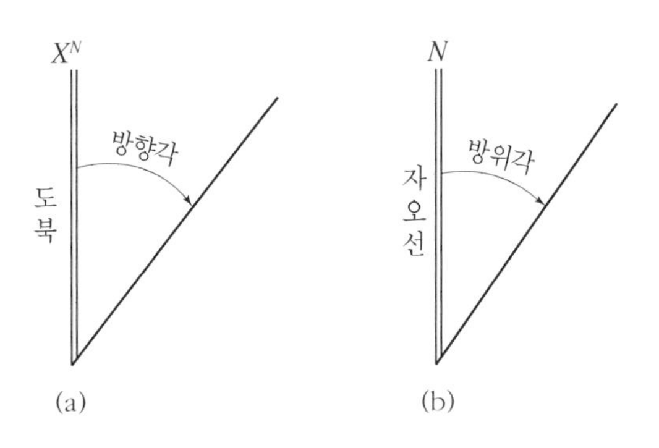

그림 Ⅱ-31. 방향각과 방위각

$$방향각(T)=진북방위각(\alpha)+자오선수차(\pm\gamma) \quad \cdots\cdots \quad (식\ Ⅱ-2)$$

(4) 방위方位*Bearing*

방위각의 범위는 0°~360°이지만, 방위에서는 어느 측선이 자오선과 이루는 0°~90°의 각으로서 측선의 방향에 따라 부호를 붙여줌으로써 몇 상한의 각인가를 표시한다. 다각측량에서 어느 측선의 방위각으로부터 방위를 계산하여 좌표축에 투영된 측선의 길이, 즉 위거나 경거를 구하는 데 사용되기도 하며, 도로설계에서 도로의 방향을 표기하는 데 사용될 수 있다.

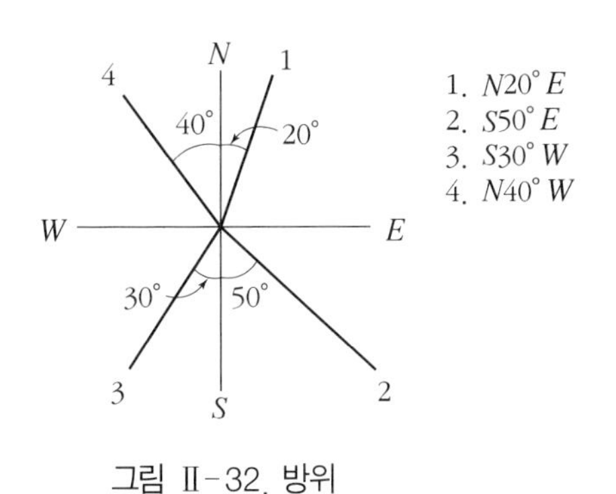

그림 Ⅱ-32. 방위

(5) 수평각의 관측법

각을 관측할 경우 관측자가 읽기 오차와 시준 오차를 고려해야 하며, 기계 구조에 기인한 기계 오차를 소거하여 관측의 정밀도를 높여야 한다. 이러한 오차를 소거하기 위하여 정·반관측正·反觀測과 눈금 위치를 변동하는 방법을 사용한다. 정·반관측은 기계의 연직축이 정확하지 않음으로 인한 오차를 소거하는 방법으로써 망원경을 정위正位와 반위反位로 하여 한 각을 두 번 관측하는 것이다. 이것을 1대회관측一對回觀測*one pair observing*이라 한다. 정위는 망원경의 원래

위치로서 일반적으로 망원경의 방향이 수직분도원 오른쪽에 있는 상태이고, 반위는 망원경을 180° 반전하여 수평분도원의 눈금이 180° 더해진 상태를 말한다. 일반적으로 정위는 시계방향, 반위는 반시계방향이다. 눈금 위치의 변동방법은 첫 눈금 위치를 0°로 하면 각을 읽기에는 편리하지만 수평분도원의 눈금이 균일하지 않아 오차가 생기므로 처음 각을 읽는 위치를 다양하게 바꾸는 것으로 각관측정밀도를 높이기 위해서는 관측대회수를 높이는 것이 좋으며, n대회 관측일 경우 첫 눈금위치를 $180°/n$씩 바꾼다. 예를 들어, 3대회관측인 경우 0°, 60°, 120°로 한다.

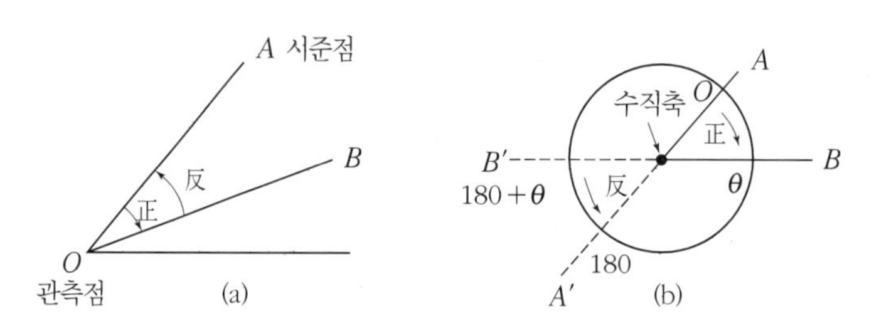

그림 Ⅱ-33. 정 · 반관측

1) 한 측점 주위의 각을 재는 방법

각을 관측하는 방법에는 한 측점의 주위의 각을 잴 경우 단각법單角法, 배각법倍角法(반복법), 방향각법方向角法, 조합각관측법組合角觀測法이 있다. 단각법은 하나의 각을 한 번 관측하는 것으로, 그 결과는 나중 읽음값에서 처음 읽음값을 빼서 구하게 된다. 첫 측선에서 다음 측선까지 시계방향으로 돌려서 재는 것을 우측각, 반시계방향으로 재는 것을 좌측각이라 한다. 배각법은 하나의 각을 2회 이상 반복 관측하여 누적된 값을 평균하는 방법으로 이중축을 가진 트랜시트의 연직축 오차를 소거할 수 있으며, 아들자의 최소눈금 이하로 정밀하게 읽을 수 있다. 예를 들어, $\angle AOB = 30°10'02''$일 때 20″의 트랜시트라면 30°10′00″로 읽혀지지만 10회 반복관측했을 경우 $\theta_n = 301°40'20''$이면 $\theta = \theta_n/10 = 30°10'02''$로 정확하게 구해진다. 방향각법은 한 측점 주위에 관측할 각이 많은 경우에 기준선으로부터 각 측선에 이르는 각을 차례로 읽어나간다. 그림에서 $\angle AOB = t_1$, $\angle BOC = t_2 - t_1$, $\angle COD = t_3 - t_2$, $\angle DOE = t_4 - t_3$이다. 관측정밀도를 높이려면 처음에 A부터 E까지 우측각으로 잰 다음 E부터 A까지 좌측각을 재어서 1대회관측한다. 조합각관측법은 수평각관측법 중 가장 정확한 값을 얻을 수 있는 방법으로 1등 삼각측량에 이용된다. 이 방법은 관측할 여러 개의 방향선 사이의 각을 차례로 방향각법으로 관측하여 최소제곱법으로 각각의 최확값을 구하는 것이다.

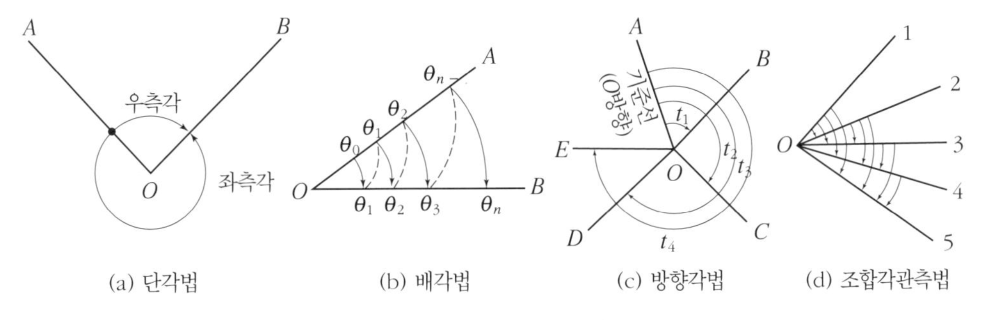

그림 Ⅱ-34. 각의 관측방법

2) 측선 사이의 각을 재는 방법

측선 사이의 각을 잴 때는 교각법交角法, 편각법偏角法, 방위각법方位角法을 사용한다. 교각법은 어느 측선이 그 앞의 측선과 이루는 각을 관측하는 것으로 다각측량의 각 관측에 일반적으로 널리 이용되며, 각각이 독립적으로 관측되므로 잘못을 발견하였을 경우에도 다른 각에 영향을 주지 않는다. 편각법은 각 측선이 그 앞 측선의 연장과 이루는 각을 관측하는 방법으로 도로나 수로의 선로와 같은 중심선 측량에 사용된다. 방위각법은 각 측선이 진북방향과 이루는 각을 오른쪽으로 관측하는 방법으로 각 측선을 따라 진행하면서 방위각을 관측하므로 각 관측값을 계산하고 제도하기에 편리하며 신속히 관측할 수 있어 노선측량이나 지형측량에 널리 사용된다.

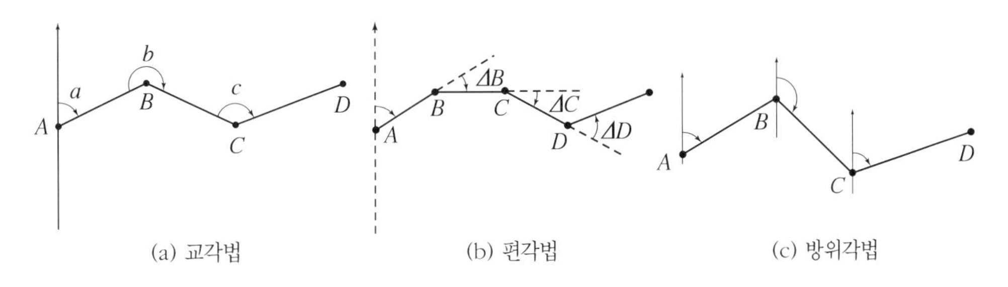

그림 Ⅱ-35. 측선 사이의 각의 관측

라. 거리측정

거리는 하나의 직선 또는 곡선 내의 두 점의 위치의 차이를 나타내는 양으로서 각과 함께 위치결정에 있어서 가장 기본이 되는 요소이다. 거리측량은 1차원 위치결정을 위한 것으로 수평거리측량, 수직거리측량, 수평 · 수직 및 경사거리 동시측량, 곡면거리측량, 공간거리측량으로 구분할 수 있으나, 여기서는 평면상의 선형을 경로로 하여 측량하는 수평거리측량과 수직거리 측량을 살펴보고자 한다.

(1) 수평거리측량

거리의 측량에는 다양한 방법이 있지만, 측량의 정밀도에 따라 엄밀법과 간략법으로 구분되며, 측량방법에 따라 줄자, 체인, 포울, 직각기구를 이용하는 직접거리측량법과 스타디아법, 삼각법, 측거기, 광파거리측량기, 전파거리측량기 등을 이용하는 간접거리측량법으로 나뉜다. 일반적으로 줄자를 이용하는 직접관측법과 전자기파거리측량기를 이용하는 관측법이 가장 널리 이용된다.

1) 줄자에 의한 관측법

정확하지 않아도 되는 측량이나 답사를 할 경우에는 간편하게 천줄자*cloth tape*, 합성섬유줄자*glass-fiber tape*를 사용해 왔으나, 최근에는 정확성을 요구하는 거리측량에는 쇠줄자*steel tape*와 인바줄자*invar tape*를 사용한다. 이들을 사용하면 매우 정확한 값을 얻을 수 있으나, 보관과 취급에 주의하여야 하므로 삼각측량의 기선측량 같이 매우 정확한 값을 필요로 할 때를 제외하고는 잘 사용되지 않는다.

줄자는 일정한 온도와 장력 등 표준조건에서 정확한 길이를 나타내므로 정밀한 거리관측시에는 온도계, 무게추, 장력계, 핸드 레벨, 눈금막대, 말뚝 등 보조기구를 사용하여 최대한 표준조건을 이룬 상태에서 관측하도록 한다. 이렇게 하더라도 줄자로 최초 관측한 거리는 오차가 큰데, 표준자에 대한 보정, 온도의 보정, 장력의 보정, 처짐보정, 경사보정, 평균해면의 보정 등 정오차 보정방법으로 오차를 보정해서 표준조건하의 정확한 값으로 환산해 준다.

표준자에 대한 보정(특성값 보정)을 하는 과정은 다음과 같다. 사용하는 자와 표준척과의 눈금의 차를 그 사용척의 특성값이라 하는데, 예를 들어 측량에 사용한 50m 테이프가 표준척의 50m보다 4.7mm만큼 길 때, 이 테이프의 특성값은 +4.7mm이다. 그러므로 실제 테이프의 길이는 50m+4.7mm=50.0047m가 된다. 따라서 이 테이프를 사용하여 거리 측량을 했을 때 그 값이 50m일 경우 실제 거리의 길이는 특성값에 4.7mm를 더한 50.0047m이고, 측정한 거리가 100m인 경우의 보정값은 $+0.0047 \times 100/50 = 0.0094$이므로 실제 길이는 $100 + 0.0094 = 100.0094$이다.

2) 전자기파거리측량*EDM ; Electromagnetic Distance Measurement*

적외선, 레이저광선, 극초단파 등의 전자기파*electromagnetic wave*를 이용하여 거리를 관측하는 방법으로 쇠줄자나 인바줄자를 이용한 직접거리관측은 매우 정밀도가 높은 값을 얻을 수 있지만 지형의 기복이나 장애물로 인하여 장거리 관측이 불가능할 경우가 많고 관측작업도 매우 어렵다. 이에 반하여 전자기파거리측량기를 사용하면 지형이나 장애물에 관계없이 최대 100km

이상의 장거리를 정밀도 1/100,000 이상으로 간편하게 측량할 수 있다.

전자기파거리측량기는 전파거리측량기*Electric Wave EDM*와 광파거리측량기*Light Wave EDM*로 구분할 수 있는데, 전파거리 측량기는 극초단파, 장파 등을 이용한 것으로, 일반 측량의 거리측량에는 극초단파를 주로 사용한다. 관측 범위는 30~150km 장거리용으로 쓰이며, 정확도는 ±(15mm+5ppm) 이내이다. 전파는 안개나 비 등 기후나 지형조건에는 비교적 영향을 받지 않으나, 움직이는 장애물이나 송전선에 영향을 받으며, 전파 장애물이 많은 시가지, 삼림이나 해면에 가까운 곳, 지상에 기복이 많은 곳에서는 불규칙한 반사파가 수신되어 정확도가 떨어지게 된다. 한편 가시광선, 적외선, 레이저광선을 이용하는 광파거리측량기는 주로 5~60km의 중·단거리용으로 쓰이며, 정확도는 ±(5mm+5ppm)이다. 관측용 광파는 거의 평행광선으로 대지로부터 반사파의 영향을 받지 않으나 적은 안개나 비에는 영향을 받아 관측이 곤란해진다. 이러한 전자기파거리측량기는 부지 내의 거리측량보다는 외부의 기준점으로부터 부지의 측량 제원을 가져오기 위해 사용되는 경우가 많다.

(2) 수직거리측량

수직거리는 수직면 내의 선형을 경로로 하여 관측한 거리이다. 수직거리측량에는 직접수준측량, 간접수준측량, 수심측량, 지하깊이측량, 대지고저측량 등이 있다. 일반적으로 육지측량에서는 평균 해수면 등의 기준수준면을 기준으로 한 절대표고나 임의의 높이를 기준으로 한 상대표고, 또는 높이차를 구하는 것이 주 대상이 되며, 조경분야에서는 레벨을 사용하여 두 점에 세운 표척의 눈금차이로부터 두 점의 고저차를 직접 구하는 방법인 직접수준측량(직접고저측량)을 주로 사용하고 있다.

수직거리 측량과 관련하여 표고*elevation*, 고도*altitude*, 비고*specific height*, 지하깊이*underground depth*, 수심*underwater depth*이라는 용어를 사용한다. 표고는 육지 표면의 절대적인 높이를 나타내는 데 쓰이는 것으로 높이의 기준이 되는 기준수준면(또는 평균해수면)을 0m로 하여 기준수준면으로부터 그 지점까지의 수직거리를 말하며, A점의 표고와 B점의 높이차를 AB의 표고차 또는 비고라 한다. 고도는 표고와 같은 개념이지만 일반적으로 항공기나 인공위성과 같은 공간상의 물체나 아주 높은 산의 높이를 나타내는 데 제한적으로 사용되고, 지하깊이는 지표면으로부터 지하의 자연물체나 인공물체까지의 수직거리를 나타내는 데 쓰이며, 수심은 수면으로부터 수중물체 또는 수중지형까지의 깊이를 나타내는 것으로 하천이나 바다의 깊이를 표현하기 위하여 사용된다.

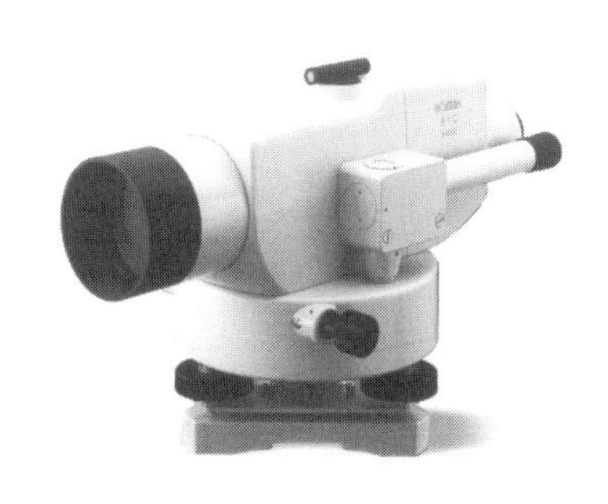

그림 Ⅱ-36. 레벨

1) 직접수준측량의 개요

고저측량에서 필요한 정확도를 유지하고 경제성 있는 측량을 실시하려면 충분한 계획과 준비가 필요하다. 조경분야에서와 같이 부지측량이 목적인 경우에는 설계에 필요한 현황측량도를 만드는 것이 중요하므로 부지답사에서 필요로 하는 측량성과에 대한 개괄적인 계획을 세운 후 측량전문가와 협의하여 직접수준측량을 시행하여야 한다. 먼저 고저기준점을 선정한 후 영구표식을 매설하고, 1/100～1/1200 사이의 적합한 축척을 결정한 후 수준측량을 시행한다. 수준측량의 내용은 부지조건이나 설계자의 요구에 따라 달라지게 되지만, 일반적으로 인접도로, 배수망, 하천 등 부지 외부와 지형, 보존수목, 지장물 등 부지 내부의 주요 지점과 부지의 전반적인 높이를 대상으로 하며, 이러한 자료들이 설계에 충분히 반영될 수 있도록 하여야 한다.

2) 용 어

① 고저기준점(수준점) **B.M.** ; *bench mark* : 기준수준면에서의 높이를 정확히 구하여 놓은 점으로 고저측량의 기준이 되는 점이다. 우리나라에서는 국립지리원이 전국의 국도를 따라 약 4km마다 1등고저기준점(1등수준점)을, 이를 기준으로 다시 2등고저기준점(2등수준점)을 설치하고 있으며, 그 위치와 표고를 기입한 고저측량성과표와 지도를 발행하고 있다. 조경분야에서는 편의상 토목이나 건축분야에서 미리 구하여 놓은 상대기준점을 이용하는 경우도 있다.

② 고저측량망(수준망)*leveling net* : 각 고저기준점간을 왕복 관측하여 그 관측차가 허용오차(예 : 2km 왕복시 1등고저기준점은 3mm) 이내가 되도록 하여 고저기준점을 만들고 다시 원출발점과 다른 표고의 고저기준점 사이를 연결하여 망을 이룬 것

③ 후시**B.S.** ; *back-sight* : 높이를 알고 있는 기지점既知點에 세운 표척의 눈금을 읽는 것

④ 전시**F.S.** ; *fore-sight* : 표고를 구하려는 점에 세운 표척의 눈금을 읽는 것

⑤ 기계고**I.H.** ; *instrument height* : 기계를 고정시켰을 때 지표면으로부터 망원경의 시준선까지의 높이(I.H. = G.H. + B.S.)

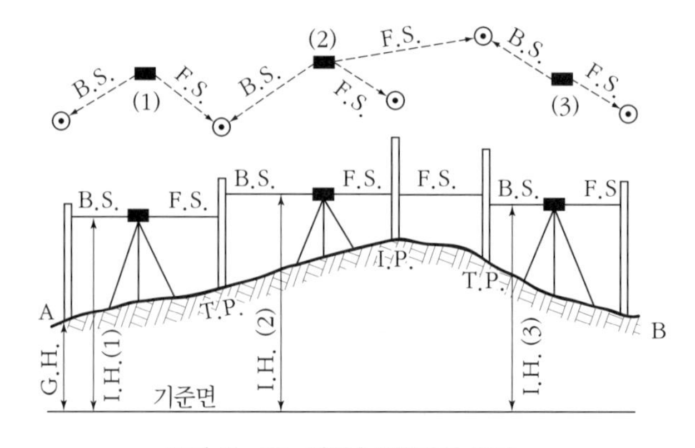

그림 Ⅱ-37. 직접수준측량의 용어

⑥ 지반고*G.H. ; ground height* : 표척을 세운 점의 표고

⑦ 전환점*T.P. ; turning point* : 전시와 후시를 같이 취하여 전후의 측량을 연결하는 점으로, 측량결과에 중요한 영향을 주는 전환점이므로 전시 · 후시를 취하는 동안 이동하거나 침하되는 일이 없어야 한다.

⑧ 중간점*I.P. ; intermediate point* : 전시만을 읽는 점

3) 두 점 간의 고저차 계산

그림 Ⅱ-38에서 각 구간에서의 표척의 눈금값을 a_1, b_1, a_2, b_2, …라 하면 A, B 두 점 사이의 고저차는 다음 식으로 계산된다.

$$\begin{aligned}\Delta H &= (a_1 - b_1) + (a_2 - b_2) + \cdots \\ &= (a_1 + a_2 + a_3 \cdots) - (b_1 + b_2 + b_3 \cdots) \quad \text{(식 II-3)} \\ &= \Sigma \text{B.S의 값} - \Sigma \text{F.S의 값}\end{aligned}$$

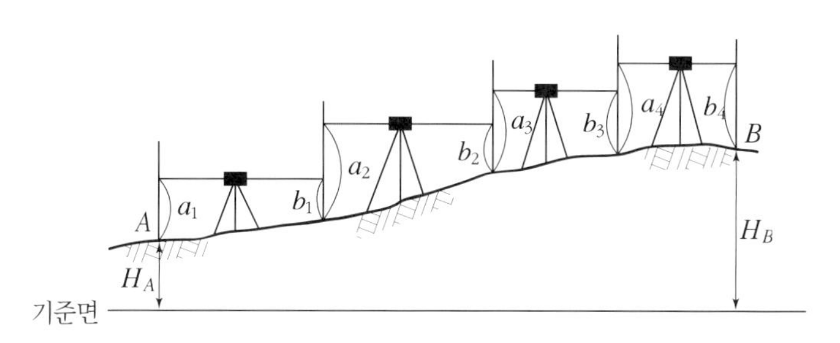

그림 Ⅱ-38. 직접고저측량의 원리

즉, B점의 표고(H_B) = A점의 표고(H_A) + (후시의 합 − 전시의 합) ·············· (식 II-4)

그러므로 후시의 값은 항상 +, 전시의 값은 항상 −로 하고, 후시의 합으로부터 전시의 합을 뺄 때 그 차가 양(+)이면 전시의 점이 높은 것을 의미한다.

4) 야장기입법野帳記入法

고저측량의 결과를 표로 나타낸 것이 고저측량야장(수준야장)이며, 야장기입법에는 고차식高差式, 승강식昇降式, 기고식器高式 등이 있다. 고차식은 후시와 전시의 2란만으로 고저차를 나타내므로 2란식이라고도 하며, 2점간의 높이만을 구하는 것이 주목적으로 점검이 용이하지 않다. 승강식은 F.S.값이 B.S.값보다 작을 때는 그 차를 승昇란에, 클 때는 강降란에 기입하여 완전한 검산을 할 수 있어 높은 정확도를 필요로 하는 측량에 적합하지만 중간점이 많을 때는 계산이 복잡하며 시간이 많이 소요된다. 기고식은 시준높이를 구한 다음 여기에 임의의 점의 지반높이에 그 후시를 가하여 기계높이를 얻은 다음 이것에서 다른 점의 전시를 빼어 그 점의 지반높이를 얻는 방법이다. 기고식은 후시보다 전시가 많을 때 편리하고 승강식보다 기입사항이 적고

고차식보다 상세하므로 시간이 절약된다. 또한 중간시가 많은 경우에 편리한 방법이나 완전한 검산을 할 수 없다는 단점이 있다. 기고식 야장을 예시하면 〈표 Ⅱ-2〉와 같다.

〈표 Ⅱ-2〉 기고식 야장기입법

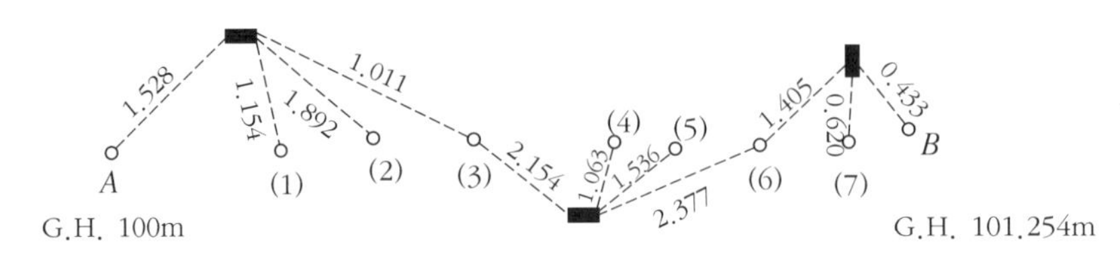

측 점	B.S.	I.H.	T.P.	I.P.	G.H.	비 고
A	1.528	101.528			100.000	B.M. 100m
1				1.154	100.374	
2				1.892	99.636	
3	2.154	102.671	1.011		100.517	
4				1.063	101.608	
5				1.536	101.135	
6	1.405	101.699	2.377		100.294	
7				0.620	101.079	
B			0.433		101.266	B.M. 101.254m
합계	5.087		3.821			
검산			+1.266		+1.266	

【주】 고딕체는 계산값이다.

5) 직접수준측량의 오차

직접수준측량에 의해 다양한 오차가 발생하게 되며, 이러한 오차는 측량의 정확도를 떨어뜨리는 결과를 초래하므로 측량과정에서 오차를 줄이기 위한 노력과 측량 후 오차를 조정하기 위한 계산과정이 필요하다. 기계에 의한 오차나 인위적인 오차는 측량과정에서 발생하게 되는 오차로서 사전에 오차를 줄이기 위하여 기계를 점검하고 숙달된 측량작업을 통하여 줄일 수 있다. 그러나 자연적인 오차는 불가피하게 발생할 수 있으므로 오차를 보정하기 위한 적절한 추가작업이 필요하지만 제한된 부지를 대상으로 수준측량을 하는 경우에는 오차를 무시하기도 한다. 우리나라에서는 1등고저측량, 2등고저측량, 종횡단측량에 대하여 다음과 같이 허용오차의 범위를 제시하고 있다.

① 1등고저측량 : 2km를 왕복 관측했을 때 ±3mm, $E=1.5\text{mm}\sqrt{L}(L:\text{km})$

② 2등고저측량 : 2km를 왕복 관측했을 때 ±15mm, $E=7.5\text{mm}\sqrt{L}(L:\text{km})$

③ 종횡관측량은 2회 이상 관측하고 이것의 평균을 취한다. 오차 범위 4km에 대하여 유조부有潮部 10mm, 무조부無潮部 15mm, 급류부急流部 20mm이다.

마. 평판측량

평판측량이란 평판을 세우고 평판에 제도지를 붙여 평판시준기*alidade*로 목표물의 방향, 거리, 높이차들을 관측하여 직접 현장에서 위치를 결정하는 측량방법으로 측량기법 중 가장 오래된 것이다. 현장에서 직접 도면상에 작도하여 평면도를 작성하므로 잘못된 것을 즉시 수정할 수 있으며, 시간과 노력이 적게 들어 소규모 부지의 측량에 효과적으로 사용되지만 측량자나 날씨의 영향을 받아 제도지가 팽창하거나 수축하여 오차가 발생할 수 있다.

그림 Ⅱ-39. 평판

(1) 평판의 설치

평판을 설치하려면 수평맞추기整準*leveling*, 중심맞추기求心*centering*를 한 다음, 방향맞추기標定*orientation*를 한다. 수평맞추기는 삼각의 두 다리를 측량하기 좋은 높이 정도로 벌려서 수평이 되도록 하고 다음에 제 3의 다리를 조정하여 직각방향으로 수평맞추기를 여러 번 반복하여 완전한 수평을 보는 것이다. 중심맞추기는 평판상의 점과 측점이 일치하는가를 보는 것으로 평판상의 점과 지상점을 연직추를 통해 연직선상에 맞추는 것이다. 방향맞추기는 평판을 일정방향으로 고정하는 것으로 측선의 끝점에서 방향맞추기, 중간점에서 방향맞추기, 자침으로 방향맞추기 등이 있다.

(2) 평판측량 방법

평판측량 방법에는 방사법, 전진법, 교선법의 세 가지가 있다. 방사법은 넓은 지역의 경우 시야에 막힘이 없을 때 사용되며, 시거측량이나 줄자를 이용해 거리를 잰다. 그러나 이 방법은 측량하기는 쉬우나 오차를 검사할 방법이 없다. 전진법은 측점에서 측점으로 차례로 방향과 거리를 관측하여 전진하면서 도상에서 트래버스를 만들어가며, 도중에 미리 관측한 점들을 시준하여 오차도 검사할 수 있다. 이 방법은 측량구역이 좁고 길거나 장애물이 있어서 교선법이 불가능할 때 사용하며, 평판을 옮기는 횟수가 많으므로 시간이 많이 걸린다. 교선법은 2개 또는 3개의 기지점既知點에서 방향선을 그어 그 교점으로 미지점未知點의 위치를 도상에서 결정하는 방법이다. 방향선의 교각은 90°내외가 좋으며, 되도록 30°～150° 범위 내로 하여야 한다. 세분하면 전방교선법, 측방교선법, 후방교선법으로 나뉘며, 후방교선법은 다시 투사지법, 레만법, 베셀법으로 구분된다.

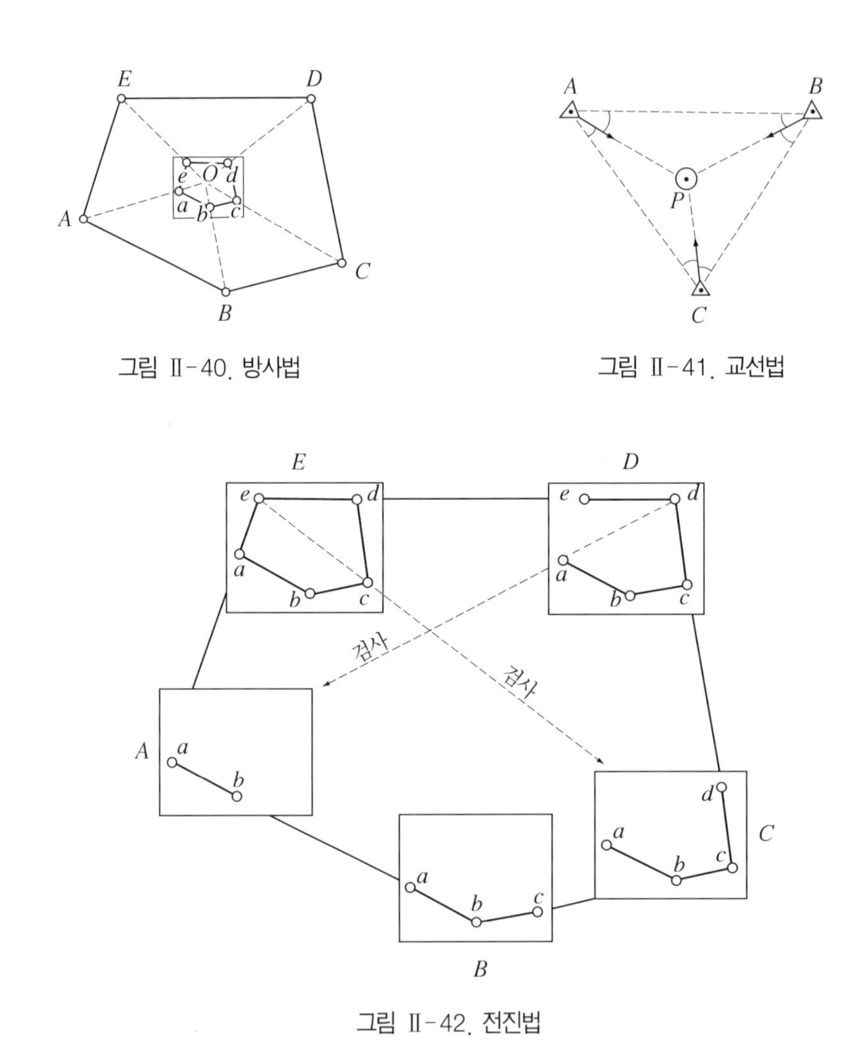

그림 Ⅱ-40. 방사법

그림 Ⅱ-41. 교선법

그림 Ⅱ-42. 전진법

바. 삼각측량

삼각측량은 수평위치를 결정하는 측량방법으로 다각측량과 더불어 가장 많이 사용되는 방법이다. 삼각측량은 측량구역의 넓이에 따라 크게 지구의 곡률을 고려하여 측량한 측지학적 측량 *geodetic triangulation*과 지구의 곡률을 고려하지 않고 평면으로 간주하여 측량하는 평면삼각측량

*plane triangulation*으로 구분된다.

(1) 삼각측량의 원리

그림 Ⅱ-43과 같이 기선基線*base line*의 길이 $AB=c$는 정확하게 관측하고 삼각점 A, B, C를 잇는 그 밖의 변의 길이는 삼각형의 내각을 관측하여 삼각법으로 결정한다.

즉, sine 법칙

$$\frac{a}{\sin\alpha}=\frac{b}{\sin\beta}=\frac{c}{\sin\gamma} \quad \cdots\cdots (식\ Ⅱ\text{-}5)$$

로부터, 변길이 a, b는

$$a=\frac{\sin\alpha}{\sin\beta}b,\quad b=\frac{\sin\beta}{\sin\gamma}c$$

로 구한다. 점점 확대하여 전체 변의 길이를 모두 구할 수 있고, 검기선檢基線*check base line*은 다시 실측하여 계산값과 비교한다.

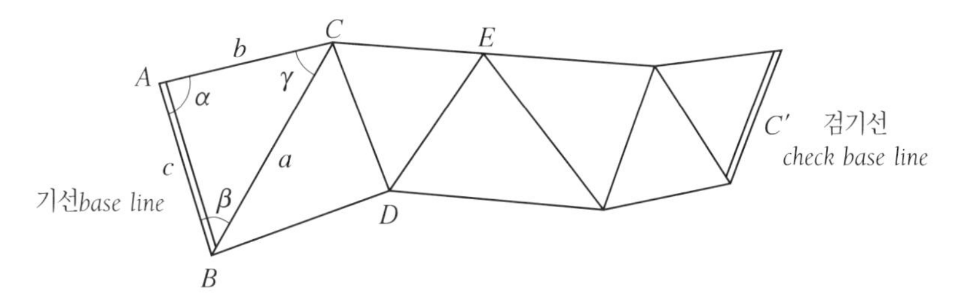

그림 Ⅱ-43. 삼각측량의 원리

(2) 삼각점과 삼각망

삼각점은 각관측정밀도로 1등삼각점, 2등삼각점, 3등삼각점, 4등삼각점의 4등급으로 나뉜다. 이 삼각점들은 경위도원점을 기준으로 경위도를 정하고, 고저기준원점(수준원점)을 기준으로 표고를 정한다. 우리나라의 등급별 삼각점의 수와 변의 길이는 〈표 Ⅱ-3〉과 같다.

〈표 Ⅱ-3〉 우리나라 삼각점의 현황

구 분		대 삼 각		소 삼 각	
		1등	2등	3등	4등
삼각점 수(남한)		400(189)	2401(1102)	6297(3045)	25349(11753)
평균 변의 길이	한국	30(km)	10(km)	5(km)	2.5(km)

삼각망은 지역 전체를 고른 밀도로 덮는 삼각형이며 광범위한 지역의 측량에 사용된다. 삼각망은 가능한 정삼각형에 가깝게 하여 각이 갖는 오차가 변에 미치는 영향을 적게 하여야 한다. 삼각망의 종류에는 삼각형 1개로 이루어진 단삼각망, 같은 삼각형이 단열로 여러 개가 연결된 단열 삼각망, 한 점을 중심으로 여러 개의 삼각형으로 이루어진 유심 삼각망, 사변형의 꼭지점을 연결하여 만들어진 사변형 삼각망이 있다.

사. 다각측량

다각측량*traverse surveying*이란 기준이 되는 측점을 연결하는 기선의 길이와 그 방향을 관측하여 측점의 위치를 결정하는 방법으로 세부 측량의 기준이 되는 골조 측량을 말한다.

(1) 다각형의 종류

다각형의 종류에는 개방다각형*open traverse*, 결합다각형*decisive traverse*, 폐합다각형*closed traverse*, 다각망*traverse network*이 있다. 개방다각형은 기지점에서 시작하여 미지점에 연결되는 것으로 정도가 낮은 측량이며, 노선측량의 답사에 편리한 방법이다. 결합다각형은 기지점에서 시작하여 기지점에 연결되는 방법으로 정확도가 가장 높으며, 대규모 정밀 측량에 적용되는 방법이다. 폐합다각형은 어떤 측점에서 시작하여 차례로 측량을 한 후 다시 출발점으로 되돌아오는 방법으로 측량결과를 점검할 수 있으며, 소규모 토지의 기준점을 결정하는 데 사용될 수 있어서 조경분야와 같이 소규모 부지를 대상으로 하는 측량에 효과적으로 사용될 수 있다. 다각망은 앞의 3가지 방법을 필요에 따라 그물망으로 연결한 것이다.

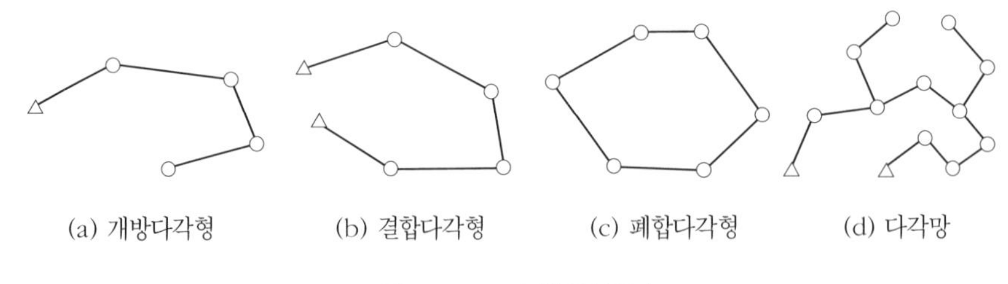

그림 Ⅱ-44. 다각형의 종류

(2) 폐합다각형의 계산

외업에서 앞에서 언급한 각과 거리의 관측이 끝나면 다음과 같은 순서로 계산을 한다.

① 관측값의 오차를 계산하여 허용오차범위에 들어오는지를 확인한 다음 오차를 배분한다.
② 방위각과 방위를 계산하고 경거와 위거를 계산한다.

③ 다각형의 폐합오차 및 폐합비를 계산하여 폐합비가 허용오차범위에 들면 폐합오차를 배분 조정하여, 조정된 폐합다각형을 만든다.

④ 추가적으로 조정된 경 · 위거를 가지고 좌표와 면적을 계산한다.

1) 관측각의 오차점검

폐합다각형의 측선의 총수總數를 n, 교각의 관측값을 $a_1, a_2, \cdots, a_n$이라 하면, 그 총합은 $180°(n-2)$가 되어야 하지만 다음과 같은 각오차角誤差 (E_a)가 생긴다.

· 내각관측 $E_a=[a]-180°(n-2)$

· 외각관측 $E_a=[a]-180°(n+2)$ ………………………………… (식 II-6)

· 편각관측 $E_a=[a]-360°$

단, $[a]=a_1+a_2+\cdots+a_n$

2) 허용오차범위와 오차배분

① 허용오차범위 : 각관측값의 오차가 허용범위 내에 있는가를 조사하여 허용범위 내에 들면 기하학적인 조건에 만족하도록 2차조정을 하며, 허용범위보다 클 경우에는 다시 각관측을 해야 한다. 일반적으로 하나의 측점測點에서 수평각의 허용오차 ε_a와 각관측수角觀測數가 n일 때 일반식은 다음과 같다.

$E_a=\pm\varepsilon_a\sqrt{n}$ ……………………………………………………………… (식 II-7)

일반적으로 허용오차범위는 지형에 따라 다음과 같다.

시가지 : $0.3'\sqrt{n} \sim 0.5'\sqrt{n}$

평탄지 : $0.5'\sqrt{n} \sim 1'\sqrt{n}$

산림이나 복잡한 지형 : $1.5'\sqrt{n}$

② 오차배분 : 각관측 결과 기하학적 조건과 비교하여 (ⅰ) 허용오차 이내에 있고 각관측의 정밀도가 같을 경우에는 오차를 각의 크기에 관계없이 동일하게 분배한다. (ⅱ) 각관측의 경중률輕重率이 다를 경우에는 그 오차를 경중률에 비례하여 그 각각의 각에 분배한다. (ⅲ) 변길이의 역수에 비례하여 각 각角에 분배한다. 이 방법은 변의 길이를 같게 하면 오차가 작아지므로 (ⅰ)의 방법을 적용하여도 오차의 차는 그리 크지 않다.

3) 방위각 계산

간단한 측선의 경우에는 그림을 이용하여 방위각을 계산하는 것이 효과적이나 폐합다각형의 경우 다음의 공식을 사용하는 것이 편리하다.

① 교각에서 방위각을 구하는 계산 :

㉠ 진행 방향에서 좌측각을 측정한 경우 : $\beta = \alpha_1 + 180 + a_1$

㉡ 진행 방향에서 우측각을 측정한 경우 : $\beta = \alpha_1 + 180 - a_1$

α_1 : 최초 측선의 방위각

β : 구하는 방위각

a_1 : 다음 측선의 교각

㉢ 임의 측선의 방위각(β) = 전 측선의 방위각 +180±그 측선의 교각

방위각이 360° 보다 크면 감하고, (−)이면 360° 를 가한 것이 방위각이다.

② 편각에서 방위각을 구하는 계산 :

㉠ 최초 측선의 방위각은 그대로의 방위각(기지 방위각)

㉡ 임의 측선의 방위각 = 전 측선의 방위각 + 그 측선의 편각

(−)편각일 때는 감한다.

4) 방위계산

각 측선의 방위각으로부터 방위를 계산한다.

〈표 Ⅱ-4〉 방위의 계산

방위각(α)	방위의 값(θ)	방 위
Ⅰ 상한(0° ~90°)	$\theta_1 = \alpha = \alpha$	$N \theta_1 E$
Ⅱ 상한(90° ~180°)	$\theta_2 = 180° - \alpha$	$S \theta_2 E$
Ⅲ 상한(180° ~270°)	$\theta_3 = \alpha - 180°$	$S \theta_3 W$
Ⅳ 상한(270° ~360°)	$\theta_4 = 360° - \alpha$	$N \theta_4 W$

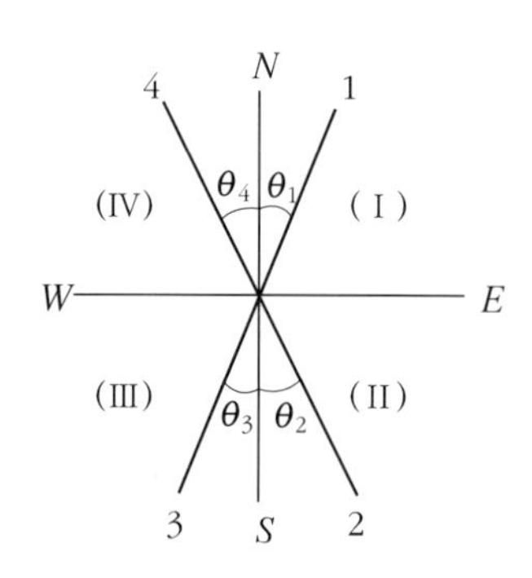

그림 Ⅱ-45. 방위

5) 위거와 경거의 계산

위거緯距 L; latitude란 어느 측선을 남북선(NS선)에 대해 정사투영正射投影한 것이며, 북쪽(N)을 (+), 남쪽(S)을 (−)로 한다.

$$L = AB \cos \theta \quad \cdots\cdots (식\ Ⅱ-8)$$

경거經距 D; departure는 어느 측선을 동서선(EW선)에 대해 정사투영한 것으로 동쪽(E)을 (+), 서쪽(W)을 (−)로 한다.

$$D = AB \sin \theta \quad \cdots\cdots (식\ Ⅱ-9)$$

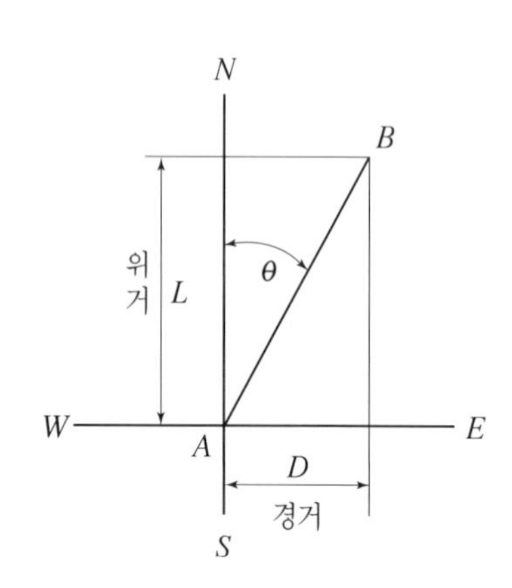

그림 Ⅱ-46. 위 · 경거

6) 다각형의 폐합오차와 폐합비

① 폐합오차閉合誤差*error of closure* : 다각측량에서 어떤 출발점으로부터 시작하여 거리와 각을 관측하여 처음의 출발점에 돌아왔을 때 또는 다른 기지점에 도달했을 때 관측오차에 의해 폐합閉合되지 못하고 ε만큼의 오차가 발생한다. 폐합오차 ε의 위거성분緯距成分을 ε_l, 경거성분經距成分을 ε_d라 하면

$$\varepsilon_l = \Sigma L, \quad \varepsilon_d = \Sigma D$$

로 구할 수 있으며, 폐합오차는 다음 식으로 표현된다(그림 II-47).

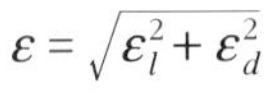

$$\varepsilon = \sqrt{\varepsilon_l^2 + \varepsilon_d^2}$$

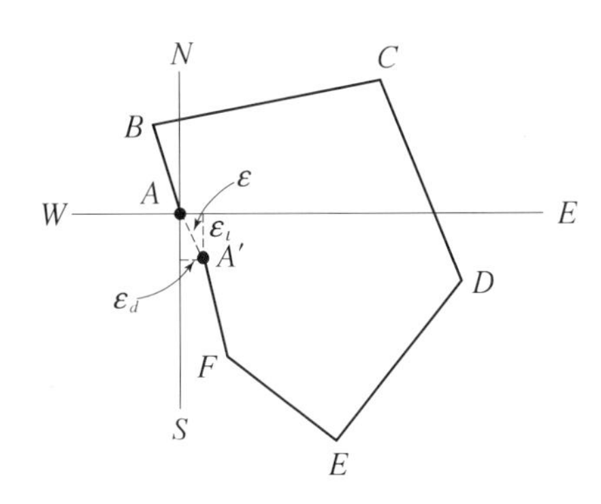

그림 II-47. 폐합오차

② 폐합비閉合比*ratio of closure* : 각 변의 거리관측값의 총합을 ΣS라 하면 폐합비는 폐합오차를 ΣS로 나눈 값이 된다.

$$폐합비 = \frac{\varepsilon}{\Sigma S}$$

7) 폐합오차의 조정

폐합오차를 조정하기 위하여 일반적으로 콤파스 법칙이나 트랜시트 법칙을 사용한다.

① 트랜시트 법칙 : 측각의 정밀도가 거리 측정의 정밀도보다 높을 때 이용하는 법칙

$$조정량 = \frac{해당(경)\ 위거}{(위)경거의\ 절대값의\ 총합} \times (위)경거의\ 오차량 \quad \cdots\cdots\cdots \text{(식 II-10)}$$

② 콤파스 법칙 : 측각의 정도와 거리의 측정 정도가 같을 때 이용하는 법칙

$$조정량 = \frac{해당\ 측선의\ 길이}{측선의\ 총합} \times (위)경거의\ 오차량 \quad \cdots\cdots\cdots \text{(식 II-11)}$$

(3) 폐합다각형의 계산 실습

다음과 같은 폐합다각형의 관측결과를 토대로 하여 관측각의 오차를 계산하고 배분한 다음 방위각과 방위를 계산하고 위거와 경거를 조정하여 조정된 부지측량도를 만들어 보자.

1) 방위각과 방위의 계산

그림 Ⅱ-48에서 관측내각의 합은 720° 02′01″이다.

$$137.0117 + 61.1459 + 241.6045 + 74.6817 + 102.8636 + 102.7262 = 720.0336$$
$$= 720°\ 02'\ 01''$$

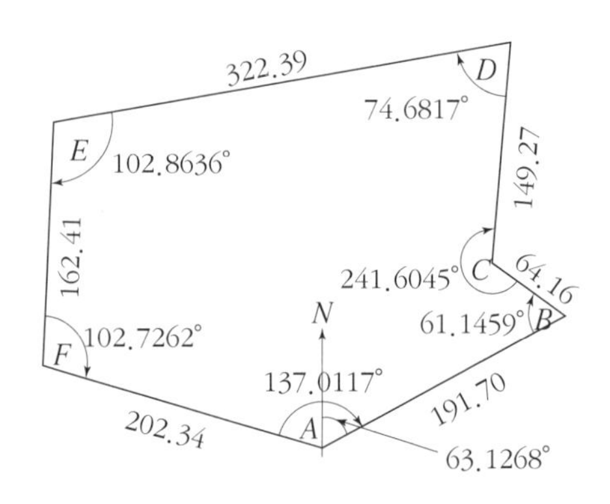

그림 Ⅱ-48. 부지측량도

따라서 폐합다각형의 내각의 합 180×(6-2) = 720° 00′00″에 대하여 02′01″의 오차가 발생하였으므로 각 관측값에 대하여 균일하게 20″(0.0056°)씩을 감하여 배분하고 이렇게 조정한 조정각으로부터 방위각과 방위를 환산하면 다음과 같다.

〈표 Ⅱ-5〉 방위각과 방위의 계산

측점	측선	관측각	조정각	방위각	방위
A	AB	137.0117	137.0061	63.1268	N63.1268E
B	BC	61.1459	61.1403	304.2671	N55.7329W
C	CD	241.6045	241.5989	5.8660	N5.8660E
D	DE	74.6817	74.6761	260.5421	S80.5421W
E	EF	102.8636	102.8580	183.4001	S3.4001W
F	FA	102.7262	102.7206	106.1207	S73.8793E
계		720.0036	720.0000		

2) 경 · 위거의 계산과 조정

〈표 Ⅱ-5〉에서 방위에 대한 cos값과 sin값을 각 거리에 곱하여 위거와 경거를 계산한 후, 위거와 경거의 차를 보정하여 조정위거와 조정경거를 구하기 위해서 콤파스 법칙이나 트랜시트 법칙을 이용하여 조정을 시행하는데, 여기서는 모든 관측의 정밀도가 동일하므로 콤파스 법칙을 이용하여 조정한다.

〈표 Ⅱ-6〉 경 · 위거의 계산

측 선	방 위	거리	sin	cos	경거	위거
AB	N63.1268E	191.70	.8920	.4520	+171.00	+86.65
BC	N55.7329W	64.16	.8264	.5631	-53.02	+36.13
CD	N05.8660E	149.27	.1022	.9948	+15.26	+148.49
DE	S80.5421W	322.39	.9864	.1643	-318.01	-52.98
EF	S03.4001W	162.41	.0593	.9982	-9.63	-162.12
FA	S73.8793E	202.34	.9607	.2777	+194.38	-56.18
합 계		1092.27			-0.02	-0.01

본 사례에서 위거의 차는 -0.01이고 경거의 차는 -0.02이므로 오차가 비교적 작으나 다각형은 폐합하지 않고 있다.

콤파스 공식에서 경 · 위거 조정량을 계산하기 위해 식을 정리하면 다음과 같다.

$$\text{경거 조정량} = \frac{0.02}{1092.27} \times \text{해당측선의 길이} \doteqdot 0.0002 \times \text{해당측선의 길이}$$

$$\text{위거 조정량} = \frac{0.01}{1092.27} \times \text{해당측선의 길이} \doteqdot 0.0001 \times \text{해당측선의 길이}$$

〈표 Ⅱ-7〉 경 · 위거 조정량의 계산

측 선	경거 조정량		위거 조정량		조정경거	조정위거
AB	.00002×191.70	0.00	.00001×197.70	0.00	+171.00	+86.65
BC	.00002× 64.16	0.00	.00001× 64.16	0.00	-53.02	+36.13
CD	.00002×149.27	0.00	.00001×149.27	0.00	+15.26	+148.49
DE	.00002×322.39	+0.01	.00001×322.39	+0.01	-318.00	-52.97
EF	.00002×162.41	0.00	.00001×162.41	0.00	-9.63	-162.12
FA	.00002×202.34	+0.01	.00001×202.34	0.00	+194.39	-56.18
합계					0.00	0.00

3) 조정된 측선의 방위와 거리의 조정

경 · 위거를 조정한 후 조정된 측선의 방위와 거리를 조정하여야 한다. 사례에서 조정된 측선은 DE와 FA이며, 각 측선의 조정된 방위와 거리는 다음과 같다.

$$\tan(DE\text{의 방위}) = \frac{318.00}{52.97} = 6.00340$$

$$DE\text{의 방위} = 80.5429°$$

$$\tan(FA\text{의 방위}) = \frac{194.39}{56.18} = 3.46013$$

$$FA\text{의 방위} = 73.8804°$$

$$DE\text{의 조정길이} = \sqrt{318^2 + 52.97^2} = 322.38\text{m}$$

$$FA\text{의 조정길이} = \sqrt{194.39^2 + 56.18^2} = 202.35\text{m}$$

이러한 조정이 끝나면 위거와 경거를 검사하여 다각형이 폐합하는지를 재확인하고 부지측량도를 수정하여야 한다. 경우에 따라서는 각 측점의 좌표를 구하거나 면적을 계산하는 작업이 추가될 수도 있다.

〈표 Ⅱ-8〉 조정된 경 · 위거

측 선	방 위	거리	sin	cos	경거	위거
AB	N63.1268E	191.70	.8920	.4520	+171.00	+86.65
BC	N55.732W	64.16	.8264	.5631	-53.02	+36.13
CD	N05.8660E	149.27	.1022	.9948	+15.26	+148.49
DE	S80.5429W	322.38	.9864	.1643	-318.00	-52.97
EF	S03.4001W	162.41	.0593	.9982	-9.63	-162.12
FA	S73.8804E	202.35	.9607	.2777	+194.39	-56.18
합 계		1092.27			0.00	0.00

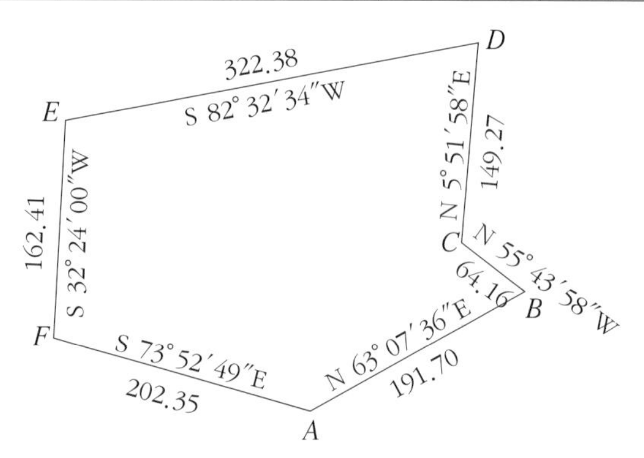

그림 Ⅱ-49. 수정된 부지측량도

5. 단지설계도의 표현

조경설계와 시공에 있어 좌표와 측점은 단지 내의 구조물이나 시설물의 위치를 표시하기 위해 사용되는 많은 치수선을 없애 작업의 효율성을 높여주며, 공통된 측량자료를 사용함으로써 토목이나 건축 등과 같은 인접 분야의 관련자료를 호환하여 사용할 수 있다는 장점을 가지고 있다. 이러한 좌표와 측점은 지구차원의 고유값을 사용할 수 있으나 사업특성에 따라 부지별로 상대적인 좌표와 측점을 사용하여 효율적인 설계와 시공을 도모할 수 있다.

가. 좌 표

평면직교좌표의 원리에 따라 그림 II-50과 같이 건축물, 기초바닥선, 기둥중심선 위치나 굴곡부나 진입부 등의 곡선반경의 중심점, 그리고 맨홀이나 집수정 등 배수시설, 옹벽이나 다리 등의 위치는 미리 설정해 놓은 기준선으로부터의 거리를 좌표로써 표시할 수 있다.

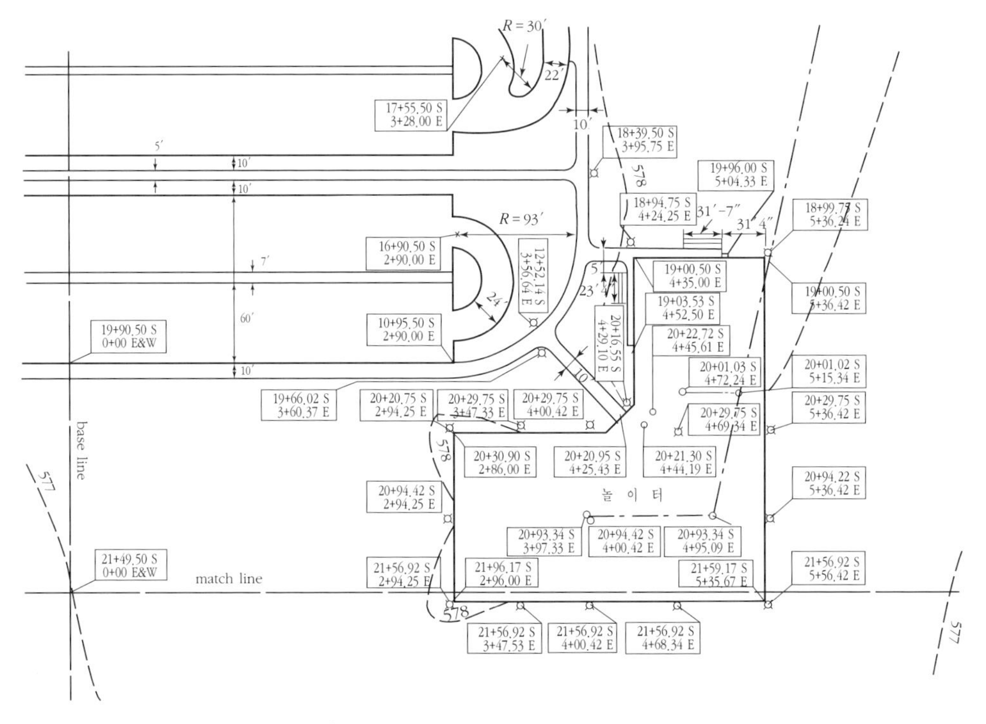

그림 II-50. 평면직교좌표의 사례

좌표에서 점의 위치는 평면직각좌표의 원리와 유사하게 직각으로 교차되는 2개의 기준선으로부터 수직으로 측정되는 2개의 치수로 확인된다. 일반적으로 기준선은 남북, 동서로 향하고 서로 수직이며, 이것이 정남북, 정동서를 가리키지 않더라도 편의상 동서, 남북 좌표의 기준으로 삼는다. 그러므로 각 시설의 모퉁이, 도로의 중심선, 건축물 등 측량요소는 좌표계의 기준선으로부터 x와 y의 거리에 위치하며, 만약 단지 전체가 교차하는 기준선의 4상한 이내에 있다면 작업하기가 더욱 쉬워진다. 이러한 좌표를 사용하게 되면, 도면을 복잡하게 하는 원인이 되는 치수선을 제거할 수 있고, 동일한 기준원점을 사용하는 부지와 좌표를 공유할 수 있다. 기준선이 교차하는 기준원점은 방위와 관계없이 현장에서 위치를 정확하게 확인할 수 있어야 하고, 시공으로 인하여 쉽게 피해를 입지 않는 장소에 설치하고 관리하여야 한다.

나. 측 점

일반적으로 측점은 도로와 하수도의 중심선과 같은 선형 구조물의 위치를 정하는 데 사용된다. 시작점을 0+00으로 표시하고 도로나 하수도 등의 선형요소의 논리적인 방향을 따라서 진행하며, 20m, 100m, 1000m를 측점 기본거리로 하여, 사업대상의 규모에 따라 각 측점단위를 결정한 후 일정간격으로 측점번호를 1, 2, 3,…의 순서로 부여한다. 또한 경사변화점, 곡선부 시종점 등 주요지점에서는 측점번호와 해당지점까지의 분할거리*fractional distance*를 표시하여야 한다.

도로설계시 측점은 도로 중심선을 따라 설치되는데, 평면선형의 경우, 그림 Ⅱ-51에서와

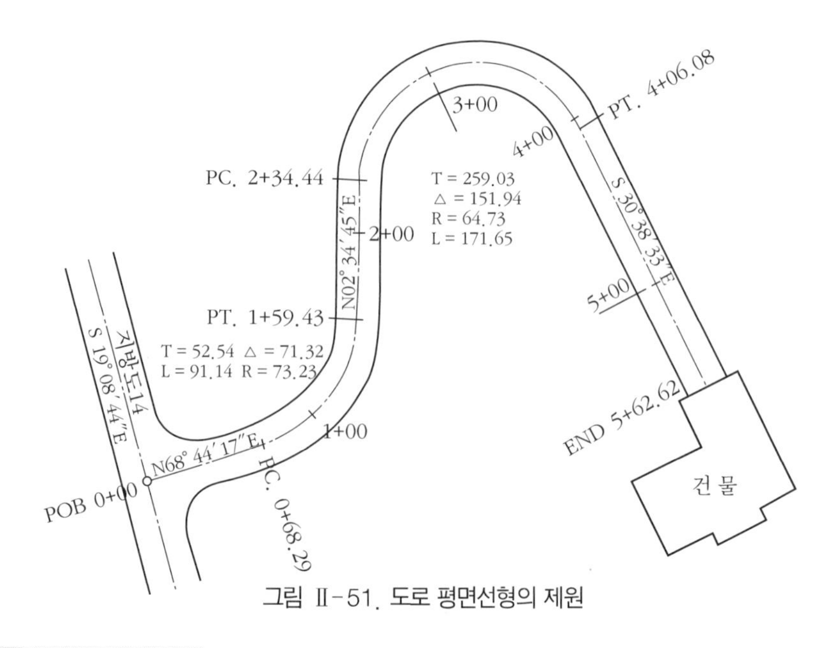

그림 Ⅱ-51. 도로 평면선형의 제원

같이 측점과 곡선부의 제원, 직선부의 방위각이 제시되어야 한다. 그림에서 설계대상이 되는 도로와 지방도 14번이 교차하는 지점은 시점*POB; point of beginning*이 되며, 0＋00으로 표기하고 중심선의 방위각을 결정한다. 이 도로에서 첫 번째 곡선부는 시점으로부터 68.29m 지점에서 시작한다. 이 점은 곡선시점*PC; point of curvature, BC; beginning of curve*으로서 0＋68.29로 표기한다. 그런 다음 접선장*T; tangent length*, 교각(△), 곡선장*L; curve length*, 곡선반경*R; radius* 등 곡선부의 제원을 제시하여야 하며, 이어서 곡선부와 직선부가 만나는 지점인 곡선종점*PT; point of tangency, EC; end of curve*을 표시한다. 사례에서 곡선종점은 시점으로부터 159.43m 떨어진 지점에 위치하므로 1＋59.43으로 표기한다. 이후 도로중심선을 따라 직선부를 설치하고, 직선부에 대한 방위각을 다시 제시하여야 한다. 그러나 설계속도가 높은 도로의 경우, 곡선부의 전후에 일정구간 완화구간을 설치해야 하므로 완화곡선시점*BTC; beginning of transition curve*과 완화곡선종점*ETC; end of transition curve*을 추가적으로 설치하기도 한다.

도로의 종단선형에서도 시점으로부터 일정간격에 따라 측점을 부여하고, 경사변환점이나 종단곡선에 대하여 추가적으로 측점을 설치하며, 동시에 표고를 표시한다. 그림 Ⅱ－52에서 시점(0＋00)의 표고는 107.5m이며, 도로는 2% 내리막 경사로 측점 2＋00까지 계속된 후, 이후 측점 3＋00까지 1.2%의 내리막 경사를 이루고 있다. 그런 다음, 도로는 0.8%의 오르막 경사로 반전하게 된다.

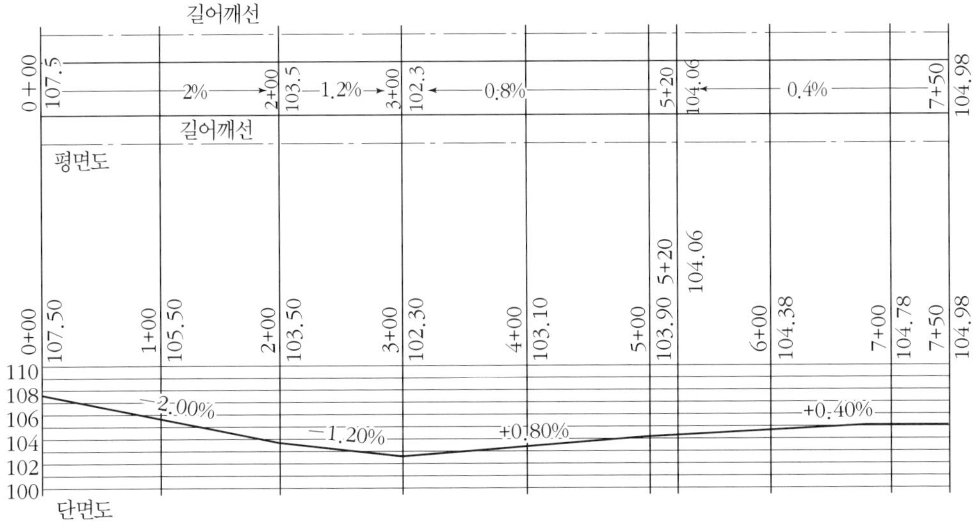

그림 Ⅱ－52. 종단선형의 제원

연습문제

1. 지형을 형성하게 하는 작용요소는 무엇인가?
2. 우리나라의 지형의 특성을 기술하라.
3. 지형을 묘사하는 방법의 특성과 장단점을 기술하라.
4. 지형도의 축척과 등고선의 간격의 관계를 설명하라.
5. 등고선의 성질을 7가지만 기술하라.
6. 다음 지형도에서 불합리한 곳이 있으면 지적하고, 그 이유를 설명하라.

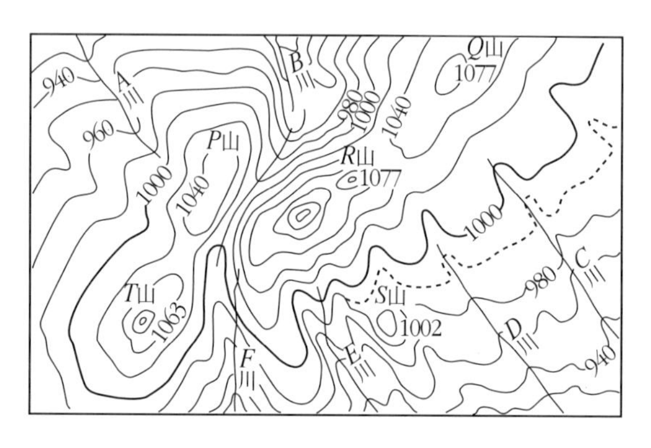

그림 Ⅱ-53. 지형도

7. 계곡 및 산령선과 유역의 관계를 설명하라.
8. 좌표의 종류와 그 특성을 설명하라.
9. 측점의 부여 원칙에 대하여 설명하라.
10. 평면직각좌표의 특성과 좌표부여 원칙을 기술하라.
11. 다음과 같은 폐다각형에서의 관측결과로부터 방위각을 계산하고 위거와 경거를 구한 다음 폐합오차와 폐합비를 결정하여 위거와 경거를 조정하고 각 지점의 좌표와 면적을 계산하라. (단, 모든 관측의 정밀도는 동일하다.)

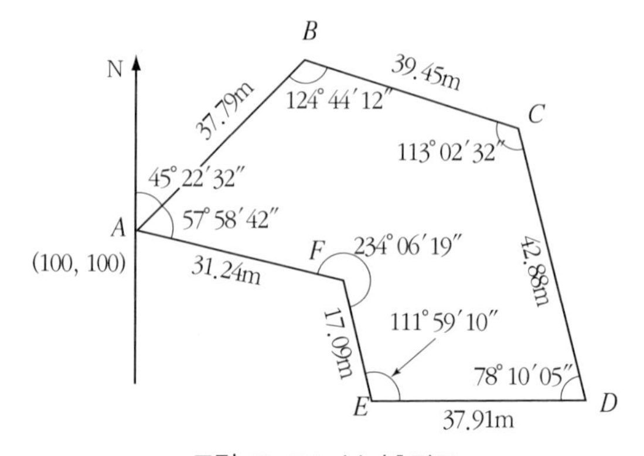

그림 Ⅱ-54. 부지측량도

참고문헌

김시원 외 3인, 『삼정 측량학』, 일조각, 1980.

이석찬, 『표준측량학』, 선진문화사, 1978

유복모 저, 『측량학원론(I)』, 박영사, 1995.

———, 『측량학원론(II)』, 박영사, 1995.

원종관 외 5인, 『지질학원론』, 우성문화사, 1989.

Albe E. Munson, *Construction Design for Landscape Architects*, McGraw-hill Book Co., 1974.

Jot D. Carpenter, *Handbook of Landscape Architectural Construction*, The Landscape Architecture Foundation, Inc., 1976.

Harlow C. Landphair & Fred Klatt, Jr., *Landscape Architecture Construction*, Prentice-Hall, Inc., 1998.

Harvey M. Rubenstein, *A Guide to Site and Environmental Planning*, John Wiley & Sons, Inc., 1969.

Steven Strom & Kurt Nathan P.E., *Site Engineering for Landscape Architects*, AVI Publishing Co.,1985.

川本昭雄・鈴木建之, 「造園施設の設計と施工」, 鹿島出版會, 1983.

정지설계(Grading Design)

경제성과 기능성을 높인다는 미명하에 때때로 정지설계는 자연생태계의 단절, 비탈면 및 지반 붕괴, 경관파괴 등 자연환경을 파괴하는 가장 큰 원인이 되고 있다. 정지설계는 자연환경과의 조화, 기능성의 증대, 미적 효과의 증진을 동시에 고려해야 하며, 조경가들은 이러한 요구에 부응할 수 있도록 정지설계에 필요한 지식을 가져야 하며, 동시에 환경에 대한 윤리의식을 가져야만 한다. 이렇게 함으로써 창조적이면서 환경과 조화를 이루는 정지설계를 할 수 있다.

1. 개 요

정지설계는 지형을 개조하는 예술인 동시에 기술이며, 조경설계와 시공에 있어서 중요한 항목 중 하나이다. 특히, 조경가는 창조할 지형을 눈 앞에 떠올릴 수 있어야 하고, 입체적인 사고를 할 수 있어야 하며, 궁극적으로는 대지에 대한 자신의 지적인 개념을 표현하는 정지설계도를 만들 수 있어야 한다.

가. 정지설계의 목적

정지설계는 조경가들에게 주요한 설계내용으로 다양한 기능적 · 미적 목적을 달성하기 위하여 이루어진다.

(1) 기능적 목적 *functional purposes*

① 자연배수를 위한 자연배수로의 조성 (그림 Ⅲ-1)

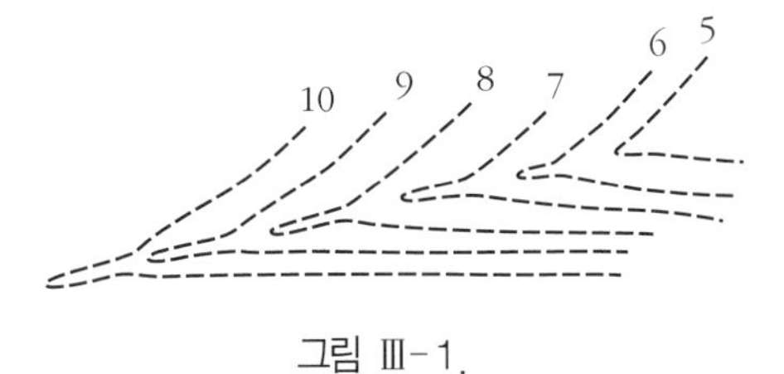

그림 Ⅲ-1.

② 주변교통을 분리하여 안전성 확보하기 위한 방축*berms* 조성(그림 III-2)

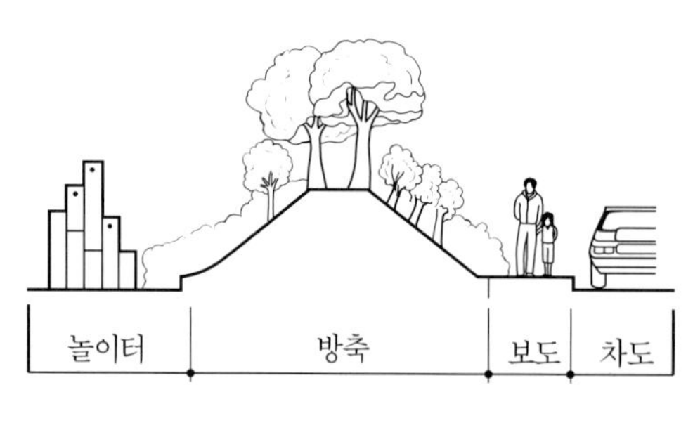

그림 Ⅲ-2.

③ 방음 및 방풍, 프라이버시 보호를 위해 방축 조성(그림 III-3)

그림 Ⅲ-3.

④ 지하수위가 높아 식물생육에 부적절한 지하 상태를 개선시키기 위한 성토(그림 III-4)

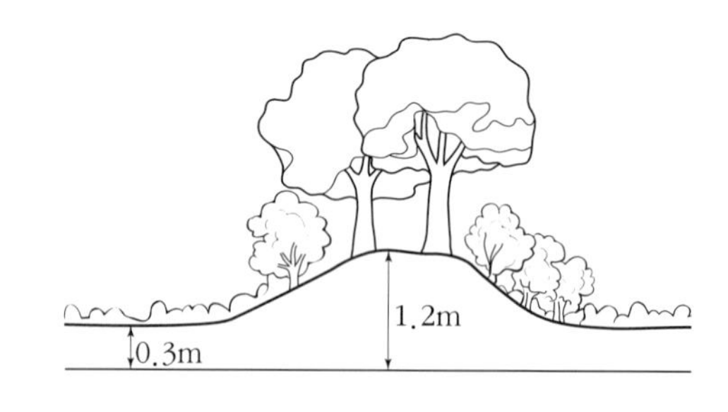

그림 Ⅲ-4.

⑤ 운동장, 건물, 노단 등과 같은 평평한 부지 조성(그림 III-5)

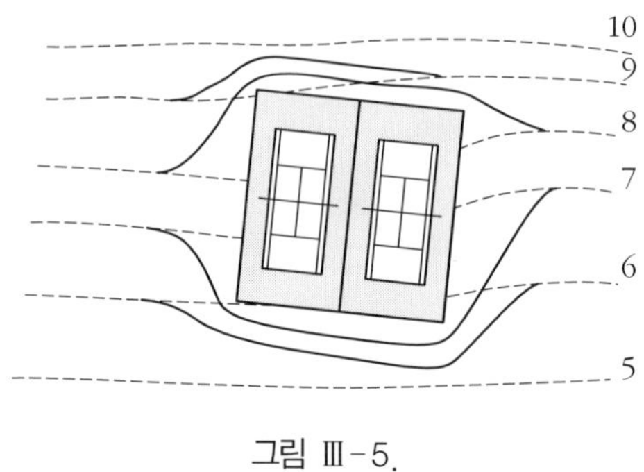

그림 Ⅲ-5.

⑥ 계곡, 능선, 비탈면 등 급경사 지역의 불리한 지형 교정(그림 Ⅲ-6)

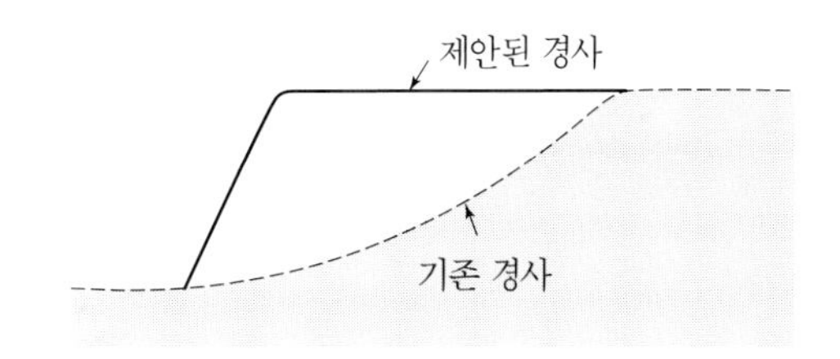

그림 Ⅲ-6.

⑦ 보도나 도로와 같은 순환로 제안(그림 Ⅲ-7)

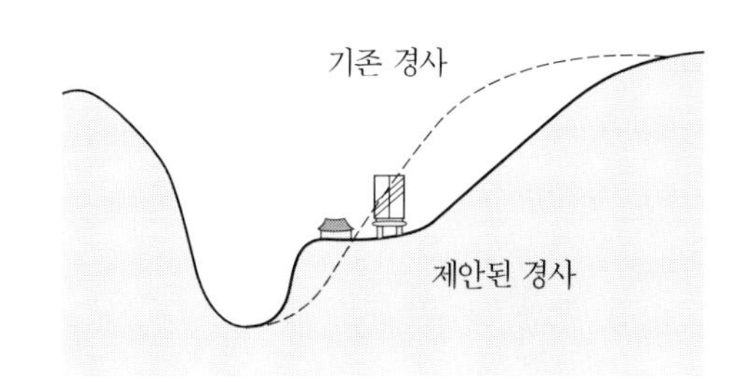

그림 Ⅲ-7.

(2) 미적 목적 *aesthetic purposes*

① 평탄한 대지에 자연적으로 흥미 있는 관심 제공(그림 Ⅲ-8)

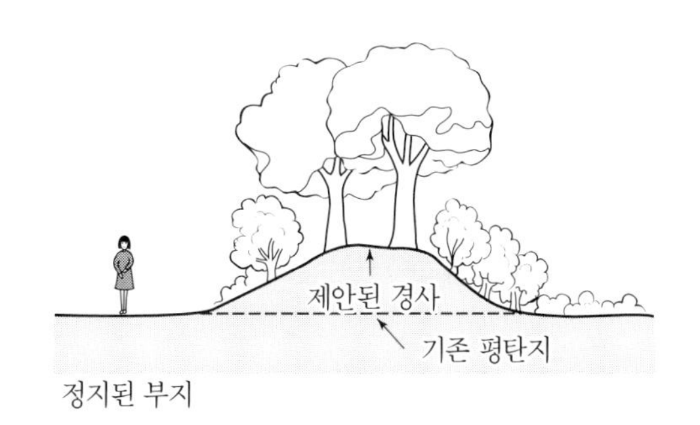

그림 Ⅲ-8.

② 만족할 만한 시계를 유지하고 불량한 시계 차단(그림 Ⅲ-9)

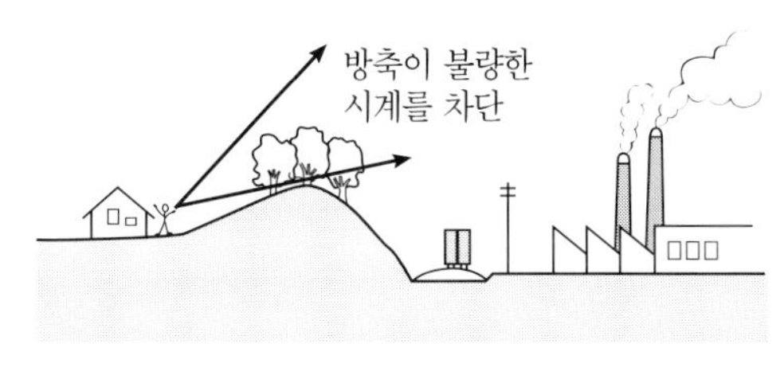

그림 Ⅲ-9.

③ 대지와 구조물을 주위의 자연지형이나 경관과 조화(그림 Ⅲ-10)

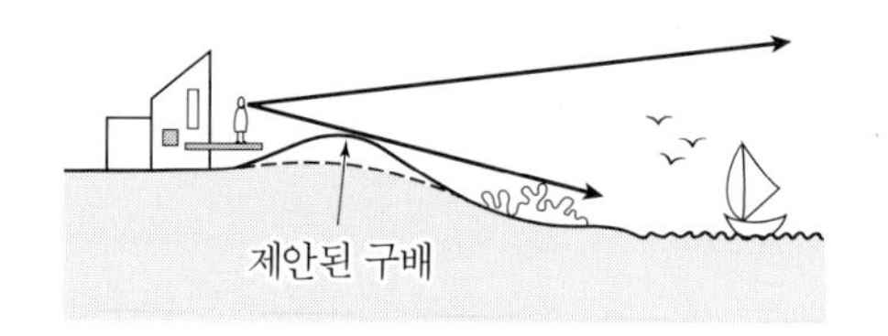

그림 Ⅲ-10.

④ 지나치게 압도적인 시설 및 공간의 크기나 모양을 완화시킴(그림 Ⅲ-11)

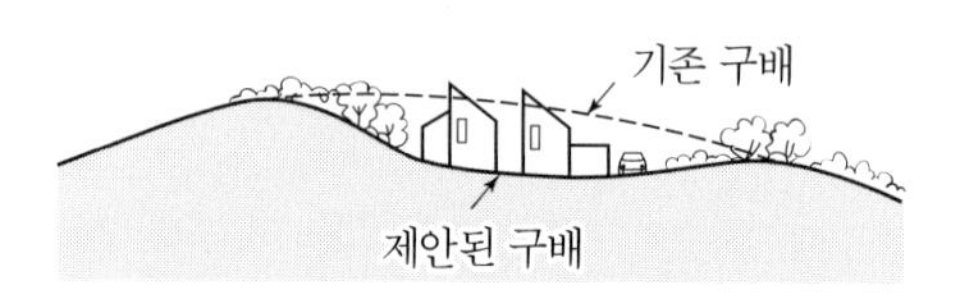

그림 Ⅲ-11.

⑤ 균일한 경사와 형태를 도입하여 기하학적 형태를 강조한 경관 연출(그림 Ⅲ-12)

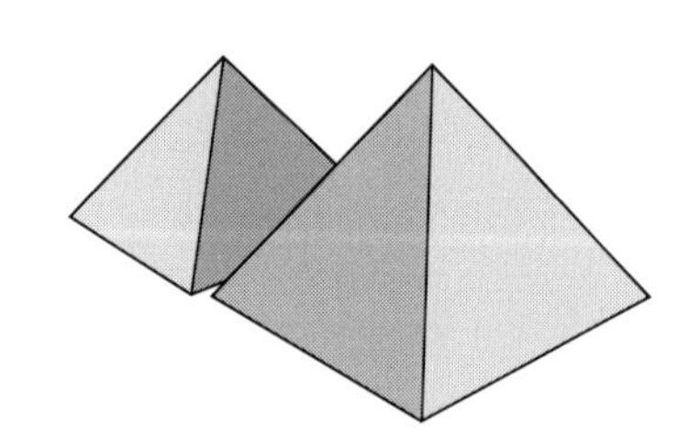

그림 Ⅲ-12.

⑥ 자연적 형태의 모방을 통한 축약된 경관 연출(그림 Ⅲ-13)

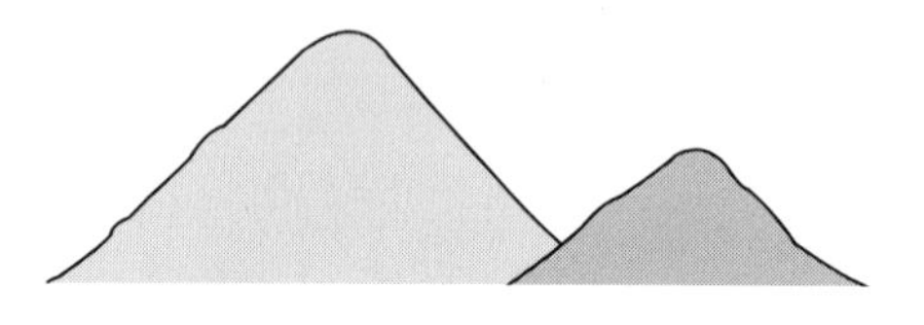

그림 Ⅲ-13.

⑦ 순환로의 경사를 완화시키고 자연지형과 조화(그림 Ⅲ-14)

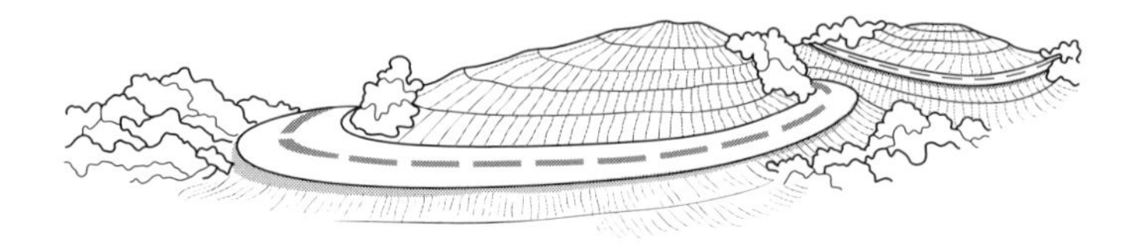

그림 Ⅲ-14.

나. 정지설계를 위한 준비

부지현황을 명확하게 이해하고 효과적인 정지설계를 하기 위해서는 부지와 관련된 여러 가지 분석내용이 필요한데, 대부분 도면화된 것이다. 도면의 축척은 부지의 크기나 정지설계의 정밀도에 따라 달라지므로 설계의 목적에 부합되는 도면을 사전에 준비하여야 한다.

(1) 기본도

대지와 인근지역의 개괄적인 지형을 보여줄 수 있는 지형도와 정지설계를 구체화하기 위한 기본도가 있어야 한다. 사용되는 지형도의 축척은 부지의 규모나 프로젝트의 특성에 따라 달라지게 되지만 보통 1:50,000, 1:25,000, 1:5,000을 사용하며, 기본도로는 1:1,200보다 대축척의 현장 측량도면을 사용하는 것이 효율적이다.

(2) 경사분석도

대지의 급경사나 완경사를 보여줄 수 있도록 단면도와 경사분석도를 준비한다. 단면도는 부지의 지형변화가 심한 곳이나 정지설계에서 중요한 부분을 대상으로 작성하며, 경사분석도는 부지 전체를 대상으로 하여 일반적으로 0～5%, 5～10%, 10～15%, 15～20%, 25% 이상의 등급으로 구분하고 단채법이나 쇄상선법을 이용하여 도면을 작성한다. 단, 경사의 등급기준은 프로젝트의 특성에 따라 달리할 수 있다.

(3) 배수도

자연적이거나 인공적인 배수로, 표면배수 상태, 침수지역, 습지, 지하수위와 실존하는 우물 등을 보여주는 배수도를 만든다. 배수도에는 부지와 인근지역의 배수상황을 상세히 표현하여 정지설계를 통한 배수상태의 개선이나 조화를 도모하도록 한다.

(4) 지질도와 토양도

부지의 지층, 암석 노출, 지질을 알 수 있는 지질도와 토양의 특성을 파악할 수 있는 토양도를 준비한다. 지질도나 토양도는 우리나라 전체를 대상으로 만든 것이 있으나, 정확도가 낮아 제한된 부지에 적용하기 곤란한 경우에는 별도의 토질조사나 토양조사를 통하여 얻은 자료를 활용해야 한다.

(5) 식생현황도

현존하고 있는 식생상태를 보여주는 지도로서 식물군락, 수목의 종류, 규모, 상태의 식생도를 작성하여 보존해야 할 수목이나 이식수목을 결정한다. 일부 사업에서는 사업시행의 효율성을 높이기 위하여 무분별하게 기존 식생을 훼손하고 있으나, 점차 기존 식생의 보존에 대한 인식이 높아지고 있다. 기존 수목의 경우 오랫동안 같은 지역에서 성장하여 왔으므로 지역의 특성을 나타내며, 또한 녹화를 위해 중요한 요소가 될 수 있으므로 적극적으로 보호해야 한다.

(6) 인문환경도

도로 · 건물 · 설비 · 구조물 등 인공적인 구조물과 소유권의 상태를 보여줄 수 있는 지도를 만들어서 정지설계를 통하여 기존 시설과 적절한 조화를 도모하며, 특히 다른 소유권 부지에 피해를 주지 않도록 해야 한다.

다. 정지설계의 전제조건

새로운 지형에 대한 설계는 기존 지형에 대하여 새로운 형태의 지형을 부가함으로써 얻어지게 된다. 이러한 정지설계를 위해서는 경사변경에 대한 제약요소와 기준이 되는 전제조건을 만족시켜야 하며, 이를 통하여 정지설계의 적절한 아이디어를 현실화할 수 있다.

① 기존 수목을 대상으로 존치 · 이식 · 제거할 수목을 결정한다. 식생은 수목의 형태, 규격, 병충해 유무, 보전효과, 이식비용, 대치비용 등을 평가하여 결정한다. 또한 정지설계에 따른 지형변화가 기존 수목의 생육에 지장을 초래해서는 안 된다.

② 기존 구조물의 마감, 바닥의 고저가 고정되어 있으면 제안된 경사변경은 기존의 배수패턴을 고려하여 자연스럽게 배수가 되도록 한다.

③ 기존 도로의 높이는 그대로 유지하되, 제안된 경사와 조화롭게 만나야 한다. 공공도로의 경사는 개별적인 사업에 의해 임의로 변경될 수 없다.

④ 자연스런 배수와 침식을 방지하기 위하여 기존 지형의 최소 · 최대 경사기준을 고려한다. 또한 폭우로 인한 피해를 방지하기 위한 안전시설을 부대 설치한다.

⑤ 정지설계로 인하여 인접한 다른 소유지에 피해가 없도록 한다. 즉, 소유지 경계선에서 기존의 기울기와 만나야 하며, 과잉의 배수를 소유지 경계선을 넘어 다른 곳으로 흐르지 않도록 하여야 한다.

⑥ 정지설계로 인하여 기존의 설비나 지하 구조물이 피해를 입거나 변경되지 않도록 해야 하며, 이러한 문제를 방지하기 위하여 관련시설을 충분히 검토한다.

⑦ 암석 노출 · 지하수 · 습지 · 불량한 토양형태 등 다루기 어려운 표면이나 지하의 지질적인 요소들은 기술적인 실행 가능성을 검토한 후 설계하여야 한다.
⑧ 기존의 배수패턴 · 수로 · 유역은 자연스럽게 유지되어야 하며, 경사 변경으로 인한 변화를 주의깊게 검토하고 자연적인 배수로가 계속 작용하는지를 확인한다.
⑨ 정지설계로 인한 부지 내의 절 · 성토는 가급적 부지 내에서 균형을 이루어 불필요하게 흙을 반출 · 반입하지 않도록 하여 사업시행의 효율성과 경제성을 달성하도록 한다.
⑩ 표토를 적극적으로 활용한다.

라. 정지설계도 작성 원칙

정지설계는 여러 단계의 과정을 통해서 이루어지게 되며, 다양한 내용이 포함되므로 등고선과 적합한 표기방식을 사용하도록 한다.

① 파선은 기존 등고선을 나타내며, 실선은 제안된 등고선을 나타낸다. 단, 제안된 등고선이 없을 때는 그리는 시간을 줄이기 위해서 때때로 기존 등고선을 직선으로 그릴 때도 있다.
② 지형은 자연스럽게 변화하므로 등고선도 자연스럽게 그리는 것이 바람직하다. 단, 지형의 인공적인 형태를 강조할 경우에는 예외로 한다.
③ 수직적인 높이의 차를 고려하여, 효율적으로 지형을 묘사하기 위한 등고선의 간격을 결정한다. 필요할 경우 등고선의 간격을 범례에 기록하도록 한다.
④ 등고선의 고저는 등고선의 높은 쪽에 적어 넣으며(때때로 기존의 등고선에서는 등고선의 중간에 표시할 때도 있다), 일반적으로 매 5번째 등고선에 써 넣거나 필요한 경우 등고선마다 적을 수도 있다.
⑤ 매 5번째 등고선은 읽기 편하게 약간 진하게 그려 넣는다.
⑥ 폐합된 등고선은 정상*peak*이나 침하지역*depression*을 나타내며, 상세한 높이를 알 수 있도록 점고저를 적어 넣는다(그림 III-15(a)).
⑦ 점고저*spot elevation*는 등고선만으로 이해할 수 없는 중요한 지점의 높이를 명확하게 하기 위해 적어 넣는다(그림 III-15(b), (c)).

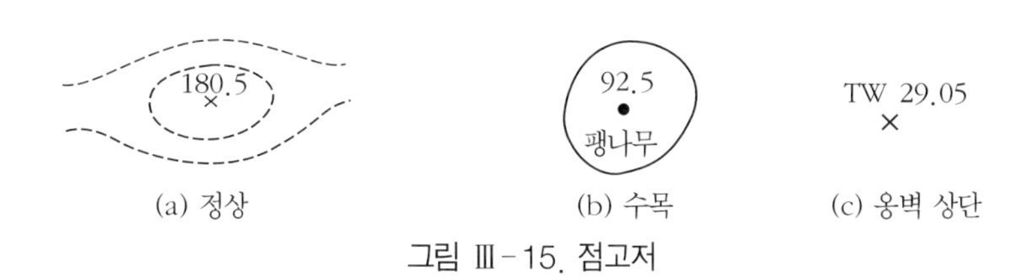

그림 III-15. 점고저

⑧ 건물에 가까이 있는 지표면은 구조물로부터 경사지게 해야 한다. 건물이 급경사의 둑*bank* 이나 옹벽에 아주 가깝게 위치한 경우에는 적어도 건물로부터 60cm 정도 경사지게 하면 배수에 도움을 준다(그림 Ⅲ-16).

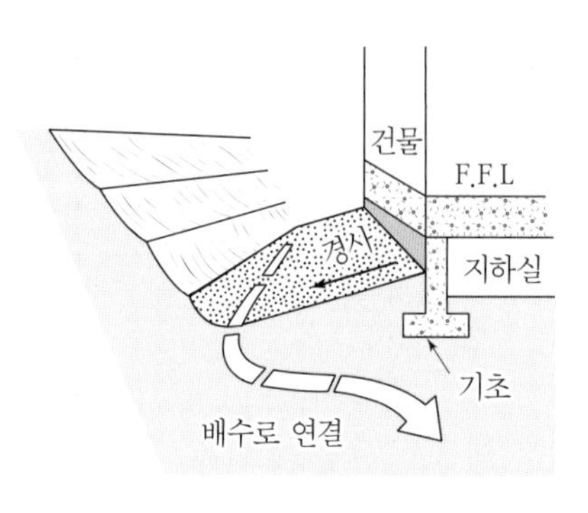

그림 Ⅲ-16.

⑨ 평탄지는 배수가 불량하므로 각 시설별로 경사도 최소 표준을 알아야 한다. 예를 들면 포장된 지역의 최소 경사도는 0.5%이고 토양은 1%이다.

⑩ 해당 부지의 소유 경계선을 넘지 않도록 설계하여야 한다.

⑪ 부적절한 하수도와 너무 작은 입수구*inlets*를 피해야 한다.

⑫ 경사지나 둑의 비탈면은 심한 침식이나 산사태를 방지하기 위하여 토양의 자연적인 안식각*angle of repose*을 넘지 않는 것을 원칙으로 한다. 단, 부지 여건상 불가피할 경우 옹벽이나 비탈면 안정공법을 적용하여 비탈면의 안정성을 확보하도록 한다.

⑬ 경사를 만들 때 등고선의 조정은 절토의 경우에는 밑에서부터, 성토의 경우에는 위에서부터 시작한다.

⑭ 대지가 아주 평탄하여 지형을 표현하기가 어려울 경우에는 매개등고선*intermediate contour*을 사용하여 상세한 지형을 표현하도록 한다.

⑮ 계단 · 광장 · 도로 · 배수구 등의 꼭대기와 바닥의 고저를 표기하도록 한다(그림 Ⅲ-17).

⑯ 도면을 효과적으로 표현하기 위하여 정지설계도에는 공통된 표기방식의 부호나 기호를 사용하여 도면을 단순화한다(〈표 Ⅲ-1〉).

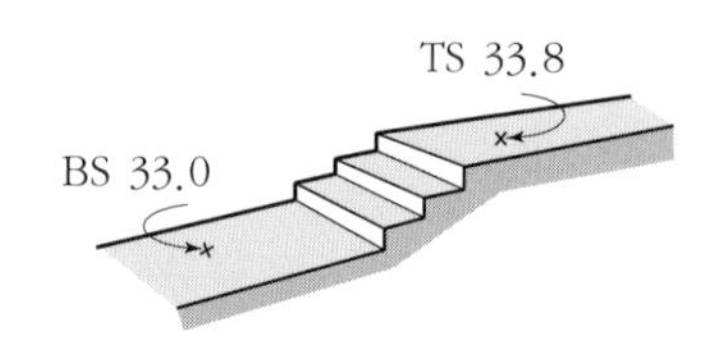

그림 Ⅲ-17. 계단의 높이 표기

〈표 Ⅲ-1〉 정지설계의 기호 및 약자

표 기	내 용	비 고
_ _(17)_ _ _ _	기존 등고선*Existing Contour*	
(17)	계획 등고선*Proposed Contour*	
×(15.37)	기존 점고저*Existing Spot Elevation*	
× 15.37	계획 점고저*Proposed Spot Elevation*	
E.L.(ELEV.)	표고*Elevation*	
F.L.	계획고*Finish Level*	
G.L.	지반고*Ground Level*	
F.F.E(L).	마감바닥 높이*Finished Floor Elevation(Level)*	
F.H.	마감높이*Finish Height*	
B.M.	표고기준점*Bench Mark*	
W.L.	수면높이*Water Level*	
TW/BW	옹벽상단*Top of Wall*/옹벽하단*Bottom of Wall*	점고저 표기 병행
TC/BC	연석상단*Top of Curb*/연석하단*Bottom of Curb*	
TS/BS	계단상단*Top of Stair*/계단하단*Bottom of Stair*	
DN/UP	내려감*Down*/올라감*Up*	화살표기 병행
BF	기초하단*Bottom of Footing*	
HP/LP	최고점*High Point*/최저점*Low Point*	
HPS	배수로의 최고점*High Point of Swale*	
INV. EL.	변환점 높이*Invert Elevation*	
□ CB	기존 집수정*Existing Catch Basin*	
◢ CB	계획 집수정*Proposed Catch Basin*	
▥ RB	빗물받이*Rain Water Catch Basin*	
○ DI	기존 입수구*Existing Drain Inlet*	
◕ DI	계획 입수구*Proposed Drain Inlet*	시설 상부와 전환점의 높이 표기 병행
⊠ MH	기존 맨홀*Existing Manhole*	
⧗ MH	계획 맨홀*Proposed Manhole*	
● AD	계획 지역배수*Proposed Area Drain*	
— U —	U형 측구*U-type side gutter*	
— L —	L형 측구*L-type side gutter*	
— D —	배수관로*Drainage Pipe*	
△△△	석축*Stone Wall*	점고저 표기 병행
/////	옹벽*Retaining Wall*	
⊤	경사면(법면)*Slope*	
STA. 0+00	측점*Station Point*	
PL ——-——	소유 경계선*Property Line*	
——-——	중심선*Center Line*	
)—-——	배수로*Swale*	물의 흐름방향 표기

【자료】 Steven Storm & Kurt Nathan P. E., *Site Engineering for Landscape Architectures*, Connecticut:AVI publishing Co., 1985, 115.
한국조경사회, 조경설계상세자료집, 1997, 36~40.

2. 정지설계의 유형

정지설계는 대상의 특성에 따라 다양하지만 일반적으로 그 목적에 따라 여러 가지 유형으로 구분할 수 있다. 여기서는 가장 일반적인 구분방법으로 정지설계의 목적에 따라 부지 및 순환로 조성과 표면배수로 구분하였다.

가. 평탄한 부지의 조성

건물 · 주차지역 · 운동장 등 우리가 만들려고 하는 모든 요소들을 배치하기 위해서는 상당히 평탄한 지반이 필요하다. 평탄한 지역을 조성하는 데는 절토, 성토, 성토와 절토의 혼합, 그리고 옹벽의 4가지 방법이 있다. 경우에 따라 2가지 이상의 방법을 중복 적용한다.

(1) 절토 방법

이 방법을 사용하여 세 경사면으로 둘러싸인 평탄지를 조성할 수 있는데, 좌 · 우측 두 면은 뒤를 향하여 높아지고, 뒷면은 가장 높은 면이 된다.

등고선의 조정순서는 다음과 같다. 먼저 지형도에 평탄한 지역을 조성할 위치를 택한다. 그 후 평탄지역 밖에서 평탄지역을 지나가지 않는 낮은 방향의 가장 높은 등고선을 선택한 후 그것보다 조금 높게 계획고*F.L; finish level*를 정한다. 선택된 등고선이나 이보다 높은 등고선부터 시작하여 평탄하게 조성하려는 부지의 뒤를 둘러싸도록 등고선을 조정하며, 건물로부터 새로 제안된 적합한 등고선과 등고선 사이의 간격을 적합하게 유지하여 기존 등고선과 계획 등고선이 만나지 않을 때까지 계속한다(그림 Ⅲ-18).

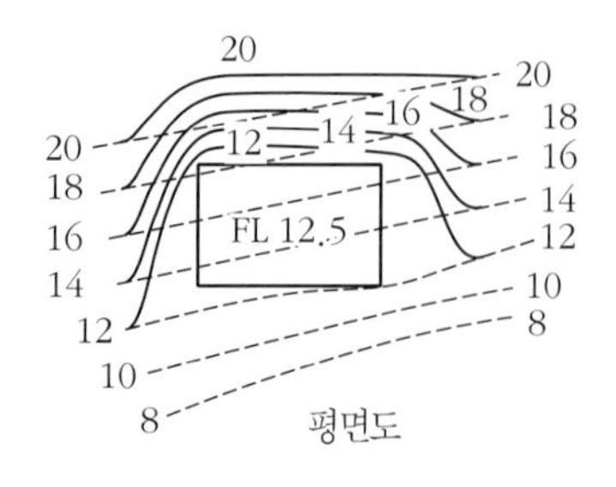

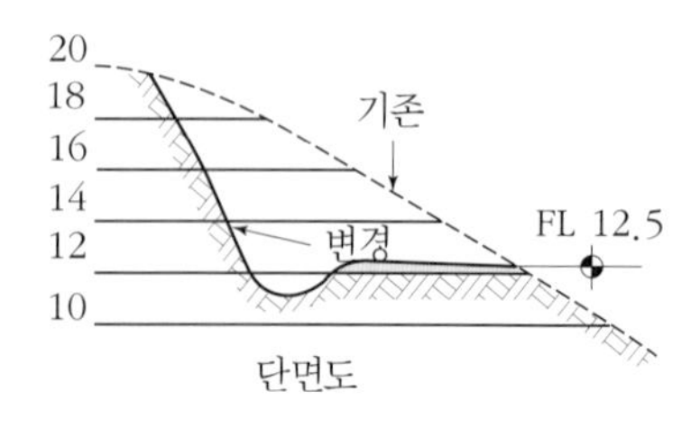

그림 Ⅲ-18. 절토 방법

(2) 성토 방법

(2) 성토 방법

이 방법은 절토 방법과 정반대로서 경사지의 한 부분에 흙을 덧붙여서 평탄한 지역을 만드는 것이다. 등고선 조정은 처음에 평탄한 지역을 조성할 위치를 정하고, 그 지역을 통과하지 않는 높은 방향의 가장 낮은 등고선을 선택한 후 그것보다 조금 높게 계획고F.L를 정한다. 선택된 등고선부터 시작하여 낮은 등고선 방향으로 기존 등고선과 계획 등고선이 만나지 않을 때까지 계속하면 된다. 이 경우에도 경사면이 적절한 경사를 유지할 수 있도록 등고선의 간격을 유지해야 한다(그림 Ⅲ-19).

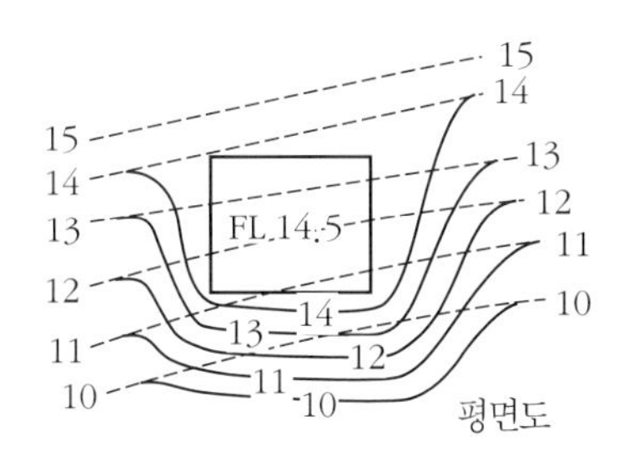

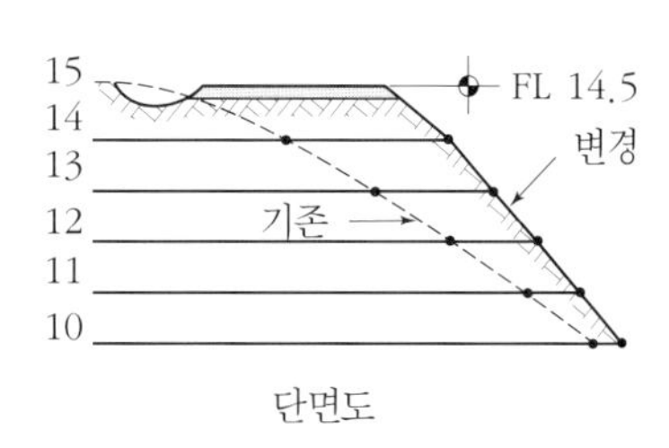

그림 Ⅲ-19. 성토 방법

(3) 성토와 절토의 혼합 방법

성토 방법과 절토 방법을 혼용한 것으로 성토와 절토의 양을 균형 있게 하여 평탄지역을 조성하는 방법이다. 균형 있는 성 · 절토는 성토의 양과 절토의 양이 거의 같아서 추가적으로 흙을 버리거나 가져오는 일이 없으므로 공사 비용을 낮춘다.

지형도에 평탄한 부지를 설정하는 것으로 경사변경이 시작된다. 평탄지역을 통과하는 중간 등고선을 택한 후 조금 높게 계획고를 정한다. 정해진 계획고보다 높은 등고선은 위로 평탄지역을 감싸고 낮은 등고선은 아래로 평탄지역을 감싸 계획 등고선이 기존 등고선과 만나지 않을 때까지 등고선을 조정한다(그림 Ⅲ-20).

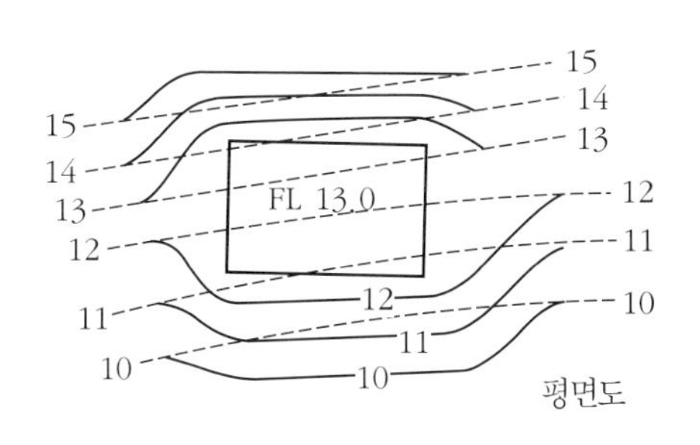

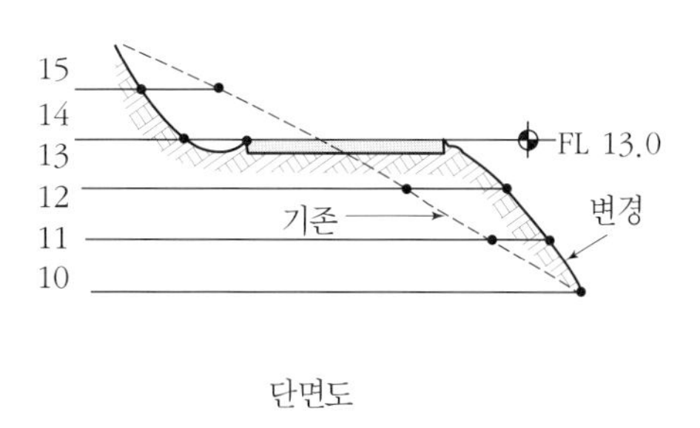

그림 Ⅲ-20. 성토와 절토의 혼합 방법

(4) 옹벽 방법

오늘날 많이 사용되는 방법으로 때로는 성토 방법이나 절토 방법과 혼용되기도 한다. 부지 조성을 위하여 대규모 경사면이 발생할 경우에는 적용하기가 다소 어려우나 소규모 옹벽인 경우에는 공간이용의 효율성을 높일 수 있다. 이 방법은 등고선은 합병하지 않는다는 등고선의 성질을 깨뜨리므로 시각화하기 어렵다(그림 III-21).

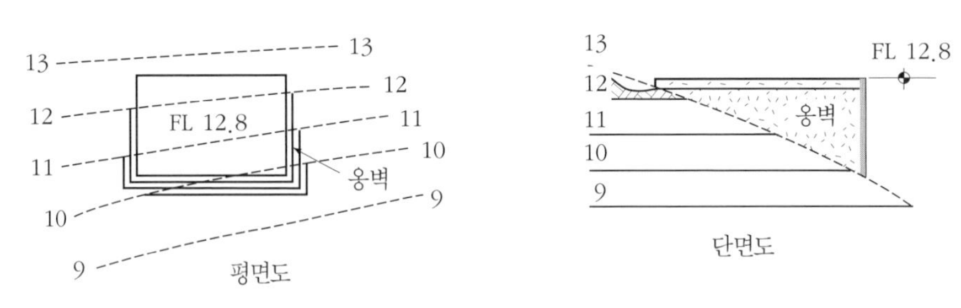

그림 III-21. 옹벽 방법

나. 순환로의 조성

사람과 자동차의 이동은 수직과 수평 두 방향으로 구분할 수 있다. 수평 이동과는 달리 수직 이동은 사람이나 차량에 부담을 주게 되므로 순환로는 가능한 한 수평이어야 한다는 것이 가장 기본적인 원칙이다.

그러나 우리나라와 같이 지형의 기복이 다양한 여건에서는 순환로를 조성하면서 수직적인 이동은 불가피하다. 강제로 경사지에 수평의 순환로를 조성할 경우 지나친 절개면이 발생하여 경관 훼손이나 자연생태계 파괴, 절개면의 위험, 사업비 과다지출 등의 부작용이 우려되므로 원래의 지형과 조화를 이루고 가급적 차량과 보행자의 부담을 적게 하며, 효율적인 이동이 가능한 순환로를 조성하여야 한다.

(1) 절토 방법

도로를 절토하여 경사지게 하기 위해 우선 지형도에 제안할 도로의 개략적인 노폭과 위치를 정한다. 도로 밑에 있는 등고선과 도로의 위치를 고려하여 제안할 도로에 대한 마감경사를 결정한다. 선택된 등고선은 도로의 낮은 쪽으로 시작하여 도로를 직각으로 건너가야 하며, 도로의 다른 면에 도달했을 때 기존의 등고선과 다시 연결될 때까지 평행하게 그린다. 이러한 과정이 각 연속되는 등고선으로 계속된다.

절토로써 경사를 변경할 때는 항상 가장 낮은 등고선에서 시작하여 위로 올라가야 하며, 도로의 경사를 균등하게 만들기 위해서는 등고선의 간격을 동일하게 해야 한다. 개설하려는 도로의 길이가 길 경우에는 구간내 경사도를 고려하여 주요 등고선을 먼저 조정한 후 추가로 보조 등고선을 삽입하는 것이 바람직하다(그림 III-22).

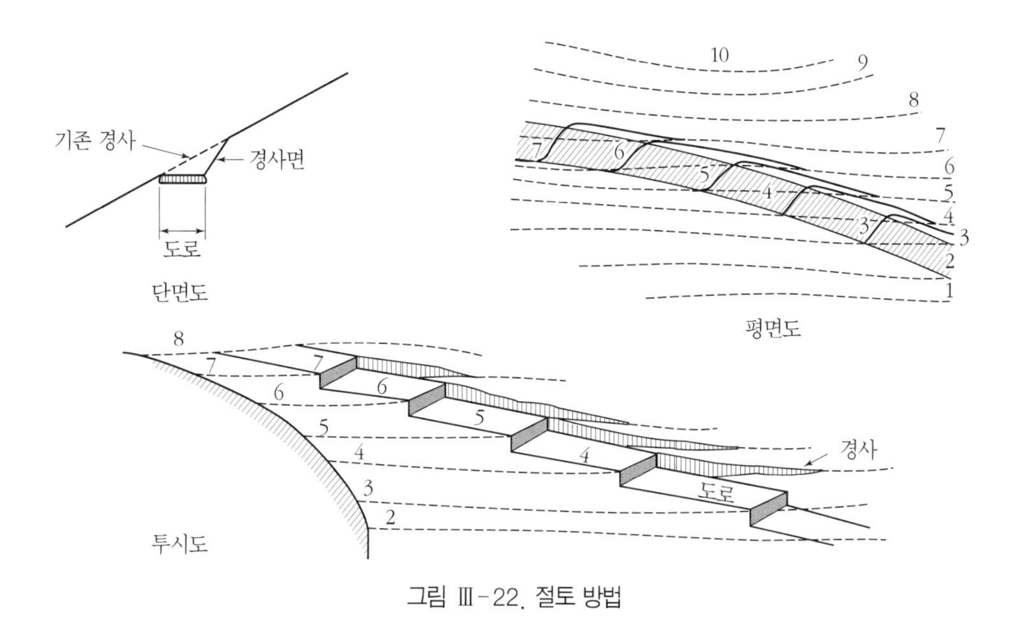

그림 III-22. 절토 방법

(2) 성토 방법

지형도에 제안할 도로의 개략적인 노폭과 위치를 결정한 다음 도로를 배치해 놓은 후에 도로 위에 있는 등고선을 찾아 마감경사를 택한다. 등고선은 제안된 도로의 높은 쪽에서 시작하여 수직으로 도로를 가로질러 기존 등고선에 다시 연결될 때까지 도로의 다른 면을 따라 그린다. 이 경우에는 절토 때와는 달리 높은 등고선에서부터 시작한다. 또한, 도로의 경사도가 균일한 구간에서 등고선은 균등한 간격을 유지해야 한다(그림 III-23).

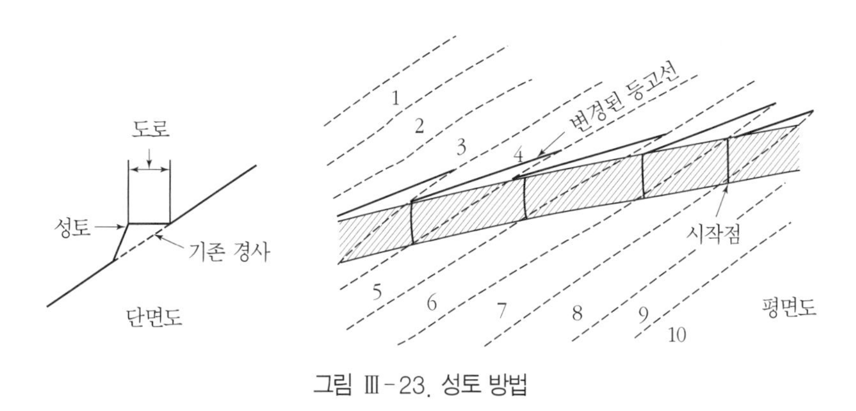

그림 III-23. 성토 방법

(3) 성토와 절토의 혼합 방법

경사가 너무 심한 지형이 아니라면 일반적으로 이 방법으로 경사를 변경한다. 이 과정은 도로의 중심과 등고선이 교차하는 지점을 기준으로 하여 도로를 수직으로 횡단하는 등고선을 만들게 되면 등고선 반은 기존 등고선의 아래에(성토), 나머지 반은 위에(절토) 연결되게 된다. 이러한 방법은 도로의 위와 아래에 경사면을 만들지만 경사면이 넓지 않고 토량의 이동이 적어 사업 시행시 경제성을 확보할 수 있다(그림 Ⅲ-24).

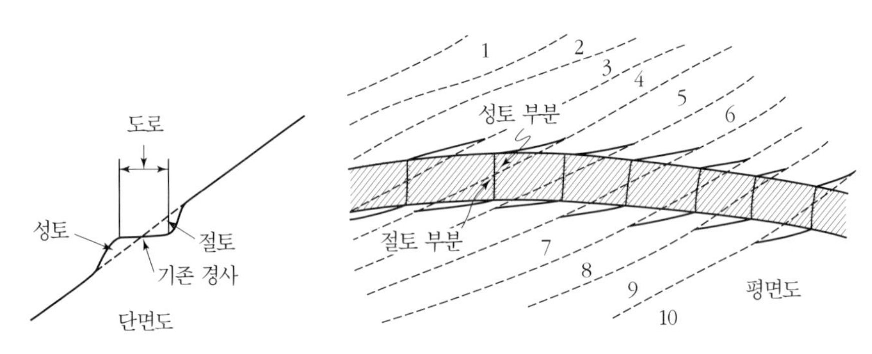

그림 Ⅲ-24. 성토와 절토의 혼합 방법

(4) 각 조성방법의 장 · 단점

정지설계는 주어진 환경 여건과 각 방법의 장단점을 고려하여 어떠한 조성방법을 사용할 것인가를 결정해야 한다. 이 때 주의할 점은, 경사변경으로 인하여 지형이 변화되어 자연지형에서와 달리 침식이나 산사태 등의 피해를 입기 쉬우므로 성토와 절토를 할 때에는 반드시 침식이나 산사태를 방지하기 위하여 지반면 조성 및 비탈면의 경사, 비탈면배수에 특별한 주의가 요망된다. 또한 오랜 시간에 걸쳐 만들어진 표토가 대량으로 손실될 우려가 있으므로 표토를 조심스럽게 거두어 두었다가 정지작업 후에 다시 사용하도록 해야 한다.

1) 절토 방법

평탄한 지역이나 순환로를 조성할 때 절토 방법을 사용하면 안정된 지반을 얻을 수 있다. 절토로 노출되는 토양이나 암반부위는 오랜 시간에 걸쳐 다져졌기 때문에 일반적으로 안정되어 있으며, 건물 · 도로 등 인공구조물의 경우에는 토양의 형태에 따라 다르지만 특수한 별도의 기초 없이 절토로 조성된 평탄지역을 구축할 수 있기 때문이다. 또한 절토는 급경사에서 성토가 불가능할 경우 사용할 수 있는 유일한 방법이며, 만일 부지를 최소한으로 변경하려고 한다면 절토는 성토보다 급경사를 만드는 데 효과적인 방법이다. 그러나 절토한 흙을 처리하기 위해서는 많은 토사운반으로 인한 환경오염과 운반에 따른 비용이 소모된다.

2) 성토 방법

성토는 기존의 부지 평면을 연장하거나 기복이 있는 부지를 평탄하게 하는 등 낮은 지점을 채우는 것이다. 성토를 하면 새롭게 조성하려는 부지를 쉽게 얻을 수는 있으나 안정된 지반을 얻기는 곤란하다. 이것은 성토로 인하여 토양내 공극이 늘어나고 토양의 결속력이 저하되어 성토 후에 토양의 침하나 강우시 토양의 활동이나 침식을 받을 우려가 높기 때문이다. 또한 건물이나 시설의 기초로서 불안정하기 때문에 성토면에 이러한 시설을 설치할 경우에는 지반안정화 작업이 필수적이며, 경우에 따라서는 별도의 안전조치를 강구해야 한다. 이 밖에도 성토에 사용되는 흙을 찾아내고 운반하는 비용의 문제가 야기될 수 있다.

3) 성토와 절토의 혼합 방법

이 방법은 순환로 조성을 위해 가장 많이 사용되는 방법이다. 절토와 성토의 양이 균형을 이루면 값비싼 운반 및 처리비용을 절감할 수 있다. 일반적으로 절토나 성토로 인해 발생하는 비탈면이 작아지므로 절토나 성토로 인한 비탈면붕괴 및 지반침하, 자연환경 파괴 등을 줄일 수 있다.

다. 표면배수를 위한 등고선 조정

이 절에서는 정지설계의 일환으로 표면배수를 다루게 되므로 상세한 배수계통보다는 표면배수를 위한 정지설계에 중점을 두어 표면배수의 형태와 등고선의 조작과 관련된 기본적인 지식만을 서술하며, 상세한 표면배수는 배수설계에서 논의하기로 한다.

(1) 균등한 경사면 부지 조성

다양한 표면 경사방식은 균등한 경사면에 의한 부지조성이 기본이며, 이러한 방식은 단일경사방식과 2방향경사방식으로 구분할 수 있다.

그림 Ⅲ-25에서 표면의 경사는 한 방향으로만 진행하고, 종단면으로 보아서는 평면으로 유지된다. 이것은 표면의 수직선에 대해 평행한 직선이며, 경사가 일정할 경우 표면에 대해서 균등한 간격으로 등고선이 그려지게 된다. 그림 Ⅲ-26은 횡단면*cross section*과 종단면*longitudinal surface*이 모두 경사면이다. 이러한 현상이 일어나는 경우에는 등고선이 부지 표면을 대각선으로 횡단한다. 경사도가 일정하다면 등고선은 대각선 방향으로 균등한 간격을 유지하며 나란히 그려질 것이다. 이러한 형태는 테라스, 주차장에 적용된다.

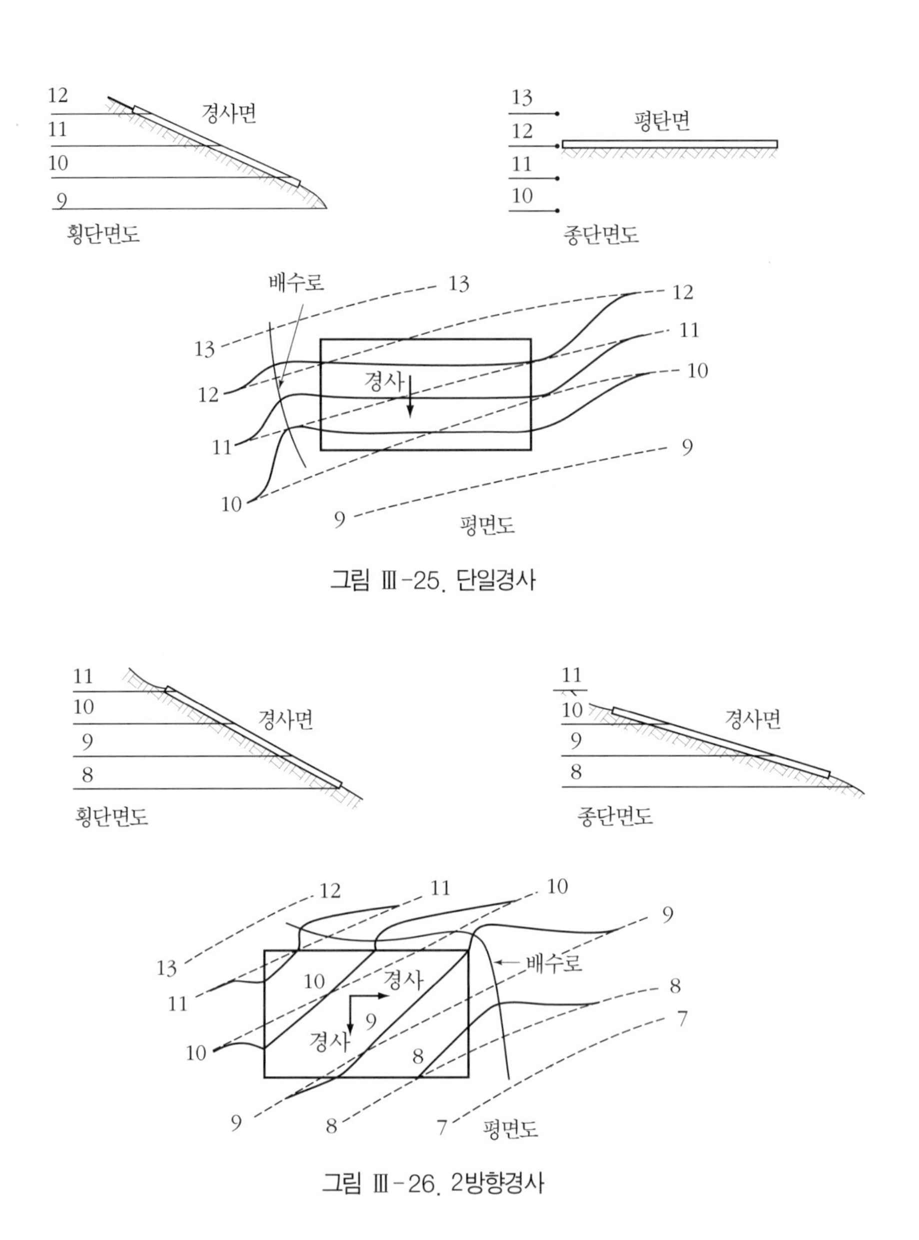

그림 Ⅲ-25. 단일경사

그림 Ⅲ-26. 2방향경사

(2) 평탄면 배수를 위한 부지 조성

옥외 공간에서 사람의 눈은 2% 미만의 경사를 쉽게 인식하지 못하여 외부 공간을 평탄하게 인식하는 경우가 많지만, 실제로는 물이 흐르도록 균등하게 경사진 표면이다. 평탄면이 본래의 기능을 수행하기 위해서는 경사가 없는 상태가 바람직하지만 표면배수를 위해서는 최소한의 표면경사가 주어져야 한다. 주차장, 광장, 테라스, 운동장은 이러한 사례가 될 수 있다.

평탄면 부지 조성을 위한 표면경사는 다양한 유형이 있고, 부지의 규모나 분할방법, 배수방식에 따라 달라지게 된다. 이러한 방법은 그림 Ⅲ-27에서와 같이 편경사, 최고점다방향경사, 능선2방향경사, 대각선경사, 중심트렌치, 능선다방향경사, 1면중심경사, 2면중심경사와 다면중심경사로 구분할 수 있다.

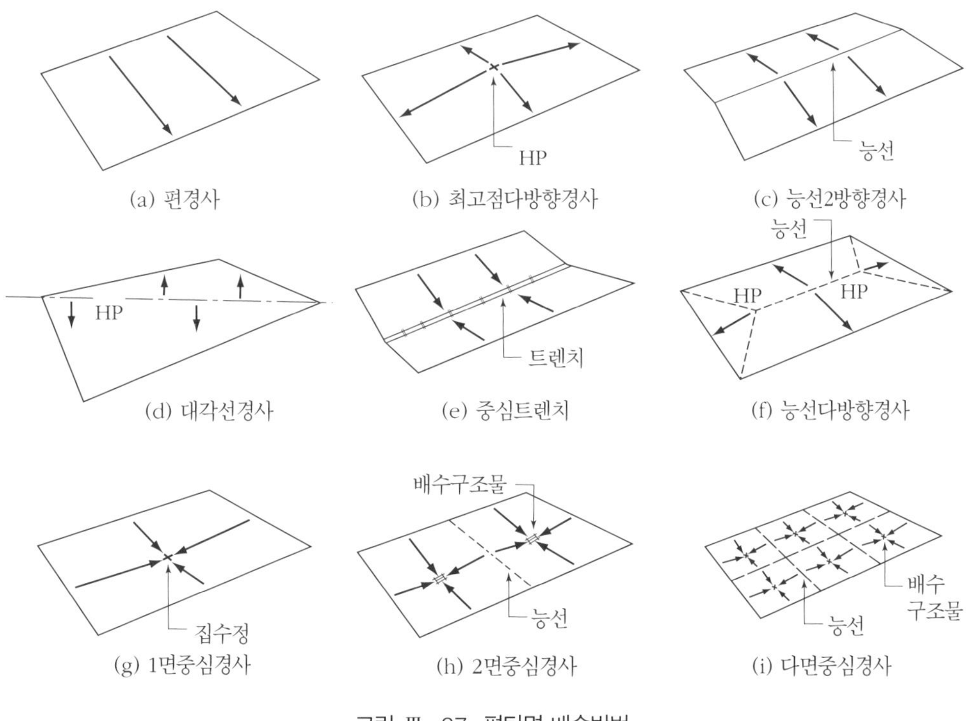

(a) 편경사 (b) 최고점다방향경사 (c) 능선2방향경사
(d) 대각선경사 (e) 중심트렌치 (f) 능선다방향경사
(g) 1면중심경사 (h) 2면중심경사 (i) 다면중심경사

그림 Ⅲ-27. 평탄면 배수방법

(3) 도로의 배수를 위한 경사 조정

도로·보도 그리고 순환로에 대한 경사변경은 정지설계에서 많은 문제점을 야기시킬 수 있는 중요한 부분이다. 도로의 경사를 변경하기 위해서는 우선 도로를 구성하는 요소인 도로 단면의 형태, 연석, 그리고 표면 배수시설에 대한 특성을 이해하고, 이를 토대로 하여 등고선을 조정하여야 한다.

1) 도로의 단면형태

도로 단면의 형태는 도로의 중앙선과 경계부 사이의 높이 차로써 만들어지게 되며, 도로에 이러한 형태를 주는 것은 강우의 원활한 유출을 돕고 반대방향의 교통흐름을 분리하기 위한 것이다. 도로 단면의 형태는 수평형*horizontal*, 포물선형*parabolic*, 편경사형*cross-sloped*, 역경사형*reverse crown*으로 구분할 수 있다.

수평형은 도로의 횡단면은 평탄하고 종단방향으로만 경사지게 하는 방법이다(그림 Ⅲ-28). 등고선은 도로의 진행방향과 수직으로 그려지며 각 등고선은 도로상에서 평행하게 된다. 강우시 도로의 길이방향으로 물이 흐르게 되므로 간혹 강우의 유출이 곤란한 경우가 있어 강우량이 적은 지역에서 사용한다.

그림 Ⅲ-28. 수평형

포물선형은 아스팔트 포장면에 사용되며, 도로의 가장 일반적인 단면형태이다(그림 Ⅲ-29). 포물선 형태의 횡단구배를 주는 것으로 도로 중앙을 높게 하여 도로의 양쪽으로 강우를 유출시켜 집수할 수 있으며 도로의 양면교통을 분리하는 데 도움을 주기 때문에 가장 많이 사용되는 방법이다. 콘크리트 포장에서는 포물선형과 유사한 것으로 차도의 중앙부를 높게 하여 2개의 접선으로 구성되는 단면의 형태를 취하는 접선형*tangential*을 사용한다. 등고선은 낮은 방향으로 V자 모양의 형태를 취하게 된다.

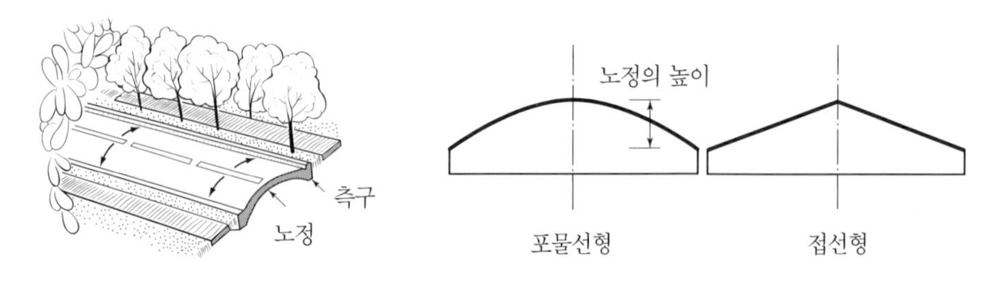

그림 Ⅲ-29. 포물선형과 접선형

편경사형은 강우를 집수하기 위해 한 방향으로 도로를 경사지게 하는 것으로, 일반적으로는 도로를 주행하는 차량의 원심력을 완화하기 위해 주는 편경사와 병행하여 사용되거나 도로가 등고선을 따라 조성될 때 등고선과 나란히 조성하는 데 유용한 방법이다(그림 Ⅲ-30). 등고선은 도로상에 사선으로 그려지게 된다.

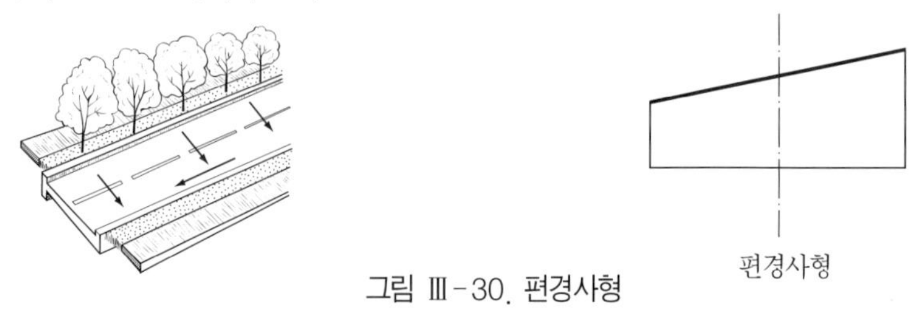

그림 Ⅲ-30. 편경사형

역경사형의 도로단면은 접선형과 반대되는 단면형태를 취하게 되며, 등고선도 접선형과 반대로 도로의 높은 방향으로 V자형을 이루게 된다. 도로의 양단에서 중앙으로 경사지게 하여 집수할 수 있도록 하는 방법으로 중앙에 배수구조물을 최소화할 수 있으나 도로가 지저분해지기 쉽고 운전하기에 불편하여 안전 문제가 생길 수 있어 제한적으로 사용된다(그림 III-31).

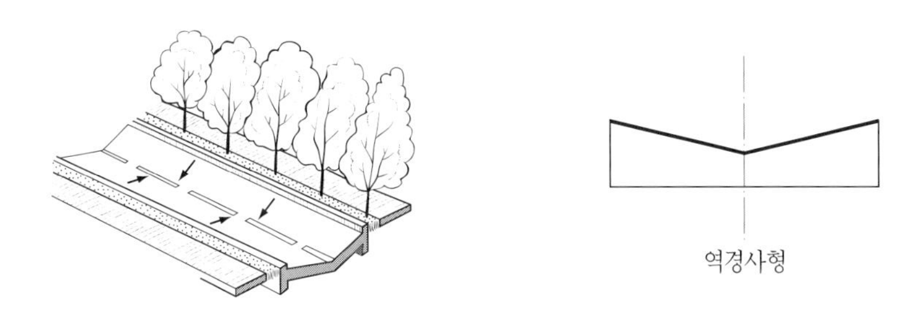

그림 III-31. 역경사형

2) 연석 *curb*

연석은 차도와 보도를 분리하거나 도로와 주변공간을 분리하여 보행자의 안전과 강우유출을 제어하기 위하여 설치하는 시설이다. 연석의 높이는 보통 15cm 정도이지만 경우에 따라서는 최소 10cm, 최대 25cm의 범위에 설치되기도 한다. 연석의 돌출부는 파손을 방지하고 안전을 위해 둥글거나 사선으로 모따기를 해야 한다(그림 III-32). 소축척의 도면에서 등고선은 연석을 하나의 선으로 인식하여 별다른 변화가 없지만, 상세한 도면에서는 연석 윗면에서 연석의 길이 방향을 직각으로 횡단하고 수직면에서 사선으로 그려진다.

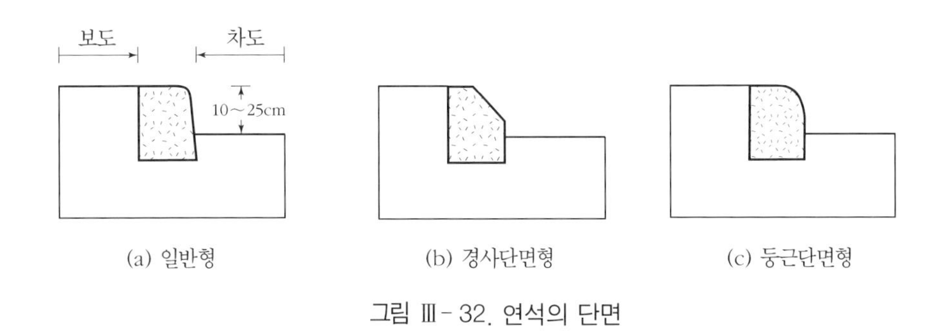

그림 III-32. 연석의 단면

3) 표면배수시설

도로의 표면배수를 위해 설치되는 시설의 단면에는 콘크리트로 만든 L형과 U형 측구(그림 V-44 참조)와 그림 Ⅲ-33과 같은 완만한 포물선 형태의 배수로가 있다. 포물선 형태의 배수로의 경우 자연지형의 계곡과 유사하므로 높은 쪽을 향하여 등고선은 자연스럽게 돌출한 형태를 취하지만, U형 측구는 돌출한 직선형으로, L형 측구는 사선으로 그려지게 된다.

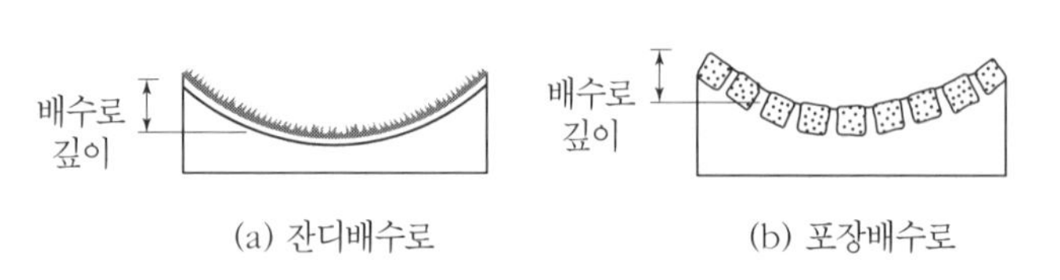

그림 Ⅲ-33. 배수로의 단면

이러한 도로의 구성요소를 종합적으로 고려하여 포물선형의 도로 단면과 양단에 연석이 있는 도로의 등고선을 예시적으로 보면 그림 Ⅲ-34의 투시도에서 볼 수 있는 것처럼 등고선은 연석의 상단부에 도달할 때까지 연석의 면을 따라 움직인다. 그러나 연석부위와 도로 내부에서 등고선은 도로의 횡단면과 경사방향에 따라 달라지므로 각각의 경우에 적합하도록 등고선을 조정하여야 한다.

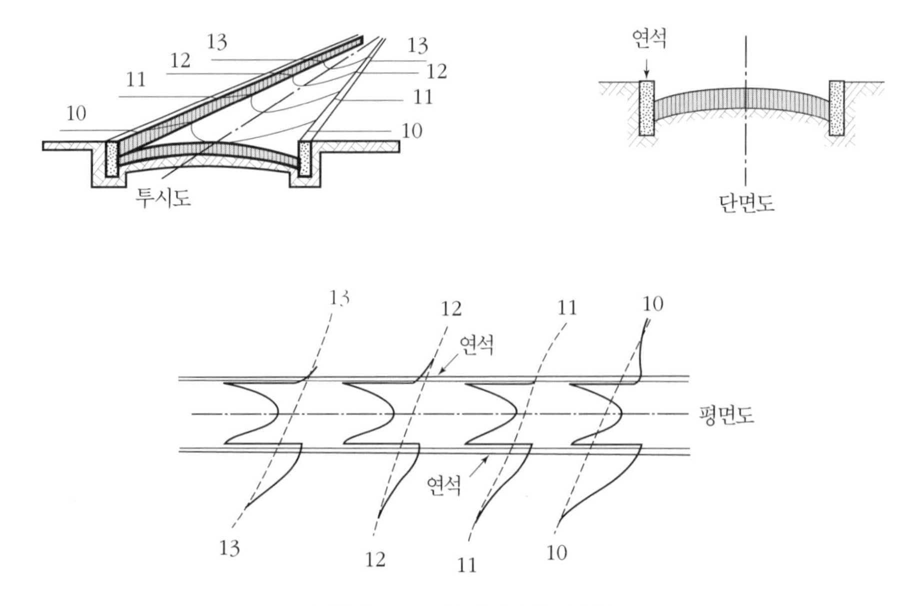

그림 Ⅲ-34. 연석이 있는 도로

4) 도로의 등고선 조정

그림 Ⅲ-35와 같이 포물선형 횡단면을 이루고 연석, 보도, 배수로가 있는 도로가 있다. 도면상에 표기된 *A*점의 높이가 25.13m인 경우 25m의 등고선을 다음 조건에 따라 작성하라. 단, 포물선 횡단면의 높이는 15cm, 연석의 높이는 15cm, 배수로 깊이는 10cm, 도로의 종단방향 경사는 3%, 보도의 차도방향 편구배는 2%이다.

① 도로의 중앙선을 따라 높이 25m 지점을 결정한다. *A*점과 25m 지점과의 높이차 0.13m를 종단방향경사 3%를 기준으로 환산하면 두 지점 간의 거리는 4.33m(0.13/0.03 = 4.33m)이다.

② 동일 횡단면상에서 포물선 횡단면의 높이는 도로의 경계부위보다 15cm 높게 되어 있으므로 경계부의 높이는 이보다 15cm 낮은 24.85m이다. 따라서 횡단면상의 경계부에서 25m 지점은 5m(0.15/0.03 = 5m) 위쪽에 위치하게 된다.

③ 도로의 동측단에는 높이 15cm의 연석이 있다. 이것은 연석의 윗면의 높이는 도로의 경계부보다 항상 15cm가 높다는 것을 의미하며, 도로 경계부의 높이가 25m일 때 연석 윗면의 높이는 25.15m이고, 24.85m인 경우에는 25m이다. 따라서 그림 Ⅲ-36에서 볼 수 있는 것처럼 25m 등고선은 25m에 달하는 지점에 이를 때까지 내리막 방향으로 진행할 것이다.

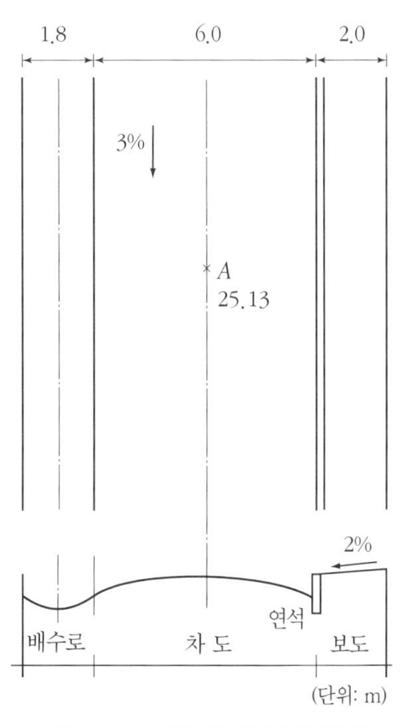

그림 Ⅲ-35. 도로의 평면도와 단면도

④ 연석에 인접하여 도로 쪽으로 2%의 편경사를 이루고 종단방향으로는 도로와 같은 3%의 경사를 갖는 폭 2m의 보도가 있다. 결과적으로 보도의 바깥쪽 경계부는 연석에 인접한 경계부보다 높아진다. 보도의 두 지점 간의 높이 차는 보도폭 2m와 경사율 2%를 곱하면 4cm이다. 그러므로 연석 윗면의 높이가 25m인 보도 바깥쪽 경계부의 높이는 25.04m가 되므로 바깥쪽 경계부의 높이가 25m인 지점은 3%의 경사로 도로의 내리막 방향으로 진행된 후 나타나게 될 것이다. 횡단면상의 바깥쪽 경계부의 높이 차 4cm를 종단방향 경사율 3%를 기준으로 하여 거리를 환산하면 1.33m(0.04/0.03 = 1.33)이다. 따라서 보도 바깥쪽 경계부의 높이 25m 지점은 25.04m 지점으로부터 내리막 방향으로 1.33m만큼 떨어진 곳에 위치하게 된다.

⑤ 도로의 왼쪽에는 폭 1.8m, 깊이 10cm의 배수로가 있다. 횡단면을 기준으로 도로의 경계부가 25m일 때 배수로의 중심선의 높이는 이보다 10cm 낮은 24.9m이다. 따라서 배수로의 중심선의 높이가 25m인 지점은 종단방향 경사율 3%를 기준으로 하면 오르막 방향으로 3.3m(0.1/0.03 = 3.3m) 위에 위치하게 된다.

⑥ 이러한 절차와 주어진 조건을 바탕으로 도로상의 25m 지점을 결정하였다. 여기서 주의해야 할 것은 차도의 횡단면과 배수로는 단면형태가 완만하게 둥근 형태를 취하고 있으므로 차도와 배수로의 등고선도 유사한 대칭형태를 이루게 되며, 연석과 보도부에는 사선의 등고선이 그려지게 된다. 이러한 점을 인식하여 25m 지점을 연결하면 도로상에 25m 등고선이 완성된다(그림 Ⅲ-36 참조).

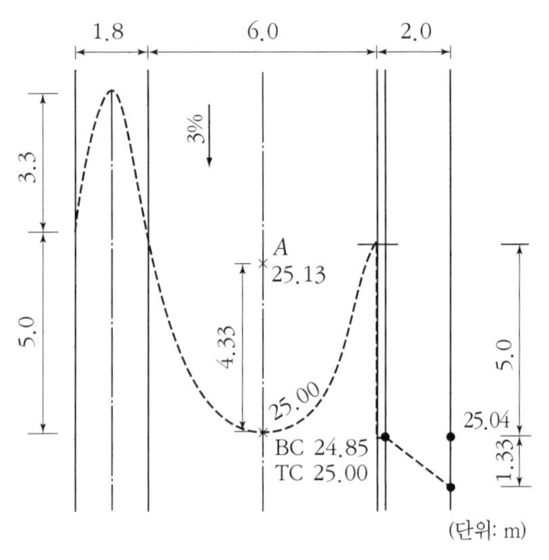

그림 Ⅲ-36. 등고선이 조정된 평면도

3. 정지설계 실습

정지설계는 현황분석을 통하여 대상부지를 이해하고 상세하고 종합적인 설계안을 제안하는 것으로 체계적인 과정을 거쳐야 한다. 그러나 그 대상이 다양하고 각각의 경우마다 여러 가지 해결방안을 강구할 수 있으므로 정지설계 과정에서 불가피하게 시행착오를 겪게 된다. 정지설계과정에서 기술자의 기술수준이나 경험으로 차이를 완화하고 효과적인 설계안을 만들기 위해서는 합리적인 과정을 거쳐 정지설계를 진행하여야 한다. 이러한 과정은 ① 부지에 대한 조사분석, ② 이용목적과의 적합성 판단, ③ 개략적인 배수계획, ④ 주요시설의 높이 및 경사 결정, ⑤ 절 · 성토량 사전계산, ⑥ 최종안 수립의 단계로 구분해 볼 수 있다.

가. 정지설계의 과정

(1) 부지에 대한 조사분석

조경설계의 첫 단계로서 부지의 자연환경과 인문환경에 대한 분석을 통하여 부지의 제한요소와 잠재력을 도출하고 설계안의 발전시키거나 정지설계의 골격을 제시해 준다. 정지설계와 관련하여 최고점, 최저점, 분수선, 합수선을 찾아내며, 이를 통하여 자연적인 배수체계와 물의 흐름을 파악하도록 한다.

(2) 이용목적과의 적합성 판단

부지의 자연 · 인문환경, 특히 지형과 건물, 도로, 주차장, 보도, 광장, 잔디지역 등의 이용목적과의 적합성을 판단하며, 어떻게 상호간에 영향을 주고받을 것인가를 파악한다.

정지설계와 부지설계는 매우 밀접한 관련을 맺고 있으므로 정지설계를 구체화하기 위해 등고선을 조정하기 전에 설계내용을 충분히 이해하고 있어야 하며, 경우에 따라서는 3차원의 형태로 표현할 수 있어야 한다.

(3) 개략적인 배수계획

전반적인 이용지역을 결정하고 건물 바닥의 점고저를 표기하고, 물이 흘러가는 방향을 개괄적인 다이어그램으로 표기한다. 개략적인 배수계획은 다음의 절차에 따라 시행한다.

① 개괄적인 지형의 윤곽을 파악한다.
② 배수로와 표면수의 흐름을 결정한다.
③ 집수시설을 위치시킨다.
④ 지역별로 물의 유출량을 계산한다.
⑤ 현존 식생의 보호나 배수로 인한 충격을 완화할 지역을 결정하고 대안을 강구한다.

(4) 주요 시설의 높이 및 경사 결정

경사변경으로 인한 문제 발생 지역을 최소화하면서 주요 지점의 점고저와 개략적인 등고선을 설치하며, 이를 위하여 공통적인 표기기호를 도입하여 표현하고 다양한 경사변경 수단을 강구한다.

① 주요 지점의 높이를 결정하고 시험적으로 도로, 보도, 배수로의 경사를 결정한다.
② 건물 바닥, 벽, 테라스, 옹벽, 계단 등 주요 시설의 높이와 경사를 결정한다.
③ 잔디지역, 도로, 테라스, 절 · 성토 지역 등 각 지역의 경사율 기준에 부합되도록 프로젝트의 규모와 지형변화를 고려하여 1~2m 간격으로 예비 등고선을 그린다.
④ 부지경계 내의 모든 지역에 등고선을 그린다.

(5) 절 · 성토량 사전계산

제안된 등고선으로 인해 발생하는 절 · 성토량이 균형을 이루고 있는지를 계산한다. 만약 절 · 성토량이 불균형할 경우 등고선을 재조정해야 하며, 불가피한 경우에는 절 · 성토에 따른 토사의 처리와 확보방안을 강구하여야 한다.

(6) 최종안 수립

앞에서 이루어진 결과를 토대로 하여 최종안을 작성한다. 이 단계에서는 부지 전체의 상세하고 실행 가능한 안을 제시해야 하며, 최종적으로 제안된 정지설계안을 평가한다.

① 도로의 단면을 작성한다.
② 경사율이나 방향이 변화하는 곳을 표시한다.
③ 맨홀, 입수구 등 배수구조물의 옹벽, 계단, 연석 등 주요 시설의 점고저를 표기한다.
④ 등고선에 기초하여 절 · 성토량의 균형을 평가하고 필요한 경우 재조정할 수 있다.
⑤ 설계와의 적합성, 현황과의 일치, 사업시행의 효율성, 생태적 측면과의 적합성 등을 평가하여 문제가 발견될 경우 추가 수정을 한다.

나. 정지설계의 실습

다음은 정지계획의 전형적인 사례이다. 교외에 위치한 부지에는 작은 L자형 슬래브 기초의 사무실용 건물이 건설될 예정이다. 또한 7대의 차량이 주차할 수 있는 주차장을 설치하고 후에 확장이 가능하도록 하며, 진입공간과 장애인을 위한 접근로가 필요하다.

(1) 부지 개요

그림 Ⅲ-37에서 볼 수 있는 것처럼 부지는 북동쪽의 높이가 13.44m로서 최고점이고 남서쪽이 10.74m로서 최저점이다. 부지의 평균 경사는 약 6%이며, 최대 경사는 10%에 달한다. 현재 배수패턴은 주로 부지 남측도로와 서측도로로 표면배수되고 있다. 부지에는 참나무림이 분포하고 있어 보존해야 할 대상이 되고 있다.

부지의 북측은 상업지역으로 옹벽으로 분리되어 있으며, 동측은 단독주택지로서 경계부위는 차폐림이 식재되어 있다. 부지로 들어오는 방문객의 대부분은 남서측으로 접근이 가능하도록 한다.

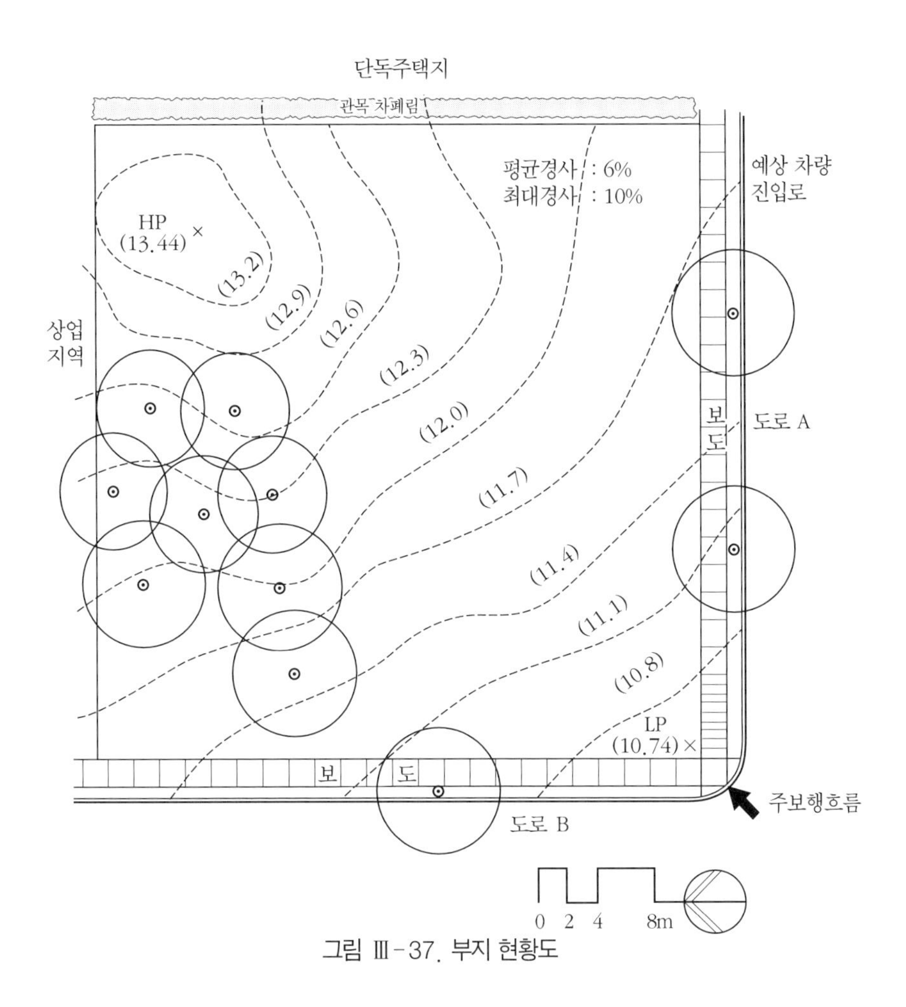

그림 Ⅲ-37. 부지 현황도

(2) 설계안 발전

그림 Ⅲ-38에서 볼 수 있는 것처럼 참나무림을 보호하기 위하여 건물을 가능한 한 분리하였고, L자형 건물의 개방된 부위가 주요 보행자 접근로를 향하도록 하였으며, 에너지 절약을 위해 건물이 남쪽을 향하도록 하였다. 진입공간은 L자형 건물의 열려진 공간 쪽으로 설치되었다.

주차장은 인접한 차폐림에 의해 제공되는 시각적 차폐를 그대로 활용하도록 하였고, 주차장 진입구는 교통마찰을 최소화하기 위해 교차로에서 최대한 이격시키고 참나무림을 보호하도록 하였다(그림 Ⅲ-38).

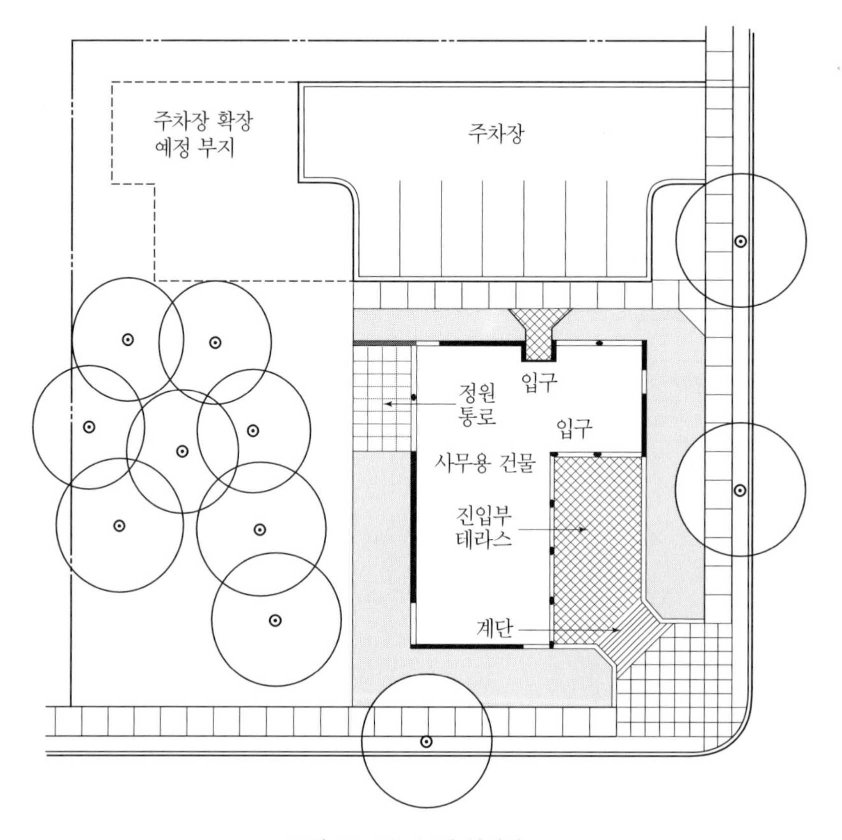

그림 Ⅲ-38. 부지 설계안

정지설계의 주요 요소인 주차장, 건물, 진입공간, 참나무림에 대하여 단면도와 다이어그램을 만들었으며, 각 요소별로 대안을 마련하였다.

1) 주차장

현재 주차장의 세로축을 따라 남측도로로 경사져 있다. 주차장의 제안된 경사는 같은 방향으로 해야 한다. 그림 Ⅲ-39의 단면도와 경사 다이어그램에서 볼 수 있는 것처럼 주차장의 정지계획을 위한 4가지 접근법이 있다. 첫 번째는 건물 쪽 대각선 방향으로 기울어지게 하고 남서코너에서의 우수를 집수하도록 하는 것이며, 두 번째는 건물로부터 대각선 방향으로 기울어지도록 포장하고 남동지역의 우수를 집수하도록 하는 것이다. 세 번째는 주차장의 남쪽 중앙으로 경사지게 하는 것이고, 네 번째는 처음 두 가지 방법을 조합하되 주차장의 중심을 높게 하는 방법으로서 우수는 남동쪽과 남서쪽의 코너에 집수된다.

일반적으로 단일방향으로 경사진 소형 주차장에서 대각선 경사는 가장 효율적이며 시각적으로도 바람직하지만, 건물을 향하여 대각선으로 경사지게 하는 것은 건물에 너무 가깝게 집수정을 배치하게 되고 배수가 불량한 경우에는 보행자가 통행하기에 불편하다. 건물로부터 대각선 방향으로 경사지게 하는 것은 북동쪽 코너에 많은 절토를 유발시킨다(그림 Ⅲ-39). (d)의 대안도 별다른 이점이 없으며, 배수시설을 추가 설치해야 하므로 비용이 더 들게 된다. 이 밖에도 대안을 결정하려면 건물의 끝에서 장애인의 접근성을 고려해야 하는데, 슬래브 공사 때문에 건물면을 따라 경사에 제약을 받게 된다. 주차장 지역의 높이와 경사도는 앞에서 언급한 요인을 고려하여 주차장 입구, 그리고 부지 동측 경계선의 현재 경사를 고려하여 결정한다.

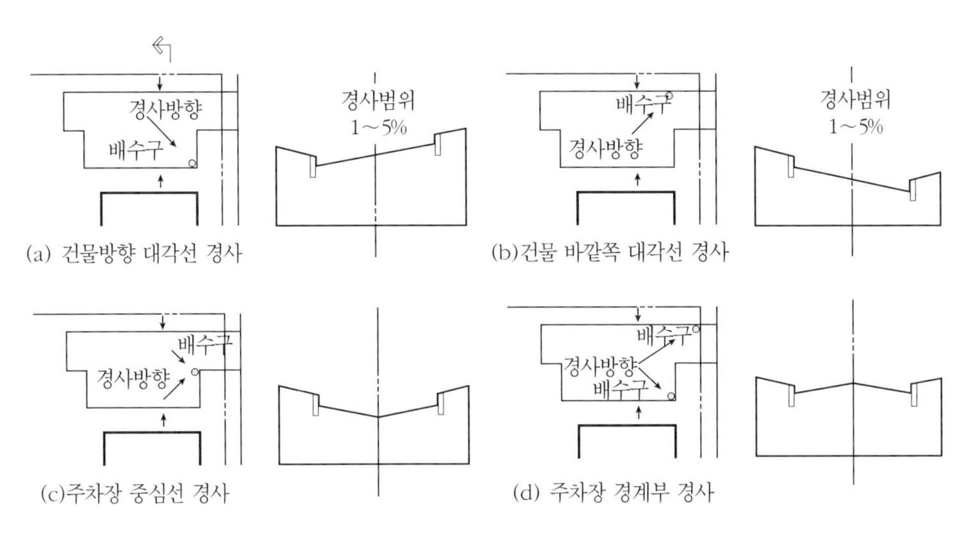

그림 Ⅲ-39. 주차장의 단면과 경사 다이어그램 대안

2) 건 물

건물의 마감바닥높이*F.F.L*를 정하기 위해서 다음 사항을 고려해야 한다. 첫째, 건물로부터 사방으로 배수가 되도록 해야 한다. 둘째, 동쪽 입구의 높이와 제안된 주차장 부지의 경사, 남서쪽 입구의 높이와 현존하는 보도의 경사의 관계를 고려해야 한다. 또한 제안된 마감바닥높이가 타당한지 평가한다. 건물주변에 대한 기본적인 경사 다이어그램이 그림 Ⅲ-40에 나타나 있다.

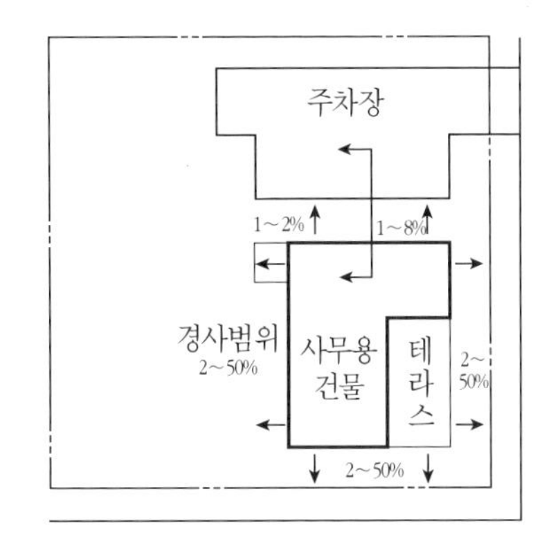

그림 Ⅲ-40. 건물 주변의 경사 다이어그램

현재 경사에 대한 건물의 관계를 검토해 보면 등고선 h 11.4m가 건물을 거의 양분하며 지나고 있으므로 마감바닥높이는 h 11.4m로 하는 것이 바람직하다. 이 방법은 건물의 한쪽 끝에서 반대쪽 끝으로 균형 있는 경사를 만들 수 있으며, 절·성토의 균형을 이룰 수 있으므로 가장 일반적으로 사용되는 기법이다.

그러나 주차장에 대한 동측 입구의 관계를 검토하는 데 있어서 3가지 대안을 고려해 볼 수 있다. 첫 번째 대안(그림 Ⅲ-41(a))은 배수를 원활히 하기 위한 것으로 건물의 끝이 주차장 부지 경계에 위치하는 연석의 높이보다 높아야 한다. 만약 마감바닥높이를 h 11.4m로 한다면 진입로에 인접한 주차장 부지의 높이는 11.4m보다 낮아야 하므로, 이것은 주차장 부지를 0.6m 정도 절토해야 한다. 두 번째 대안(그림 Ⅲ-41(b))은 건물의 마감바닥높이보다 높게 주차장의 경계부와 보도를 만드는 것이다. 이 방법은 건물이 낮은 지역에 위치하게 되므로 배수 문제를 야기시킬 수 있으며, 주차장이 지나치게 압도적인 분위기를 연출하게 된다(그림 Ⅲ-41).

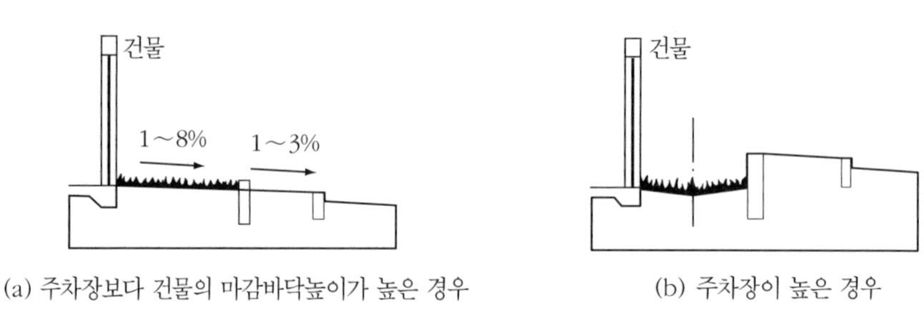

(a) 주차장보다 건물의 마감바닥높이가 높은 경우　(b) 주차장이 높은 경우

그림 Ⅲ-41. 건물 동측면의 단면

세 번째 대안은 건물의 마감바닥높이를 h 11.4m보다 높게 하는 것으로 배수를 좋게 하고 절토를 줄이며, 공사비를 절감하는 방법이다. 그러나 건물의 높이를 높이기 위해서는 기초 슬래브를 성토해야 하므로 충분한 지반다짐을 하지 않는다면 토양침하로 인한 균열과 구조적인 문제를 야기시킬 수도 있다. 이러한 3가지 대안에서 볼 수 있는 것처럼 경사를 결정하기 위해서는 많은 요인들을 고려하고 평가하여야 한다. 본 사례에서는 건물의 규모가 작기 때문에 세 번째 대안이 가장 좋다고 볼 수 있다.

3) 진입공간

진입마당의 경사를 변경하는 데 직접적인 관계가 있는 3가지 개략적인 계획과 단면이 그림 Ⅲ-42에 나와 있다. 건물의 F.F.L을 h 11.4m보다 높게 하였기 때문에 남서쪽 입구에 계단을 설치할 필요가 있다. 또한 F.F.L이 현존하는 보도의 경사보다 높기 때문에 건물의 남측과 서측면을 따라서 경사가 발생하며, 옹벽 · 플랜터 · 경사면이 필요하다. 3가지 해결책은 이러한 조건에 부합하도록 만들어졌다. 이러한 해결책은 설계개발 단계에서 미리 준비되어야 한다.

진입마당의 정지설계를 위해서 마련된 대안 (a)와 (b)는 건물 앞에 계단을 설치하고 진입마당을 만들었으며, 대안 (c)는 건물 앞에 현관을 두고 난 다음 계단을 조성하였다. (a)와 (b)의 진입마당은 건물의 크기와 비교해 볼 때 너무 크다. (c)의 경우 진입마당의 경계를 따라서 계속

경사를 만들어 줌으로써 가로의 코너와 건물 진입부 사이에 전이공간을 제공하고 있으며, 가로의 코너에 대하여 건물이 명확하게 인식되고 있어 다른 대안보다 바람직하다.

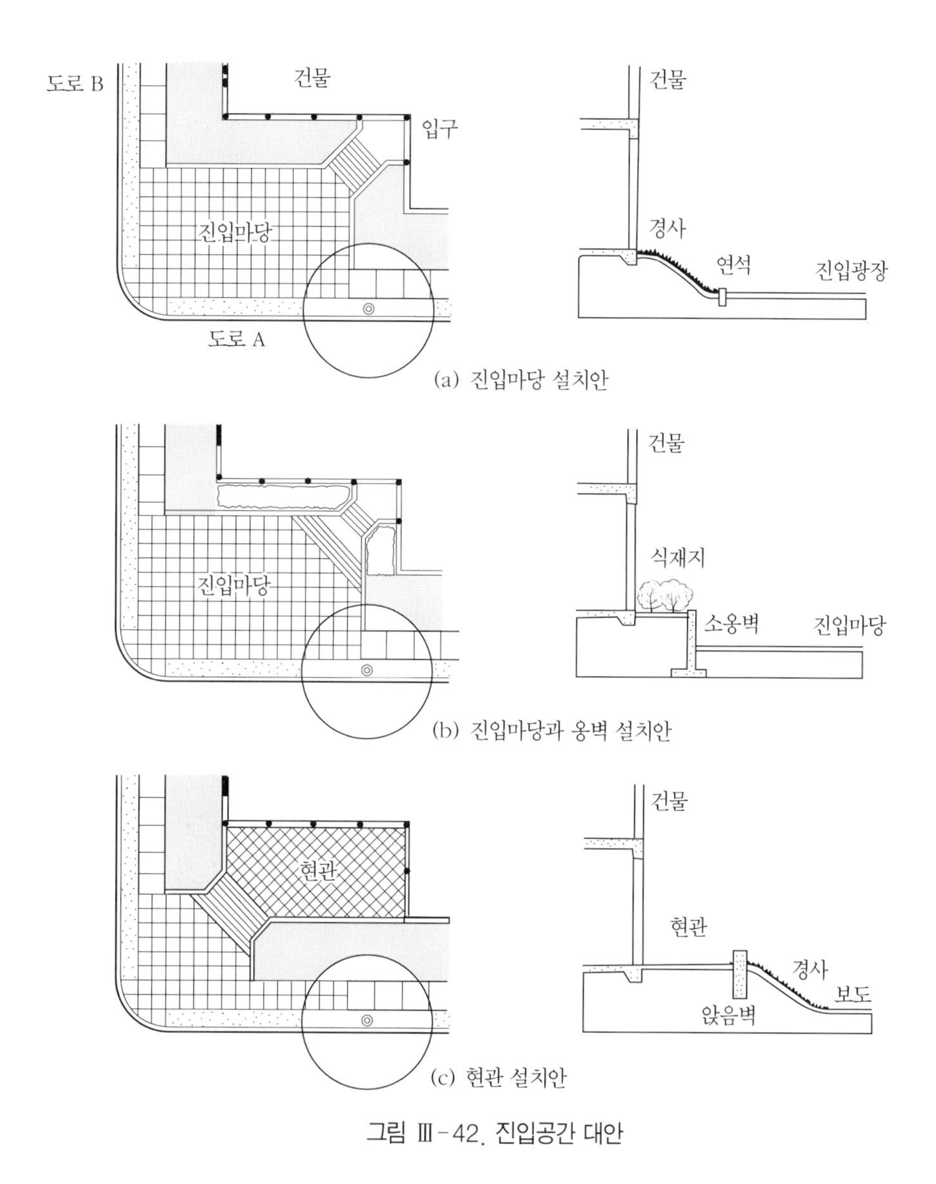

(a) 진입마당 설치안

(b) 진입마당과 옹벽 설치안

(c) 현관 설치안

그림 Ⅲ-42. 진입공간 대안

4) 참나무림

참나무림을 보호하기 위하여 수목생육지역내 가능한 한 토양교란이 없어야 한다. 현존하는 등고선을 최소한으로 경사변경해야 하므로 건물의 북측이 변경되어야 하며, 그 결과 건물 위로 가능한 단거리에서 제안된 등고선이 기존의 높이와 경사에 맞추어져야 한다.

(3) 정지설계의 시각적 표현

앞에서 언급된 이론적 근거와 기준을 토대로 하여 최종안을 만들었으며, 그림 Ⅲ-43은 최종 정지설계안이다. 시공기술자는 이 도면을 보고 정지작업의 범위를 명확하게 인식할 수 있게 된다. 그러나 이 정지설계안이 유일한 것이 아니라 하나의 해결방안이라는 유연한 사고가 필요하다.

이러한 정지설계를 명확하고 객관성 있게 표현하기 위해 〈표 Ⅲ-1〉에서와 같은 기호나 부호를 사용하여 도면의 정확성·완성도·명료성을 높이도록 하여야 하며, 정지설계는 부지의 현존하거나 새롭게 제안된 요소들, 예를 들면 옹벽·벽·보도·계단·경사로 도로와 같은 구조

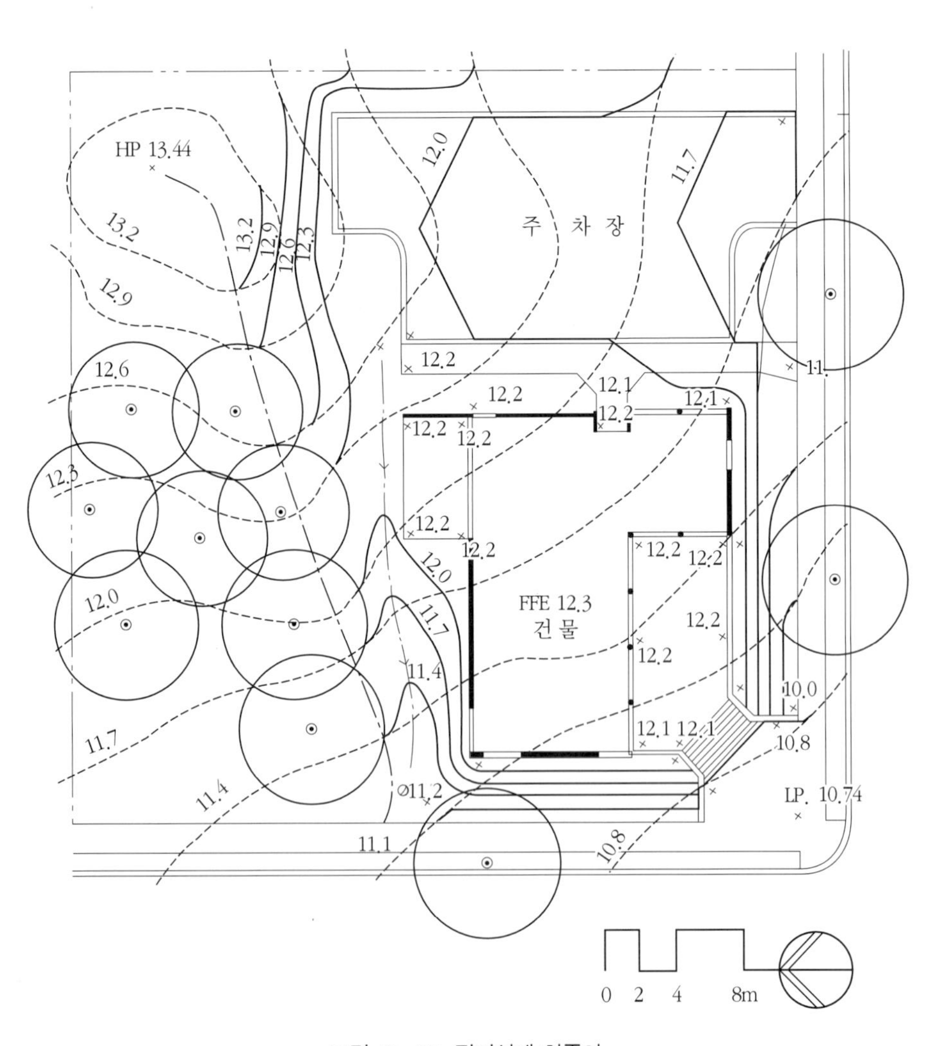

그림 Ⅲ-43. 정지설계 최종안

물, 급수시설 · 하수처리시설 · 배수시설과 같은 기반시설, 맨홀 · 계량기함 · 연결박스 등의 부대시설과 지하실 · 연료저장탱크 등의 지하구조물 등을 모두 보여주어야 한다.

설계된 주요 결과는 실선으로 정확하게 표시하며, 기존의 형태는 파선으로 보여주거나 다소 옅게 보이도록 한다. 또한 건물이나 구조물의 높이, 교차점, 최고점과 최저점 등 등고선으로 명확하게 표현하기 어려운 경우에는 등고선을 보완하기 위하여 점고저를 사용하여 표기한다. 이 밖에 축척, 방위표, 범례 등을 도면 표기방법에 따라 기록한다.

4. 경 사

부지를 조성하거나 도로를 개설하기 위해서는 기존 지형의 변화가 불가피하므로 경사면이 발생하게 되며, 시설부지의 경우에도 표면배수를 원활하게 하기 위하여 의도적으로 경사를 주게 된다. 경사면은 절토 · 성토 여부, 토양조건, 용도에 따라 달라지게 되므로 시설부지의 경우 표면배수와 원활한 기능을 수행할 수 있도록 하고, 경사면은 토양의 안식각을 고려하여 안전한 경사면을 조성한다.

가. 경사도의 측정

경사도*gradient*란 수직단위당 토지의 높고 낮음을 의미하며, 일반적으로 백분율*percentage*, 비율*ratio*, 각도*angle*로 표현되며, 각 측정단위의 관계는 〈표 III-2〉와 같다.

경사율은 경사비율이 1:1(100%) 이하에서 사용되며, 경사비율이 1:1보다 더 급경사일 때는 일반적으로 경사율을 사용하지 않고 경사비율이나 경사각을 사용한다. 즉, 10%의 경사율이라면 수직거리 10m에 대한 100m의 수평거리를 말한다. 이것은 1:10의 경사비율로 표시되며, 국내에서는 일반적으로 수직거리를 먼저 언급한 다음에 수평거리를 말하지만, 미국에서는 수평거리를 먼저 표기하는 경우가 있으므로 경사비율이 지나치게 높을 경우에는 역으로 표현된 것인지를 확인한다.

다음 공식은 두 지점 사이의 고저차, 혹은 두 지점 사이의 수평거리 중 2개의 사실을 알았을 때 경사율을 구하는 데 적용할 수 있다.

$$G = D/L \times 100(\%) \quad \cdots\cdots \text{(식 III-1)}$$

단, G : 경사율(%)

D : 두 지점 사이의 고저차 L : 두 지점 사이의 수평거리

이렇게 구한 경사율은 다음과 같이 각도로 표현할 수 있다.

$G = \tan A \qquad A = \cot^{-1} G$ ………………………………………………………… (식 Ⅲ-2)

단, G : 경사율, A : 경사각(°)

〈표 Ⅲ-2〉 경사측정단위의 관계

	경사율 (%)	경사비율	경사각(°)
수 평	0	0:1	0
	2	1:50	1
	5	1:20	3
	10	1:10	6
	20	1:5	11
	25	1:4	14
	33.3	1:3	18
	50	1:2	27
	58	6:10	30
	100	1:1	45
	500	5:1	79
	1,000	10:1	84
	57,000		89.9
수 직		1:0	90

나. 경사도의 표준

경사도는 시설의 종류나 주변환경에 따라 다양한 경사기준을 적용하게 되며, 비탈면의 경우에도 토질, 비탈면의 높이, 절토·성토 여부에 따라 달리 적용한다. 예를 들면, 주거지역에서는 경사도가 8%보다 낮은 것이 일반적으로 만족스러우나, 산악지대에서는 14%가 넘는 경우도 많다. 그러므로 제시된 경사도 표준은 일반적인 조건에서 적용할 수 있으며, 부여된 조건에 따라 탄력적으로 적용하도록 한다.

(1) 각종 시설의 경사도

시설의 경사도는 시설의 기능과 특성에 따라 달라진다. 예를 들어, 계단이나 경사로 같이 수직이동을 위한 시설인 경우에는 경사율이 높아지지만, 운동장이나 주차장은 표면배수를 위한 경사를 제외하면 거의 평지에 가까워진다. 또한 토양 형태, 표면 재료, 국지적인 기후조건, 시설등급에 따라 달라지게 된다. 〈표 Ⅲ-3〉에 제시된 경사기준은 가급적 권장범위 내에서 적용하도록 하여 시설의 안정성을 높이도록 한다.

〈표 Ⅲ-3〉 각종 시설의 경사기준 (단위: %)

시 설 유 형	권장범위(최대범위)
공공도로	1~8(0.5~10)
개인도로(사도)	1~12(0.5~20)
주차장	1~5(0.5~8)
주차장 경사로	15까지(20까지)
보행자 경사로	8까지(12까지)
계단	33~50(25~50)
운동장	0.5~2(0.5~1.5)
놀이터	2~3(1~5)
포장된 배수로	1~50(0.25~100)
잔디배수로	2~10(0.5~15)
테라스, 휴게공간	1~2(0.5~3)
잔디제방	33까지(50까지)*
식재제방	50까지(100까지)

【주】*경사는 토양의 종류에 따라 달라질 수 있으며, 잔디제방은 기계깎기를 위해 25%까지 제한할 수 있다.
최소경사는 표면재료의 배수능력에 따라 달라진다.

(2) 도로의 경사도

도로에 대한 경사도 기준은 공공도로와 사도에 따라 다르다. 사도의 경우 경사율의 범위가 다소 넓으며, 공공도로의 경우에는 도로법의 규정에 근거하여 도로의 등급에 따라 달라지게 된다. 도로법과 관련분야에서 규정된 경사기준은 〈표 Ⅲ-4〉와 같으며, 도로의 경사를 변경하는 자세한 방법은 제Ⅳ장에서 다시 설명하겠다.

〈표 Ⅲ-4〉 도로의 경사기준 (단위: %)

구 분	세 분	권장범위(최대범위)
횡단구배	비포장	3.0~6.0
	간이포장	2.0~4.0
	아스팔트포장	1.5~2.0
	콘크리트포장	1.5~2.0
길어깨		2~4 (1~15)
보도		1~5 (0.5~10)
주차장		2~3 (0.5~5)
측경사		25 이하
종단구배	설계속도 120km/h	3 이하
	100	3 이하 (5 이하)
	80	4 이하 (6 이하)
	70	4 이하 (6 이하)
	60	5 이하 (7 이하)
	50	6 이하 (9 이하)
	40	7 이하 (10 이하)
	30	8 이하 (11 이하)
	20	10 이하 (13 이하)

【자료】 도로의 구조 · 시설기준에 관한 규정 제20, 23조.
Charles W. Harris & Nicholas T. Dines, *Time · Saver Standards for Landscape Architecture*, McGraw-Hill Book Co., 1998, 320-4.

(3) 운동시설의 경사도

운동시설의 경사도는 종목에 따라 약간씩 차이가 있으나 일반적으로 경기장 내의 표면배수를 원활하게 하기 위한 표면구배를 주는 것이 주요 목적이다. 운동장의 표면배수 패턴은 그림 III-27의 방법을 적용할 수 있으나 상세한 기준은 각 종목별 시설설치 규정을 따라야 한다. 예시적으로 옥외공간에 설치되는 대표적인 운동시설의 경사기준과 주요 운동시설의 경사 및 경사방향은 〈표 III-5〉와 그림 III-44와 같다.

〈표 III-5〉 운동시설의 경사기준 (단위: %)

운 동 시 설			경 사 율
양 궁			1~2(대각선 방향)
배드민턴	콘크리트		1.5
	아스팔트		1.5
	점토		1.5
	인조잔디		0.8~1
야구	내야잔디		1~1.5
	외야잔디		1~1.5
	마운드		그림 참조(내야의 최고높이)
	인조잔디		0.5
	타석 주변		0.5~0.8
농구	콘크리트		1~1.5
	아스팔트		1.2~1.5
	그라스텍스		0.8~1
풋볼, 축구, 필드하키	잔디		1.5~2(측면경사)
	인조잔디		0.5~1
롤러 스케이트	직선구간		1~1.2(측면배수로경사)
	곡선구간		2~4(제방측 경사)
핸드볼			0.5~1
트랙	직선	점토 · 토양	0.5~1(배수로 방향)
		합성수지	0.5~0.8(배수로 방향)
	원형	점토 · 토양	0.5~0.8(편경사)
		합성수지	0.5~0.8(편경사)
테니스	콘크리트		0.5~1(대각선 방향)
	아스팔트		1
	점토 · 잔디		0.9~1
	합성수지		0.5~0.8
	인조잔디		0.5~0.8

【자료】 Charles W. Harris & Nicholas T. Dines, *Time · Saver Standards for Landscape Architecture*, McGraw-Hill Book Co., 1998, 320-13.

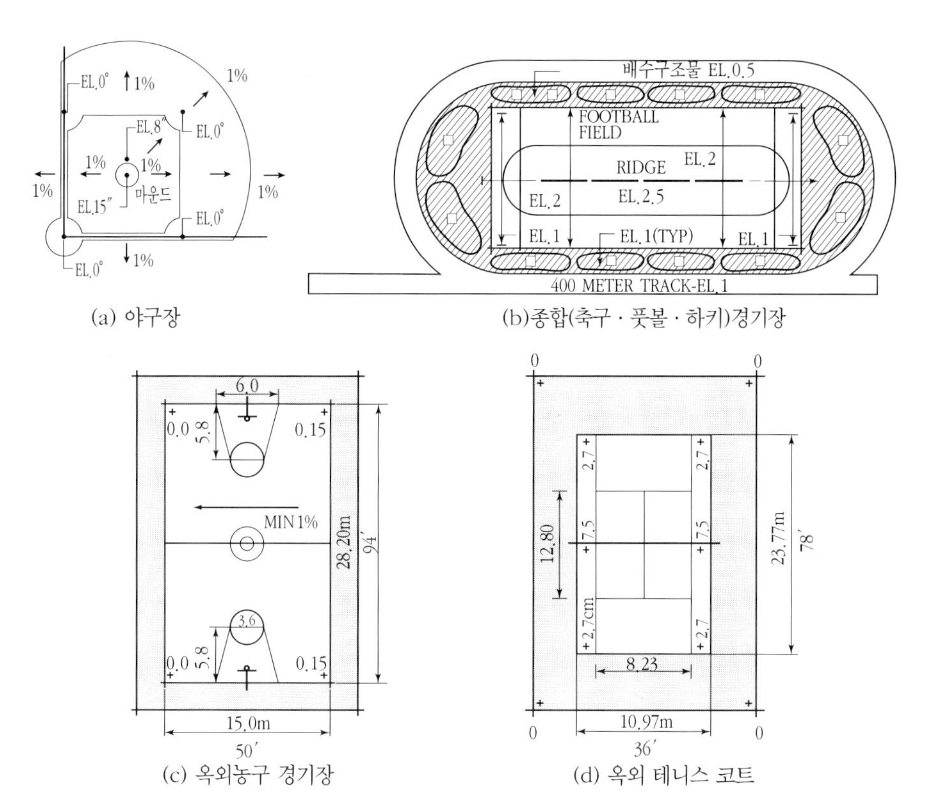

(a) 야구장

(b)종합(축구 · 풋볼 · 하키)경기장

(c) 옥외농구 경기장

(d) 옥외 테니스 코트

그림 Ⅲ-44. 주요 운동시설의 경사평면

(4) 절토 · 성토면의 경사기준

절토 · 성토면의 경사는 비탈면의 안정성을 고려하여 결정하는데, 안정성에 영향을 주는 요인으로는 지형, 지질, 토양, 기상조건, 지하수와 토질 등이 있다. 각 요인을 고려하여 비탈면의 안정성을 계산해야 하지만 일반적으로 〈표 Ⅲ-6〉과 〈표 Ⅲ-7〉에 제시된 표준값을 사용하고 있다.

〈표 Ⅲ-6〉 성토면의 표준경사

성토 재료	성토 높이(m)	경사비율
입도분포가 좋은 모래 입도분포가 좋은 역질토	0～5 5～15	1:1.5～1.8 1:1.8～2.0
입도분포가 나쁜 모래	0～10	1:1.8～2.0
암괴, 호박돌	0～10 10～20	1:1.5～1.8 1:1.8～2.0
사질토 굳은 점질토, 굳은 점토	0～5 5～10	1:1.5～1.8 1:1.8～2.0
연한 점질토, 연한 점토	0～5	1:1.8～2.0

〈표 Ⅲ-7〉 절토면의 표준경사

원지반의 토질		절토 높이	경사비율
경암			1:0.3~1:0.9
연암			1:0.5~1:1.2
모래			1:1.5 이하
사질토	다져진 것	5m 이하 5~10m	1:0.8~1:1.0 1:1.0~1:1.2
	느슨한 것	5m 이하 5~10m	1:1.0~1:1.2 1:1.2~1:1.5
역질토, 암괴, 호박돌 섞인 사질토	다져진 것 또는 입도분포가 좋은 것	10m 이하 10~15m	1:0.8~1:1.0 1:1.0~1:1.2
	다져지지 않은 것 또는 입도분포가 나쁜 것	10m 이하 10~15m	1:1.0~1:1.2 1:1.2~1:1.5
점토, 점질토		10m 이하	1:0.8~1:1.2
암괴 또는 호박돌 섞인 점토, 사질토		5m 이하 5~10m	1:1.0~1:1.2 1:1.2~1:1.5

다. 경사변경 방법

외부공간에서 지형의 적절한 변화를 꾀하는 것은 조경가가 담당해야 할 주된 역할이며, 우리나라와 같이 지형의 기복이 심한 경우에 경사변경은 설계의 주요 작업내용이 된다. 이러한 경사를 변경하는 방법으로는 계단, 경사로, 옹벽, 비탈면, 테라스 등 다양한 방법이 있다.

(1) 계단 *stairs*

최대한의 수직이동을 위해 최소한의 수평공간에서 보행로에 급격한 경사를 만들 수 있는 방법이다. 그러나 신체장애자에게는 부적합하고, 사람이 많을 때는 사고가 일어날 위험이 있다.

계단의 설치에 따라 만들어지는 등고선은 평면도(a)에서는 계단의 축상에 그려져 나타나지 않지만, 빗각투영표면(b)에서는 볼 수 있다. 또한 계단의 저점과 고점의 높이를 점고법을 사용하여 표기해야 한다.

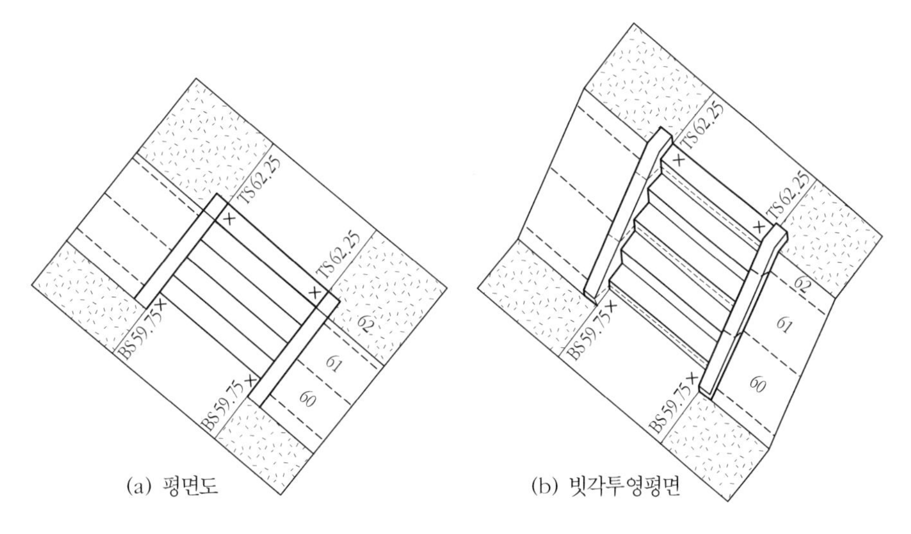

(a) 평면도 (b) 빗각투영평면

그림 Ⅲ-45. 계단의 등고선

(2) 경사로 *ramps*

경사로의 등고선은 그림 Ⅲ-46에서와 같이 경사로 방향을 횡단하여 그려지며, 경사로의 바닥과 꼭대기에 점고법으로 높이를 표기한다.

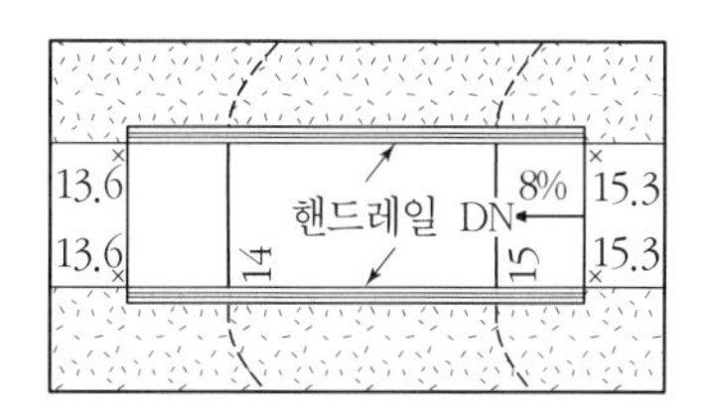

그림 Ⅲ-46. 경사로의 등고선

(3) 옹벽 *retaining wall*

옹벽은 가장 짧은 수평거리에서 가장 큰 수직적 변화를 가능하게 하는 방법이다. 옹벽은 설치비용이 많이 들지만 시설부지의 확보가 용이하게 도시공간이나 소규모 부지에서 효율적으로 사용될 수 있다.

그림 Ⅲ-47은 옹벽과 같은 수직적인 구조물에서 등고선은 표면에 중첩되어 표기되며, 점고법으로 옹벽의 바닥과 꼭대기에 높이를 표기하여야 한다. 빗각투영평면(b)에서는 옹벽 표면의 등고선을 볼 수 있다.

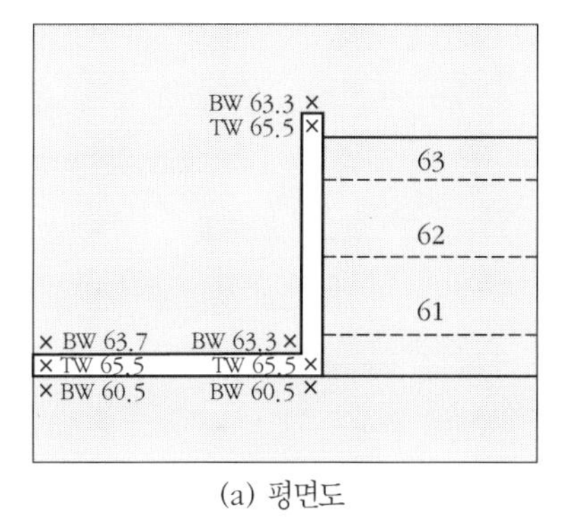

(a) 평면도

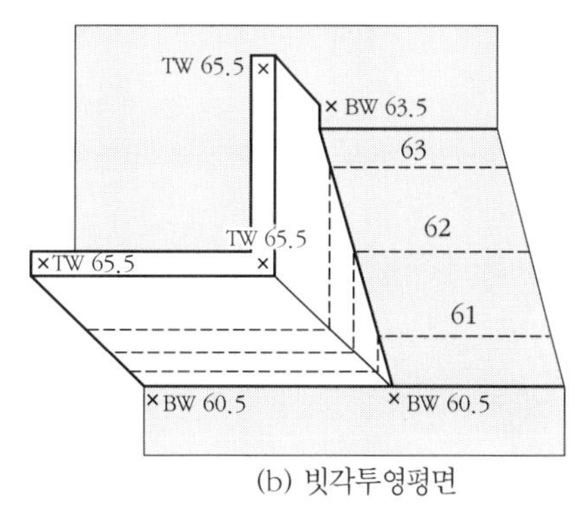

(b) 빗각투영평면

그림 Ⅲ-47. 옹벽의 등고선

5. 성토와 절토의 체적

정지설계를 통하여 성토와 절토가 적절한 균형을 이루게 되면 환경보호, 경제성 측면에서 좋은 결과를 얻게 된다. 그러므로 정지설계의 마지막 단계는 성토와 절토의 체적을 측정하는 것이다.

토량의 체적을 계산하기 위해서는 여러 가지 방법이 있는데, 이 절에서는 기본적인 계산방법으로써 세장한 모양의 토적을 계산하기 위한 단면법과 넓은 부지의 토적을 계산하기 위해 사용되는 점고법을 우선적으로 다루고, 마지막으로 등고선을 이용하거나 등고선의 원리를 활용한 등고선법을 기술하도록 한다. 단, 이 절에서는 흙의 상태변화에 따른 토양의 변화를 고려하지 않고 순체적을 계산하는 횡단면법 방법을 제시한다. 만약 자연상태, 흐트러진 상태, 다져진 상태에 따른 토량의 변화를 알기 위해서는 토량환산계수를 적용하여야 한다.

가. 단면법

도로 · 수로와 같이 중심선에 따른 계획은 중심선에 직각방향으로 횡단면도를 계획하여 토공면적을 산출한다. 단면과 단면 사이의 토공면적을 직선적인 변화로 보고 토적을 계산하는 방법은 다음과 같다.

(1) 양단면평균법

양단면의 면적을 각각 A_1, A_2, 그 거리를 l이라 하면 체적 V는

$$V = l/2(A_1 + A_2) \cdots\cdots \text{(식 III-3)}$$

이 방법은 양단면의 차가 클수록 실제의 체적보다 큰 값을 준다. 그러나 계산이 간단하므로 널리 사용된다.

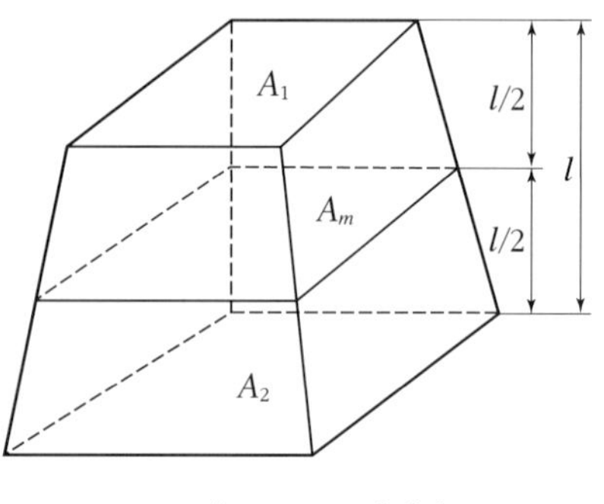

그림 III-48. 단면법

(2) 중앙단면법

중앙단면의 면적을 A_m, 양단면간의 거리를 l이라 하면

$$V = A_m \cdot l \quad \cdots\cdots \text{(식 Ⅲ-4)}$$

(3) 각주공식에 의한 방법 *prismoidal formula*

양단면이 평행하고 측면이 평면일 때, 체적 V는

$$V = l/6\,(A_1 + 4A_m + A_2) \quad \cdots\cdots \text{(식 Ⅲ-5)}$$

단, A_1, A_2 : 양단면적

A_m : 중앙단면적

l : 양단면 간의 거리

이 공식은 가장 정확한 체적을 주지만 양단면의 모양이 복잡할 때에는 중앙단면을 결정하기가 곤란하다.

위의 3가지 방법으로 산출한 체적의 값을 비교해 보면 중앙단면법 < 각주공식 < 양단면평균법의 순으로 값의 차이가 나타난다.

예를 들면 그림 Ⅲ-49와 같은 원뿔에서 하부 단면의 반경을 r, 단면적을 A라 하면 중앙단면의 반경은 $r/2$이므로, 중앙단면적 A_m은

$$A_m = \pi (r/2)^2 = \pi r^2/4 = A/4$$

양단면평균법에서,

$$V_1 = \frac{A+0}{2} \times l = \frac{1}{2} Al$$

중앙단면법에서,

$$V_2 = \frac{A}{4} \times l = \frac{1}{4} Al$$

각주공식에서,

$$V_3 = \frac{(0 + A/4 \times 4 + A)}{6} \times l = \frac{1}{3} Al$$

그러므로 위의 관계가 성립되고 가장 정확한 것은 각주공식으로 산출한 결과임을 알 수 있다.

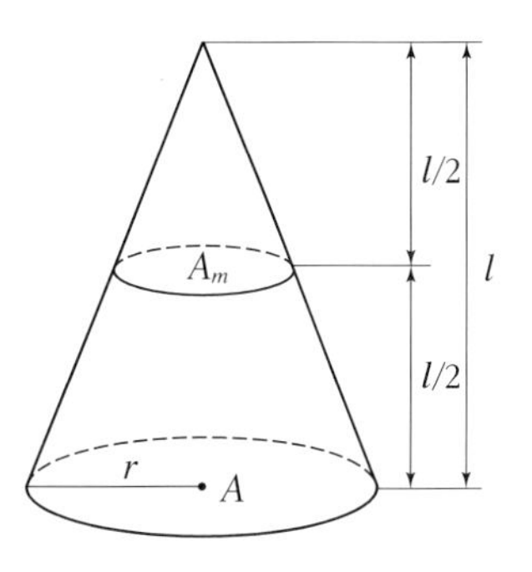

그림 Ⅲ-49. 원뿔의 체적

나. 점고법

이 방법은 넓은 지역의 매립, 땅고르기 등에 필요한 토공량을 계산하는 데 응용된다. 일반적으로 양단면이 평면이면 어떠한 형상의 주체라도 그 체적은 양단면의 중심 간의 수직거리에 수평면적을 곱한 것과 같다. 그림 Ⅲ-50에서 A를 수평저면적이라 하고, h_1, h_2, h_3, h_4를 각 꼭지점의 수직고라 하면, 체적 V는

$$V = \frac{1}{4} A(h_1 + h_2 + h_3 + h_4) \quad \cdots\cdots (식\ Ⅲ\text{-}6)$$

또한, 그림 Ⅲ-51과 같은 삼각주에서, 체적 V는

$$V = \frac{1}{3} A(h_1 + h_2 + h_3) \quad \cdots\cdots (식\ Ⅲ\text{-}7)$$

단면법에서와 달리 점고법에서는 양단면의 면적을 균등하게 분할하게 되므로 각 단면의 꼭지점의 높이가 체적측정의 변수가 된다.

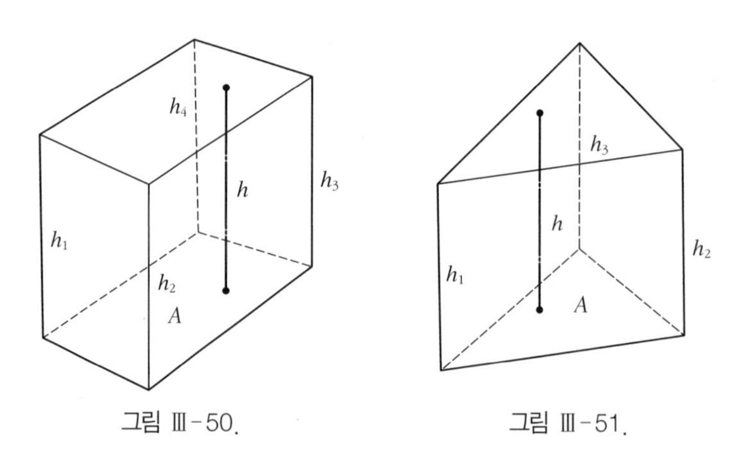

그림 Ⅲ-50. 그림 Ⅲ-51.

(1) 사각형 분할

대지나 운동장의 땅고르기를 하려면, 전구역을 같은 면적의 사각형으로 분할하여 각 사각형 정점의 지반고의 평균을 구하여 그 높이를 시공기준면*formation level*으로 하면 이들과 지반고의 차에 따라 절토고 또는 성토고를 구할 수 있다. 한 사각형의 4정점의 토공고 합을 Σh이라 하고 단면적을 A라 하면, 토공체적은 $V_0 = \frac{A}{4} \Sigma h$이다. 이것을 합계하려면 그림 Ⅲ-52와 같은 각 정점에서 만나는 사각형의 수를 기입하고 Σh_1, Σh_2, Σh_3, Σh_4를 각각 정점 1, 2, 3, 4의 지

반고의 합이라 하면 전 체적은 식 Ⅲ-8과 같다.

$$V = \Sigma V_0 = \frac{A}{4} \times (\Sigma h_1 + 2\Sigma h_2 + 3\Sigma h_3 + 4\Sigma h_4) \cdots\cdots \text{(식 Ⅲ-8)}$$

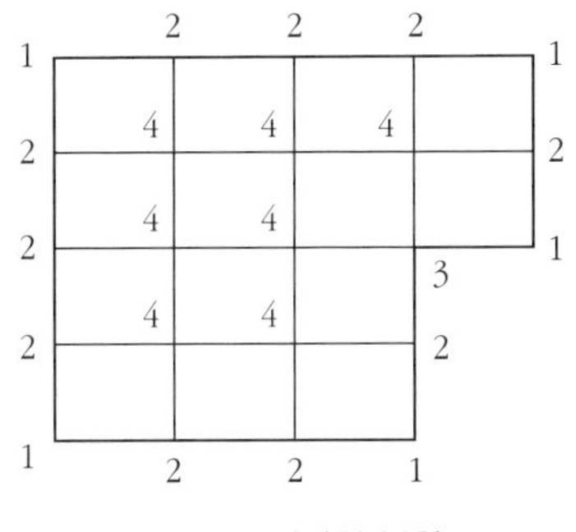

그림 Ⅲ-52. 사각형 분할

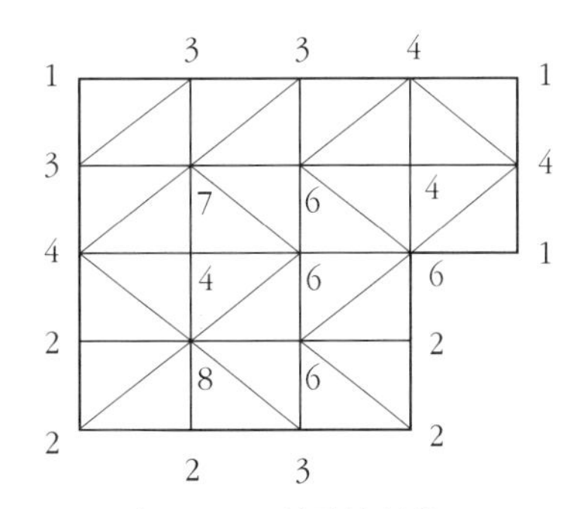

그림 Ⅲ-53. 삼각형 분할

(2) 삼각형 분할

삼각형 분할도 사각형 분할과 유사한 개념이지만 단면을 삼각형으로 분할하게 되므로 각 정점에서 만나게 되는 삼각형의 수가 최대 8개에 달하게 된다. 따라서 분할면의 수가 늘어나고 각 정점의 높이의 계산빈도가 늘어나게 되므로 사각형 분할보다 정확한 결과를 얻을 수 있다.

한 삼각형의 3정점의 토공고 합을 Σh로 표시하고 단면적을 A라 하면, 토공체적은 $V_0 = \frac{A}{3}\Sigma h$이다. 그림 Ⅲ-53과 같이 각 정점에서 만나는 삼각형의 수를 기입하고 Σh_1, $\Sigma h_2, \cdots \Sigma h_8$을 각각 정점 1, 2, … 8의 지반고의 합이라 하면, 삼각형 분할에 의해 얻어지는 전 체적은 식 Ⅲ-9와 같다.

$$V = \Sigma V_0 = \frac{A}{3} \times (\Sigma h_1 + 2\Sigma h_2 + 3\Sigma h_3 + \cdots + 8\Sigma h_8) \cdots\cdots \text{(식 Ⅲ-9)}$$

(3) 사각형 분할 체적 산정

그림 Ⅲ-54에서와 같은 어떤 자연지형을 그림의 평면과 같이 굴착하려고 한다. 각 격자 모서리의 현재 높이를 보간법에 의해 삽입하고, 만약 95m로 굴착할 경우 각 모서리의 절토심을 표시하라. 또한 사각형 분할에 의해 절토량을 산정하라. 단, 분할면 한 변의 실제 길이는 40m이다.

① 보간법에 의해 구해진 각 모서리의 현재 높이는 그림 Ⅲ-55와 같으며 95m로 절토할 경우, 절토심은 그림 Ⅲ-56과 같다.

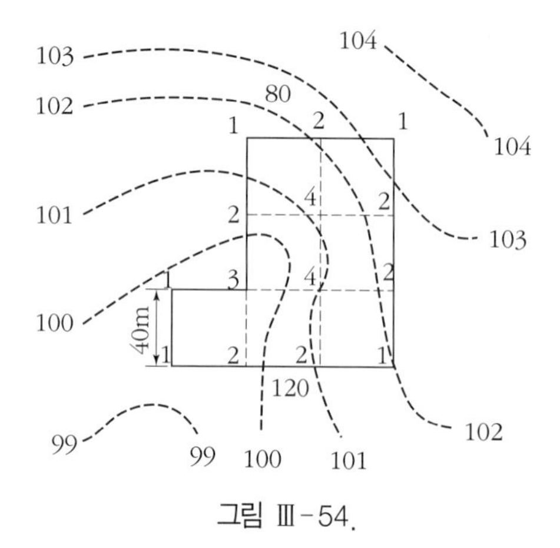

그림 Ⅲ-54.

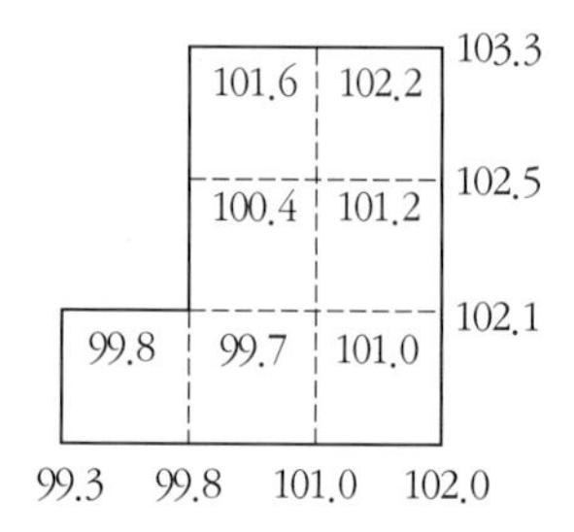

그림 Ⅲ-55. 격자모서리의 높이

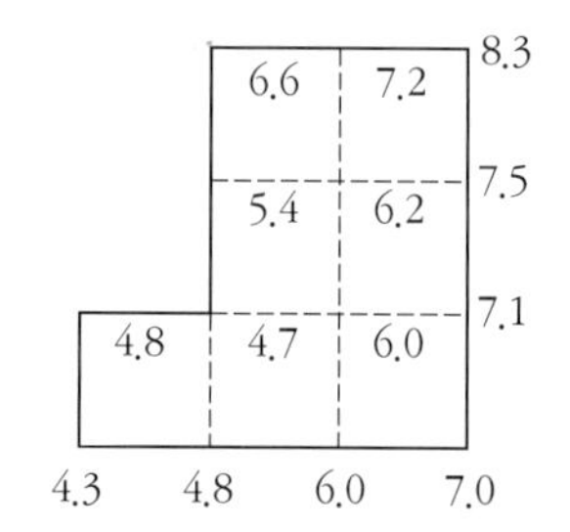

그림 Ⅲ-56. 격자모서리의 절토심

② 사각형 분할에 의한 절토량을 산출하면 67,960m³(절토)이다.

$\Sigma h_1 = 6.6 + 8.3 + 4.8 + 4.3 + 7.0 = 31.0$

$\Sigma h_2 = 7.2 + 5.4 + 7.5 + 7.1 + 4.8 + 6.0 = 38.0$

$\Sigma h_3 = 4.7$

$\Sigma h_4 = 6.2 + 6.0 = 12.2$

$$V = \frac{A}{4} \times (\Sigma h_1 + 2\Sigma h_2 + 3\Sigma h_3 + 4\Sigma h_4)$$

$$= \frac{40 \times 40}{4} \times (31.0 + 2 \times 38.0 + 3 \times 4.7 + 4 \times 12.2)$$

$$= \frac{1600}{4} \times 169.9$$

$$= 67,960(\text{m}^3)\ (\text{절토})$$

다. 등고선법

등고선법은 지형도의 등고선을 이용하여 체적을 계산하거나 등고선의 원리를 응용하여 체적을 계산하는 방법을 포함한다. 일반적으로 등고선법에서 체적을 구하는 방법은 구적기로 각 단면의 넓이를 측정한 다음, 대표 단면값을 취하고, 높이는 등간격으로 나누어져 있는 등고선 간격을 이용하여 구한다. 등고선법은 그 특성에 따라 정지작업, 도로개설, 매립용량, 토취장 및 채석장의 굴착을 위한 체적 산정에 따라 다르게 사용될 수 있으므로 각 방법을 적용하는 데 주의가 필요하다.

계산법은 그림 Ⅲ-57에서와 같이 A_0, A_1, A_2, ⋯ A_n: 각 등고선에 둘러싸인 면적, h: 각 등고선 간의 간격, V_n: 체적이라 할 때 체적은 각주공식, 양단면평균법, 비례중항법을 사용하여 구하며, 제일 끝부분이 한 개의 단면인 경우에는 원추공식을 사용하는 것이 바람직하다.

(1) 각주공식

각주의 높이를 $2h$(즉, 등고선 간격은 h)라 하면, 각주공식에 의한 전체체적은 식 Ⅲ-10과 같다.

$$V_1 = \frac{h}{3}(A_0 + 4A_1 + A_2)$$

$$V_2 = \frac{h}{3}(A_2 + 4h_3 + A_4)$$

$$\vdots$$

$$+)\ V_{\frac{n}{2}} = \frac{h}{3}(A_{n-2} + 4A_{n-1} + A_n)$$

$$\Sigma V = \frac{h}{3}\{A_0 + A_n + 4(A_1 + A_3 \cdots + A_{n-1}) + 2(A_2 + A_4 \cdots + A_{n-2}\} \quad \cdots \text{(식 Ⅲ-10)}$$

여기서 식 Ⅲ-10은 n이 홀수일 때만 사용되고, n이 짝수일 때는 최후의 1구간은 양단면평균법이나 원추공식으로 구한다.

(2) 비례중항법

비례중항법은 1구간마다 추체공식을 적용한 것으로 n개 구간에 대해서 구한 전체체적은 식 Ⅲ-11과 같다.

$$V_1 = \frac{h}{3}(A_0 + \sqrt{A_0 A_1} + A_1)$$

$$V_2 = \frac{h}{3}(A_1 + \sqrt{A_1 A_2} + A_2)$$

$$\vdots$$

$$+)\ V_n = \frac{h}{3}(A_{n-1} + \sqrt{A_{n-1} \cdot A_n} + A_n)$$

$$\Sigma V = \frac{h}{3}\{A_0 + A_n + 2(A_1 + A_2 + \cdots A_{n-1}) + (\sqrt{A_0 A_1} + \sqrt{A_1 A_2} + \cdots \sqrt{A_{n-1} A_n})\} \text{(식 Ⅲ-11)}$$

예를 들어 그림 Ⅲ-57에서 구간 Ⅰ을 각주공식, 구간 Ⅱ를 양단면평균법, 구간 Ⅲ을 원뿔공식을 적용하면 다음과 같다.

$$V_n = \frac{h}{3}\{A_0 + A_4 + 4(A_1 + A_3) + 2A_2\} + \frac{h}{2}(A_4 + A_5) + \frac{h'}{3}A_5$$

.... (식 Ⅲ-12)

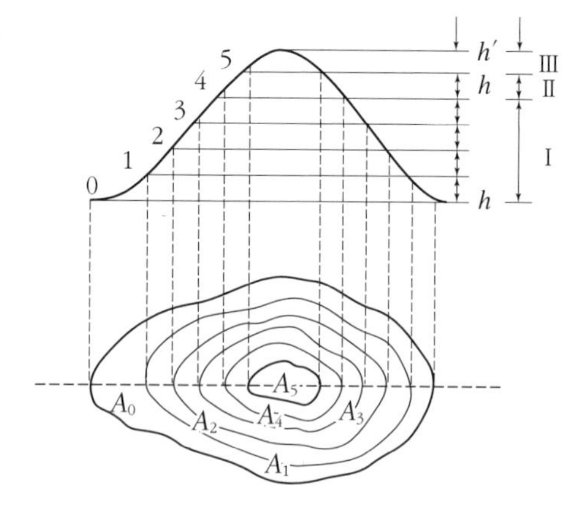

그림 Ⅲ-57. 등고선법

라. 횡단면법

횡단면법*cross-section method*은 도로나 고속도로 사업의 토량산출을 위해 가장 많이 사용되는 방법이다. 횡단면은 기점을 기준으로 하여 일정 간격으로 구분하여 만들어지게 되며, 토량산출의 결과는 횡단면의 간격이 좁을수록 정확하다.

계산방법은 2개의 인접한 단면의 평균에 두 면 사이의 거리를 곱하는 것이고 이러한 방법을 되풀이하여 전체 토량을 산출한다. 그러나 횡단면 사이의 거리가 동일하므로 각 횡단면의 절토부 면적과 성토부 면적을 합하여 산출한 다음에 횡단면 사이의 거리를 곱하여 전체적인 절토량과 성토량을 계산하는 것이 효율적이다. 횡단면법에서 지하부위, 굴착부, 연못 등은 횡단면을 부정확하게 만드는 원인이 되므로 횡단면을 설치하면서 이러한 부위는 별도로 분리하여 정확한 토량 산출이 가능하도록 해야 한다.

예를 들어 크기가 325×450m인 불규칙적인 지형을 경사 1.6%의 평면으로 만들기 위하여 그림 Ⅲ-58에서 제시된 것처럼 50m 간격으로 측점을 설치하고 측점마다 횡단면을 설치하였다. 또한, 미리 구적기로 측정한 횡단면적 측정값을 제시하였으니 참조하여 필요한 토적을 산출하라. 단, 토적량 산출을 위하여 각 횡단면을 일정한 축척의 횡단면도(실제 횡단면도를 작성할 때 편의상 수평축척과 수직축척을 달리하는 경우가 많다)로 작성하고 횡단면 토량산출표를 만들어 보자.

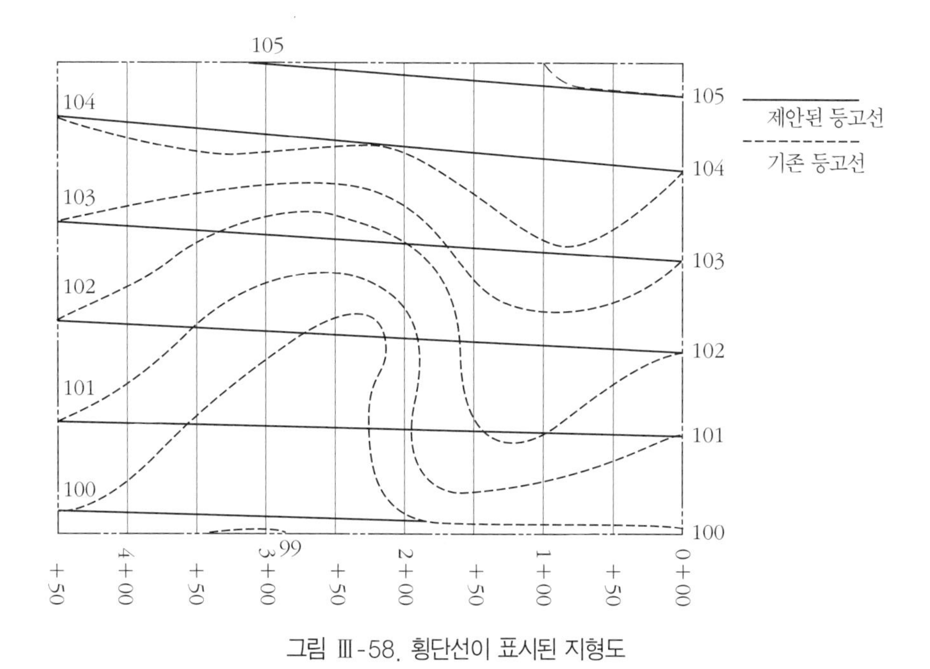

그림 Ⅲ-58. 횡단선이 표시된 지형도

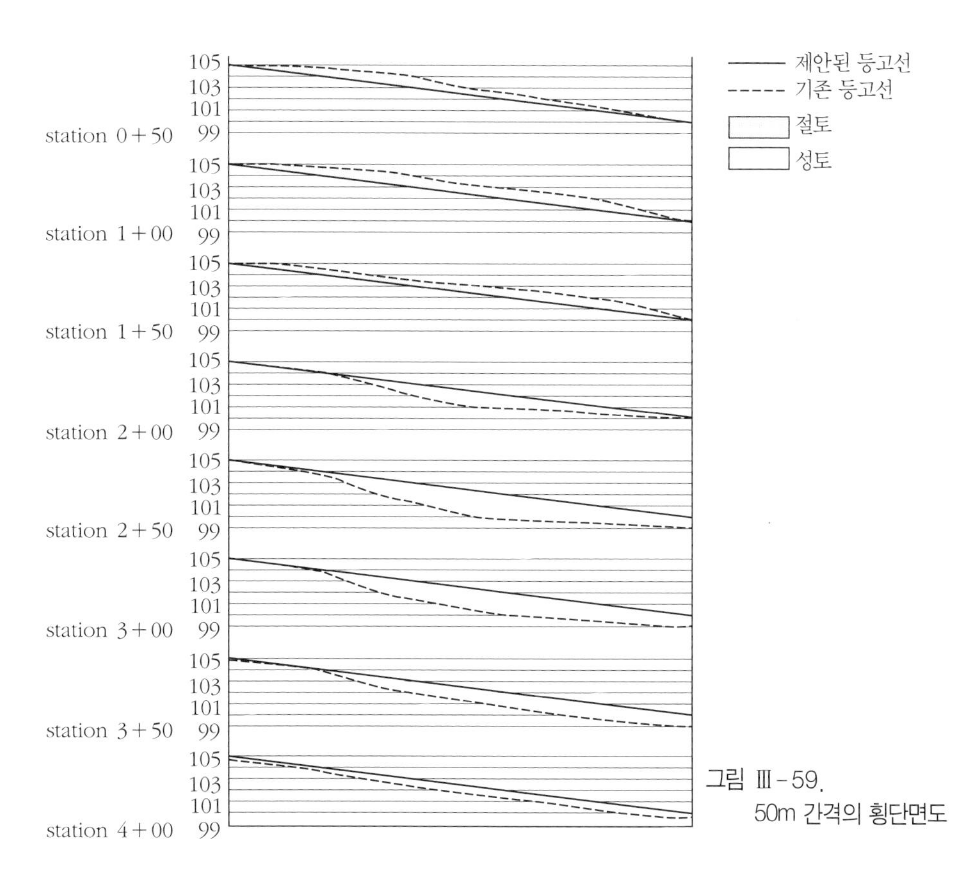

그림 Ⅲ-59.
50m 간격의 횡단면도

〈표 Ⅲ-8〉 횡단면법에 의한 토량산출

측점	절토면	절토 평균값	성토면	성토 평균값	거리(m)	체적(m^3)	
						절토	성토
0+00	0.0						
		75.45			50	3,773	
0+50	150.9						
		184.85			50	9,243	
1+00	218.8						
		192.4			50	9,620	
1+50	166.0		0.0				
		84.25		85.5	50	4,212	4,275
2+00	2.5		171.0				
		1.25		278.5	50	63	13,925
2+50	0.0		386.0				
		5.65		352.1	50	282	17,605
3+00	11.3		318.2				
		10.05		262.85	50	502	13,142
3+50	8.8		207.5				
		6.92		149.65	50	346	7,483
4+00	5.03		91.8				
		2.52		45.9	50	126	2,295
4+50	0.0		0.0				
합 계						28,167	58,725

【주】 성토 = 58,725m^3, 절토 = 28,167m^3

마. 구적기의 사용

구적기는 도형의 경계선이 불규칙한 곡선으로 되어 있거나 지도상에서 손쉽게 면적을 구하기 위해 사용되는 기구로서 건설공사의 토공량 산정에 많이 활용된다. 구적기에는 극식과 무극식이 있다. 과거에는 극식 구적기*polar planimeter*를 주로 사용했으나, 최근에는 정밀도가 높고 편리하며, 다양한 기능(선의 길이 측정, 좌표판독, 반경측정)을 수행할 수 있는 무극식 구적기*planix*의 사용이 늘어나고 있다. 극식 구적기는 도형의 외곽선을 따라 측도침을 일주시켰을 때 측륜의 회전수로써 그 도형의 면적을 구하는 것이며, 사용에 익숙해지면 충분한 정밀도를 얻을 수 있다. 무극식 구적기는 스위치를 켠 후 단위와 축척을 설정하고 도형을 측정하면 자동으로 측정된 구적이 수치판에 나타나며, 결과를 인쇄할 수도 있다.

(1) 극식 구적기

1) 극식 구적기의 구조

구적기는 3개의 지점, 즉 고정점*pole weight O*, 측륜*measuring wheel R*, 측도침*tracing point T*으로 지지되어 있다(그림 Ⅲ-60). 고정침이 달려 있는 극완*pole arm*은 그 윗면에 축척 눈금을 가지며, 한쪽 끝에 측도침이 있고 또 다른 끝에는 측륜이 있다. 연직축에서 측침까지의 길이는 구적기에 표시된 축척에 따라 고정나사*clamp screw*로 고정되고 미동나사*micro adjust screw*로 미동시킨다.

그림 Ⅲ-60. 극식 구적기

(2) 무극식 구적기

1) 무극식 구적기의 구조와 기능

오늘날 광범위하게 사용되고 있는 무극식 구적기는 본래의 구적기능 이외에 곡선 길이를 측정할 수 있으며, 측정을 효율적으로 시행하기 위한 단위변환과 간단한 통계작업을 할 수 있다. 구적기는 단위를 설정하고 측정값을 나타내며, 효율적으로 계산할 수 있도록 조절부와 측도부로 구성된다. 조절부는 조절판*control panel*, 마찰륜*friction roller*, 측도부는 측정팔*trace arm*, 고정레버*trace arm fixing lever*, 측정렌즈*trace lens*, 측도침*trace point*, 모드변환 스위치*measuring mode shifting switch*, 시작스위치*start/point switch*로 구성되어 있다(그림 Ⅲ-61).

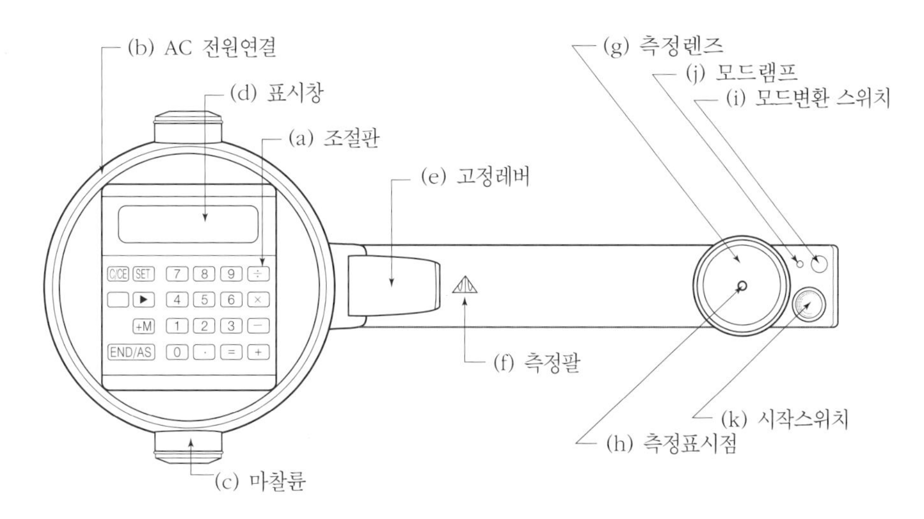

그림 Ⅲ-61. 무극식 구적기

연습문제

1. 정지설계의 기능적 · 미적 목적을 기술하라.
2. 경사백분율*percentage*, 비율*ratio*, 각도*angle*의 관계를 사례를 들어 설명하라.
3. 계단에서 나타나는 등고선의 패턴에 대해 그림을 그려 설명하라.
4. 그림 Ⅲ-62와 같은 도로에서 *A*점은 93.2m, *B*점은 96.7m이고, *A*와 *B* 간의 거리는 50m일 때 이 도로의 경사도와 *A*점으로부터 94m, 95m, 그리고 96m까지의 거리를 계산하라.

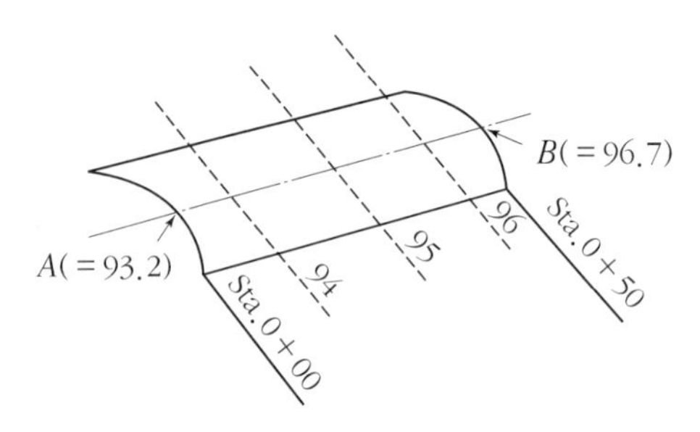

그림 Ⅲ-62. 도로 위의 지점

5. 20m×30m의 건축물을 지으려고 한다. 건물 주위에 배수습지로 *swale*를 만들어 배수하려고 한다. 건물의 끝으로부터 20m 떨어진 곳에 습지로의 중앙 경사도를 2%로 하고, 건물에서부터 습지까지 측면경사를 최소 2%, 최대 10%, 배면경사를 최소 2% 최대 20%로 한다면 그림 Ⅲ-63에서 어떻게 정지계획을 할 것인지 등고선을 변경하라.

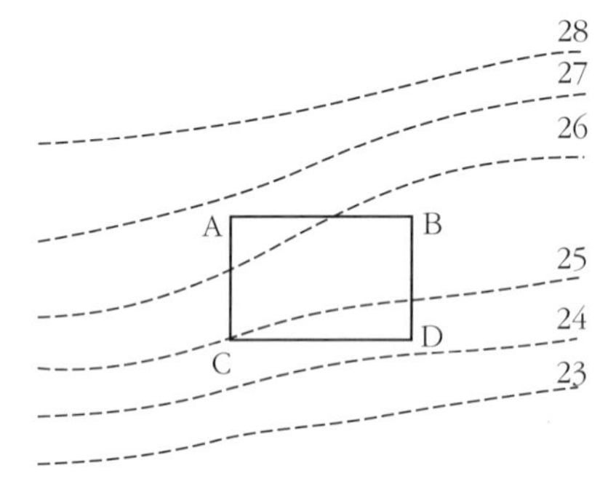

그림 Ⅲ-63. 건물부지 정지설계

6. 그림 Ⅲ-64는 건설예정인 도로의 절토단면을 표시한 것이다. 횡단면적을 계산하라.

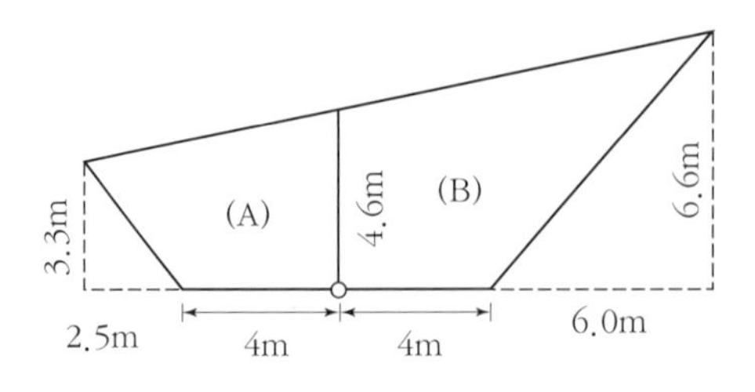

그림 Ⅲ-64. 도로의 횡단면도

참고문헌

김시원 외 4인 공저, 『측량학』, 일조각, 1980.

백은기, 『측량학』, 청문각, 1986.

이석찬, 『표준 측량학』, 선진문화사, 1978.

유복모 저, 『측량학원론(Ⅰ)』, 박영사, 1995.

한국조경사회, 『조경설계상세자료집』, 1997.

Albe E. Munson, *Construction Design for Landscape Architects*, McGraw-Hill Book Co., 1974.

Charles W. Harris & Nicholas T. Dines, *Time · Saver Standards for Landscape Architecture*, McGraw-Hill Book Co., 1998.

Joseph Dechiara & Lee Koppelman, *Urban Planning and Design Criteria*, Van Nostrand Reinhold Co., 1975.

Jot D. Carpenter, *Handbook of Landscape Architectural Construction*, The Landscape Architecture Foundation, Inc., 1976.

Harlow C. Landphair & Fred Klatt, Jr., *Landscape Architecture Construction*, Prentice Hall PTR, Inc.,1999.

Harlow C. Landphair & John Lomotloch, *Site Reconnaissance and Engineering*, NewYork:Elsevier Science Publishing Co., 1985.

Harvey M. Rubenstein, *A Guide to Site and Environmental Planning*, John Wiley & Sons, Inc., 1969.

M.F. Downing, *Landscape Construction*, E. & F.N. Spon, 1977.

Richard K. Untermann, *Grade Easy*, ASLA Foundation.

Richard K. Untermann, *Principle and Practices of Grading*, Drainage and Road Alignment, Virginia: Reston Publishing Co., 1978.

Steven Strom & Kurt Nathan P.E., *Site Engineering for Landscape Architects*, AVI Publishing Co., 1985.

Ushikata *X-PLAN 360d Manual*, 1995.

Williom M. Marsh, *Landscape Planning*, Addison-Wesley Publishing Co., 1983.

中村貞一, 「緑地・造園の工法」, 鹿島出版會, 昭和 52年.

川本昭雄・鈴木健之, 「造園施設の設計と施工」, 鹿島出版會, 昭和 57年.

興水肇・吉田博宣, 緑を創る植栽基盤, 東京：Soft Science, 1998.

순환로설계(Design of Circulation)

도로 및 주차장과 보행로는 부지의 골격을 형성하는 요소로서, 그 자체로 하나의 강력한 형태와 체계를 형성하게 된다. 따라서 도로와 보행로는 단지 전체에 걸쳐 유기적으로 체계화되어야 하며, 건물이나 각 세부 공간들의 출입구는 이들과 긴밀한 관계를 가질 수 있어야 한다. 이 밖에 미적 효과, 경제성, 주변환경과의 관계를 적절히 고려해야 하며, 특히 오늘날과 같이 환경친화적인 사고가 중요시되는 상황에서는 현명한 설계가라면 자연환경에 적합한 설계를 하도록 노력해야 할 것이다.

1. 개　요

가. 도로의 종류와 패턴

(1) 도로의 종류

도로는 여러 가지 관점에서 다양하게 분류될 수 있다. 법규상으로 도로법 제8조(도로의 종류 및 등급)에서는 전국의 도로를 고속국도, 일반국도, 특별시도(광역시도), 지방도, 시도, 군도, 구도로 나누고, 농어촌도로정비법 제4조(도로의 종류 및 시설기준)에서는 면도, 이도, 농도로 구분하고 있다. 또한 국토의 계획 및 이용에 관한 법률 시행령 제2조(기반시설)에서는 도로를 일반도로, 자동차전용도로, 보행자전용도로, 자전거전용도로, 고가도로, 지하도로로 구분하고 있다. 이 밖에 도로부지의 소유권에 따라 공도公道와 사도私道로 나뉘고, 위치에 따라 가도*street*·지방도로*country road*·산도*mountain road*·농도(경작도)*cultivate road*·공원도로*park road*·강변도로*riverside road* 등으로 나뉘며, 도로를 이용하는 목적에 따라 일반 공중도로*public road*·산업도로*industrial road*·자동차 전용도로*express-way*·유람도로*sight-seeing road*·임도*forest road*와 군용도로*military road* 등으로 나뉜다. 또한 도로에 사용되는 표층재료에 따라 아스팔트 도로, 콘크리트 도로 등으로 구분하기도 한다.

이러한 분류와 달리, '도로의 구조·시설 기준에 관한 규칙' 제3조(도로의 구분)에서는 도로의 기능과 도로변의 토지이용에 따라 주간선도로, 보조간선도로, 집산도로, 국지도로로 구분하고 있다.

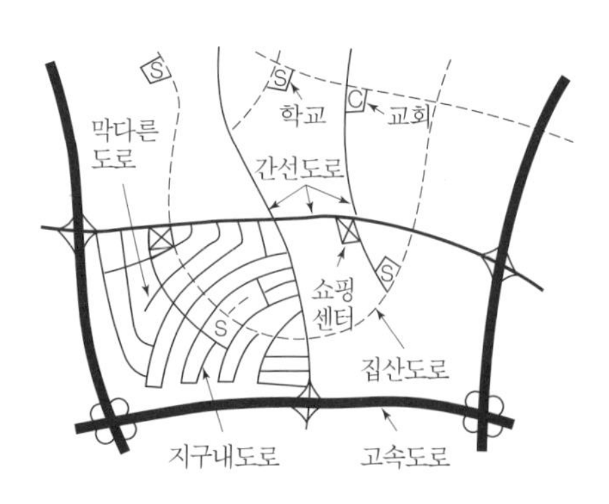

그림 Ⅳ-1. 도로의 기능별 분류

1) 간선도로*arterial road*

간선도로는 도시 내의 한 곳에서 다른 곳으로 장거리 이동교통을 대량 수송하는 중요한 역할을 수행하고, 아울러 주변의 토지 또는 건물에서의 활동이 가능하도록 제한적으로 차량을 출입하게 하며, 노상주차가 허용되지 않는다. 만약 교통량이 많고 인접지역의 토지이용이 높을 경우, 그 마찰이 크게 증가되어 심각한 교통문제를 야기시킨다. 특히 간선도로는 대규모의 선적인 개방된 공간을 제공함으로써 도시 오픈스페이스로서의 주요한 기능을 수행하며, 도시경관의 질을 좌우하는 주요한 도로이다. 그러나 때로는 전선 및 전봇대, 상업광고, 불량한 건축물로 인하여 가로경관을 크게 해치기도 한다.

2) 집산도로*collector road*

집산도로는 국지도로로부터 발생되는 교통을 모아서 간선도로로 연결하는 기능을 가지며, 도로구획은 교통량이 국지도로의 허용교통밀도를 초과하기 전에 국지도로에서 발생하는 교통을 흡수할 수 있는 정도의 간격을 유지하는 것이 좋다. 집산도로의 또 다른 기능은 도로변의 토지나 건물에서 발생하는 제반 활동을 능률적으로 처리할 수 있도록 차량을 출입하게 하는 것이며, 자전거나 보행의 안전성과 편리성을 확보하도록 해야 한다. 일반적으로 노상주차가 가능하다.

3) 국지도로*local street*

이 도로의 주된 기능은 이에 접한 토지 또는 건물 내에서 일어나는 제반 활동이 가능하도록 사람 또는 차량의 출입을 원활하게 하는 것이며, 통과교통을 허용해서는 안 된다. 근린주구를 형성하게 하는 도로로서 차량의 주행속도는 보행자와 자전거의 통행과 안전을 위해 제한할 수 있다.

(2) 도로의 패턴

도로의 패턴은 자연발생적으로 만들어지기도 하지만, 오늘날과 같이 단지설계가 활발히 이루어지는 상황에서는 설계과정에서 동선체계를 결정하기 위한 수단으로 여러 가지 도로의 패턴을 활용할 수 있다. 개념적 형태로써, 도로의 패턴은 격자형, 방사형, 등심원형, 선형, 부정형, 루프형, 막다른 길 등으로 구분할 수 있다. 이러한 유형은 기본적으로 도로가 제공해야 하는 교통의 집산과 이동 등 교통서비스가 원활히 이루어져야 하는 것을 전제로 한다. 제시된 도로의 패턴은 도로의 형태를 이해하고 도로설계에 도움을 주는 것이지만, 이것이 도로의 형태를 최종적으로 결정짓는 것은 아니므로 설계가는 각 패턴을 조합하거나 지형, 식생, 경관, 토지이용, 설계자의 의도를 고려하여 구체적으로 수정하는 작업이 필요하다.

1) 격자형*grid pattern*

넓고 평탄한 지역의 계획적인 도로설계에 많이 사용되며, 도로에 의해 구획되는 블록은 장방형의 형태를 취한다. 도로구획이 용이하고 도로이용이 편리하여 토지구획정리나 택지개발사업에 많이 사용되고 있지만, 시각적으로 단조롭고 자연지형을 적절히 고려하지 못하거나 불필요한 통과교통이 발생할 수 있다.

2) 방사형*radial pattern*

서구의 오래된 도시나 근대도시계획에서 많이 사용되는 도로의 패턴으로, 도시중심의 상징성과 각 도로의 방향성을 부여할 수 있으나, 교통서비스가 불편하고 지형 반영이 곤란하다.

3) 동심원형*ring pattern*

동심원상의 주요도로로 구성되며, 방사형과 조합되어 적용되는 경우가 많다. 환상의 순환도로의 개념에 적용 가능하지만, 단지나 소규모 지역의 교통서비스를 위해서는 다소 불편하고, 구획형태가 비효율적이다.

4) 선형*linear pattern*

인접한 지역의 작은 도로를 연결시키며, 고속도로나 강변도로에 적용이 가능하다. 도로의 구간 내에서는 교통이 원활하지만, 중심성이 없고 교통서비스의 효율이 낮다.

5) 부정형*tree pattern*

자연적으로 발달된 지역이나 도시에서 나타나는 전통도로의 형태로써 유기적인 구성으로 계층화된 도로체계를 형성하지만, 교통서비스의 효율이 낮고 차량의 통행이 불편하다.

6) 루프형*loop pattern*

국지도로나 소규모 지역의 도로설계에 적용 가능하며, 블록단위별로 완결성을 가지게 된다. 보차분리가 가능하여 안전성과 교통흐름의 효율성을 높일 수 있다.

7) 막다른 길*cul-de-sac*

주거단지에 적용 가능하며, 루프형과 결합되는 경우가 많다. 통과교통이 배제되므로 안전성과 독자성을 가질 수 있으며, 막다른 곳에 차량의 회전을 위한 공간이 필요하다.

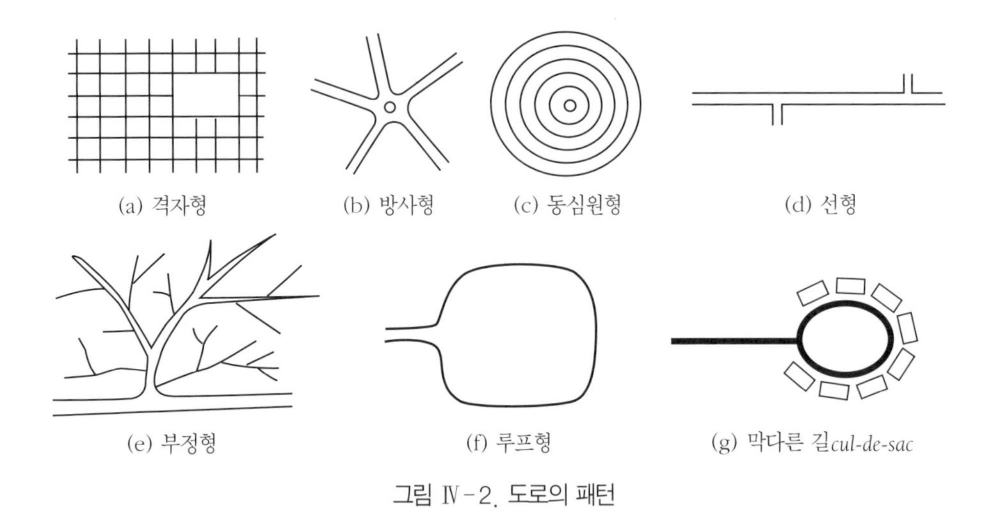

그림 Ⅳ-2. 도로의 패턴

나. 도로설계의 고려사항

도로설계의 초기단계에서는 교통수요와 장래 교통량 등 거시적인 지표와 수요를 반영해야 하지만, 실제적인 설계과정에서는 자연환경, 도로경관, 기술적 조건, 운전자의 특성, 그리고 차량의 특성을 고려하여야 한다.

(1) 자연환경

도로설계와 관련시켜 볼 때 자연환경은 도로의 형태를 결정짓는 주요한 고려사항이다. 도로가 설치될 지역의 지형, 지질, 수문, 기후, 생태적 요소는 도로설계에 많은 영향을 주게 된다.

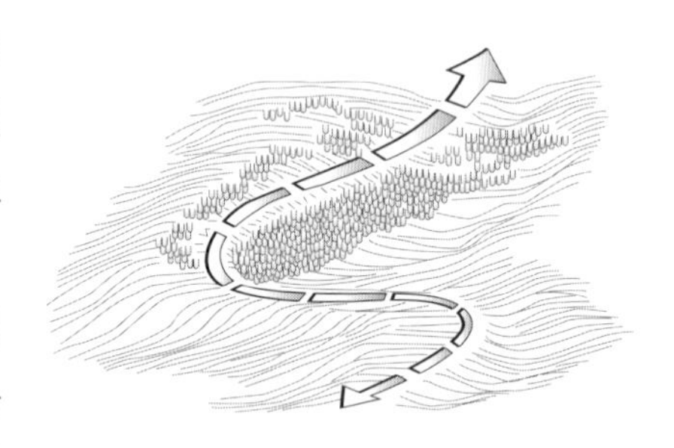

그림 Ⅳ-3. 지형에 따른 노선설정

지형은 도로의 물리적인 특성을 결정하는 노선설정·경사도·시거·단면 등의 설계요소들에 영향을 주는 주요한 요소이다. 자동차는 경사에 대한 제한을 가지고 있기 때문에 급경사의 지형에서는 적절한 경사를 유지하기 위하여 성토와 절토가 불가피하게 발생한다. 물론 이것은 환경을 파괴하거나 공사비를 증대시키는 원인이 되기도 한다. 지질상태도 도로의 위치와 형태에 영향을 주게 되는데, 예를 들어 표면 아래에 있는 암반은 건설비를 증가시키는 원인이 되고 부적합한 토양이나 높은 지하수위로 인하여 연약지반이 만들어지게 되어 도로의 구조적인 결함을 유발시킬 수 있다.

바람, 서리, 안개, 눈, 비, 햇빛 등의 기후요소는 운전자의 운전조건이나 도로조건을 변화시키는 주요한 가변적인 요인이다. 이러한 요인들이 교통의 흐름에 지장을 초래하거나 안전을 저해하지 않도록 하기 위해서 설계단계에서 그 원인을 최소화하도록 해야 한다. 바람이 국지적으로 심하게 부는 지역, 서리가 자주 발생하는 지역, 눈이 많이 내리거나 음지로 인하여 결빙되는 지역, 태양의 방위나 고도에 따른 운전자의 시각장애를 일으키는 지역은 피하도록 도로를 설계하여야 하며, 불가피한 경우에는 이러한 문제를 완화시키기 위한 관리대책이 필요하다.

자연환경의 보전대상으로 중요하게 인식되는 생태계보전지역, 자연공원, 문화재보호구역, 천연보호림, 조수보호구역 등 법률에 입각하여 지정된 지역에서는 동식물의 종이나 군락을 보호하기 위하여 도로는 해당지역을 우회하도록 하여 자연환경에 피해가 없도록 해야 한다. 또한 도로의 건설에 의해 생태계가 단절되는 피해를 줄이기 위해서 동물의 이동경로를 확보하기 위한 지하구조물 및 횡단육교를 설치하도록 해야 한다.

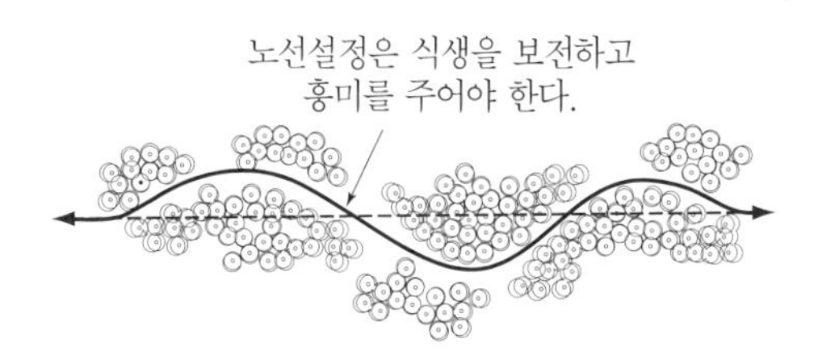

그림 Ⅳ-4. 자연식생을 보전하기 위한 노선설정

(2) 도로경관

도로설계에 있어서 경관은 조심스럽게 다루어야 하는 요소이다. 도로경관은 차도뿐만 아니라 도로를 구성하는 전봇대, 가로시설, 주변건물 등 인공시설과 도로주변의 경관요소에 의해 형성된다. 예를 들어 자연경관의 파괴를 최소화하기 위하여 경관이 뛰어난 곳을 보전하거나 훼손된 곳은 경관복구를 통하여 개선할 수 있으며, 경관이 불량한 인공시설이나 가로경관을 개선하기 위한 다양한 방법을 시도하여야 한다.

도로설계에서 도로경관을 고려할 때는 쾌적성, 시각적 경험의 다양성, 시계의 연속성이 확보되도록 해야 한다. 쾌적성을 높이기 위해서는 도로의 시계가 개방되어야 하고 명확해야 하며, 만족스러운 시각적 경험을 제공하기 위해서는 특징적인 경관을 연출하기 위한 요소를 도입하고 자연경관을 다양하게 연출하며 가로조명을 통한 경관의 다양성을 확보하여야 한다. 시계의 연속성은 교통의 안전성과도 연계되는 것이며, 갑작스런 경관의 변화로 인한 운전자의 시각교란을 줄여 편안한 운전이 가능하도록 해야 한다.

(3) 기술적 조건

도로설계를 위해서는 앞에서 언급된 자연환경, 도로경관 등 다양한 요인을 고려해야 하지만, 설계가의 실제적인 설계행위는 주로 도로설계를 위한 기술적 조건에 관심을 가지게 된다. 도로설계에 있어서 기술적 관점에서 적용해야 할 일반 원칙은 다음과 같다.

① 노선은 가급적 가장 완만한 경사를 이루도록 한다.
② 구릉 또는 산악지에서는 오르막 경사가 너무 급하게 되면 우회하거나 터널을 뚫는다.
③ 도로의 평면선형은 가급적 직선으로 하며, 불가피한 경우 곡선부의 반경을 최대로 한다.
④ 영구음지나 습한 곳은 피하고 통풍이 잘 되는 곳을 선정한다.
⑤ 지하수위가 높은 경우에 발생하는 연약지반을 개량하기 위한 대책을 강구한다.
⑥ 자연환경을 보호하고 경제성을 높이기 위하여 성토와 절토의 균형을 이루도록 한다.
⑦ 철도 · 교차도로 · 보행로 등 다른 교통수단과의 교차점에 유의하여 안전성을 높이도록 한다.
⑧ 교량은 하천과 직각이 되도록 설치한다.

(4) 운전자의 특성

운전자의 운전능력은 연령 · 성 · 습관 · 물체를 보고 판단하는 능력 · 건강상태에 따라 달라지게 되는데, 통상적으로 운전자는 자동차 운행 중 눈과 귀로 받아들이는 교통신호, 도로표시 등 여러 정보에 입각하여 판단하고 반응하게 된다. 인간이 자극을 통하여 반응하기까지는 일정한 시간이 경과하게 되는데, 이것을 반응시간*reaction time*이라고 하며, 이것은 개인에 따라 다르다. 또한 동일한 사람의 경우라도 피로 정도, 개인의 육체적 · 정신적 조건에 따라 차이가 있게 된다.

외부자극에 대한 인간의 신체적 반응은 지각 · 식별 · 판단 · 반응의 과정을 통하여 이루어진다. 연령별로 보면 운전자는 20대 후반에 시각능력이 가장 뛰어나고 반응시간이 가장 짧으며, 이를 정점으로 하여 점차적으로 연령이 높아짐에 따라 시각 및 반응능력이 저하된다. 실험실에서의 자극에 대한 반응시간은 0.2～1.5초 정도지만, 이 시간은 피실험자가 실험실에서 예상되는 자극에 대하여 측정한 값이므로, 실제 운행 중에 발생하는 시간은 0.5～4.0초로 이보다 길다.

(5) 차량의 특성

우리나라의 자동차 초기개발단계에는 차량의 종류가 단순하였지만, 최근에는 승용차, 상용차, 버스, 화물자동차, 2륜차 등으로 다양해졌다. 이와 같은 다양한 종류의 차량제원은 차선의 폭, 회전반경, 도로경사, 교량의 설계, 도로의 포장단면과 같은 도로의 구조나 기하학적 형태를 결정하는 데 큰 영향을 주게 되므로 차량의 제원과 도로의 설계요소는 상호간 적절한 조화를 이루도록 해야 한다.

일반적으로 통용되는 도로의 규격에서 차선의 폭은 통상 3.5m 이내이며, 통과 높이는 4.5m 이상이다. 그러므로 차량의 최대규격은 이러한 도로의 규격보다 작은 값을 갖도록 법에 규정하고 있다. '도로의 구조 · 시설기준에 관한 규칙' 제5조(설계기준자동차)에서는 설계기준 차량을 승용자동차, 소형자동차, 대형자동차, 세미트레일러 4종류로 구분하여 제원을 정하고 있다. 각 설계기준 차량의 종별 제원은 〈표 Ⅳ-1〉과 같다. 참고로 미국 AASHTO(American Association of State Highway and Transportation Officials)에서 제시하고 있는 자동차의 최소회전궤적은 그림 Ⅳ-5와 같다.

〈표 Ⅳ-1〉 설계기준자동차의 종류별 제원

(단위: m)

제원 / 자동차종류	폭	높이	길이	축간거리	앞내민 길이	뒷내민 길이	최소 회전 반지름
승용자동차	1.7	2.0	4.7	2.7	0.8	1.2	6.0
소형자동차	2.0	2.8	6.0	3.7	1.0	1.3	7.0
대형자동차	2.5	4.0	13.0	6.5	2.5	4.0	12.0
세미트레일러	2.5	4.0	16.7	앞축간거리 4.2 뒤축간거리 9.0	1.3	2.2	12.0

【비고】 1. 축간거리: 앞바퀴 차축의 중심으로부터 뒷바퀴 차축의 중심까지의 길이를 말한다.
2. 앞내민길이: 자동차의 앞면으로부터 앞바퀴 차축의 중심까지의 길이를 말한다.
3. 뒷내민길이: 자동차의 뒷면으로부터 뒷바퀴 차축의 중심까지의 길이를 말한다.

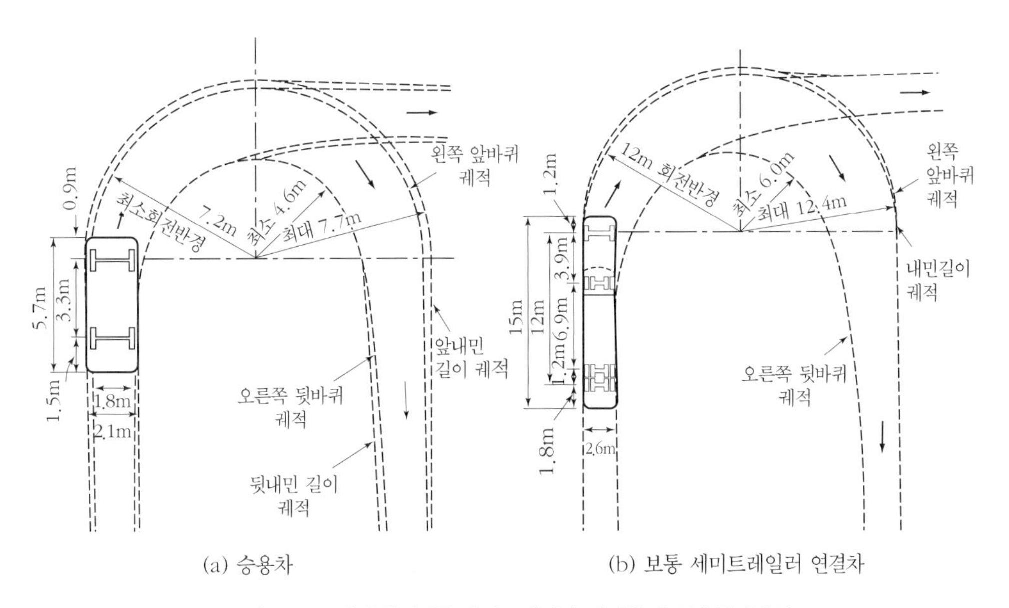

(a) 승용차 (b) 보통 세미트레일러 연결차

그림 Ⅳ-5. 승용차, 보통 세미트레일러 연결차의 최소회전궤적

2. 도로의 설계요소

도로를 설계하려면 해당지역이나 단지의 현황을 다양하게 조사하고 장래의 발전을 예상하며, 이에 대하여 충분히 반영된 도로구조를 결정하여야 한다. 우선 도로의 등급과 그 중요성, 추정교통량, 지형조건, 예산액 등을 비교하여 설계속도와 종단경사의 한도를 정하며, 설계속도와 종단경사의 한도가 정해지면 종단선형과 평면선형에 대한 최저기준이 결정될 것이다. 그런 다음, 지형도를 이용하여 그 기준에 합치되도록 노선의 평면선형과 종단선형을 설계하고, 도로를 구성하는 교차부, 보도, 배수, 소음방지시설 등의 부대시설을 설계한다. 마지막으로, 교통신호와 표식 및 기타 교통규제표시의 설치위치 등에 대해서 설계한다.

우리나라의 공공도로는 도로의 구조 · 시설기준에 관한 규정에 의하여 설계하도록 되어 있는데, 이 법령은 도로구조설계의 최저한도를 표시한 것으로서, 구조령의 기준과 예산을 고려한 범위 내에서 좋은 도로를 설계하도록 힘써야 한다.

가. 속도의 설계기준

(1) 속 도

속도는 운전자가 주어진 시간에 여행할 수 있는 거리를 결정하는 것이므로, 모든 교통현상 중에서 아주 중요한 의미를 가진다. 운전자는 시간을 절약하고 될 수 있는 한 멀리 가기 위하여 자동차의 성능이 허용되고 위험이 수반되지 않는 한도 내에서 속도를 내려고 한다. 그러나 자동차의 속도는 도로와 그 주위의 물리적 환경 · 기후 · 다른 차량의 유무 · 교통법규와 속도제한에 의해서 추가적으로 제한된다.

속도는 주행거리를 l, 소요시간을 t라 할 때 l/t로 표시되는데, l과 t의 값을 적용하는 방법에 따라 다음과 같이 구분한다.

1) 지점속도*spot speed*

어떤 지점을 자동차가 통과할 때의 순간적 속도로서 l/t에서 t를 아주 짧게 잡았을 때의 속도이며, 도로설계와 교통규제 계획의 자료가 된다.

2) 주행속도*running speed*

자동차가 어떤 구간을 주행한 시간으로 그 거리를 나누어서 구한 속도이며, 이때는 정지시간을 포함시키지 않는 것이 보통이다.

3) 구간속도*overall speed*

어떤 구간을 주행하기 위해서 정지시간을 포함하여 소요된 전체시간으로 그 구간의 거리를 나누어서 구하는 속도이다.

4) 운전속도*operating speed*

운전자가 도로의 교통량, 주위의 상황 등을 고려하여 유지해 나갈 수 있는 속도로서, 실용적인 교통용량 등을 계산할 때 기본적인 값으로 쓰인다.

5) 임계속도*optimum speed*

교통용량이 최대가 되는 속도이며, 이론적으로 교통용량을 생각할 때 쓰인다.

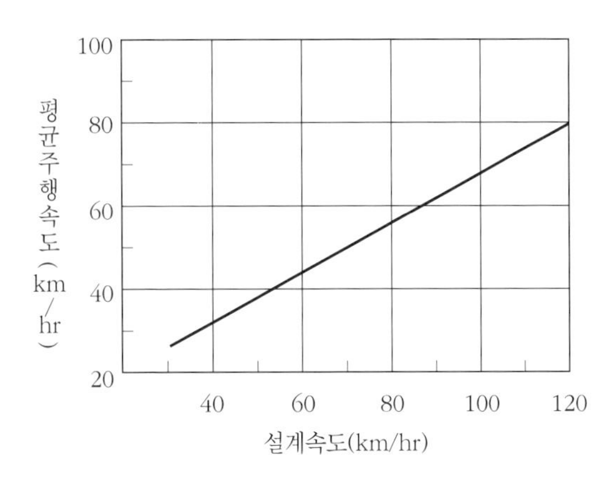

그림 Ⅳ-6. 설계속도와 평균주행속도와의 관계

(2) 설계속도*design speed*

도로설계의 기준이 되는 자동차의 속도로서 자동차의 주행에 영향을 미치는 도로의 기하구조와 물리적 형상을 결정하는 기준이다.

설계속도는 도로의 종류와 교통량에 비례하고, 지형의 난이성에 반비례한다는 원칙에서 정하는 것이 합리적이며, 일반적으로 구릉이나 산지보다 평탄지역에서 높게 잡고, 단거리 교통의 지방도로보다 장거리 교통이 많은 간선도로에서 높게 잡으며, 교통량이 적은 노선보다 많은 노선에서 높게 잡는다. 우리나라에서는 도로등급과 지역에 따라 설계속도의 기준을 정하여 사용하고 있어 〈표 Ⅳ-2〉에 제시된 기준 이상으로 설계속도를 정해야 하며, 지형 상황 등을 참작하여 부득이하다고 인정되는 경우에는 기준에서 20km/hr를 뺀 속도를 설계속도로 할 수 있다.

도로 간 설계속도의 차가 20km/hr를 초과하는 경우에는 교차부 또는 접속부를 제외하고 원칙적으로 상호 접속시켜서는 안 된다. 이것은 설계속도의 차로 인한 도로의 기하구조의 변화가 차량운전에 큰 지장을 초래할 수 있기 때문이며, 불가피할 경우에는 설계속도의 차에 점진적으로 변화를 주어 기하구조가 급격히 변화하지 않도록 해야 한다.

설계속도를 높게 하면 차도의 폭원이 넓고 곡선반경이 크며 경사도 급하지 않은 좋은 도로가

〈표 Ⅳ-2〉 설계속도 기준

(단위: km/hr)

도로의 기능별 구분		설계속도			
		지방지역			도시지역
		평 지	구릉지	산지	
고속도로		120	100	100	100
일반도로	주간선도로	80	70	60	80
	보조간선도로	70	60	50	60
	집산도로	60	50	40	50
	국지도로	50	40	40	40

되어 주행속도도 빨라지지만, 반대로 설계속도를 낮게 하면 그만큼 저급의 도로가 된다. 그러나 설계속도가 높은 도로는 자동차 운전에는 좋지만 그와 비례해서 건설비가 많이 필요하므로 예산이 부족할 때는 설계속도를 낮게 하여 건설비를 절약할 수 있다. 예를 들어 우리나라와 같이 지형이 복잡하고 토지이용도가 높을 경우, 일정한 설계속도를 기준으로 하여 건설하게 되면, 산지부 또는 도시지역에 소요되는 비용이 막대하여 사업시행이 불가능할 수도 있다. 이 때 전 노선의 설계속도를 낮추는 것은 바람직하지 않으므로 해당 구간의 설계속도를 낮추어 도로를 건설할 수 있도록 규정하고 있다.

설계가는 도로설계시 단순히 차량의 이동속도만을 고려한 설계속도보다 이로 인하여 발생하는 부수적인 문제를 고려하여야 한다. 차량의 설계속도가 증가하는 데 따라 교통소음 역시 증가하며, 아울러 보행인과의 상충으로 인한 교통사고의 가능성이 높아지게 된다. 일반적으로 자동차가 30km/hr 이상으로 주행하면 소음이 발생하고, 보행인과의 상충으로 인한 안전에 큰 문제가 발생할 수 있으므로 설계속도는 단순히 자동차의 통행만을 고려하기보다는 보행자의 안전, 도로의 경관, 지형, 교통조건, 주변토지이용 등을 충분히 고려하여 결정하여야 한다.

(3) 시거視距*sight distance*

자동차가 안전하고 쾌적하게 주행하기 위해서는 자동차 진행 방향에 있는 장애물 또는 위험요소를 인지하고 제동을 걸어 정지하거나, 장애물을 피해서 주행할 수 있을 정도로 전방을 내다볼 수 있는 거리를 확보하여야 한다. 이것을 시거라 하며, 위험이 따르지 않을 정도의 시거를 안전시거라 한다.

시거는 전방에 고장 난 차 등의 장애물이 있는 경우 이를 인지하고 제동을 걸어서 정지하기 위해 필요한 정지시거, 동일 차선상에 장애물이 있는 경우에 인접 차선으로 피하려 할 때 필요한 피주시거, 저속으로 주행하는 차를 안전하게 앞지르는 데 필요한 앞지르기 시거의 3가지가 있다. 모든 도로에서는 정지시거를 확보하여야 하며, 고속도로와 같이 차량이 고속으로 주행하는 도로에서는 앞지르기가 가능하도록 앞지르기 시거를 확보하여야 한다. 앞지르기 시거는 추월금지구간을 정할 때도 사용된다.

나. 도로의 구성요소

도로는 차량 및 자전거와 보행자가 통과하는 데 필요한 공간과 이에 부속되어 있는 각종 시설에 의해 구성된다. 여기에는 차도 · 자전거도 · 보도 · 길어깨 · 분리대 · 노상시설대 · 배수시설 · 차음시설 · 조명시설, 가로수 등 다양한 시설이 포함된다. 이러한 요소에 의해 만들어지는 도로의 횡단면은 도로의 위치나 도로의 구성요소에 따라 다양하며, 대표적인 단면을 제시하면 다음과 같다.

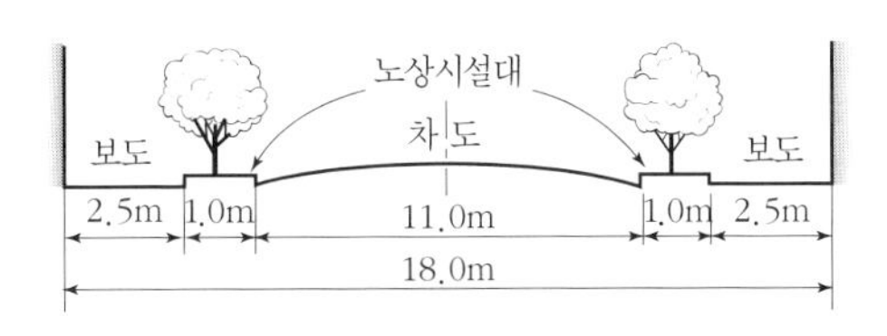

그림 Ⅳ-7. 도시지역의 도로 횡단면도

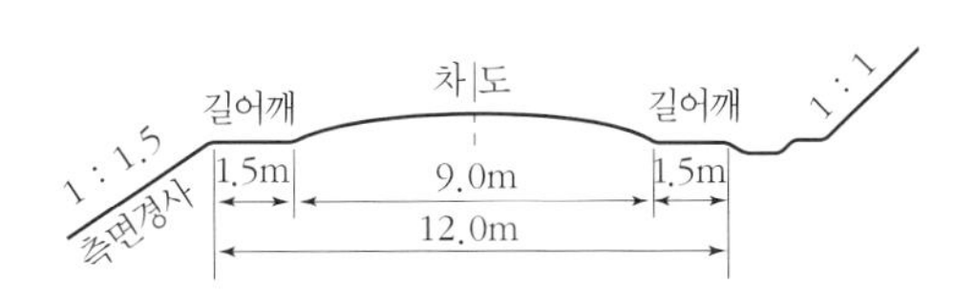

그림 Ⅳ-8. 지방도로의 횡단면도

(1) 차도 *vehicle way*

차도는 차량의 통행에 사용되는 부분으로 도로에 보도가 없을 때는 일반 통행인의 보행목적으로 이용될 수도 있다. 차도를 구성하는 차선에는 1종렬의 자동차를 안전하고 원활하게 통행시키기 위하여 설치되는 띠 모양의 부분으로서 직진차선, 회전차선, 변속차선, 오르막차선, 양보차선이 있다. 회전차선은 교차로 등에서 자동차를 우회전시키거나 좌회전시키기 위하여 직진하는 차선과 분리하여 설치되는 차선이고, 변속차선은 자동차를 가속시키거나 감속시키기 위하여 설치되는 차선이다. 또한 오르막차선은 상향경사의 도로에서 속도가 현저하게 저하되는 차량을 다음 차량과 분리하여 통행시키기 위한 차선이며, 양보차선은 오르막 경사진 도로에서와 같이 차도 내에 차량의 속도가 현격하게 차이가 있을 때 저속차의 통행을 위해 만들어지는 차선이다.

차선은 자동차가 각각 정해진 설계속도로 안전하게 통행할 수 있는 조건에서 최소폭을 정하고 있으며, 설계기준 차량의 폭에 좌우 안전폭 25~50cm를 적용하여 보통 1차선의 폭원은 3.0~3.75m를 기준으로 하고, 설계속도가 커짐에 따라 증가하게 된다. 우리나라에서는 도로의 설계속도에 따라 차선의 최소폭을 규정하고 있다. 설계속도를 기준으로 80km/hr 이상인 경우 3.5m, 60~80km/hr는 3.25m, 60km/hr 미만은 3.0m로 차선의 최소폭을 규정하고 있으며, 고속도로의 경우 지방 및 도시 지역에서는 3.5m 이상, 소형차도로는 3.25m 이상으로 규정하고 있다. 그러나 도시지역의 도로에 있어서 교통량이나 지형 등으로 인하여 부득이하다고 인정되는 경우에는 차선의 최소폭을 낮추어 적용할 수 있다.

(2) 보도 *pedestrian way*

차량의 통행과 분리하여 보행자가 안전하게 통행하기 위한 통로, 즉 보도의 설치가 필요하다. 그러나 너무 좁은 도로에 보도를 만들 경우 오히려 불편하므로 도로폭이 10m 이하인 도로에는 보도를 만들지 않는 것이 좋다.

우리나라에서는 시가지의 간선도로에 원칙적으로 보도를 설치하도록 되어 있다. 그 폭원은 도로의 종류나 노상시설, 보행량에 따라 달라지게 된다. 도로의 구조 · 시설 기준에 관한 규정에서는 도로의 종류별로 보도의 최소폭을 규정하고 있는데, 지방지역 도로는 1.5m, 도시지역 주간선도로 및 보조간선도로는 3.0m, 집산도로는 2.25m, 국지도로는 1.5m이다. 보도에 노상시설을 설치할 경우에는 0.5m, 가로수를 식재할 경우에는 1.5m를 가산하여야 한다.

보도의 폭은 보행자의 점유폭(0.75m)과 보행속도(4km/hr)를 고려하여 결정하는 것이 이론적으로 타당하지만, 일반적인 도시계획에 의한 가로에서는 차도폭과 일정한 비율로 보도를 설치하고 있으며, 대부분의 경우 보행자의 교통량에 대해서도 충분한 것 같다.

보도의 한쪽 폭원을 x, 차도 폭원을 B라 하면, 도로의 총폭원 W는 아래와 같다.

$$W = B + 2x \quad \text{(식 IV-1)}$$

보도의 한쪽 폭원과 도로의 총폭원과의 비율을 r이라고 하면,

$$x = rW \quad \text{(식 IV-2)}$$

위의 식들을 결합하면 다음 식을 구할 수 있다.

$$x = \frac{r}{1-2r} B \quad \text{(식 IV-3)}$$

이 때 r의 값은 1/5～1/8 정도가 적당하며, 보통 1/6 정도가 많이 사용된다.

(3) 길어깨 *shoulder*

길어깨는 도로의 주요 구조부의 보호, 고장차의 대피, 긴급구난시 비상도로로 활용, 사람의 대피, 도로표지 및 전봇대 등 노상시설의 설치, 지하매설물의 설치, 도로의 배수, 제설작업, 교통안전을 위하여 차도에 접속하여 차도의 우측에 설치한다. 도로교통법에서는 길어깨를 '갓길'이라고도 한다. 길어깨의 폭은 설계속도, 도로의 종류, 지역에 따라 달라지며, 일반도로의 길어깨 최소 폭과 일방통행도로 등 분리도로의 차도 왼쪽에 설치하는 길어깨의 최소폭은 〈표 IV-3〉과 같다.

〈표 Ⅳ-3〉 길어깨의 최소폭

도로의 구분			차도 오른쪽 길어깨의 최소폭(m)		
			지방지역	도시지역	소형차도로
고속도로			3.00	2.00	2.00
일반도로	설계속도 (km/hr)	80 이상	2.00	1.50	1.00
		60 이상 80 미만	1.50	1.00	0.75
		80 미만	1.00	0.75	0.75

도로의 구분			차도 왼쪽 길어깨의 최소폭(m)	
			지방지역 및 도시지역	소형차도로
고속도로			1.00	0.75
일반도로	설계속도 (km/hr)	80 이상	0.75	0.75
		80 미만	0.50	0.50

(4) 중앙분리대 *median*

운전의 안전성을 높이고 혼잡을 방지하기 위하여 교통차량을 종류별 또는 방향별로 분리하고 야간에 전조등의 불빛을 차광하며, 도로표지를 위해 설치한 띠 모양의 시설을 분리대라고 한다.

중앙분리대는 4차선 이상의 도로에 도로기능과 교통 상황에 따라 안전하고 원활한 교통을 확보하기 위하여 필요한 경우에 설치한다. 중앙분리대의 폭은 도로의 구분에 따라 고속도로 지방지역 3.0m, 도시지역 2.0m, 소형차도로 2.0m, 일반도로 지방지역 1.5m, 도시지역 1.0m, 소형차도로 1.0m 이상으로 해야 한다. 분리대는 폭이 넓을수록 효과적이지만 우리나라와 같이 도로 용지 취득이 어렵고 용지 보상비가 큰 경우에는 폭을 넓히기가 쉽지 않으므로 폭을 좁게 하고, 인공적으로 만든 콘크리트 방호벽이나 철재 가드레일을 주로 사용하고 있다.

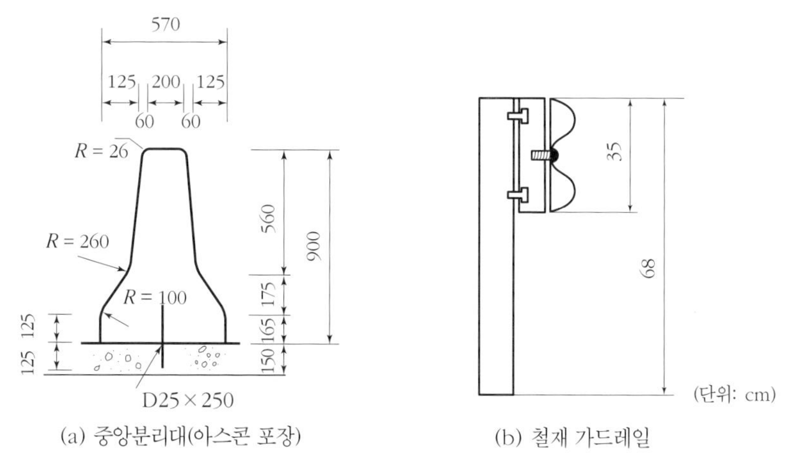

(a) 중앙분리대(아스콘 포장)

(b) 철재 가드레일

그림 Ⅳ-9. 중앙분리대

(5) 환경시설대

주거지역 등 정숙을 요하는 지역이나 공공시설 또는 생물서식지 등의 환경보전을 위하여 필요한 지역에는 도로 바깥쪽에 식수대, 둑, 방음벽 등의 환경시설대를 설치할 수 있다. 환경시설대의 폭은 10～20m를 기준으로 하며, 길어깨, 식수대, 측도, 방음벽, 보도 등이 포함된다.

고속도로의 경우 차도의 양 끝에서 폭 20m 정도의 환경시설대를 설치하지만, 인근에 유사기능을 수행하는 건축물이 있거나 도시지역에서 용지취득이 어려운 경우, 비용부담이 클 경우에는 그 폭을 10m 정도로 줄일 수 있다. 또한 하천, 철도 등의 지형지물로 인하여 환경시설대의 설치가 곤란한 경우에는 성토와 절토를 하여 필요한 폭을 적절히 확보하여야 한다.

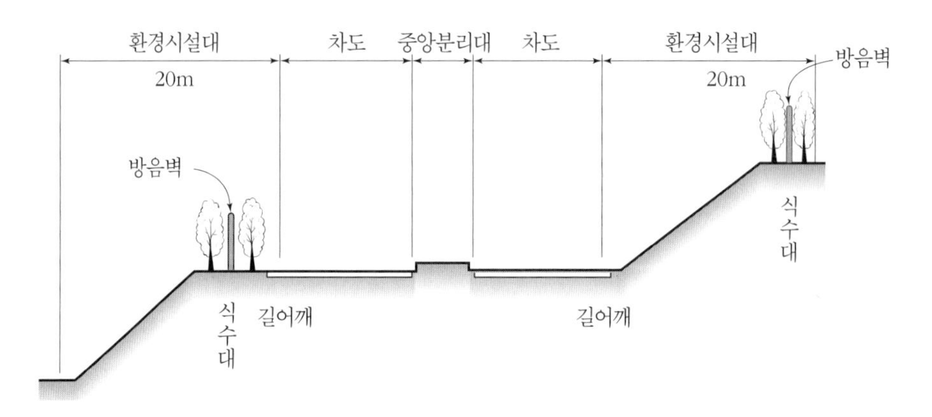

그림 Ⅳ-10. 환경시설대가 설치된 도로의 횡단면

도로변의 소음을 차단하기 위해서는 보다 적극적인 조치가 필요하다. 환경정책기본법에서는 도로변 지역의 소음환경기준을 용도지역에 따라 55～75dB로 규정하고 있다. 이와 같이 소음을 차단하기 위해 도로변의 일정구간을 성토 · 절토하여 지형을 조정하고 소음차단을 위한 방음벽을 사용하고 있으며, 이러한 시설이 복합되어 사용되는 추세이기도 하다. 일반적으로 도로와 인근지역이 평탄한 경우 높은 방음벽을 설치하거나(그림 Ⅳ-11(a)), 별도로 성토된 시설녹지를

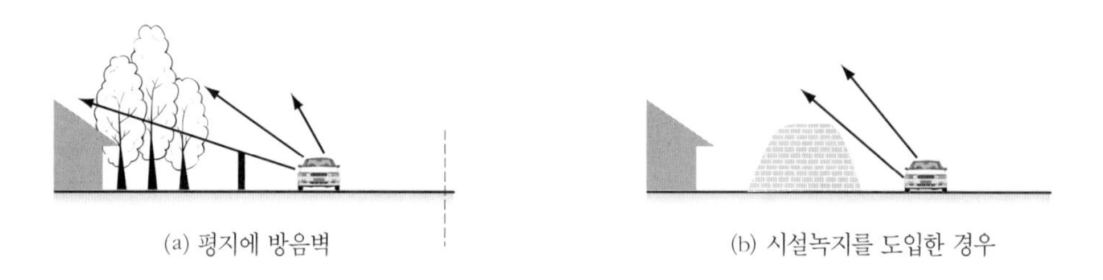

(a) 평지에 방음벽　　(b) 시설녹지를 도입한 경우

그림 Ⅳ-11. 소음차단시설

설치하게 된다(그림 Ⅳ-11(b)). 그러나 도로가 인근지역보다 높거나 낮은 경우에는 지형의 높이 차를 이용하여 소음을 차단할 수 있으며, 방음벽이 선택적으로 사용될 수 있다.

(6) 노상시설대 *street strip*

도로상의 여러 가지 공공시설, 즉 도로표지 · 가로등 · 전주 등은 교통의 장애가 되지 않는 곳에 설치하여야 하는데, 이러한 역할을 하는 띠 모양의 부분을 노상시설대라 하며, 보도 · 길어깨 · 분리대에 설치한다. 노상시설 설치를 위한 폭은 0.5m이면 충분하지만, 식수대와 겸용하려면 1.5m 정도가 되어야 한다.

(7) 건축한계

건축한계는 도로 위에서 자동차나 보행자의 교통안전을 보호하기 위하여 어느 일정한 폭과 일정한 높이의 범위 내에서 장애가 될 만한 시설물을 설치하지 못하게 하는 공간확보의 한계이다. 따라서 건축한계에는 교각이나 교대는 물론 조명시설, 방호책, 신호기, 도로표지, 가로수 전주 등의 시설을 설치할 수 없다.

우리나라에서는 자동차의 높이를 3.5m로 규정하고 있으므로 여기에 1m의 여유고를 두어 도로 위 4.5m(특별한 경우 4.0m) 이내에는 장애가 될 만한 시설물의 설치를 금지하고 있으며, 시공시 실제 확보해야 할 높이는 4.8m 이상으로 하는 것이 바람직하다. 또한 보도 위의 높이는 3.0m(특별한 경우 2.50m)로 정하고 있다. 도로폭원과 높이제한의 관계는 그림 Ⅳ-12에서 볼 수 있다.

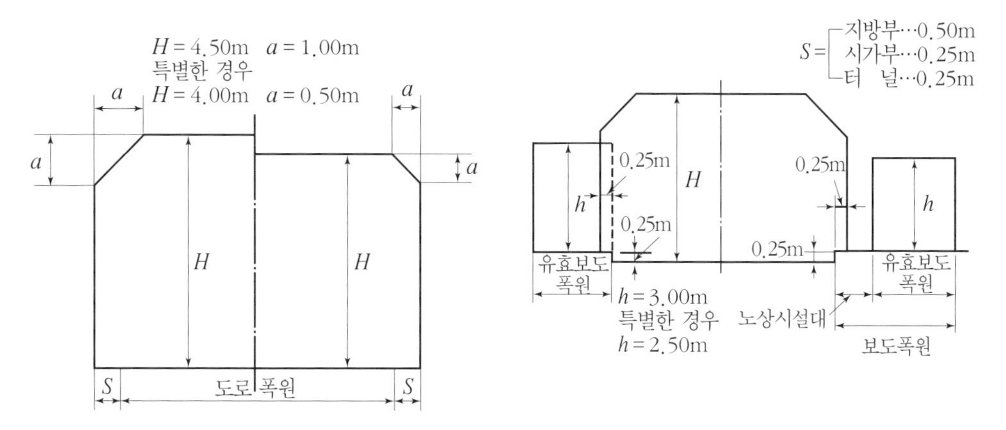

그림 Ⅳ-12. 도로폭원과 건축한계

다. 도로설계의 제요소

(1) 횡단경사橫斷傾斜

도로의 횡단면은 차량통행을 위해서 수평으로 하는 것이 좋으나, 노면 위의 빗물을 원활하게 배수시키기 위하여 횡단경사(횡단기울기)를 두어야 한다. 횡단경사는 도로의 직선부에서는 중앙에서 좌우로 향하여 내리막 경사를 사용하고, 그 경사의 크기는 중앙의 가장 높은 곳, 즉 노정路頂*crown*과 노단路端을 연결하는 선의 기울기를 % 또는 분수로 표시한다.

우리나라에서 편경사를 두어야 하는 곡선부를 제외한 직선부에서는 노면의 종류에 따라 횡단경사를 다르게 주고 있는데, 아스팔트 및 시멘트콘크리트 포장도로는 1.5~2.0%, 간이포장도로는 2.0~4.0%, 비포장도로는 3.0~6.0%를 기준으로 하고 있다. 또한 보도 또는 자전거도 등에는 특별한 경우를 제외하고는 2%의 횡단경사를 두어야 하며, 차도를 향하여 편경사로 하는 것이 보통이다. 그러나 직선 구간에서 차도의 횡단경사가 2.0% 이상이 되면 자동차의 핸들이 한 쪽으로 쏠리는 느낌이 들고, 결빙된 노면이나 습기 있는 노면에서는 옆으로 미끄러질 우려가 있으므로, 배수가 가능하다면 횡단경사를 적게 줄수록 차량통행에는 유리하다.

횡단경사의 종류에는 직선경사와 곡선경사, 그리고 두 경사가 조합된 경사가 있다. 또한 곡선경사에는 원호*circle*・포물선*parabola*・쌍곡선*hyperbola*・지수곡선*exponential curve* 등이 있는데, 이들 중 가장 많이 사용되는 것은 포물선 및 쌍곡선이다.

(2) 종단경사縱斷傾斜

종단경사(종단기울기)는 노면의 중심선에서 경사를 가지고 표시하며, 수평거리 l과 양단 높이의 차 h의 비로 나타낸다. 그림 IV-13에서 종단경사 i는 $i = h/l = \tan\theta$로 표시된다. 예를 들면 100m의 수평거리에 2m의 높이 차가 있으면 2/100 또는 2%의 종단경사라 한다.

자동차가 주행하는 데는 평지가 가장 경제적이며, 어느 정도의 종단경사를 허용하는가 하는 문제는 경제적인 측면과 자동차의 성능을 감안하여 자동차의 소통과 교통 안전에 크게 영향을 미치지 않는 범위 내에서 결정되어야 한다.

자동차의 특성에 따라 오르막 특성이 달라지게 되는데, 대부분의 승용차는 4~5%의 종단경사에서도 평지와 거의 비슷한 속도로 주행할 수 있으며, 3%에서는 거의 영향을 받지 않는다. 그러나 트럭의 경우 경사지에서 종단경사에 의해 크게 영향을 받게 되는데, 그 이유는 트럭의 중량당 마력비가 낮고, 잉여마력이 작기 때문이다.

우리나라의 표준 최대 종단경사는 승용차가 오르막 구간을 평균 주행속도로 주행할 수 있고 중량당 마력비가 7.5PS/톤인 표준 트럭이 설계속도의 절반 정도로 주행할 수 있도록 정하고 있다. 다만, 지형 상황, 주변 지장물 및 경제성을 고려하여 필요하다고 인정되는 경우에는 다음 표의 비율에 1%를 더한 값 이하로 할 수 있다. 단, 부득이한 경우의 최대종단경사를 적용할 경우 종단경사의 길이를 제한하여야 한다. 종단경사의 길이를 제한하는 이유는 종단경사 구간에서 저속 자동차와 다른 자동차들의 주행속도의 차이가 커질 경우, 지체가 발생하고 교통사고가 발생할 가능성이 높아지기 때문이다.

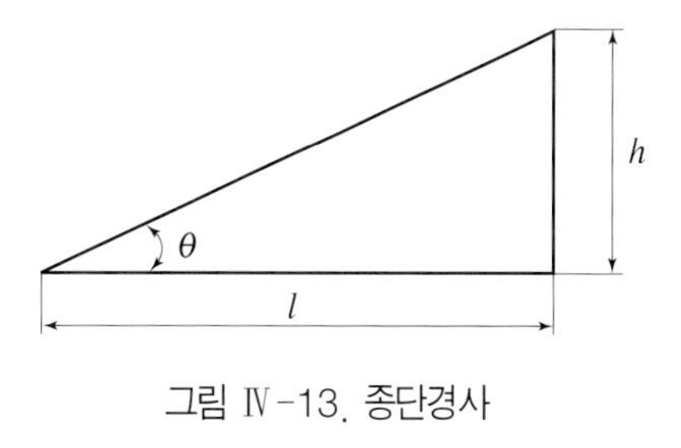

그림 Ⅳ-13. 종단경사

〈표 Ⅳ-4〉 소형차도로의 최대종단경사 (단위: %)

설계속도 (km/hr)	최대종단경사							
	고속도로		간선도로		집산도로 및 연결로		국지도로	
	평지	산지등	평지	산지등	평지	산지등	평지	산지등
120	4	5						
110	4	6						
100	4	6	4	7				
90	6	7	6	7				
80	6	7	6	8	8	10		
70			7	8	9	11		
60			7	9	9	11	9	14
50			7	9	9	11	9	15
40			8	10	9	12	9	16
30					9	13	10	17
20							10	17

(3) **평면선형** *horizontal alignment*

선형이라고 하면 일반적으로 평면선형을 말하며, 평면도상에 나타낸 도로 중심선의 형상을 의미한다. 평면선형의 설계에 사용되는 요소에는 직선, 원곡선, 완화곡선이 있다. 이 중에서 문제가 되는 것은 물론 곡선부이며, 이 부분에서도 직선부와 같은 속도와 안전도를 가지고 주행할 수 있도록 하는 것이 도로설계의 주요 관심사이다.

1) 곡선의 종류

도로의 곡선부의 평면곡선으로는 보통 원곡선圓曲線*circle*을 사용한다. 그 밖의 직선부와 곡선부 또는 반경이 다른 2개의 원곡선 사이를 연결하는 완화곡선緩和曲線으로 특수한 곡선(주로 클로소이드)을 쓸 때도 있다. 원곡선으로는 다음과 같은 것들이 있다.

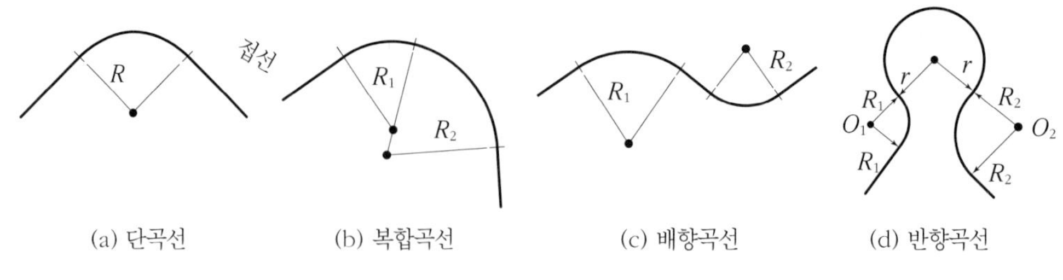

그림 Ⅳ-14. 원곡선의 종류

① 단곡선*simple curve*

1개의 원곡선을 중간에 두고 양쪽 끝에 직선으로 연결한 곡선으로 주로 반경에 의해 표시된다.

② 복합곡선*compound curve*

같은 방향으로 굽은 2개의 원곡선을 접속한 것으로 주행이 부자연스러우므로 지형이 험하거나 불가피하게 설계속도가 낮은 경우에 적용하도록 한다. 또한 주행을 원활하게 하기 위하여 곡선의 길이가 너무 짧지 않도록 하고 두 곡선 간의 곡선 반경비는 1.5:1을 넘지 않도록 한다.

③ 배향곡선*reverse curve*

그림 Ⅳ-14(c)와 같이 반대방향으로 굽은 두 원호가 직접 접속하고 있는 것을 배향곡선이라 한다. 이 곡선은 복합곡선보다도 좋지 못하며, 부득이 이런 S형의 굴곡부를 써야 할 경우에는 양곡선 사이 각각의 완화구간을 더한 것보다 더 긴, 최소 30m(100ft) 이상 되는 직선부분을 설치하여야 한다.

④ 반향곡선*hair-pin curve*

그림 Ⅳ-14(d)와 같은 모양을 한 곡선을 반향곡선이라 한다. 산지의 도로에서 경사를 완화시킬 때는 이러한 곡선을 쓰지 않을 수 없다.

2) 평면곡선의 반지름

도로의 곡선부분은 자동차가 직선부분과 같이 안전하게 주행할 수 있는 곡선반경이 필요하다. 자동차가 곡선부분을 주행할 때는 원심력에 의하여 곡선부분의 바깥쪽으로 미끄러지거나 전도될 수 있다. 최소곡선반경은 곡선을 소정의 설계속도로 주행하는 자동차에 가해지는 원심력에 의해서 생기는 횡력이 타이어와 노면의 마찰력으로 지지되는 한도를 넘지 않도록 하는 범위 내에서 결정되어야 한다. 원심력 F는 다음 식을 통하여 구할 수 있다.

$$F = \frac{W}{g} \cdot (V/3.6)^2 \fallingdotseq \frac{WV^2}{127R} \quad \text{(식 Ⅳ-4)}$$

단, F : 원심력(kg · m/sec²)

W : 차량의 중량(kg)

V : 차량의 속도(km/hr)
R : 곡선반경(m)
g : 중력의 가속도($9.8m/sec^2$)

그림 IV-15에서 차량이 횡활동을 하지 않도록 하기 위해서는 다음 식이 성립되어야 한다.

$$F\cos\alpha - W\sin\alpha \le f(F\sin\alpha + W\cos\alpha) \quad \cdots\cdots \text{(식 IV-5)}$$

단, f : 노면과 타이어의 횡활동 미끄럼 마찰계수
α : 편경사가 수평과 이루는 경사각(°)

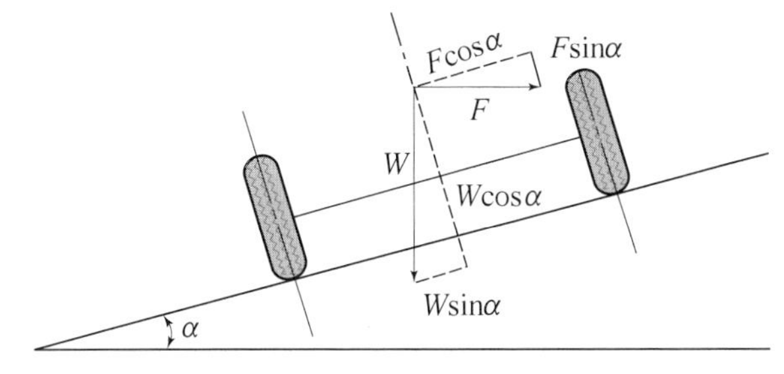

그림 IV-15. 곡선부 주행시에 작용하는 힘

이 식을 정리하여 앞에서 구한 원심력 F의 값 및 $\tan\alpha = i$ 를 넣어 대입하면 $R \ge \frac{V^2}{127} \times \frac{1-f\cdot i}{i+f}$ 이다. 또 $f\cdot i$의 값은 1에 비하여 작으므로 무시하면 아래와 같다.

$$R \ge \frac{V^2}{127(i+f)} \quad \cdots\cdots \text{(식 IV-6)}$$

위의 식에서 f와 i의 값은 도로의 곡선부 주행시에 자동차 주행의 안전성과 쾌적성에 직접 관계되는 것으로서, 최소 곡선반경의 값을 결정하는 중요한 요소이다.

횡활동 미끄럼 마찰계수 f는 주행의 쾌적성과 안전성을 고려하여 결정해야 하는데, 쾌적성을 고려한 횡활동 미끄럼 마찰계수는 50km/hr 이하에서는 f = 0.16, 120km/hr에서는 f = 0.12가 한계이며, 차량속도가 높아지면 f의 값을 보다 작게 취하는 것이 바람직하다. 또한 안전성을 고려한 횡활동 미끄럼 마찰계수는 노면의 종류에 따라 달라지며, 콘크리트 포장은 0.4～0.6, 아스팔트 포장은 0.4～0.8이다. 또한 노면이 얼어 있거나 눈에 덮여 있는 경우 0.2～0.3으로 감소한다. 따라서 쾌적성과 안전성을 고려한 f값 중에서 작은 값을 취하여 설계에 적용되는 횡활동 미끄럼 마찰계수는 0.16(40km/hr 이하), 0.15(50km/hr), 0.14(60km/hr), 0.13(70km/hr), 0.12(80km/hr), 0.11(100km/hr), 0.10(120km/hr)을 적용한다.

도로의 구조·시설 기준에 관한 규칙에서는 설계속도 및 편경사에 따른 평면곡선의 반지름을 〈표 IV-5〉에서와 같이 규정하고 있다.

〈표 Ⅳ-5〉 최소 평면곡선 반지름

(단위: m)

설계속도 (km/hr)	최소 평면곡선 반지름 적용 최대 편경사		
	6%	7%	8%
120	710	670	630
110	600	560	530
100	460	440	420
90	380	360	340
80	280	265	250
70	200	190	180
60	140	135	130
50	90	85	80
40	60	55	50
30	30	30	30
20	15	15	15

3) 평면곡선의 최소길이

자동차가 도로의 곡선부를 주행하는 경우, 곡선부의 길이가 짧으면 핸들 조작을 빨리 하지 않으면 안 되기 때문에 원심가속도가 급변하여 주행의 쾌적도가 나빠지며, 특히 고속인 경우에는 사고의 위험이 높다. 또한 도로 교각이 매우 작은 경우, 운전자에게는 원곡선의 길이가 실제보다 짧게 보이고, 도로가 절곡되어 있는 것처럼 보이므로 속도가 저하된다. 이러한 문제를 해결하기 위하여 최소 원곡선의 길이를 규정하게 되는데, 그 전제조건은 첫째, 운전자가 핸들 조작에 곤란을 느끼지 않도록 해야 하며, 둘째, 도로 교각이 작은 경우 원곡선 반경이 실제보다 작게 보이는 착각을 막을 수 있는 길이로 하여야 한다.

도로의 구조 · 시설기준에 관한 규정에서는 설계속도와 도로의 교각을 기준으로 하여 설계속도가 증가하고 교각이 감소함에 따라 최소곡선장이 증가하도록 제시하고 있다.

〈표 Ⅳ-6〉 평면곡선의 최소길이

(단위: m)

설계속도 (km/hr)	곡선의 최소길이	
	도로의 교각이 5° 미만인 경우	도로의 교각이 5° 이상인 경우
120	$700/\theta$	140
100	$550/\theta$	110
80	$450/\theta$	90
70	$400/\theta$	80
60	$350/\theta$	70
50	$300/\theta$	60
40	$250/\theta$	50
30	$200/\theta$	40
20	$150/\theta$	30

(4) 종단선형 *vertical alignment*

1) 종단선형의 설치

수직노선의 경사를 결정하기 위해서는 제일 먼저 지형을 고려하여야 하지만 동시에 자동차의 설계속도, 도로의 교통용량 등에 대해서도 고려하여야 한다. 즉, 종단경사를 어떻게 취하는가에 따라 자동차의 성능에 따른 주행속도는 크게 달라지게 된다. 또한 평면선형과의 조화도 고려하여 시각적으로 연속적이면서 원활한 선형이 되도록 설계하여야 한다.

종단경사의 변화에 따라 여러 가지 종류의 단면들이 만들어지게 되며, 그림 Ⅳ-16에서와 같은 6가지로 구분할 수 있으나, 기본적으로는 교차점이 높은 경우 凸 형태를 가지며, 교차점이 낮은 경우에는 凹 형태를 가지게 된다.

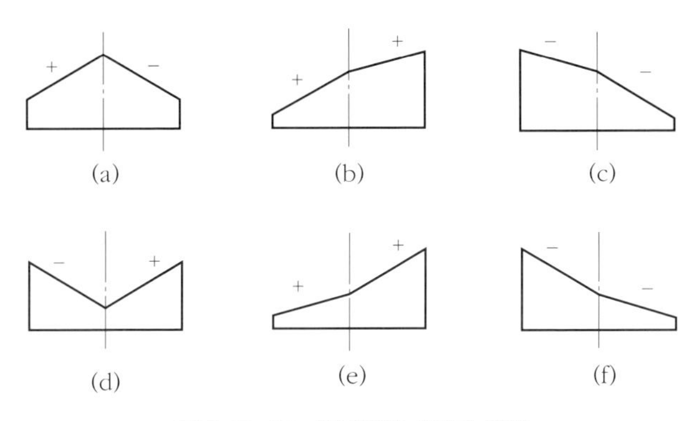

그림 Ⅳ-16. 종단면의 기울기 변화

수직노선을 설정할 때 종단경사에 대한 고려가 없는 경우, 일반적인 자동차는 경사도의 차이가 9% 이상이면 지면에 끌리거나 자동차가 걸려 있는 상태가 된다(그림 Ⅳ-17).

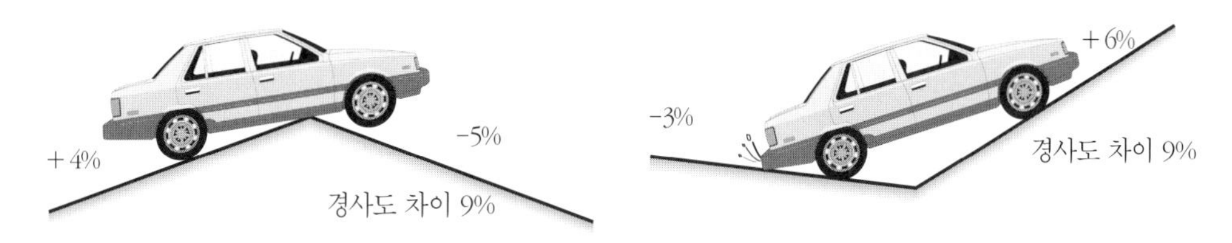

그림 Ⅳ-17. 경사도 변환의 영향

이 밖에 종단경사가 변하는 곳에서는 사고의 위험 및 차량성능의 저하뿐만 아니라 차량의 충격으로 인하여 승차감이 나빠지고 차량 및 노면에 손상을 주게 되며, 시거가 짧아진다. 이러한 문제를 예방하기 위하여 종단선형을 설계할 때 주의해야 할 사항은 다음과 같다.

① 종단선형은 지형에 적합하여야 하며, 짧은 구간에서 오르내림이 많지 않도록 한다.
② 중간이 움푹 패여 잘 보이지 않는 선형을 피해야 한다.
③ 같은 방향으로 굴곡하는 두 종단곡선 사이에 짧은 직선구간을 두지 않도록 한다.
④ 길이가 긴 경사 구간에는 상향 경사가 끝나는 정상 부근에 완만한 기울기의 구간을 둔다.
⑤ 노면의 배수를 고려하여 최소종단경사를 0.3~0.5% 주도록 한다.
⑥ 평면선형과 조합하여 입체선형이 양호한 종단선형이 되도록 한다.
⑦ 교량이 있는 곳 전방에는 종단경사를 주지 않도록 한다.

2) 종단곡선의 변화비율과 최소길이

종단곡선의 변화비율은 자동차에 미치는 충격을 완화하고, 정지시거를 확보할 수 있도록 하기 위해 종단경사가 1% 변하는 데 확보해야 할 수평거리로서 설계속도와 종단곡선의 형태에 따라 구해진 표 〈IV-7〉에 제시된 값을 적용하게 된다. 그러나 인접하는 두 종단경사의 차이가 작은 경우, 최소 종단곡선 변화비율을 적용하여 길이를 구해보면, 종단곡선의 길이가 너무 짧게 되므로, 이 경우에는 설계속도로 3초간 주행하는 거리를 기준으로 산출된 종단곡선의 최소길이를 적용한다.

〈표 IV-7〉 종단곡선 최소 변화비율과 최소길이

설계속도(km/hr)		120	100	80	70	60	50	40	30	20
변화비율 (m/%)	볼록곡선	120	60	30	25	15	8	4	3	1
	오목곡선	55	35	25	20	15	10	6	4	2
최소길이(m)		100	85	70	60	50	40	35	25	20

(5) 편경사片傾斜*superelevation*

편경사는 곡선부에서 발생하는 원심력*centrifugal force*으로 인하여 미끄러지거나 전도되는 것을 방지하기 위하여 도로의 중심을 향하여 경사를 주는 것이다. 편경사의 양은 차량의 속도 및 곡선부의 반경과 도로표면의 종류에 따라 달라지게 된다.

일반적으로 편경사는 PC(point of curvature or beginning of curve)에서 시작하여 PT(point of tangency or end of curve)까지 곡선부의 길이에 걸쳐 두지만, 곡선부 이전과 이후에도 점진적인 변화구간을 두어 차량이 원활하게 곡선부를 통행할 수 있도록 해야 한다. 이와 같이 완전한 편경사를 얻기 위하여 요구되는 변화길이를 유출거리*run off distance*라 하며, 유출거리는 곡선시점이나 곡선종점 전후에 곡선부와 같은 길이를 준다. 그림 IV-18과 같이 곡선부의 이전과 이후에 점진적인 변화를 주고 원곡선의 시점 *D*에 와서 필요한 편경사를 갖도록 해야 한다. 유출거리 내의 각 횡단면은 그림 IV-18과 같다.

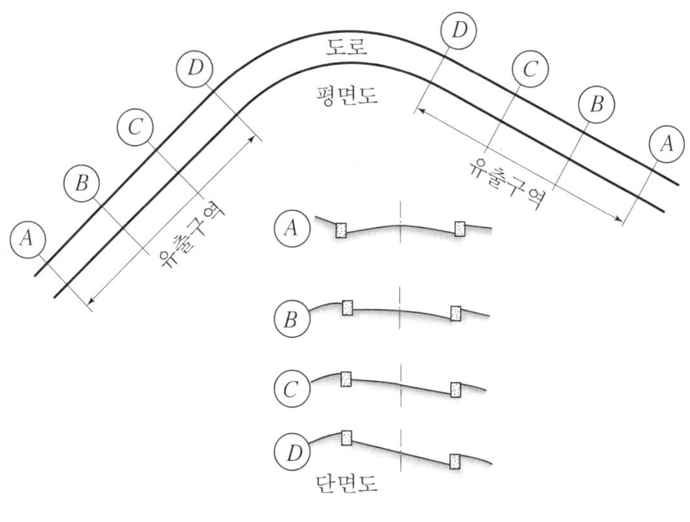

그림 Ⅳ-18. 편경사

곡선반경이 R인 곡선부에서 차량이 미끄러지지 않도록 하려면 식 VI-7에서 곡선반경과 횡활동 미끄럼마찰계수를 고려하여 구한 다음과 같은 편경사를 사용하면 된다.

$$i = \frac{V^2}{127R} - f \quad \text{(식 IV-7)}$$

단, i : 편경사

f : 횡활동 미끄럼마찰계수

V : 설계속도(KPH)(km/hr)

R : 곡선반경(m)

종전에는 이 식으로 편경사를 정했지만, 이렇게 구해진 편경사는 횡활동은 하지 않으나 승차한 사람은 상당한 원심력을 받고 승차감이 좋지 못하다. 그래서 승차감을 개선하기 위하여 원심력과 자중의 합력이 노면에 수직이 되도록 하는 편경사를 사용하고 있다. 이때 원심력은 차량의 속도에 따라 다르며, 모든 속도의 차량에 대해서 앞서 말한 조건을 만족할 수는 없으므로 가장 빈도가 높은 속도에 대해서 자중과 원심력의 합력이 노면에 수직이 되도록 하면 된다. 그림 IV-15에서 자중 W와 원심력 F와의 합력이 노면에 수직이 되기 위해서는 다음 식을 만족하여야 한다.

$\tan\alpha = F/W$ 그런데 $\tan\alpha = i$

$F = WV_m^2/127R$

$$\therefore\ i = V_m^2/127R \quad \text{(식 IV-8)}$$

단, V_m : 가장 빈도가 높은 속도(km/hr)

우리나라에서는 도로의 구분, 도로가 위치하는 지역의 적설량, 설계속도, 곡선반경, 지형상황을 고려하여 편경사를 결정하며, 지방지역은 적설한랭지역 6%, 기타지역 8%, 도시지역은 6%를 기준으로 한다. 단, 곡선반경의 길이에 비추어 볼 때 편경사가 필요 없다고 인정되거나 설계속도가 60km/hr 미만인 도시지역의 도로는 지형상황으로 인하여 부득이한 경우에 편경사를 붙이지 않을 수 있다.

(6) 곡선부의 차도확폭

자동차가 곡선부를 통과할 때 뒷바퀴는 앞바퀴보다 내측을 지나게 되므로 자동차가 다른 차선을 침범하지 않고 회전하도록 하려면 곡선부의 차선폭을 직선부의 차선폭보다 넓게 취해야 한다. 차선의 확폭은 다른 차선을 침범하지 않도록 하기 위하여 각 차선마다 확폭해야 한다. 확폭량은 자동차 앞면의 중심점이 항상 차선의 중심선상에서 주행하는 것으로 가정하여 자동차의 양쪽에 직선부와 똑같은 여유폭이 있도록 정한다.

도로의 구조·시설기준에 관한 규정에서는 앞바퀴와 뒷바퀴의 궤적 차이가 20cm 미만인 경우, 차선의 여유폭이 이를 감당할 수 있는 것으로 가정하여 그 이상에서만 확폭을 하는 것으로 정하고 있으며, 평면곡선의 확폭은 소형자동차, 대형자동차, 세미트레일러 등 차량의 종류와 평면곡선의 반지름에 따라 달라지게 되는데, 소형자동차의 경우 평면곡선 반지름 45m 이상~55m 미만일 때 0.25m, 25m 이상~45m 미만일 때 0.5m, 15m 이상~25m 미만일 때 0.75m 이상을 확보하도록 규정하고 있다.

(7) 완화구간 및 완화곡선

자동차가 직선부에서 곡선부로 들어갈 때, 또는 그 반대로 곡선부에서 직선부로 나올 때, 곡선반경은 무한대에서 유한으로, 또는 그 반대로 변하게 되어 핸들조작이 어렵고 쾌적성이 저하되므로 이를 완화하기 위하여 차량이 점진적으로 부드러운 주행이 가능하도록 편경사 접속설치

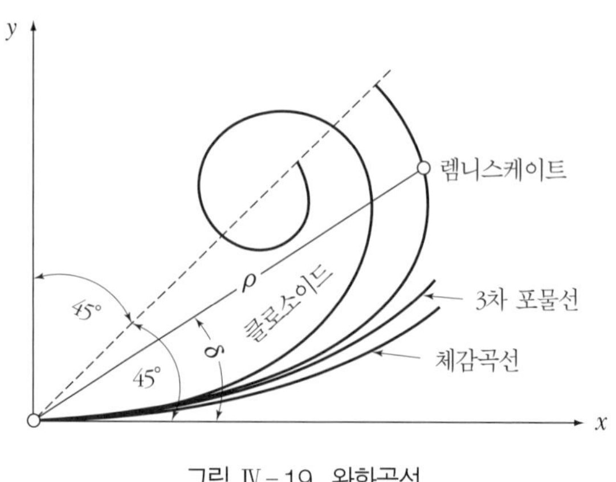

그림 Ⅳ-19. 완화곡선

구간, 직선부와 곡선부 사이, 곡선반경이 다른 곡선 사이에 완화구간을 설치한다.

완화구간에는 완화곡선을 설치하는데, 이에는 클로소이드*clothoid*, 렘니스케이트*lemniscate*, 3차 포물선*parabola*이 쓰이나, 자동차의 곡선부 주행과 운동궤적으로 보아 클로소이드가 가장 적합한 곡선이다. 클로소이드는 곡선장에 반비례하여 곡률반경이 감소하는 성질을 가진 곡선이므로, 자동차가 일정한 속도로 달리고 그 앞바퀴의 회전각속도가 일정할 때 이 차가 그리는 궤적은 클로소이드가 된다.

완화구간장이 너무 짧으면 편경사 및 확폭의 변화가 급하게 되어 승차 기분을 해칠 뿐 아니라, 원심가속도가 급격히 커진다. 따라서 직선부에서 원곡선으로 들어갈 때까지의 원심가속도의 변화율을 최대한 일정한 값으로 억제하기 위해서는 그에 따른 상당한 길이의 완화구간이 필요하다. 우리나라에서는 자동차 전용도로의 전구간 및 일반도로 중 설계속도가 60km/hr 이상인 도로의 곡선부에 완화곡선을 설치하고, 일반도로 중 설계속도가 60km/hr 미만인 도로의 곡선부에는 완화구간을 설치하여 곡선부에 편경사를 설치하거나 확폭을 하도록 하고 있다.

〈표 Ⅳ-8〉 완화곡선(완화구간)의 최소길이

설계속도(km/hr)	120	100	80	70	60	50	40	30	20
최소길이(m)	70	60	50	40	35	30	25	20	15
구 분	완 화 곡 선					완 화 구 간			

완화곡선을 직선과 원곡선 사이에 넣으면 원곡선의 위치가 이동하는데, 이 이동한 거리를 이정량*shift*이라 한다. 이 이정량 *S*가 20cm 이상이 될 때만 완화곡선을 넣고 *S*가 20cm 이하이면 완화곡선을 설치할 필요가 없다. 클로소이드 완화곡선의 이정량은 보통 수표화한 것을 사용한다.

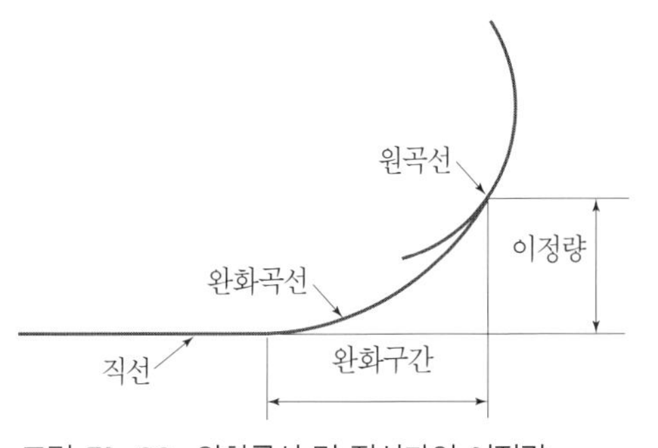

그림 Ⅳ-20. 완화곡선 및 직선과의 이정량

(8) 교차 *intersection*

도로와 도로가 만나거나 도로와 보행로가 교차하는 경우에 교통의 흐름과 성격의 차이로 인하여 마찰이 일어나게 되며, 차량과 보행의 흐름을 원활하고 안전하게 유지하기 위해서는 적절한 교차방법이 강구되어야 한다.

교차의 방법은 도로와 도로의 교차, 도로와 보행로의 교차로 나누어지며, 교차방식에 따라 평면교차와 입체교차로 구분할 수 있다. 교통의 상충으로 인한 문제를 제거하고 교통능률을 저하시키지 않기 위해서는 모든 교차를 입체교차로 하는 것이 바람직하지만, 경제성과 지형조건을 고려하여 적절한 교차방법을 사용하여야 한다.

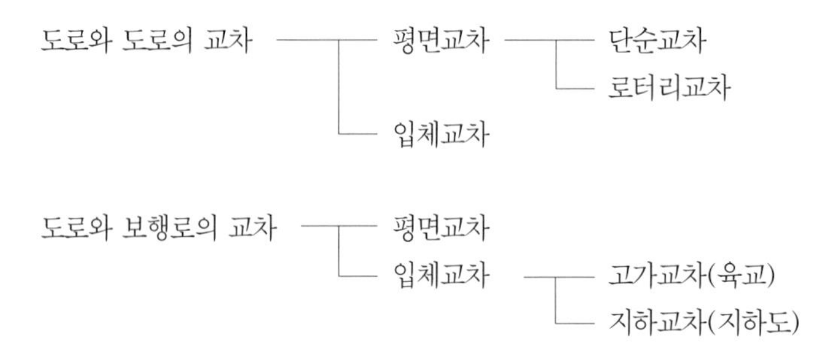

1) 평면교차

도로의 평면교차 중 많은 도로들이 교차하는 것을 제외한 도로 상호간의 교차는, 교차하는 도로 중심선의 방향에 의하여 T형 교차로 · Y형 교차로 · 4지 교차로 · 5지 이상 교차로 · 로터리형 교차로 등으로 분류된다.

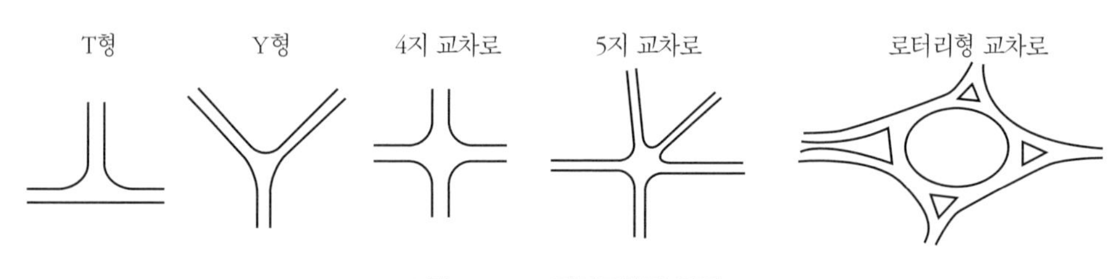

그림 Ⅳ-21. 평면교차의 종류

교차의 설계에서 차량의 회전과 교차를 원활하게 하기 위해서는 교차도로에서 접근하는 다른 차량에 대하여 명확한 시계를 확보할 수 있어야 하며, 동시에 안전하고 효율적인 차량의 진입과 회전이 가능해야 한다. 이와 같은 곳에서의 시거는 두 접근로 때문에 생기는 삼각형 내의 장애물에 의해 제한을 받게 되므로, 교차도로에서 접근하는 다른 차량에 대하여 명확한 시계를 확보해야만 한다. 이러한 시거의 기준은 그림 Ⅳ-22와 같으며, 이 밖에 교차로에서의 주요 설계 기준은 그림 Ⅳ-23과 같다.

평면교차의 로터리교차는 정지할 필요가 없으므로 교통능률이 좋고, 또 중앙도의 둘레를 교통의 흐름이 일정한 방향으로 흐르고 있으므로 사고도 적다. 그러나 로터리를 만들기 위해서는 넓은 공간이 필요하고, 현대와 같이 많은 차량이 교차하는 곳에서는 차량통행의 비효율성이 높아 점차적으로 사라지고 있다. 로터리에 설치되는 중앙섬은 원형인 것이 가장 많고, 직경은 20 ~120m 정도이나, 30~40m 정도의 것이 가장 많이 사용된다.

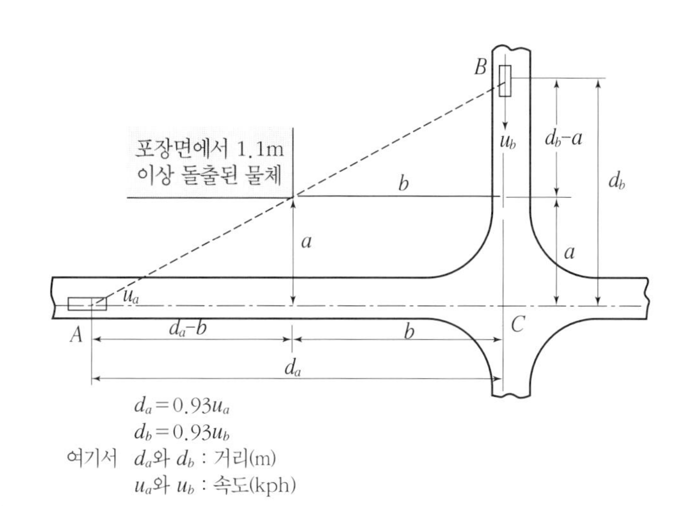

$d_a = 0.93u_a$

$d_b = 0.93u_b$

여기서 d_a와 d_b : 거리(m)

u_a와 u_b : 속도(kph)

그림 Ⅳ-22. 교차로에서의 시거

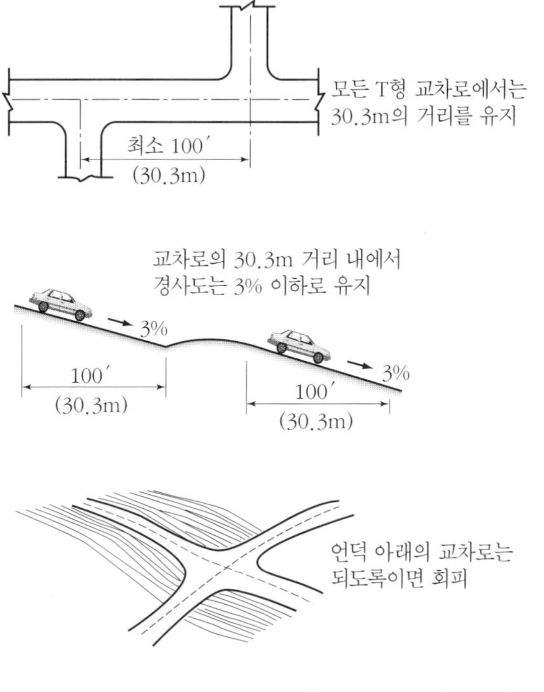

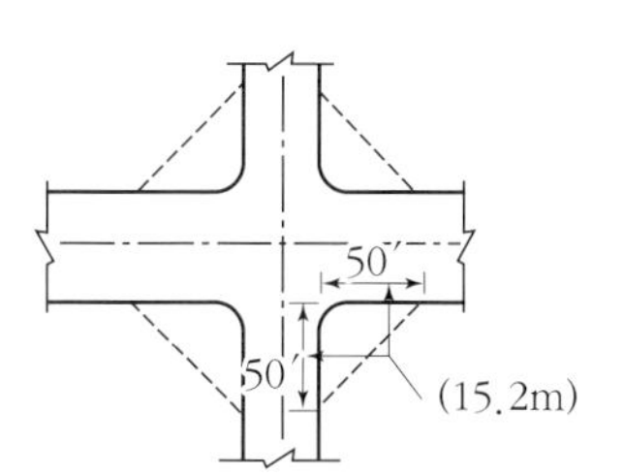

+자형 교차로에서 15.2m가 되는 삼각형 지역은 시각에 방해물이 없어야 한다.

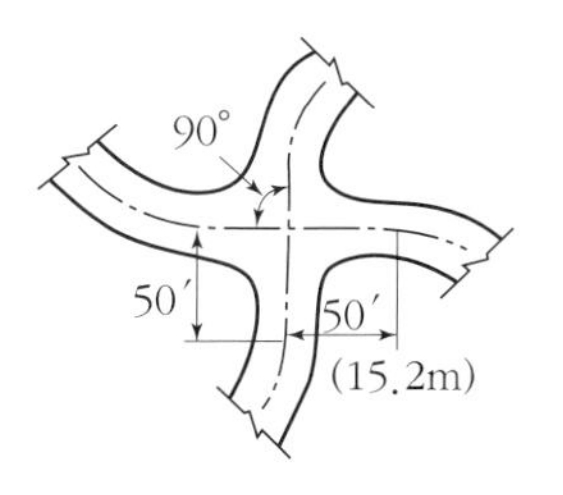

교차로에 접근하는 도로는 15.2m 이내에서는 90°를 유지

그림 Ⅳ-23. 교차로 주변의 시거

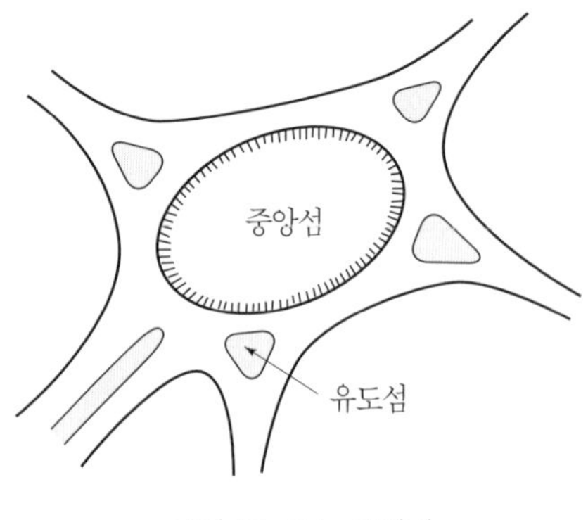

그림 Ⅳ-24. 로터리

2) 입체교차

평면교차에서는 아무리 좋은 방법과 형식을 취해도 교통상충이 불가피하고, 교통량이 많으면 자동차는 부득이 속도를 늦추거나 일시 정지하지 않을 수 없다. 또 교차부분에서는 복잡한 교통흐름이 합류하거나 분리되므로 이것이 사고를 일으키는 원인이 된다. 이러한 문제는 입체교차방식을 취함으로써 해결할 수 있다. 입체교차에서는 차량의 속도가 그대로 유지되고, 교통시간이 절약되며, 교통사고도 없앨 수 있으나, 입체교차로를 만들려면 넓은 용지가 필요하고, 구조물의 건설 및 유지에 필요한 경비가 많이 든다. 그러므로 입체교차는 교통량이 많은 주요 간선도로나 고속도로에 한해서 사용하고 있는 실정이다.

3) 인터체인지

고속도로가 다른 고속도로 또는 주요 간선도로와 입체교차를 할 때는 연결을 위해 램프 웨이 *ramp way*를 설치한 인터체인지를 만든다. 인터체인지는 회전램프의 패턴에 따라서 다이아몬드형*diamond*, 클로버잎형*clover leaf*, 직결형*directional*으로 구분된다. 인터체인지의 형태는 교통류의 진행방향, 교통통제 및 운영방법과 같은 교통상의 필요성과 지형, 인접지역의 토지이용 및 도로 부지조건과 같은 물리적 제약조건을 고려하여 설계한다.

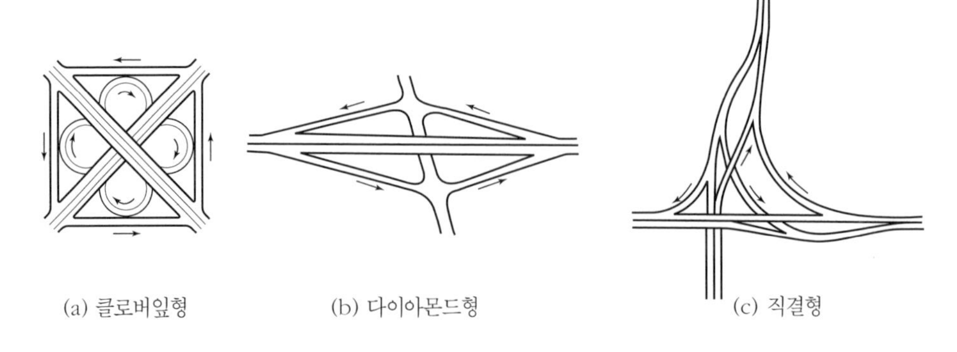

그림 Ⅳ-25. 인터체인지의 일반적인 형태

3. 도로선형의 설계

조경가는 주거 · 공업단지와 공원에 저속의 도로를 설계하는 데 관심을 가지게 된다. 그러므로 도로설계가와 같이 교통공학이나 교통관리 등에 대한 지식보다는 실제적인 도로선형을 결정하기 위한 실용적인 지식으로서 도로설계의 기본이 되는 도로선형, 즉 수평선형과 종단선형의 설계에 대하여 우선적으로 관심을 가져야 한다.

도로선형은 한 번 결정되면 변경이 불가능하며, 도로의 골격을 형성하고 단지의 개괄적인 형태를 결정하는 중요한 요소이다. 따라서 선형설계는 자동차의 주행역학적인 측면에서 안전하고 쾌적하게 해야 하며, 지형 및 주위경관과의 조화를 이루도록 해야 한다. 아울러 단지의 공간구조 및 교통서비스의 특성을 반영하도록 해야 한다.

가. 평면노선 설정

(1) 평면노선의 설계

평면노선의 설정은 평면상에 도로를 설치하는 것으로, 노선설정은 설계속도에 의하여 조절되며, 배치는 원곡선의 일부분인 원호*arc*와 직선구간*tangents*으로 구성된다. 설계초기단계에서는 평면노선을 선정하기 위하여 지형도에 개략적으로 원하는 방향의 직선으로 된 도로선을 그린 후, 접선과 접선이 교차하는 곳에 단곡선을 삽입하도록 한다. 이와 같이 도로의 평면선형은 지형과 주변여건을 고려하여 기본적으로 직선과 곡선의 조합으로 구성되지만, 지형기복이 심한 곳에서는 연속적인 곡선에 의해 평면노선이 만들어지는 경우도 있다.

시행착오를 거쳐서 도로의 평면선형에 대한 구성방식이 결정되면 곡선부의 구체적인 제원을 결정하고 도로상의 각 측점의 위치를 결정하게 된다. 곡선부의 제원을 결정하기 위해서는, 먼저 설계속도와 도로의 종류에 따른 최소 원곡선의 반경보다 큰 곡선반경(R)을 사용하며, 또한 곡선에 접하는 2개 접선의 교점(D)과 교각(I)을 결정한다. 이를 토대로 하여 접선장(*T.L.*)과 곡선장(*C.L.*), 외할 등을 계산하여 곡선시점(*B.C.*), 곡선종점(*E.C.*), 곡선중점(*S.P.*)의 위치를 결정한다. 곡선부의 시 · 종점이 결정되면 노선의 시점으로부터 계속해서 곡선부에 측점을 설치하고, 이에 따라 시단현과 종단현을 결정하며, 시단현 · 종단현 · 측점기본거리에 대한 편각을 계산함으로써 곡선부의 제원을 산출하는 과정이 끝나게 된다. 마지막으로, 지형도에 축척에 맞게 도로를 그리고, 각 측점과 곡선부의 제원을 기록하며, 도로의 설치에 따른 지형도의 등고선 변경작업을 시행한다.

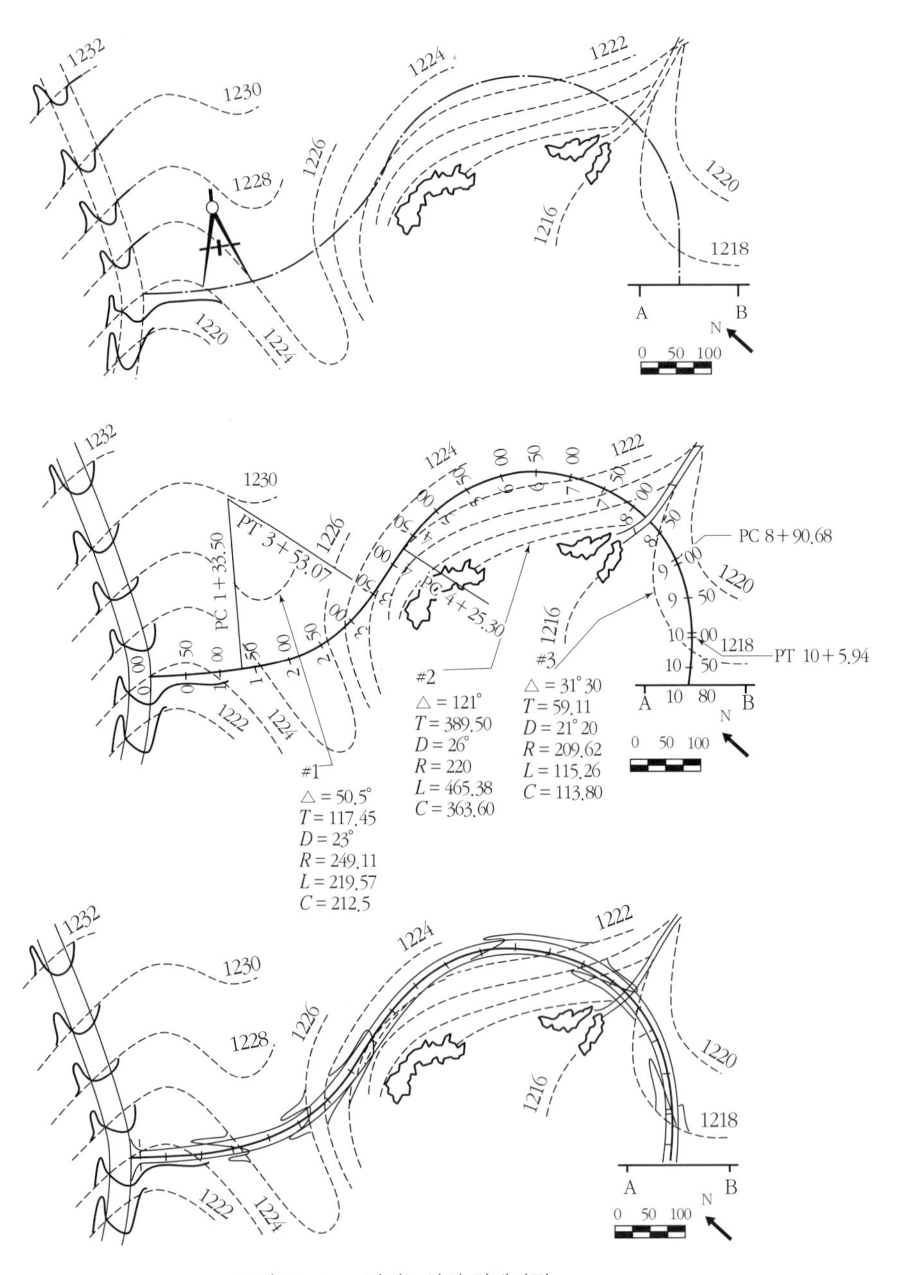

그림 Ⅳ-26. 평면노선의 설계과정

(2) 단곡선의 제원

수평노선을 설치하는 데 필요한 곡선부의 자료는 곡선시점(*B. C.*: beginning of curve) · 접선장(*T. L.*: tangent length) · 곡선장(*C. L.*: curve length) · 교각(*I.*: intersection angle) · 곡선반경(*R.*:

radius of curve) 그리고 곡선종점(*E.C.*: end of curve)과 시단현 · 종단현의 길이이다. 현장에서는 이 자료에 입각하여 도로를 개설하게 된다.

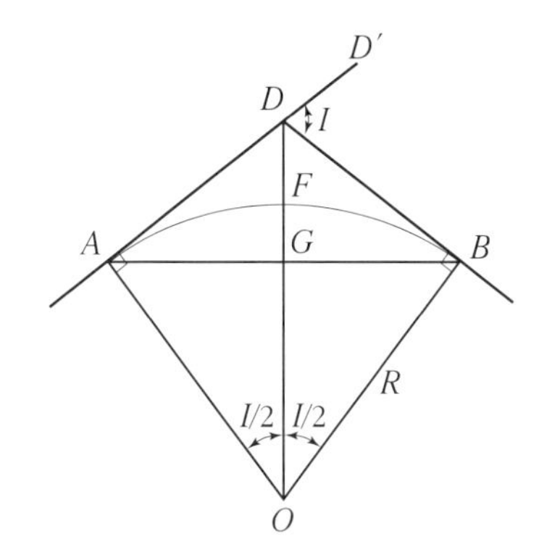

명 칭	기 호
A : 곡선의 시점 *beginning of curve*	B. C.
B : 곡선의 종점 *end of curve*	E. C.
F : 곡선의 중점 *secant point*	S. P.
D : 교점 *intersection point*	I. P.
$\angle D'DB$: 교각 *intersection angle*	I.
AD, *DB* : 접선장 *tangent length*	T. L.
OA, *OB* : 곡선반경 *radius of curve*	R.
DF : 외할 *external secant*	E.
AFB : 곡선장 *length of curve*	C. L.
AB : 현장 *chord length*	C.
FG : 중앙종거 *middle ordinate*	M.

그림 Ⅳ-27. 단곡선의 명칭

(3) 단곡선의 제원 산출공식

① 곡선장 : *AFB* (L: *length of curve*)

$$L = 2\pi R \cdot \frac{I}{360} = \frac{RI}{57.3},\ L = \frac{100I}{D} \quad \cdots\cdots (\text{식 IV-9})$$

② 교각 : $<D'DB = <AOB$ (I: *intersection angle*)

$$I = \frac{57.3L}{R},\ \text{혹은}\ I = \frac{LD}{100} \quad \cdots\cdots (\text{식 IV-10})$$

③ 곡선반경 : $OA = OB$ (R: *radius of curve*)

$$R = \frac{57.3L}{I},\ \text{혹은}\ R = \frac{5729.58}{D} \quad \cdots\cdots (\text{식 IV-11})$$

④ 현장弦長 : *AGB*(C: *chord length*)

$\triangle AOB$에서

$$AGB = 2AG = 2AO\sin\frac{I}{2}$$

$$\therefore\ C = 2R\sin\frac{I}{2} \quad \cdots\cdots (\text{식 IV-12})$$

⑤ 접선장接線長 : *AD* 혹은 *DB* (T: *tangent length*)

$\triangle ADO$에서

$$AD = OA \tan\frac{I}{2}$$

$$\therefore\ T = R\tan\frac{I}{2} \quad \cdots\cdots (\text{식 IV-13})$$

⑥ 외할外割 : DF (E: *external secant*)

$$DF = OD - OF$$

$$= OA\sec\frac{I}{2} - OF$$

$$\therefore\ E = R(\sec\frac{I}{2} - 1) \quad \cdots\cdots (\text{식 IV-14})$$

⑦ 중앙종거中央縱距 : FG (M: *middle ordinate*)

$$FG = OF - OG$$

$$= OF - OA\cos\frac{I}{2}$$

$$\therefore\ M = R(1 - \cos\frac{I}{2}) \quad \cdots\cdots (\text{식 IV-15})$$

(4) 평면곡선의 설치 사례

그림 IV-28과 같이 2개의 접선이 교점 B에서 교차하고 있다. 접선 AB의 방위는 N76°30′E이고 접선 CB의 방위는 N15°20′W이며, A는 도로의 시점이고 C는 도로의 종점이다. 설계속도를 고려한 곡선부의 곡선반경이 100m라고 할 경우, 측점 단위를 100m로 하여 단곡선을 설치해 보자.

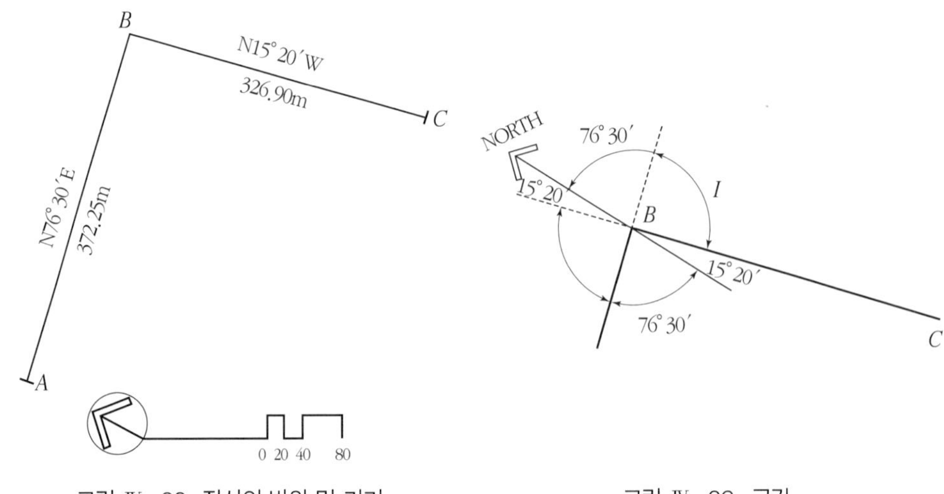

그림 IV-28. 접선의 방위 및 거리

그림 IV-29. 교각

① 두 접선이 이루는 교각은 단곡선의 내부각과 동일하므로, 접선의 방위를 고려하여 교각(I)을 계산하면 교각 I는 88°10′이다.

② 단곡선의 제원 산출공식을 적용하여 접선장($T.L.$), 곡선장($C.L.$), 현장(C)을 구하면 각각 96.85m, 153.88m, 139.14m이다.

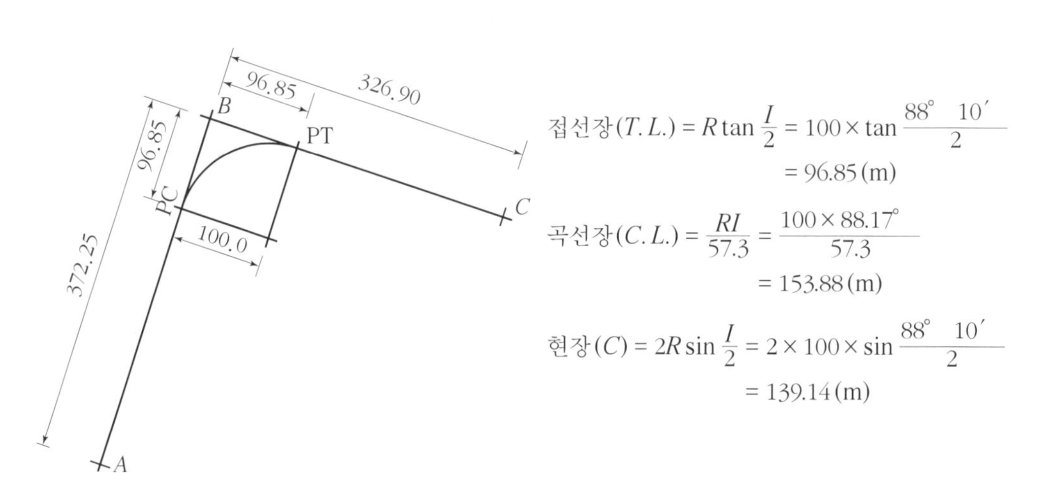

그림 Ⅳ-30. 단곡선의 제원

③ 곡선시점과 곡선종점의 측점을 구한다. 곡선시점($B.C.$)은 접선 AB의 길이 372.25m에서 접선장($T.L.$) 96.85m를 빼면 275.40m이므로 도로의 시점 A로부터 275.40m에 위치하게 되어 측점은 Sta.2+75.40이며, 곡선종점($E.C.$)은 곡선시점 275.40m에 곡선장($C.L.$) 153.88m를 더하면 429.2m이므로 측점은 Sta.4+29.28이다.

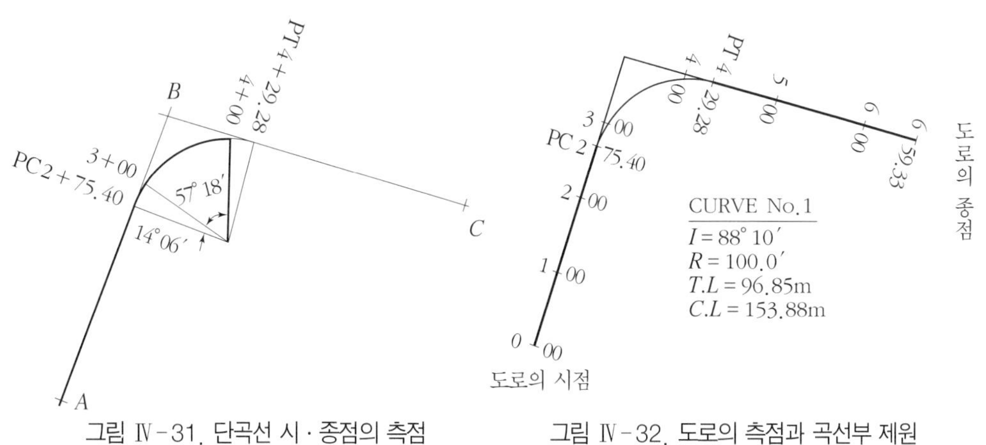

그림 Ⅳ-31. 단곡선 시·종점의 측점

그림 Ⅳ-32. 도로의 측점과 곡선부 제원

④ 마지막으로, 측점단위 100m 간격으로 직선부와 곡선부의 측점을 도로 종점까지 결정한다. *AB*상의 곡선시점이 275.40m이고 *BC*상의 곡선종점이 429.28m이므로 sta.1과 sta.2는 접선 *AB*에 위치하고, sta.3과 sta.4는 곡선부에, sta.5와 sta.6은 접선 *BC*에 위치한다.

sta.3의 측점을 구하기 위해서는 곡선부 시단현의 편각을 구하여 곡선부와 교점을 구하면 되는데, 먼저 곡선부 시단현의 길이는 24.60m(sta.3-275.40)이므로 시단현에 대한 편각은 14°06′이다. sta.4의 측점은 sta.3에서 도로진행방향으로 곡선부에서 100m 이동한 곳이며, 100m에 해당하는 편각은 57°18′이다. 구해진 편각을 곡선부에 표기한다.

도로종점의 측점을 계산하기 위해서 도로종점 *C*로부터 곡선종점까지의 거리(*BC*-접선장)를 구하면 230.05m이므로 곡선종점의 측점 sta.4+29.28에 230.05를 더하면 659.33m(sta.6+59.33)이다.

나. 수직노선 설정

(1) 종단곡선의 설치

종단곡선도 도로의 경사 변화에 따른 차량의 급격한 운동을 완화시켜 주행의 안전성과 쾌적성을 확보하는 것이 목적이므로, 이 형상도 무한대의 반경으로부터 반경을 점차로 크게 해서 무한대에 달하게 하는 곡선이 이상적이다. 수평곡선과 달리 2개의 종단 경사선의 교차각이 매우 작으므로, 종단곡선으로는 정점을 향하여 경사지고 부드러운 전환이 가능하도록 하는 2차 포물선이 사용된다.

종단곡선의 명칭을 그림 IV-33에서 살펴보면,

x : A에서 V방향으로 y를 측정하는 점까지의 수평거리(m)
y : A에서 x만큼 떨어진 점에서 AV선으로부터 곡선까지의 종거(m)
A : 종단곡선 시점(*BVC* : *beginning of vertical curve* 혹은 *PVC* : *point of vertical curvature*)
B : 종단곡선 종점(*EVC* : *end of vertical curve* 혹은 *PVT* : *point of vertical tangency*)
V : 수직상 교차점(*PVI* : *point of vertical intersection*)
M : 곡선의 중앙종거(*MO* : *middle ordinant of the curve*)
m : A에서 V에 이르는 기울기이며, *EC*에 향해서 상향경사일 때는 (+)로 한다(%).
n : V에서 B에 이르는 기울기이며, 하향경사일 때는 (−)로 한다(%).
L : 종단곡선장 *length of curve*(m).

그림 IV-33에서 A점을 원점으로 삼고 AB'를 x축으로 한 포물선의 방정식은

$$y = ax^2 \quad \cdots\cdots ①$$

AV, BV의 경사를 각각 $m\%$, $n\%$라 하고, 상향경사를 (+), 하향경사를 (−)라고 하면

$$\tan\alpha = \frac{m-n}{100} \quad \cdots\cdots ②$$

또한, 도로의 경사는 미소하므로 x의 거리를 AB' 대신에 AB 방향에 잡아도 큰 차이가 없다.

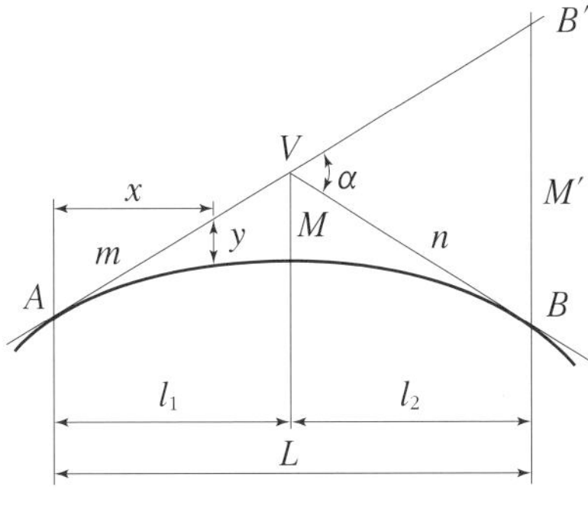

그림 Ⅳ-33. 종단곡선의 명칭

$\therefore\ x = AB' \fallingdotseq L$ 이면

$$\overline{BB'} = aL^2 \quad \cdots\cdots ①'$$

$$\tan\alpha \fallingdotseq \frac{\overline{BB'}}{1/2L} \quad \cdots\cdots ③$$

$$\therefore\ BB' = \frac{L}{2}\tan\alpha$$

$$= \frac{L}{2}\left(\frac{m-n}{100}\right) \quad \cdots\cdots ④$$

①′와 ④의 식에서

$$\frac{L}{2}\left(\frac{m-n}{100}\right) = aL^2$$

$$\therefore\ a = \frac{m-n}{200L}$$

$$y = \frac{m-n}{200L}x^2 \quad \cdots\cdots (식\ Ⅳ\text{-}16)$$

여기서 두 경사의 차를 d라고 하면 $y = \frac{d}{2L} \cdot x^2$이 성립한다. 따라서 도로의 종단곡선은 공식을 이용하여 x에 대한 y의 값을 계산하고, 이 값을 경사선의 계획고에 가감하여 종단곡선의 계획고를 계산한다.

$$H' = H_0 + \frac{m}{100} \cdot x \quad \cdots\cdots (식\ Ⅳ\text{-}17)$$

$$H = H' \pm y \quad \cdots\cdots (식\ Ⅳ\text{-}18)$$

단, H' = 경사선의 계획고
H = 종단곡선의 계획고
H_0 = 종단곡선 시점의 계획고

여기서 종단곡선의 시점 *BVC*로부터 교차점 *PVI*까지의 수평거리와 종단곡선 종점 *EVC*로부터 교차점까지의 수평거리와의 경사의 동일 여부에 따라 균등 종단곡선*uniform vertical curves*과 불균등 종단곡선*unequal vertical curves*으로 구분하게 되는데, 계산식은 동일하지만 계산방식에 차이가 있으므로 각각 구분하여 사례를 들어 설명하기로 한다.

(2) 종단곡선의 설치사례

1) 균등 종단곡선*uniform vertical curves*

대부분의 종단곡선은 균등 종단곡선으로 설계된다. 종단곡선의 설계를 위해서는 그림 Ⅳ-35와 같이 해당되는 지역의 도로선형이 나와 있는 평면도와 단면도가 필요하며, 편의상 단면도에서 수평과 수직의 축척을 달리하였다.

① 종단경사선의 설치와 경사 결정

종단곡선을 설치하기 위해서는 먼저 절·성토의 균형을 고려하여 균등한 경사를 갖는 2개의 교차선을 설치하여야 한다. 그림 Ⅳ-35(b)에서 2개의 선은 측점 5+00, 높이 101ft의 지점에서 교차하고 있다. 각 교차선의 경사를 계산하면, 기울기는 0.022이고 방향이 다르다는 것을 알 수 있다.

· 하향경사선

$111.90-101.00=10.90$

$$\frac{10.90}{500}=0.0218 \fallingdotseq 0.022$$

· 상향경사선

$113.50-101.00=12.50$

$$\frac{12.50}{566.14}=0.02208 \fallingdotseq 0.022$$

② 종단곡선의 길이 결정

다음 단계는 凹형 종단곡선의 길이를 결정하는 것인데, 우선 종단경사가 1% 변화하는 데 요구되는 설계속도에 따른 종단곡선의 길이를 구하고, 두 경사선의 경사의 차를 곱하여 요구되는 종단곡선의 최소길이를 구한다. 국내의 경우, 앞에서 제시된 〈표 Ⅳ-7〉을 사용하지만, 여기서는 실습을 위해 〈표 Ⅳ-9〉를 적용하기로 한다. 〈표 Ⅳ-9〉에 제시된 것처럼 설계속도 30(mph: mile/hr)의 凹형 종단곡선의 종단경사가 1% 변화하는 데 요구되는 길이는 40ft이고, 두 경사선의 경사차는 4.4%이므로 요구되는 종단곡선의 최소길이는 176ft(40×4.4)이다. 그러나 일반적으로 이렇게 구한 종단곡선의 길이가 너무 짧은 경우, 설계속도로 3초간 주행한 거리를 기준으로 산출된 종단곡선의 최소길이를 적용하게 되며, 여기서는 400ft를 적용하도록 한다.

〈표 Ⅳ-9〉 종단곡선의 변화비율

설계속도(mph)	종단경사 1%당 권장 종단곡선 길이(ft)
20	20
25	30
30	40
35	50
40	60~70
45	70~90
50	90~110
55	100~130
60	120~160
65	130~180
70	150~220

【자료】 AASHTO, Adapted from A Policy on Geometric Design of Highways and Streets, 1994.

③ 종단곡선의 자료 산출

사례에서 설치하고자 하는 종단곡선은 균등한 종단곡선이므로 교차점 *PVI*로부터 양쪽으로 균등하게 200ft를 할당하면, 종단곡선 시점은 3 + 00, 종점은 7 + 00에 해당된다. 측점을 50ft 간격으로 나누고 개괄적인 종단곡선을 그려보면 그림 Ⅳ-34와 같다.

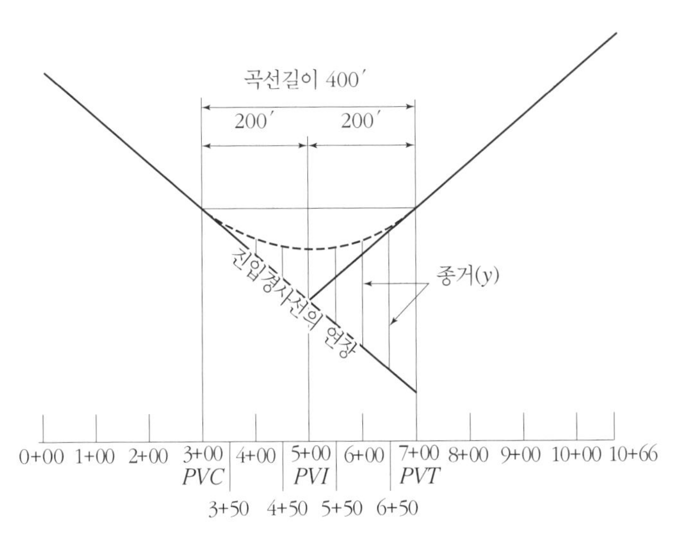

그림 Ⅳ-34. 개괄적인 종단곡선

그런 다음, 종단곡선에 해당되는 자료를 계산해야 하는데, 예를 들어 측점 3+50에서의 종거 (y)는 다음과 같다.

$$y = \frac{d}{2L}x^2 = \frac{0.044}{2 \times 400} \times 50^2 = \frac{110}{800} = 0.1375\,(\mathrm{ft})$$

〈표 Ⅳ-10〉 종단곡선 자료

측 점	수평거리(x)	진입경사선의 높이 변화	진입경사선의 높이	종거 $y = \frac{d}{2L}x^2$	곡선높이
3 + 00	0	0	105.30	0	105.30
3 + 50	50	1.10	104.20	0.1375	104.34
4 + 00	100	2.20	103.10	0.5500	103.65
4 + 50	150	3.30	102.00	1.2375	103.24
5 + 00	200	4.40	100.90	2.2000	103.10
5 + 50	250	5.50	99.80	3.4375	103.24
6 + 00	300	6.60	98.70	4.9500	103.65
6 + 50	350	7.70	97.60	6.7375	104.34
7 + 00	400	8.80	96.50	8.8000	105.30

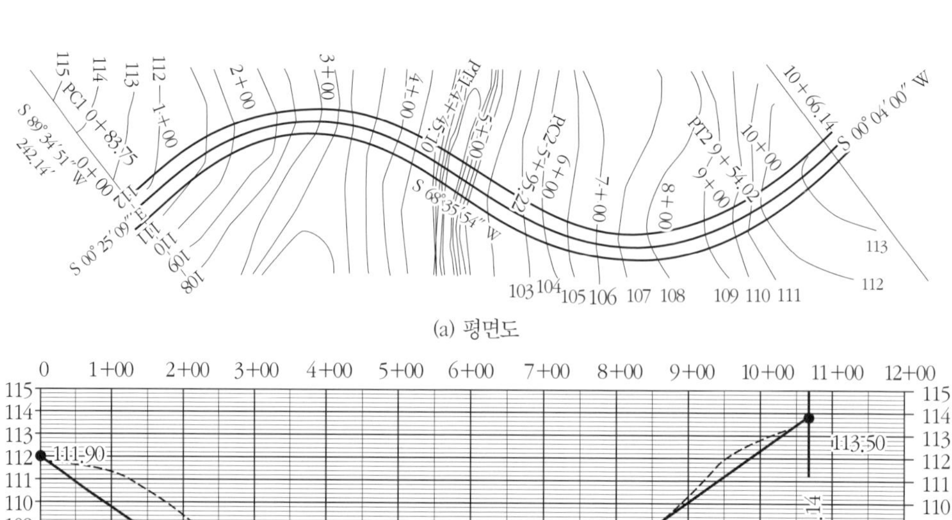

(a) 평면도

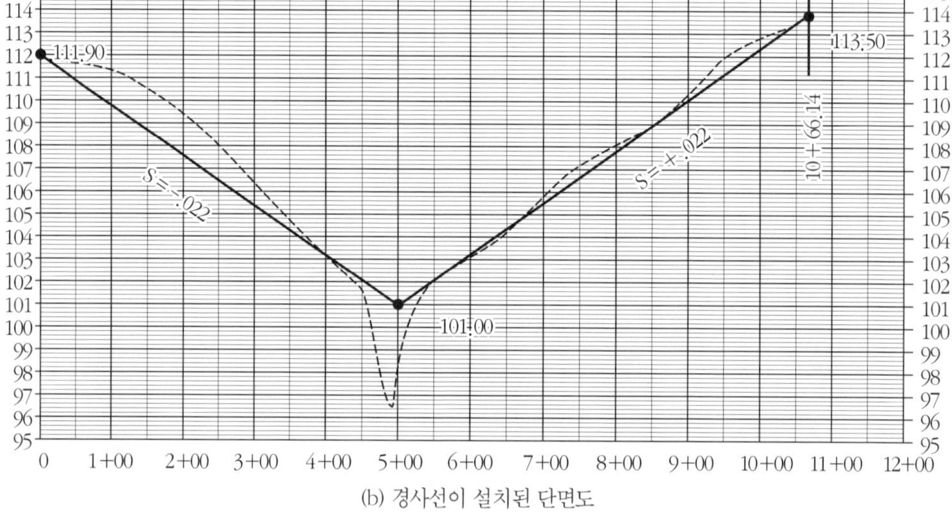

(b) 경사선이 설치된 단면도

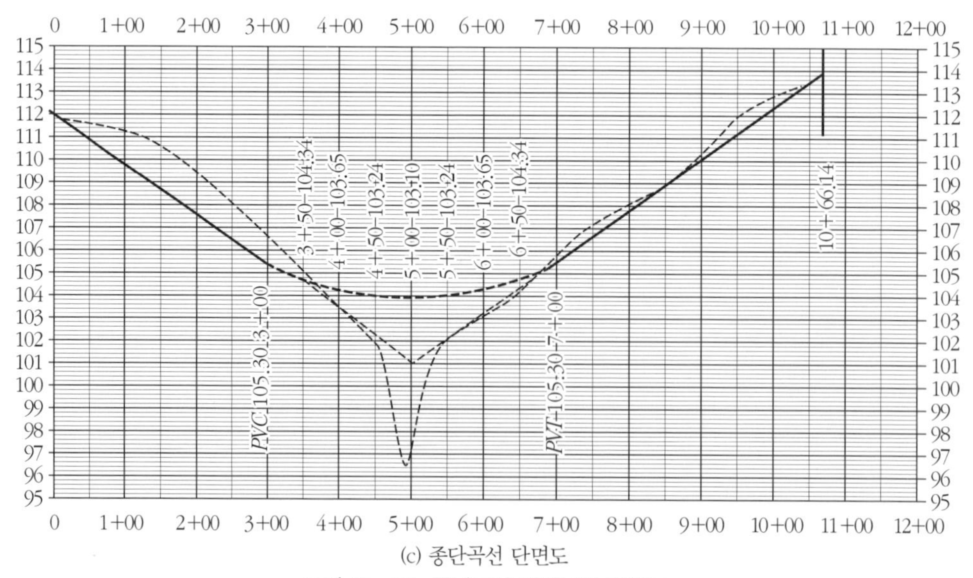

(c) 종단곡선 단면도

그림 Ⅳ-35. 종단곡선 평면도와 단면도

이와 같은 방법으로 측점 3+00부터 7+00까지 50ft 간격으로 종단곡선의 자료를 구하면 〈표 IV-10〉과 같으며, 이를 토대로 하여 최종적인 종단곡선을 그리면 그림 IV-35(c)와 같다.

2) 불균등 종단곡선*unequal vertical curves*

지형 조건을 만족시키기 위해서, 때로는 교차점으로부터 종단곡선시점 *PVC*까지의 길이와 종단곡선종점 *PVT*까지의 길이가 달라지게 된다. 이 때 2개의 종단곡선이 만들어지게 된다.

*PVI*의 양쪽에 각각 다른 접선을 설치하기 위하여 왼쪽에는 측점 1+00에서 *PVI*(3+00)까지 200ft, 오른쪽에는 측점 3+00에서 측점 6+00까지의 300ft를 종단곡선 길이로 하였다. 그런 다음 *PVC*와 *PVI* 사이의 중간점(*A*)과 *PVI*와 *PVT* 사이의 중간점(*B*)을 설치하여, 이것을 연결하면 선 *AB*와 2개의 종단곡선이 만들어지게 된다.

다음에 *A*, *B*, *C*점의 높이를 계산하면, 각각의 높이는 97.00′, 96.50′, 96.80′이다.

0.05(진입선의 기울기)×100′=5ft
*A*점의 높이 102.00′−5′=97′
*PVI*의 높이 97.00′−5′=92′
0.03(진출선의 기울기)×150′=4.5′
*B*점의 높이 92.00′+4.5′=96.50′
$\overline{AB}$의 기울기 97′−96.5′=0.5′
∴ G=0.5′/250′=0.002
100′×0.002=0.2′
*C*점의 높이 97.00′−0.2′=96.80′

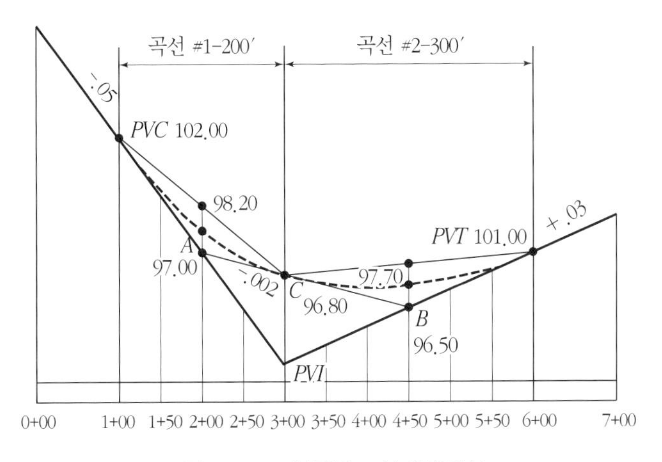

그림 IV-36. 불균등 凹형 종단곡선

곡선 #1의 두 경사선의 경사차

$$d_1 = (-0.05) - (-0.002) = 0.048$$

곡선 #2의 두 경사선의 경사차

$$d_2 = (-0.002) - (+0.03) = 0.032$$

이러한 자료를 토대로 하여 2개의 종단곡선에 대한 자료를 균등 종단곡선에서와 같이 계산할 수 있다. 예를 들어 곡선 #1의 측점 1+50과 곡선 #2의 측점 3+50에서의 종거를 계산하면 다음과 같다.

$$\text{sta.}1+50 \quad y = \frac{d}{2L}x^2 = \frac{0.048}{2 \times 200'} \times 50^2 = \frac{120}{400} = 0.30$$

$$\text{sta}\,3+50 \quad y = \frac{d}{2L}x^2 = \frac{0.032}{2 \times 300'} \times 50^2 = \frac{80}{600} = 0.133$$

이와 같은 방법으로, 곡선 #1의 측점 1+00에서 3+00까지와 곡선 #2의 측점 3+50에서 6+00까지 50ft 간격으로 종단곡선의 자료를 구하면 〈표 Ⅳ-11〉과 같다.

〈표 Ⅳ-11〉 불균등 凹형 종단곡선의 자료

측 점	수평거리(x)	진입경사선의 높이 변화	진입경사선의 높이	종거$\left(y = \frac{d}{2L}x^2\right)$	곡선높이
곡선 #1, $d = 0.048$					
1+00	0	0	102.00	0	102.00
1+50	50	2.50	99.50	0.30	99.80
2+00	100	5.00	97.00	1.20	98.20
2+50	150	7.50	94.50	2.70	97.20
3+50	200	10.00	92.00	4.80	96.80
곡선 #2, $d = 0.032$					
3+50	50	0.10	96.70	0.13	96.83
4+00	100	0.20	96.60	0.53	97.13
4+50	150	0.30	96.50	1.20	97.70
5+00	200	0.40	96.40	2.13	98.53
5+50	250	0.50	96.30	3.33	99.63
6+00	300	0.60	96.20	4.80	101.00

3) 종단곡선상의 최고 · 최저점의 위치 결정

도로의 종단곡선에 배수구조물을 배치하기 위해 종단곡선상의 최저점의 위치가 확인되어야 하며, 시거를 결정하기 위해서는 최고점의 위치가 결정되어야 한다. 종단곡선상의 최고점과 최저점의 위치는 종단경사와 곡선거리가 같은 균등 종단곡선에서는 종단곡선의 중점에 위치하게 되지만, 불균등 종단곡선에서는 교차점의 전 · 후에 위치하게 된다.

그림 Ⅳ-37은 최저점이 *PVI*의 오른쪽에 있는 凹형 종단곡선의 사례이다. 이 사례에서 최저점의 높이는 다음과 같이 구할 수 있다.

$$\text{최저점} = PVC\text{의 측점} + \frac{E(\text{진입경사선의 기울기}) \times L(\text{곡선길이})}{d}$$

$$= 300' + \frac{0.05 \times 300'}{0.075} = 300' + 200' = 500'$$

∴ 최저점(*LP : Low point*)의 측점은 5+00이다.

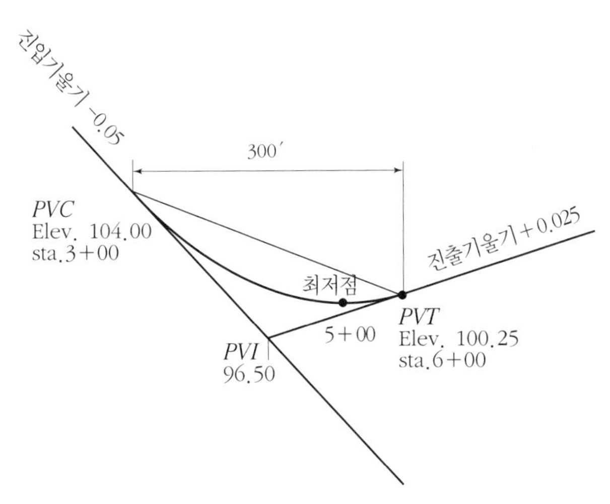

그림 Ⅳ-37. 불균등 凹형 종단곡선의 최저점

4. 주차시설

주차장은 많은 자동차의 장시간 주차를 위해 사용되기 때문에 그 기능상 일정한 형태와 규모, 충분한 내구성을 갖는 포장공간으로 조성되어야 한다. 지금까지 조성된 주차장은 경관이나 환경에 부정적인 영향을 주는 것이 대부분이었다. 대규모의 주차장은 공간을 압도하고, 단순한 형태는 획일적인 공간구성의 원인이 되기도 하며, 표면포장은 좋지 못한 경관을 연출하고 빗물이 토양으로 투수되는 것을 차단하였다. 이 밖에도 차량과 보행자의 마찰 등 주차에 따른 각종 안전사고가 발생되고 있다.

최근 들어 지하주차장의 건설, 환경친화적인 포장재료의 사용, 보차분리, 다양한 주차형태의 고려 등 주차장의 기능, 형태, 경관, 환경에 대한 다양한 방안이 모색되고 있는 것은 다행스러운 일이다.

가. 설계시 고려사항

주차장은 모든 사업의 필수적인 요소로서 전체 단지계획의 차원에서 그 위치와 형태가 결정되어야 한다. 그 이유는 주차장의 위치, 형태, 그리고 규모가 전체적인 공간의 평면구성을 지배하는 강력한 요소이기 때문이다.

이와 같이 주차장을 설계할 때는 주차장의 설치 · 정비 및 관리에 필요한 사항을 규정하고 있는 「주차장법」과 설계기준을 준수하여, 이용자들에게 안전하고 편리하며, 경관이나 환경에도 잘 어울리도록 해야 한다. 계획, 설계, 시공과정에서 지나치게 경제성과 편리함을 추구하는 것은 경우에 따라서는 장시간에 걸쳐 이용자들에게 많은 불편과 교통사고 및 환경을 저해하는 바람직하지 못한 결과를 가져온다.

(1) 이용자의 특성

기본적으로 주차장은 이용자들에게 차량이용의 편익을 제공하기 위한 것이므로 이용하려는 시설의 출입구에 인접하여 주차시설을 위치시키는 것이 가장 효과적이다. 그러나 불특정 다수의 많은 사람들에게 이러한 여건을 제공한다는 것은 불가능하므로 주차장의 위치를 조정하기 위한 원칙이 필요하다.

우선, 주차장을 이용하는 계층 중에서 신체장애가 있거나 운전능력이 떨어지는 이용자를 위해서는 이용하고자 하는 시설과 주차장의 위치를 가능한 한 가깝게 배치하여 이용의 편의성을 도모하도록 해야 한다. 특히 신체적인 어려움이 있는 이용자를 위해서는 관계법령의 규정에 따라 별도의 주차공간을 구획하고 일반인의 주차를 금하여야 하며, 주차능력이 떨어지는 것을 고려하여 주차장의 주차구획을 너비 3.3m 이상, 길이 5.0m 이상으로 크게 하여 주차가 용이하게 이루어질 수 있도록 해야 한다.

또한 단시간 동안 주차를 하는 사람이 주차 후 시설이용을 위해 장시간 보행이동을 하는 것은 이용자들에게 많은 부담을 주고 주차장 운영의 비효율성을 갖게 되므로, 단시간 이용 주차는 가깝게 배치하고 장시간 이용 주차는 멀리 배치하도록 한다. 그러나 이러한 원칙은 주차장 설계보다는 이용프로그램 계획에서 적극적으로 검토되어야 하는 것이기도 하다.

(2) 기존지형과 조화

주차장은 형태상 평탄하고 넓은 면적을 차지하기 때문에 급경사나 지형의 기복이 심한 곳에 설치할 경우 본래의 자연지형을 파괴시키기도 한다. 자연성이 높은 지역에서 이러한 부작용은 더욱 커지게 된다. 따라서 기존 지형과 조화롭게 주차장을 배치하고 형태를 결정하여야 한다. 지형과 어울리지 않는 큰 규모의 주차장을 설치하면 많은 절토 · 성토를 유발시키고 이로 인하여 자연환경을 파괴하고 공사비를 증가시키며, 주차장의 구조적 문제를 발생시킨다.

(3) 토지이용

개별적인 단지나 도시의 특정지역에서의 토지이용 형태는 주차장의 배치와 규모, 수요에 영향을 주게 된다. 특히 고밀도 주거지역에서는 주차용량이 커지게 되므로 주거공간의 형태와 환경에 큰 영향을 주게 된다. 이 경우, 주차장을 건물군 단위로 지상 및 지하에 배치하거나 부지의 외곽에 배치하는 등 다양한 시도를 하지만, 중요한 것은 보행동선과 마찰을 최소화하고 주차의 안전성이 확보되어야 하며, 단지 내 경관이나 환경을 고려하여야 한다.

상업지역에서의 주차수요는 주거단지보다 훨씬 높지만 지가가 높기 때문에 필요로 하는 주차공간을 확보하기 어렵다. 따라서 제한된 공간에 주차장을 효율적으로 설치하기 위해 지상주차장과 별도로 지하주차장을 설치하고 있으며, 경우에 따라서는 별도의 주차건물을 짓는 경우도 있다.

산업시설이나 교육시설은 주거나 상업지역에 비해서 상대적으로 주차장의 수요가 낮기 때문에 대부분 지상주차장을 설치하고 있다. 차량동선체계를 고려하여 공간단위로 주차장을 분산배치하고, 도로 및 주차장의 압도적인 분위기를 완화하기 위하여 경관적 측면을 고려한 주차장을 설치하며, 필요한 경우에는 차폐를 하도록 한다.

위락시설에서는 주차장의 수요가 일시적으로 집중되는 현상이 심각하다. 기본적으로 단시간 주차는 주차장을 가깝게 설치하는 반면, 장시간 주차는 더 멀리 위치시킨다. 그러나 위락시설의 규모가 커지게 되면 주차장으로부터 이용시설까지의 거리가 멀어지게 되어 이용자에게 어려움을 가져다 주게 되므로 주차장을 공간별로 별도로 조성하거나 이용자들의 이동을 위한 별도의 교통수단이 제공되어야 한다. 아울러 비수기에 주차공간을 효율적으로 이용하기 위해 주차장을 복합적인 이용이 가능한 구조로 만들어야 한다.

(4) 주차공간의 수요

우리나라는 국토의 면적이 좁기 때문에 토지의 효율적 이용이 불가피하며, 특히 이러한 요구는 도시지역에서 매우 높다. 지금까지 대부분의 지역에서 주차공간이 부족하여 많은 문제가 발생하고 사회적인 문제로 부각되고 있다. 주택건설기준 등에 관한 규정 제27조에서는 주택단지의 주거전용면적을 기준으로 하여 85m² 이하에서는 1대/75m²(특별시)~1대/110m²(기타 지역), 85m² 초과인 경우 1대/65m²(특별시)~1대/85m²(기타 지역)를 설치하되, 세대당 주차대수가 1대(세대당 전용면적이 60m² 이하인 경우에는 0.7대) 이상이 되도록 규정하고 있다. 이 밖에도 각 자치단체의 조례나 시설지침을 고려하여야 한다.

이와 같이 주차공간의 수요에 대한 명문화된 규정이 없는 경우에는 설계기준을 적용해야 하며, 각각의 토지이용의 특성에 따라 주차공간의 수요를 적절히 결정하여야 한다. 예를 들어 해수욕장이나 주제공원 등 계절이나 주중의 요일에 따라서도 주차수요가 크게 달라지는 가변성을 갖게 되므로 주차공간의 정확한 수요를 추정하기 어렵다.

(5) 미적 고려

주차공간의 규모와 형태는 그림 Ⅳ-38에서와 같이 단지계획의 차원에서 차량동선과 적절한 조화를 이루도록 해야 하며, 주차공간이 연속적인 패턴을 구성하도록 해야 한다. 또한, 주차장은 규모가 크기 때문에 경관을 지배하게 되어 미관상 바람직하지 못한 결과를 초래하게 되므로, 경관의 질을 높이기 위해서는 주차장의 규모와 형태를 조정하거나 주차장을 시각상 은폐하거나 차폐하기 위한 조치가 필요하다. 동시에 경관적 효과를 고려하여 주차장의 주변에 제방이나 녹지대를 조성하거나 주차장을 주변지형과 비교하여 일정높이 이상 낮추어 凹형의 단면을 갖도록 하거나 주차공간별로 단 처리를 하여 시각적 영향을 감소시키는 방안을 강구하여야 한다(그림 Ⅳ-39).

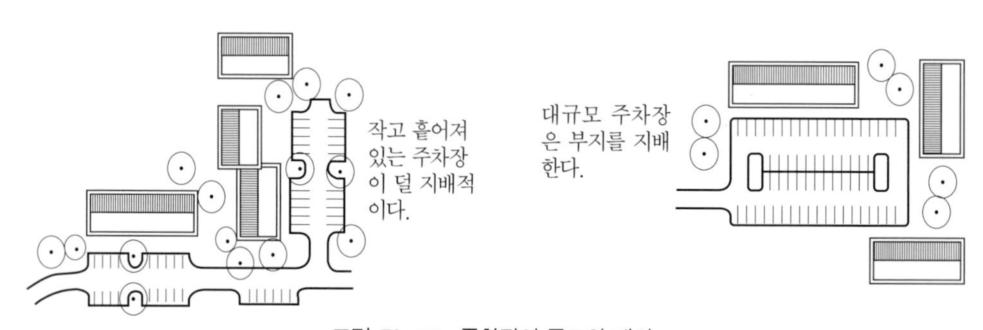

그림 Ⅳ-38. 주차장의 규모와 배치

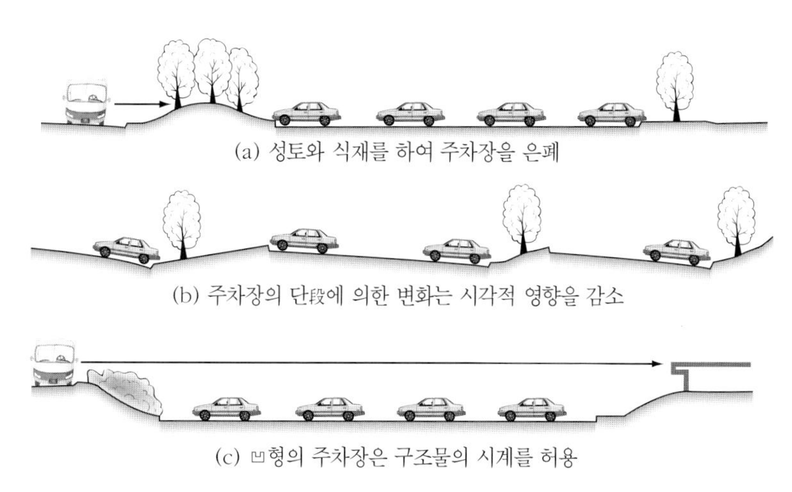

(a) 성토와 식재를 하여 주차장을 은폐

(b) 주차장의 단段에 의한 변화는 시각적 영향을 감소

(c) 凹형의 주차장은 구조물의 시계를 허용

그림 Ⅳ-39. 주차장의 미적 고려

나. 주차장의 종류

주차장은 주차의 위치와 형태에 따라 분류할 수 있으나, 일반적으로 통용되는 주차장법의 분류에 따르면 노상주차장, 노외주차장, 부설주차장으로 구분할 수 있다. 노상주차장은 도로의 노면 또는 교통광장의 일정한 구역에 설치되고, 노외주차장은 도로의 노면 및 교통광장 이외의 장소에 설치되며, 부설주차장은 건축물 · 골프연습장 · 기타 주차수요를 유발시키는 건축물이나 시설의 이용자에게 제공되는 주차장이다.

(1) 노상주차장

노상주차는 사무소 · 상점가 · 번화가 등 주차수요가 많은 지역에 설치하되, 노외주차장 및 부설주차장의 시설 및 장소와의 연관성을 고려하여 적정하게 분포되도록 한다. 노상주차장은 이용시설에 가까운 근거리에 자동차를 주차시키므로 일의 능률향상을 위해 필요로 하는 경우가 많으나, 도로교통에 혼잡을 초래할 뿐만 아니라 주차에 많은 어려움이 있으므로 가급적 설치를 피하는 것이 좋다. 노상주차장의 설치조건은 다음과 같다.

① 간선도로에는 가급적 설치하지 않지만, 완속차도가 마련되어 있는 경우 또는 분리대나 주차대 등이 설치되어 있어 도로교통에 큰 지장을 가져오지 않는 경우에는 설치할 수 있다.

② 보도와 차도의 구별이 없는 도로에 설치해서는 안 된다. 단, 폭 8m 이상의 도로로 보행자의 통행이나 연도의 이용에 지장이 없는 경우에는 가능하다.

③ 보도와 차도의 구별이 있으며, 차도의 폭이 6m 미만인 도로에는 설치하지 않도록 한다.

④ 종단경사가 4%를 초과하는 도로에 설치해서는 안 된다. 단, 종단경사가 6% 이하의 도로

로서 보도와 차도가 구별되어 있고, 그 차도의 너비가 13m 이상인 경우에는 예외적으로 설치할 수 있다.

⑤ 고속도로 · 자동차 전용도로 또는 고가도로에 설치해서는 안 된다.

⑥ 주차방법은 평행주차가 바람직하며, 노폭이 넓은 곳에서는 30° 주차도 허용된다. 그 이상의 도로 폭을 점유하는 45° 또는 60°, 직각주차는 가급적 피해야 한다.

⑦ 주차대수 규모가 20대 이상 50대 미만인 경우에는 한 면 이상, 50대 이상인 경우에는 주차대수의 2~4%의 범위에서 장애인 전용주차구획을 설치해야 한다.

(2) 노외주차장

노상주차만으로 주차수요를 만족시키기 못할 때에는 별도로 가로 이외의 공간에 주변지역의 토지이용 현황, 이용자의 보행거리 및 보행자를 위한 도로상황 등을 참작하여 유치권 이내의 전반적인 주차수요와 이미 설치되었거나 장래에 설치할 계획인 자동차의 주차용으로 사용하는 시설 또는 장소와의 연관성을 참작하여 적정한 규모로 설치하며, 주차대수 50면마다 1면의 장애인 전용주차구획을 설치하여야 한다.

주차장의 출입구는 가로교통의 마찰을 피하기 위하여 반드시 설치되어야 하며, 노외주차장과 연결되는 도로가 2개 이상인 경우에는 자동차 교통에 미치는 영향이 적은 도로 쪽으로 출구와 입구를 설치하도록 한다. 다음의 경우에는 출구와 입구를 설치하지 않도록 한다.

① 횡단보도 · 육교 · 지하횡단보도에서 5m 이내의 도로

② 너비 4m 미만의 도로(주차대수가 200대 이상인 경우에는 너비 10m 미만의 도로)와 종단경사가 10%를 초과하는 도로

③ 새마을 유아원 · 유치원 · 초등학교 · 특수학교 · 노인복지시설 · 장애인 복지시설 및 아동전용시설 등의 출입구로부터 20m 이내의 도로

노외주차장의 구조와 설비는 출입구의 회전부위에서 자동차의 회전을 용이하게 하기 위하여 필요한 경우에 차로와 도로가 접하는 부분을 곡선형으로 하며, 출구로부터 2m를 후퇴한 노외주차장의 차로의 중심선상 1.4m 높이에서 도로의 중심선에 직각으로 향한 좌 · 우측 각 60°의 범위 내에서 도로를 통행하는 물체를 확인할 수 있도록 해야 한다. 또한 노외주차장의 출입구의 폭은 3.5m 이상으로 하여야 하며, 주차대수 규모가 50대 이상인 경우에는 출구와 입구를 분리하거나 폭이 5.5m 이상의 출입구를 설치하여 소통이 원활하도록 한다. 차로의 너비는 출입구가 1개인 경우와 2개인 경우 각각 평행주차 5.0m · 3.3m, 직각주차 6.0m · 6.0m, 60° 대향주차 5.5m · 4.5m, 45° 대향주차 5.0m · 3.5m, 교차주차 5.0m · 3.5m 이상으로 하여야 한다.

(3) 부설주차장

주차대수 30대를 초과하는 지하식 또는 건축물식 형태의 자주식 주차장으로서 판매시설, 숙박시설, 운동시설, 위락시설, 문화 및 집회 시설, 종교시설 또는 업무시설의 용도로 이용되는 건축물의 부설주차장으로서 차로의 너비는 2.5m 이상으로 하고 출입구의 너비는 3m 이상으로 한다. 주차에 사용되는 부분의 높이는 주차바닥면으로부터 2.3m 이상 되어야 하고, 굴곡부는 자동차가 5m 이상의 내측반경으로 회전할 수 있도록 해야 하며, 경사는 17%를 넘지 않도록 하는 동시에, 노면은 미끄러지지 않는 조면으로 만들어져야 한다. 이 밖에 70lux 이상의 조도(높이 0.85m)를 유지하고 경보장치, 폐쇄회로 텔레비전, 그리고 직접 지상으로 통하는 출입구와 비상용 계단 등이 마련되어야 한다.

다. 주차장 설계

(1) 주차장의 설계과정

주차장은 다음의 단계를 거쳐 설계하도록 한다.

① 소요되는 주차장의 수요와 개괄적인 공급조건을 검토한다.
② 예상되는 주차장 부지의 폭과 길이, 그리고 진입로를 고려하고, 주변여건을 검토하여 적합한 주차배치방법을 결정한다.
③ 단위 주차구획의 너비와 길이, 차로의 너비를 결정하고 이 기준치수를 적용하여 전체 부지를 주차공간, 차로 및 주변 녹지대로 구획한다.
④ 주차장 진입부에 차량의 진 · 출입이 용이하도록 회전반경 기준을 적용하여 곡선화한다.
⑤ 개괄적으로 설계된 주차장의 규모가 수요와 일치하는지 비교하여 주차용량의 과부족을 조정하도록 한다.
⑥ 주차장의 형태를 확정하고 주차블럭 등 주차장의 부속시설을 설치한다.

(2) 주차구획의 기준치수

주차장의 기준치수는 차량의 규격을 기준으로 하여 주차를 위한 일정한 여유폭을 고려하여 결정해야 한다. 따라서 승용차, 화물차, 버스의 규격은 주차구획의 크기를 결정하는 기본요소이다. 그러나 우리나라와 같이 인구밀도가 높고 효율적인 토지이용이 요구될 경우, 주차구획의 기준치수는 작아지게 되며, 이로 인하여 주차의 안전성이 낮아지고 이용자들에게 큰 심리적 부담을 주게 된다. 승용차(일반형)의 주차구획은 주차대수 1대에 대하여 평행주차 형식 외의 경우 너비 2.5m 이상, 길이 5m 이상이며, 지체장애인의 전용주차장은 운전능력을 고려하여 너비에 다소 여유를 더 주어 너비 3.3m 이상, 길이 5m 이상으로 하여야 한다.

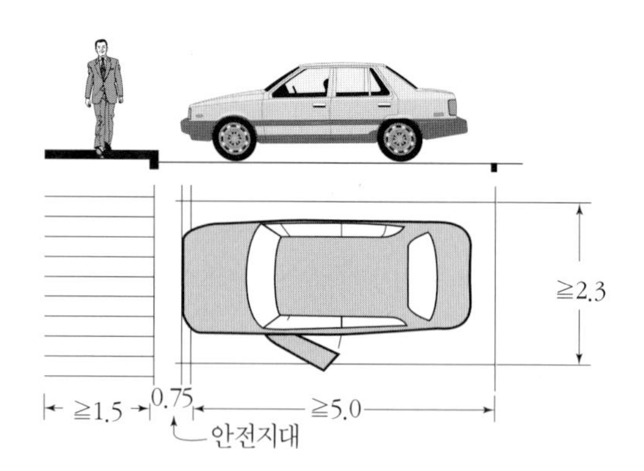

그림 Ⅳ-40. 주차구획의 기준치수

(3) 주차배치의 방법

주차장을 설계하기 위해서는 주차구획의 기준치수를 이용하여 주어진 면적에 최대의 주차면이 확보되어야 하며, 주차가 원활하게 이루어질 수 있도록 주차각도, 주차면적의 너비와 길이, 회전반경, 차와 보행자의 통로, 바닥포장, 경사, 배수시설이 확정되어야 한다. 이 중에서도 주차각도는 주차장의 형태를 결정짓는 중요한 요소로서 그 각도에 따라 직각주차, 60° 주차, 45° 주차, 평행주차 방식으로 구분할 수 있다.

① 직각주차(90° 주차)

직각주차는 주차공간의 폭이 넓어 충분한 여유가 있을 경우 설치가 가능하며, 동일 면적에 가장 많이 주차를 할 수 있으므로 고밀도 토지이용이 요구되는 곳에서 많이 사용되는 주차배치방식이다. 주차구획으로 차량출입이 어려워 운전자에게 많은 부담을 주게 되며, 자동차에 피해를 주는 경우도 빈번하다. 또한 통과교통이 없는 주차에서는 마지막에 위치한 주차구획의 방향전환을 위한 시설을 설치하거나 두 방향의 통로를 확보하여야 한다.

② 60° 주차

60° 주차는 경사지게 배치되므로 직각주차보다 더 많은 면적이 필요하지만 주차하기가 비교적 용이하여 많이 이용된다. 토지이용의 효율성을 높이기 위해 어골형으로 주차구획을 등지게 하여 주행방향에 따라 배치하는 것이 바람직하다.

③ 45° 주차

45° 각도의 주차배치는 주차공간으로 주차시킬 때 방향의 변화가 적고 교통통로의 폭이 감소될 수 있으나, 토지이용 측면에서는 가장 비효율적인 주차방식이다. 이것을 개선하기 위하여 주차구획을 서로 등지게 하여 배치함으로써 토지이용의 효율성을 높일 수 있다.

④ 평행주차

평행주차는 주차장이 좁거나 대형차량이 주차할 경우 도로의 연석과 나란하게 주차하는 배치

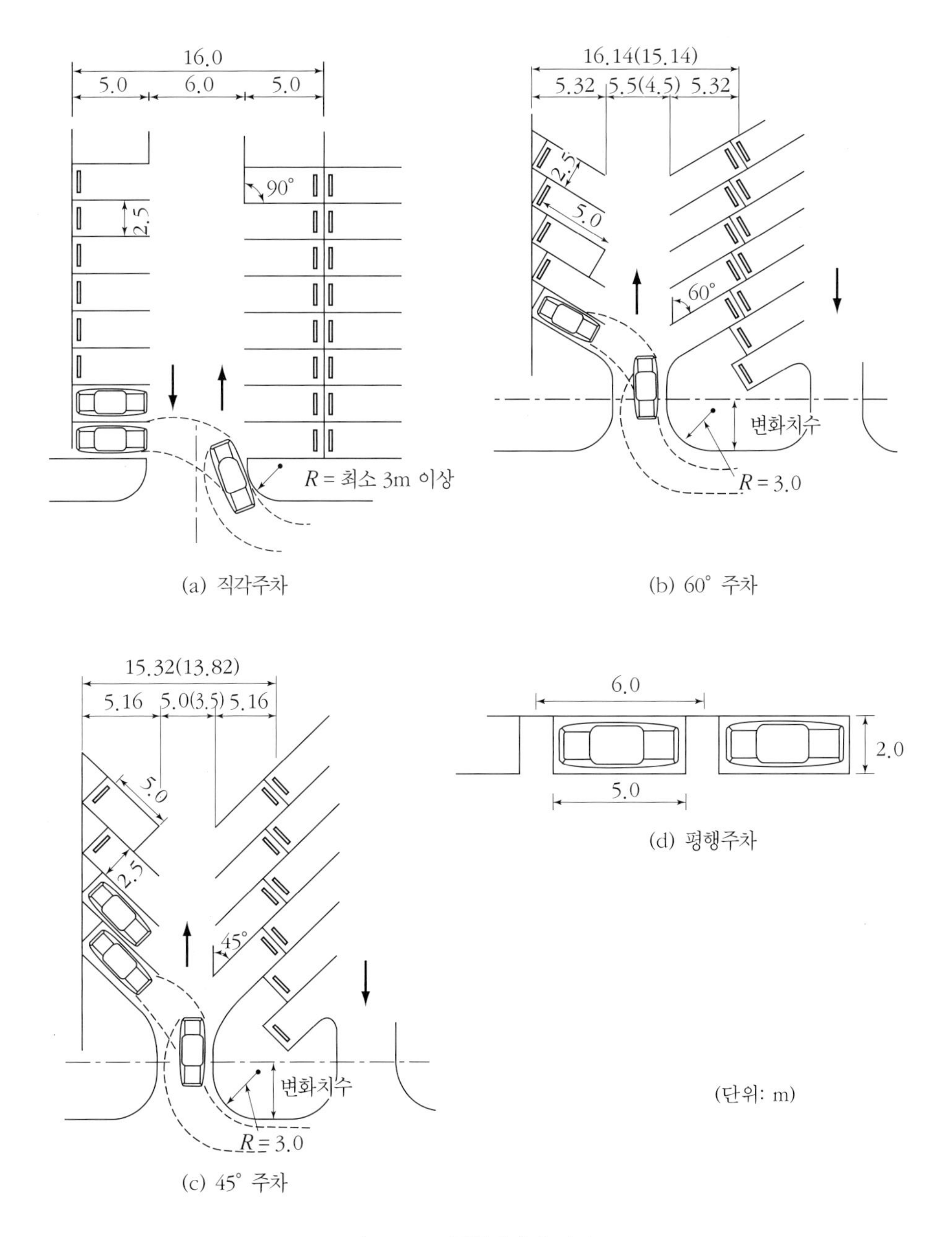

그림 Ⅳ-41. 주차배치의 방법

방법으로 주차장 부지의 폭이 가장 작은 도로변의 노상주차에 많이 사용되는 방식이다. 주차단위 구획은 승용차의 경우 주차대수 1대에 대하여 너비 2m 이상, 길이 6m 이상으로 한다.

(4) 회전부분의 설계

주차장의 진 · 출입을 위해서 차량은 회전을 하게 되며, 이러한 회전을 원활하게 하도록 하기 위해서는 모든 회전부위에 곡선을 삽입하여야 한다. 일반적으로 회전부위에서는 반경 1.5m의 곡선을 삽입하지만, 도로 교차로에서 주차장의 진입부로의 회전반경은 최소 3m 이상으로 하여 더욱 회전이 용이하도록 해야 한다. 만약 2개의 곡선을 삽입하기에 충분한 거리가 확보되지 않는 경우에는 두 곡선부를 합치도록 하여야 한다.

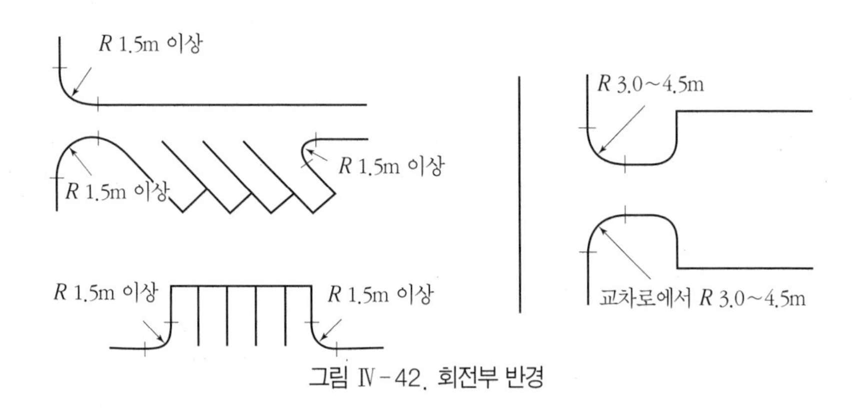

그림 Ⅳ-42. 회전부 반경

(5) 주차장 내의 보도

주차장에서는 주차 후 보행이동과 주차공간 주변의 보행동선에 의해 차량동선과의 마찰이 불가피한 경우가 있는데, 보행자의 안전을 고려하고 사고를 예방하도록 해야 한다.

보행의 안전성을 확보하기 위해서는 주차장의 둘레에 폭 1.5m 이상의 보행로를 조성하고, 보행로와 주차공간 사이에 녹지대를 조성하여 쾌적한 환경을 조성하도록 해야 한다.

그림 Ⅳ-43. 주차장과 보행공간

(6) 배 수

주차장은 넓은 면적을 차지하게 되어 강우시에는 우수유출량이 많아지게 된다. 우수의 유출에서 고려해야 할 것은 주차장 표면의 경사와 표면재료이다. 주차장의 표면경사는 우수의 표면

배수를 원활하게 하기 위한 최소한의 경사를 주어야 하며, 아스팔트 포장에서는 1~2%를 적용하게 되지만 포장공법에 따라 3%까지 높아질 수 있다. 또한 표면경사는 여러 가지의 패턴으로 나누어지게 되어 각각 다른 주차장의 단면을 형성하기도 한다. 경사가 급해질수록 표면배수가 신속해지게 되지만 지나친 경사는 차량이 경사방향으로 이동하여 사고를 일으키게 하거나 차량의 배기구가 경계부위와 충돌하는 등 주차장의 기능에 문제를 야기시킬 수 있는 원인이 된다.

유출된 우수는 표면경사에 의해 집수시설로 모아지고 배수로를 통하여 제거되기도 하며, 지반고가 낮아 우수의 배출이 원활하지 않은 지역에서는 별도의 물저장시설을 설치하는 경우도 있다.

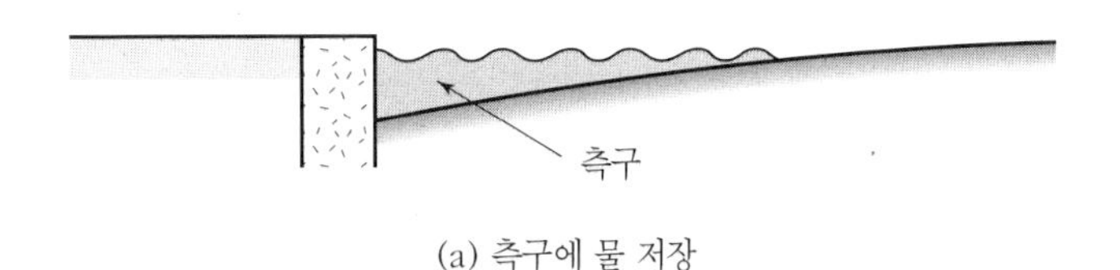

(a) 측구에 물 저장

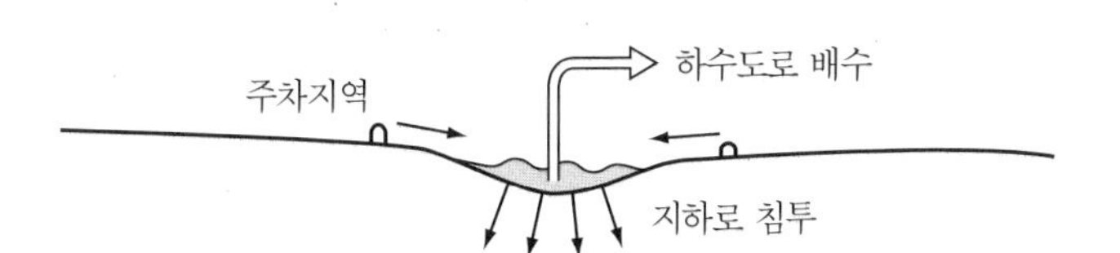

(b) 주차지역 사이의 집수지역

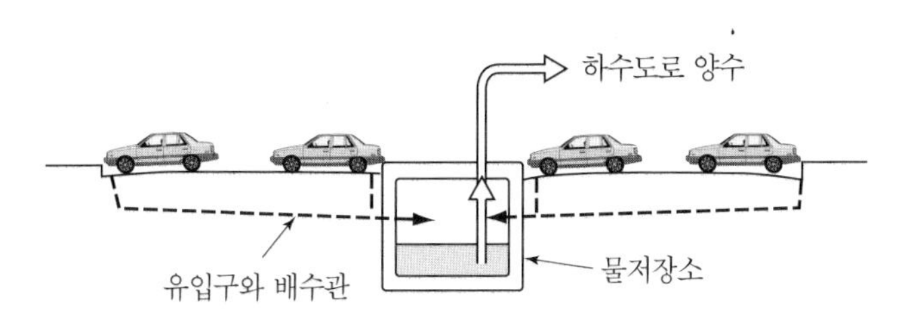

(c) 물저장소의 설치

그림 Ⅳ-44. 주차장 배수

최근에는 강우의 순간적인 유출을 방지하고 토양 내의 수분을 공급하기 위하여 환경친화적인 공법으로서 그림 Ⅳ-45와 같이 투수성이 높은 투수블럭이나 투수콘크리트*porous concrete*를 사용하여 우수를 지하로 침투시키거나 우수의 일부를 저장하여 수목에 공급하기도 하며, 주차장의 표면을 녹화하는 방법도 등장하고 있다.

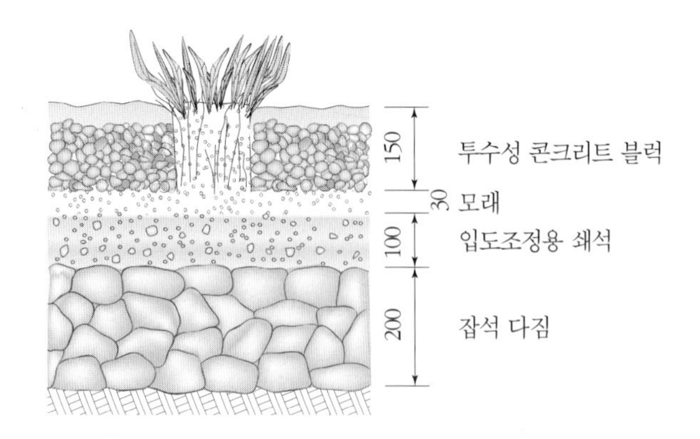

그림 Ⅳ-45. 투수성 콘크리트블럭 포장

(7) 부대시설

주차장에는 주차공간의 구획을 위해 연석을 사용하고, 차량이 구획된 곳을 벗어나지 않도록 하기 위하여 자동차의 정지완충장치를 사용하게 된다. 연석의 높이는 차량이 이동 중 쉽게 넘어갈 수 없도록 높이를 15cm 이하로 하여야 하며, 정지완충장치는 10cm의 높이를 갖도록 한다. 이 밖에도 주차관리를 위한 주차미터와 차량고정장치가 추가적으로 설치될 수 있다.

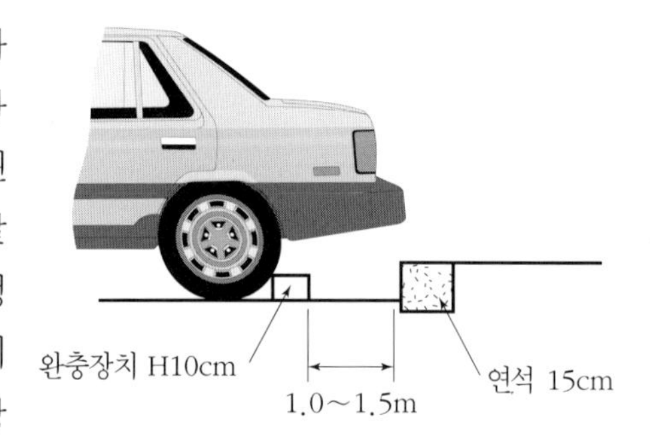

그림 Ⅳ-46. 연석과 정지완충장치

5. 보행로의 설계

우리는 모든 사람이 보행인이라는 사실을 너무 쉽게 잊고 있다. 특히 도시에서 자동차의 통행을 위한 도로는 지배적인 요소가 되어 온 반면, 보행인을 위한 보행로의 설계는 가볍게 다루어져 왔다. 이로 인하여 자동차는 보행자를 압도하고, 교통사고를 야기시키며, 환경적으로도 대기오염, 소음발생, 환경파괴의 원인이 되고 있다. 도시계획 · 단지계획 · 도시설계 · 가로환경 설계를 할 때, 보행로는 자동차나 자전거의 통행으로 인하여 보행로가 단절되지 않는 연속성이 있어야 하고, 자동차나 불필요한 장애물로부터 분리시킴으로써 안전성을 가져야 하며, 매력 있는 보행환경의 제공으로 보행자가 쾌적한 경험을 갖도록 설계되어야 한다. 동시에 몸이 불편한 보행자를 위한 배려도 해야 한다.

가. 설계시 고려사항

(1) 보행기준

보행자의 보행속도는 연령 · 성별 · 신체 조건에 따라 달라지게 된다. 성인의 경우 보행속도는 짐을 휴대하지 않은 사람은 1분에 80m(4.0~4.5km/hr) 정도 걸을 수 있으며, 연령이 많아질수록 속도는 감소하게 된다. 경사도 6%까지는 보행속도에 큰 영향을 주지 않는 것으로 알려져 있으며, 계단 · 교차로 · 승강기 · 회전문과 만나게 되면 보행속도가 감소하게 된다.

보행자가 자발적으로 부담 없이 걸을 수 있는 보행한계거리는 보행목적, 기후조건, 보행자 특성에 따라 달라지게 되며, 이러한 기준은 주차장의 위치를 결정하거나 근린주구 내에서의 행동반경을 결정하는 데 도움을 준다. 그림 Ⅳ-47에서는 절반 정도의 사람들이 220m의 거리에서 보행한계거리를 나타내고 있다. 그러나 이것은 하나의 사례로서 우리나라에서는 별도의 조사분석을 토대로 한 자료를 사용하여야 한다.

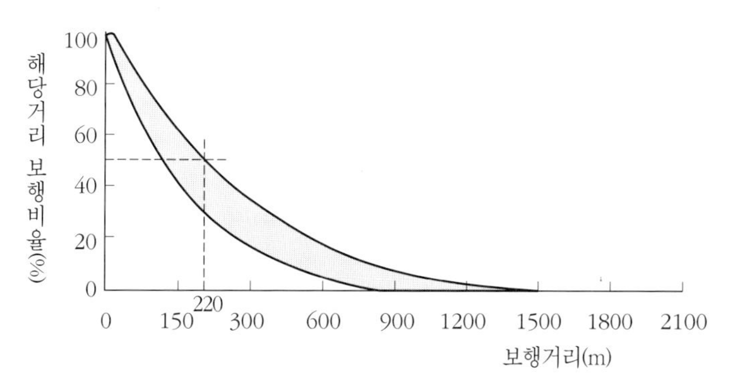

그림 Ⅳ-47. 보행한계거리

(2) 보도용량

보도용량은 1분 동안에 주어진 지점을 통과하는 보행인의 수를 말한다. 이론적으로 예상되는 보행자를 수용할 수 있는 보도의 규모를 계산하는 것이 가능하지만, 기후, 보행습관, 보행밀도에 따라 달라지게 되므로 실제로는 복잡하다.

보행자들이 인식하는 개인의 고유한 임계영역은 환경심리에서 언급되는 영역기포*territory bubble*와 비슷하다. 이 영역기포는 그림 Ⅳ-48에서처럼 달걀 모양의 형태를 가진 공간으로 묘사되며, 전방공간이 상대적으로 큰 반면, 측면과 후면공간은 상당히 작다. 이러한 영역기포는 보행자가 처한 상황에 따라 변하게 되는데, 공공장소에서는 매우 적은 반면, 자유스럽게 산보할 경우에는 많은 공간을 필요로 하게 된다.

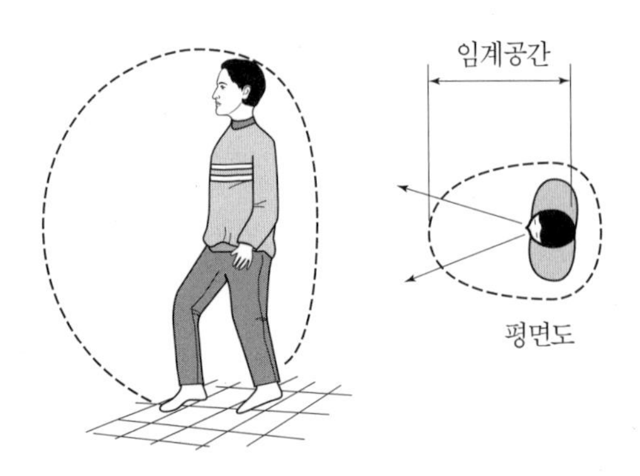

그림 Ⅳ-48. 보행인의 영역기포

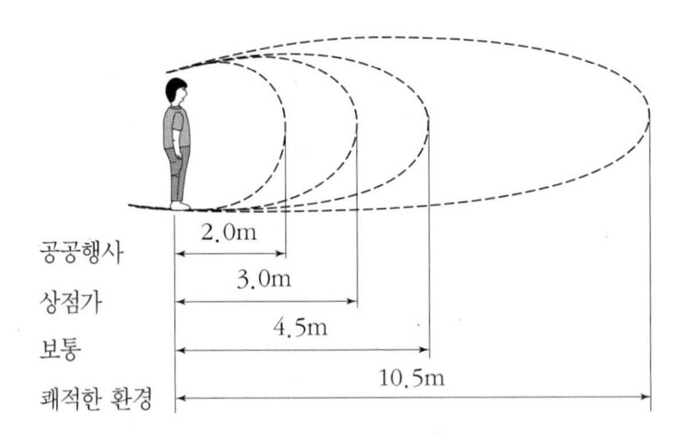

그림 Ⅳ-49. 전방공간

보행로 설계에서 가장 중요한 치수는 보행속도와 주어진 시간에 한 지점을 통과할 수 있는 보행인의 수를 결정하는 전방공간前方空間이다. 그림 Ⅳ-49와 같이 혼잡하지 않은 곳에서 전방공간은 보통 4.5m 정도가 된다. 그러나 쾌적한 보행환경일 때는 더 많은 공간을 필요로 하고, 혼잡한 거리에서는 많이 줄어들게 된다.

보도와 계단에서의 보행자의 흐름용량과 보행속도, 그리고 보행밀도의 관계는 〈표 Ⅳ-12〉에 나와 있는 것처럼 여러 가지 수준으로 구분될 수 있으며, 이러한 보도용량은 보도의 종류에 따라 달라지게 된다.

〈표 Ⅳ-12〉 보행로에서 보행자의 밀도

개 념 도	평균흐름용량 보행자수/m/분	평균보행속도 (m/min)	평균보행자 점유면적 (m^2/인)	특 징
	23인	79 이상	3.3	· 보행속도의 제한이 없음 · 반대방향 보행과 횡단이 자유로움 · 최대용량의 25%
	23~33	76~79	2.3~3.2	· 평균보행속도 · 반대방향 보행으로 인한 충돌 가능 · 때때로 보행간섭을 받음 · 최대용량의 35%
	33~49	70~76	1.4~2.3	· 보행속도 부분적으로 제한 · 제한된 보행흐름 · 반대방향 보행이나 횡단 제한 · 최대용량의 40~65%
	49~66	61~70	0.9~1.4	· 보행속도 제한 · 반대방향 보행이나 횡단이 어려움 · 최대용량의 65~80%
	66~82	34~61	0.15~0.9	· 보행속도 제한 · 보행마찰이 심함 · 반대방향 보행이나 횡단시 충돌 불가피 · 최대용량
	82 이상	0~34	0.15 이하	· 보행속도 극히 제한 · 통행이 어렵고 반대방향 보행이나 횡단이 어려움 · 보행마찰 극히 심함

(3) 보도폭의 계산

1) 표준흐름 산정방법

보도폭의 산정은 단위시간당 보행자의 수 V, 보행자 1인당 공간모듈 M, 그리고 보행속도 S가 결정되면 다음의 공식에 의해 산정이 가능하다. 여기서 보행자 1인당 공간모듈 M은 보행자의 전방공간에 대한 요구를 고려하여 계산된 값으로 0.5m²에서 4.0m²의 값을 가지게 된다.

$$보도폭원\ W(\mathrm{m}) = \frac{V \times M}{S}$$

예를 들어, 단위시간당 보행자의 수(V)는 160명/분, 보행자 1인당 공간모듈(M)은 1.5m², 보행속도(S)는 80m/분이라면 보도의 폭은 3m이다. 그러나 여기서 구해진 보도폭은 유효보도폭원에 대한 값으로 실제 보도폭을 산정하기 위해서는 가로시설대와 건물에 접한 가로점유공간을 추가하여야 한다.

2) 보도특성별 산정방법

이러한 방법 이외에도 보도폭원을 계산하기 위한 방법으로는 보도를 용도에 따라 구분하고 여기에 해당되는 단위시간당 보행자수, 보행속도, 단위흐름당 폭원을 결정하여 보도폭원을 산정할 수도 있다.

① 복잡한 공공행사 장소의 출구

보행인들은 어느 정도의 혼잡한 상태를 받아들이며, 이때 개인의 영역기포의 크기는 상당히 감소하고 보행밀도는 높아지게 된다. 최대보도용량은 한 줄의 폭이 대략 55cm일 때 33명/분이다. 만일 3.3m가 되는 보도라면 1분에 약 198명($330 \div 55 \times 33 = 198$)을 수용할 수 있다. 따라서 공공행사가 있는 장소로부터 출구의 보도폭을 계산하기 위한 일반공식은 다음과 같다.

$$\frac{0.55P}{33T} = W \qquad \text{(식 IV-19)}$$

단, W : 출구의 보도폭(m)
P : 출구를 통해 나올 전체 인원
T : 출구를 완전히 이탈하는 데 소요되는 시간(분)

② 복잡한 상점가의 보도

복잡한 상점가에서는 최소 약 70cm가 되는 한 줄에 대해 1분에 22명의 보행인을 수용할 수 있어야 한다. 실제적인 보도용량을 계산하기 위해서는 가로시설대와 건물 측의 진열창을 기웃거리는 공간의 폭을 추가하여야 하며, 이를 고려하여 계산할 경우 보행인의 수는 1분에 반 정도인 11명으로 감소한다. 주요 상점가의 보도는 최소 3.0m의 보도폭을 유지해야 하고, 일반적으로 지나친 혼잡이 우려될 경우 보도폭을 넓혀야 한다.

③ 쾌적한 환경의 보도

보도가 이용자에게 쾌적함을 주기 위해서는 아무런 방해 없이 눈을 지면에 편안하게 놓고 보행할 수 있는 전방거리가 약 10m 정도이고, 보행속도는 1분에 80m로 약 75cm 되는 한 줄에 대해 1분에 8명을 통과시킬 수 있는 보도용량을 가진 보도이어야 한다. 쾌적한 환경을 유지하기 위한 보도의 최소폭은 2줄의 보행 폭, 즉 약 1.5m이면 충분하지만, 보도의 폭원이 좁을 경우 심리적 압박감을 느끼게 되므로 이보다 크게 조성할 수 있다.

(4) 보행의 흐름

보도설계에 있어 보행의 흐름은 양과 속도의 두 가지 요소로 나누어 생각할 수 있다. 우선 양적인 면으로 볼 때, 보행량이 증가할수록 넓은 공간이 필요하므로 보행자의 흐름이 합쳐지거나 증가하는 곳에서는 순간적으로 보행량이 과다하여 혼잡을 야기시킨다. 또한 흐름이 일정한 경우에 있어서도 중간에 동선이 갑자기 좁아지거나 꺾어짐으로써 흐름에 정체가 생길 때에는 역시 혼란을 초래하기 쉽다. 따라서 보행공간설계에 있어서 이와 같은 불합리한 현상이 일어나지 않도록 여러 각도로 검토가 이루어져야 한다.

속도와 관련하여 보면 보행자가 빠르게 움직일 때 또는 긴급대피할 경우에는 사람들의 마음이 긴장하여 심리적으로 불안해지고 판단력이 저해되기 쉬우므로, 동선의 방향을 명시하고 원활한 흐름이 이루어지도록 하는 동시에 동선끼리 교차하지 않도록 하는 것이 바람직하다.

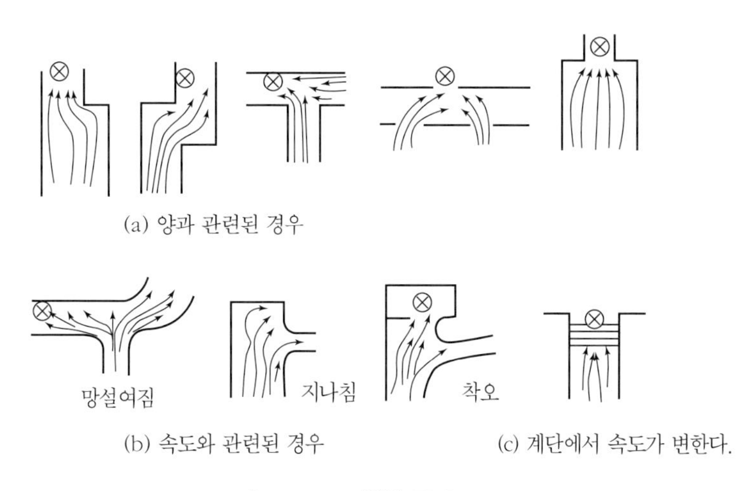

그림 Ⅳ-50. 위험한 동선

또한 보행의 흐름은 단지 보행동선의 평면적인 형태만이 아니라 수직적인 높이의 변화에 의해서도 영향을 받게 된다. 공원 내에서의 보도의 경우 경사가 급해져 6% 이상이 되면 보행에 지장을 주게 되므로 완만한 경사를 주어 보행의 흐름에 정체현상이 생기지 않도록 해야 하고, 불가피하게 계단을 설치하여야 하는 경우에는 축상을 낮게 하고 답면을 넓게 취함으로써 보행자의 소통에 어려움을 주지 않도록 해야 한다. 또한 보행의 흐름이 지체되는 것을 예상하여 여유공간을 주어 보행자의 일시적인 휴식과 머무름이 가능하도록 해야 한다.

(5) 유효보도폭원

보도에서 보행자가 보행에 이용할 수 있는 공간은 실제 보도폭보다 좁아지게 되는데, 이것은 보도에 설치되는 시설과 보도의 보행흐름 특성에서 기인된 것이다.

가로시설대는 보도와 차도의 경계부에 설치되는 소화전 · 우편함 · 공중전화 · 주차미터기 · 가로등 · 가로수 · 교통신호기 등이 설치되는 공간으로서, 45~75cm 정도의 폭을 점유하게 된다. 또한 어떠한 건물이나 벽에 면해 있는 보도의 내측 단은 보행인의 자유로운 흐름을 차단한다. 그 이유는 많은 보행자들이 건물의 진열창을 보며 천천히 움직이므로 정상적인 보행의 흐름과 달리 지체되고 보행의 흐름이 느려져 보행용량을 감소시키기 때문이다. 심리적으로도 보행자는 안전을 이유로 건물에 근접하여 걷는 것을 피한다. 이러한 건물에 인접한 보행지체공간은 건물과 접해서 대략 60cm 정도를 고려한다. 결국, 보도에서 가로시설대와 건물에 면한 지체공간을 제외한 나머지 공간이 실제적인 보행자의 이동을 위해서 제공되는 유효보도폭원이다. 보도를 설계함에 있어서 발생하는 이러한 현상은 당연한 것으로 받아들여져야 하므로 보도의 폭은 이러한 공간을 고려하여 여유롭게 결정되어야 한다.

그림 Ⅳ-51. 유효보도폭원

(6) 보행시설

보행자는 보행로에서 경사변화가 불가피한 경우에 계단이나 경사로가 조합된 형태로 수평이동과 더불어 수직이동을 병행하게 된다.

보행로에 주어지는 경사는 보행의 방향으로 전개되는 종단경사와 보행로의 횡단방향의 경사로 나눌 수 있다. 주로 배수의 목적을 위해 주어지는 횡단경사는 표면재료에 따라 다소 달라지게 되지만 1~3%의 경사 범위를 갖는다. 보다 복잡하고 중요한 것은 종단방향의 경사로서 보행자의 신체조건을 고려하여 5% 이하로 하는 것이 바람직하지만, 지형조건상 이를 넘는 경우가 불가피하게 발생하므로 경사가 18%를 초과하면 보행에 큰 어려움이 발생되지 않도록 경사를 적절히 배분하거나 계단을 설치하는 것이 좋다.

만약 신체장애자를 위한 경사로(램프*ramp*)인 경우에는 경사로의 유효폭은 2m 이상으로 하고 경사로의 기울기는 1/12 이하(높이가 16cm 이하인 경우는 1/8까지 완화)로 해야 한다. 휠체어가 이동하는 데 필요한 폭은 휠체어 1대의 경우 120cm 이상, 보행자와 휠체어가 함께 통행하는 경우 150cm 이상, 휠체어 2대가 동시에 통행하는 경우 180cm 이상의 유효폭이 필요하다. 고저차가 75cm를 넘을 때는 중간에 휴식을 위한 참을 두도록 한다. 경사로의 표면은 보행인이나 휠체어가 미끄러지지 않도록 적절한 표면마감을 하여야 한다.

계단은 최소한의 수평공간으로 수직이동을 최대화할 수 있는 효율적인 수단이지만 보행자에게 육체적인 어려움이나 위험을 초래할 수 있으며, 특히 장애자를 위한 램프나 엘리베이터가 설치되어야 한다.

계단의 기본 구성요소인 단너비*tread*와 단높이*riser*는 일정한 관계를 형성하게 되어 축상의 높이를 R(riser), 답면의 너비를 T(tread)라 할 때, 식 IV-20과 같은 관계가 성립한다. 주택건설기준 등에 관한 규정에서는 주택단지의 옥외계단의 유효폭은 90㎝ 이상, 단높이 20㎝ 이하, 단너비 24㎝ 이상으로 규정하고 있는데, 보통 단높이는 11~18㎝의 범위에서 14~15㎝가 가장 적당하며, 단너비는 30~37㎝가 적절하다.

$$2R + T = 60 \sim 65\text{cm} \qquad \text{(식 IV-20)}$$

【주】 계단의 축상의 높이와 답면의 너비에 대해서 미국에서는 $2R+T=65\sim67.5$cm, 국내에서는 60~65cm의 기준을 적용하고 있는 데 보행자들이 편안하다고 느끼는 계단의 규격은 60~68cm의 범위에 있다.

이 공식과 축상의 최고저 높이기준을 적용하여 계산해 보면 〈표 IV-13〉과 같다.

〈표 IV-13〉 축상 높이와 답면 너비의 관계 (단위: cm)

축상 높이	11	12	13	14	15	16	17	18
답면 너비	38~43	36~41	34~39	32~37	30~35	29~33	29~31	29~29

【주】 답면너비는 최소 29cm 이상이어야 함

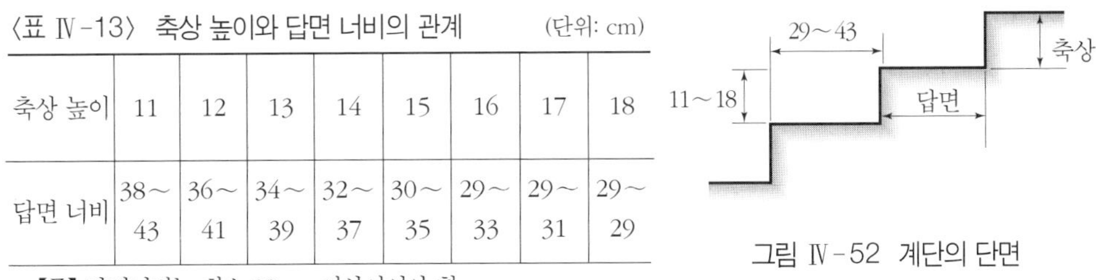

그림 IV-52 계단의 단면

일반적으로 옥외공간의 계단은 실내에 설치된 계단보다 안전하고 이용이 편리하도록 설치하여야 한다. 공공공간에서 계단의 폭은 두 사람이 통과할 수 있도록 최소 1.5m 이상이어야 하고, 경사는 완만할수록 좋으며, 최대 30~35°가 넘지 않도록 해야 한다. 계단의 높이는 2.0m

를 넘지 않는 것이 바람직하다. 만약 이를 초과할 경우에는 보행자에게 불안감을 주고 육체적인 어려움을 주게 되므로 계단의 중간에 1.2m 이상의 넓이를 가진 계단참(12단마다 2~3보의 계단참)을 설치하여 보행자의 부담을 덜도록 한다.

계단은 한 번 밟기가 원칙이나 공원 같은 곳에서는 한 번 밟기나 세 번 밟기를 교대로 되풀이하는 것이 좋으며, 보도에 1단의 계단을 설치하거나 10cm보다 낮은 높이의 계단은 보행자가 인식하기 어려워 매우 위험하므로 피해야 한다. 불가피한 경우에는 포장에 변화를 주거나 위험을 사전에 인식할 수 있도록 경고를 하여야 한다. 또한 계단의 야간이용을 고려하여 계단의 시작과 끝부분에 조명등을 설치하거나 이용의 안전성을 높이기 위해 보통 80cm 정도의 난간을 설치할 수 있다.

계단의 답면은 보행의 안전성을 높이기 위해 발이 끼이거나 걸리지 않는 구조로 해야 하고, 배수가 용이하도록 계단의 낮은 방향으로 1~2%의 표면경사를 주어야 한다. 또한 답면의 끝부분은 미끄럼을 방지하기 위하여 마찰력이 높은 재료나 공법을 사용하여야 한다.

나. 장애자를 위한 안전의 고려

외부공간은 많은 부분에 있어서 일반적인 이용자를 대상으로 설계하게 된다. 그러나 우리가 예상하지 못할 정도의 많은 이용자가 시각 · 운동 · 청각 · 신체 · 정서적 어려움을 가지고 있다. 이것은 선천적이든 후천적이든 사람의 능력에 관계없이 모두가 겪게 되는 경험일 수도 있다. 예를 들어 유아기 및 유년기의 판단능력의 저하나 노년기의 전반적인 능력 저하는 일반인들도 겪게 되는 어려움이기도 하다.

선진국에서는 이러한 것을 직접 체험하는 교육을 시행하고 다양한 시설을 설치하는 경향을 보이고 있으며, 편익시설의 설계에 있어서도 장애인이 장애를 느끼지 않는 공간*barrier free zone*을 설계하고 있다. 우리나라에서도 1997년 "장애인·노인·임산부 등의 편의증진 보장에 관한 법률"이 제정되었고 2005년에는 "교통약자 이동 편의 증진법"으로 개정되었다. 이 법은 교통약자가 안전하고 편리하게 이동할 수 있도록 교통수단, 여객시설 및 도로에 이동편의시설을 확충하고 보행환경을 개선하여 사람중심의 교통체계를 구축함으로써 교통약자의 사회 참여와 복지증진에 이바지함을 목적으로 하고 있다.

사람들이 겪게 되는 물리적 · 정신적 어려움은 그 유형에 따라 매우 독특한 특성을 갖게 되므로 설계기준은 각 유형별로 특성화시켜 마련되어야 하지만, 현재까지는 주로 신체능력이 저하되어 있는 사람들을 위한 보행시설의 설치에 초점을 두고 있어 다른 유형의 장애가 있는 사람들을 위한 기준은 불명확한 실정이므로 장애유형별로 최소한의 기준이 마련되어야 할 것이다.

장애인의 편의시설의 설계는 각 장애유형별 척도기준을 고려하여 이루어져야 한다. 휠체어

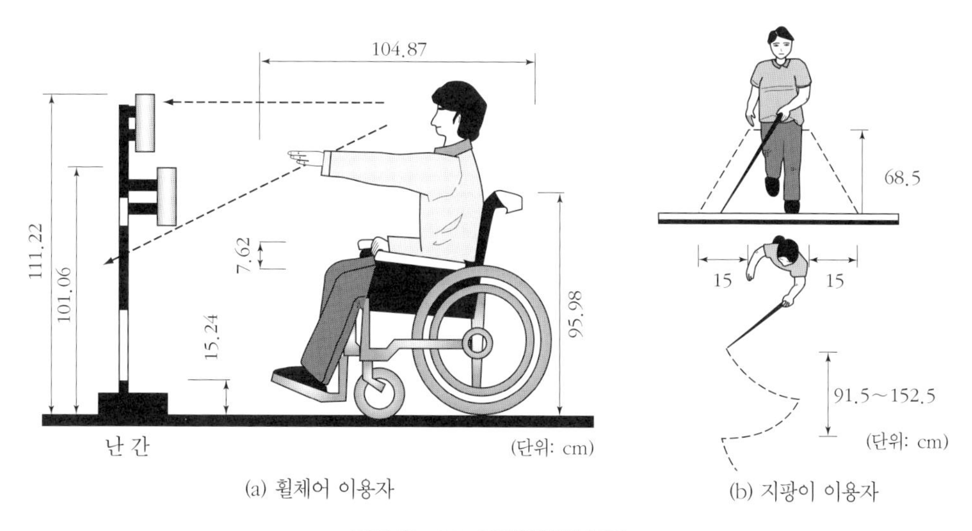

그림 Ⅳ-53. 장애유형별 척도

이용자와 시각장애인의 척도를 살펴보면 그림 Ⅳ-53과 같다.

이러한 척도에 따라 보행로는 연계된 네트워크를 구성하여야 하며, 기본적으로는 연속적으로 안전하게 수평이나 수직적 이동과 휴식이 가능하여야 한다. 이를 위해서는 시각장애인의 보행을 유도하기 위한 시설로서 유도 및 경계용 점자블럭(그림 Ⅳ-54), 위험을 예고하거나 경고하기 위한 시설, 해당시설에 대한 정보를 제공하기 위한 점자안내판이나 안내방송이 필요하고 신체장애인을 위하여 계단이 없는 보행체계를 만들거나 보행로상에 승강기를 설치하여 수직적 이동이 용이하도록 도와주며 불가피하게 계단을 설치할 경우, 계단의 높이를 1.5m 이내로 하고 계단의 최소폭은 1.5m 이상으로 한다.

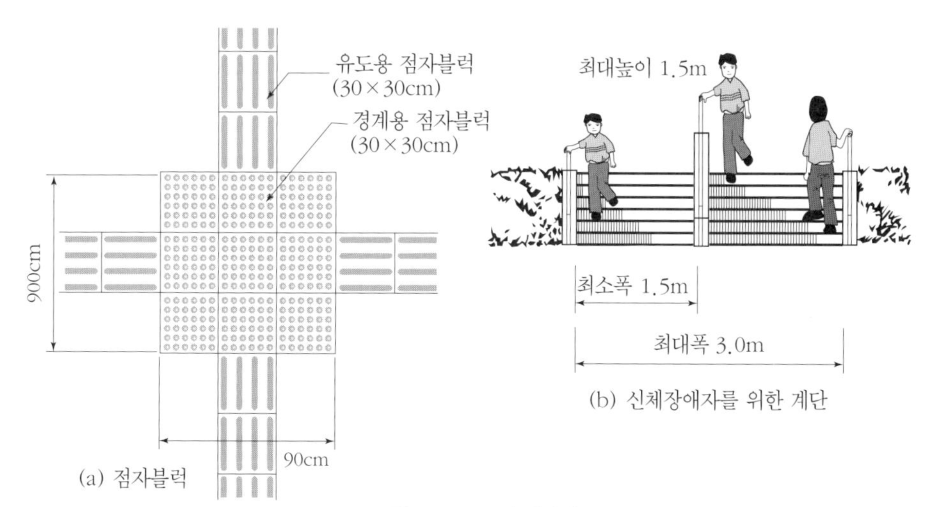

그림 Ⅳ-54. 점자블럭

6. 자전거도로의 설계

자전거는 어린이들뿐만 아니라 어른들도 건강이나 여가활동을 위해 많이 이용하고 있다. 자전거는 기동성이 뛰어나고 자동차에 의한 교통혼잡을 감소시키며, 주차난을 완화하는 장점이 있다. 이 밖에도 연료가 소모되지 않아 소음이나 공기오염도 시키지 않는 이점을 갖고 있다.

이러한 이점에도 불구하고 우리나라에서의 자전거 활용은 미흡한 실정이다. 이것은 자전거 이용에 대한 인식 부족과 자전거의 안전하고 편리한 이용을 위한 체계화된 자전거도로나 지원 시설이 불충분하기 때문이다. 최근에는 자전거 이용 활성화에 관한 법률을 제정하여 시행하고 있으며, 앞으로 자전거의 이용이 증대될 것으로 예상된다.

가. 자전거도로의 폭원

자전거의 제원은 그림 Ⅳ-55에서 보는 바와 같이 손잡이대는 약 60cm 정도이고, 자전거의 길이는 약 1.8m이며, 수직높이는 2.1m 정도이다. 한 방향으로만 달리는 경우, 60cm 정도의 자전거 손잡이대와 양측으로 동요되는 폭 45cm를 포함하여 약 105cm이다. 그러나 이 공간은

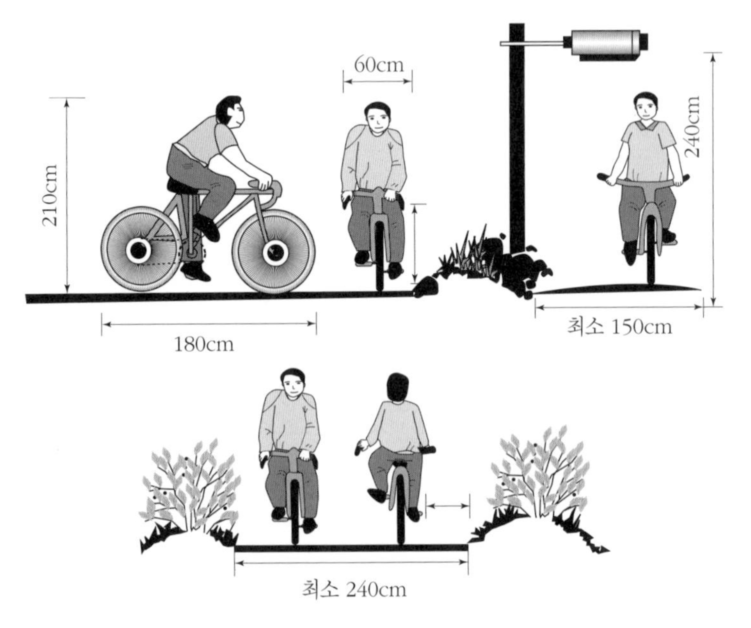

그림 Ⅳ-55. 자전거 및 자전거도로의 제원

여유가 없으므로 바람직한 최소한의 폭은 자전거의 양측으로 동요할 수 있거나 조심스럽게 다른 자전거가 통과할 수 있도록 약 45cm씩을 첨가하여 약 150cm로 하는 것이 좋다. 현재 자전거 이용시설의 구조 · 시설에 관한 규칙에서는 자전거도로의 폭을 1.5m 이상으로 하고 부득이한 경우 1.2m 이상으로 규정하고 있다. 또한 자전거를 양방향으로 통과시키기 위한 최소한의 폭은 약 240cm 정도가 요구된다.

나. 자전거 이용시설의 구조 · 시설기준

자전거의 속도는 평지에서는 시속 약 30km/hr 정도이고, 5%가 넘는 내리막 경사로에서는 시속 약 40km/hr 정도이다. 혼잡하지 않는 도시에서는 일반적으로 약 25km/hr 정도가 적당하다. 우리나라에서 자전거도로의 설계에 적용하는 설계속도는 자전거전용도로는 30km/hr, 자전거 · 보행자겸용도로는 20㎞/hr, 자전거전용도로는 20km/hr로 규정하고 있다.

자전거의 정지시거는 설계속도, 경사도, 상하향에 따라 달라지게 되며, 곡선반경은 설계속도 30km/hr 이상은 27m 이상, 20km/hr 이상~30㎞/hr 미만은 12m 이상, 10㎞/hr 이상~20㎞/hr 미만은 5미터 이상이며, 자동차와 마찬가지로 곡선부에는 편경사를 주도록 하고 있다.

자동차와 달리 자전거는 인력에 의해 움직이게 되므로 경사의 변화에 민감하다. 일반적인 자전거는 경사도가 7%를 넘지 않는 것이 바람직하며, 종단경사에 따라 경사로의 길이를 제한하고 있는데, 그 기준은 〈표 Ⅳ-14〉와 같다. 만약, 종단경사가 계속될 경우에는 제한길이에 이를 때마다 3% 미만의 종단경사를 가진 구간을 100m 이상 설치하여야 한다.

〈표 Ⅳ-14〉 종단경사에 따른 제한 길이

종단경사	제한길이
7% 이상	120m 이하
6% 이상 7% 미만	170m 이하
5% 이상 6% 미만	220m 이하
4% 이상 5% 미만	350m 이하
3% 이상 4% 미만	470m 이하

자전거와 다른 교통시설이 교차할 경우 교차각은 45° 이상으로 하고, 교차점으로부터 10m 이상 구간에서는 시야의 장애가 없도록 해야 하며, 교차구간에서는 종단경사가 3%를 넘지 않도록 하고, 만약 3% 이상인 경우에는 교차가 시작되기 전 3m 이상의 지점에 자전거 과속방지

용 안전시설을 설치하여야 한다.

자전거도로의 포장은 평탄하여야 하며, 다른 도로와의 구분을 위해 색깔을 달리하여 포장하거나 선으로 구획을 해야 한다. 또한 포장면은 표면배수가 가능하도록 1.5~2.0%의 횡단경사를 두거나 투수성 포장재를 사용할 수 있다. 비가 오거나 눈이 올 경우 미끄러지지 않는 표면으로 만들어져야 한다.

다. 자전거의 주차

자전거의 보관을 위해서는 보행인에게 불편하지 않도록 안전하고 편리한 장소에 자전거 보관시설을 설치하고 표지판을 설치하여야 한다. 또한 눈이나 비를 가리기 위한 덮개, 도난방지를 위한 장치, 야간조명시설을 부대로 설치하여야 한다. 이 밖에도 자전거 이용자의 휴식과 편의를 위해 간이화장실 · 음료대 · 의자 · 공중전화 등 편의시설을 설치하여야 한다.

자전거 주차대는 자전거의 보관을 위해 설치되는 자전거 주차장의 주요시설로서 보관의 안전성과 가로시설로서의 경관효과를 고려해야 하며, 주차가 용이해야 한다. 일반적으로 자전거 주차대는 녹슬지 않는 금속재로서 스테인레스나 주철재, 또는 콘크리트재를 사용하여 만들어지며, 지반에 고정되도록 설치되어야 한다.

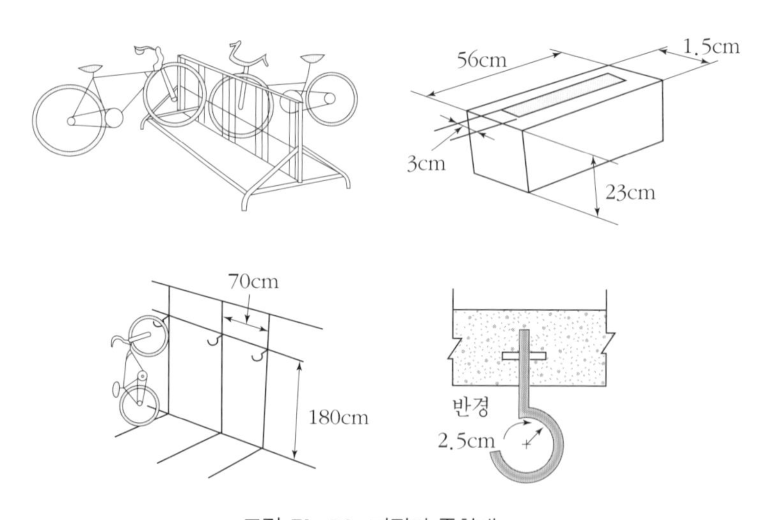

그림 Ⅳ-56. 자전거 주차대

연습문제

1. 설계속도란 무엇인가?
2. 횡단경사와 종단경사는 무엇인가?
3. 보행로설계시 고려해야 할 점은 무엇인가?
4. 대학캠퍼스에 설계속도 30km/hr인 2차선 차도를 설계하려고 한다. 도로의 계획 중심선에 그림 IV-57과 같은 자료가 주어졌을 때, 도로의 수평곡선에 대해서 다음 질문에 답하라.

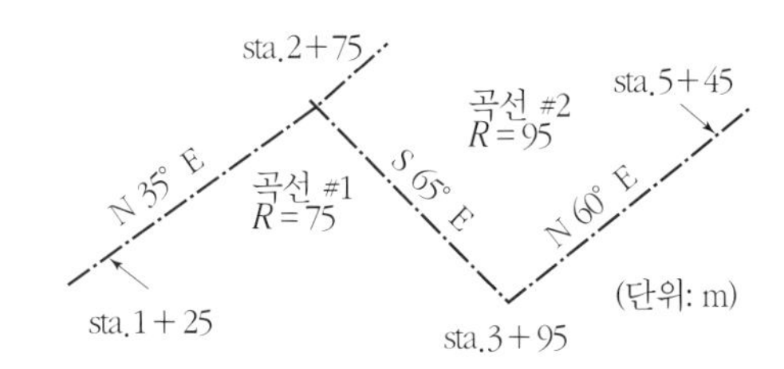

(tan80° = 5.671　tan55° = 1.428　tan40° = 0.839　tan27.5° = 0.52)

그림 Ⅳ-57. 원곡선의 설치

① 곡선 #1과 #2의 자료를 계산하고 측점을 설치하라(축척 1 : 300).

② 이 도로의 곡선부는 어떤 종류의 곡선에 해당하며, 또 어떤 경우에 자주 일어나겠는가?

5. 주차배치방법의 각 특성을 비교하여 설명하라.
6. 계단을 1개 선정하여 축상과 답면의 규격을 확인하고 설계기준과의 적합 여부를 검토하라.
7. 환경친화적인 방법으로 주차장을 포장하려고 한다. 적용가능한 공법을 들고 상세단면을 그려보자.
8. 자전거 이용실태를 알아보고 문제점과 대책을 제시하라.

참고문헌

김시원 외 3인, 『삼정 측량학』, 일조각, 1980.

김신원, 「편의시설 계획 및 설계시 고려사항」, 『환경과 조경』 제156호(2001.4), pp.140~145.

도철웅, 『교통공학원론』(상), 청문각, 1998.

문석기 외 5인, 『조경설계요람』, 도서출판 조경, 1998.

박상조, 『신판 도로공학』, 문운당, 1977.

유복모, 『측량학 원론』(II), 박영사, 1995.

윤국병, 『조경학』, 일조각, 1979.

이석찬, 『표준 측량학』, 선진문화사, 1978.

한국도로공사, 『도로설계요령』, 1992.

황용주, 『도시계획론』, 미래산업사, 1978.

Albe E. Munson, *Construction Design for Landscape Architects*, McGraw-Hill Book Co., 1974.

Charles W. Harris · Nicholas T. Dines, *Time · Saver Standards for Landscape Architecture* 2nd ed., New York: McGraw-Hill Pub. Co., 1998.

Donald G. Capelle, *An Introduction to Highway Transportion Engineering*, Institute of Traffic Engineers, 1968.

Gary O. Robinette, *Parking Lot Landscape Development*, Environmental Design Press, 1976.

Harlow C. Landhair & Fred Klatt, Jr., *Landscape Architecture Construction* 3rd ed., Prentice-Hall Inc., 1979.

Harvey M. Rubenstein, *A Guide to Site and Environmental Planning*, John Wailey & Sons, Inc., 1969.

Joseph Dechiara, *Urban Planning and Design Criteria*, Van Nostrand Reinhold Co., 1975.

Jot D. Carpenter, *Handbook of Landscape Architectural Construction*, the Landscape Architecture Foundation, Inc., 1976.

Rannor J. Paquette, *Transportation Engineering*, the Ronald Press Co., 1972.

Richard K. Untermann, *Grade Easy*, ASLA Foundation.

Richard K. Untermann, *Principles and Practices of Grading, Drainage and Road Alignment*, Reston Publishing Company, Inc., 1978.

Steven Storm · Kurt Nathan P. E., *Site Engineering for Landscape Architects*, Connecticut : AVI Publishing Co., Inc., 1985.

V 배 수(Drainage)

물은 식물의 생육과 인간생활에 필수불가결한 요소이지만, 우리나라는 여름철 장마기에 일시적으로 내리는 폭우에 의해 많은 피해를 입고 있으므로 효율적인 물의 관리에 관심을 가져야 한다. 조경가가 물을 대하는 입장은 물을 이용하고 필요로 하는 곳에 적절히 공급하기 위한 배수配水*distribution*와 과잉의 물을 배제시키기 위한 배수排水*drainage*의 개념으로 나누어 볼 수 있다. 이 밖에도 중수도의 사용, 물의 정화 등 수자원을 보전하고 관리하기 위한 환경 친화적인 물의 이용과 처리, 그리고 침식조절*erosion control*에 대해서도 관심을 가져야 한다.

1. 개 요

조경가들이 설계를 하기 위해서는 부지분석 단계에서 수문에 대한 분석을 하게 된다. 부지를 중심으로 하여 강우량의 계절적 특성을 파악하고 수질상태를 분석하며, 아울러 물의 기존 배수체계에 대해 관심을 가지게 된다.

이것을 기초로 부지설계 목적과 부합된 배수설계를 하게 되는데, 배수설계를 위해서는 지형, 토지이용, 식생 등 표면상태뿐만 아니라 토양, 지하수, 지질 등 지하상태까지 관심을 가져야 한다. 또한 물의 수리적 특성, 순환시스템을 알아야 하며, 배수의 역할과 배수를 결정짓는 요소에 대한 충분한 이해가 전제되어야 한다.

가. 물의 순환*hydrologic cycle*

물은 지표수면이나 해양면(수권)과 대기 중(기권) 및 지층 내(암권)를 끊임없이 유동순환하게 되는데, 이것을 물의 순환권循環圈이라 한다. 그림 V-1은 물의 순환에 대한 개념을 나타낸다. 해수면이나 육상수면으로부터의 증발 및 지표에서의 증발*evaporation*과 식물의 엽면으로부터의 증산*transpiration*으로 대기 중에 상승한 수분은 응축하여 비 · 눈 · 우박 및 서리 등의 형태로 다시 지표나 수면에 내려오게 되고, 이 물은 지표면으로 흘러 계류나 하천을 형성하고 바다로 흘러 들어가게 된다. 일부는 지표의 얕은 곳이나 호수 · 저수지 등에 정체되어 저류되기도 하며, 지

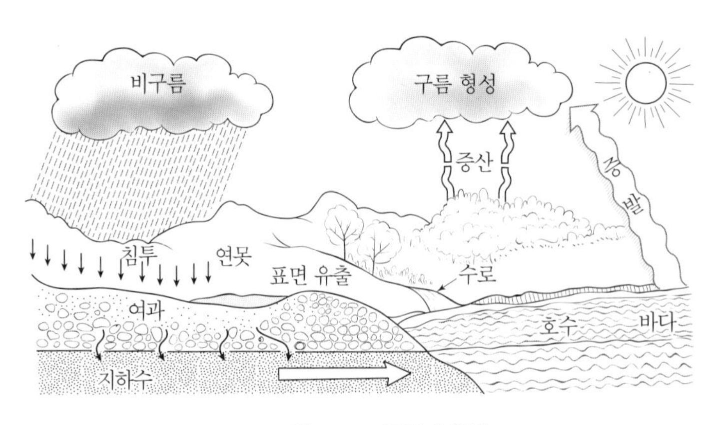

그림 V-1. 물의 순환권

중에 삼투하여 토양수분으로 토양 중에 보유되어 증발산의 원천이 되는가 하면, 일부는 더욱 깊이 침투하여 지하수로서 지중에 저류되거나 지중에서 이동하게 되는데, 이 지하수의 일부는 자연적 또는 인공적으로 지표에 유출되어 다시 유동하여 해양으로 유입되기도 하고 증발되기도 한다.

수문현상의 순환과정은 장소와 시간에 따라서 달라지게 되는데, 합리적이고 경제적인 수문설계를 하기 위해서는 기본적으로 수문방정식을 알아 두어야 한다. 즉, 유입량流入量 = 유출량流出量 + 저류량貯留量으로 표현되며, 어느 일정기간에 일정한 면적에 대한 전체 유입량은 전체 유출량과 저류량의 변동량을 합한 것과 같다는 의미이다. 이들은 〈표 V-1〉과 같다.

〈표 V-1〉 수문방정식의 변수

유 입 량	유 출 량	저류의 변동량
㉠ 강수량 ㉡ 지표 유입량 ㉢ 지하 유입량 ㉣ 기타 유입량 (개수로 · 관수로 등에 의한 유입량)	㉠ 지표 유출량 ㉡ 지하 유출량 ㉢ 증발량 ㉣ 증산량 ㉤ 중간 유출량 ㉥ 기타 유출량 (개수로 · 관수로 등에 의한 유출량)	㉠ 지하수 ㉡ 토양수분 ㉢ 적설량 ㉣ 저수량 ㉤ 일시적 지상 정체수

이 중에서 배수에서 중요하게 다루어야 하는 것은 강우량과 우수 유출량, 물의 체류, 관로 및 하천수로를 통한 흐름과 관련된 것이다.

나. 배수의 역할

배수는 과도한 물의 유출을 조절하고 이로 인한 침식을 방지하며, 불필요한 물을 배수하여 식물의 생육을 위한 토양조건을 확보하고 시설설치를 위한 기반을 조성하기 위한 목적을 가지고 있다. 최근 들어서는 중수의 활용이나 친환경적인 우수처리에 대한 역할이 증대되고 있다. 이와 같은 배수의 주요 역할을 요약하면 다음과 같다.

(1) 홍수조절 및 빗물의 저류

홍수조절은 배수의 기본적인 기능이다. 일반적으로 어느 부지를 개발하게 되면 표면유출이 증대되므로 일시적으로 물이 과다한 유출현상을 일으키게 된다. 이를 완화하기 위해 수로를 조성하거나 물을 저장하기 위하여 연못이나 유수지와 같은 저장시설을 설치할 수 있다. 이와 같이 어느 부지에 토지이용의 변화에 의해 유출량의 증가나 감소가 없는 것을 의미하는 영점유출 *zero runoff*은 과도한 유출을 방지하기 위한 효율적인 방법이 될 수 있다.

(2) 침식방지

과다한 표면수의 급격한 유출로 인하여 표토가 유실되어 식물생육기반과 시설이 파괴되기도 하며, 때로는 대규모 산사태나 지형의 변화를 초래하는 침식을 유발하게 된다. 이러한 침식을 예방하기 위해서는 물의 속도와 양을 조절하기 위하여 배수구역의 크기나 표면경사를 적절히 조절하여야 한다. 이와 반대로 지나치게 완만한 물의 흐름으로 인한 퇴적을 방지해야 한다.

(3) 시설기반의 조성

어느 부지에 조성되는 건물이나 운동장 등 시설부지는 건조한 표면을 유지하는 것이 바람직하므로 신속히 배수가 되어야 한다. 또한 시설물을 지탱하기 위해서 기초부위 토양은 적정한 지내력을 가져야 하므로 가급적 토양 내의 수분함유량은 적도록 하고 배수가 용이하고 안정적인 구조로 이루어져야 한다.

(4) 동식물 생육환경의 조성

배수가 원활하지 못하여 괴어 있는 물은 과다한 수분함유로 인하여 수목생육에 장애를 초래하므로 배수를 촉진시켜야 하며, 때로는 동식물의 서식을 위한 습지나 연못을 시설요소로써 도입할 수 있다.

2. 배수계획

배수계획은 표면배수계통에 대한 설계, 지하배수관거의 설계, 심토층 배수설계 등 구체적인 배수설계를 하기 위해 사전에 부지의 배수계통, 배수구역 구분, 관로의 배치에 대한 계획을 하는 것으로 다음과 같은 순서로 진행한다.

가. 기초자료 및 현황분석

(1) 기초자료

배수계획을 위해서는 다음의 자료가 준비되어야 한다.

① 해당지역 및 인근지역을 포함하는 지형도
② 도시계획도 및 항공측량도(향후 시행 예정 사업 포함)
③ 도로대장 및 도로매설물도
④ 도로지반고
⑤ 표면 배수로 · 지하우 · 오수관로를 포함하는 기존 배수관망도
⑥ 하천 및 지천의 수위변동 및 높이(종 · 횡단면)
⑦ 인구밀도 분포도
⑧ 교통량 조사도
⑨ 유출계수 분포도
⑩ 지질도 및 토질조사자료
⑪ 수질상황 및 미래예측(오수배출현황 포함)
⑫ 강우기록 및 침수피해상황
⑬ 하수도법 · 건축법 · 국토의 계획 및 이용에 관한 법률 · 하천법 등 기타 관계법규의 규정

(2) 현황분석

현황조사 및 분석의 내용은 상세한 지형, 지질, 지하 매설물, 하천 및 호소의 수위, 기존 배수로, 강우시 배수상황을 대상으로 한다.

① 지형도를 참조하여 대상지역의 지형의 고저, 능선과 수로의 분포, 하천 및 호소의 분포 등을 조사하여 배수계획을 위한 상세한 지형특성을 파악한다.

② 계획구역의 지질상태와 지표수 및 지하수의 분포상태를 조사하여 배수계획에 영향을 주게 될 지하상태를 파악한다.

③ 계획부지나 인근지역에 위치한 도로에는 지상과 지하에 각종 공공시설이 설치되어 있으며, 특히 지하에는 가스 · 수도 · 전선관이 매설되어 있으므로 이들의 위치 · 고저 · 크기를 정확하게 조사하고 관계자와 협의한 후, 배수관망을 배치한다.

④ 하천, 호소 등의 수위 및 유량은 배수에 큰 영향을 주게 된다. 이것은 펌프장의 필요 유무, 토구吐口의 선정, 나아가서는 배수계통에 영향을 미치므로 부근에 있는 자기수위계自記水位計 또는 기록에 의하고, 기록이 없을 때는 장기간의 실지측정에 의하여 저수위低水位(L.W.L.), 평수위平水位(M.W.L.), 고수위高水位(H.W.L.), 홍수위洪水位(F.W.L.) 및 조수의 간만차 등 각종 수위를 토대로 배수로의 높이를 결정하여야 한다.

⑤ 배수계획을 수립하려는 부지의 기존배수로와 인근지역의 배수체계를 확인하여 적절히 조화시키도록 하여야 한다. 이 경우 새로운 배수계획으로 기존배수로를 개선하거나 기존배수체계에 부합하도록 설계하여야 한다.

⑥ 강우 때 기존 배수로의 배수상황을 관찰하고, 배수가 불량한 곳이나 침수되는 곳을 조사하도록 한다. 또한 해당지역에 오랫동안 거주했던 주민에게 과거의 배수상태에 관한 탐문조사를 하여 상세하고 특이한 배수실태를 조사하도록 한다.

나. 배수지역의 결정

기본적으로 자연지형을 따라 배수지역을 결정하며, 부지의 경계나 행정적인 경계선을 뛰어넘어 인접지역과의 지형관계를 고려하여 결정한다. 또한, 배수지역을 결정하면서 주의해야 할 것은 해당지역의 배수를 인근 지역으로 흘려 보내서는 안 되며, 마찬가지로 다른 지역에서 유입되는 배수량에 대처할 수 있도록 하여야 한다.

오늘날과 같이 도시가 급격히 팽창하는 경우에는 계획 당시 배수시설의 용량이 크더라도 몇 년 지나지 않아 과소한 시설이 되어 확장을 필요로 하는 일이 많으므로 배수용량을 결정짓는 배수지역 결정에는 충분히 장래의 변화를 예상하여 결정하여야 한다. 보통 계획목표년도를 20년으로 하여 이 때까지 시가화될 것이 예상되는 구역을 포함하도록 하며, 기존지역에 새로운 지역을 개발할 경우에는 기존 시가지를 포함하여 배수계획을 수립하여야 한다.

다. 배수방법

도시나 대규모 지역의 하수도 배수체계를 결정할 경우에 사용되는 방법에는 합류식合流式 · 분류식分流式 · 혼합식混合式이 있다. 하수배수에 있어 우수와 오수를 별개의 하수관거로 배수하는 것을 분류식이라 하고, 동일관거에 수용하는 것을 합류식이라 하며, 분류식과 합류식을 혼용하는 것을 혼합식이라고 한다.

분류식에서는 우천시에 오수를 수역으로 방류하는 일이 없으므로 수질오염을 방지하는 데 유리하다. 또한 재래의 우수배제시설이 비교적 정비되어 있는 지역에서는 이들의 시설을 유효하게 이용할 수 있기 때문에 경제적으로 하수도의 보급을 추진할 수가 있다. 그러나 분류식에 있어서도 도로폭이 좁고 여러 가지 지하매설물이 교차되어 있는 기존 시가지에서 우 · 오수관거를 모두 신설할 경우에는 시공이 어려우며, 분류식의 오수관거는 관의 직경이 작기 때문에 합류식에 비해 경사가 급하고 매설 깊이가 깊어지는 등의 단점이 있다.

한편, 합류식은 단일관거로 오수와 우수를 배제하기 때문에 침수피해의 다발지역이나 우수배제시설이 정비되어 있지 않은 지역에서는 유리한 배제방식이며, 분류식에 비해 시공이 용이하다. 그러나 우천시 관거 내의 침전물이 일시에 유출되고 처리장에 큰 부담을 주거나 오수가 수역으로 직접 방류되는 등 수질오염의 우려가 크다.

우리나라의 경우 기존 하수도는 오수처리의 목적 이외에 저습지대의 침수를 방지할 목적으로 하수도사업을 실시해온 경우가 많으므로 대부분 합류식으로 되어 있다. 그러나 최근 공공수역의 수질오염을 방지하기 위해 원칙적으로 분류식을 채택하고 있다. 단, 기존 하수도시설의 형태 및 지하매설물의 매설상태 등 여러 가지 여건상 분류식의 채택이 어려우며, 합류식에 의해 공공수역의 수질보전이 가능할 경우, 제한적으로 합류식을 고려할 수 있다.

라. 배수계통

배수계통의 결정은 배수계획의 기본적인 내용으로 잘못 선정되면 불필요한 시공비가 소모되거나 시설 설치 후 관리에 어려움을 겪는 등 적지 않은 비효율성이 발생된다. 따라서 구역의 지형특성 및 토지이용과 배수목적을 고려하여 결정하여야 한다.

① 직각식直角式*rectangular system or perpendicular system*

계획지역에 하천이 관류하고 있을 때 배수지역의 하수를 하천에 직각으로 연결되는 하수관거로 배출시키는 것이다. 이것은 하수배출이 용이하고 구축비도 적게 들지만, 비교적 토구의 수가 많아져 수질오염의 우려가 있다.

② 차집식遮集式*intercepting system*

직각식은 여러 개의 토구를 갖게 되어 수질이 오염되기 때문에 합류식의 하수도에서는 우천 때 하천으로 방류하지만 맑은 날에는 오수를 직접 하천으로 방류하지 않고 이 차집거遮集渠로 하류에 위치한 하수처리장까지 유하시켜 처리한 후 방류한다.

③ 선형식扇形式*fan system*

지형이 한 방향으로만 집중되어 경사를 이루거나 하수처리관계상 전체 지역의 하수를 어떤 한정된 장소로 집중시키지 않으면 안 될 경우에 그 배수계통을 나뭇가지형으로 배치하는 방식이다.

④ 방사식放射式*radial system*

배수지역이 광대해서 하수를 한 곳으로 모으기가 곤란할 때 배수지역을 여러 개로 구분하고, 배수구역별로 외부로 방사형으로 배관하고 집수된 하수는 각 구역별로 별도로 처리하는 방식이다. 관로의 길이가 짧고 작은 관경을 사용할 수 있기 때문에 공사비를 절감할 수 있으나 하수처리장이 많아지고 부지경계를 벗어난 곳에 시설을 설치하여야 하는 부담이 있다.

⑤ 평행식平行式*parallel or zone system*

부지의 지형이 일정한 경사를 이루고 있어서, 높은 지점과 낮은 지점의 높이차가 심한 경우 부지를 고지구 · 저지구로 구분해서 별도로 배관하는 것이 유리하다. 이 때 고지구의 하수는 낮은 지구로 낙하시킬 필요 없이 자연적으로 유하되도록 할 수 있으며, 낮은 지구의 하수는 양수펌프로써 배수하면 된다.

⑥ 집중식集中式*centralization system*

사방에서 한 지점을 향해 집중적으로 흐르게 한 후, 여기서 다음 지점으로 압송하든지, 지형이 낮은 지구의 하수를 중계펌프장으로 집중시켜 양수하여 배수할 수 있다. 주로 저지대의 배수를 위해 사용하는데, 배수량이 저수용량을 초과할 경우에는 저지대가 침수할 우려가 있고, 강제배제 방식을 취하므로 비효율적인 경우가 많다.

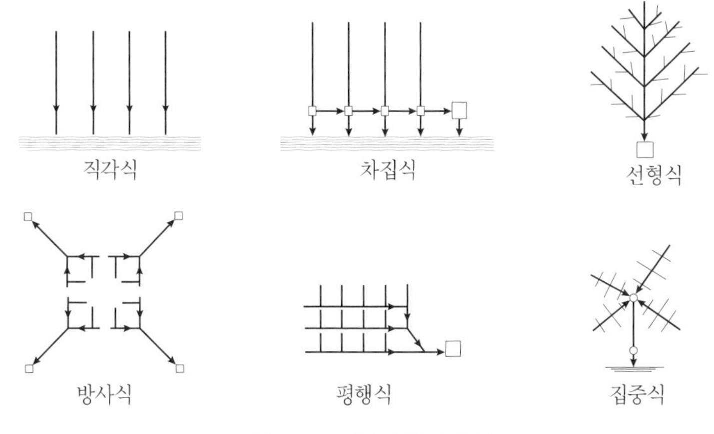

그림 Ⅴ-2. 배수계통의 유형

마. 토구吐口의 선정

배수는 자연유하를 원칙으로 하므로 배수계통도 지형지세에 순응하여야 한다. 따라서 높은 곳에서 낮은 곳으로 자연스럽게 모이는 곳에 토구를 선정하는 것이 좋은데, 이러한 경우 기존 배수계통의 토구의 위치를 그대로 사용하는 경우가 많다. 그러나 새로 토구의 위치를 선정할 때는 관계수면의 성질, 즉 유속 · 수위 · 조수간만차 또는 수면의 이용실태, 지형 등을 잘 조사하여 불합리한 점이 없도록 선정하여야 한다.

토구의 위치 및 구조의 결정은 방류수역의 수위, 수량, 물 이용상황, 수질환경기준 및 하천개수계획 등을 충분히 조사하여 외부로부터 역류를 방지할 수 있도록 하고 방류수역의 수질 및 수량에 지장이 없도록 하여야 한다.

바. 간선 및 지선

배수관거는 계통상 간선과 지선, 그리고 중간규모의 준간선으로 분류할 수 있다. 이와 같은 용어는 상대적인 것으로 명확히 구별하기 어려우나 실용상으로는 다음과 같이 해석하는 것이 좋다. 즉, 간선은 하수의 종말처리장이나 토구의 연결에 이용되는 배수로로써 도시차원의 배수나 배수지역의 배수를 유도하는 역할을 하는 관거이고, 지선은 단위 배수구역이나 소규모의 지역내 배수관망을 의미한다. 준간선은 간선과 지선의 중간규모이며 간선과 지선을 연결하거나 지선의 규모가 커져 간선의 기능을 수행하는 관로를 나타낸다. 그러나 이러한 구분은 상대적인 것으로 단위 배수구역 내의 관로를 간선과 지선으로 구분할 수도 있다.

배수는 자연유하에 의해 처리되는 것이므로 간선과 같이 연장이 긴 것은 하류로 가면서 그 매설심도가 깊게 되고 점차적으로 직경이 큰 관거를 필요로 하게 된다. 그러나 배수관을 깊이 매설하면 토공비가 증대하고 또 공사상 위험성도 증가하므로 간선계통은 공사비에 많은 영향을 미친다. 따라서 가급적 지형을 따라 높은 곳에서 낮은 곳으로 자연하천의 수계와 접속되도록 하여야 한다. 또한, 지선이라도 관거의 직경이 크면 간선과 마찬가지로 자연수계에 순응시키는 것이 유리하다. 기존에 만들어진 지선은 대부분 굴곡되어 있거나 체계적으로 배치되어 있지 못한 경우가 많다.

사. 배수면적의 계산과 배수구역의 구분

배수면적이란 배수지역 전체면적에서 우수를 유출하지 않는 하천 · 호소湖沼 등의 수상면적 및 해안지역 등을 공제한 것으로, 우수량 산정의 기본면적이 된다. 그러므로 이를 결정할 때에는 앞에서 살펴본 공제면적의 단순한 현황에만 국한하지 말고 장래 매립 등에 의해 변화될 상황을 충분히 고려하여야 한다.

배수면적은 실측평면도에 배수분구를 기입하고 그 위에 각 관거에 대한 배수구획을 정해서 면적을 산정한다. 각 관거가 부담하는 배수구역의 분수선分水線은 지형조건에 따라 정하도록 하며, 지형상 구분이 모호한 평지에서는 각 구획의 2등분선을 분수선으로 취급하여 면적분할을 시행한다.

이렇게 배수분구별 각 관거에 대한 배수면적을 지선배수면적이라 하고, 이 면적분할을 결정하는 도면을 배수구역 분할도라 하며, 배수한계排水限界 · 분구계分區界 · 지반고 · 노선번호 · 면적 등을 기입하도록 한다.

배수구역이 결정되면 배수계통을 정하고 이에 따라서 적당한 배수관로를 배치하도록 한다. 넓은 배수구역을 단일계통으로 하게 되면, 간선의 길이가 길어지고 관경이 커지게 되어 비효율적이므로 지형, 배수구역, 전체 배수지역의 크기를 고려하여 대 · 중 · 소 배수구역으로 세분하여 체계적으로 구성하는 것이 좋다.

아. 배수계획도의 작성

평면도에 설계표준에 따라 배수구계 · 펌프장 · 토구 · 관거의 내경 · 경사 등을 기재한 배수계획도를 작성하고 필요할 경우 부설되는 관로 평면도를 별도로 작성한다. 축척은 배수지역의 규모를 고려하여 적절히 결정하도록 한다. 배수관거의 평면도는 제 Ⅲ장의 〈표 Ⅲ-1〉에 제시된 바와 같은 표기방식을 사용한다.

3. 강우량과 우수유출량

강우는 자연현상으로 불확정적인 특성을 나타내므로 강우량을 정확하게 예측하기는 어렵다. 이에 따라 강우량을 예측하기 위한 다양한 방법들이 강구되고 있는데, 과거의 강우 추세를 기초로 하여 강우계속시간이나 지역별로 고유한 상수 값을 고려하여 강우강도를 추정하게 된다. 이렇게 하여 산출된 어느 지역의 우수량 중에서 일정부분만 표면으로 흘러 배수관로로 유입되는데, 이것은 해당 지역의 표면특성에 따른 유출계수에 의해 결정되며, 유출량이라고 하여 배수설계를 위한 기준이 되는 값으로 사용한다.

가. 강우강도

한 지점의 강우강도는 단위시간에 내린 강우량을 기준으로 표시하는데, 보통 1시간에 몇 mm라 해서 이것을 강우강도라 한다. 즉, 1시간 계속 내린 비의 양이 50mm에 도달했을 경우, 강우강도는 50mm/hr이다. 또한 강우시간이 1시간보다 작을 경우에도 1시간으로 환산한 양을 강우강도로 한다. 예를 들어 15분동안 10mm의 강우가 있다고 하면 평균 강우강도는 40mm($10 \times 60/15 = 40$mm/hr)이다.

(1) 강우계속시간

강우기록에 의하여 종축에 강우량과 강우강도를, 횡축에 강우계속시간을 취하여 양자의 관계를 살펴보면 강우계속시간이 늘어나면 강우량은 커지지만 강우강도는 줄어들게 된다. 이러한 현상은 확률적으로 충분히 예측이 가능한데, 그것은 최고강우강도가 장시간에 걸쳐 발생할 확률이 줄어들기 때문이다.

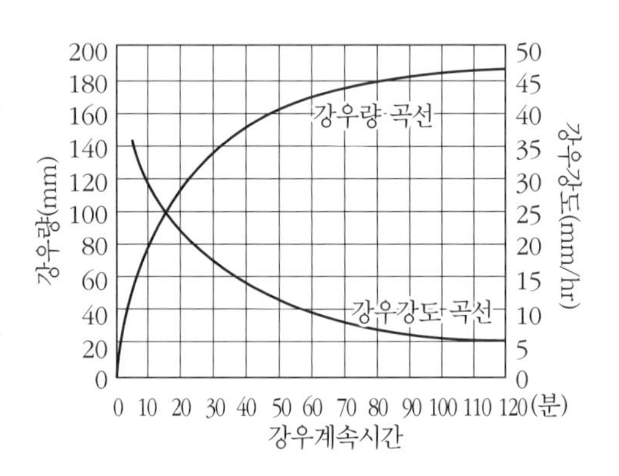

그림 V-3. 강우강도 곡선 및 강우량 곡선

(2) 강우재현기간

여기서 또 하나 고려할 사항은 강우재현기간으로서 몇 년 단위로 최고강우강도가 발생될 것인지를 양적으로 추정하기 위한 시간간격이다. 보통 2, 5, 10, 25, 50, 그리고 100년을 기준으로 하게 되는데, 강우재현기간 2년을 기준으로 각 강우재현기간별 강우강도는 일정한 비율을 이루는데, 5년 1.4, 10년 1.6, 25년 1.82, 50년 2.0, 100년 2.2배의 값을 갖게 된다. 그러므로 강우재현기간을 높게 취하면 강우강도 값이 커지게 되고, 이에 따라 관련된 배수시설의 배수능력이 커지게 된다. 그러나 강우재현기간을 크게 취한 강우강도를 적용할 경우 배수능력이 지나치게 높아져 과다한 시설용량으로 인한 경제성이 떨어지는 문제가 발생하므로 적정한 값을 취하기 위한 노력이 필요하다. 우리나라에서는 보통 5~10년을 취하고 있지만 시설별 중요도에 따라 달라지게 되며, 지역별로 다양하므로 적정한 강우재현기간을 결정하도록 하여야 한다.

(3) 강우강도

강우강도와 강우계속시간과의 관계를 나타내는 식인 강우강도 공식은 지역에 따라 다르며, 같은 지방일지라도 강우재현기간에 따라 달라지게 된다. 강우강도를 추정하기 위하여 일반적으로 사용되는 강우강도 공식은 다음과 같다.

Sherman형 : $I = a/t^n$ ……………………………………………… (식 V-1)

Talbot 형 : $I = \frac{a}{t+b}$ ……………………………………………… (식 V-2)

Isiguro 형 : $I = \frac{a}{\sqrt{t}+b}$ ……………………………………………… (식 V-3)

단, I : 강우강도(mm/hr)
t : 강우계속시간(min)
a, b, n : 상수

여기서 상수는 강우의 종류, 규모 및 장소에 따라서 변화한다. 예를 들면 같은 지역일지라도 강우재현기간이 5년인 경우와 20년인 경우에는 상수가 달라지게 되므로 공식의 적용과 상수를 결정하는 데 상당한 주의가 필요하다. 우리나라에서는 확률년을 5~10년을 적용하고 있으며, 전국 대표 지역에서의 강우재현기간별 강우강도 공식은 〈표 V-2〉와 같다.

〈표 V-2〉 전국 대표 지역에서의 강우강도 공식 (강우강도(mm/hr), t: 강우계속시간(분))

관측소	재현기간(년)			비고(발표자)
	5년	10년	20년	
서울	$\frac{544.3}{\sqrt{t}+1.003}$	$\frac{651.1}{\sqrt{t}+1.014}$	$\frac{753.8}{\sqrt{t}+1.023}$	건설기술연구원
대구	$\frac{4,856}{t+43}$	$\frac{5,656}{t+42}$	$\frac{6,394}{t+42}$	이원환
부산	$\frac{456}{\sqrt{t}+1.11}$	$\frac{550}{\sqrt{t}+1.28}$	$\frac{641}{\sqrt{t}+1.40}$	
여수	$\frac{362}{\sqrt{t}+0.27}$	$\frac{425}{\sqrt{t}+0.44}$	$\frac{486}{\sqrt{t}+0.60}$	
광주	$\frac{433}{t^{0.54}}$	$\frac{465}{t^{0.53}}$	$\frac{436}{\sqrt{t}-0.21}$	
강릉	$\frac{211}{t^{0.44}}$	$\frac{246}{t^{0.44}}$	$\frac{279}{t^{0.45}}$	
목포	$\frac{331}{t^{0.51}}$	$\frac{375}{t^{0.51}}$	$\frac{413}{t^{0.51}}$	

앞의 공식에서도 알 수 있듯이 어느 지역의 강우강도를 결정짓기 위해서는 강우계속시간을 알아내어야 하며, 이를 위해서는 강우시 우수의 흐름에 기초한 유달시간*time of concentration*을 계산하고 이것을 강우계속시간에 대입하여 적용한다.

그러나 강우강도를 계산하기 위한 과정이 복잡하므로 이를 간소화하기 위하여 건설교통부에서는 확률강우량도를 만들어 사용하고 있으며, 예시적으로 재현기간 10년과 50년의 우리나라의 확률강우량도는 그림 V-4, 그림 V-5와 같다. 이 밖에도 강우계속시간 · 강우재현기간을 기준으로 강우강도를 결정하는 강우강도표를 사용하여 강우강도를 구할 수 있다.

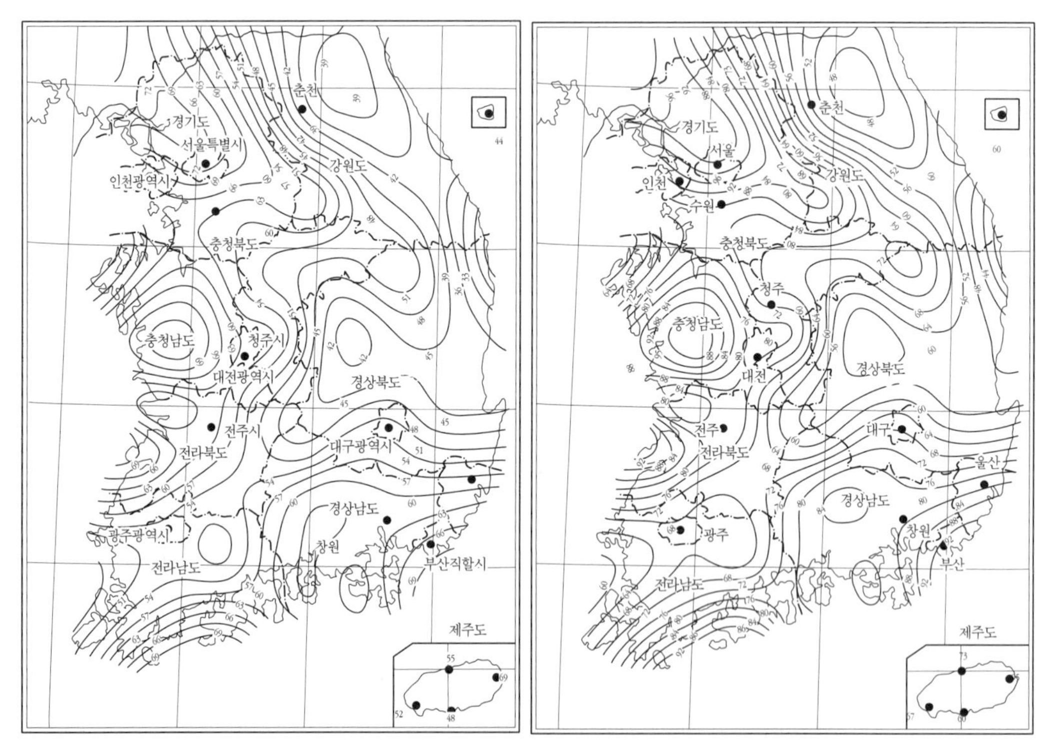

그림 V-4. 재현기간 10년-지속기간 1시간 강우량도

그림 V-5. 재현기간 50년-지속기간 1시간 강우량도

(4) 유달시간 *time of concentration*

우수가 배수구역의 제일 먼 곳에서 부지 밖의 배수구로 배수될 때까지 움직이는 데 소요되는 시간을 유달시간(T_c)이라 하며, 이를 개념적으로 나타낸 것이 그림 V-6이다. 유달시간은 수리학적으로 다양한 우수의 흐름을 고려하여 구분된 구획별 소요시간의 합에 의해 산출된다.

$$T_C(\text{유달시간}) = t_1 + t_2 + \cdots + t_n \quad \text{(식 V-4)}$$

t_n = 구분된 우수구간별 소요시간
n = 최종유출까지 구분된 구간수

일반적으로 유달시간은 지표면의 흐름을 통하여 배수구역내 관거에 유입되는 시간*time of overland flow*과 개수로*open channels*를 흐르는 데 소요되는 유하시간*time of pipe flow*으로 구분되고, 다시, 유입시간은 넓고 평탄한 표면 흐름*sheet flow*과 다소 얕으면서 집중된 흐름*shallow concentrated flow*으로 구분된다. 그러나 유입과정에서 경사나 표면상태가 달라지거나 유하과정 중 다른 배수시설이 사용될 경우 추가적으로 세분되어야 한다.

유입시간을 계산하기 위해서는 커비*Kerby*식, 리갠*Regan*의 식, 표면유입시간 계산도표를 이용하거나 평균유속 그래프(그림 V-8 참조)를 이용할 수 있으며, 유하시간은 개수로 구간의 길이를 매닝*Manning*의 평균유속 공식으로 산정한 평균유속으로 나누어 구한다.

그러나 계산에 의해 산출된 유달시간이 지나치게 작은 것을 방지하기 위하여 최소유달시간 기준을 사용하는데, 우리나라 '하수도시설기준(2005)' 에서는 인구밀도가 높은 지역은 5분, 인구밀도가 낮은 지역은 10분, 간선 하수관거에서는 5분, 지선 하수관거에서는 7~10분으로 한다. 또한 완전포장되고 하수도가 완비된 고밀도 도시지역에서는 5분, 비교적 평탄한 개발지구는 10~15분, 평탄한 주택지역은 20~30분을 적용한다.

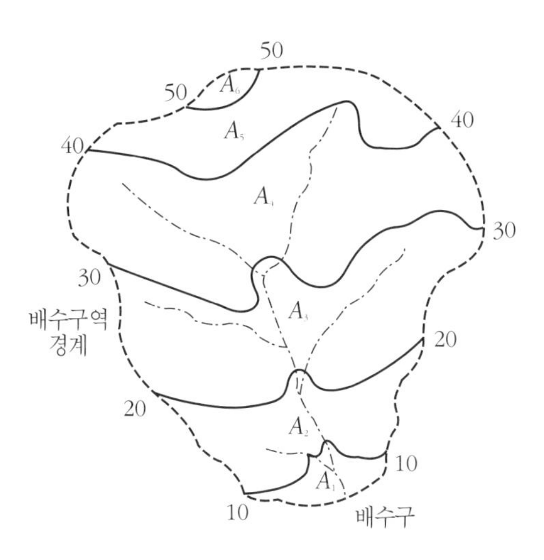

그림 V-6. 우수흐름시간의 개략도

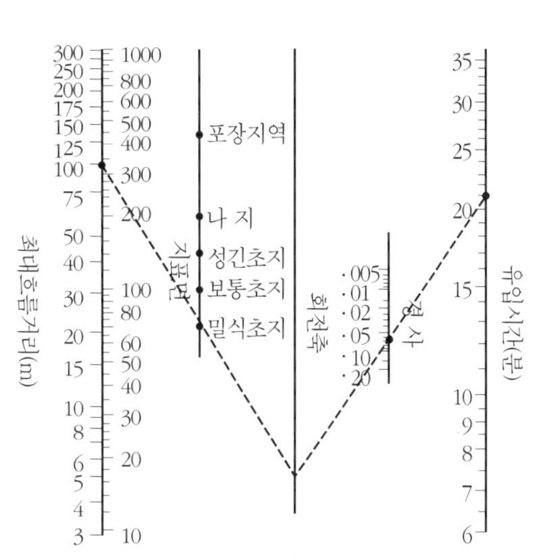

그림 V-7. 표면유입시간 계산도표

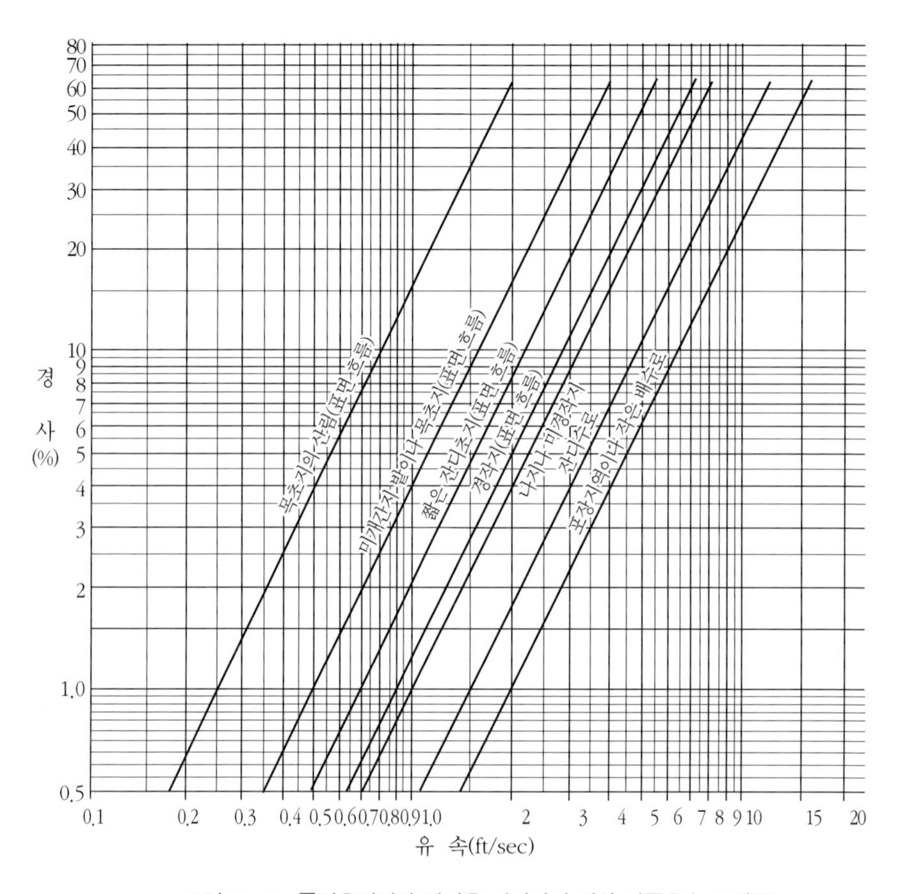

그림 V-8. 표면유입시간 계산을 산정하기 위한 평균유속 그래프

예를 들어 도시화된 배수지역에서 수리적으로 가장 먼 배수지점에서 배출구까지의 유달시간을 평균유속 그래프를 이용하여 계산해 보자.

그림 V-9에서 배수구획은 *AB*, *BC*, *CD*, *DE*의 4부분으로 나뉘어지며, 구간별 조건은 다음과 같다.

구 간	우수흐름조건	경사율(%)	길이(ft)
AB	산 림	7	200
BC	잔 디	2	200
CD	배수로($n = 0.015$, 직경 3ft)	1.5	500
DE	개수로(사다리꼴, $b = 5$, $d = 3$, $e = 1.1$, $n = 0.019$)	0.5	1,000

① AB구간 유입시간 T_1

그림 V-8에서 산림지역에서 경사 7%인 경우 유속 $v = 0.7$f.p.s

$$\therefore\ t_1 = \frac{200\text{ft}}{0.7\text{f.p.s.}} = 286(\text{sec})$$

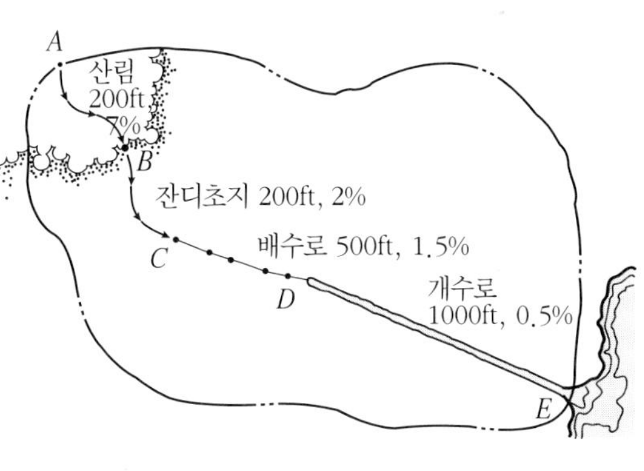

그림 V-9. 우수흐름시간의 개략도

② BC구간 유입시간 t_2

그림 V-8에서 잔디초지에서 경사 2%인 경우 유속 $v = 1.0$f.p.s

$$\therefore\ t_2 = \frac{200\text{ft}}{1.0\text{f.p.s.}} = 200(\text{sec})$$

③ CD구간 배수관로 유하시간 t_3

주어진 배수로 조건을 고려하여 Manning의 공식을 이용하여 유속을 구하면 $v = 10$f.p.s

$$\therefore\ t_3 = \frac{500\text{ft}}{10\text{f.p.s.}} = 50(\text{sec})$$

④ DE구간 개수로 유하시간 t_4

주어진 개수로 조건을 고려하여 Manning의 공식을 이용하여 유속을 구하면 $v = 8.2$f.p.s

$$\therefore\ t_4 = \frac{1000\text{ft}}{8.2\text{f.p.s.}} = 122(\text{sec})$$

유달시간(T_c) = 각 구간에서의 흐름시간의 합 $= 286 + 200 + 50 + 122$

$= 658(\text{sec})$

$\fallingdotseq 11(\text{min})$

나. 유출과 유출계수

(1) 결정요인

지표면에 내린 강우는 식물에 의한 차단, 증발, 토양내 침투, 저수지에 저장되고 나머지는 유출되게 된다. 유출량에 영향을 주는 요인은 기후 · 지형 · 토양 · 지질 · 수문 · 식생 등 자연적 요인과 토지이용 · 개발밀도 · 부지의 규모 등 사회적 요인에 의해 영향받게 되는데, 이 중에서도 강우시간, 강우강도, 토양형태, 배수지역의 경사, 배수지역의 크기, 토지이용이 가장 큰 영향을 주게 된다.

강우강도와 강우시간은 강우량을 결정짓는 요인으로 강우초기의 낮은 강우강도에서는 강우가 토양내 흡수되거나 식물에 의해 이용되므로 유출량이 거의 없으나 강우시간이 길고 강우강도가 커지면 유출수가 발생하게 된다.

토양의 형태는 공극을 통한 물의 운동, 즉 토양이 흡수할 수 있는 물의 양을 결정한다. 입자가 미세한 토양에서는 공극이 작아 물의 흡수가 적은 반면, 입자가 큰 토양에서는 공극이 커지게 되므로 물이 쉽게 흡수된다. 예를 들어 모래질의 토양이라면 많은 양의 물이 토양 아래로 흡수되므로 유출량은 적어지나, 점토질의 경우 수분흡수에 공극이 조만간 포화되어 유출량이 많아지게 된다.

배수지역의 경사가 급하면 급할수록 물의 중력이동이 커지게 되므로 유출되는 물의 양이 증가하게 되며, 이와 반대로 평탄한 넓은 지역은 유출되는 물의 양이 줄어들게 된다. 그러므로 경사가 급한 지역에서는 경사가 계속될 경우 유출량이 급격하게 증대되므로 단계별로 경사를 주어 구역별로 유출되는 물을 집수할 수 있도록 해야 한다.

배수지역의 크기는 강우량과 함께 유역*watershed*에 집수될 물의 양을 결정짓는 주요한 요인이다. 배수지역의 크기가 클수록 유출량이 커지므로 배수량이 늘어나게 되어 배수시설의 규모가 커지게 된다.

도시에서와 같이 개발밀도가 높고 포장된 지역, 특히 불투수성 포장이 많은 지역에서는 강우의 대부분이 유출되므로 배수량이 늘어난다. 반면에 자연지역에서는 강우가 토양 내로 침투되거나 식물에 의해 흡수되는 양이 늘어나게 되므로 유출량은 상대적으로 줄어들게 된다. 과도한 유출이 예상되는 도시지역에서는 물이 짧은 거리의 표면이동으로 유입구로 처리되어야 하며, 자연지역에서는 도시지역에 비해 물을 여유 있게 처리할 수 있다. 그러나 자연지역일지라도 강우량이 많을 경우에는 표면수의 유출이 증대되므로 유출수로 인한 침식이나 사태를 방지하기 위한 조치가 필요하다.

(2) 유출을 조절하기 위한 시설

배수지역 내 우수의 흐름을 완화하여 과도한 유출을 방지하기 위해 저류지나 연못을 만들어 저류하는 방법, 배수가 잘되는 토양층에 침투시키는 방법, 주차장이나 보도와 같은 포장지역에 투수성의 다공질 포장을 하는 방법이 있다. 이러한 시설은 대부분 자연환경과 어울리는 친환경적인 배수시설이다.

저류지는 유출량의 일부를 저류하여 우수가 끝난 후에 서서히 흐르게 하므로 하류의 관거의 부담을 적게 하기 위한 것이다. 이것은 분지盆池나 골짜기 등을 이용할 수 있으나 건물이 밀집한 지역에서는 주차장이나 공원하부에 저수조*reservoir*의 형태로 설치할 수 있다.

투수성 포장*porous paving*은 현대의 각종 개발사업에 의해 늘어나는 포장공간에 의해 유출량이 증대되는 것을 완화하기 위한 효과적인 수단이다. 투수성이 높은 자갈이나 골재, 규격화된 블록, 투수콘 등 다공질 재료를 포장하여 우수가 토양 내 침투를 용이하게 하고, 아울러 경관적 효과를 높일 수 있으며, 식물의 생육환경을 개선시킬 수 있다. 그러나 이물질의 침투로 인하여 투수성이 저하되거나 물의 투수 및 결빙으로 인하여 포장면이 손상될 우려가 있으므로 지속적인 관리가 필요하다.

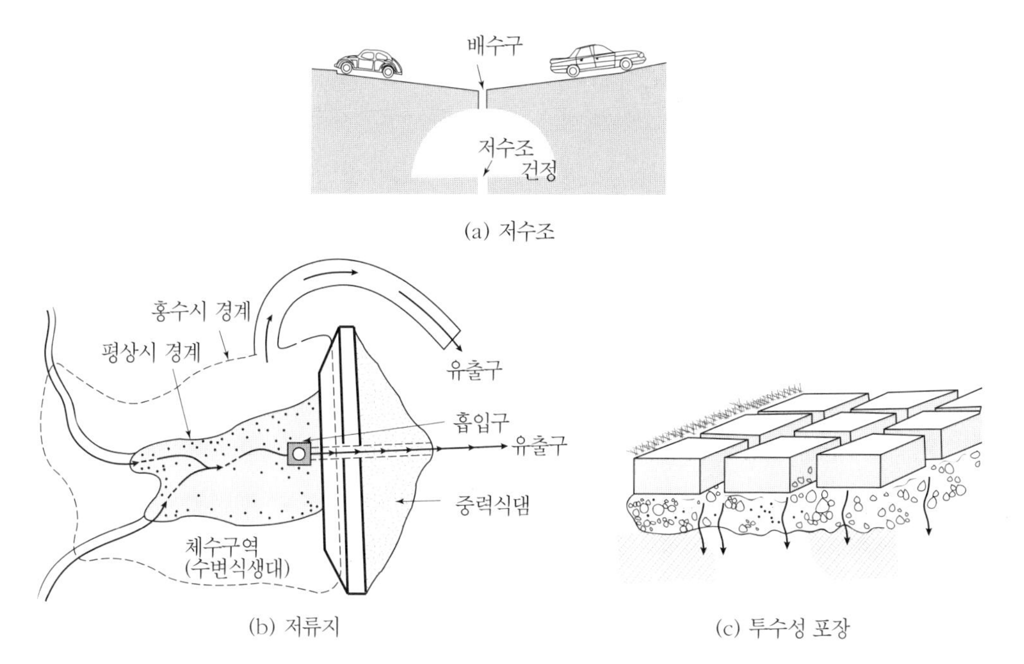

(a) 저수조

(b) 저류지

(c) 투수성 포장

그림 V-10. 유출 조절을 위한 시설

(3) 유출계수

유출량과 강우량과의 비율을 유출계수라 한다. 수문학에서는 1년간의 전체강우량과 1년간의 전체유출량을 비교한 계수를 유출계수라고 하지만 여기서는 이와 같이 오랜 기간의 것을 말하는 것이 아니고 지금 내리고 있는 비의 어느 정도가 곧 유출되는가, 즉 1시간 또는 1분 등 단위시간의 강우량과 유출량과의 비를 말한다.

각 지역의 유출계수는 기후 · 지세 · 지표상황 · 강우강도 · 계속시간 · 강우량 · 배수면적 · 배수시설 등의 영향을 받으며 현저하게 변화한다. 이와 같이 유출계수는 다양한 요인에 의해 변하게 되므로 정확하게 결정하는 것은 매우 어려운 작업이다. 또한 유출량을 계산할 때마다 유출계수를 구한다는 것은 더욱 비효율적이므로 이를 개선하기 위하여 제시된 유출계수를 사용하게 되는데, 〈표 V-3〉은 여러 가지의 유출계수 기준을 나타낸 것이다.

부지의 유출량을 산정하기 위해서는 앞에서 제시된 유출계수를 적용할 수 있으나 해당부지가 여러 가지 용도로 이용되거나 토양조건 및 경사조건, 토양표면 상태가 다를 경우에는 유출계수를 직접 적용할 수 없다. 이 경우에는 부지의 각 구역별 면적비율과 고유유출계수를 곱하여 구한 합의 평균값을 해당부지에 적합하도록 조정된 유출계수로 사용하여야 한다.

예를 들어 그림 V-11과 같이 어떤 부지가 잔디, 숲, 건물, 포장공간으로 구성되어 있다고 가정할 경우, 전체면적에 대한 각 구역별 면적의 비율을 각각 45%, 10%, 10%, 35%라고 하고, 고유유출계수를 0.12, 0.30, 0.90, 0.80이라고 하면, 조정된 유출계수는 0.45이다.

〈표 V-3〉 다양한 표면의 유출계수

배수지역의 표면의 종류	유출계수 C
건물지붕	0.90 ~ 0.95
포장재료	
· 콘크리트 및 아스팔트	0.70 ~ 0.95
· 머캐덤	0.25 ~ 0.45
· 자갈포장	0.25 ~ 0.30
· 규격화된 블럭 포장	0.70 ~ 0.85
토지이용	
· 상업지역	0.70 ~ 0.95
· 공업지역	0.50 ~ 0.70
· 저밀도 주거지역	0.30 ~ 0.60
· 고밀도 주거지역	0.60 ~ 0.75
· 공원 및 묘지, 골프장	0.10 ~ 0.25
· 학교운동장	0.20 ~ 0.35
비포장지역	
· 사질토양	0.15 ~ 0.30
· 양토	0.20 ~ 0.35
· 자갈	0.25 ~ 0.40
· 진흙	0.30 ~ 0.50
잔디 및 식생지역(사질토)	
· 0~2%	0.05 ~ 0.10
· 2~7%	0.10 ~ 0.15
· 7% 이상	0.15 ~ 0.20
잔디 및 식생지역(점질토)	
· 0~2%	0.13 ~ 0.17
· 2~7%	0.18 ~ 0.22
· 7% 이상	0.25 ~ 0.35

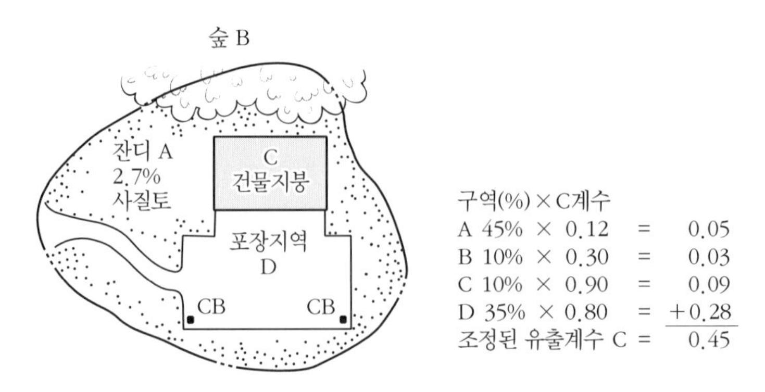

그림 V-11. 유출계수의 조정

다. 우수유출량의 산정

우수유출량을 계산하는 방법은 합리식에 의한 방법과 실험에 의한 방법이 있다. 실험식은 외국 특정지역의 우수유출관측으로 얻은 것으로 실험식을 사용할 경우에는 상세한 관측 또는 실적자료를 기초로 하여 충분한 검토가 필요하다.

합리식은 우수유출량을 산정하는 방법 중에서 가장 널리 사용되는 것이다. 여기서 적용되는 강우강도는 앞에서 언급한 것처럼 확률강도공식을 적용하여 유달시간을 강우계속시간이라고 보고 계산하거나 확률강우량도를 사용하여 구할 수 있으며, 강우강도표를 사용할 수도 있다. 이렇게 해서 구해진 강우강도에 배수면적, 유출계수를 곱해서 우수유출량을 구할 수 있다.

$$Q = \frac{1}{360} CIA \cdots\cdots \text{(식 V-5)}$$

단, Q : 우수유출량(m^3/sec)
C : 유출계수
I : 강우강도(mm/hr)
A : 배수면적(ha)

위의 합리식은 두 가지 가정에 근거를 둔다. 첫째, 강우는 배수구역 내에 유달시간과 동일한 시간동안 균일한 강도로 일어나며, 둘째, 강우는 배수구역 전체에서 균일한 강도로 일어난다는 것이다. 이러한 두 가지 가정은 통계적인 기록에 근거한 것이며 이를 명확히 하기 위하여 우수유출량과 유달시간 · 강우계속시간 · 강우강도의 관계를 살펴볼 필요가 있다.

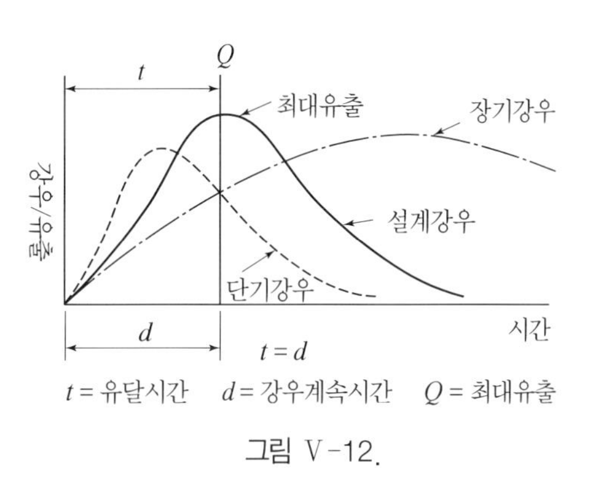

그림 V-12.

그림 V-12에서 볼 수 있는 것처럼 일반적으로 강우는 강우계속시간이 짧으면 강우강도가 높아지고 강우계속시간이 길면 강우강도가 낮아지게 된다. 강우계속시간이 유달시간보다 짧은 경우에 우수유출량은 최대시 우수유출량보다 적어지게 된다. 이것은 배수구역내 내린 강우가 동시에 유출되지 않기 때문이다. 만약, 강우계속시간이 유달시간보다 길더라도 강우강도가 낮아지기 때문에 최대우수유출량보다 적어지게 될 것이다. 여기서 알 수 있듯이 합리식으로 구한 우수유출량은 어느 경우이든 만족시킬 수 있는 우수유출량을 계산해낼 수 있다. 이렇게 산정된 총 우수유출량은 관로의 규격을 산정하고 유출량을 조절하기 위한 저류시설의 용량을 결정하는 등 추가적인 배수설계에 사용된다.

예를 들어 그림 V-13과 같은 공장부지의 우수유출량을 주어진 조건을 고려하여 산출해 보자.

부지는 평탄한 잔디지역 0.23ha, 아스팔트 포장지역(주차장 및 도로) 0.15ha, 건물지붕 0.12ha로 구성되어 있으며, 강우강도는 20mm/hr이다.

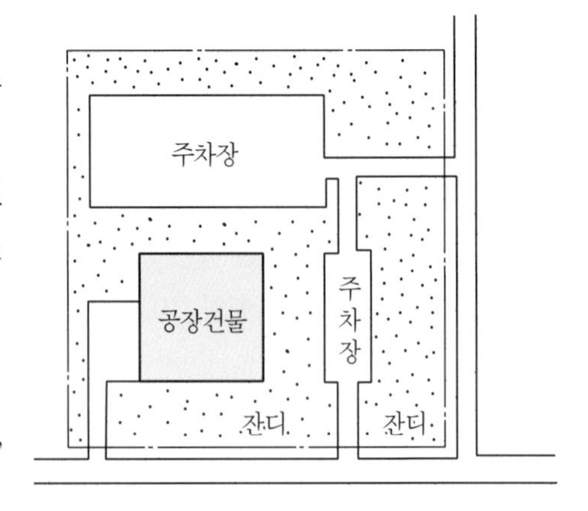

그림 V-13. 우수유출량 산정

I : 20mm/hr

A : 잔디 0.23ha, 아스팔트 포장지역 0.15ha, 건물지붕 0.12ha

C : 〈표 V-3〉의 유출계수 값을 적용하면, 잔디 C=0.25, 아스팔트 포장지역 C=0.9, 건물지붕 C=0.95

각 공간별 우수유출량을 산정하면 다음과 같다.

$$Q(\text{잔디}) = \frac{1}{360} \times 0.25 \times 20 \times 0.23 = 0.0032\,(\text{m}^3/\text{sec})$$

$$Q(\text{아스팔트 포장}) = \frac{1}{360} \times 0.9 \times 20 \times 0.15 = 0.0075\,(\text{m}^3/\text{sec})$$

$$Q(\text{건물지붕}) = \frac{1}{360} \times 0.95 \times 20 \times 0.12 = 0.0063\,(\text{m}^3/\text{sec})$$

$$\text{총우수유출량} = 0.0032 + 0.0075 + 0.0063 = 0.017\,(\text{m}^3/\text{sec})$$

4. 단지의 배수체계

일반적인 부지의 우수를 배수하기 위한 방법에는 지표면에서 빗물을 배수하기 위한 지표배수로서 표면으로 물을 흐르게 하는 표면배수, 배수구를 지표면에 노출시키는 명거배수明渠排水(개수로 배수), 지표면의 표면수와 개수로 배수를 집수한 후 지하에 매설된 배수관을 통하여 배수하는 암거배수暗渠排水(배수관 배수)가 있다. 또한 지표면에서 지하로 침투하거나 지하수와 같이 심토층에서 유출되는 물을 맹암거로 배수처리하는 심토층 배수心土層排水가 있다.

가. 표면배수

도로, 보도, 광장, 운동장, 잔디밭, 기타 포장부위 등의 표면은 그 기능상 배수가 용이하도록 일정한 경사를 유지하여야 하며, 표면수가 자연스럽게 집수시설로 흘러 들어가도록 집수정이나 측구의 집수지점의 높이를 결정하여야 한다. 일반적으로 녹지의 식재면은 1/20～1/30 정도의 배수기울기로 설계하지만, 표면배수가 지나치게 길면, 유량 및 유속의 증가에 의해 표면침식이 발생하게 되므로 토양침식을 방지하기 위해 표면을 지피식물 등으로 피복하여야 한다. 또한 식재지역 및 구조물 방향으로 유수가 유입되지 않도록 하여야 한다.

나. 개수로 배수

개수로 배수에서 포장 및 비포장 지역에서 유출되는 모든 우수는 표면으로 흐른 다음 습지로나 개수로로 집수된 후 운반된다. 개수로의 배수체계는 인근의 자연수로나 도로 배수체계 또는 부지 내의 저류시설에 연결된다. 개수로 배수체계는 습지로, 도랑이나 저류지, 연못 등으로 구성된다.

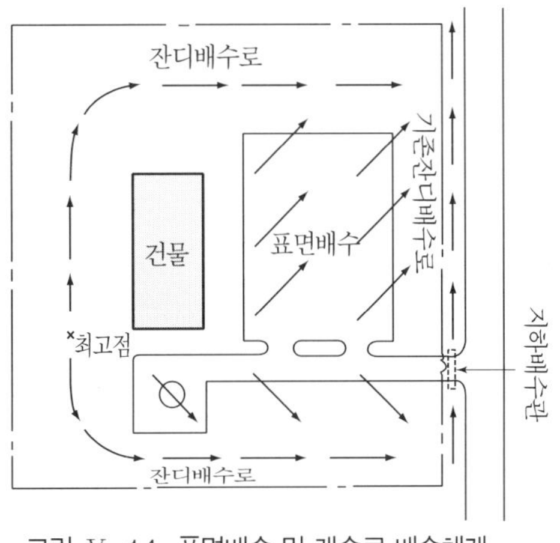

그림 V-14. 표면배수 및 개수로 배수체계

개수로 설계에서 주의해야 할 사항은 표면과 습지로의 침식을 방지하기 위하여 유출속도를 조절해야 한다는 점이다. 또한 유출량이 지나치게 많을 경우에는 유출된 우수가 예상치 못한 흐름을 나타내어 시설을 파괴하는 원인이 되므로 유출량과 유출속도를 조정하여야 한다. 이를 위해서는 적정한 유출량과 유출속도를 유지할 수 있도록 배수구역을 구획하여야 한다.

자연성이 높은 지역이나 지하토질이 견고한 곳에서 효율적으로 사용할 수 있으며, 우수의 토양내 침투가 가능하여 토양상태를 개선할 수 있지만 개수로에 침적물이 침적하거나 유출량이 많을 경우에는 예상치 못한 우수 피해를 유발하게 된다.

다. 지하배수관 배수

지하배수관 배수체계에서는 배수구역에서 표면유출된 우수가 집수시설에 모여 지하의 관을 통해 부지 밖의 배수체계로 연결된다. 배수관 배수체계는 개수로 배수체계와는 달리 유출되는 강우가 유출 초기단계에서 집수되므로 과다한 유출량과 유출속도에 의한 피해를 방지할 수 있으나 배수관을 설치하기 위한 비용이 많이 든다. 또한 관거 내에 유속이 높거나 유입량이 많을 경우 관거의 침식이 발생하고, 유속이 느려지며, 유입량이 적으면 관거 내에 침적물이 생겨 배수가 원활하지 못하게 되는 원인이 된다.

일반적으로 도시지역에서 많이 사용되는 방법이며, 지하에 매설되므로 토지이용을 제약하지 않아 바람직하지만 한 번 설치된 후에는 보수공사가 어려운 단점이 있다. 배수관 배수체계를 구성하는 배수구조물은 집수정, 입수구, 지역배수구, 트렌치, 맨홀, 관로이며, 관거는 원심력 콘크리트관, 점토소성관, 합성수지관을 사용한다.

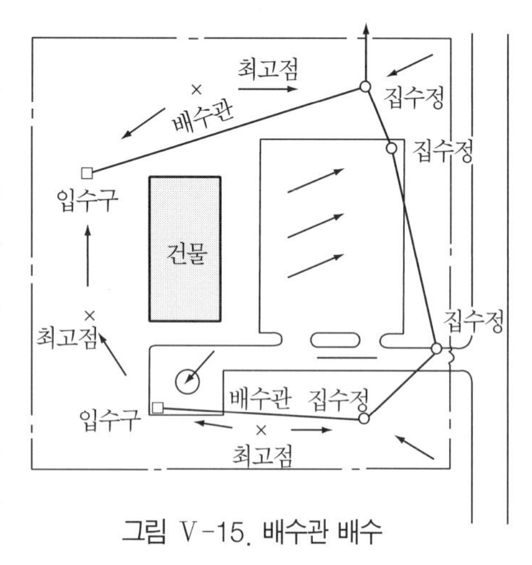

그림 V-15. 배수관 배수

라. 혼합식 배수

대부분의 배수구역은 개수로와 배수관 배수체계를 병행하여 사용하고 있다. 일반적으로 개수로 배수체계는 우수를 투수성 지표면에 침투시키는 비포장지역에 사용되는 반면, 배수관 배수는 우수를 집약적이고 효율적으로 관리해야 하는 포장지역의 배수에 사용된다. 혼합식 배수는 배수관 배수에 비하여 설치비용이 저렴하며, 표면유출로 인한 침식을 방지할 수 있고 유출구에서의 침식을 방지할 수 있는 효과가 있다.

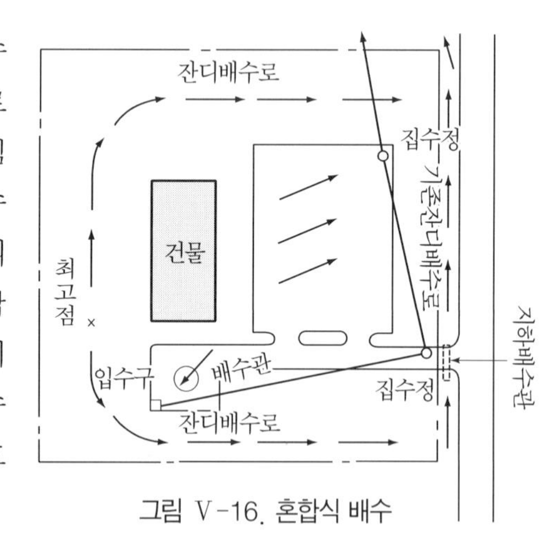

그림 V-16. 혼합식 배수

마. 심토층 배수

심토층 배수는 지표면에서 지하로 침투한 침투수를 집수하는 것과 지표면 아래의 지하수위를 낮추는 효과가 있으며, 넓은 공간의 표면에 고인 물을 제거할 수 있는 수단으로 국지적인 배수를 위한 방법이다.

심토층 배수가 효율적으로 이루어지기 위해서는 토양이나 포장재는 반드시 투수성이 있는 다공질 재료를 사용해야 하며, 배수관의 표면으로 투수된 물이 유입될 수 있는 유공관을 사용해야 한다. 또한 이물질이 배수관에 침적하여 관이 막힐 우려가 있으므로 관의 외부에는 여과층을 설치하여야 한다.

배수관은 간선과 지선으로 구성되며, 지선은 투수된 물을 집수하는 기능을 수행하고, 간선은 지선에 모아진 물을 운반하는 기능을 가진다. 따라서 간선과 지선은 적절한 간격으로 배치되어야 한다.

5. 표면배수 설계

가. 물의 흐름

수류의 한 단면에 있어서 유적 · 유속 및 흐름의 방향이 시간에 따라 변화되지 않는 흐름을 정류定流*steady flow*, 시간에 따라 변화하는 흐름을 부정류不定流*unsteady flow*라 하는데, 홍수, 파동 등이 이에 속한다. 정류 중에서도 수류의 어느 단면에서나 유적 · 유속 · 흐름의 방향 등이 같은 것을 등류等流*uniform flow*라 하고 단면의 장소에 따라 변화하는 것을 부등류不等流*nonuniform flow*라 한다. 예시적으로 그림 Ⅴ-17과 같이 일정한 단면을 가진 개수로에서 물이 정류로 흐른다면 Ⅰ에서는 유속이 점점 커져 수심이 얕아지는 부등류 구간에 해당한다. 그러나 유속이 어느 한도를 넘으면 수로의 마찰저항이 중력의 흐름 방향의 분력과 같아져 더 이상 가속되지 않고 일정한 유속으로 흐르게 되며 수심도 일정해지는데, 수류의 어떤 단면에서나 유속과 유적이 변하지 않는 Ⅱ구간을 등류라 한다. 등류는 인공수로와 같이 각 단면의 유적이 같을 경우에 발생하는 흐름이다. 그러나 실제로 정확한 등류는 드물기 때문에 유속과 유적의 변화가 심하지 않은 경우에는 등류로 가정하는 경우가 많다.

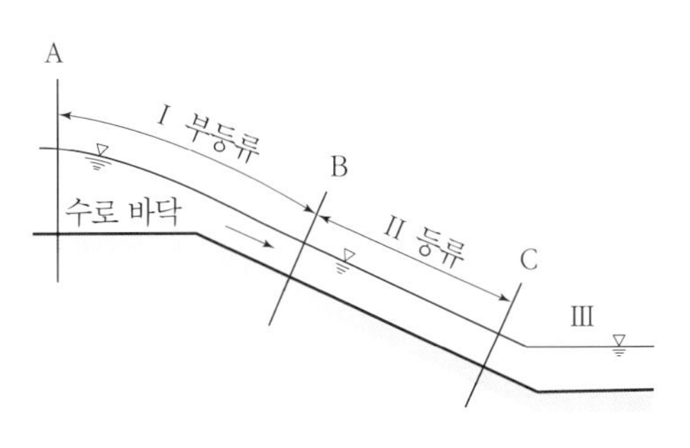

그림 Ⅴ-17. 등류와 부등류

나. 개수로의 설계

(1) 흐름의 기본식

표면배수체계의 자연하천 · 용수로 · 배수로 등의 흐름은 반드시 자유수면을 갖는다. 이와 같이 대기압을 받는 자유수면을 갖는 수로를 총칭하여 개수로*open channel*라 하는데, 이것은 뚜껑이 없는 수로뿐만 아니라 지하배수관거, 하수관거 등과 같이 뚜껑이 덮여 있는 암거라도 물이 일부만 차서 흐르면 모두 개수로에 속한다. 개수로의 흐름은 상수도관이나 가스관 같이 정수압 또는 다른 압력에 의하여 흐르는 것이 아니고, 흐름에 작용하는 중력이 수면방향의 분력에 의하여 자유수면을 가지는 흐름을 말한다.

그림 Ⅴ-18과 같이 관속을 정류로 흐른다고 할 때, 단면 Ⅰ, Ⅱ의 단면적과 유속을 각각 A_1, v_1, A_2, v_2라 하고 물을 완전유체라고 가정하면 밀도 또는 단위중량은 일정하다. 이 때 통과한 유량은 유수단면적(유적)과 유속 사이에 다음 관계식이 성립한다.

$$Q = Av \cdots\cdots\cdots\cdots \text{(식 Ⅴ-6)}$$

단, Q : 유량(m³/sec)
A : 유적(m²)
v : 평균속도(m/sec)

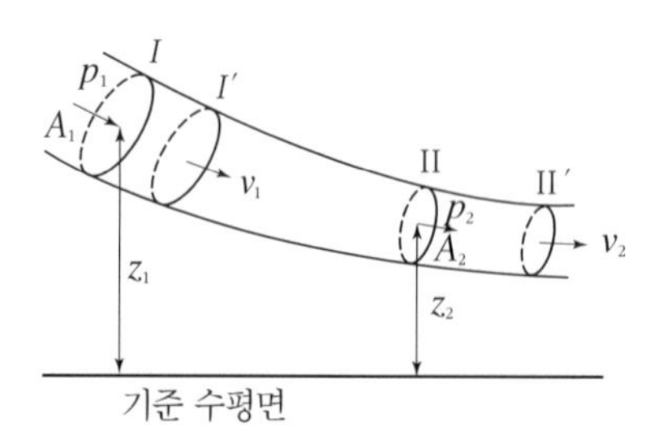

그림 Ⅴ-18. 물의 흐름

이 식을 수류水流의 연속방정식*equation of continuity*이라 하며, 이 식에서 보는 바와 같이 유량이 일정하다면 유속과 유적은 서로 반비례하여 유적이 작으면 유속이 빠르고 유적이 크면 유속이 느려진다. 이와 같은 물의 유속(m/sec)과 유량(m³/sec)은 배수에 큰 영향을 주게 되는데, 유속과 유량은 비례하므로 유속이 증가하면 유량은 증가하게 된다. 또한, 유속은 배수로의 침식이나 침적에 영향을 주게 되어, 높은 유속은 배수로를 파괴하거나 배수관의 접합부를 약하게 하고, 잔디배수로에서 유속이 높으면 잔디표면에 심한 침식을 일으킨다. 그러나 유속이 너무 낮으면 물 속의 침적물이 가라앉아 배수로의 물의 흐름을 방해하거나 막히게 하여 배수관의 기능을 저하시키므로 배수로는 항상 적절한 유속을 유지할 수 있도록 설계하여야 한다.

(2) 유적流積, 윤변潤邊, 경심徑深

수로를 흐름의 방향에서 직각으로 끊었을 경우, 그 수로의 단면적을 수로단면이라 하고 그림 V-19에서와 같이 수로단면 중 물이 점유하는 부분 A를 유적(유수단면적)이라 한다. 수로의 한 단면에 있어서 물이 수로의 면과 접촉하는 길이 P를 윤변이라 하는데, 이는 유수와 수로 사이에 마찰이 작용하는 주변의 길이를 의미하는 것이다.

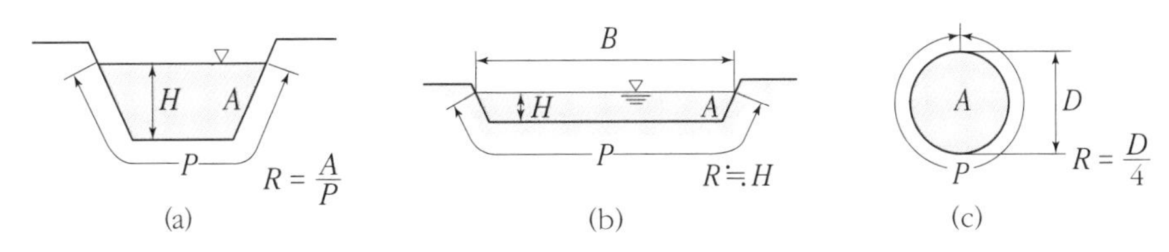

그림 V-19. 수로단면의 수리특성

또한, 수로의 한 단면에서 유적 A를 윤변 P로 나눈 값 R을 경심(동수반경動水半徑hydraulic radius) 또는 수리평균심hydraulic mean depth이라 하는데, 이는 마찰이 작용하는 주변의 단위길이당 유수단면적을 의미하는 것이며, 수로단면의 특성을 표시하는 것이다. 이들 3개 요소간에는 다음과 같은 식이 성립한다.

$$R = A/P \quad \cdots\cdots \text{(식 V-7)}$$

예를 들어 그림 V-19(b)와 같은 넓은 자연하천에서는

$$R \fallingdotseq \frac{HB}{2H+B} = \frac{H}{\frac{2H}{B}+1} \fallingdotseq H \left(\because \frac{2H}{B} \rightarrow 0\right)$$

만수滿水로 흐르는 원형관에서는

$$R = \frac{\frac{\pi}{4}D^2}{\pi D} = \frac{D}{4}$$

개수로 표준단면의 규격과 수리특성 값은 그림 V-20과 같다.

단 면	폭 w	저부 b	깊이 d	유적 a	윤변 p	동수반경(경심) a/p
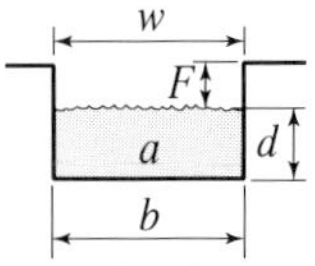 장방형	b 또는 a/d	w 또는 a/d	a/b	wd	$w+2d$	$\frac{d}{1+\frac{2d}{w}}$
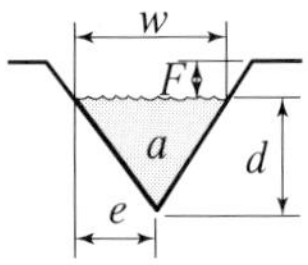 삼각형	$2e$		$\frac{a}{e}$	ed	$2\sqrt{e^2+d^2}$	$\frac{ed}{2\sqrt{e^2+d^2}}$
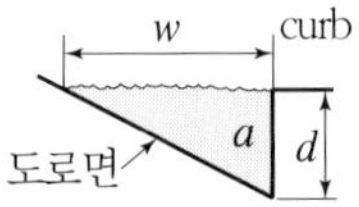 삼각형측구 (curb, 도로면)	$\frac{2a}{d}$		$\frac{2a}{w}$	$\frac{wd}{2}$	$d+\sqrt{d^2+w^2}$	$\frac{2wd}{d+\sqrt{e^2+w^2}}$
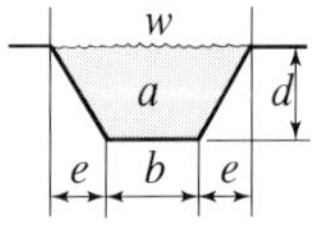 사다리꼴(균등측면)	$b+2e$	$w-2e$	$\frac{a}{b+e}$	$d(b+e)$	$b+2\sqrt{e^2+d^2}$	$\frac{d(b+e)}{b+2\sqrt{e^2+d^2}}$
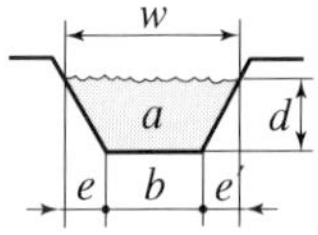 사다리꼴(불균등측면)	$b+e+e'$	$w-(e+e')$	$\frac{a}{\left(b+\frac{e+e'}{2}\right)}$	$d\left(b+\frac{e+e'}{2}\right)$	$\frac{b+\sqrt{e^2+d^2}}{b+\sqrt{e'^2+d^2}}$	$\frac{d\left(b+\frac{e+e'}{2}\right)}{b+\sqrt{e^2+d^2+e'^2+d^2}}$
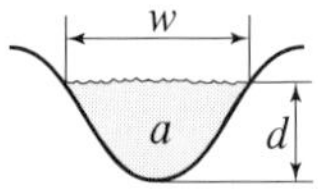 포물선	$\frac{a}{0.67d}$		$\frac{a}{0.67w}$	$0.67wd$	$w+\left(\frac{8d^2}{3w}\right)$	$\frac{a}{w+\left(\frac{8d^2}{3w}\right)}$

그림 V-20. 개수로 표준단면의 수리특성

(3) 평균유속공식

단위시간에 유적 내의 어느 점을 통과하는 물 입자의 속도를 그 점의 유속*velocity*이라 한다. 극히 일부분의 정류와 등류의 흐름을 제외한 물 입자의 유속은 서로 다른데, 이와 같은 변화를 엄밀하게 다룬다는 것은 매우 복잡하므로 유적 전반에 걸친 평균적인 유속, 즉 평균유속*mean velocity*을 그 단면의 유속으로 취급한다.

유속은 여러 가지 실험식에 의하여 계산할 수 있으나, 그 중에서 일반적으로 적용되는 것이 매닝공식*Manning formula*과 쿠터공식*Kutter formula*이다. 이 중에서도 매닝공식은 대표적인 지수공식指數公式으로 상대적으로 조도粗度가 큰 거친면의 흐름에 대하여 정밀도를 가지고 있고, 또한 간단하므로 개수로나 관수로를 막론하고 가장 많이 사용되고 있다. 일반적으로 개수로의 경우 매닝공식을 적용하고, 원형지하배수관에서는 쿠터공식을 적용한다.

매닝공식

$$Q = A \cdot v$$

$$v = \frac{1}{n} R^{2/3} I^{1/2} \quad \text{(식 V-8)}$$

단, Q : 유량(m^3/sec) A : 유수단면적(m^2)

v : 평균유속(m/sec) n : 수로의 조도계수

R : 동수반경(경심)(m) I : 유역의 평균경사

쿠터공식

$$Q = A \cdot v$$

$$v = \frac{N \cdot R}{\sqrt{R + D}}$$

$$N : 23 + \frac{1}{n} + \frac{0.00155}{I}\sqrt{I} \qquad D : \left(23 + \frac{0.00155}{I}\right)^n \quad \text{(식 V-9)}$$

여기서 n은 물의 흐름에 대한 개수로와 관거의 저항에 대한 측정값으로 수로면의 조도를 나타내는 계수이며, 〈표 V-4〉에서 제시된 값을 적용할 수 있다. 이 값은 실험에 의하여 추정된 것이므로 설치되는 개수로나 관거의 특성을 고려하여 적정한 값을 적용하여야 한다.

〈표 V-4〉 개수로와 관거의 조도계수

개수로와 관거	수 로 표 면	조 도 계 수
개 수 로	아스팔트	0.013~0.016
	벽 돌	0.012~0.018
	콘크리트	0.011~0.018
	자갈이나 잡석	0.020~0.040
	잔 디	0.030~0.040
관 거	시멘트 및 콘크리트관	0.011~0.015
	주 철 관	0.011~0.015
	주름형 금속관	0.022~0.026
	매끄러운 플라스틱관	0.011~0.015
	매끄러운 점토관	0.010~0.015

(4) 배수시설 단면의 확정과정

개수로의 설계는 시행착오 과정으로부터 얻을 수 있으며 앞에 언급된 모든 변수를 어떻게 함께 적합하게 연결시키느냐 하는 것이다. 일반적으로 받아들여지는 개수로의 경사는 최소 0.2% 이상이어야 하며, 유속의 범위는 잔디수로에서는 0.6~1.2m/sec이고 인공수로에서는 0.6~2.5m/sec이며, 최대 3.0m/sec를 넘지 않도록 한다. 이 밖에 개수로의 높이는 수심보다 적당한 여유고를 갖는 단면을 갖도록 설계하여야 한다.

개수로의 설계는 시행착오에 의한 과정으로써 실험적인 단면을 선택하여 유속한계에 적합하고, 요구하는 우수유출량을 충분히 배수시킬 수 있는지를 검토하여야 한다. 이러한 배수시설의 단면을 확정하는 과정은 그림 V-21과 같다.

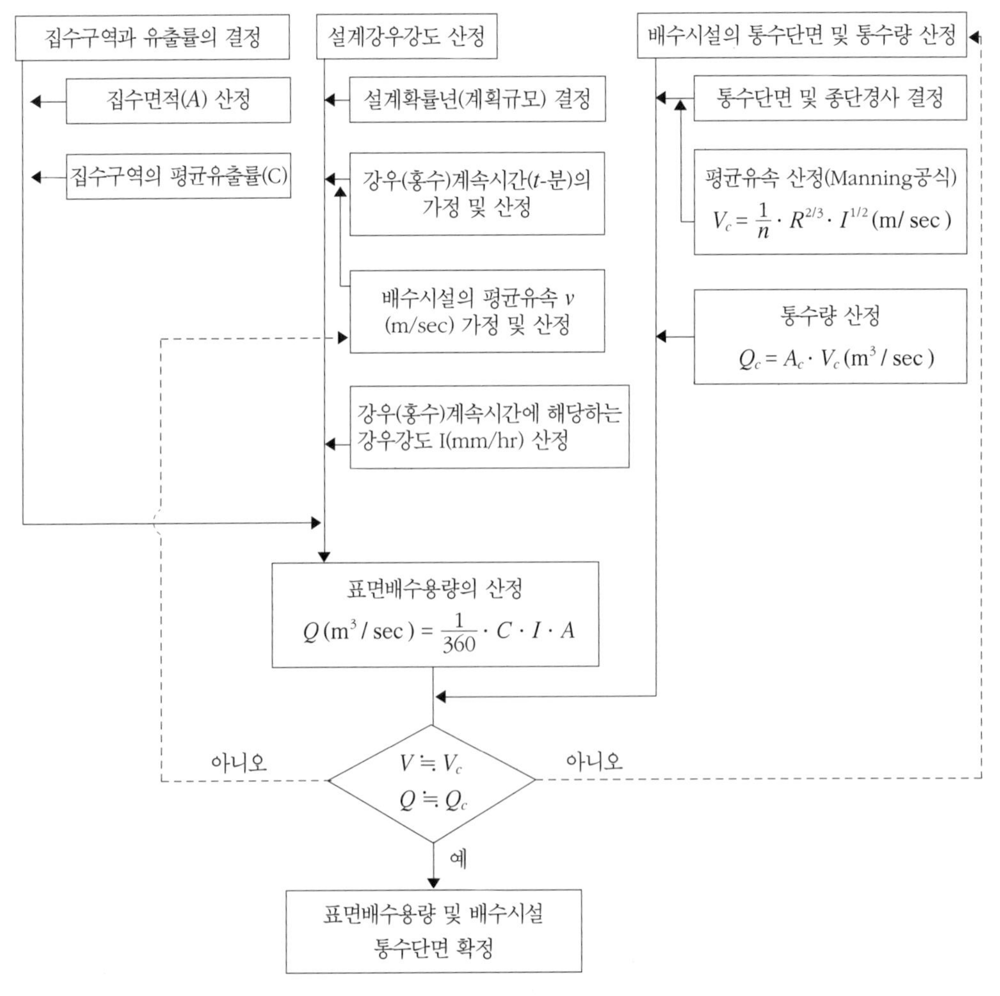

그림 V-21. 표면배수용량의 산정 및 배수시설 단면의 확정

(5) 계산실습

개수로를 계산하는 방법을 그림 V-22와 같은 예제를 통해서 알아보자. 이 예제는 대지의 북서쪽에 위치한 배수지역으로부터 남동쪽 경계선상의 하천으로 물을 운반하는 잔디수로 개수로를 설계하는 것으로 설계조건은 유량 $Q = 1.75\text{m}^3/\text{sec}$, 경사 $I = 0.02$, 조도계수 $n = 0.025$이다.

그림 V-24에서 제시된 배수구 단면특성에 관한 도표는 조도계수 $n = 0.030$을 기준으로 한 것이므로 제시된 조도계수 조건에 적합하도록 유량 Q를 조정하여야 한다.

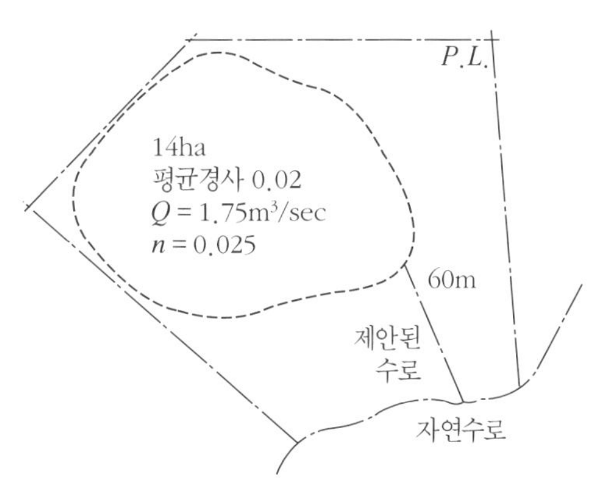

그림 V-22. 개수로 설계조건

$$\frac{0.030}{n} = \frac{0.030}{0.025} = 1.2$$

$$\therefore Q = 1.75 \times 1.2 = 2.1(\text{m}^3/\text{sec})$$

그림 V-24에서 유량과 경사가 만나는 점을 찾으면 D3-c를 찾을 수 있다. 여기서 구해진 유속은 약 2.5m/sec이며, 잔디수로의 유속한계 기준인 1.2m/sec보다 크므로 기존의 지면경사를 감소시켜 수로의 경사를 선택하여야 한다.

그러므로 다시 그림 V-24에서 유량이 $2.1\text{m}^3/\text{sec}$에서 타당한 유속과의 교점을 찾으면 경사도가 0.0045에서 D8-A 단면에 해당되며, 그림 V-25에서 실험단면의 형태와 〈표 V-25〉에서 단면의 제원을 얻을 수 있다. 그 결과는 그림 V-23에서 볼 수 있다.

구해진 단면이 설계의도에 적합한 수로단면인가를 검토하기 위해 매닝공식을 사용하여 유속을 계산해보면 다음과 같다.

$$V = \frac{1}{n} R^{2/3} I^{1/2}$$

$$= \frac{1}{0.025}(0.408)^{2/3}(0.0045)^{1/2}$$

$$= 40 \times 0.5485 \times 0.067$$

$$= 1.47(\text{m/sec})$$

3.66m

0.914m

$A = 1.67\text{m}^2$
$R = 0.408\text{m}$
$P = 4.09\text{m}$
$I = 0.0045$

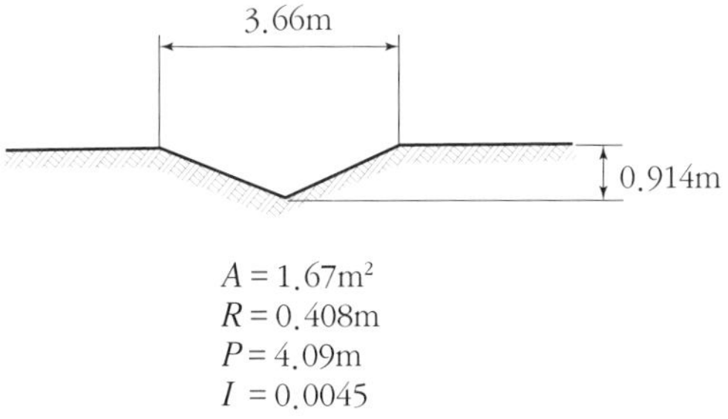

그림 V-23. 배수로 단면규격

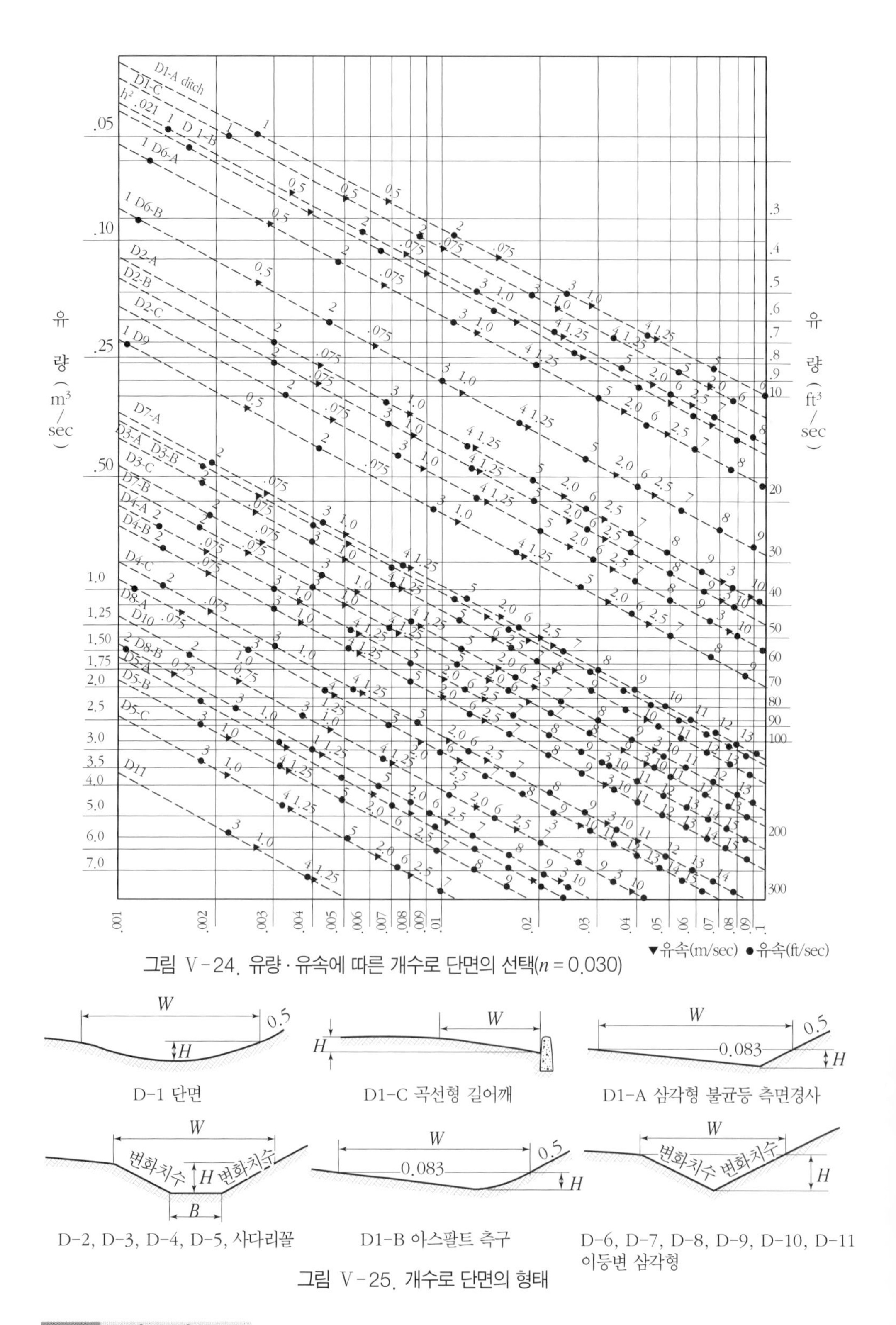

그림 V-24. 유량·유속에 따른 개수로 단면의 선택($n = 0.030$)

그림 V-25. 개수로 단면의 형태

〈표 V-5〉 배수로 단면의 특성 *properties of common ditch section* (단위: m)

No.	측경사	규 격			수리특성		
		B	*H*	*W*	*A*	*P*	*R*
D-1		−	.165	1.52	.171	1.57	0.109
D 1-A	.083&.5	−	.152	2.13	.163	2.18	0.075
D 1-B	.083&.5	−	.127	2.13	.152	2.16	0.070
D 1-C	.04	−	.114	3.05	.156	3.16	0.049
D 2-A	.67	.61	.305	1.52	.325	1.70	0.191
.B	.50	.61	.305	1.83	.371	1.97	0.188
.C	.33	.61	.305	2.45	.464	2.54	0.183
D 3-A	.67	.91	.457	2.29	.732	2.56	0.286
.B	.50	.91	.457	2.74	.836	2.96	0.282
.C	.33	.91	.457	3.66	1.05	3.81	0.276
D 4-A	.67	.91	.610	2.74	1.11	3.08	0.360
.B	.50	.91	.610	3.35	1.30	3.64	0.351
.C	.33	.91	.610	4.57	1.67	4.77	0.350
D 5-A	.67	1.22	.914	3.96	2.37	4.52	0.524
.B	.50	1.22	.914	4.88	2.79	5.31	0.525
.C	.33	1.22	.914	6.70	3.62	7.00	0.517
D 6-A	.50	−	.305	1.22	.186	1.36	0.136
.B	.33	−	.305	1.83	.279	1.93	0.145
D 7-A	.50	−	.475	2.45	.743	2.72	0.273
.B	.33	−	.475	3.66	1.11	3.86	0.302
D 8-A	.50	−	.914	3.66	1.67	4.09	0.408
.B	.33	−	.914	5.49	2.51	5.78	0.434
D-9	.14	−	.305	4.27	.650	4.31	0.151
D-10	.14	−	.475	8.53	2.60	8.62	0.302
D-11	.14	−	.914	12.80	5.85	12.93	0.452

여기서 유속은 기준보다 약간 높다는 것을 알 수 있으나, 조도계수가 시간에 따라 변할 수 있기 때문에 대체로 만족스러운 것으로 판단한다. 만약 설계자가 만족스럽지 못하다는 생각이 들면 위의 방법을 다시 반복하여 원하는 수준으로 재조정하여야 한다.

유속과 유적을 이용하여 유량을 계산하면 다음과 같다.

$$
\begin{aligned}
Q &= A \cdot v \\
&= 1.67 \times 1.47 \\
&= 2.46\,(\mathrm{m^3/sec})
\end{aligned}
$$

이 값은 제시된 우수유출량 값 2.1m³/sec보다 크므로 만족스럽다. 그러나 단면이 조건을 만족시키지 못한다고 판단되면, 다시 단면을 가정하고 검토하는 과정을 거쳐야 한다.

6. 지하 배수관거 설계

지하 배수관거의 설계는 우수를 유입구에서 집수시켜 운반하여 부지 외부로 유출시키기 위한 배수관거 체계에 대한 설계이므로 배수관거 체계를 설계하고 이에 부속된 부대시설에 대한 설계가 이루어져야 한다. 여기서는 배수관거 설계 능력을 배양하기 위해 실제적인 배수설계를 실습하고 동시에 배수설계에 필요한 시설 및 설계기준을 습득할 수 있도록 한다.

가. 유속과 유량계산

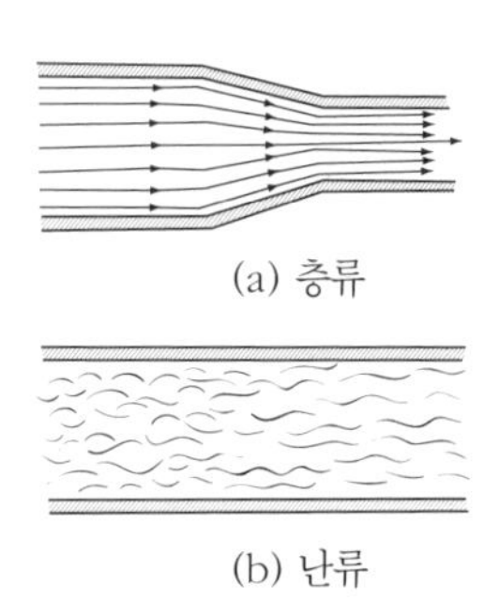

그림 V-26. 물의 흐름

(1) 물의 난류亂流*water turbulence*와 수두손실*head loss*

배수관거의 설계에서 물이 지표면으로부터 유입구를 통해 지하배수관으로 들어올 때, 맨홀을 통해 흐를 때, 경사변화 및 관거재료 및 형상의 변화, 그리고 물의 흐름방향이 변경될 때, 물의 흐름에 있어서 어떤 현상이 일어나는지를 신중히 생각하여야 한다.

물 분자의 운동상태를 분류해 보면 그림 V-26(a)와 같이 물의 분자가 흩어지지 않고 질서정연하게 흐르는 흐름을 층류라 하고 물 분자가 서로 얽혀서 불규칙하게 흐르는 것을 난류라 한다. 층류는 비교적 유속이 느린 실험용수로에서 발생하는 것이고, 일반적인 흐름은 거의 난류이다. 즉, 물이 표면에서 배수관으로 흐를 때 등류가 난류의 상태로 바뀌게 되며, 유속의 저하로 에너지 손실의 원인이 된다. 이 때, 순간적으로 배수관거 입구의 수위가 높아지고, 다시 물이 배수관을 흐르게 되며, 새로운 균형에 도달할 때까지 유속은 계속 증가하여 다시 등류가 된다.

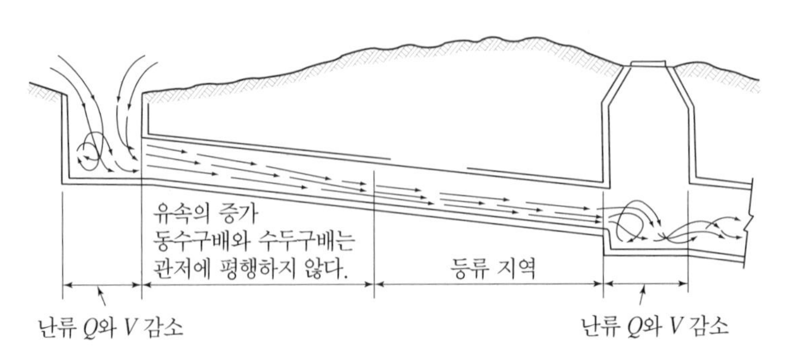

그림 V-27. 배수관거내 물의 흐름

이와 같이, 흐름의 변환지점에서 물은 난류의 흐름을 보이게 되며, 동시에 흐름에너지가 손실되는데, 이것을 수두손실*head losses*이라고 한다. 수두손실은 앞에서 언급한 것처럼 관거 내의 유입구, 맨홀부위, 관거연결부위, 관거내부에서 발생이 되며, 이러한 에너지 손실을 방지하고 물의 원활한 흐름을 유도하기 위해서는 흐름의 변환지점에서 수리표면*hydraulic surfaces*과 동수구배*hydraulic gradient*를 일치시킴으로써 가능하다.

배수관거의 동수구배를 조화롭게 만들기 위해 자주 언급되는 것은 그림 V-28에서와 같이 배수관이 수로로 흐르는 경우와 두 배수관이 만나는 경우이다. 그림 V-28(a)는 배수관을 기존의 호수나 수로로 흐르게 하는 것으로, 이 경우 기존 수로의 동수구배와 배수관거의 수위를 조화롭게 배치하는 것이다. 그림 V-28(b)는 두 배수관이 만나는 경우 동수구배가 서로 조화되어야 한다.

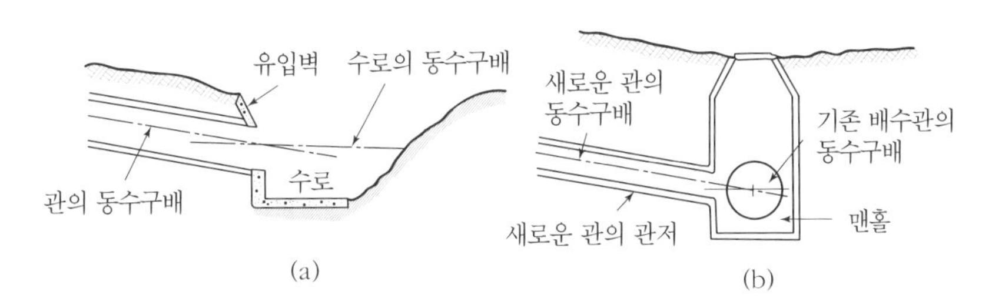

그림 V-28. 배수관거의 동수구배

(2) 유속 및 유량공식

일반적으로 원형배수관거의 유속 및 유량을 계산하기 위해서 강귈렛-쿠터공식*Ganguillet-Kutter formula*이 널리 사용되고 있다.

$$V = C\sqrt{RI} \quad \cdots\cdots \text{(식 V-10)}$$

$$Q = A \cdot C\sqrt{RI} \quad \cdots\cdots \text{(식 V-11)}$$

$$C = \frac{23 + \frac{1}{n} + \frac{0.00155}{I}}{1 + \left(23 + \frac{0.00155}{I}\right)\frac{n}{\sqrt{R}}} \quad \cdots\cdots \text{(식 V-12)}$$

단, Q : 유량(m³/sec) V : 유속(m/sec)

A : 유수단면적(m²) R : 경심 $= \frac{A}{P}$ (m)

I : 수면경사 C : 평균유속계수 n : 조도계수

위의 유량공식 $Q = AV = AC\sqrt{RI}$에서 유수단면적 · 평균유속계수 · 수면경사가 일정하다면 유량은 경심 R에 따라 변하며, R이 최대이면 유량은 최대가 된다. 유수단면적이 일정하다면 윤

변이 최소일 때 경심이 최대가 되므로 일정한 유수단면적에 대하여 최대의 유량이 흐르는 수로의 단면을 수리상 유리한 단면이라고 한다. 또한 윤변이 작으면 경제적으로도 유리한 단면이 된다.

이러한 이유때문에 배수관거의 단면은 일반적으로 원형 및 마제형馬蹄形이 사용되는데, 부득이한 경우 장방형이 사용될 수도 있다. 장방형 단면에서는 수로 바닥나비가 수심의 2배가 되는 단면이 수리상 유리한 단면이며, 마제형 단면에서는 반경이 H인 반원에 외접하는 형태가 유리하다.

(3) 수리특성곡선水理特性曲線*hydraulic characteristic curves*

관거의 유수상태는 수심에 따라 변화하는 것이므로 임의의 수심에 대한 유속 및 유량 또는 임의의 유량에 대한 수심을 알 필요가 있다. 즉, 이들 관계를 알기 위해서 매닝과 쿠터공식을 응용하여 각 배수관거의 단면별로 수심마다 경심 · 유속 · 유량을 계산하여 이것을 방안지에 기입하고 각 점을 연결하여 얻은 곡선을 관거의 수리특성곡선도라 하여 배수로 설계에 편리하게 이용하고 있다.

수리특성곡선은 원형, 정사각형, 직사각형, U형, 마제형, 계란형 등 다양하지만, 여기서는 가장 많이 사용되고 있는 원형 단면과 마제형 단면의 수리특성곡선을 살펴보자. 그림 V-29는 원형 단면의 수리특성곡선이고 그림 V-30은 마제형 단면의 수리특성곡선이다. 각 관거의 형

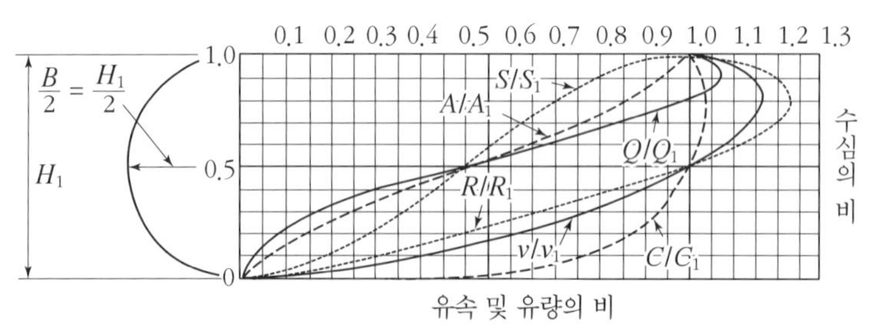

그림 V-29. 원형 단면의 수리특성곡선

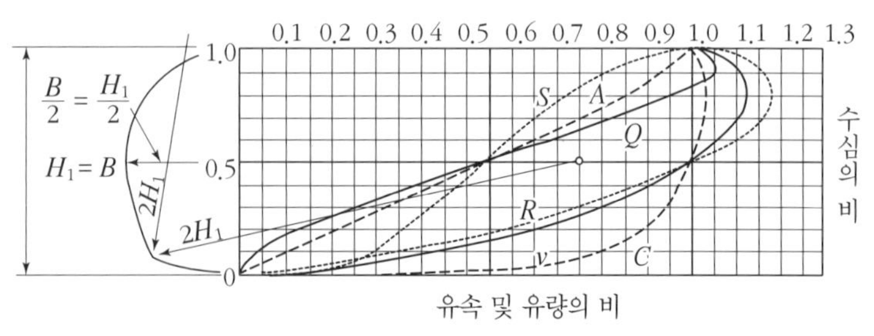

그림 V-30. 마제형 단면의 수리특성곡선

태별로 최대유량과 유속을 나타내는 만류滿流에 대한 수심의 비율이 달라지게 되며, 원형관 및 마제형거는 대체로 유속이 수심 82%에서 최대가 되고 유량은 수심 94%에서 최대가 된다는 것을 알 수 있다.

예를 들어 원형 단면의 관거에서 내경 1000mm, 경사율 0.17%, 조도계수(n) 0.013, 수심 30cm의 유수가 있을 경우 유속과 유량을 구해보자. 수심의 만류에 대한 비율은 30cm/100cm = 0.3이므로 그림 V-29의 원형 단면의 수리특성곡선에서 종축의 0.3에서 횡축의 V 및 Q곡선과의 교점을 구하면 각각 0.75와 0.17임을 알 수 있다. 제시된 조건의 유속과 유량을 구하기 위해서는 우선 만류에 대한 유속과 유량을 구한 다음 수량의 만류에 대한 비율을 적용하면 된다.

① 유적, 윤변, 경심

$$H = 1.0m$$
$$A = \pi r^2 = 0.7854(\mathrm{m}^2)$$
$$P = 2\pi r = 3.1416(\mathrm{m})$$
$$R = 0.25\mathrm{m}$$

② 평균유속계수

$$C = \frac{23 + \frac{1}{n} + \frac{0.00155}{I}}{1 + \left(23 + \frac{0.00155}{I}\right)\frac{n}{\sqrt{R}}}$$
$$= \frac{23 + \frac{1}{0.013} + \frac{0.00155}{0.0017}}{1 + \left(23 + \frac{0.00155}{0.0017}\right)\frac{0.013}{\sqrt{0.25}}}$$
$$= 62.24$$

산출된 경심과 평균유속계수를 이용하여 만류시의 유속과 유량을 구하면 다음과 같다.

$$V = C\sqrt{RI}$$
$$= 62.24\sqrt{0.25 \times 0.0017}$$
$$= 1.283(\mathrm{m/sec})$$
$$Q = A \cdot C\sqrt{RI}$$
$$= 0.7854 \times 1.283$$
$$= 1.008(\mathrm{m^3/sec})$$

그러므로 구하려는 유속 V는 0.96m/sec이고 유량 Q는 0.17$\mathrm{m^3}$/sec이다.

$$V = 1.283 \times 0.75 = 0.96(\mathrm{m/sec})$$
$$Q = 1.008 \times 0.17 = 0.17(\mathrm{m^3/sec})$$

만약, 유속과 유량을 알고 수심을 구하고자 할 경우에는 이 방법을 반대로 적용하면 된다.

나. 부지 배수관거의 설계실습

배수관로를 설계하기 위해서는 먼저 적절한 배수시설의 설치가능 여부를 판단한 후, 배수관로를 배치하고 집수시설 및 맨홀 등의 시설을 설치하여야 한다. 여기서 배수관로는 수목, 보도, 건물 등을 피하여 설치하고 또한 최소의 양으로 배수가 가능하도록 경제적인 설계가 이루어져야 한다. 이렇게 하여 제안된 등고선과 배수구조물의 위치, 관로의 패턴이 명시된 사무용 건물에 대한 설계도면을 기초로 하여 배수설계를 하도록 하자.

모든 주차장과 차도는 15cm의 연석이 설치되어 있고 비포장지역은 식양토에 잔디가 식재되어 있다. 부지 밖에는 배수구역에 포함되는 2acres 산림이 있으며, 가장 먼 유입거리는 200ft 이며, 그 평균경사는 4%로써 부지 북쪽의 토양은 식양토로 구성되어 있다(단, 강우재현기간 10년을 기준).

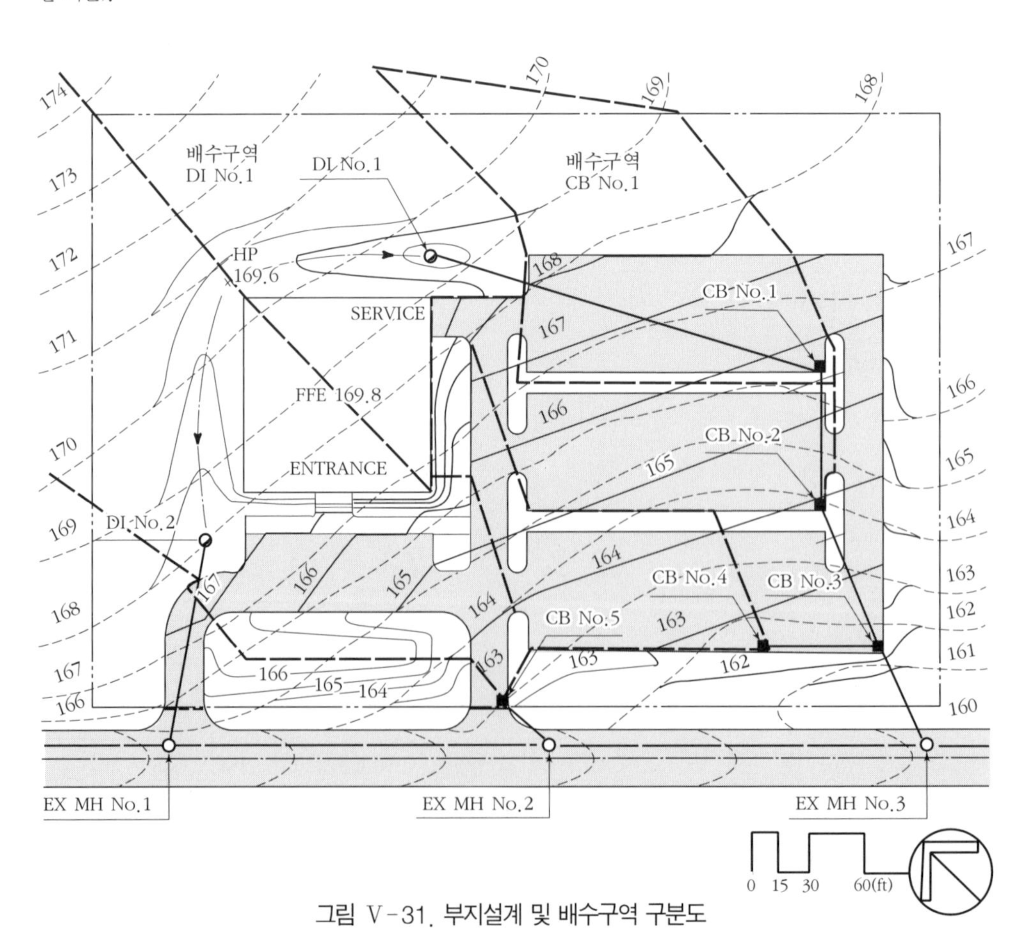

그림 V-31. 부지설계 및 배수구역 구분도

(1) 배수설계자료의 계산 및 정리

배수설계를 하기 위해서는 필요한 기초자료를 수집하고 계산한 후 정리하여야 한다. 그 대상이 되는 항목은 배수구역의 면적, 경사, 유출계수, 유달시간, 강우강도, 유출량, 관거내 유속, 관의 길이, 조도계수, 집수시설의 높이와 유입관·유출관의 높이 등이다. 실습을 위해 배수설계에 필요한 자료를 예시하였다.

〈표 V-6〉 배수설계의 자료

배수구역	집수시설	C	T_c (min)	I (iph)	A (acres)	Q_{sub} (cfs)	Q (cfs)	D (in)	S (ft/ft)	L (ft)	V (fps)	n	INV in	INV out	TF
1/2 Roof	DI No.1	0.92	37	2.8	0.12	0.31									
DI No.1	CB No.1	0.30		2.8	1.45	1.22	1.53	12	0.0024	210	1.9	0.015		156.7	167.6
CB No.1	CB No.2	0.30	37	2.8	0.20	0.17								9	0
		0.90		2.8	0.21	0.53	2.23	12	0.0055	75	2.8	0.015	156.2		
CB No.2	CB No.3	0.90	37	2.8	0.30	0.76	2.99	12	0.0095	80	3.7	0.015	9	156.2	165.7
CB No.4	CB No.3	0.30	10*	5.8	0.04	0.07							155.8	9	0
		0.90		5.8	0.25	1.31	1.38	8	0.018	50	3.9	0.015	8	155.8	163.9
CB No.3	MH No.3	0.30	37	2.8	0.07	0.06								8	0
		0.90		2.8	0.28	0.71	5.14	15	0.0095	55	4.3	0.015			
CB No.5	MH No.2	0.30	10*	5.8	0.12	0.21								156.0	162.6
		0.90		5.8	0.18	0.94	1.15	8	0.011	30	3.2	0.015	155.1	2	0
1/2 Roof	DI No.2	0.92	40	2.7	0.12	0.30							2		
DI No.2	MH No.1	0.30		2.7	1.36	1.10	1.40	8	0.018	105	3.9	0.015		154.8	162.0

* : 최소유달시간 10분 적용

(2) 배수구역의 범위와 유출계수의 결정

우수유출량을 계산하기 위하여 배수구역의 범위와 표면의 특성을 명확히 파악하고 유출계수를 결정한다. 본 예제에서는 부지 밖의 배수구역의 절반 1acre는 입수구 1번(DI No.1), 나머지는 입수구 2번(DI No.2)으로 유입되며, 사무실 건물의 지붕에서의 유출량도 양분되는 것으로 가정한다(그림 V-31 참조).

(3) 각 배수관로의 우수유출량의 산정

표면유입시간도표(그림 V-7 참조)를 사용하여 각 배수구역의 유입시간을 결정하고 그림 V-32 강우강도곡선에서 강우재현기간 10년과 유입시간(강우계속시간)을 고려하여 강우강도를 결정한다. 경우에 따라서는 배수관로에서의 유하시간을 고려해야 하지만, 그 값이 경미하여 반영하지 않았다. 또한 유달시간이 해당지역에서 제시하고 있는 최소유달시간 기준보다 작을 경우에는 최소유달시간을 적용하도록 한다. 이를 기초로 하여 합리식에 의해 각 관로에 부과되는 배수구역별 우수유출량을 산정하도록 한다. 여기서 주의해야 할 것은 집수시설이 추가될 때마다 낮은 방향으로 유출량이 점차적으로 증가하게 되므로, 각 관거의 우수유출량은 물이 흐르는 경사방향의 상부의 우수유출량을 누적시켜 계산하여야 한다는 점이다. 예를 들어 집수정 2번(CB No.2)은 해당 배수구역에서의 유출량 0.76cfs뿐만 아니라 입수구 1번(DI No.1)의 유출량 1.22cfs과 지붕의 절반면적의 유출량 0.31cfs, 그리고 집수정 1번(CB No.1)의 배수구역에서의 유출량 0.70cfs를 수용할 수 있어야 한다(그림 V-31 참조).

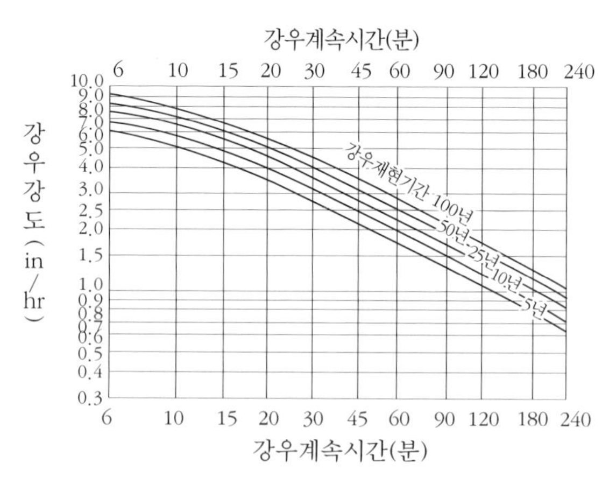

그림 V-32. 강우강도곡선

(4) 관경의 결정

관의 규격은 매닝공식과 수류의 연속방정식에 의해 구하지만, 일반적으로 편의상 그림 V-33의 만류시 원형관 직경추정도표를 사용하여 배수관의 크기를 결정한다. 만류시 원형관 직경추정도표는 유출량, 관의 직경, 조도계수, 유속, 경사의 5가지 요소로 구성되는데 실제적으로는 2개의 표에 해당된다. 첫째는 유출량, 관의 직경, 유속으로 구성되어 여기서 2개의 값이 명시되면 나머지 하나의 값을 결정할 수 있다. 둘째는 경사와 조도계수가 관의 직경과 유출량과 관련을 가지게 된다. 그림 V-33에서는 입수구 1번(DI No.1)에서 집수정 1번(CB No.1)의 관의 크기를 결정하는 것을 보여주고 있다.

관의 크기를 결정하는 데 있어 2가지를 주의하여야 한다. 첫째는 외부공간에서 관이 막히는 것을 방지하고 유지관리를 위해서 가능하다면 관의 직경이 30cm(12in) 이상이 되도록 해야 한다. 그러나 관거의 재료에 따라 관의 직경기준이 달라지므로 제조업자와 협의하여 결정한다. 둘째는 관거 내의 부유물의 침적을 방지하기 위한 최소유속기준과 과다한 유속으로 인한 관거의 파괴를 방지하기 위한 최대유속기준이다. 보통 유속의 범위는 0.8m/sec(2.5fps)~3.0m/sec(10fps)를 사용한다.

입수구 1번(DI No.1)에서 집수정 1번(CB No.1)의 관에 유출되는 유출량은 1.53cfs이다. 이것은 경험상 유출량이 작으므로 최소관경기준을 적용하여야 한다. 제시된 도표에서 유출량 1.53cfs와 최소관경기준 30cm(12in)를 표시하고 다음의 절차에 의해 나머지 값을 결정하도록 한다.

① 유출량 1.53cfs를 표시한다.

② 관의 직경 12in를 표시한다.

③ 두 점을 직선으로 연결하고 회전축을 지나 유속의 축까지 연결한다.

④ 유속 축 교차점에서의 유속을 읽는다. 유속은 1.9fps이며, 최소유속기준보다 다소 낮으므로 배수관의 크기를 8in로 작게 하여 유속을 증가시킬 수 있으나, 이 경우 유속 4ft까지 빨라지게 되어 경사방향 아래에 배치된 배수관보다 유속이 빨라지는 문제가 발생하므로 직경 12in관을 적용한다.

⑤ 회전축의 교차점을 표시한다.

⑥ 배수관은 원심력 콘크리트관을 주로 사용하므로 해당되는 조도계수 0.015를 적용하여 표시한다.

⑦ 회전축의 교차점으로부터 조도계수의 표시점을 연결하여 경사의 축까지 연결한다.

⑧ 경사축에서의 교차점의 경사율 0.0024를 읽는다.

⑨ 구해진 모든 값을 배수설계 자료표에 기록하고 나머지 다른 배수관에 대해서도 이와 같은 과정을 반복하여 모든 배수관에 대한 자료를 완성한다.

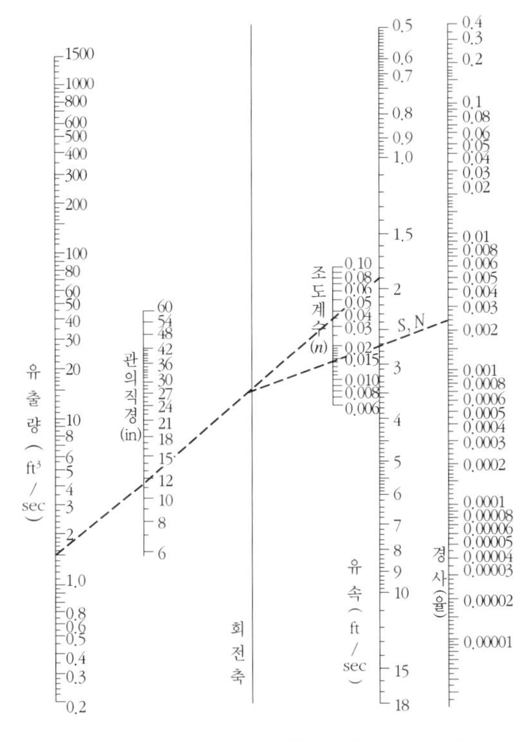

그림 Ⅴ-33. 만류시 원형관 직경추정도표

배수체계의 설계에서는 첫째, 연속된 배수관의 크기는 경사방향으로 가면서 결코 감소되어서는 안 되며, 배수구조물의 유입관보다 유출관의 직경을 항상 크게 해야 한다. 왜냐하면 배수관에 흐르는 물의 양은 경사방향으로 항상 증가하기 때문이다. 단, 집수정 4번(CB No.4)과 같이 별도의 지선은 위에 설치된 배수관보다 작을 수 있다. 둘째, 배수관의 내부에 부유물질이 침적하거나 물의 흐름이 방해받지 않도록 경사방향으로 가면서 유속이 증가되어야 한다. 이런 이유로 입수구 1번(DI No.1)에서 8in 직경의 배수관을 사용하지 않았다. 그러나 지선에 해당되는 집수정 4번(CB No.4)과 5번(CB No.4)에서는 우수 유입량이 지나치게 낮아지므로 유속이 낮아지게 되어 이를 개선하기 위하여 관의 직경을 8in로 할 필요가 있다.

(5) 인버트 높이 결정 및 배수체계의 단면 작성

인버트의 높이는 입수관과 출수관의 단면에서 가장 낮은 지점으로, 출수관의 인버트는 입수관의 인버트보다 낮아야 한다. 인버트의 높이는 기존 배수체계와 제안된 배수체계가 접속되는 지점으로부터 역방향으로 진행하면서 결정되어야 하며, 각 배수구조물 사이의 인버트의 차이는 배수관의 경사에 길이를 곱하여 구할 수 있다. 예를 들어 기존맨홀 3번의 인버트 높이로부터 집수정 3번의 인버트 높이를 구하면 다음과 같다.

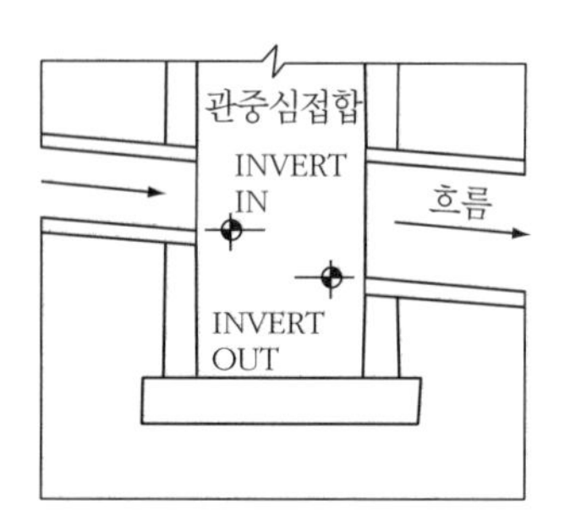

그림 V-34. 인버트의 높이

MH No.3 인버트 높이 = 154.35ft
관경사 = 0.0095
관길이 = 55.0ft
$0.0095 \times 55.0 = 0.52$ft
$154.35 + 0.52 = 154.87$ft(CB No.3에서 출수관의 인버트 높이)

이렇게 각 인버트에 대한 높이를 결정하고 나면 모든 배수체계에 대한 단면을 만들 수 있다. 다음 그림 V-35는 수직과 수평의 축척을 달리하여 배수체계 단면을 표기한 것이다. 이 단면도에서 인버트의 관계와 경사의 적절성을 평가할 수 있으며, 아울러 배수관의 깊이가 적정한지를 검토할 수 있다. 만약 배수관이 너무 깊거나 얕아서 문제가 발생되면 배수체계는 재설계되어야 한다.

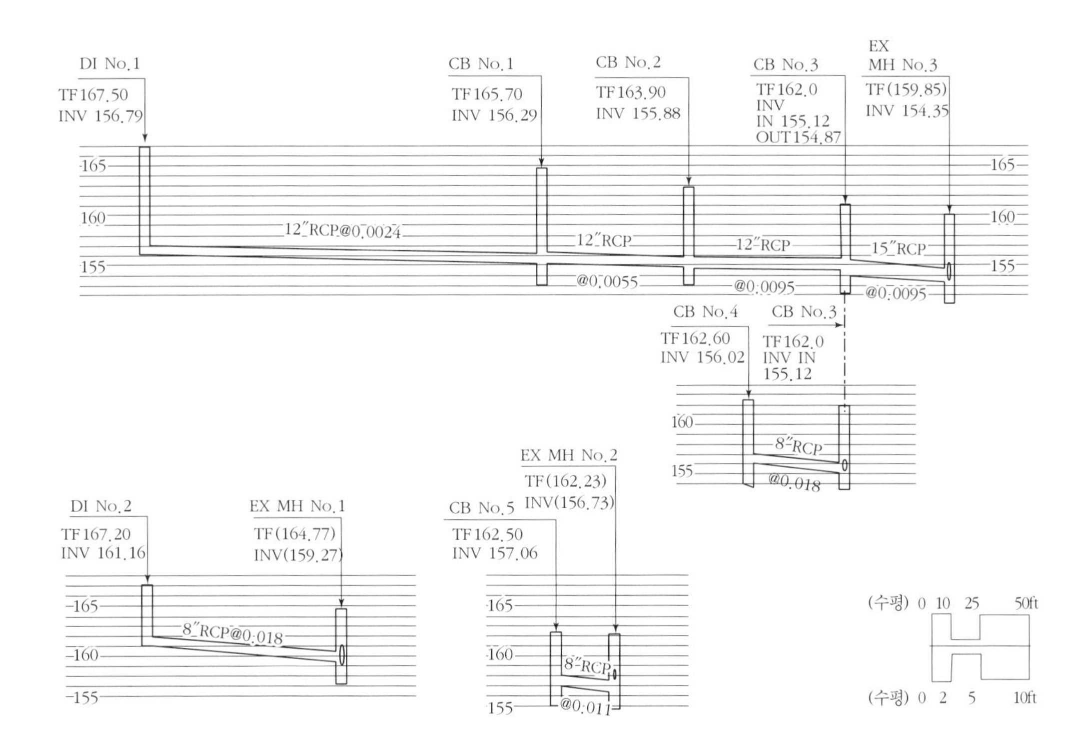

그림 Ⅴ-35. 배수체계의 단면도

다. 배수관거 설계기준

(1) 배수관거의 재료와 형상

배수관의 종류를 결정할 때는 유량, 수질, 매설장소의 상황, 외압, 연결방법, 강도, 형상, 공사비, 유지관리 측면을 충분히 고려하여 합리적으로 선정하여야 한다. 일반적으로 사용되는 관의 종류는 콘크리트관 · 철근콘크리트관 · 도관 · 경질염화비닐관이 있으며, 어느 것을 사용하더라도 산 또는 알칼리에 의하여 부식되지 않으며, 충격에 강하고 수밀성이 좋은 것이 좋다.

관거의 단면형상의 종류는 원형 · 장방형 · 마제형馬蹄形과 난형卵形으로 구분할 수 있는데 원형관을 가장 많이 사용한다. 원형관은 수리학상 유리하고 구조적으로 높은 강도를 얻을 수 있으며, 동시에 공장제작이 용이하고 가격이 저렴하며, 시공성이 뛰어나다. 재질로는 콘크리트 · PVC와 PE 등이 이용된다. 장방형의 배수관거는 일반적으로 원형관을 사용할 수 없는 대규모의 배수관이나 저수로용으로 사용된다. 마제형 관은 철근콘크리트의 활용이 활발하지 않던 시기에 주로 사용되던 형태로써 수리 및 역학상 유리하지만 시공이 곤란하여 오늘날 하수관용으로는 사용되지 않는다. 난형 관은 마제형과 더불어 가장 오래된 형태로 수리학상 유리하고 수직토압에 유리하지만 현장제작에 어려움이 있을 뿐만 아니라 제작시간이 많이 걸리기 때문에 그동안 사용하지 않았는데, 최근 선진국에서는 철근콘크리트 및 합성수지 제품이 개발되어 보급 중에 있다.

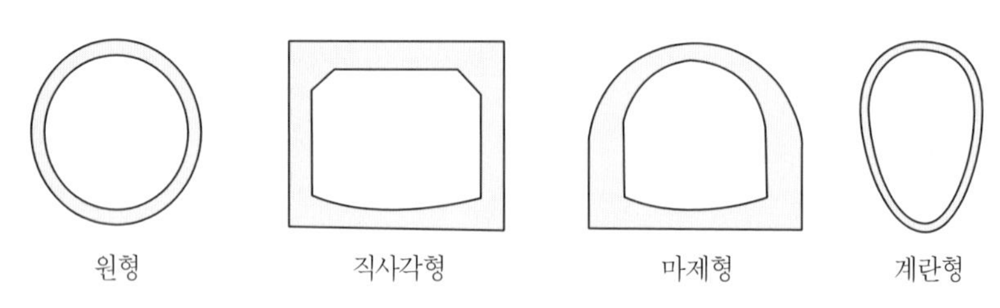

그림 V-36. 배수관거의 단면형태

(2) 배수관거의 경사 및 유속

유속은 일반적으로 하류로 흐름에 따라 점차로 커지고, 관거의 경사는 점차 작아지도록 해야 한다. 하류로 갈수록 경사가 줄어들더라도 우수량이 증가되어 관거가 커지므로 유속을 크게 할 수 있다. 유속을 너무 크게 하면 경사가 급해져 관의 매설깊이가 점차 깊어지므로 시공이 곤란하고 공사비가 증가하게 되며, 토구에서 방류수면放流水面의 수위가 낮아지므로 자연유하가 곤란하게 될 우려가 있다.

관거 내의 유속이 느릴 경우 관거의 저부에 오물이 침전하기도 하고 유하시간이 길어져 침전물의 부패로 인한 악취와 오염문제가 발생하게 된다. 반면에 유속이 지나치게 커지면 관거를 손상시키게 되므로 적정의 유속을 유지하여야 한다.

배수관거의 유속의 범위는 1.0～1.8m/sec, 부득이한 경우 0.8～3.0m/sec, 오수관거는 0.6～3.0m/sec를 기준으로 하며, 이상적인 유속은 1.0～1.8m/sec로 한다.

(3) 최소관경

배수면적이 작으면 우수유출량이 줄어들어 관경이 작은 관거로도 충분히 배수가 가능하다. 그러나 관거의 계산상 크기가 100mm 또는 150mm와 같이 작을 경우 관거 내에 퇴적한 토사나 오물을 청소하기가 어려우므로 배수설비의 연결과 유지관리 작업을 용이하게 하기 위하여 최소관경의 크기를 제한하고 있다.

하수도 시설기준에서는 최소관경을 우수관거 및 합류관거에서는 250mm, 오수관거에서는 200 또는 250mm(국지적으로 하수량 증가가 예상되지 않는 경우 150mm 가능)로 정하고 있으나 관경이 250mm인 경우 준설 및 유지관리가 곤란하여 서울시는 우수관거 및 합류관거

300mm, 오수관거 300mm를 최소관경으로 적용하고 있다. 그러나 앞의 사례에서 볼 수 있듯이 조경가들이 제한된 부지에 대한 배수설계를 할 경우 관거의 재료나 특성에 따라 지선인 경우에는 이보다 작은 관경의 배수관을 사용할 수 있다.

(4) 관거의 접합

관거의 합류점 혹은 구배방향 등이 변화하는 지점에서는 우수가 충돌하고 급격히 굴곡할 때 수두손실이 커지며 유하능력이 매우 감소하므로 접합 구조를 합리적으로 설계하여야 한다.

일반적으로 관거의 접합은 평면상으로 합류 또는 굴곡의 관 중심선에 대한 교각이 60° 이내가 되도록 하고, 그 접합부에는 곡선을 사용한다. 단, 내경 100mm 이상의 관거는 접합개소의 곡선반경을 관 내경의 5배 이상으로 한다(그림 V-37).

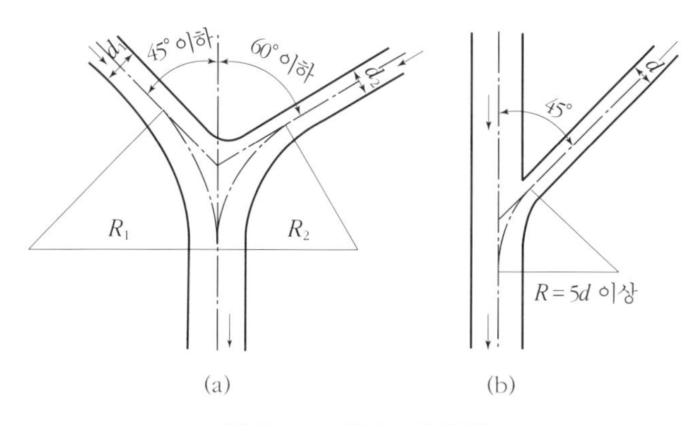

그림 V-37. 관거의 접합방향

관거의 접합은 그 접합양상에 따라서 관과 맨홀의 접합, 관과 관의 접합으로 구분할 수 있다. 관과 맨홀의 접합이란 상류측 관거와 하류측 관거를 맨홀에서 접속하는 방법이다. 일반적으로 관거의 방향, 경사 또는 관경이 변화하는 장소 및 2개 이상의 관거가 합류하는 장소에는 맨홀을 설치하도록 한다. 맨홀에 3개 이상의 관거가 합류할 경우 과류가 발생하는 등 수두손실이 커지므로 이를 고려하여 접합시 각 관거의 높이를 3~10cm 정도의 단차를 두는 것이 바람직하다.

접합방식에는 그림 V-38에서와 같이 일반적으로 수면접합, 관정접합, 관중심접합, 관저접합, 단차접합 등이 있다. 배수구역 내의 노면의 종단경사, 다른 매설물의 깊이, 방류하천의 수위 및 관거의 매설깊이를 고려하여 어떤 것을 선택할 것인가를 결정하여야 하는데, 원칙적으로는 수면접합 또는 관정접합으로 하는 것이 바람직하다.

① 수면접합

수면접합은 상류관거와 하류관거의 계획수위를 일치시키는 접합으로 수리적으로 가장 안정적이지만 설계, 시공이 복잡한 단점이 있다.

② 관정접합

관정을 일치시켜 접합하는 방식으로 유수는 원활한 흐름이 되지만 굴착깊이가 증가되어 공사비가 증대되고 펌프로 배수하는 지역에서는 양정이 높아지는 단점이 있다.

③ 관중심접합

상·하수관의 관 중심을 일치시키는 방식으로 수면접합과 관정접합의 중간적인 방법인데 계획하수량에 대응하는 수위의 산출을 필요로 하지 않으므로 수면접합에 준용되기도 한다.

④ 관저접합

접속하는 관거의 상류관과 하류관의 안쪽 밑부분*invert*이 일치되도록 접속하는 방식이다. 이 방식은 굴착깊이를 감소시켜 공비를 절감할 수 있으며, 수위상승을 방지하고 양정고揚程高를 줄일 수 있어서 펌프 배수지역의 경우에 유리하다.

⑤ 단차접합

급경사지역 또는 매설심도가 낮은 소형관을 매설심도가 깊은 대형관에 접합할 때 사용하는 방식으로 부관 맨홀을 설치하여 유속을 감소시키는 방식인데, 단차는 0.6m～1.5m의 범위로 한다.

⑥ 계단접합

급경사 지역의 대구경 관거 또는 현장타설 관거에 설치하는 방식으로 계단의 높이는 한 계단당 0.3m 이내로 하는 것이 바람직하다.

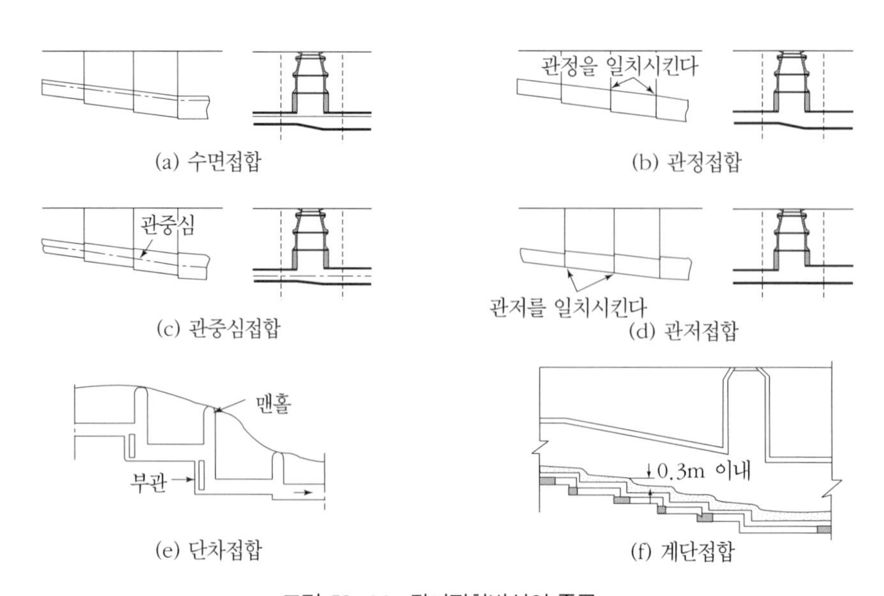

그림 V-38. 관거접합방식의 종류

(5) 관거의 연결

배수관거는 대개 땅속 깊이 묻히므로 지하수위가 높고 관접합이 불량할 때는 지하수 및 토사가 다량으로 관 내에 침입하거나 누수의 문제가 발생한다. 따라서 관의 접합은 수밀성 및 내구성이 있는 방법을 사용하여야 한다. 관과 관의 접합에 일반적으로 사용되고 있는 접합방식과 그 특징은 다음과 같다.

① 칼라연결*collar joint*

칼라연결은 흄관의 접합에 주로 사용되나 수밀성이 부족하고 상부하중이 작용하거나 지반이 부등침하할 경우 연결부가 파손되기 쉽다. 일본이나 미국 등 외국에서는 수밀성이 부족하고 불량 시공의 우려가 많기 때문에 오래 전부터 이 방법을 사용하지 않고 있다.

② 소켓연결*socket joint*

소켓연결은 도관, 철근콘크리트관, PVC관 등의 접합에 사용되고 있다. 고무링이나 모르타르를 이용하므로 시공이 쉽고 수밀성이 유지되나 운반이나 시공과정에서 소켓이 파손될 우려가 있다. 연결부를 모르타르로 충진하거나 고무링을 삽입할 경우 철저한 시공상의 주의가 요구된다.

③ 버트연결*butt joint*

버트연결은 두 관이 서로 맞붙는 곳에 수구*socket*와 삽구*spigot*가 단을 이룬 C형관으로 맞닿는 부분에 모르타르와 고무링을 채워 접합하므로 수밀성이 높고 시공이 용이하여 아주 큰 관에 주로 사용된다. 그러나 연결부의 관 두께가 얇기 때문에 파손될 우려가 있다.

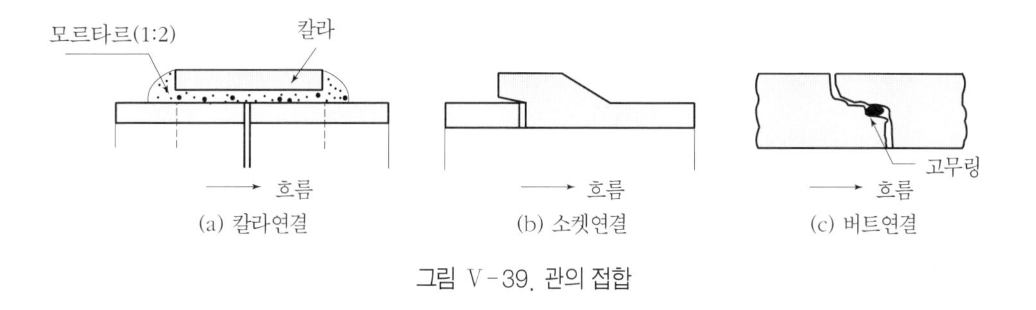

그림 V-39. 관의 접합

(6) 관거의 위치 및 매설깊이

합류식 하수거의 위치를 도로중앙에 두면 양측 하수도와의 연결이 편리할 뿐만 아니라 양측 시설물의 부담을 줄일 수도 있으며, 노폭이 넓을 때는 양측보도 밑에 하나씩 설치할 경우도 있다. 이때 인접하여 상수도관, 가스관 및 전신전화선 등의 기존 매설물이 있는 경우에는 이들 시설에 피해를 주지 않도록 한다.

관거의 매설깊이는 흙덮이의 깊이에 따라 다르지만 일반적으로 동결심도와 상부하중을 고려하여 최소 피토는 1m로 하고, 노반의 두께가 큰 경우에는 1.2m로 할 수 있다. 도로폭이 좁고 교통량이 적은 곳에서는 우수의 유입에 지장이 없으면 최소 0.6m까지 가능하며, 연결관과 관거에 작용하는 활하중을 고려하여 1.5~2.0m까지도 가능하지만 매설깊이가 깊어지면 토공사비가 증가되며, 다른 간선관과 접속이 어려워지게 된다.

(7) 관거의 기초

우수는 원칙적으로 자연유하하므로 관거가 부등침하하면 배수로의 역할에 큰 지장을 초래한다. 지반이 불안정하거나 상부의 과다한 하중으로 인하여 관거의 연결부분이 파괴되거나 침하하는 것을 방지하기 위하여 관거의 기초를 설치하여 지반의 지지력을 보완하고 하중을 균등하게 분포시켜야 한다.

관거의 기초에는 직접기초, 모래기초, 쇄석기초, 콘크리트기초, 베개동목기초, 철근콘크리트기초, 콘크리트 · 모래기초가 있는데, 관의 종류와 지반상태에 따라 적당한 기초를 선택하여 적용하여야 한다. 조경분야에서 주로 사용되는 원심력 콘크리트관의 기초는 직접기초, 모래기초, 쇄석기초를 사용하는 경우가 많다.

1) 직접기초

지반이 극히 양호할 경우, 원지반 위에 직접 관을 부설하는 방법이다. 이 기초는 자갈, 암반 등 경질지반에 관거를 부설하는 경우에는 집중반력에 의하여 관이 파괴될 수도 있으므로 주의를 요한다.

2) 모래기초

관에 작용하는 외압이 클 경우 관체에 균등한 응력을 전달시키기 위해 모래기초를 사용하는데, 이 기초는 지반의 조건을 보완하기보다는 하중을 균등하게 분포시켜 관을 보호하기 위한 목적으로 사용된다. 이때 모래두께는 관 하단으로부터 100~400mm 정도로 포설하고 충분히 다져준다.

3) 쇄석기초

이 기초의 특성은 모래기초와 유사하며 관로에 물의 용출이 많을 때 주로 사용되어 맹암거의 기능을 수행하기도 하며, 주로 소구경(250~300mm)의 도관에 많이 이용된다.

4) 콘크리트기초(철근콘크리트기초)

지반이 연약하고 관거에 미치는 외압이 큰 경우에 관체의 보호와 지반의 부등침하를 방지할 목적으로 사용된다. 기초의 구조는 일반적으로 지반에 기초자갈을 깔고, 그 위에 콘크리트를 타설하는데 받침각도를 90~180° 범위로 한다.

5) 베개동목기초

지반이 연약하고 물이 생기며 상재하중이 불균형하여 관거의 부등침하가 우려되는 곳에 사용되며, 주로 철근콘크리트관에 사용되는 매우 간단한 기초방식이다. 일반적으로 침목기초의 구조는 관 1개에 대하여 2~3개의 받침을 놓고 그 위에 관을 부설하여 쐐기로 안정시키는 방식이다. 시공시에는 횡목설치에 유의하여야 하며 횡목을 견고히 지반에 정착하도록 고정하고 동시에 일정한 높이로 설치되도록 한다.

6) 말뚝기초

지반이 극히 연약하고 외부로부터 불균일한 하중을 받아서 관거의 부등침하가 우려되는 경우에 말뚝을 사용하여 말뚝의 지지력에 의해서 관거의 침하를 방지하는 기초이다. 경우에 따라서는 사다리동목기초를 추가적으로 설치하는 경우도 있다.

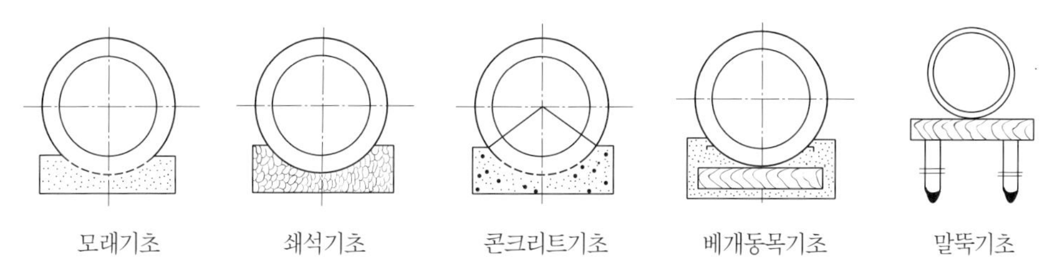

그림 V-40. 기초의 종류

라. 배수관거 부대시설

우수를 배수시키기 위해서는 여러 가지 부대시설이 필요한데, 표면수를 집수하고 관거 내의 유수를 유도하고 유출시키기 위한 시설과 여기에 부대되는 각종 시설이 필요하다. 이러한 배수 부대시설이 적절히 설치되지 않는다면 배수의 역할이 원활하지 못하게 되고 각종 구조적인 문제를 유발시키게 되므로 설치 목적에 부합되도록 설계하여야 한다.

(1) 유입벽*headwall*과 유출벽*endwall*

유입벽과 유출벽은 물을 명거에서 암거로 또는 그 반대로 유출입시키기 위한 시설이다. 유입벽은 자연수로에서 암거로 유입될 때 사용되는 것으로, 수두벽水頭壁은 거친 수로에서 최소한의 수두손실로써 부드러운 수로로 전환해 갈 수 있도록 하기 위한 것이며, 유출벽은 암거에서 하천이나 호수 등 하류로 방출되는 부분에 사용된다. 유출벽에서는 유속이 높고 유수의 낙하폭이 큰 경우가 많으므로 유수의 충격과 침식을 방지하기 위하여 유속을 감소시키고 낙하차가 크지 않도록 설계하여야 한다.

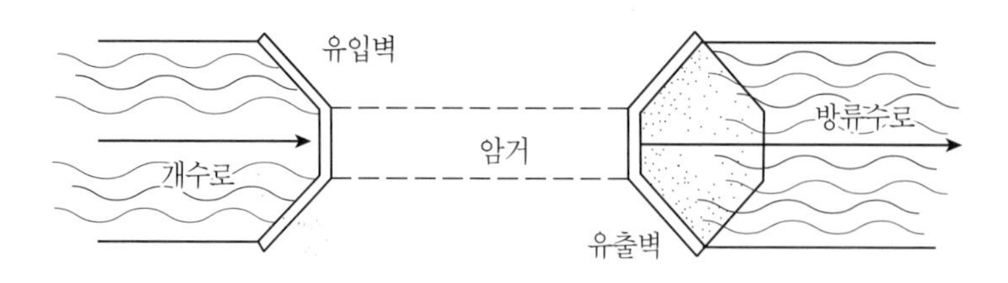

그림 V-41. 유입벽과 유출벽

(2) 배수유입구조물

1) 소규모 지역 배수구*AD: area drain*

배수가 곤란한 소규모 배수구역의 우수를 집수하여 지하관거로 연결하는 것으로 규모가 작으며, 필요한 경우에 선택적으로 도입되는 시설이다. 오물을 거르기 위해 격자나 그릴형 뚜껑을 설치하여야 한다.

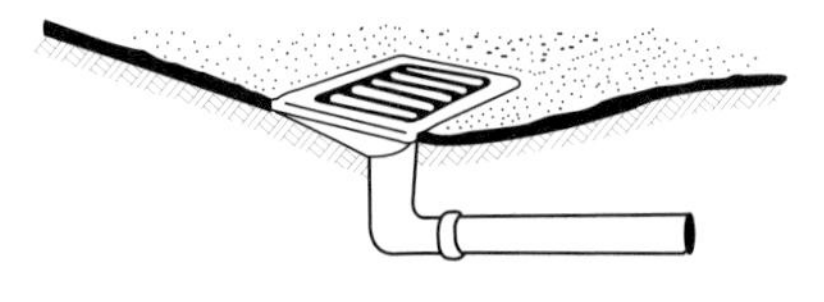

그림 V-42. 소규모 지역 배수구

2) 트렌치*trench*

트렌치의 원형은 로마시대에 배수구에 다공성 재료인 돌을 채워 표면유출을 집수 및 유도하고 지하수위를 낮추기 위해 사용했던 프렌치드레인*french drain*이다. 오늘날에는 배수구역의 우수를 길이 방향으로 집수하기 위하여 사용되는 선적인 배수방법으로 직접 지하관거와 연결된다. 표면수를 집수하는 능력이 크므로 우수를 완벽히 차단하고자 할 때 사용되며, 우수의 유입을 용이하도록 하기 위해 유입구는 그레이팅으로 처리하고 U형 측구와 같은 단면형태를 취한다. 주로 주차장 입구, 계단의 상하단, 광장의 입구, 진입로의 입구 등에서 흔히 볼 수 있다.

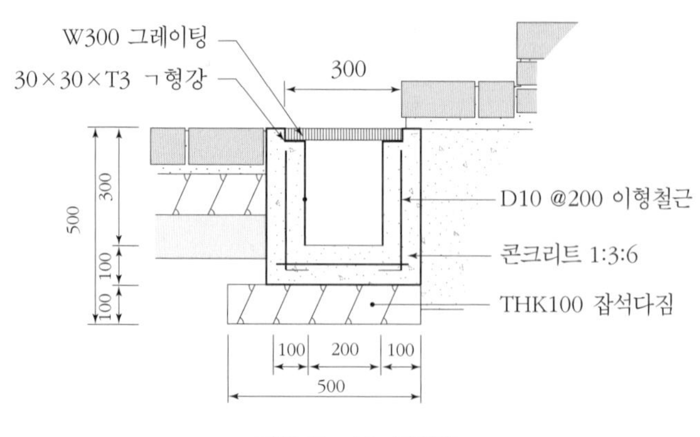

그림 V-43. 트렌치

3) **측구***side gutter*

도로나 공간이 구획되는 경계선을 따라서 설치하는 배수로를 측구라 하며, 형태에 따라 U형과 L형이 있으며, 추가적으로 용도에 따른 구분을 한다. 유공뚜껑을 덮어서 상부의 통행이 가능하도록 하면 트렌치라고 부른다.

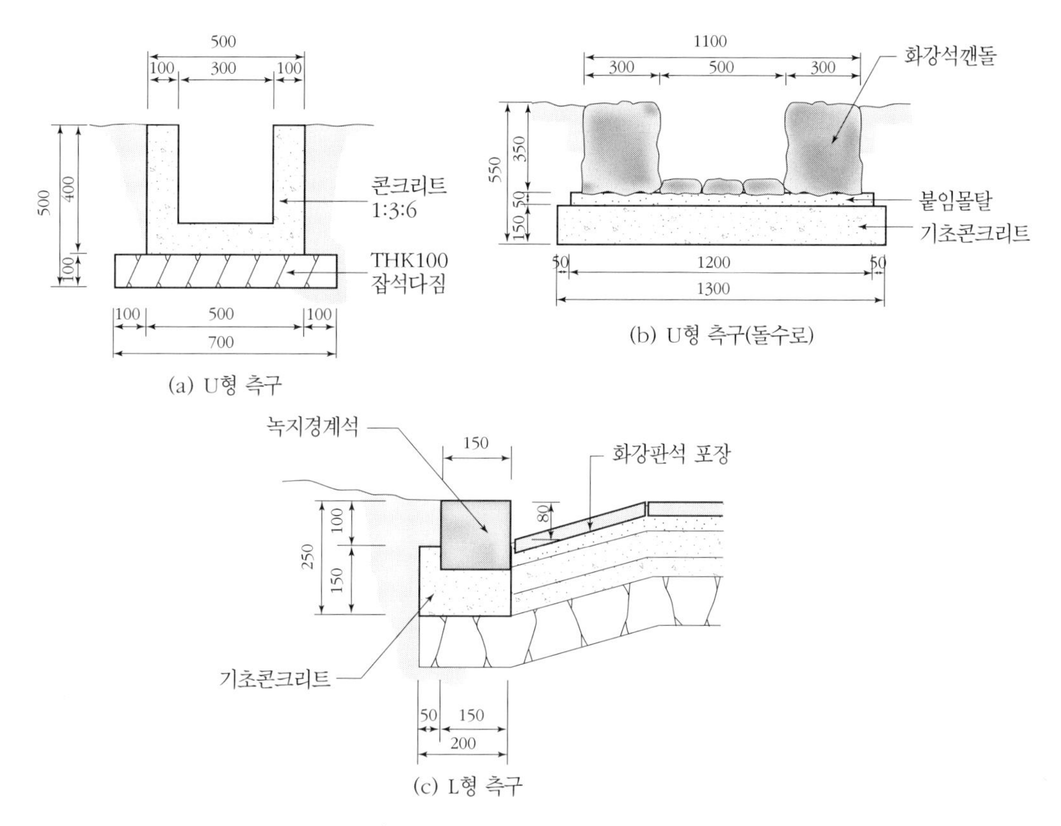

그림 V-44. U형 측구, L형 측구

4) **집수정***catch basin*

집수정은 빗물받이의 일종으로 개수로와 암거, 심토층 배수로와 암거를 접속하는 경우에 유수를 모으기 위해 설치한다. 집수정의 저부에는 15cm 이상의 침전지를 설치하여 침전물을 가라앉히도록 하여야 한다.

5) **빗물받이**

빗물받이는 도로의 우수를 모아서 유입시키는 시설로, 도로옆의 물이 모이기 쉬운 장소나 L형 측구의 유하방향 하단부에 설치한다. 보 · 차도의 구분이 있는 경우에는 그 경계로 하고 보 · 차도의 구분이 없는 경우에는 도로와 공간이 구획되는 경계선에 설치한다. 단, 횡단보도 및 주택의 출입구 앞에는 가급적 설치하지 않는 것이 좋다. 빗물받이의 간격은 도로폭, 경사 및 배수면적을 고려하여 충분한 집수능력을 가질 수 있는 간격으로 설치하되 20～30m 정도가 적당하다.

빗물받이의 규격은 내폭 30～50cm, 깊이 80～100cm로 하고 저부에는 침전물을 가라 앉히기 위하여 15cm 이상의 침전지를 설치하며, 상부는 검불막이의 역할을 하도록 격자형의 뚜껑을 설치한다.

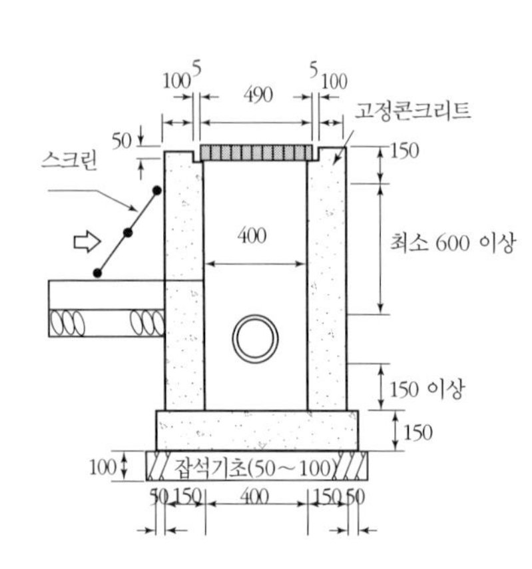

그림 Ⅴ-45. 집수정(1호, 내부치수 30×40cm)

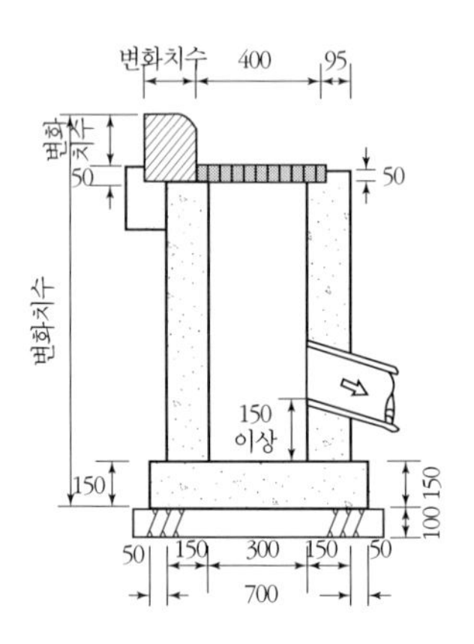

그림 Ⅴ-46. 빗물받이(차도측 1호, 내부치수 30×40cm)

(3) 맨홀*manhole*

맨홀은 관거 내의 통풍 · 환기 및 관거의 연결을 위해 설치되는 시설로, 관거 내의 주기적인 검사 · 청소를 위해 사람의 출입이 가능한 구조물이다. 맨홀 각부의 명칭은 그림 V-48에서와 같다.

1) 맨홀의 설치위치

맨홀은 관거의 기점과 관거의 방향 · 높이 · 관경이 변화하는 곳이나 관거가 합류하는 지점에 설치하고 유지관리의 편의성을 고려하여야 한다.

맨홀의 설치간격은 관거의 내경에 따라서 최대간격에 차이가 있는데 〈표 V-7〉에서처럼 관거의 내경이 증가함에 따라 맨홀설치 최대간격이 커진다. 보통 관 내경의 100배, 최대 300m 이내의 간격으로 설치하는 것이 바람직하다.

〈표 Ⅴ-7〉 맨홀의 관경별 최대간격

관거내경	30cm 이하	60cm 이하	100cm 이하	150cm 이하	165cm 이하
최대간격	50m	75m	100m	150m	200m

2) 맨홀의 종류

맨홀의 형상은 구조상 원통형이 제일 유리하다. 원통형은 외압이 평등하게 작용하여 벽체에 휨모멘트가 발생하지 않고 축압력만 발생하기 때문이다. 맨홀의 내경은 맨홀의 깊이, 유입관의 크기 등에 따라 다르나 대체로 90cm에서 150cm까지가 제일 많이 사용된다. 맨홀의 상부는 교통에 지장이 없도록 주철제 또는 철근콘크리트제와 같이 상당히 강도가 큰 유공뚜껑을 설치하여야 한다.

① 표준맨홀*standard manhole*

일반적으로 원통형으로서 유입관의 크기에 따라 다르며 90cm, 120cm, 150cm의 3종과 장경 120cm, 단경 90cm 타원형 맨홀도 있다(그림 V-47). 또한 표준맨홀은 중간맨홀과 합류맨홀이 있는데, 중간맨홀은 1개의 유입관과 1개의 유출관이 일직선상에 위치하는 맨홀이며, 합류맨홀은 유입관과 유출관이 일직선상에 위치하지 않거나 2개 이상의 관이 유입되는 형태의 맨홀을 말한다.

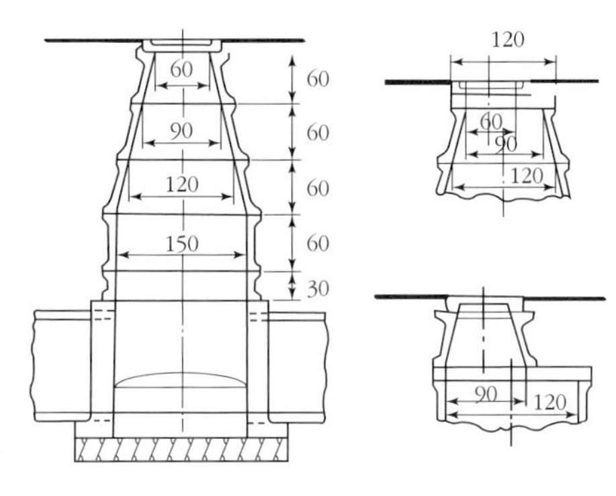

그림 V-47. 맨홀의 규격

② 낙하맨홀*drop manhole*

급한 언덕 또는 지관과 주관과의 낙차가 클 때 그 접합에 사용되는 맨홀로 부관을 설치한다.

③ 측면맨홀*side manhole*

전차 궤도나 교통이 빈번한 도로 아래에 하수관거가 있어서 바로 위에 출입구를 설치하기가 곤란할 경우 옆으로 유도하여 출입구를 만드는 것이다.

④ 계단맨홀*flight manhole*

대관거로서 관저차가 클 경우에는 유량도 많고 또 유출작용도 심해서 수충작용에 의하여 관거 내에 압착공기 혹은 진공부분을 발생시키므로 때로는 우수가 지상으로 분출할 위험이 있다. 이 경우 수세水勢를 감쇄減殺하기 위하여 관저에 계단을 붙이는데, 이 계단의 높이는 1단에 대하여 30cm 정도, 길이는 유수의 방향에 따라 다르나, 대체적으로 1.0m에서 1.5m로 하는 것이 좋다.

⑤ 연통맨홀*chimney manhole*

마제형거, 구형거에 사용되는 맨홀을 말한다. 관거의 천단天端 일부분이 천공穿孔되어 상부로부터의 압력은 적당히 분산되나 원주부분에는 특수한 장력이 발생하므로 이에 대하여 원형으로 철근을 배치하면 된다.

3) 맨홀 부속물

맨홀의 부속물은 그림 V-48에서 보는 바와 같이 발디딤쇠, 등공, 맨홀 뚜껑, 세척장치가 있다. 발디딤쇠는 맨홀의 점검 및 청소를 위해 사람의 출입이 가능하도록 편리하게 배치되어야 하며, 부식이 발생하지 않는 재료를 사용하여야 한다. 등공燈孔*lamp hole*은 관거 내에 등을 달아 점검하고 작업하는 사람에게 그 위치를 알리기 위하여 설치하는 구멍으로써 관거의 방향이 변하는 장소이다. 특히 맨홀을 필요로 하지 않을 경우나 맨홀 설치가 불가능한 장소 또는 오수관에서 통기목적으로 맨홀 간격 100m를 초과할 때마다 그 중간에 내경 25cm의 등공을 설치한다. 그 구조는 관정管頂에서 도관에 의하여 노면으로 통하는 것이므로 노면에는 교통상 지장이 없는 강도를 가진 뚜껑을 설치하여야 한다.

맨홀 뚜껑은 작업자의 출입, 기구 및 장비 등의 반입을 위해 설치되며, 재질은 탄소주강과 주철재가 사용된다. 맨홀 뚜껑에는 환기용 구멍을 두어 하수도에서 발생하기 쉬운 악취 및 폭발성 기체를 방출할 수 있는 구조이어야 한다. 최근에는 맨홀 뚜껑에 하수도용 맨홀임을 표기하고 유지관리의 책임이 있는 관리단체를 알아 볼 수 있는 고유한 표식을 하기도 하고 장식문양을 도입하여 미관효과를 높이기도 하고 있다.

세척장치는 관거에 불가피하게 발생하는 침전물을 세척하기 위해 설치하는데, 합류식 관거에서는 때때로 우수가 세척의 역할을 하나, 관의 직경이 작고 유속이 느린 곳이나 관의 직경은 크지만 경사가 완만한 곳에 세척장치를 설치하는 것이 좋다. 세척장치는 우수를 관거 내에 저장하였다가 일시에 방류시켜 그 유속에 의하여 침전물을 압류하는 방법이 사용된다.

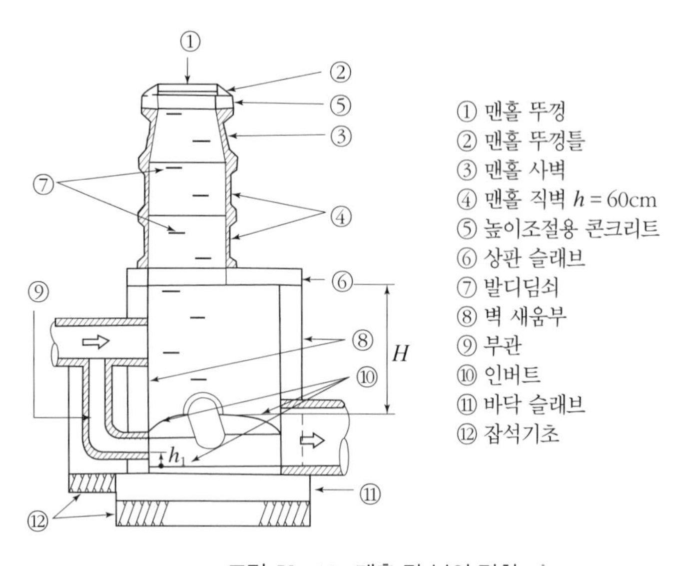

그림 V-48. 맨홀 각 부의 명칭

7. 심토층 배수설계

일반적으로 우수를 유출시키기 위해서는 개수로나 지하배수관에 의한 배수가 효율적이다. 그러나 외부공간에는 개수로나 지하배수관에 의해 우수를 완전히 유출시킬 수 없는 경우가 많으며, 또한 개수로나 지하배수관에 의한 유출은 일시적으로 과다한 물을 흘려보냄으로써 홍수를 유발하거나 도시생태계를 파괴하는 원인이 되고 있다.

이러한 문제점을 개선하기 위해 투수성이 높은 지표면을 통하여 토양으로 침투한 수분을 제거하기 위한 배수체계가 필요하며, 이 밖에도 배수가 잘 되지 않는 지역에서 지표면 밑의 과도한 물을 제거하기 위해 심토층 배수체계를 도입하여야 한다. 심토층 배수는 오래 전에는 농업적인 목적을 위해 사용되었으나, 요즈음에는 운동장 · 놀이터 · 골프장이나 낮은 지역의 과다한 물을 제거하기 위하여 광범위하게 사용되고 있다. 최근에는 우수의 일시적인 표면유출을 방지하고 토양내 수분을 공급하여 주는 친환경적인 수단으로 인식되고 있다.

가. 심토층 배수의 방법

지표면에 내리는 강우는 토양에 침투하여 토양수의 공급원이 된다. 토양수는 결합수 · 흡습수 · 모세관수 · 중력수로 나뉘어지는데, 이러한 토양수 중에서 심토층 유출은 중력수에 의해 일어나게 되며, 그 원인이 되는 것은 일반적으로 강우에 의해 발생되지만 지하수위가 높거나 국지적으로 수로가 형성되어 있는 경우에도 발생된다.

일반적으로, 심토층 배수는 진흙과 같은 불투수성인 토양의 물을 제거하며, 낮은 평탄지역의 지하수위를 낮추고, 불안정한 지반을 개선하기 위해 사용되며, 경우에 따라서는 기초 벽으로부터 스며 나오는 물을 제거하기 위한 특수한 목적으로도 사용될 수 있다.

기능적인 관점에서 심토층배수는 지표유입수 배수, 완화배수, 차단배수의 3가지 방법으로 구분할 수 있다. 지표유입수 배수는 지표면을 통해 흡수된 물을 배수시켜 지표면의 기능을 효율적으로 유지하기 위해 도입되는 것으로 심토층 배수의 가장 일반적인 형태이며(그림 V-49), 완화배수는 어느 평탄한 지역의 지하수위를 낮추기 위해 사용된다(그림 V-50). 마지막으로 차단배수는 경사면의 지하에 불투수성 토양층에 의해 물이 표면으로 유출되는 것을 방지하기 위해 사면을 따라 도입되는 방법이다(그림 V-51). 즉, 완화배수와 차단배수는 특정한 지역의 지하의 배수상태를 개선하기 위해 국부적으로 도입되는 방법이다.

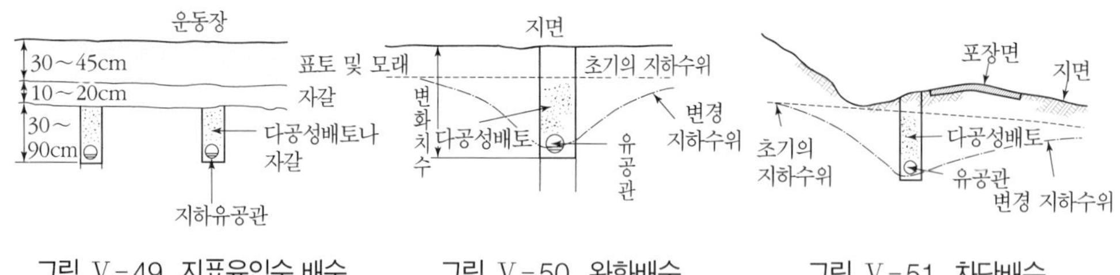

그림 V-49. 지표유입수 배수　　그림 V-50. 완화배수　　그림 V-51. 차단배수

나. 배치 유형

심토층 배수체계의 평면은 배수 목적에 따라 다양한 유형이 적용될 수 있는데, 어느 지역의 지표 유입수를 완전히 배제시키기 위해서는 어골형 · 평행형 등의 정형화된 유형이 적용되지만, 국지적으로 배수가 불량하거나 습한지역에서는 선형 · 차단형 · 자연형 등 부정형화된 유형을 사용할 수 있다. 이와 같은 심토층 배수계통의 유형은 부지 여건에 따라 적절히 조합하여 적용하여야 한다.

(1) 어골형魚骨型*herringbone type*

주관을 중앙에 경사지게 설치하고 이 주관에 비스듬히 지관을 설치하는데, 보통 길이는 최장 30m 이하, 45° 이하의 교각을 가져야 배수효과가 좋다. 또한 지선의 간격은 심토층 배수가 필요한 지선별 면적, 토양조건, 경사에 따라 달라지게 되며, 보통 4~5m로 하도록 하고 있다. 심토층 배수관로의 배치형태는 주관을 중심으로 지선을 양측에 설치하는데, 그 형태는 물고기의 골격과 유사하다. 이 방법은 놀이터 · 골프장 그린 · 소규모 운동장 · 광장과 같은 소규모의 평탄한 지역의 배수에 적합하며, 전지역의 배수가 균일하게 이루어지게 된다(그림 V-52).

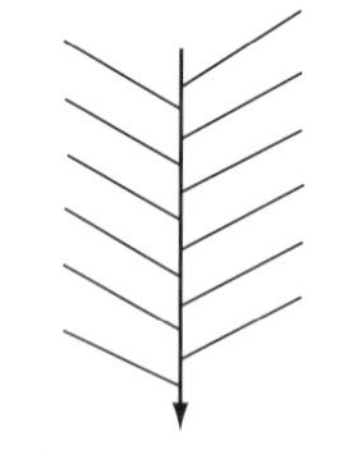

그림 V-52. 어골형

(2) 평행형平行型*gridiron type*

지선을 주선과 직각방향으로 일정한 간격으로 평행이 되게 배치하는 방법이다. 어골형과는 달리 주선과 지선이 직각으로 배치되므로 주선과 지선에 있어 배수관로에 흐르게 되는 물의 흐름방향이 달라지게 되며 유속이 저하되기도 하므로 세밀한 경사 조정이 필요하다. 이 방법은 보통 넓고 평탄한 지역의 균일한 배수를 위하여 사용되지만 간혹 어골형을 지선, 평행형을 간선형태로 하여 운동장과 같은 대규모 지역의 심토

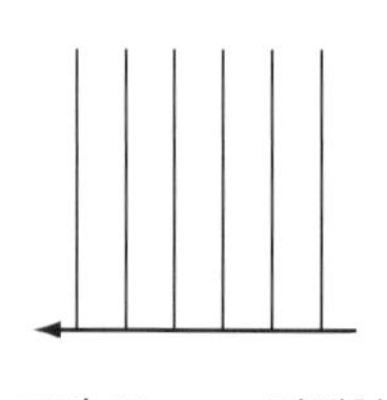

그림 V-53. 평행형

층 배수를 위해 사용될 수도 있다(그림 V-53). 지선이나 주선의 간격은 어골형에서와 같은 방법으로 결정한다.

(3) 선형扇型*fan shaped type*

주선이나 지선의 구분없이 같은 크기의 배수선이 부채살 모양으로 1개 지점으로 집중되게 설치하고 그곳에서 집수시킨 후 집수된 우수를 배수로를 통하여 배수하는 방법이다. 지형적으로 침하된 곳이나 한 지점으로 경사를 이루고 있는 소규모 지역에서 사용된다. 그러나 심토층 배수로가 집중되는 집수지점 방향으로 진행하면서 집수면적이 줄어들게 되므로 시설 설치의 효율성이 떨어지게 된다(그림 V-54).

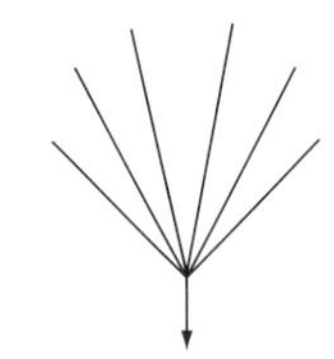
그림 V-54. 선형

(4) 차단형遮斷型*intercepting system*

경사면의 내부에 불투수층이 형성되어 있어 지하로 유입된 우수가 원활하게 배출되지 못하거나 사면에서 용출되는 물을 제거하기 위하여 사용되는 방법이다. 보통 도로의 사면에 많이 적용되며, 도로를 따라 수로가 만들어지게 된다(그림 V-55).

그림 V-55. 차단형

(5) 자연형自然型*natural type*

지형의 기복이 심한 소규모 공간에 물이 정체되는 곳이나 평탄면에 배수가 원활하지 못한 곳의 배수를 촉진시키기 위하여 설치되는 심토층 배수방식이다. 부지전체보다는 국부적인 공간의 물을 배수하기 위해 사용되므로 배수관의 배치형태는 부정형으로 해당 공간의 형태에 의해 좌우되게 된다(그림 V-56).

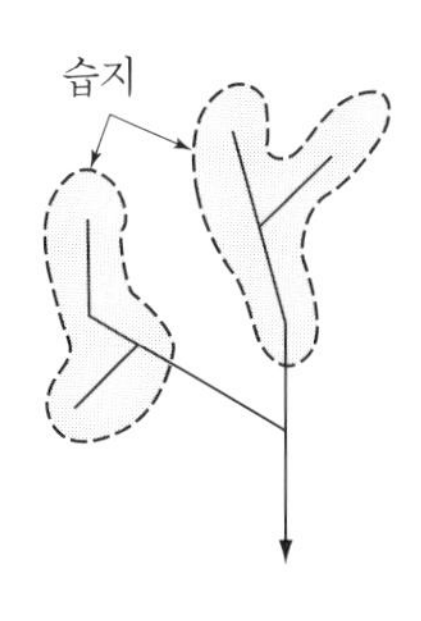

그림 V-56. 자연형

이러한 배치유형과는 별도로 주선과 지선의 배치에 있어서 주선은 길고 지선은 짧은 것이 좋으며, 주선은 지형과 일치시키고 자연수로를 따르도록 해야 하지만 지선은 등고선과 평행으로 배치하거나(그림 V-57), 직각으로 배치할 수 있다(그림 V-58). 그러나 평행이 되도록 배치하는 경우 지관의 경사가 작기 때문에 관의 마찰계수가 작은 관을 사용하여야 하고 경사의 조정에 신중을 기해야 하는 반면, 등고선에 직각되게 배치하는 경우에는 관의 경사가 크므로 마찰계수가 큰 것을 사용해도 좋으나 지나친 유속으로 인한 배수관 및 부속시설의 피해를 방지하기 위한 조치가 필요하다.

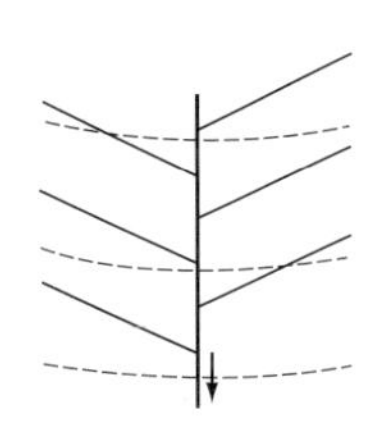

그림 V-57. 등고선과 평행배치

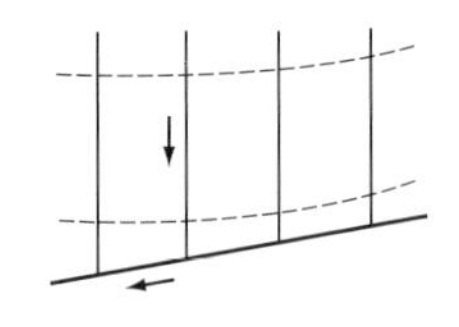

그림 V-58. 등고선과 직각배치

다. 심토층 배수의 결정요소

심토층 유출은 표면배수나 지하배수관 배수와 달리 유출속도가 매우 느리고 예측이 어려운 경우가 많다. 따라서 심토층 배수는 심토층의 토양상태 · 강우량 · 지하수위 · 지형조건 등 다양한 요인을 고려하여 결정되어야 한다. 앞에서 언급한 배수 유형을 결정한 다음, 관의 크기 및 경사, 깊이와 간격을 결정하여 구체화할 수 있다.

(1) 관거의 크기 및 경사

경사가 급한 곳에서는 심토층 배수관 내의 유속이 빨라지게 되고 이에 따라 보다 넓은 면적에서 발생하는 심토층 유출수를 배수시킬 수 있기 때문에 관의 크기는 관의 경사에 따라 달라지게 된다.

관의 경사는 일정한 경사를 가지거나 배출구 방향으로 경사가 증가되는 경우가 있다. 만약 배출구 방향으로 경사가 줄어들거나 지나치게 완만하여 유속이 0.3m/sec 이하로 떨어지면 물의 중력에 의한 이동이 어렵게 되며, 침적물이 발생하고 관로가 막히게 된다. 관의 경사에 대한 최소기준은 관의 재료, 조도계수, 관의 크기, 배수구역의 크기, 심토층 계획유출량에 의해 다양하게 변하며, 잔디지역에서 0.1～1.0%의 경사를 유지하는 것이 바람직하다.

관의 크기는 보통 주관은 150～300mm이고, 지관은 100～150mm인 관경을 사용하고 있으나 정확하게는 강우량 · 심토층 유출량 · 토양조건을 고려하여 매닝공식과 수류의 연속방정식을 이용하여 심토층 계획유출량을 계산하고 이를 토대로 관의 크기 · 경사 · 배수구역의 면적의 관계를 구할 수 있다.

(2) 관의 깊이와 간격

배수관로의 깊이는 보통 유출구의 높이에 따라 결정되지만 동상에 의한 피해를 방지하기 위해 동결선 밑에 설치되어야 한다. 점토질 토양은 0.75～0.9m, 사토는 1.1～1.4m의 깊이에 설치하지만 우리나라에서는 0.5m 깊이에 설치하는 경우도 적지 않다.

배수관로의 간격은 배수구역의 토성에 의해 달라지게 되며, 사질토양은 중점토보다 물의 이동이 원활하므로 상대적으로 배수관로의 간격이 커지게 된다. 만약 배수관로의 간격과 깊이가 적정한 기준을 벗어나게 되면 배수가 불량하게 되거나 배수관로가 과다하게 설치되는 문제가 야기된다.

라. 설계사례

(1) 어린이 놀이터

어린이 놀이터 내의 놀이시설 주변에는 안전성을 확보하기 위해 모래를 포설하게 되므로 심토층 유입수의 흐름이 상대적으로 빠르다. 이러한 모래사장은 일반적으로 주변의 지반보다 약 10cm 정도 낮게 되므로 강우의 대부분은 심토층 배수를 통하여 배출되어야 한다. 대부분의 놀이터에 설치하는 맹암거의 배치형태는 어골형을 기본으로 배치하는데, 심토층 배수를 원활하게 하기 위하여 맹암거의 단면은 다음의 기준을 충족하여야 한다.

① 맹암거의 단면은 사다리꼴형으로 하고 위가 넓고 아래가 좁아서 표면수의 집수가 용이하도록 한다.
② 지하배수에 사용되는 유공관은 일정한 간격으로 구멍이 뚫린 것으로 모래의 침투가 잘 안되고 관 표면에 집수가 용이한 것을 사용한다.
③ 집수정에 가까울수록 높이를 낮게 하며 배수를 원활하게 한다.
④ 주관과 지관의 관단부는 흙의 유입을 방지할 수 있도록 마개를 씌운다.
⑤ 맹암거에 모래나 이물질이 침입하는 것을 막기 위해 맹암거 상부는 토목섬유(부직포, *filtermat*)를 덮고 유공관도 토목섬유로 감싸야 한다.
⑥ 맹암거와 놀이시설 기초가 만나는 곳은 가급적 줄여야 하며, 불가피한 경우 맹암거 방향을 변경하여 배수에 지장이 없도록 해야 한다.
⑦ 맹암거와 배수망은 가급적 가깝게 연결되도록 하며, 그렇지 않은 경우 무공관을 사용한다.
⑧ 간선에 연결되는 지선은 동일부위에서 중복접속되지 않도록 한다.

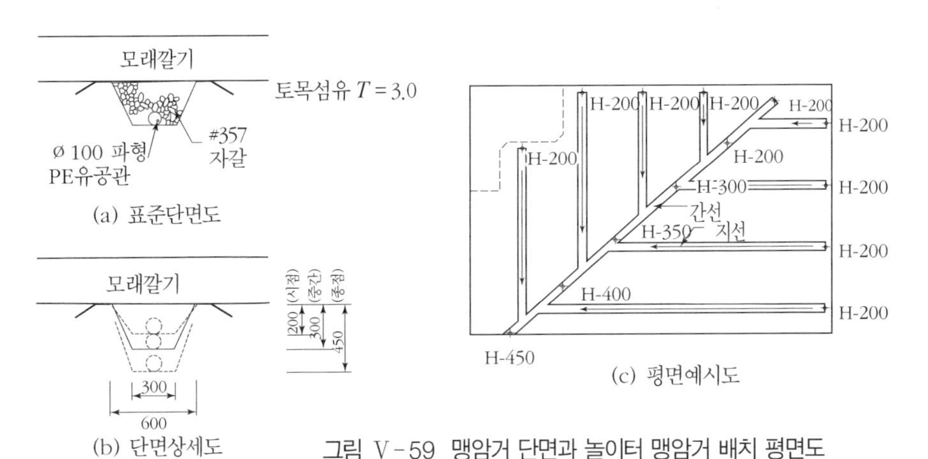

그림 Ⅴ-59. 맹암거 단면과 놀이터 맹암거 배치 평면도

【자료】 대한주택공사, 조경시설 · 놀이시설물표준도, 1994.

(2) 골프장

골프장은 대부분 자연지형을 기초로 하여 만들어지므로 기존의 자연배수나 수문현황을 면밀히 고려하여야 한다. 경관을 고려하여 심토층 배수시설이 필요하며 주변의 연못이나 개수로 등의 배수시설과 적절하게 연계시켜야 한다. 일반적으로 골프장에서 심토층 배수가 필요한 곳은 그린 및 티와 벙커이며, 설계시 준수해야 할 상세한 내용은 다음과 같다.

1) 그린과 티

① 지표면 밑의 물을 모아 배수시키기 위해 배수관은 플라스틱 유공관을 사용한다.
② 배수관은 연결 소재가 다양하고 관단부에는 흙의 유입을 방지하기 위해 마개를 씌운다.
③ 배수관의 간선은 직경 100mm, 지선은 직경 75mm를 사용하며, 유공관의 구멍은 직경 10mm 이내로 한다.
④ 배수관의 배출지점, 즉 집수정은 페어웨이나 그린의 에이프런 내에 설치되어서는 안 된다.
⑤ 그린표면에서 에이프런지역 끝까지 유공관으로 하고 유공관을 둘러싸기 위해 자갈을 포설하며 그린 밖의 배수로는 무공관으로 하여 집수정까지 연결한다.
⑥ 맹암거의 상단은 500mm, 하단은 300mm 정도로 하여 약 20°의 경사를 준다.
⑦ 맹암거의 바닥은 깨끗하고 이물질이 없도록 하며, 노출된 암반은 제거하고 다진다.
⑧ 배수관은 맹암거의 중앙부에 위치시키고 모래나 침적토가 스며드는 것을 막기 위해 토목섬유를 깔고 기성품 뚜껑을 설치한다.
⑨ 맹암거 부분에 자갈을 포설한 후 다짐된 원지반과 평평하도록 잘 다진다.

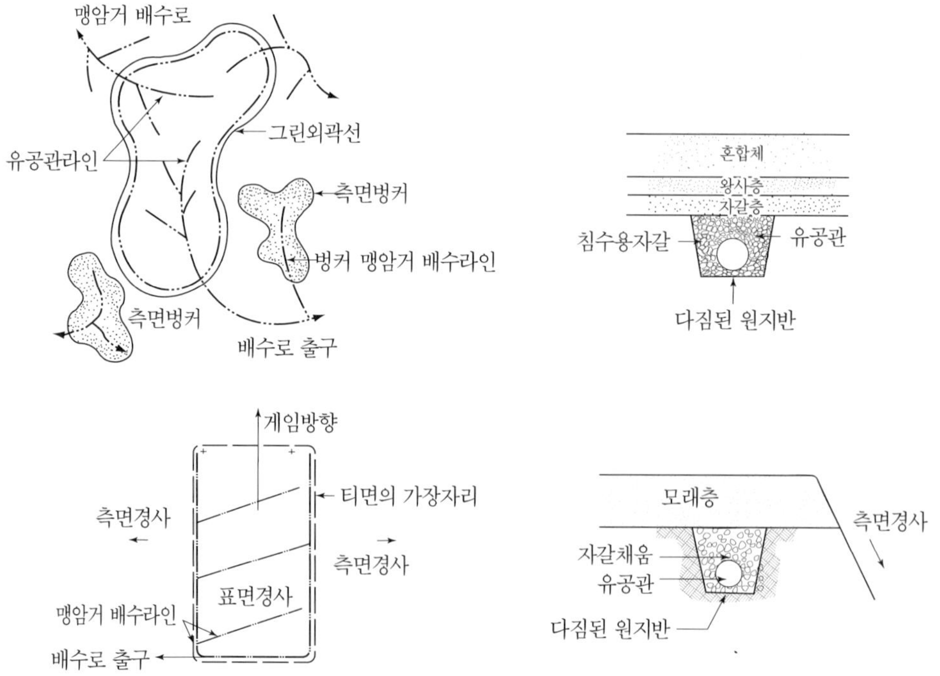

그림 Ⅴ-60. 그린과 티의 맹암거

【자료】 이재충 저, 골프장설계와 시공, 도서출판 대성, 1991.

티지역도 그린과 같은 기준을 적용하며 맹암거의 설치 위치는 티의 방향과 대각선으로 8~10m 간격을 두어 설치하고 티면의 가장자리에 인접시켜 설치한다.

2) 벙커

벙커는 티나 그린과 달리 모래를 담기 위해 오목한 형태를 취하므로 인접 페어웨이보다 최소 35~50cm가 낮아 강우시 물이 흘러 들어올 수 있기 때문에 물매를 조성하여야 하며 시각상 눈에 드러나지 않도록 한다. 이와 같은 벙커의 특성으로 인하여 배수시설이 필수적이며 자갈로 채워진 웅덩이나 맹암거를 사용할 수 있다.

① 자갈로 채운 웅덩이

자갈로 채운 웅덩이는 각 벙커의 가장 낮은 지점에 설치하며, 웅덩이의 최소치수는 직경이나 폭이 1m, 깊이는 2.5m 정도로 하며, 현장 여건에 따라서는 2.5m 이상의 깊이를 가진 웅덩이를 설치할 수도 있다. 웅덩이의 배수는 다른 벙커의 웅덩이와 연결시키고 최종적으로는 집수정으로 배수시킨다.

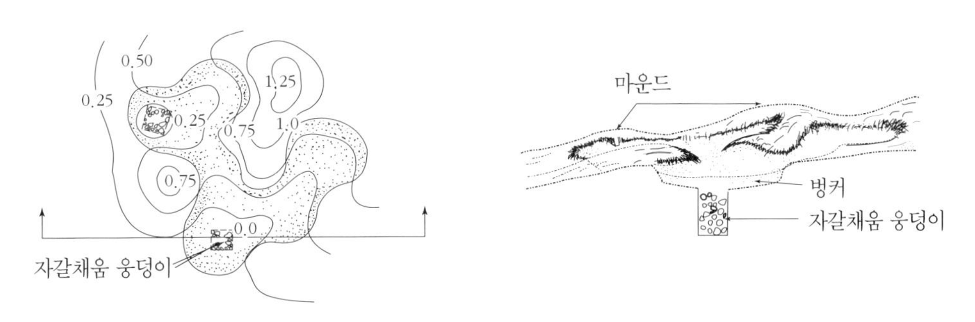

그림 V-61. 자갈로 채운 웅덩이

② 맹암거

지표밑 토사가 물이 빠지지 않거나 아주 연약할 경우 원지반의 배수처리를 위해 맹암거를 사용하는 것이 효율적이다. 맹암거의 방향은 벙커의 형상이나 원지반의 경사를 적절히 고려하여야 한다. 맹암거의 시공방법은 그린과 같은 방법을 적용하며 벙커의 가장자리에서부터 배출지점까지 어골형이나 자연형 배수방법을 사용한다. 집수정은 경기장 외부에 놓이기 때문에 벙커에서 집수정까지는 무공관으로 암거수를 유도하여 최소한 30cm 이상이 피복되도록 한다.

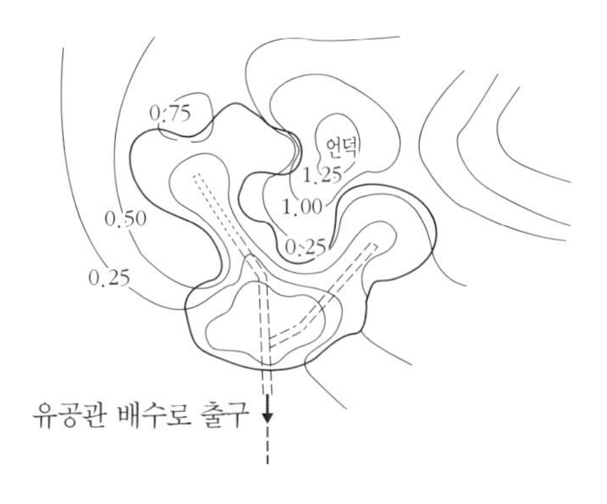

그림 V-62. 벙커의 맹암거

(3) 운동경기장

외부공간에서 운동경기장은 수평면을 구성하는 주요한 요소로써 다른 시설과 달리 평탄하면서 대규모로 만들어진다. 따라서 배수를 위해서 심토층 배수의 역할이 중요하다. 심토층 배수를 위해서 어골형과 평행형을 주로 사용하고 있다. 예시적으로 월드컵상암경기장 축구경기장의 심토층 배수체계를 보면 잔디 그라운드의 외곽에 간선을 설치하고 운동장을 4등분하여 각 구획별로 평행형으로 5m간격의 지선을 배치하였다.

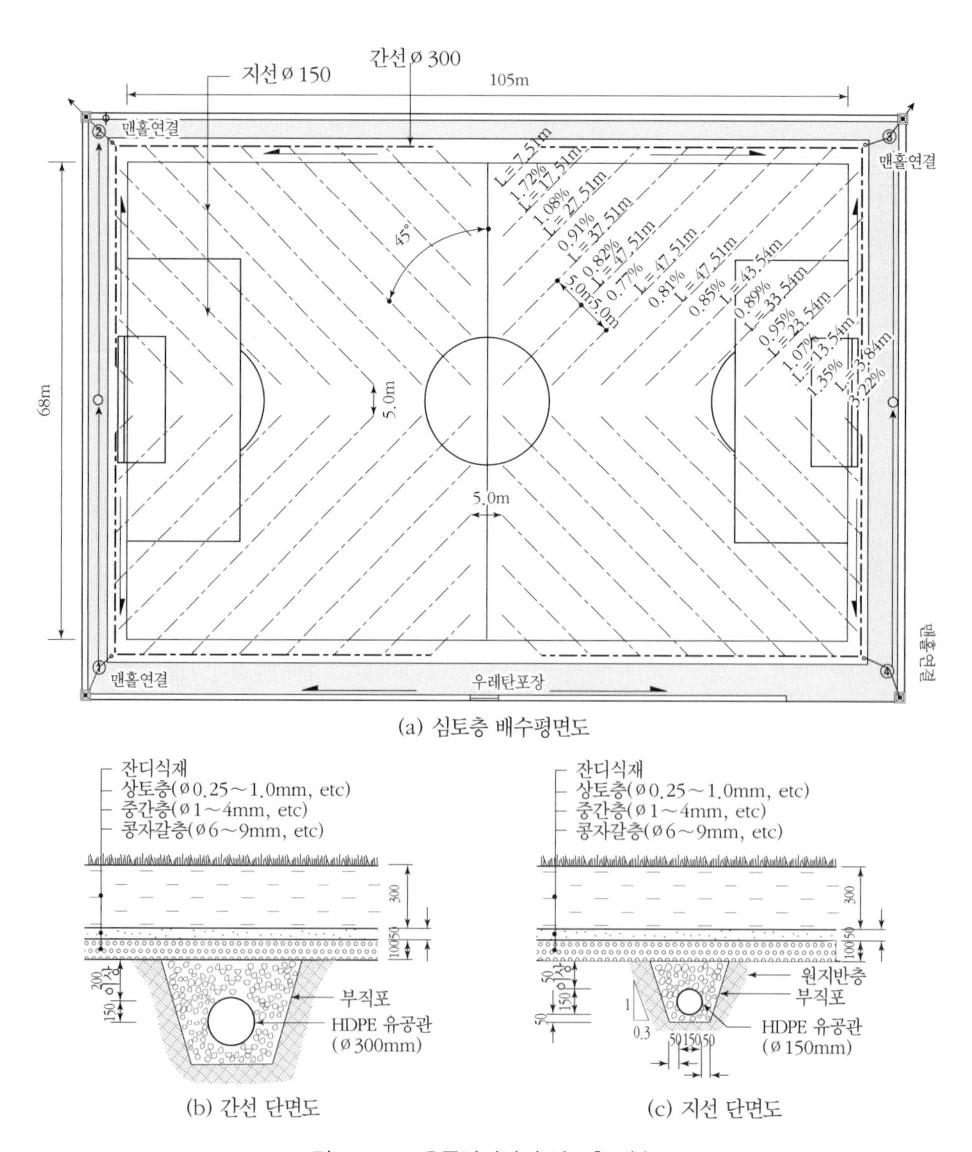

그림 V-63. 운동경기장의 심토층 배수

연습문제

1. 주거단지를 사례로 하여 단지내 배수체계를 조사하고 문제점에 대하여 설명하라.
2. 관거에서 유수단면적, 평균유속계수, 수면경사가 일정하다고 할 때, 최대의 유량이 흐르도록 수리상 유리한 단면이 되려면 윤변과 경심의 관계는 어떻게 되어야 하는가?
3. 우리나라의 강우특성을 설명하고 배수시설 설계에 주는 영향에 대하여 검토하라.
4. 15분간에 20mm의 강우가 왔다고 하면 평균강우강도는 얼마인가?
5. 원형관거로 배수를 하려는데 내경 1,000mm, 경사 1.5%, 수심 800mm, 평균유속계수가 62.5일 때 유속과 유량은 어느 정도인가? 단, 조도계수(n)는 0.013이다.
6. 강우로 인한 토양침식 과정을 설명하고 이것을 방지하기 위한 대책과 공법에 대하여 설명하라.
7. 약 10,000m^{2}인 단지에 예상되는 우수 유출량은 얼마인가? 단, 강우강도는 10.5mm/hr이며, 20% 건축물($C=0.90$), 40% 도로 및 주차장($C=0.95$), 40% 식재지($C=0.35$)로 구성되어 있다.

참고문헌

건설교통부, 『조경공사 표준시방서』, 1996.

건설도서편집부, 『도로토공배수지침』, 건설도서, 1991.

건설부, 『수도자원 관리기법개발 연구조사보고서』 별책부록 제2권, 한국확률강우량도, 1988.12.

건설부, 『하수도시설기준』, 1992.10.

건설부, 『하수도 표준도 해설』, 1990.12.

김광식 외 14인, 『한국의 기후』, 일지사, 1976.

김원만 외 1인, 『하수도공학』, 동명사, 1977.

대한주택공사, 『조경시설 · 놀이시설물표준도』, 1994.

문석기 외 5인, 『조경설계요람』, 도서출판 조경, 1998.

민병섭 외 4인, 『신제 수문학』, 향문사, 1973.

서울특별시, 『하수도 시공 및 유지관리지침』, 1992.

안수한, 『수리학』, 문운당, 1980.

이일섭과 박중현, 『하수도공학』, 형설출판사, 1975.

임상규 외 4인 역, 『조경 핸드북』, 도서출판 국제, 1990.

중앙관상대 연구조사부, 『수문 기상 연구에 필요한 강수 조사』, 1976.

최영박, 『수자원공학』, 동명사, 1976.

최예환 외 4인, 『신제 수리학』, 향문사, 1974.

한국도로공사, 『도로설계요령』, 1992.

Charles W. Harris & Nicholas T. Dines, *Time · Saver Standards for Landscape Architecture*, New York:McGraw-Hill, 1988.

Clay Pipe Engineering Manual, Clay Products Association, 1965.

Drainage of Asphlt Pavement Structures, the Asphalt Institute, 1966.

Frederick S. Merritt, *Standard Handbook for Civil Engineers*, McGraw-Hill Book Co., 1974.

Harlow C. Landphair · Fred Klatt, Jr., *Landscape Architecture Construction*, Prentice Hall PTR, 1999.

Harvey M. Rubenstein, *A Guide to Site and Environmental Planning*, John Wiley & Sons, Inc., 1969.

John A. Roberson, John J. Cassidy & M. Hanif Chaudhry, *Hydraulic Engineering*, New York:John Wiley & Sons, Inc. 1995.

Jot D. Carpenter, *Handbook of Landscape Architectural Construction*, The Landscape Architecture Foundation, Inc., 1976.

Maurice Nelischer, *The Handbook of Landscape Architectural Construction*(Vol. 2), The Landscape Architecture Foundation, Inc., 1976.

Ray K. Linsley, Jr., Max A. Kohler & Joseph H. Paulhus, *Hydrology for Engineers*, McGraw-Hill Book, Co., 1975.

Richard M. Untermann, *Grade Easy*, ASLA Foundation.

Steven Storm & Kurt Nathan P.E., *Site Engineering for Landscape Architects*, Connecticut:AVI Publishing Co., Inc, 1985.

Ven Te Chow, *Open-Channel Hydraulics*, McGraw-Hill Book Co., 1959.

기본구조역학(Basic Static and Mechanics of Structural Design)

구조물은 외부 공간을 구성하는 요소로서 실용성과 미관성이 요구된다. 이 중에서도 구조물의 실용성은 구조체와 이를 구성하는 재료의 종류 · 형태 · 규격이 역학적으로 합리적인 균형을 이루어야 하고, 구조물이 갖는 기능을 충분히 발휘할 수 있어야 하며, 경제적이어야 함을 의미한다. 이 장에서는 조경구조물의 설계 및 시공을 위하여 필요한 구조 용어와 이론을 소개하고, 수평재와 수직재에 대한 구조설계 과정을 소개하고자 한다. 아울러 조경 분야의 대표적인 구조물인 목재데크와 담장을 대상으로 구조적인 해석을 한다.

1. 개 요

가. 구조설계의 개념과 과정

시설물에서 하중을 지지하는 부분을 구조물이라고 한다. 그리고 구조물에 대한 역학적 관계를 규명하는 학문을 구조역학이라 하며, 구조물의 설계와 시공에 있어 실용성을 논하는 학문을 구조공학이라 한다. 여기서 실용성이라는 것은 구조물의 건설에 필요한 재료의 경제성과 구조물의 설계와 건설에 필요로 하는 노력과 시간의 절약을 의미하는 것이며, 동시에 이것은 구조공학의 목적이기도 하다.

구조설계의 과정은 구조계획, 구조물의 부분산정, 도면작성의 단계로 진행된다. 구조계획은 구조물의 주재료와 개괄적인 역학적 형태의 선정을 말하는 것이며, 구조물은 그 재료와 형태에 따라 건설비 · 시공난이도 등에 상당한 차이를 가져온다. 구조계획을 토대로 하여 구조물의 각 부분을 설계하고, 그에 따라 구조물의 각부를 역학적으로 해석하고 적합한 부재의 재료와 크기를 결정하는 구조 계산을 한다. 마지막으로, 산정된 구조물에 대한 도면을 작성하게 된다.

여기서 구조설계의 핵심은 구조물을 역학적으로 해석하고 설계하는 구조계산의 과정이며, 하중과 반력 산정, 외응력 산정, 내응력 산정, 마지막으로 내응력과 재료의 허용응력의 비교라는 과정을 거치게 된다.

구조물을 역학적으로 해석하고 설계하기 위해서는 우선 구조물에 작용하는 하중을 산정하여야 한다. 구조물에 작용하는 하중에는 중력에 의한 하중 · 풍하중 · 지진하중 · 적재하중 · 시공하중 등이 있다. 구조물에 작용하는 모든 하중을 산정한 다음에는 하중에 의해 구조물의 각 지점에 생기는 힘인 반력*reaction*을 산정하여야 한다. 하중과 반력은 구조물에 작용하는 모든 외력*external forces*이다.

구조계산의 다음 단계는 구조물에 작용하는 모든 외력들이 구조물상에 어떻게 분포되는가를 조사하는 이른바 외응력*external stresses*에 관한 계산을 하는 것이다. 구조물에 생기는 외응력에는 축방향력*axial force*, 전단력*shearing force*, 휨모멘트*bending moment*, 비틀림모멘트*twisting moment* 등 4종류가 있다.

구조물에 생기는 외응력을 그림 VI-1과 같은 간단한 구조물을 통해 설명해 보면 다음과 같다. 이 구조물은 B점이 고정되어 있고 A점에 하중 P가 작용하고 있다. 여기서 하중 P의 크기를 증가시킬 때 구조물의 파괴는 하중작용점인 A점에서 일어나는 것이 아니라 하중작용점에서 가장 먼 점인 B점에서 일어난다. 이와 같이 구조물상을 흘러가는 외력 P의 세력, 즉 하중 P에 의한 외응력은 B점에서 최대가 된다. 그러나 구조물의 형태가 간단하지 않을 때, 주어진 하중에 대하여 구조물상의 어느 지점에서 외력의 세력인 외응력이 최대치가 될 것인가는 쉽게 판단할 수 없다. 구조물의 설계는 외력의 영향이 클수록 더욱 보강되므로 구조물에 대한 외응력의 계산은 최대치와 발생지점뿐만 아니라 외응력의 세력에 대한 구조물상의 분포상태까지 조사하여야 한다.

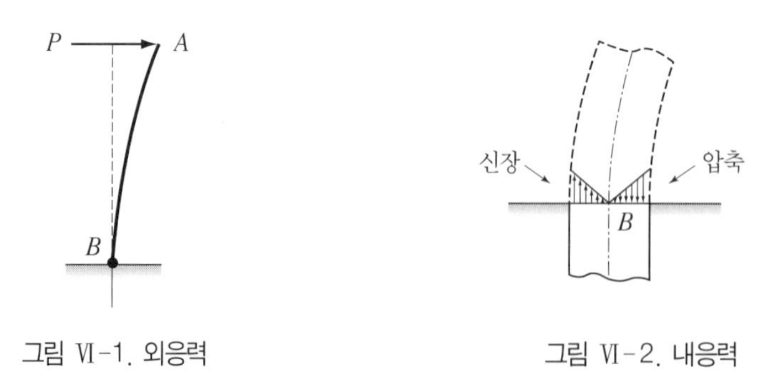

그림 VI-1. 외응력　　그림 VI-2. 내응력

주어진 하중에 대하여 외응력을 산정한 다음, 외응력에 의하여 구조물의 단면 내에 생기는 내응력*internal stresses*을 산정하여야 한다. 그림 VI-2는 그림 VI-1의 구조부재가 하중 P를 받고 만곡된 결과, 부재의 일면이 신장되고 다른 면이 압축된 것을 표시한 것으로, 부재가 신장 또는 압축될 때 부재단면에 미소한 힘이 발생하는데, 이것을 내응력이라 한다. 내응력의 종류와 내응력이 단면 내에 분포되는 모양은 내응력의 원인이 되는 외응력의 종류에 따라 달라지게 된다.

구조계산의 마지막 단계는 재료의 허용응력*allowable stress*과 내응력의 크기를 서로 비교하는 것이다. 재료의 허용응력은 구조적 안전성을 확보하기 위하여 파괴시험에 의해 얻어지는 재료의 파괴강도에 일정한 안전율을 적용하여 구한 것으로, 가정된 단면에 생기는 내응력의 최대치가 실제로 재료가 허용하는 최대의 응력인 허용응력보다 크지 않을 때 구조적으로 안전하고 경제적인 결과를 얻었다고 볼 수 있다.

2. 힘과 모멘트

가. 힘

힘*force*은 물체에 작용하여 정지하고 있는 물체를 움직이거나 운동을 가하여 속도를 변화시키는 원인으로 중력, 풍력, 지진 등을 말한다. 여기서 정지하고 있는 구조물에 관한 힘의 작용을 연구하는 것을 구조역학이라고 한다.

그림 VI-3에서 O는 힘의 작용점이고, 직선 OA와 화살표는 힘의 방향, 선 $\overline{OA}$는 축척에 의하여 힘의 크기 P를 나타낸다. 이와 같은 힘의 크기, 방향, 작용점을 힘의 3요소라고 하며, 구조물에 작용하는 힘은 이들 요소에 따라 그 효과가 달라지게 된다. 힘을 그림으로 나타내기 위해서는 그림과 같이 작용점 O를 명시하고, 이 작용점을 통하여 힘의 방향을 나타내는 선, 즉 힘의 작용선을 그은 다음, 이것에 힘의 크기를 나타내는 길이를 힘의 축척을 기준으로 길이를 취하고 선단 A에 방향을 나타내는 화살표를 긋는다. 힘의 축척은 힘의 크기를 길이로 나타내는 것으로 1kg을 1cm로 하거나, 1ton을 1cm로 하는 등 적당한 축척을 이용하도록 한다. 일반적으로 힘의 기호는 P 또는 W(중력)로 표시되며, 크기는 kg, ton 등 중량 단위로 표시된다.

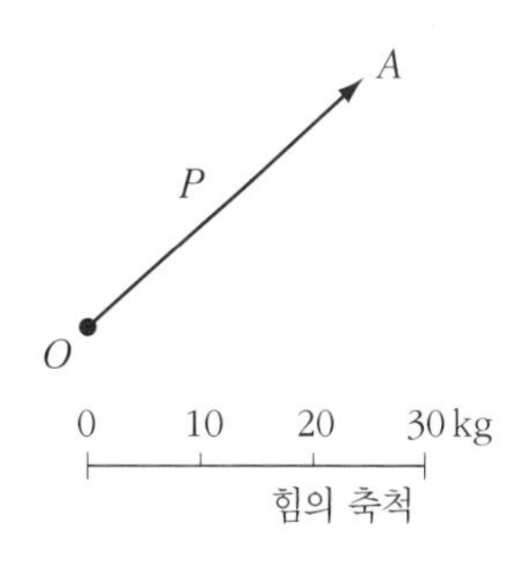

그림 Ⅵ-3. 힘의 요소

나. 힘의 합성과 분해

물체에 작용하는 2개 이상의 힘을 1개의 힘으로 합성하였을 때, 그 힘이 물체 전체에 대해 미치는 역학적 효과가 힘의 합성 전과 동일하다고 할 경우, 1개로 대치된 힘을 여러 개의 힘들에 대한 합력*resultant*이라고 한다. 이와 반대로, 물체에 작용하는 1개의 힘을 물체 전체의 역학적 효과에 아무런 변동을 주지 않는 여러 개의 힘으로 분해할 때, 이 분해된 여러 개의 힘들을 주어진 1개의 힘에 대한 분력*component*이라고 한다.

구조체에 작용하는 힘을 합성분해하면 구조체에 외적으로 작용하는 반력은 아무런 변화가 없지만, 외력의 작용위치와 크기에 좌우되는 구조체 내부 외응력의 상태는 외력의 합성분해의 전후에 따라 서로 달라지게 된다. 그러므로 구조해석에 있어 외력을 합성분해할 경우 구조물 전체 또는 일부분을 단독체로 보고, 그 총체적인 역학적 효과를 따질 때에 한하여 힘의 합성분해를 해야만 한다.

(1) 힘의 합성

힘의 합성분해는 삼각형이나 평행사변형 등 그림을 그려 작도하는 도해법과 계산에 의한 방법을 사용할 수 있으며, 그 결과는 동일하다. 그림 VI-4를 참조하여 한 점에 작용하는 2개의 힘 P_1과 P_2를 도해법에 의해 합성해 보자.

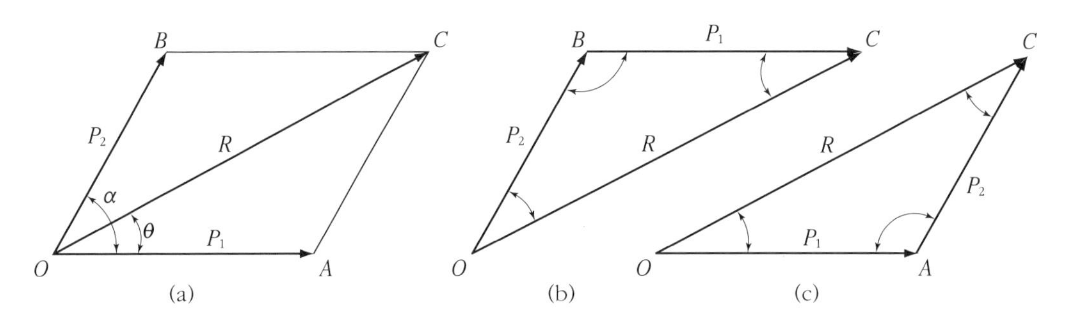

그림 VI-4. 도해법에 의한 힘의 합성

① 힘 P_1, P_2의 한 끝의 A와 B에서 힘 P_1, P_2에 평행한 직선을 긋고, 그 교점을 C로 한다.
② 점 O와 C를 이으면, P_1, P_2의 합력 R은 OC이다. 즉, 그림 VI-4(a)와 같이 $OACB$로 되는 평행사변을 그리면, 그 대각선 OC에 의해 합력이 표시됨을 알 수 있고, 이것을 힘의 평행사변형*parallelogram of forces*이라 한다.
③ 또한 그림 (b)와 같이 1개의 힘 P_2의 끝 B에서 다른 힘 P_1과 평행하게 동일한 선 BC를 그은 후 점 O와 C를 이은 OC가 합력 R이 된다. 이와 반대로 그림 (c)와 같이 해도 동일한 결과를 얻을 수 있다. 이 때 $\triangle OBC$와 $\triangle OAC$를 힘의 삼각형*triangle of forces*이라 한다.

그림 VI-5를 참조하여 도해법보다 정확한 결과를 얻을 수 있는 계산에 의한 방법으로 힘의 합력을 구해 보자. 그림 VI-5(a)에서 P_1의 작용선 위에 합력 R의 선단 C에서 수선을 내리고 교점을 D라고 하면, 피타고라스 정리에 의해 다음과 같이 나타낼 수 있다.

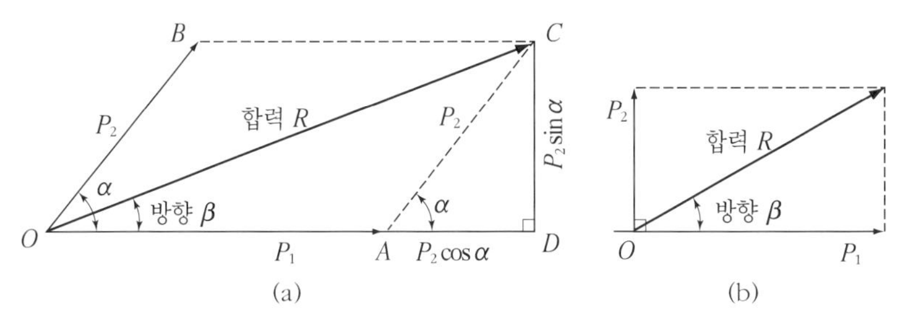

그림 Ⅵ-5. 계산에 의한 힘의 합성

$$OC^2 = OD^2 + CD^2$$
$$= (OA + AD)^2 + CD^2$$

이것을 바꾸어 쓰면,

합력의 크기 : $R = \sqrt{(P_1 + P_2\cos\alpha)^2 + (P_2\sin\alpha)^2} = \sqrt{P_1^2 + P_2^2 + 2P_1P_2\cos\alpha}$ .... (식 VI-1)

합력의 방향 : $\tan\beta = \dfrac{P_2\sin\alpha}{P_1 + P_2\cos\alpha}$ .... (식 VI-2)

이 값에서 β를 구하면 된다.

만약 2개의 힘 P_1, P_2가 직각으로 교차될 때는 $\alpha = 90°$ 가 되므로 $\sin 90° = 1$, $\cos 90° = 0$이 되며,

합력의 크기 : $R = \sqrt{P_1^2 + P_2^2}$ .... (식 VI-3)

합력의 방향 : $\tan\beta = \dfrac{P_2}{P_1}$ .... (식 VI-4)

(2) 힘의 분해

물체에 작용하는 1개의 힘은 그와 같은 효과를 하는 2개 이상의 힘으로 나눌 수 있다. 이 나누어진 힘을 분력이라 하며, 분력을 구하는 것을 힘의 분해라고 한다.

그림 VI-6에서 점 O에 작용하는 한 개의 힘 P를, 그림에 나타낸 x, y 방향의 2개의 힘으로 도해법으로 구하기 위해서는 C점에서 x, y의 방향으로 평행선을 긋고 평행사변형 $OACB$를 그린다. 변 $OA = P_x$, 변 $OB = P_y$는 각각 P의 x, y 방향의 분력이다.

계산에 의해 구하려면 그림 VI-6(c)와 같이 y축상에 힘 P의 선단 C에서 수선을 내려 교점을 E로 한다.

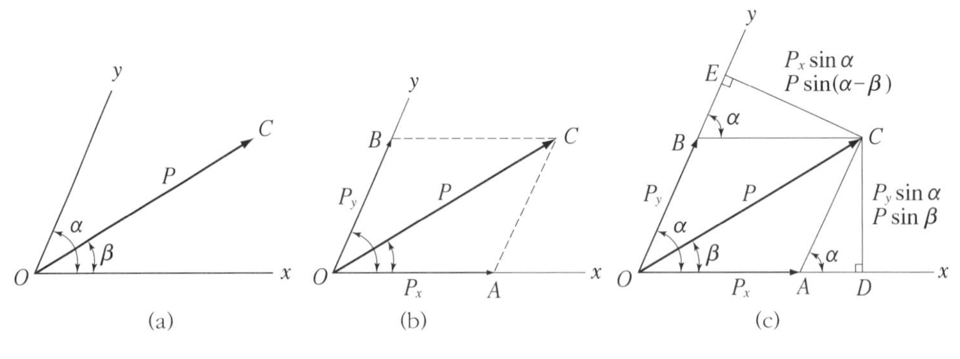

그림 Ⅵ-6. 힘의 분해

$$\left.\begin{array}{l}\triangle BCE\text{에 있어서, } CE=P_x\sin\alpha \\ \triangle OCE\text{에 있어서, } CE=P\sin(\alpha-\beta)\end{array}\right\} \Rightarrow P_x=\frac{P\sin(\alpha-\beta)}{\sin\alpha}$$

x축상에 힘 P의 선단 C에서 수선을 내려 교점을 D로 한다.

$$\left.\begin{array}{l}\triangle ACD\text{에 있어서, } CD=P_y\sin\alpha \\ \triangle OCD\text{에 있어서, } CD=P\sin\beta\end{array}\right\} \Rightarrow P_y=\frac{P\sin\beta}{\sin\alpha}$$

다. 모멘트

힘은 물체를 이동시키려고 할 뿐만 아니라 어느 방향으로 회전시키려고도 한다. 힘은 어떤 점을 중심으로 물체를 회전시키려고 하는데, 이 힘의 어느 한 점에 대한 회전능률廻轉能率을 모멘트*moment*라 한다.

1개의 힘이 어느 점 O에 작용하는 힘의 모멘트 M은 그림 VI-7과 같이 그 힘 P와 점 A에서 힘의 작용선에 내린 수선의 길이 a를 곱하여 구할 수 있다. 즉, 힘 P의 A점에 대한 회전능률은 힘의 크기에 비례하는 동시에 A점부터 힘 P까지의 거리 a에도 비례하여 커진다. 그러므로 모멘트의 크기는 힘의 크기 P에 힘까지의 거리 a를 곱한 값 Pa로 표시된다. 모멘트 작용점으로부터 힘까지의 수선거리 a를 모멘트 팔이라고 한다.

모멘트는 힘에 거리를 곱하는 것이므로, 단위는 미터법으로 kg·cm, t·m이며, 기호는 M으로 표시한다. 모멘트의 부호는 모멘트의 회전방향이 시계방향일 때는 정(＋), 반시계방향일 때는 부(－)로 한다.

한편, 크기가 같고 작용선이 평행하며, 방향이 반대인 한 쌍의 힘을 우력*couple force*이라고 한다. 물체에 우력이 작용하면 물체는 회전운동을 일으킨다. 이와 같이 한 쌍의 힘에 의한 회전 효과를 우력모멘트라고 한다.

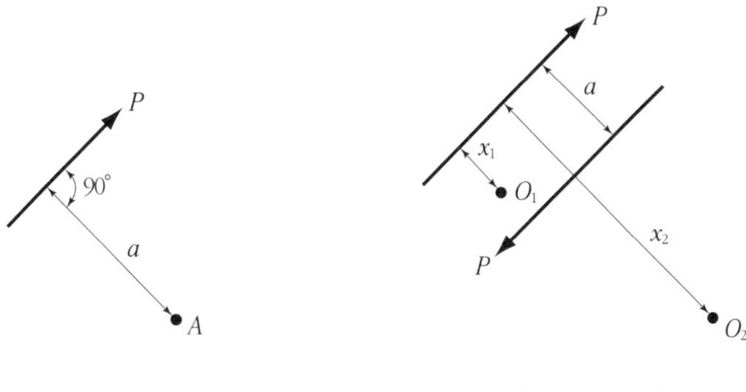

그림 Ⅵ-7. 모멘트 　　　　　그림 Ⅵ-8. 우력모멘트

그림 Ⅵ-8에서 O_1과 같이 모멘트 중심이 우력 사이에 있으면 $M = Px_1 + P(a-x_1) = Pa$이며, O_2와 같이 우력의 바깥에 있으면 $M = Px_2 - P(x_2 - a) = Pa$이므로 같은 값을 가지게 된다. 그러므로 우력모멘트는 그림 Ⅵ-8에서와 같이 모멘트 중심의 위치에 관계없이 힘의 크기 P와 두 힘 사이의 거리 a(우력의 팔)의 곱 Pa로 나타낸다.

3. 구 조 물

가. 하중의 종류

구조물에 작용하는 하중은 이동 여부에 따라 고정하중과 이동하중, 하중의 작용면적의 대소에 따라 집중하중과 분포하중, 그리고 하중의 작용시간에 따라 장기하중과 단기하중으로 나눌 수 있다. 또한 하나의 구조물에 여러 가지의 하중이 복합적으로 작용될 수 있으므로 이 경우에는 각 하중을 구하여 복합하중의 총합을 산정하여야 한다. 여기서는 각 하중의 개념을 명확히 하기 위해 구조설계에 사용되는 하중의 종류를 설명하기로 한다.

(1) 고정하중과 이동하중

고정하중*fixed load*은 구조물의 자중과 같이 항상 일정한 위치에서 작용하는 하중이며, 정하중靜荷重 또는 사하중死荷重*dead load*이라고도 한다. 하중은 구조체나 벽체 등의 체적에 재료의 단위용적당 중량을 곱하여 구한다. 구하고자 하는 구조체의 치수와 중량은 구조계산이 완료된 다음에 최종적으로 결정되지만, 구조계산을 위해서는 구조계산 초기에 경험이나 통계적 수치에 따라 가정해야 하며, 이를 토대로 하여 구조체를 역학적으로 분석한 후 확정된 치수와 중량을 채택하여야 한다.

〈표 Ⅵ-1〉 구조재료의 단위중량

재 료	단위중량(kg/m³)	비 고
철근콘크리트	2,400	
무근콘크리트	2,300	
경량콘크리트	1,000~1,800	
구조용 강	7,850	
주 철	7,250	
스테인레스	7,930	STS 304
목재(생송재)	800	자연상태
소나무	580	건조상태
소나무(적송)	590	건조상태
미 송	420~700	건조상태
화강석	2,700	
대리석	2,600	

고정하중과는 달리 구조물에 항상 작용하는 하중이 아니라 시간적으로 달라지게 되는 하중을 이동하중*moving load*이라 하며, 활하중活荷重*live load* 또는 적재하중積載荷重이라고도 한다. 또한 열차의 바퀴에 걸리는 하중과 같이 각 하중의 간격이 일정한 이동하중을 연행하중連行荷重*travelling load*이라 한다.

(2) 집중하중과 분포하중

구조물의 바닥에 적재되는 가구 및 물품, 사람의 하중은 바닥면에 산재되어 작용하는 집중하중이며, 특히 사람의 무게는 수시로 이동하는 하중이다. 그러나 실용구조 계산에서는 이와 같은 사람이나 설비물의 하중을 구할 때 충격 및 진동을 정밀히 해석하여 산정하지 않고, 역학적 효과가 동일하다고 인정되는 바닥면적당 등분포하중으로 환산하여 계산한다.

집중하중*concentrated load*은 엄밀하게는 하중이 구조물에 얹혀 있는 면적이 아주 좁아 한 점으로 생각되는 경우의 하중을 말하지만, 어느 정도 한 점에 집중하여 작용하는 경우에는 집중하중으로 간주한다. 예컨대 롤러와 자동차의 차륜에서 오는 하중은 좁은 어떤 면적에 작용하는 것이지만, 이것을 한 점에 집중하는 것으로 간주한다. 그림 VI-9에서 집중하중은 기호 P 또는 집중하중이 중력에 의한 것일 때는 W를 사용하며, 단위는 kg이나 ton을 사용한다.

분포하중*distributed load*은 구조물의 자중이나 그 위에 놓인 물체의 하중이 어떤 범위 내에 분포하여 작용하는 하중이다. 이 중에서 보의 자중이나 눈하중과 같이 하중이 일정한 면적 또는 일정한 길이에 걸쳐 동일한 세력으로 분포되어 있을 때 그 하중을 등분포하중*uniformly distributed load*이라 한다. 등분포하중의 기호는 W이며, 단위는 면적 등분포하중일 때는 kgf/m², 선적 등

분포하중일 때는 kgf/m이고, 그림 VI-9에서와 같이 W_1, W_2로 표시한다.

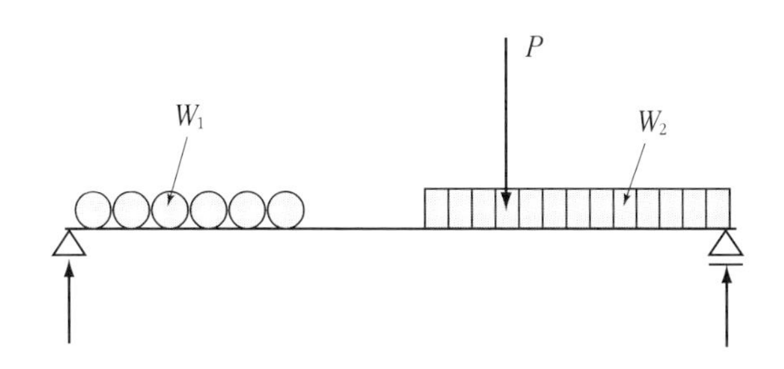

그림 VI-9. 집중하중과 분포하중

(3) 장기하중과 단기하중

구조물에 작용하는 하중은 작용시간에 따라 단기하중*short term load*과 장기하중*long term load*으로 구분할 수 있다. 단기하중이라는 것은 바람 및 지진 또는 온난한 지방의 눈하중과 같이 구조물에 잠시 동안만 작용하는 하중을 말하며, 구조용 재료는 단기하중에 대해서는 장기하중 때보다 좀더 유리하게 적용하고 재료의 경제성 측면에서는 단기하중에 대한 재료의 설계용 허용강도를 장기하중 때보다 크게 취하도록 하고 있다. 예를 들어 일본에서는 단기하중에 대한 재료의 허용강도를 장기하중 때보다 강재류에 대하여 50%, 콘크리트 · 목재에 대하여 100% 더 크게 보도록 되어 있고, 미국에서는 재료와 무관하게 단기하중에 대한 재료의 허용강도를 장기하중 때보다 1/3만큼 더 크게 보도록 하고 있다.

(4) 눈하중

우리나라는 겨울철 일부 지역에 많은 눈이 내리고 휴양지인 스키장은 강설량이 많은 지역에 위치한다. 눈하중*snow load*은 구조물에 쌓이는 눈의 중량을 말하며, 일반적으로 등분포하중으로 본다. 눈의 단위중량과 적설고는 눈하중을 결정하는 기본사항이 되는데, 단위중량은 강설 직후에 적설고 1cm당 2kgf/m²이며, 시간이 경과된 눈은 3kgf/m² 정도이다. 경사지붕에서는 지붕경사각이 30°를 넘는 경우 지붕경사각에 따라 수평면에 대한 눈하중의 값을 경감시킬 수 있는데, 일본에서는 표 VI-2와 같이 경사각에 따라 지붕면의 눈하중을 경감시켜 적용하고 있다.

〈표 VI-2〉 지붕면에 따른 눈하중의 경감률

경사(°)	30° 이하	30～40°	40～50°	50～60°	60° 이상
적용률(%)	100	75	50	25	0

(5) 풍하중

풍하중*wind load*은 구조물에 재난을 주는 빈도가 가장 많은 하중이며, 구조물의 역학적 해석에 있어 하중결정에 세심한 주의와 판단을 필요로 한다. 우리나라에서 바람은 태풍이나 국지적인 돌풍에 의해 발생되며, 경우에 따라 다르지만 〈표 VI-3〉과 같은 기준을 적용한다. 예를 들어 지상고 8~20m인 경우, 예상 최대풍속은 50m/sec 정도로 볼 수 있고, 바람의 속도압은 대체적으로 150kg/m²이 된다.

〈표 VI-3〉 예상최대 풍속 및 속도압

지상고(m)	풍속(m/sec)	속도압(kg/m²)
0~8	38.5	100
8~20	50.0	150
20~100	57.0	200
100 이상	62.0	240

이 표의 값을 구조계산에 적용할 때, 서해 및 남해 연안의 태풍의 영향을 크게 받는 지역은 20%를 증가시켜 적용하고, 내륙지방으로서 최대 풍속이 작다고 인정되는 지역에 대해서는 20%를 감하여 적용하는 것이 바람직하다. 또한 주변에 삼림이나 구조물 등 바람에 대한 차폐물이 있는 경우에는 풍하중이 경감되지만, 건물 사이의 골에 구조물이 위치한 경우에는 더 큰 풍하중이 작용할 수 있으므로 경우에 따라서는 국지적인 바람의 특성을 고려하여야 한다.

나. 지점과 반력

구조물에 하중이 작용할 때 구조물이 정지상태에 있기 위해서는 구조물을 지지하기 위한 지점*support*이 있어야 하고, 각 지점에는 하중과 평형을 유지하기 위해 지점에서 반력*reaction*이 생기게 된다. 지점에 반력이 생길 때 구조물은 그 지점에서 자유로운 운동을 억제 당한다. 물체의 운동은 수평이동, 수직이동, 회전의 3가지로 나눌 수 있으므로 구조물의 반력은 수평반력 · 수직반력 · 모멘트반력의 3가지가 있다. 또한 구조물이 외력에 의해 비틀릴 경우에는 비틀림반력도 생긴다.

지점은 부재의 운동상태에 따른 반력의 생성상태에 따라 이동지점*roller*, 회전지점*hinge*, 고정지점*fixed*으로 나눌 수 있다. 이동지점(그림 VI-10)은 지단에 직교하는 방향으로만 부재의 운동이 구속되므로 이동 및 회전이 가능하다. 따라서 수직반력만 생기게 된다. 회전지점(그림 VI-11)은 돌쩌귀나 간단한 정착볼트로 되어 있는 부재지단과 같이 회전은 가능하지만 어느 방향으로

도 이동될 수 없도록 만들어져 있다. 따라서 부재지단에 발생되는 반력은 수평반력 · 수직반력 2가지이다. 고정지점(그림 VI-12)은 부재의 단부가 벽 · 기둥 · 기초와 같은 다른 부재에 강하게 고정되어 있어 이동 및 회전을 할 수 없도록 고정된 지점이다. 따라서 부재의 단부에는 수평 및 수직반력, 그리고 회전반력의 3가지 반력이 생기게 된다.

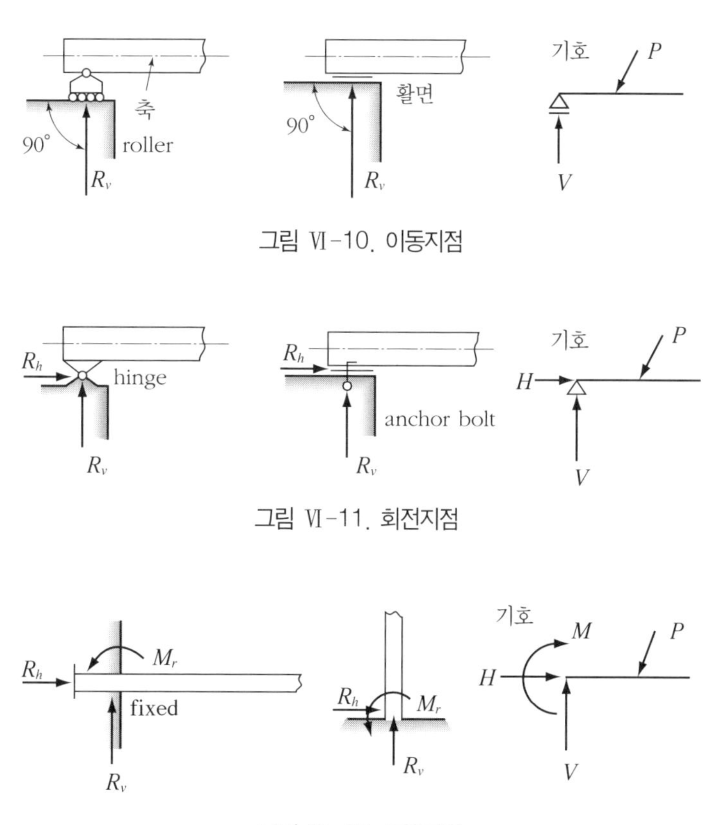

그림 VI-10. 이동지점

그림 VI-11. 회전지점

그림 VI-12. 고정지점

다. 구조물의 정지조건식

구조물이라는 것은 전체이든 그 일부분이든 하중에 따른 힘들을 받으면서 정지하고 있는 물체이다. 구조물이 이동이나 회전을 하지 않고 정지되어 있는 것은 그 구조물에 작용하는 외력인 힘과 반력이 평형을 이루고 있는 것을 의미하며, 구조물이 파괴되지 않고 안전하게 하중을 지탱하는 것은 그 구조물에 작용하는 외력과 내력이 균형을 이루고 있음을 의미한다. 이러한 힘의 균형은 그 구조물에 작용하는 모든 힘의 임의의 방향에 대한 분력分力의 합이 영零이 되고, 힘의 합이 영일지라도 우력모멘트에 의해 회전이 생기는 경우가 있기 때문에 임의의 점에 대한 모멘트의 합도 영零이 된다는 것을 의미한다. 그러므로 구조물에서 그 전체 또는 그 일부분에 작용하는 모든 힘 사이에는 다음과 같은 조건식이 성립된다.

$$\Sigma P_m = 0 \qquad \Sigma M_n = 0 \qquad \text{(식 VI-5)}$$

이 조건식을 구조물의 정지조건식*law of static* 또는 힘의 평형조건식*equilibrium equation*이라 한다. 식 VI-5에서 m, n은 공간 내의 임의의 축과 점을 의미한다. 힘의 평형조건식은 구조물을 입체적으로 취급할 때와 평면적으로 취급할 때에 따라 다음과 같이 나타낸다.

$$\Sigma P_x = 0,\quad \Sigma P_y = 0,\quad \Sigma P_z = 0 \qquad \Sigma M_x = 0,\quad \Sigma M_y = 0,\quad \Sigma M_z = 0 \qquad \text{(식 VI-6)}$$

$$\Sigma P_x = 0,\quad \Sigma P_y = 0,\quad \Sigma M_n = 0 \qquad \text{(식 VI-7)}$$

위의 식에서 x, y, z는 직각좌표축을 의미하고, n은 평면 내의 임의의 점을 나타낸다. 물체는 식 VI-6이 성립될 때에는 공간 내의 어떤 방향에 대한 운동이나 회전도 못하게 되고, 식 VI-7이 성립될 때에는 평면 내의 어떤 방향에 대한 운동이나 회전도 못하게 된다.

일반적으로 구조역학에서는 구조물을 평면으로 취급하므로 정지조건식으로 흔히 사용되는 것은 식 VI-7이며, 각 힘의 수평분력의 합 ΣP_x, 수직분력의 합 ΣP_y, 그리고 모멘트의 합 ΣM이 모두 0이 됨을 의미한다.

라. 구조물의 역학적 분류

구조물은 임의방향의 외력을 받더라도 구조물의 형태가 변하지 않아 내적으로 안정되어야 하고, 동시에 구조물의 위치가 변하지 않아 외적으로도 안정되어야 한다. 이러한 두 가지 조건 중 어느 한 가지를 충족시키지 못할 경우 구조물은 불안정할 것이다.

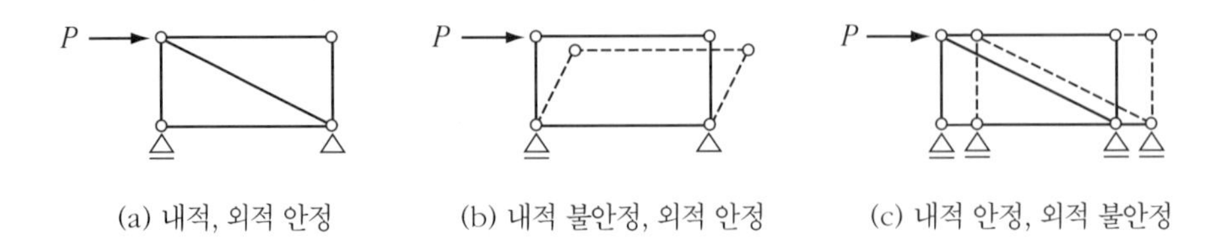

그림 VI-13. 구조물의 안정과 불안정

안정된 구조물 중 힘의 균형이 3개의 정지조건식을 이용하여 구할 수 있는 총 반력수가 수평 · 수직 · 회전반력 3개인 구조물을 정정구조물이라 하고, 구조물의 총 반력수가 3개보다 더 많아서 힘의 평형조건의 3개식 외에 탄성이론이나 기타 특수이론에 의해 더 많은 조건식들이 필요한 구조물을 부정정구조물이라 한다. 부정정구조물의 총 반력수에서 3을 빼고 난 나머지를 잉여미지반력이라 한다. 예를 들어, 어떤 부정정구조물에서 잉여미지반력이 2개일 때 그 구조물을 2차 부정정구조물이라 한다. 여기서는 부정정구조물은 다루지 않기로 하겠다.

4. 수평부재의 선택과 크기 결정(보의 설계)

수평적인 반력으로 지지된 직선상의 단일부재가 그 부재의 축에 수직 또는 경사진 방향으로 하중을 받아 평형을 유지하는 구조물을 보*beam*라고 한다. 수평부재로는 보가 가장 자주 언급되고, 이 밖에 도리*plate*, 합성보*girder*, 중도리*purlin*, 들보*stringer*, 장선*joist* 등이 있다.

가. 보의 종류

보는 힘의 평형조건만으로 반력이나 내응력을 구할 수 있는 정정보와 힘의 평형조건의 3개식 외에 더 많은 조건식이 필요한 부정정보로 구분할 수 있다.

(1) 정정보

① 단순보 *simple beam*

그림 VI-14(a)와 같이 1개의 보가 양단으로 지지되어 그 일단은 회전지점으로, 타단他端은 하중지점으로 지지하고 있는 것을 말하며, 보통 사용되는 구조이다.

② 캔틸레버보 *cantilever beam*

그림 VI-14(b)와 같은 구조를 캔틸레버보라고 하며, 이것은 일단이 고정지점이고, 타단은 지점이 없이 자유로운 상태로 되어 있는 것이다.

③ 내민보 *overhanging beam*

지점의 구조는 단순보와 같으나 일단 또는 양단이 지점에서 바깥쪽으로 나와 있는 것으로, 그림 VI-14(c)와 같다.

④ 게르버보 *Gerber's beam*

3개 이상의 지점으로 지지하고 있는 보로서, 그림 VI-14(d)와 같이 단순보와 내민보를 조합한 것이다. 이러한 연속보는 보를 계산하는 데 정지조건의 3조건만으로 풀리지 않아 보의 적당한 곳에 힌지를 넣어 구조물을 정정구조로 하여 간단히 풀리게 한 구조이다.

(2) 부정정보

① 고정보 *fixed beam*

그림 VI-14(e)에 나타낸 바와 같이 보의 양단을 고정한 보이며, 이 보는 평형의 3조건만으로 풀이할 수 없다. 왜냐하면 반력의 수가 4개 이상이기 때문이다.

② 연속보 *continuous beam*

한 개의 보를 3개 이상의 지점으로 지지하고 있으며, 그림 VI-14(f)와 같이 표시할 수 있다.

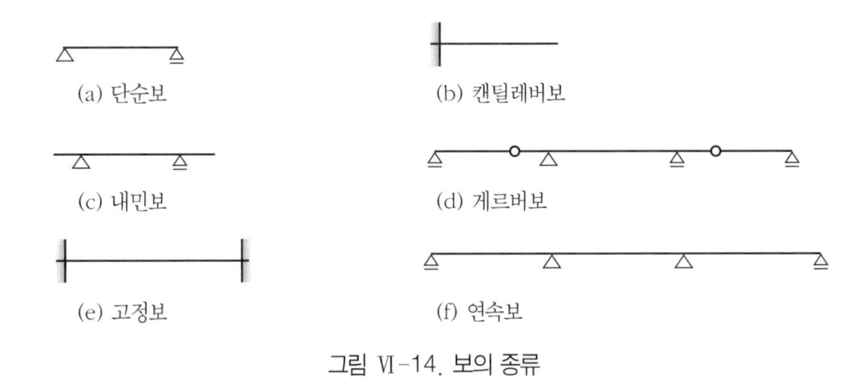

그림 VI-14. 보의 종류

나. 외응력의 종류

보에 하중이 작용하면 지점에 반력이 생기고, 이 하중과 반력이 균형을 이루어 보는 정지된다. 이때 구조물 내부에 하중이나 반력에 저항하여 축에 직각인 단면에 생기는 중요한 외응력 *external force*에는 축방향력*axial force*, 전단력*shearing force*, 휨모멘트*bending moment*가 있다.

구조부재에는 주어진 하중에 의하여 반드시 모든 외응력이 생기는 것은 아니며, 보에는 일반적으로 연직교하중만이 작용하기 때문에 부재를 휘게 하는 휨모멘트와 부재를 전단하려는 전단력만이 생긴다. 그리고 기둥에는 축하중軸荷重만이 작용하는 경우 외력의 연직교방향에 대한 분력이 없으므로 부재를 단순히 압축 또는 신장하려는 외응력인 축방향력만이 생기고, 편심축하중偏心軸荷重이 작용하는 경우에는 축방향력과 휨모멘트의 두 외응력이 생기며, 축하중과 횡력 또는 축하중과 모멘트가 작용하는 경우에는 축방향력, 휨모멘트, 전단력의 3가지 외응력이 동시에 생긴다.

(1) 축방향력 *axial force*

구조물상의 한 점에서 부재를 축방향으로 압축 또는 인장하려고 하는 힘을 축방향력이라 한다. 축방향력의 기호는 N이며 구조물상의 한 점에 생기는 축방향력이 인장력*tension force*일 때는 정(+), 압축력*compressive force*일 때는 부(−)로 한다. 즉, 그림 Ⅵ-15에서와 같이 보가 인장력을 받는다고 할 때, 단면의 좌측에서 축방향력이 왼쪽으로 향할 때에는 정, 오른쪽으로 향할 때에는 부로 하며, 단면의 우측에 대해서는 그 반대이다. 구조물상의 한 점에 생기는 축방향력을 산정하는 방법은 구조물의 어느 한쪽에 있는 모든 외력 중 축방향력 산정에 영향을 주는 힘, 즉 축방향력을 구하려고 하는 점의 부재의 축에 평행한 외력의 분력들을 대수적으로 합하면 된다.

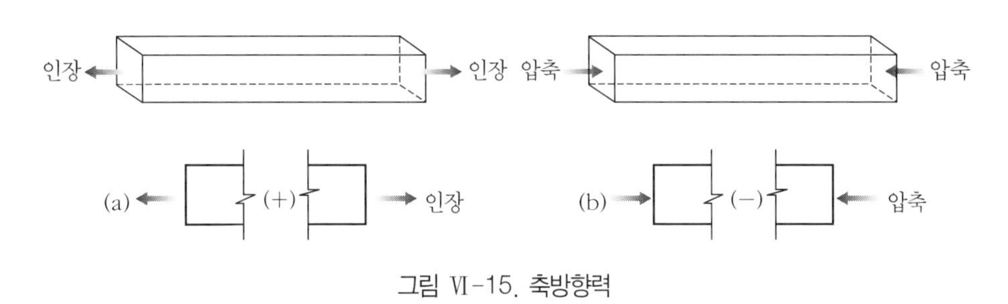

그림 Ⅵ-15. 축방향력

(2) 전단력 *shearing force*

구조부재에 작용하는 연직교하중은 부재를 그림 Ⅵ-16과 같이 부재상의 각 점에서 전단하려고 한다. 이러한 보를 전단하려고 하는 두 힘 간의 거리가 매우 미소한 한 쌍의 우력을 전단력이라고 한다. 전단력의 기호는 S이며, 단면의 우측이 상향, 좌측이 하향으로 전단되려고 할 때 정(+), 단면의 우측이 하향, 좌측이 상향으로 전단되려고 할 때 부(−)로 한다. 구조부재에서

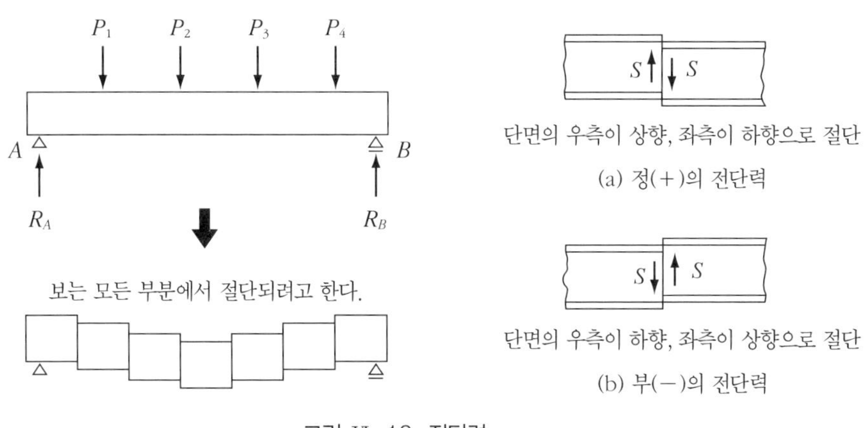

그림 Ⅵ-16. 전단력

전단력은 일반적으로 연직교력에 의해서만 생기므로 전단력 계산에서는 부재에 작용하는 외력 중 축직교력만을 고려하면 되고 모멘트하중은 고려하지 않아도 된다.

(3) 휨모멘트 *bending moment*

그림 VI-17과 같이 보의 축에 직각으로 외력이 작용하면 구조물상의 한 점을 회전시키려고 하는 회전능률이 생기는데, 이것을 휨모멘트라고 한다. 휨모멘트는 상연이 한 쌍의 모멘트에 의해 압축되고 하연이 인장되는 경우 정(+)이고, 이와 반대인 경우 부(−)로 한다. 구조부재에서 굴곡은 연직교력과 모멘트하중에 의해서만 생기게 되므로, 휨모멘트의 계산은 부재에 작용하는 외력 중 축직교력과 모멘트하중만을 계산에 고려하면 된다.

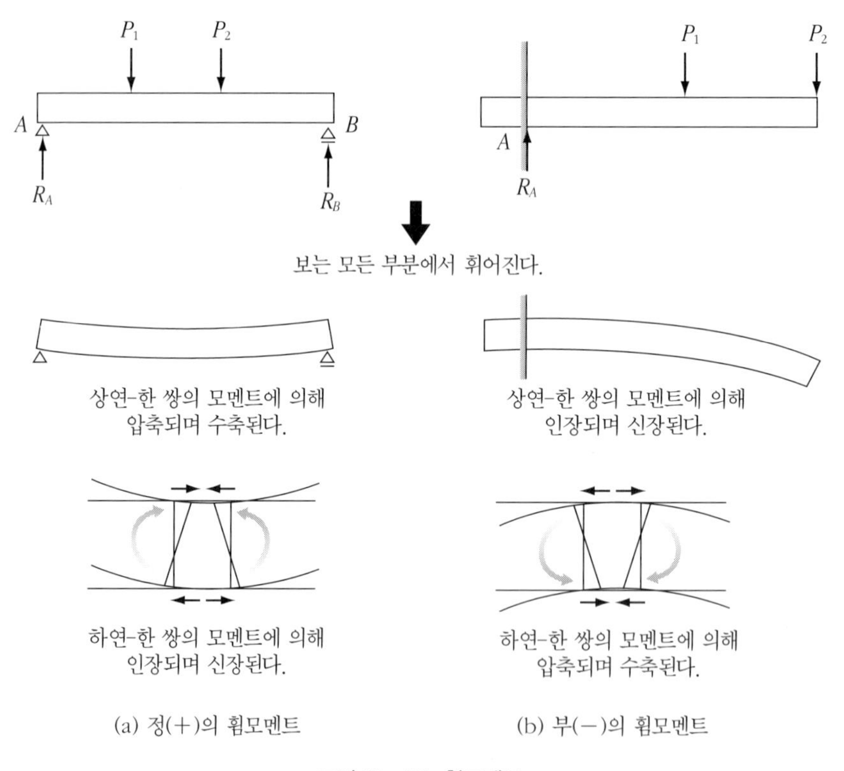

그림 VI-17. 휨모멘트

다. 보의 외응력 산정

보의 외응력은 보의 종류와 작용하는 하중에 따라 다양하지만, 여기서는 조경구조물에서 자주 적용되는 1개의 집중하중이 작용하는 단순보, 등분포하중이 보 전체에 작용하는 단순보, 집중하중이 작용하는 캔틸레버보를 대상으로 살펴보기로 한다.

(1) 1개의 집중하중이 작용하는 단순보의 계산

단순보는 보를 수평으로 두고 이것을 2개의 지점 위에 얹은 보 가운데 가장 간단한 것이나, 실제로는 목교木橋나 데크*deck*, 그 밖의 다른 구조물에 많이 사용된다. 그림 VI-18과 같이 단순보에 하중 P가 임의의 지점에 작용하는 경우를 살펴보자.

① 반력

그림 VI-18(a)에서 지점 A의 반력 R_A, 지점 B의 반력 R_B는 외력의 A, B점에 대한 모멘트의 합을 계산하여 구조물의 정지조건식을 이용하여 구한다. 반력 R_A와 R_B를 알아야 전단력과 휨모멘트를 구할 수 있다.

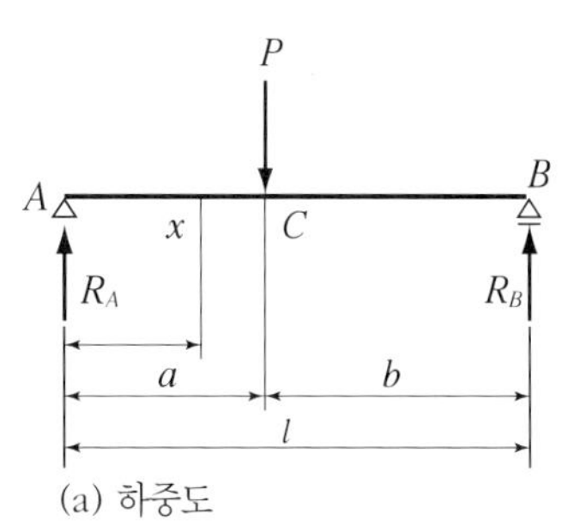

(a) 하중도

$$\Sigma M_B = R_A \cdot l - P \cdot b = 0$$

$$\therefore R_A = \frac{b}{l} P \quad \cdots\cdots \text{(식 VI-8)}$$

$$\Sigma M_A = -R_B \cdot l + P \cdot a = 0$$

$$\therefore R_B = \frac{a}{l} P \quad \cdots\cdots \text{(식 VI-9)}$$

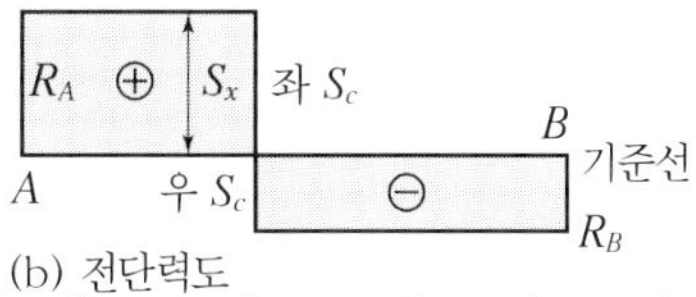

(b) 전단력도
(S.F.D: shearing force diagram)

반력의 검산에서

$$\Sigma Py = R_A + R_B - P$$
$$= \frac{b}{l} P + \frac{a}{l} P - P$$
$$= \frac{(a+b)}{l} P - P = 0$$

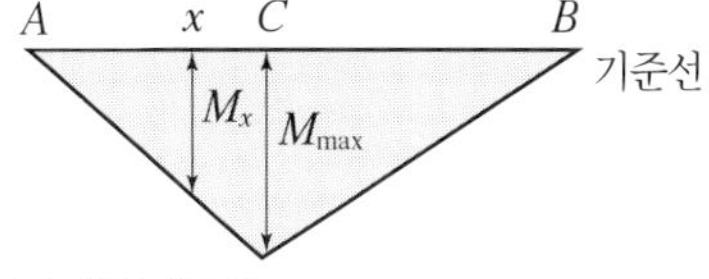

(c) 휨모멘트도
(B.M.D: bending moment diagram)

그림 VI-18. 집중하중이 작용하는 단순보

이 되는 것을 확인한다.

구조계산에서는 계산착오를 발견하기 위해 이와 같은 검산을 하는 것이 좋다.

② 전단력

AC 사이의 단면에 있는 임의의 x점의 전단력은

$${}_{A-C}S_x = R_A = \frac{b}{l} P$$

$$S_A = {}_{A-C}S_{x=0} = R_A = \frac{b}{l} P \quad \cdots\cdots \text{(식 VI-10)}$$

$$\text{좌 } S_C = {}_{A-C}S_{x=a} = R_A = \frac{b}{l} P$$

BC 사이의 단면에 있는 임의의 x점의 전단력의 일반식은

$$_{C-B}S_x = R_A - P = -R_B$$

$$S_B = {}_{C-B}S_{x=l} = -R_B = -\frac{a}{l}P \quad \cdots\cdots \text{(식 VI-11)}$$

$$\text{우} \quad S_C = {}_{C-B}S_{x=a} = -R_B = -\frac{a}{l}P$$

위에서 계산한 사항을 그림으로 나타내 보면 그림 VI-18(b)와 같다. 이 그림에서는 정(+)의 전단력을 기준선의 위쪽에, 부(−)의 전단력을 기준선의 아래쪽에 취하는 것이 보통이다.

③ 휨모멘트

AC 사이의 임의의 거리 x에 대한 휨모멘트의 일반식은

$$_{A-C}M_x = R_A \cdot x = \frac{b}{l}P \cdot x \quad \cdots\cdots \text{(식 VI-12)}$$

$$M_A = {}_{A-C}M_{x=0} = 0$$

$$M_C = {}_{A-C}M_{x=a} = \frac{ab}{l} \cdot P$$

또한 CB 사이에서 일반식을 구하면

$$\begin{aligned} _{C-B}M_x &= R_A \cdot x - P(x-a) \\ &= \frac{b}{l}P \cdot x - Px + Pa \\ &= \frac{(l-a)}{l}P \cdot x - Px + Pa \\ &= \frac{a}{l}P(l-x) \quad \cdots\cdots \text{(식 VI-13)} \end{aligned}$$

$$M_B = {}_{C-B}M_{x=l} = 0$$

$$M_C = {}_{C-B}M_{x=a} = \frac{ab}{l} \cdot P$$

$$M_{\max} = R_A \cdot a = \frac{ab}{l} \cdot P$$

위의 계산을 그림으로 나타낸 그림 VI-18(c)를 휨모멘트도라 하는데, (+)값을 기선의 아래쪽에, (−)값을 위쪽에 취하는 것이 보통이다.

그림 VI-19(a)에 나타낸 단순보의 반력 및 각 점의 전단력과 휨모멘트를 구하고, 전단력도와 휨모멘트도를 그려보자.

① 반력

식 VI-8과 VI-9에서

$$R_A = \frac{b}{l}P = \frac{1.2 \times 2}{6} = 0.4\text{t}$$

$$R_B = \frac{a}{l}P = \frac{1.2 \times 4}{6} = 0.8\text{t}$$

(검산 : $R_A + R_B - P = 0.4 + 0.8 - 1.2 = 0$)

② 전단력

식 VI-10과 VI-11에서

$${}_{A-C}S = R_A = 0.4\text{t}$$

$${}_{C-B}S = -R_B = -0.8\text{t}$$

③ 휨모멘트

식 VI-12와 VI-13에서

$$M_A = 0,\ M_B = 0$$

$$M_C = M_{\max} = R_A a = 0.4 \times 4 = 1.6\text{t} \cdot \text{m}$$

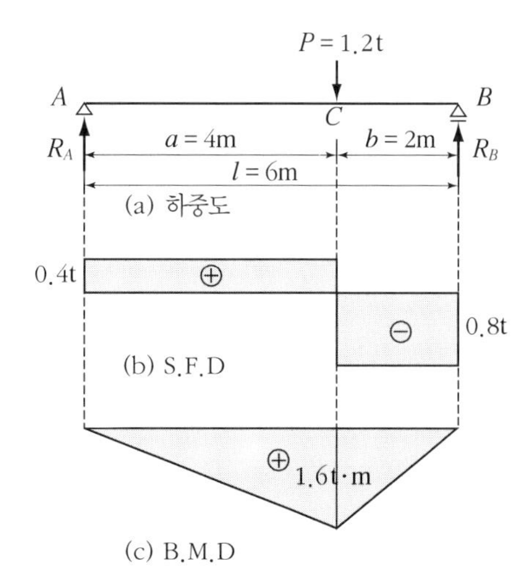

그림 Ⅵ-19. 집중하중이 작용하는 단순보의 외응력 계산

(2) 등분포하중이 보 전체에 작용하는 단순보

보의 전체 길이에 하중이 연속적으로 균등하게 작용하는 하중을 등분포하중이라 한다. 보의 계산에서 등분포하중 전체, 또는 일부분을 하나의 집단으로 생각할 경우에는 그 부분하중의 합력이 그 범위의 중점에 집중작용한다고 생각하는 것이 좋다.

① 반력

보의 중심선에 대하여 하중이 대칭이므로 양 지단의 반력은 전하중 W의 반이 된다.

$$\therefore\ R_A = R_B = \frac{W}{2} = \frac{\omega l}{2}$$ (단, ω: 단위길이당 하중) .... (식 VI-14)

② 전단력

$${}_{A-B}S_x = R_A - \omega x = \frac{\omega l}{2} - \omega x$$ (경사직선) .... (식 VI-15)

$$S_A = {}_{A-B}S_{x=0} = \frac{\omega l}{2} = \frac{W}{2} = R_A$$

$$S_C = {}_{A-B}S_{x=l/2} = \frac{\omega l}{2} - \omega\frac{l}{2} = 0$$

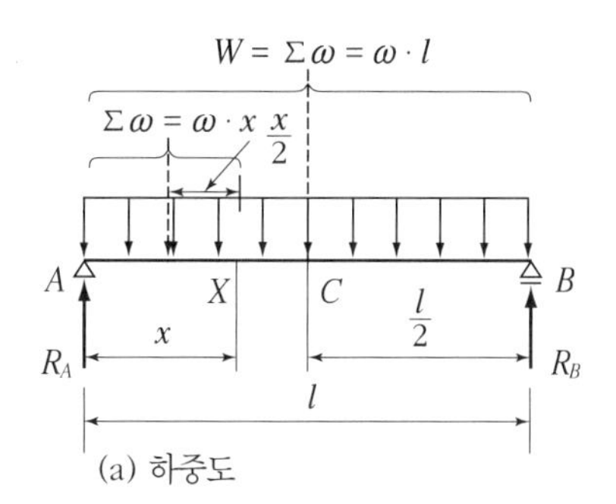

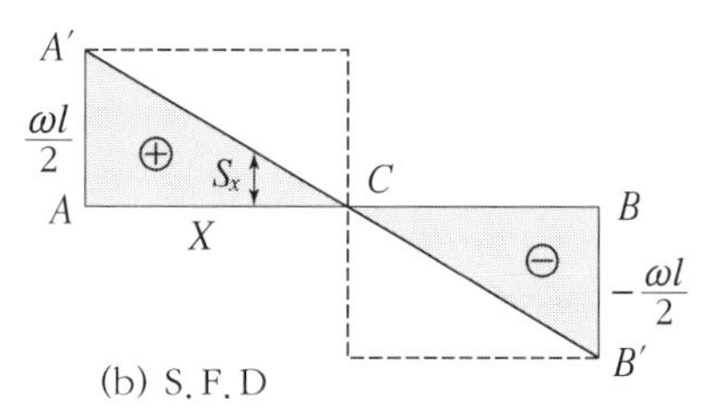

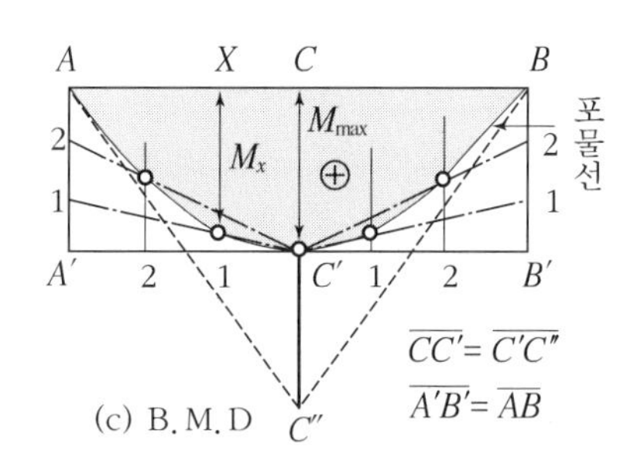

그림 Ⅵ-20. 등분포하중이 작용하는 단순보

$$S_B = {}_{A-B}S_{x=l}$$
$$= \frac{\omega l}{2} - \omega l = -\frac{\omega l}{2} = -\frac{W}{2}$$
$$= -R_B$$

③ 휨모멘트

$${}_{A-B}Mx = R_A x - (\omega x)\frac{x}{2}$$
$$= \frac{\omega l}{2}x - \frac{\omega}{2}x^2 (2차포물선) \quad \text{(식 VI-16)}$$
$$M_A = {}_{A-B}M_{x=0} = {}_{A-B}M_{x=l} = 0$$

즉, C점에서 전단력이 $0(S_C = 0)$이 되므로

$$M_{\max} = M_C = {}_{A-B}M_{x=\frac{l}{2}}$$
$$= \frac{\omega l}{2} \cdot \frac{l}{2} - \frac{\omega}{2}\left(\frac{l}{2}\right)^2$$
$$= \frac{\omega l^2}{8}$$
$$= \frac{Wl}{8} \quad \text{(식 VI-17)}$$

위의 계산에 따라 그림 VI-20(a)의 보에 대한 S.F.D와 B.M.D를 그리면 그림 VI-20(b), (c)와 같이 된다. 그림 VI-20(b)와 (c)에서 점선은 그림 VI-20(a)에서 등분포하중을 하중중점荷重中點인 C점에 집중시켜 작용시킬 때의 S.F.D 및 B.M.D이다. 그림 VI-20(c)에서 직선 $\overline{AC''}$와 $\overline{BC''}$는 A, B점에서 포물선상에 그은 접선이 된다.

단순보에서 하중이 부재전장部材全長에 걸쳐 등분포될 때의 외응력은 그림 VI-20(b), (c)에서 보는 바와 같이 하중이 부재중점部材中點에 집중될 때보다 $M_{\max}$는 절반으로 줄고 전단력은 최대치에는 변함이 없지만 보의 중앙부분에서 상당한 차이가 생긴다. 즉, 구조설계상으로 볼 때 같은 크기의 하중이라도 하중이 부재에 등분포되면 하중이 집중될 때보다 설계에 상당한 경제적 결과를 가져온다.

그림 VI-21의 단순보의 반력을 구하고, 전단력도와 휨모멘트도를 그려라.

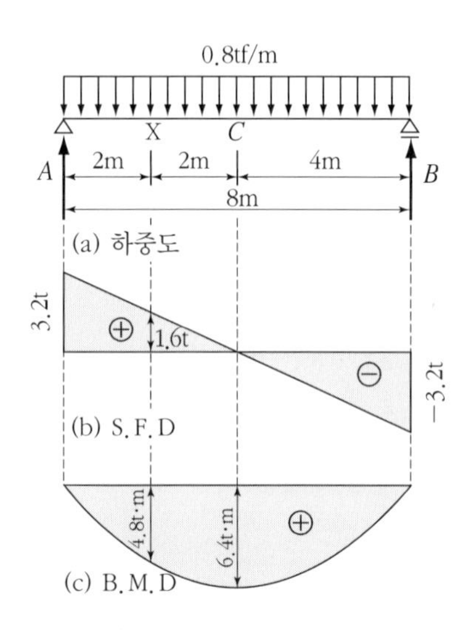

그림 VI-21. 등분포하중이 작용하는 단순보의 외응력 계산

① 반력

$$R_A = R_B = \frac{0.8\times 8}{2} = 3.2\text{t}$$

② 전단력

$$S_A = R_A = 3.2\text{t}$$

$$S_M = \frac{\omega l}{2} - \omega x = \frac{0.8\times 8}{2} - 0.8\times 2 = 1.6\text{t}$$

$$S_C = 0$$

$$S_B = -R_B = -3.2\text{t}$$

③ 휨모멘트

$$M_A = 0$$

$$M_M = \frac{\omega l}{2}x - \frac{\omega}{2}x^2 = \frac{0.8\times 8}{2}\times 2 - \frac{0.8}{2}\times 2^2 = 4.8\text{t}\cdot\text{m}$$

$$M_C = M_{\max} = \frac{0.8\times 8^2}{8} = 6.4\text{t}\cdot\text{m}$$

$$M_B = 0$$

(3) 집중하중이 작용하는 캔틸레버보

캔틸레버보는 일단一端이 고정되어 있으므로 반력은 고정단固定端에만 생기며, 그림 VI-22(a)와 같이 하중이 수직방향인 경우에는 수평반력이 일어나지 않는다.

① 전단력

자유단自由端 A에서 임의의 점 x까지의 거리 변화를 생각하면,

$$0 < x < a \quad {}_{A-C}Sx = 0$$

$$\therefore S_A = 좌S_C = 0$$

$$a < x < l \quad {}_{C-B}Sx = -P$$

$$\therefore 우S_C = S_B = -P$$

여기서 주의할 것은 캔틸레버보는 오른쪽에서 고정되고 왼쪽 끝에서 자유로운 경우의 전단력은 어느 것이나 (−)가 된다. 이것을 그림으로 표시하면 그림 VI-22(b)와 같다.

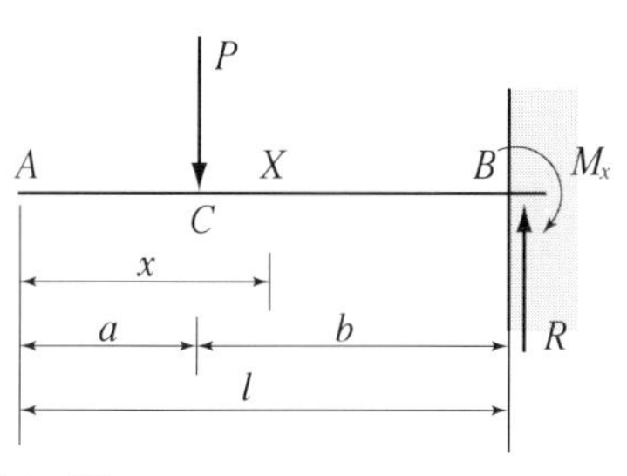

(a) 하중도

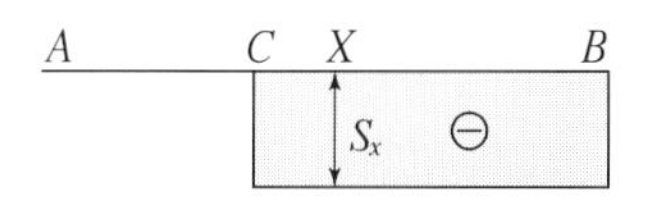

(b) S.F.D

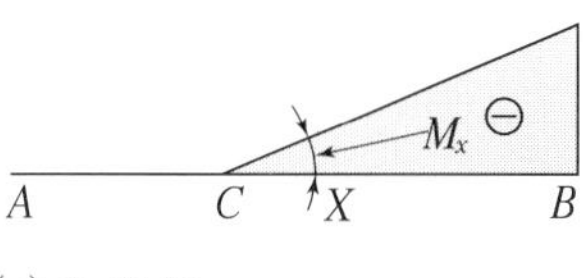

(c) B.M.D

그림 Ⅵ-22. 집중하중이 작용하는 캔틸레버보

② 휨모멘트

단면에 휨모멘트를 구할 경우에 그 단면의 고정단을 생각하는 것보다 반력이 없는 자유단을 생각하는 것이 편리하며, 모멘트가 반시계방향이므로 (−)가 된다.

$$0 < x < a \quad {}_{A-C}Mx = 0$$
$$\therefore M_A = M_C = 0$$
$$a < x < l \quad {}_{C-B}M_x = -P(x-a)$$
$$\therefore M_C = {}_{C-B}M_{x=a} = -P(a-a) = 0$$
$$M_B = {}_{C-B}M_{x=l} = -P(l-a)$$
$$= -Pb$$

이것에 의한 B.M.D.는 그림 VI-22(c)와 같으며, 최대 휨모멘트는 캔틸레버보의 고정단에서 생기며, 값은 (−)이다.

③ 반력

평형조건식에 의해

$$\Sigma Py = R - P = 0$$
$$\therefore R = P = |S_B|$$
$$\Sigma M_B = -Pb + M_r = 0$$
$$\therefore M_r = Pb = |M_B|$$

위의 계산과 같이 캔틸레버보에서 부재상의 반력값이 알려지지 않아도 외응력은 계산이 된다. 그리고 반력값은 힘의 평형조건식을 이용하여 구할 수도 있지만, 외응력이 산정된 다음에 고정단에 생기는 외응력의 절대치로써 구하는 것이 편리하다.

라. 보의 내응력 산정

(1) 내응력의 종류

구조물의 각 부재에는 하중과 반력의 힘에 대응하여 크기가 같고 방향이 반대인 힘이 있는데, 이것을 외응력이라 하며, 이 외응력에 따라 부재의 단면 내에 생기는 힘을 내응력*internal stress*이라고 하는데, 이것은 일반적으로 응력이라고 부르기도 한다.

내응력의 종류에는 인장응력*tensile stress*, 압축응력*compressive stress*, 휨응력*bending stress*, 전단응력*shearing stress*, 렬응력*torsional stress*, 편심응력*stress due to eccentric force*, 장주응력*stress of long column*이 있는데 이 중에서 휨응력과 전단응력은 수평부재의 내응력을 산정하는 데 사용되고, 축응력, 편심응력, 장주응력은 수직부재의 내응력을 산정하는 데 사용된다.

따라서 구조부재의 어떤 단면 내에 생기는 내응력의 합은 그 단면부분의 외응력의 크기와 같으며, 단면 내에 분포되는 힘이므로 단위는 kgf/cm², tf/cm²로 표시된다. 결국, 외응력은 외력에 의하여 생기는 것이므로 일에너지 차원에서 구조물 전체에 대하여 외력 · 외응력 · 내응력이 하는 일의 양은 서로 같다. 그리고 구조물의 외력에 의한 변형도 외응력이나 내응력이 구조물의 각 부분을 변형시키는 것의 합과 같게 된다. 만약 외력에 의해 구조재가 파괴되지 않는다면 구조재의 내부에 외력보다 크고 방향이 반대인 응력이 발생하여야 한다.

1) 축응력

축응력에는 인장응력과 압축응력이 있는데, 그림 VI-23에서와 같이 막대의 양끝에서 그것을 인장하려고 하는 힘, 즉 인장력을 가할 경우 이 막대의 단면에는 이 장력에 저항하는 응력이 발생하게 된다. 이러한 응력을 인장응력이라 하고, σ_t로 표시한다.

$$\sigma_t = P/A \quad \cdots\cdots \text{(식 VI-18)}$$

단, P는 인장력, A는 단면적

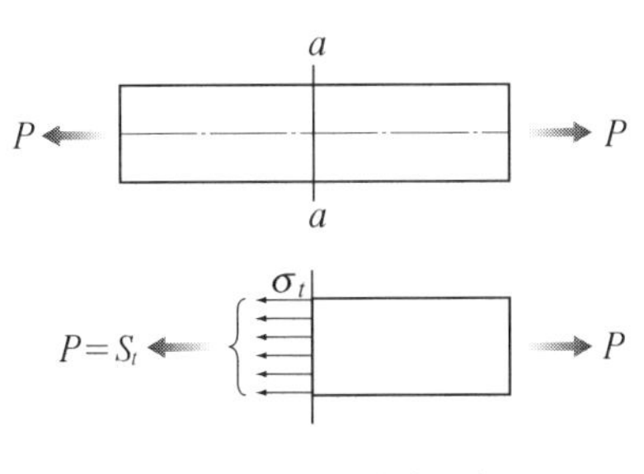

그림 VI-23. 인장응력

한편, 그림 VI-23에서 외력 P의 방향을 반대로 하면, 그 힘은 막대를 압축하는 것과 같이 작용한다. 이와 같은 외력을 압축력이라 하고, 이에 대항하여 물체 내에 생기는 응력을 압축응력이라 한다. 이 압축응력은 σ_c로 표시한다. 또한 압축력과 압축응력은 인장력과 인장응력의 반대방향으로 작용하므로 일반적으로 (－)로 표시한다.

$$\sigma_c = -P/A \quad \cdots\cdots \text{(식 VI-19)}$$

단, P는 압축력, A는 단면적

2) 전단응력

아주 근접한 두 단면에 크기가 같고 방향이 반대인 2개의 힘 S가 작용하여 물체가 직접 전단되도록 할 때의 힘을 전단력이라 하고, 전단력에 저항하여 전단되는 면을 따라서 생기는 응력은 전단응력이라 하며, τ로 표시한다.

$$\tau = S/A \quad \text{(식 VI-20)}$$

단, S는 전단력, A는 전단되는 면적

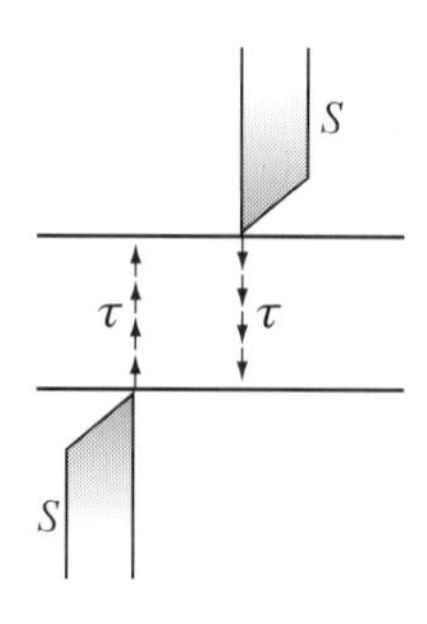

그림 Ⅵ-24. 전단응력

3) 휨응력

그림 VI-25와 같이 막대의 양끝을 지지하고 그것에 수직으로 하중을 가하면, 그 막대는 휨을 받아 그림과 같이 변형된다. 이 막대의 중심축에서 윗방향은 압축되고, 아랫방향은 인장을 받으므로 이에 저항하여 부재단면에는 압축응력과 인장응력이 생기게 되는데, 이 응력을 휨응력이라 한다. 그러나 이 막대의 중심에는 휨응력 이외에 인장응력도 발생하게 된다.

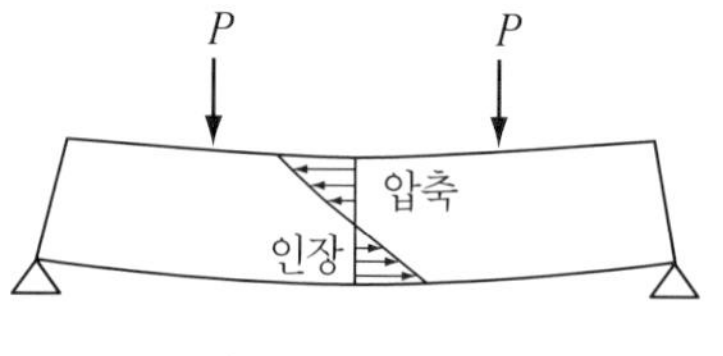

그림 Ⅵ-25. 휨응력

4) 렬응력

봉의 양단에 반대방향의 우력모멘트를 봉의 축에 수직으로 가하면 그 봉은 꼬임을 받는다. 그리고 이것에 저항하기 위하여 봉의 내부에는 특수한 응력이 생기는데, 이것을 렬응력이라 한다. 이것은 전단응력의 일종으로 봉의 축에 수직인 면에 대하여 적용하며, 단면의 중심에서 0, 표면에서 최대의 응력도를 나타낸다. 기계에서 동력을 전단하는 샤프트*shaft*는 렬응력이 설계상 중요한 요소가 되지만, 구조물에서는 부재에 뚜렷한 렬모멘트가 작용하지 않는 한 렬응력에 대한 고려를 하지 않는다.

5) 편심응력

단면상에서 편심축력이 작용하는 점이 부재단면의 대칭축상에 있지 않을 때나 대칭축이 없는 단면에 편심축력이 작용할 때, 부재단면 내에 생기는 응력을 편심응력이라 한다. 구조물에서 편심응력이 생기는 부재는 편심축 하중을 받는 기둥, 부정정구조물의 기둥, 축력을 받는 보 등이며, 이와 같은 부재의 단면 내에는 일반적으로 편심응력 외에 전단응력도 생긴다.

6) 장주응력

압축축력壓縮軸力 또는 편심압축축력偏心壓縮軸力을 받는 부재로서 수직으로 서 있는 것을 기둥이라 하고, 트라스 복재腹材와 같이 경사져 있는 것을 항압재抗壓材*strut*라 한다. 역학상으로, 기둥은 단체短體*short block* · 단주短柱*short column* · 장주長柱*long column*의 3가지로 나누어진다.

단체는 단면에 비하여 키가 아주 작기 때문에 재료가 압축파괴될 때까지 좌굴현상挫屈現象*buckling*이 일어나지 않는 주체柱體를 말하고, 단주는 축력에 의하여 단면 내에 생기는 평균축응력이 재료의 탄성한계를 넘음으로써 처음 좌굴이 일어나는 주체를 말하며, 장주는 축력에 의한 평균축응력이 재료의 탄성한계 이내에서 좌굴현상을 나타내는 기둥을 말한다. 장주응력에 대한 세밀한 검토는 수직부재의 설계에서 다루기로 한다.

구조물에서 기둥이나 항압재는 대부분이 장주가 아니면 단주에 속하고, 기초상에 놓이는 주대좌柱臺座*pedestal* 같은 것이 단체에 속한다. 가늘고 긴 주체라도 적당히 횡방향으로 지지되어 있을 때에는 좌굴이 해소되거나 경감된다.

(2) 부재단면의 성질

재료의 강도는 재료의 물리적 특성뿐만 아니라 단면의 형태와 크기에 의해 영향을 받게 된다. 따라서 부재의 단면을 설계하기 위해서는 부재단면의 성질을 대표하는 값을 적용하여야 하며, 이 단면의 성질계수는 구조부재 내에 생기는 내응력 값들을 구하는 데 사용된다.

단면계수의 종류에는 단면1차모멘트 · 단면2차모멘트 · 단면계수 · 단면극2차모멘트 · 단면상승모멘트 · 단면2차반경이 있으며, 단면적과 단면의 중심위치도 일종의 단면의 성질계수이다. 단면의 성질계수는 단면의 형태와 크기에만 관련이 있게 되며, 단면이 균등 등방향성 재료로 되어 있지 않거나 철근콘크리트 부재의 단면과 같이 단면의 재질이 다른 재료들로 구성되어 있을 때에는 단면의 성질계수를 계산하는 데 이러한 특성을 고려하여야 한다.

① 단면1차모멘트 : $G = \int y dA$
② 단면2차모멘트 : $I = \int y^2 dA$
③ 단면계수 : $Z = I/y$ (또는 $Z_1 = I/y_c$, $Z_2 = I/y_t$) .... (식 VI-21)
④ 단면극2차모멘트 : $I_p = \int r^2 dA$
⑤ 단면상승모멘트 : $I_{xy} = \int xy dA$
⑥ 단면2차반경 : $i = \sqrt{I/A}$

위의 단면의 성질계수 중 보나 기둥의 응력을 산정하기 위하여 중요한 것은 단면2차모멘트와 단면계수, 그리고 단면1차모멘트와 단면2차반경이다. 단면2차모멘트*moment of inertia*는 각 단면의 성질계수 중 응력산정에 가장 많이 사용되는 것으로, 단위는 면적에 거리의 제곱을 곱한 것이므로 cm^4를 사용하며, 조합된 단면은 단순한 도형으로 분할하여 구하면 좋다. 단면에서 단면

2차모멘트 값 I가 최대 또는 최소가 되는 축을 주축*principal axis*이라 한다. 즉, 단면에서 주축의 방향은 I값이 최대 또는 최소가 되는 방향이므로 일반적으로 주축의 방향은 단면의 휨모멘트나 처짐, 좌굴挫屈에 의한 저항이 최대 또는 최소가 되는 방향이 된다.

한편, 단면계수*section modulus*는 단면2차모멘트를 도심축에서 상·하연까지의 거리(y_c, y_t)로 나눈 것으로 단위는 cm^3이고 휨응력 산정에 사용되며, 단면1차모멘트*geometrical moment of area*는 단면의 중심을 구하거나, 전단응력을 구하는 데 사용된다. 단면2차반경*radius of gyration of area*은 단면2차모멘트를 단면적으로 나누고 제곱근을 취한 값으로 단위는 cm이며, 주로 세장 기둥의 강도에 관한 수치로서 좌굴응력, 즉 장주설계식에 쓰인다.

이 밖에 단면극2차모멘트는 뒬응력 산정에 쓰이며, 단면상승모멘트는 편심응력이나 비대칭 만곡에 의한 휨응력을 계산할 때 사용된다.

여기서 예시적으로 그림과 같은 직사각형 단면의 도심 G를 지나가는 X축에 대한 단면 2차모멘트 I_x를 구해보자. 이것을 구하기 위하여 그림 VI-26과 같이 X축에 평행인 미소면적 dA를 계산하면 $dA = b \cdot dy$이고, 이 단면의 위쪽은 $+\frac{h}{2}$, 아래쪽은 $-\frac{h}{2}$의 범위이므로 다음과 같이 풀이한다.

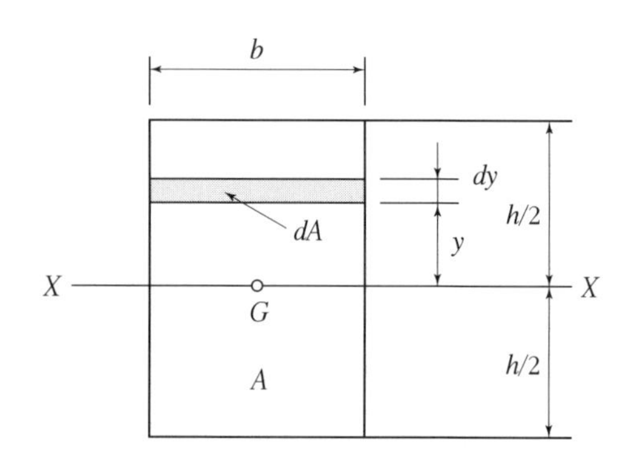

그림 VI-26. 직사각형 단면2차모멘트

$$
\begin{aligned}
I_x &= \int y^2\, dA = \int_{-\frac{h}{2}}^{\frac{h}{2}} y^2 (b \cdot dy) \\
&= b\left[\frac{y^3}{3}\right]_{-\frac{h}{2}}^{\frac{h}{2}} \\
&= b\left[\frac{1}{3}\left(\frac{h}{2}\right)^3 - \frac{1}{3}\left(-\frac{h}{2}\right)^3\right] \\
&= \frac{bh^3}{12}
\end{aligned}
$$

이러한 원리에 의해 조경구조물의 부재선정에 자주 사용되는 단면의 성질계수인 단면2차모멘트, 단면계수, 단면2차반경을 간단한 도형을 사례로 구해보면 다음과 같다.

1) 단면2차모멘트

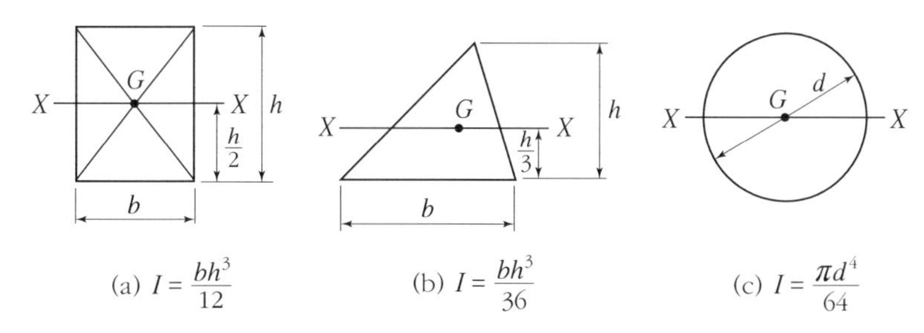

그림 Ⅵ-27. 단면2차모멘트

2) 단면계수

그림 VI-28의 직사각형 단면의 단면계수를 구해보자. 도심축에 관한 단면2차모멘트 I는 $bh^3/12$이며, 또 상하대칭 단면이므로 $y = y_c = y_t = h/2$가 된다.

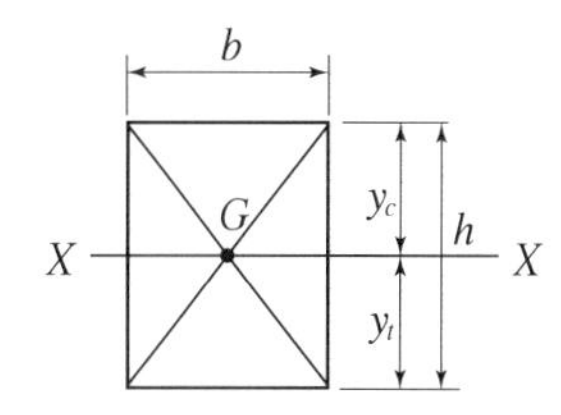

그림 Ⅵ-28. 직사각형 단면계수

$$\text{단면계수}\ \ Z_c = Z_t = \frac{I}{y} = \frac{bh^3/12}{h/2} = \frac{bh^2}{6} \cdots \text{(식 VI-22)}$$

원형 단면의 경우도 마찬가지로 다음과 같이 구할 수 있다.

$$y_c = y_t = \frac{d}{2}$$

$$\text{단면계수}\ \ Z_c = Z_t = \frac{I}{y} = \frac{\pi d^4/64}{d/2} = \frac{\pi d^3}{32} \cdots \text{(식 VI-23)}$$

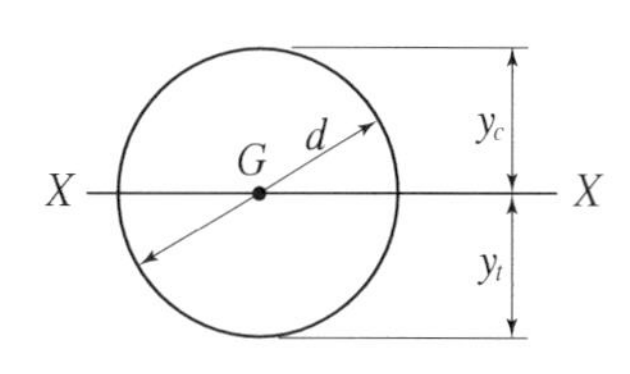

그림 Ⅵ-29. 원형 단면계수

3) 단면2차반경

$$I_x = \frac{bh^3}{12}, \quad I_y = \frac{hb^3}{12}$$

$$A = bh$$

$$\therefore\ i_x = \sqrt{\frac{I_x}{A}} = \sqrt{\frac{\frac{bh^3}{12}}{bh}} = \sqrt{\frac{h^2}{12}} = \frac{h}{2\sqrt{3}}$$

$$\cdots\cdots\cdots \text{(식 VI-24)}$$

$$i_y = \sqrt{\frac{I_y}{A}} = \sqrt{\frac{\frac{hb^3}{12}}{bh}} = \sqrt{\frac{b^2}{12}} = \frac{b}{2\sqrt{3}}$$

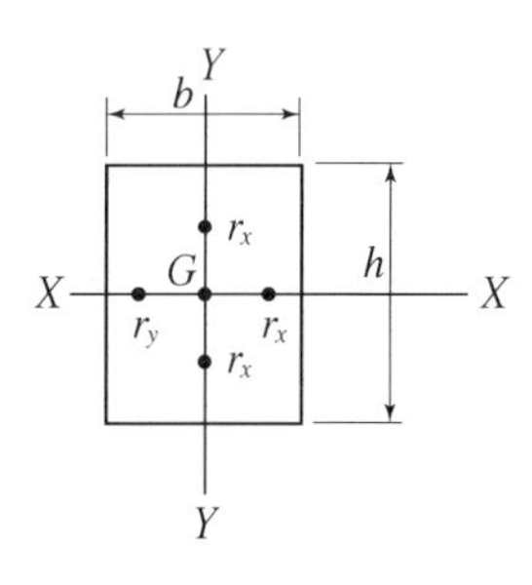

그림 Ⅵ-30. 직사각형 단면2차반경

$$I_x = I_y = \frac{\pi d^4}{64}$$

$$A = \frac{\pi d^2}{4}$$

$$\therefore i_x = i_y = \sqrt{\frac{I}{A}} = \sqrt{\frac{\pi d^4}{64} / \frac{\pi d^2}{4}}$$

$$= \sqrt{\frac{d^2}{16}} = \frac{d}{4} \quad \cdots\cdots \text{(식 VI-25)}$$

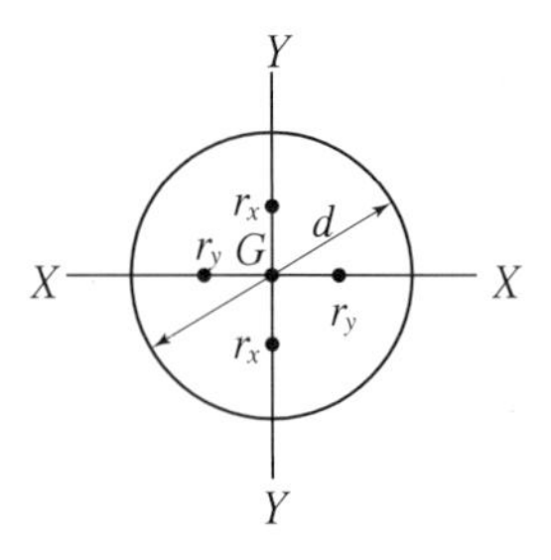

그림 Ⅵ-31. 원형 단면2차반경

(3) 보의 응력

1) 휨응력

보에 작용하는 외력들이 축에 직교하고 단면의 대칭축 내에 있을 때 보에 생기는 휨모멘트를 대칭만곡 휨모멘트라 하고, 이로 인하여 보의 단면 내에 생기는 응력을 휨응력이라 한다. 봉상부재棒狀部材로 된 보, 즉 축이 직선이고 단면이 재장材長을 통하여 대체적으로 변하지 않으며, 키가 스팬에 비하여 그다지 크지 않은 가늘고 긴 보에 생기는 휨응력은 재료의 비례한계를 넘지 않는 단면 내에서 응력이 직선적으로 변화한다고 볼 수 있다.

$$\sigma_y = M \cdot y / I \quad \cdots\cdots \text{(식 VI-26)}$$

$$\left.\begin{aligned} \sigma_c &= M \cdot y_c / I = M / Z_c \\ \sigma_t &= M \cdot y_t / I = M / Z_t \end{aligned}\right\} \quad \cdots\cdots \text{(식 VI-27)}$$

$$\because Z_c = \frac{I}{y_c} \qquad Z_t = \frac{I}{y_t}$$

위의 식 VI-26은 단면 내의 임의 부분에 생기는 휨응력의 크기를 산정하는 식이고, 식 VI-27은 단면의 상하단의 연변섬유응력緣邊纖維應力*extreme fiber stress* σ_c, σ_t를 산정하는 식이다. 봉상棒狀 보에서는 단면 내에 생기는 곡응력 중 최대치가 되는 것은 연변섬유응력이고, σ_c, σ_t 중 큰 값을 가지는 것은 최대연변섬유응력이라 한다. 보의 단면설계에서는 최대연변섬유응력 σ_{max}가 재료의 허용휨응력 σ_a를 넘지 않도록 한다(식 VI-28).

$$\sigma_a \geqq \sigma_{max} \quad \cdots\cdots \text{(식 VI-28)}$$

2) 전단응력

부재에 연직교하중이 작용하면 부재는 연직교방향으로 전단되려고 하는 동시에 축방향으로도 전단되려고 한다. 즉, 축직교하중에 의하여 부재 내에는 수직방향과 수평방향의 전단응력이 동시에 생기는데, 이것을 각각 수평전단응력과 수직전단응력이라 한다. 그리고 수평전단응력과 수직전단응력은 크기가 서로 같다.

$$\tau = SG/bI \cdots\cdots\cdots \text{(식 VI-29)}$$

단, S : 전단력

G : 중심축에 대한 단면 상반부 또는 하반부의 단면1차모멘트

I : 중심축에 대한 단면2차모멘트

b : 단면의 폭

식 VI-29는 부재에서 단면 내의 임의의 위치의 전단응력을 산정하는 일반식이다.

직사각형 단면의 전단응력의 분포도를 생각해 보자.

단면2차모멘트 $I = \dfrac{bh^3}{12}$

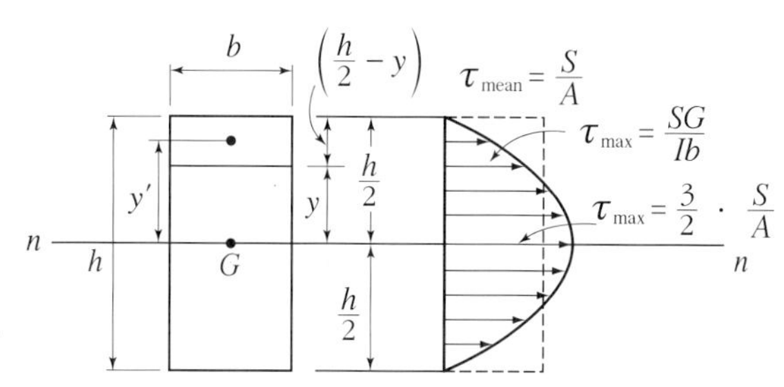

그림 VI-32. 직사각형 단면의 전단응력도

점을 찍은 부분을 단면1차모멘트로 하면,

$$\begin{aligned} G &= Ay' \\ &= b \cdot \left(\frac{h}{2} - y\right)\left\{\left(\frac{h}{2} - y\right)\frac{1}{2} + y\right\} \\ &= b \cdot \left(\frac{h}{2} - y\right)\frac{1}{2}\left(\frac{h}{2} + y\right) \\ &= \frac{b}{8}(h^2 - 4y^2) \end{aligned}$$

이것을 식 VI-29에 대입하면,

$$\tau = \frac{SG}{Ib} = \frac{S \times \frac{b}{8}(h^2 - 4y^2)}{\frac{bh^3}{12} \times b} = \frac{3}{2} \cdot \frac{S(h^2 - 4y^2)}{bh^3} \cdots\cdots \text{(식 VI-30)}$$

식 VI-30은 y에 대한 2차곡선이며, 상 · 하연($y = h/2$)에서는 전단응력 $\tau = 0$이 되고, 거형단면이나 원형단면과 같이 상하대칭단면에서는 중심축에서 $y = 0$이 되기 때문에 $\tau_{max} = (3/2) \cdot (S/bh) = 3S/2A$로서 최대가 된다. 또한 평균전단응력은 $\tau_{mean} = S/A$이다. 이와 같이 전단응력은 단면의 상 · 하연에서 항상 영이 되고, 구형단면矩型斷面이나 원형단면圓形斷面과 같이 상 · 하대칭단면에서는 최대치가 중심축상에서 생긴다. 이와 같은 사실은 휨응력이 단면의 상 · 하연에서 최대가 되고 중립축상에서 영이 된다는 사실과 대조적이다. 이러한 결과를 기초로 하여 재료의 허용전단응력 τ_a는 여기서 구해진 최대전단응력 τ_{max}보다 크도록 해야 한다(식 VI-31).

$$\tau_a \geqq \tau_{max} \cdots\cdots \text{(식 VI-31)}$$

(4) 보의 처짐

보를 설계할 때, 재료의 허용응력만으로 설계하고 처짐에 대하여 고려하지 않으면 보의 처짐에 의한 바닥구조의 균열이나 보의 변형 등 구조적 문제를 일으킨다. 그러므로 보는 재료의 허용응력을 고려하여 설계한 뒤에 반드시 처짐에 대하여 검토하여야 하고, 때로는 먼저 처짐을 고려하여 단면을 결정한 후 응력에 대한 검토를 하는 것도 좋다.

구조물에서 보의 처짐은 등분포하중이거나 1개의 집중하중이 작용할 때 각각 달라지게 되는데, 단순보를 사례로 살펴보면 다음과 같다.

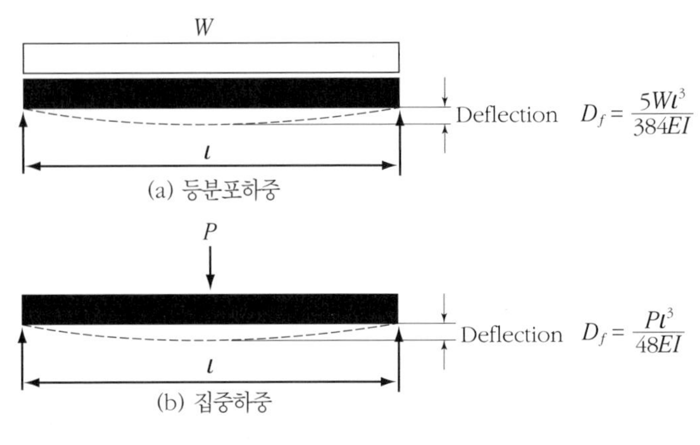

그림 Ⅵ-33. 단순보의 처짐

그림 Ⅵ-33에서 처짐은 보의 길이, 하중, 탄성계수 E, 단면2차모멘트에 의해 결정된다. 예를 들어, 목재의 경우 강재보다 탄성계수가 훨씬 작기 때문에 강재보다 처짐이 커지게 된다. 또한 단면2차모멘트와 관련하여 그림 Ⅵ-34에서와 같이 단면적이 같은 목재일지라도 모로 세워진 면에 하중이 작용하는 것(a)보다 넓은 면에 하중이 작용할 경우(b), 단면2차모멘트가 작아지게 되어 결국 처짐이 커지게 되므로 처짐만을 고려할 때는 (a)가 유리하게 된다.

그림 Ⅵ-34. 하중의 작용

대부분의 경량구조물에서는 보의 처짐을 지점 사이의 거리인 스팬*span*의 1/300 또는 1/360 이내로 하고, 캔틸레버보의 경우에는 1/150 또는 1/180 이내로 제한하는 것이 좋다. 여기서 1/360은 회반죽 천정 같은 것에 균열이 생기지 않도록 하는 제한이고, 1/300은 사람이나 운반물의 왕래로서 바닥에 생기는 진동 등 기타 여러 가지 사항들에 따른 제한이다.

이와 같이 처짐 공식에 의해 산출된 처짐량 D_f와 최대허용처짐량 D_{max}을 비교하여 보의 단면의 적합성을 검사하고, 만약 처짐 공식에 의해 산출된 처짐량이 클 경우, 보다 튼튼한 단면을 다시 가정해야 한다.

$$D_{max} = \frac{l}{360} \geqq D_f = \frac{5Wl^3}{384EI} \text{ (등분포하중인 경우)} \quad \cdots\cdots \text{ (식 VI-32)}$$

(5) 허용응력과 안전율

구조물에 하중이 작용하게 되면 응력이 발생되는데, 이 응력이 구조재의 재료시험에 의해 구해지는 파괴강도와 같아지면 경제적 측면에서는 좋지만 구조물에 다소라도 예상 외의 외력이 작용할 때 구조물이 파괴의 위기에 놓이게 된다. 한편 허용응력이 재료의 파괴강도에 비하여 너무 낮을 경우, 구조물의 경제성이 낮아지게 된다. 이런 의미에서 구조적인 안전성과 경제성을 동시에 확보하기 위하여 재료의 허용응력을 파괴강도에 비해 얼마만큼 취할 것인가는 구조재 설계의 중요한 관심사이다. 구조적인 안전성이 중요한 구조물일수록 허용응력을 구조재의 최고강도보다 상당히 적게 할 필요가 있는데, 그 이유는 다음과 같다.

① 구조재료의 성질은 반드시 같지 않으며, 내부에 결함이 있거나 치수에 차이가 있고, 시험을 위해 채취한 공시체가 전체 재료의 강도를 대표할 수 없는 경우가 있다.
② 구조계산의 이론이 불완전하며, 이론과 실제가 일치하지 않을 수 있다.
③ 구조재료의 강도는 하중이 정적 또는 동적으로 작용하는가에 따라 큰 차이가 있다.
④ 시공상의 문제로 인한 불완전한 점이 발생할 수 있다.
⑤ 장시간의 시간경과나 재료가 반복하중에 의해 피로하거나 부식이나 풍화로 인하여 부재단면이 감소하는 경우가 있다.

구조물의 형태를 만드는 재료에 대하여 실제로 작용하는 것을 허용하는 최대의 응력을 허용응력*allowable stress*이라 하며, 이 재료의 파괴강도*breaking strength*와 허용응력의 비율을 안전율이라 한다.

$$S = \sigma_b / \sigma_a \quad \cdots\cdots \text{ (식 VI-33)}$$

S : 안전율, σ_a : 허용응력, σ_b : 파괴강도나 항복점 강도

허용응력과 안전율의 크기는 재료의 종류, 균일성, 하중의 종류(정적, 동적), 응력의 종류, 구조물이 갖는 중요성, 구조물의 한시성(일시적, 영구적) 등에 따라 달라지게 된다. 강재와 같이 재료의 종류에 따라 항복점이 뚜렷한 것은 항복점*yield point*을 기준으로 허용강도를 결정하며, 다른 재료들은 최고 강도를 기준으로 하여 허용응력이 결정된다. 각 구조계산기준에서 규정하고 있는 재료의 안전율은 대체적으로 강재가 항복점 강도에 대하여 1.5, 최고 강도에 대하여 2.5, 콘크리트가 최고 강도에 대하여 3, 목재가 최고 강도에 대하여 6 정도로 되어 있다. 각 재료의 허용응력치는 〈표 VI-4〉 및 〈표 VI-5〉와 같으며, 때로는 법규나 시방서에 허용응력의 한계가 규정되는 경우가 많으므로 이의 규정을 따른다.

〈표 VI-4〉 재료의 허용응력도

(단위: kgf/cm^2)

응력 종별 / 재료	장기응력				단기응력	비고
	압축	인장	휨	전단		
콘크리트	$\frac{1}{3}f_c'$	$\frac{1}{30}f_c'$			장기응력의 2배	f_c': 콘크리트의 4주 압축강도 135, 180, 225 kgf/cm^2
철근(보통 강재)	1,400	1,400			장기응력의 1.5배	
일반구조용 강재	1,600	1,600	1,600	900	장기응력의 1.5배	

〈표 VI-5〉 목재섬유방향의 허용응력도

재종		탄성률	장기허용응력도			비고
			압축 f_c	인장 · 휨 f_t f_b	전단 f_s	
침엽수	전나무 · 삼나무 · 가문비나무 · 미삼나무	70,000~100,000	60	70	5	단기허용응력도는 장기허용응력도의 2배로 한다.
	낙엽송 · 미화나무		70	80	6	
	소나무 · 회나무 · 솔송나무 · 미송		80	90	7	
활엽수	밤나무 · 참나무	70,000~100,000	70	95	10	
	느티나무		80	110	12	
	떡갈나무		90	125	14	

마. 보의 설계

보의 계산에는 3가지 경우가 있다. 첫째는 어떠한 조건에 의하여 단면의 크기가 정해져 있을 경우에 이 보가 얼마만큼의 하중, 다시 말하면 얼마만큼의 휨모멘트에 견디는가를 조사하고 또

그것에 의하여 하중을 제한하는 것이고, 둘째는 보의 스팬이나 하중이 주어진 상태에서 휨모멘트에 견디기 위해서 필요한 단면의 크기, 즉 단면의 폭과 높이를 산정하는 것이며, 마지막으로 보의 단면과 하중이 주어져 있을 경우, 이 단면의 응력이 얼마인가를 계산하여 그 보의 안전성을 판단하는 것이다. 그러나 이 3가지 경우 모두 기본적으로 보의 안전을 위해서 부재를 구성하는 재료의 허용휨응력 σ_a, 허용전단응력 τ_a, 최대저항휨모멘트M_r, 발생되는 최대휨응력 σ_{max}, 최대전단응력 τ_{max}, 최대휨모멘트 M_{max} 이상이어야 한다.

보를 설계하기 위한 과정은 다음과 같다.

① 작용하는 최대 휨모멘트 M_{max}와 최대 전단력 S_{max}를 구한다.

② 최대 휨모멘트 M_{max}에 대해서, 필요한 단면계수 Z_r을 다음과 같이 산출한다.

$$\sigma = \frac{M}{Z_r} \Rightarrow Z_r \geqq \frac{M_{max}}{\sigma_a} \quad \cdots\cdots (식\ VI-34)$$

③ 이 단면계수 Z_r에서 크고 가까운 단면계수를 가진 단면을 가정한다.

④ 전단응력에 대해서 안전한지의 여부를 검토한다. $\Rightarrow \tau_{max} \leqq \tau_a$

⑤ 가정단면의 검산을 한다.

ⓐ 실제로 생기는 최대휨응력을 구하여, 허용응력 이하인지 여부를 검산한다.

$$\sigma_{max} \leqq \sigma_a$$

ⓑ 단면이 견딜 수 있는 최대저항휨모멘트 M_r이 보에 작용하는 최대휨모멘트 M_{max} 이상인지를 검산한다.

$$M_r \geqq M_{max} \quad \cdots\cdots (식\ VI-35)$$

단, $M_r = \sigma_a Z_r$

⑥ 추가적으로, 실제처짐률과 부재의 허용가능처짐률을 비교하여 허용가능처짐률을 실제처짐률보다 높게 조정하여야 한다.

그림 VI-35와 같이 길이 $l = 6$m의 보에 자체중량 $\omega = 200$kgf/m의 등분포하중과 집중하중

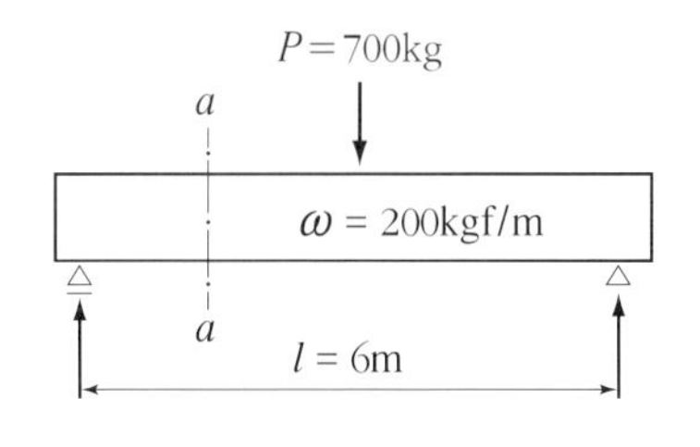

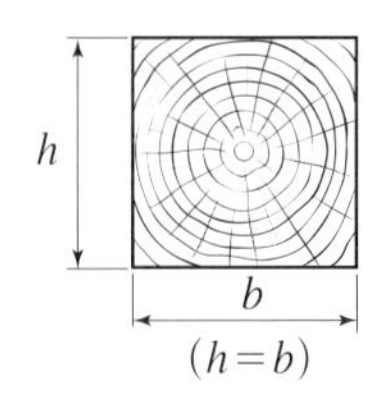

그림 VI-35. 단순보의 단면설계

$P = 700$kg이 작용할 때, 이 보의 단면을 설계하라. 단, 단면은 정사각형으로 한다. (단, 목재의 허용휨응력은 $\sigma_a = 90\text{kgf/cm}^2$, 허용전단응력은 $\tau_a = 8\text{kgf/cm}^2$으로 한다.)

위의 조건에 의해 보에 발생되는 최대휨모멘트 M_{max}와 최대전단력 S_{max}의 재하상태는 다음 그림과 같다.

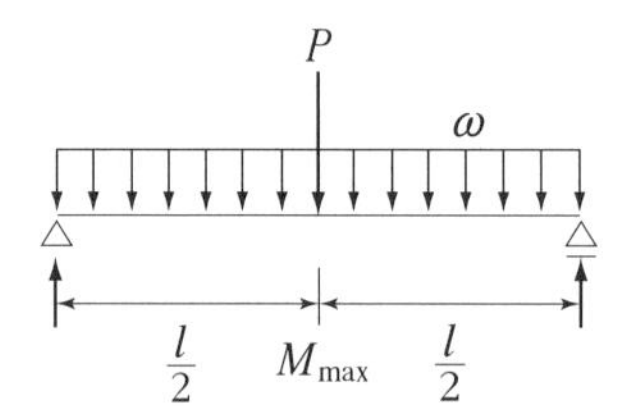

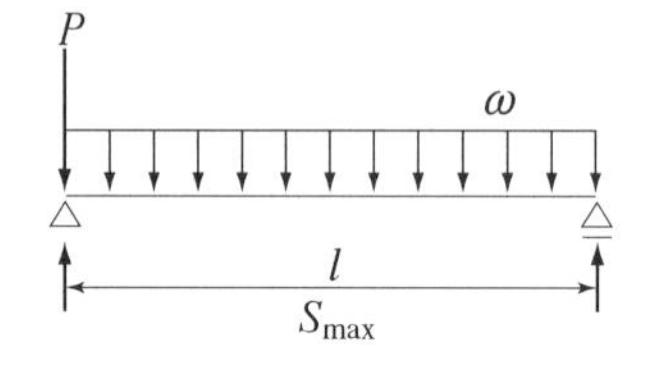

그림 Ⅵ-36. 최대휨모멘트와 최대전단력

부록 4의 공식을 이용하여 최대휨모멘트와 최대전단력을 구한다.

① 최대휨모멘트 $\boldsymbol{M_{max}}$

$$M_{max} = \frac{Pl}{4} + \frac{\omega l^2}{8} = \frac{0.7\times 6}{4} + \frac{0.2\times 6^2}{8} = 1.95\text{ton}\cdot\text{m} = 195,000\text{kg}\cdot\text{cm}$$

② 최대전단력 $\boldsymbol{S_{max}}$

$$S_{max} = \frac{P}{2} + \frac{\omega l}{2} = \frac{0.7}{2} + \frac{0.2\times 6}{2} = 0.95\text{ton} = 950\text{kg}$$

③ 최대휨모멘트 $\boldsymbol{M_{max}}$에 대해서 필요한 단면계수 $\boldsymbol{Z_r}$

$$Z_r \geqq \frac{M_{max}}{\sigma_a} = \frac{195,000}{90} \fallingdotseq 2,167\text{cm}^3$$

④ 단면의 가정

정사각형 단면의 단면계수 $Z_r = \frac{bh^2}{6} = \frac{b^3}{6} \geqq 2,167\text{cm}^3$

따라서 $b^3 \geqq 13,002$ $\therefore\ b \geqq \sqrt[3]{13,002} = 23.5\text{cm}$

(b = 24로 가정한다)

⑤ 전단응력

가정 단면의 단면적 $A = b^2 = 24^2 = 576\text{cm}^2$

최대전단력 $S_{max} = 950\text{kg}$

따라서 최대전단응력 τ_{max}는

$$\tau_{max} = \frac{3}{2}\cdot\frac{S_{max}}{A} = \frac{3}{2}\cdot\frac{950}{576} = 2.4\text{kgf/cm}^2 < \tau_a = 8\text{kgf/cm}^2 \quad \therefore \text{안전}$$

⑥ 검산

$$Z_r = \frac{bh^2}{6} = \frac{24 \times 24^2}{6} = 2,304\text{cm}^3$$

ⓐ $\sigma_{\max} = \dfrac{M_{\max}}{Z_r} = \dfrac{195,000}{2,304} = 84.6\text{kgf/cm}^2 < \sigma_a = 90\text{kgf/cm}^2$ ∴ 안전

ⓑ $M_r = \sigma_a Z_r = 90 \times 2,304 = 207,360\text{kg} \cdot \text{cm} > M_{\max} = 195,000\text{kg} \cdot \text{cm}$ ∴ 안전

만약, 불안전할 경우 단면 산정을 다시 해야 한다.

5. 수직부재의 선택과 크기 결정(기둥 설계)

기둥이란 축방향으로 압축력을 받는 부재를 말하며, 단주, 장주로 구분된다. 단주*short column*는 굵고 짧은 기둥으로서 압축하중이 작용하여 주위가 부풀고 눌려 압축파괴*crushing* 현상을 나타낸다. 이와 달리 기둥의 길이가 어떤 한도보다 길어지면 압축으로 파괴되기 이전에 그 기둥이 구부러져, 재료의 압축응력보다 극히 작은 응력으로 파괴된다. 이와 같이 긴 기둥이 구부러져 부러지는 현상을 좌굴*buckling*이라 하며, 이 기둥을 장주*long column*라고 한다.

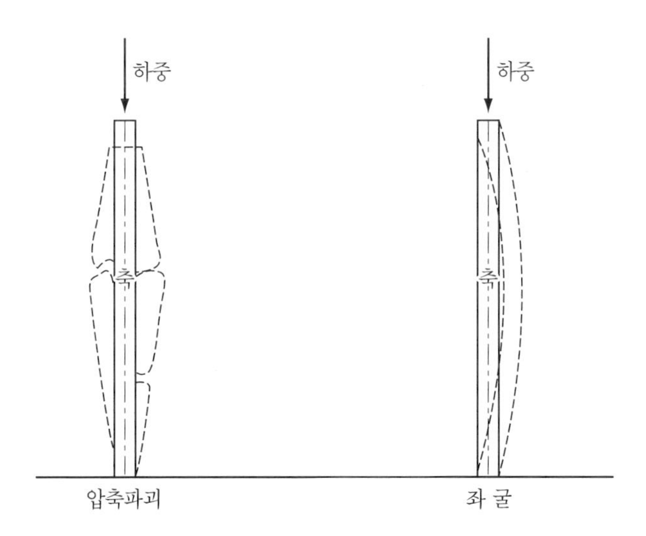

그림 Ⅵ-37. 압축파괴와 좌굴

가. 단 주

단주에서 발생되는 압축파괴 현상에 대하여 기둥을 검사하는 것은 비교적 간단한 과정으로 이루어지게 된다. 먼저, 기둥의 단면에 발생되는 내응력을 산정한 후, 재료의 허용응력과 비교하여 재료의 허용응력이 클 경우 안전하다고 판단하게 된다.

(1) 도심에 축방향 압축력이 작용하는 단주

도심에 축방향 압축력이 작용하는 단주가 받는 응력을 압축응력 σ_c라 하고, 그 크기는 외력 P를 봉의 단면적 A로 나눈 값, 즉 $\sigma_c = -P/A$이다. 예를 들어 10cm×10cm 크기의 미송 단주에 4ton의 고정하중이 작용한다면, 압축응력은 40kgf/cm²이다. 〈표 Ⅵ-5〉에서 미송목재의 허용압축응력은 80kgf/cm²이므로 발생하는 압축응력이 안전한 범위 내에 있다고 볼 수 있다.

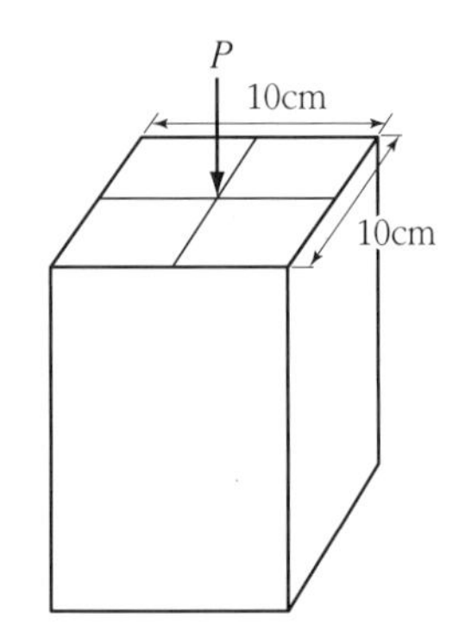

그림 Ⅵ-38. 축방향 압축력

$$\text{단면적 } A = 10 \times 10 = 100\text{cm}^2$$

$$\text{압축응력 } \sigma_c = -\frac{P}{A} = -\frac{4,000}{100} = -40\text{kgf/cm}^2$$

(2) 편심하중이 작용하는 단주

기둥단면의 도심에서 떨어져 작용하는 하중을 편심하중 P라 하며, 편심하중이 작용하게 되면 단주는 변형된다. 이 경우 도심에서 편심하중이 작용하는 지점까지의 거리를 편심거리 e라

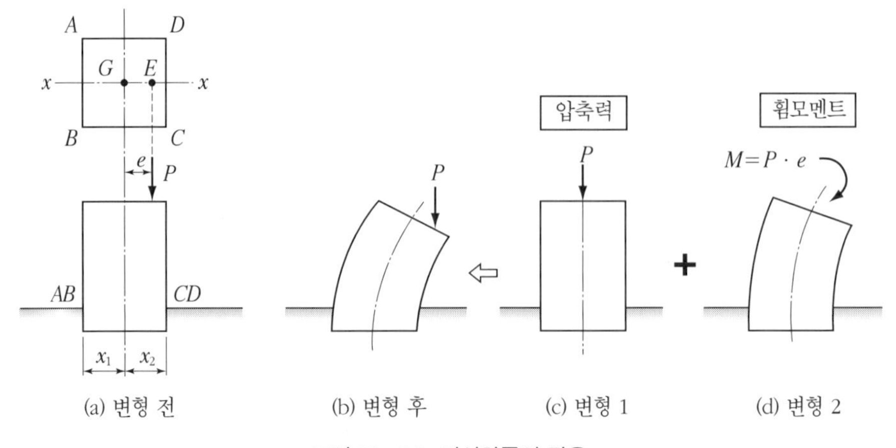

그림 Ⅵ-39. 편심하중의 작용

고 한다.

이러한 편심하중은 도심에 작용하는 압축력과 휨모멘트로 분해가 가능하며, 압축력에 의한 응력은 $\sigma_c = -P/A$로 구하고 휨모멘트에 의한 응력은 $\sigma = \pm M/Z$로 구할 수 있다. 따라서 편심하중에 의해 기둥의 단면에 발생하는 응력은 압축력에 의한 응력과 휨모멘트에 의한 응력의 합으로 표시할 수 있다. 그러나 여기서 편심거리 e가 작을 경우에는 압축응력만이 생기게 되고, e가 크면 편심거리의 반대 연緣에 인장응력이 생기게 되며, 그 중간인 경우에는 압축응력과 인장응력이 동시에 생기게 된다. 그림 VI-39(a)에서와 같은 경우 기둥의 AB연에는 인장응력이 발생되고, CD연에는 압축응력이 생기게 된다.

예를 들어 그림 VI-40과 같은 단면의 단주의 도심 G에서 x축 위의 편심거리 $e = 10\text{cm}$의 E점에 $P = 2t$의 압축력이 작용할 때, AB연과 CD연에 생기는 응력인 σ_{AB}, σ_{CD}를 구해보자.

① 단면적

$$A = 25 \times 20 = 500\text{cm}^2$$

② 단면2차모멘트

$$I = \frac{bh^3}{12} = \frac{20 \times 25^3}{12} = 26,042\text{cm}^4$$

③ 편심하중에 의해 발생하는 응력

$$M = Pe = 2,000 \times 10 = 20,000\text{kg} \cdot \text{cm}$$

$$x_1 = x_2 = 12.5\text{cm}$$

$$\sigma_{AB} = -\frac{P}{A} + \frac{M}{I}x_1 = -\frac{2,000}{500} + \frac{20,000}{26,042} \times 12.5$$

$$= 5.6\text{kgf/cm}^2 \text{(인장응력)}$$

$$\sigma_{CD} = -\frac{P}{A} - \frac{M}{I}x_2 = -\frac{2,000}{500} - \frac{20,000}{26,042} \times 12.5$$

$$= -13.6\text{kgf/cm}^2 \text{(압축응력)}$$

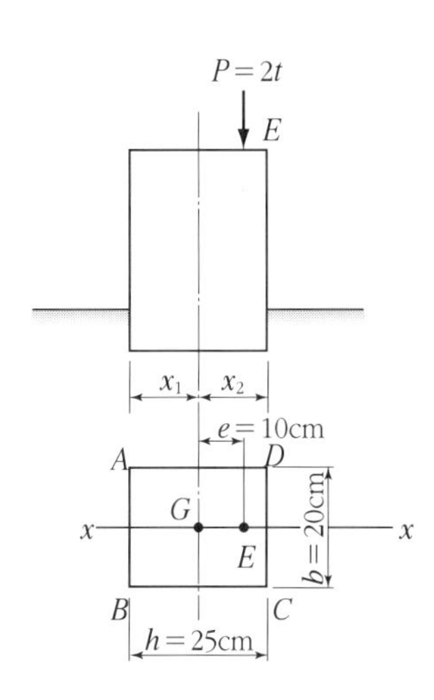

그림 VI-40. 단주의 휨모멘트

나. 장 주

실제적인 경량구조물에서는 압축파괴보다는 좌굴에 의한 파괴가 더욱 빈번하다. 장주의 좌굴현상은 기둥의 세장비와 양 끝의 지지상태에 따른 좌굴의 길이에 따라 크게 영향을 받으므로 동일 재료일지라도 세장비와 좌굴장에 따라 달라지게 된다.

(1) 좌굴장*buckling length*

그림 VI-41은 기둥의 지지방법에 따른 좌굴을 비교한 그림이다. 그림에서와 같이 실제 기둥의 길이 l과 기둥의 이론상의 길이인 좌굴장(환산길이, 유효길이) l_k가 다르다. 따라서 장주의 설계계산에서는 l_k를 이용한다. 구조역학에서는 그림 VI-41(b)와 같은 양단회전부재의 재장材長을 기준으로 하여 다른 단부조건의 좌굴들을 따지기로 되어 있다. 따라서 그림에서 볼 때 각종 단부조건에 대한 부재의 좌굴장은 실제 재장에 대하여 아래와 같다.

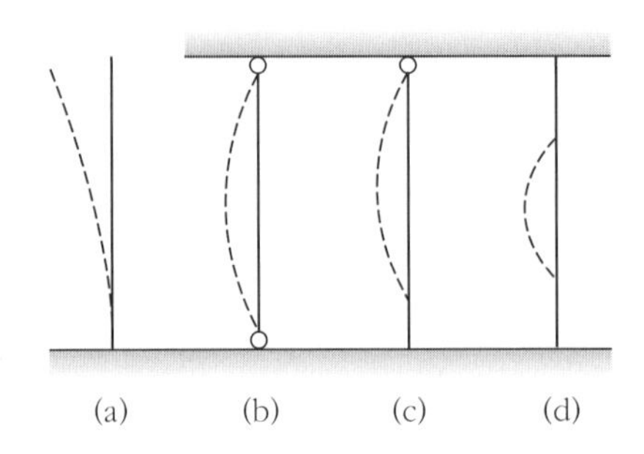

그림 VI-41. 지지방법에 따른 좌굴장

① 1단고정 · 타단자유부재의 좌굴장($l_k = 2l$)
② 양단회전부재의 좌굴장($l_k = l$)
③ 1단고정 · 타단회전부재의 좌굴장($l_k = 0.7l$)
④ 양단고정부재의 좌굴장($l_k = 0.5l$)

부재에서 좌굴장이 길면 길수록 심한 좌굴이 일어난다. 그러므로 1단고정 · 타단자유부재는 좌굴장이 부재의 실제 재장의 2배나 되므로 좌굴에 대하여 극히 약한 형태이고, 좌굴장이 실제 재장의 반이 되는 양단고정부재는 좌굴에 대하여 저항이 가장 크다. 따라서 위의 4종의 기둥에 하중이 작용할 때 ① < ② < ③ < ④의 순서로 강하게 된다.

(2) 세장비*slenderness ratio*

기둥의 단주 · 장주의 구별은 사실상 굵기 · 가늘기에도 관계된다. 즉, 길이 l과 그 단면의 최소치수 h(예를 들면, 원주圓柱의 경우 지름 d, 각주角柱의 경우에는 최소폭 b)와의 비 l/h의 크기로 구별되는 것이다. 그런데 l/h의 분모로 취한 최소치수 h는 단면형에 따라 변하게 되므로 h 대신에 최소 단면2차반경 i를 취하고, 기둥의 길이도 양단의 지지상태에 따라 변하게 되는 좌굴장 l_k를 사용하여 나타낸 세장비 $\lambda = l_k / i$로 장주와 단주를 구별하게 된다. 예를 들어, 목재기둥의 경우 세장비 λ가 20 이하인 경우에는 단주라 하고, 20보다 큰 경우에는 장주라 하며, 최대치는 150으로 한다.

(3) 장주응력의 계산

일반적으로 조경구조물은 경량의 하중에 대하여 작용하며, 공원의 목교, 정자, 퍼골라, 데크와 같이 대부분 목재로 만들어지는데, 그 중에서 목구조에 대해서 알아보기로 하자. 우리나라에서 나무기둥에 대한 설계는 목구조 설계기준을 적용해야 하며, 여기서는 적당한 안전율을 고려하여 실험식에서 얻어진 결과로 좌굴계수와 세장비의 관계를 규정하고 있다.

이러한 좌굴계수와 세장비의 관계를 이용하여 좌굴을 고려한 축방향 압축력을 받는 단일 압축재의 단면을 산정하거나 허용좌굴하중을 산정하는 데 다음의 공식이 사용된다.

〈표 VI-6〉 목구조 설계기준(세장비 λ와 좌굴계수 ω)

λ	0	1	2	3	4	5	6	7	8	9	λ
0～10	1.0	1.0	1.0	1.0	1.0	1.0	1.0	1.0	1.0	1.0	0～10
20	1.2	1.2	1.2	1.2	1.2	1.2	1.2	1.2	1.2	1.3	20
30	1.3	1.3	1.3	1.3	1.3	1.3	1.3	1.4	1.4	1.4	30
40	1.4	1.4	1.4	1.4	1.5	1.5	1.5	1.5	1.5	1.5	40
50	1.5	1.6	1.6	1.6	1.6	1.6	1.6	1.7	1.7	1.7	50
60	1.7	1.8	1.8	1.8	1.8	1.8	1.9	1.9	1.9	1.9	60
70	2.0	2.0	2.0	2.0	2.1	2.1	2.1	2.2	2.2	2.2	70
80	2.3	2.3	2.4	2.4	2.4	2.5	2.5	2.6	2.6	2.7	80
90	2.7	2.8	2.8	2.9	2.9	3.0	3.0	3.1	3.2	3.3	90
100	3.3	3.4	3.5	3.5	3.6	3.7	3.8	3.8	3.9	4.0	100
110	4.0	4.1	4.2	4.3	4.3	4.4	4.5	4.6	4.6	4.7	110
120	4.8	4.9	5.0	5.0	5.1	5.2	5.3	5.4	5.5	5.6	120
130	5.6	5.7	5.8	5.9	6.0	6.1	6.2	6.3	6.4	6.4	130
140	6.5	6.6	6.7	6.8	6.9	7.0	7.1	7.2	7.3	7.4	140
150	7.5										150

$$\frac{\omega P}{A} \leqq f_a \quad \text{(식 VI-36)}$$

단, P : 압축력(kg)

l_k : 좌굴의 길이(cm)

A : 단면적(cm^2)

f_a : 재료의 허용압축응력도(kgf/cm^2)

f_k : 주설계용 허용압축응력도(kgf/cm^2)

ω : f_a/f_k 좌굴계수

$$\lambda \leqq 100 \quad f_k = f_a(1 - 0.007\lambda) \quad \text{(식 VI-37)}$$

$$\lambda > 100 \quad f_k = 0.3 f_a \Big/ \left(\frac{\lambda}{100}\right)^2 \quad \text{(식 VI-38)}$$

이러한 공식 외에도 세장비가 100보다 작은 경우에 좌굴응력을 산정하기 위해 사용되는 테트마이어의 공식과 좌굴응력에 안전율을 고려한 좌굴에 대한 목재의 허용응력을 산정하는 공식은 다음과 같다.

테트마이어 공식

$$\sigma_{cr} = a - b\left(\frac{l_k}{i}\right) \cdots\cdots \text{(식 VI-39)}$$

단, σ_{cr} : 좌굴응력(kgf/cm²)
a, b : 기둥의 재료에 따라 정하는 실험정수(〈표 VI-7〉)
i : 최소 단면2차반경(cm)

〈표 Ⅵ-7〉 테트마이어의 정수

정수 \ 재료	목 재	주 철	연 철	연 강	경 강
a	293	7,760	3,030	3,100	3,350
b	1.94	12.0	12.9	11.4	6.2
l_k/i	$l_k/i<100$	$l_k/i<80$	$l_k/i<112$	$l_k/i<105$	$l_k/i<89$

〈표 Ⅵ-8〉 목재의 허용응력

항목 \ 재종	침엽수	활엽수	재종에 의하지 않음
$\frac{l_k}{i}$	$\frac{l_k}{i} < 100$	$\frac{l_k}{i} < 100$	$\frac{l_k}{i} \geqq 100$
$\sigma_{cr,a}$(kgf/cm²)	$70 - 0.48\left(\frac{l}{h}\right)$	$80 - 0.58\left(\frac{l}{h}\right)$	$\frac{220,000}{\left(\frac{l}{h}\right)^2}$

【주】 $\sigma_{cr,a}$: 허용압축응력에서 좌굴응력 σ_{cr}에 안전율을 고려한 값.
양단회전부재이므로 지지방법에 따라 환산길이 l_k를 적용해야 함.

예를 들어 그림 VI-42와 같이 길이 $l = 5$m이고, 한 변이 20cm인 정사각형 단면의 장주는 몇 kg의 축방향력에 견디는지 알아보자. (단, 목재는 침엽수이며, 양단 힌지의 지지방법이다.)

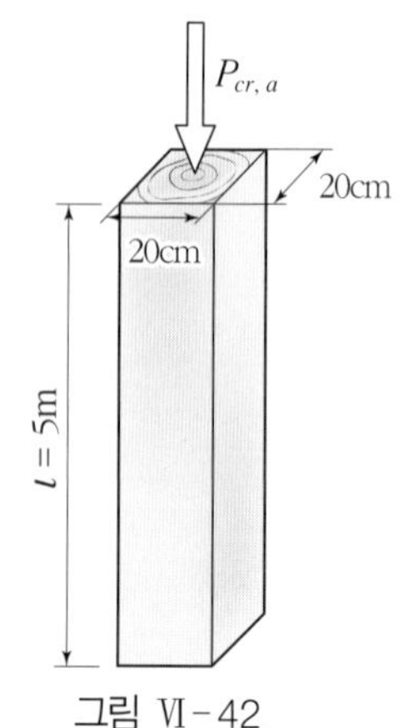

그림 Ⅵ-42.

단면2차반경 $i = \sqrt{\frac{I}{A}}$

$$= \sqrt{\frac{\frac{b^4}{12}}{b^2}} = \sqrt{\frac{b^2}{12}} = \sqrt{\frac{20^2}{12}} = 5.77\text{cm}$$

세장비 $\frac{l_k}{i} = \frac{500}{5.77} = 86.7 < 100$

〈표 VI-8〉에서

$$\sigma_{cr,a} = 70 - 0.48\left(\frac{l_k}{i}\right) = 70 - 0.48 \times 86.7 = 28.3\text{kgf/cm}^2$$

따라서, 허용좌굴하중 $P_{cr,a}$는

$$P_{cr,a} = \sigma_{cr,a} \times A = 28.3 \times 20 \times 20 = 11,320\text{kg}$$

(4) 기둥의 단면산정

식 VI-36을 이용하여, 축하중 $P = 8\text{t}$(장기하중), 재장材長 $l = 4.5\text{m}$, 좌굴장 $l_{kx} = 4.5\text{m}$, $l_{ky} = 3\text{m}$(높이 3m 지점에 x방향으로 횡지지橫支持가 있다)의 직사각형 단면인 전나무로 된 목재기둥을 긴 변이 25cm 이내가 되도록 설계하는 예를 들어 설명하겠다.

전나무를 사용하므로 표 VI-5에 의하여 허용압축응력도는 $f_c = 60\text{kgf/cm}^2$를 적용하고 좌굴계수 $\omega = 2$ 정도로 가정한다($\omega = 2$로 하면 좌굴이 없을 때 보다 2배 더 큰 단면이 필요하게 된다).

소요단면적

$$A = \frac{\omega P}{f_c} = \frac{2 \times 8,000}{60} \fallingdotseq 267\,(\text{cm}^2)$$

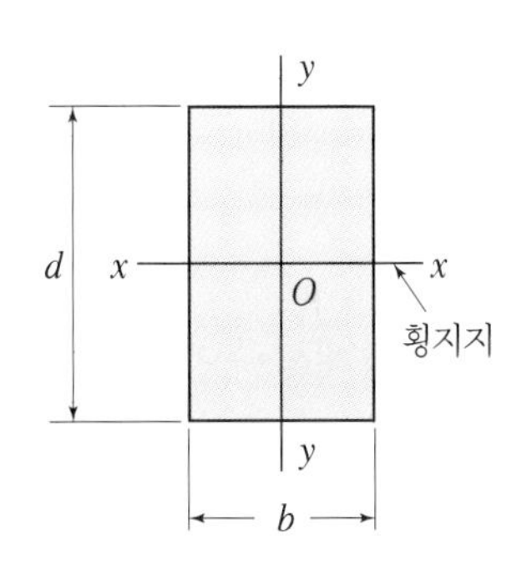

그림 VI-43.

좌굴계수(표 VI-6)에 의하여

$$\lambda = \frac{l_{kx}}{i_x} = \frac{l_{ky}}{i_y} = 70 \sim 73 \fallingdotseq 70\,(\omega = 2\text{에 대한 값})$$

부록 3을 참조하여

$$i_x = 0.289d \qquad i_y = 0.289b$$

y방향 좌굴을 $\omega = 2$로 제한하는 데 필요한 변장邊長

$$dr = \frac{i_x}{0.289} = \frac{l_{kx}}{0.289 \times 70} = \frac{450}{20.23} \fallingdotseq 22.3 < 25\,(\text{cm})$$

$$br = \frac{Ar}{dr} = \frac{267}{22.3} \fallingdotseq 12.0\,(\text{cm})$$

x방향 좌굴을 $\omega = 2$로 제한하는 데 필요한 변장邊長

$$br = \frac{i_y}{0.289} = \frac{l_{ky}}{0.289 \times 70} = \frac{300}{20.23} \fallingdotseq 14.8\,(\text{cm})$$

$$dr = \frac{Ar}{br} = \frac{267}{14.8} \fallingdotseq 18.0 < 25\,(\text{cm})$$

위의 계산에 2개의 값을 더하고 나눈 평균은 따라 단면을 $b = 14\text{cm}$, $d = 21\text{cm}$로 가정하면, 단면적 $A = 14 \times 21 = 294(\text{cm}^2)$

$$\lambda_x = \frac{l_{kx}}{i_x} = \frac{l_{kx}}{0.289d} = \frac{450}{0.289 \times 21} = 74.1$$

$$\lambda_y = \frac{l_{ky}}{i_y} = \frac{l_{ky}}{0.289b} = \frac{300}{0.289 \times 14} = 74.2 > l_x$$

〈표 VI-6〉에서 $\lambda_{max} = \lambda_y = 74.2$에 대한 좌굴계수 $\omega = 2.1$

$$f_c = \frac{\omega P}{A} = \frac{2.1 \times 8,000}{294} = 57.1\text{kgf/cm}^2 < f_a = 60\text{kgf/cm}^2$$

그러므로 14cm×21cm 단면이 구해진다.

6. 데크의 구조설계

8개의 기둥에 기초를 둔 5개의 단순보에 의해 지탱하고 있는 L자형 데크가 있다. 또한 데크를 지지하고 있는 들보는 40cm 간격으로 설치되어 있으며, 데크 프레임의 바깥쪽으로 15cm가 돌출되어 있다.

가. 설계하중의 계산

구조물 설계의 첫 단계는 구조물에 작용하는 하중인 동하중과 사하중의 설계하중을 산정하는 것이다. 고정하중은 구조물의 자중과 같이 항상 일정한 위치에 작용하는 하중이며, 이동하중은 시간에 따라 달리 작용하는 하중으로 사람의 하중, 구조물 위에 움직이거나 설치된 장치물의 무게이다. 여러 층의 건물에서 고정하중은 설계하중으로서 매우 중요하지만, 조경분야에서와 같이 매우 가벼운 구조물에서 고정하중은 중요한 요소가 아니다. 데크에 작용하는 하중을 정확하게 예측하기는 어렵지만 플랜터나 화분 등 특별한 하중이 추가되지 않을 경우 추정값을 사용하는데, 미국에서는 98∼147kgf/m^2(1lbs/ft^2 = 4.89kgf/m^2)를 적용하고 있으며, 건물기준에서는 외부의 공간 구조물의 하중으로 196kgf/m^{2}를 요구하고 있다. 한편, 대한주택공사에서는 데크별 적용하중 기준값으로 주거지용 : 195∼290kgf/m^2, 공공공간 : 390∼490kgf/m^2, 보도교 : 490kgf/m^2, 경차량 : 980∼1,470kgf/m^2 적용하고 있어 다소간 차이를 나타내고 있다. 이와같이 설계하중의 추정값이 다르므로 그러나 최종적인 판단은 설계자가 하게 된다. 여기서는 설계하중이 300kgf/m^{2}라고 가정하여 구조계산을 해보자.

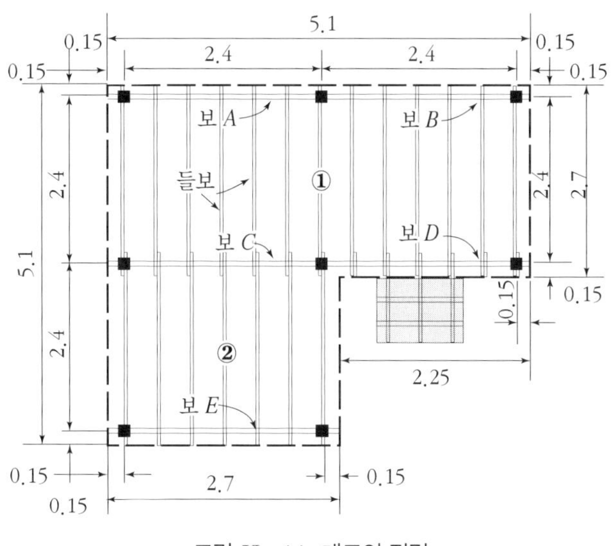

그림 Ⅵ-44. 데크의 평면

나. 각 구조요소에 전달되는 하중과 다이어그램

구조물에 작용하는 하중을 분석하고 앞에서 언급된 각 구성요소의 다이어그램을 준비한다. 우선, 데크 표면의 모든 하중을 계산한다. 데크는 ①과 ②의 2개의 부분으로 나누어지는데, 각 데크의 부분면적과 전체면적은 다음과 같다.

데크 ①의 면적 $= 5.1 \times 2.7 = 13.77(m^2)$
데크 ②의 면적 $= 2.7 \times 2.4 = 6.48(m^2)$
데크의 전체면적 $= 13.77 + 6.48 = 20.25(m^2)$

설계하중을 150kgf/m²라고 가정할 경우, 구조물 위에 작용하는 전체하중은

전체하중 $= 20.25m^2 \times 300kgf/m^2 = 6{,}075kg$

구조물에 작용하는 하중은 첫 번째로 들보로 전달된다. 모든 들보의 스팬은 2.4m이며, 바깥쪽으로 돌출된 부위까지 포함하면 길이는 2.7m이다. 따라서 들보는 길이 2.7m, 폭 40cm(들보당 간격)의 면적에 해당하는 하중을 받게 되며, 설계하중이 300kgf/m²라고 하면 하나의 들보에 전달되는 하중 W는 324kg이다.

들보에 전달되는 하중 $= 0.4m \times 2.7m \times 150kgf/m^2 = 324kg$

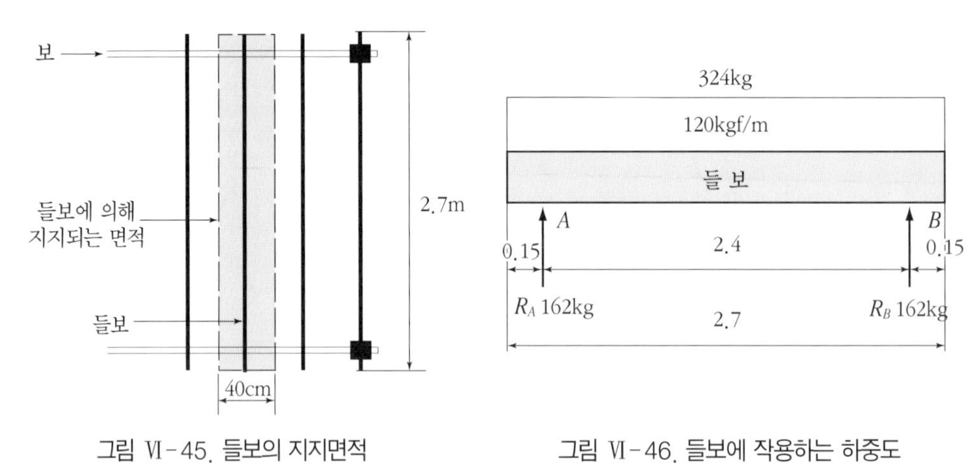

그림 Ⅵ-45. 들보의 지지면적

그림 Ⅵ-46. 들보에 작용하는 하중도

이 하중은 2.7m 길이의 들보에 균등하게 분포되며, 단위길이(m)당 하중 w는 120kg이다. 또한 돌출부의 길이가 같으므로 보와 들보의 교차점인 작용점에서의 반력은 162kg로 같다.

들보는 하중을 보로 전달하게 되며, 그림에서 보 C는 가장 큰 하중을 전달받게 된다. 나머지 보는 보 C보다 작은 하중을 전달받게 된다. 그러므로 보의 규격은 가장 불리한 조건인 보 C를 기준으로 결정한다. 보 C에 하중이 작용하는 면적은 6.12m²(2.55m×2.4m)이므로, 보 C에 작용하는 전체하중은

$$\text{보 } C\text{에 작용하는 하중} = 2.55\text{m} \times 2.4\text{m} \times 300\text{kgf/m}^2 = 1{,}836\text{kg}$$

보에 작용하는 하중이 균등하게 분포된다고 할 경우, 다음과 같은 다이어그램으로 표현할 수 있다.

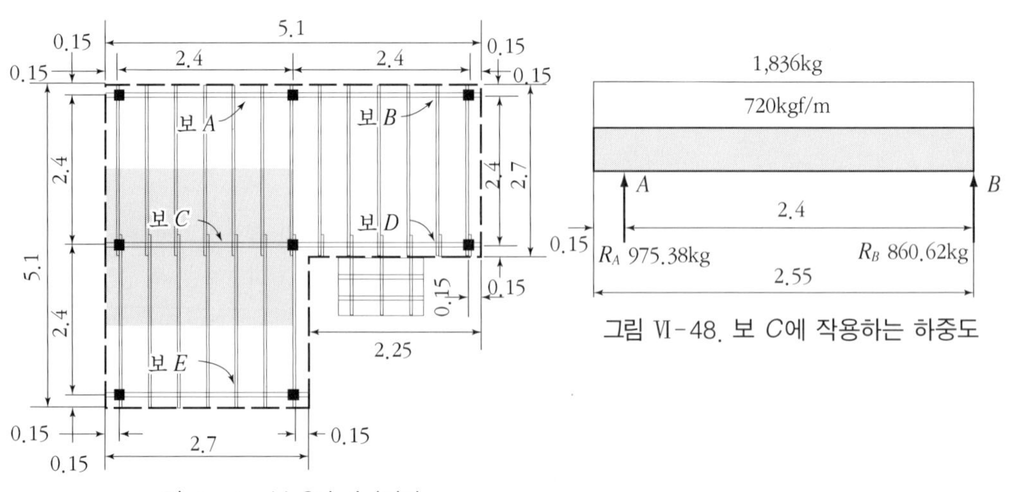

그림 Ⅵ-47. 보 C의 지지면적

그림 Ⅵ-48. 보 C에 작용하는 하중도

그러나 그림 VI-48에서와 같이 보는 한쪽 끝만 돌출되므로 반력이 균일하지 않게 되며, A점과 B점의 반력 R_A와 R_B는 외력의 각 점에 대한 모멘트의 합을 계산하여 구조물의 정지조건식으로 구한다.

$$M_A = (720\text{kgf/m} \times 2.4\text{m}) \times 1.2\text{m} - (720\text{kgf/m} \times 0.15\text{m}) \times 0.075\text{m} - R_B \times 2.4\text{m} = 0$$
$$2.4 \cdot R_B = 2065.5\text{kg} \qquad \therefore\ R_B = 860.62\text{kg}$$
$$M_B = R_A \times 2.4\text{m} - 720\text{kgf/m} \times 2.55\text{m} \times 1.275\text{m} = 0$$
$$2.4 \cdot R_A = 2340.9\text{kg} \qquad \therefore\ R_A = 975.38\text{kg}$$

보 C의 우측단과 보 D의 좌측단을 지지하는 내부기둥은 가장 큰 하중이 작용하는 기둥이다. 또한 보 D는 한쪽이 돌출된 보이므로, 보 D에 의해 기둥이 작용하는 하중을 계산하기 위해서는 보 D에 대한 반력을 계산할 필요가 있다. 보 D에 의하여 지지되는 면적은 3.6m^2(1.35×2.55+1.05×0.15)이며, 전체하중은 1,080kg(3.6m^2×300kgf/m^2)이다. 보 D에 대한 하중도는 다음과 같다.

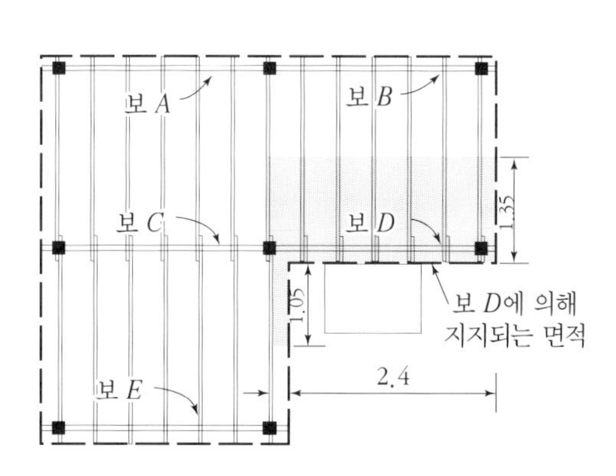

그림 VI-49. 보 D의 지지면적

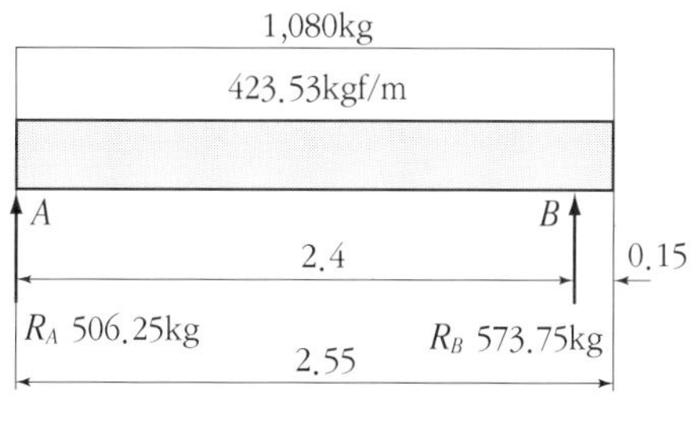

그림 VI-50. 보 D에 작용하는 하중도

보 D에 대한 반력 R_A와 R_B를 구하면 다음과 같다.

$$M_A = (423.53\text{kgf/m} \times 2.55\text{m}) \times 1.275 - R_B \times 2.4\text{m} = 0$$
$$2.4R_B = 1377 \qquad \therefore\ R_B = 573.75\text{kg}$$
$$M_B = R_A \times 2.4\text{m} - (423.53\text{kgf/m} \times 2.4\text{m}) \times 1.2\text{m} + (423.53\text{kgf/m} \times 0.15\text{m}) \times 0.075\text{m}$$
$$2.4R_A = 1215\text{kg} \qquad \therefore\ R_A = 506.25\text{kg}$$

따라서 내부기둥은 보 D의 R_A와 보 C의 R_B의 합을 지지해야 하므로, 내부기둥에 작용하는 전체 축하중은 1366.87kg이다.

$$\text{내부기둥하중} = 506.25\text{kg} + 860.62\text{kg} = 1366.87\text{kg}$$

다. 구조재 단면의 결정

예를 들어 데크를 만드는데 미송을 사용할 경우, 수평부재인 들보와 보의 단면규격을 계산하고 수직부재인 기둥의 좌굴에 대한 검사와 단면의 규격을 결정해 보자.(단, 허용휨응력 σ_a= 90kgf/cm²)

(1) 들보의 단면 결정

들보의 단면은 가장 먼저 결정되어야 한다. 제시된 그림 Ⅵ-46에서 들보는 등분포하중이 작용하고 양쪽끝이 나란하게 돌출되어 있음을 알 수 있다.

① 반력

들보의 중심선에 대하여 하중이 대칭이므로 양 지단의 반력은 전하중 W의 반이 된다.

$$\therefore R_A = R_B = \frac{324}{2} = 162\text{kg}$$

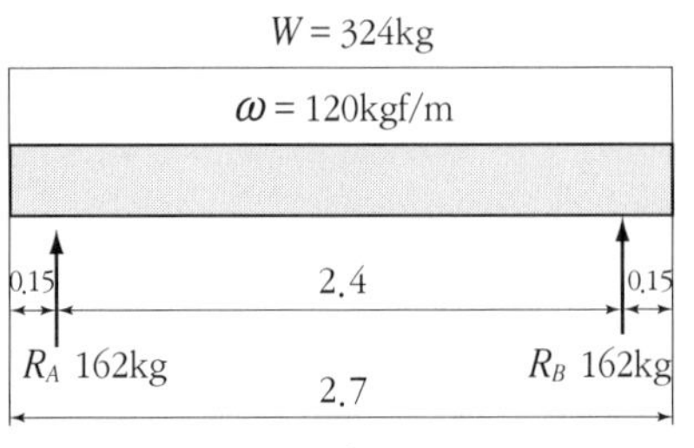

(a) 하중도

② 최대전단력

등분포하중이 작용하는 보에서 전단력은

$S_x = R_A - wx$ 이므로

$S_0 = 0 - 120 \times 0 = 0$

좌 $S_A = 0 - 120 \times 0.15 = -18\text{kg}$

우 $S_A = 162 - 120 \times 0.15 = -144\text{kg}$

$S_{x=1.35} = 162 - 120 \times 1.35 = 0$

$S_B = 162 - 120 \times 2.55 = -144\text{kg}$

$S_{x=2.7} = 162 - 120 \times 2.7 = 0$

$\therefore S_{max} = 144\text{kg}$

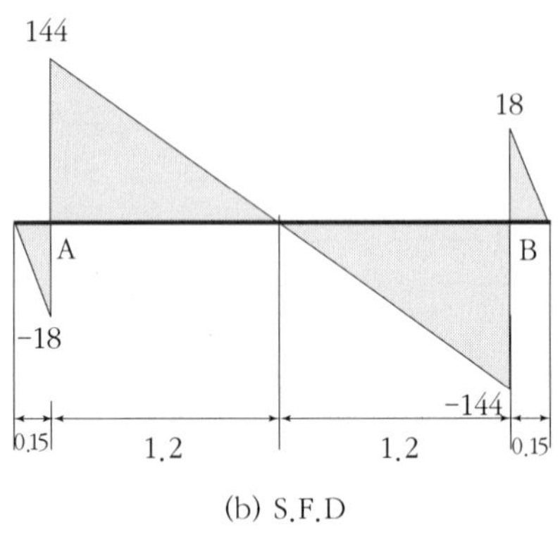

(b) S.F.D

③ 최대 휨모멘트

$$M_{\max} = \frac{\omega l^2}{8} = \frac{120 \times 2.4^2}{8}$$
$$= 86.4\text{kgf} \cdot \text{m} = 8{,}640\text{kgf} \cdot \text{cm}$$

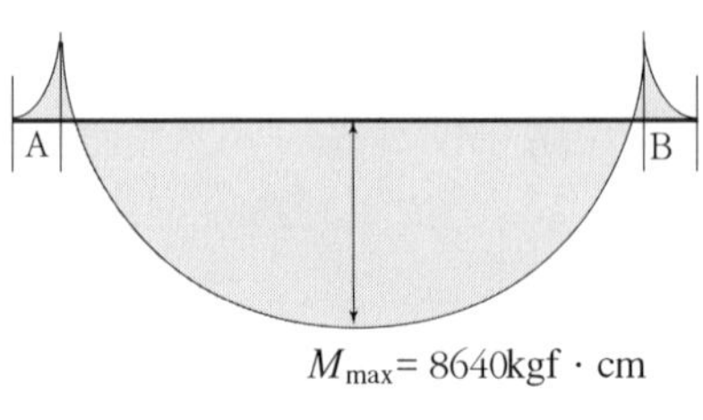

$M_{\max}$= 8640kgf · cm

(c) B.M.D

그림 Ⅵ-51. 들보에 작용하는 외응력

최대 휨모멘트는 8,640kgf · cm이고 스팬의 중심에서 발생이 된다.

④ 단면계수의 산정 및 단면의 가정

$$Z_r \geqq \frac{M_{Max}}{\sigma_a} = \frac{8,640}{90} = 96\text{cm}^3$$

$$Z_r \geqq \frac{bh^2}{6} \geqq 96\text{cm}^3$$

이 단면계수에 가까운 단면을 가정하고 검산해야 하지만, 표준화된 기성각재를 사용한다면 〈표 VI-9〉에서 4.5×12.0의 단면계수가 108.00이므로 이것을 들보로 사용할 수 있다. 그러나 일반적으로 활하중이 작용하는 목재구조물의 최소단면은 5×15를 사용한다.

〈표 VI-9〉 목재규격별 단면계수 및 단면2차모멘트

표준규격 (cm)	단면계수 (Z)	단면2차모멘트 (I)
2.0×2.0	1.33	1.33
3.0×3.0	4.50	6.75
3.6×3.6	7.78	14.00
4.5×4.5	15.19	34.17
4.5×9.0	60.75	273.38
4.5×12.0	108.00	648.00
6.0×6.0	36.00	108.00
6.0×9.0	81.00	364.50
9.0×9.0	121.50	546.75
10.5×10.5	192.94	1012.92
12.0×12.0	288.00	1728.00
12.0×15.0	450.00	3375.00

⑤ 검산

• 전단응력

가정단면의 단면적 $A = b \times d = 5 \times 15 = 75(\text{cm}^2)$

최대전단력 $S_{max} = 144\text{kg}$

따라서 최대전단응력 τ_{max}는

$$\tau_{max} = \frac{3}{2} \cdot \frac{S_{max}}{A} = \frac{3}{2} \cdot \frac{144}{75} = 2.88\text{kgf/cm}^2 < \tau_a = 7\text{kgf/cm}^2 \quad \therefore \text{ 안전}$$

• 휨응력

$$\sigma_{max} = \frac{M_{max}}{Zr} = \frac{8,640}{187.5} = 46.08\text{kgf/cm}^2 < \sigma_a = 90\text{kgf/cm}^2 \quad \therefore \text{ 안전}$$

$$\because Z_r = \frac{bh^2}{6} = \frac{5 \times 15^2}{6} = 187.5\text{cm}^3$$

• 최대 휨모멘트

$$M_r = \sigma_a Z_r = 90 \times 187.5 = 16,875\text{kgf} \cdot \text{cm} > M_{max} = 8,640\text{kgf} \cdot \text{cm} \quad \therefore \text{ 안전}$$

(2) 보의 단면 결정

다음 단계는 가장 큰 하중을 전달받게 되는 보 *C*의 크기를 결정하는 것이다. 보 *C*는 한쪽 단에서만 돌출되므로 반곡점은 스팬의 중앙에서 일어나지 않는다.

① 반력

반력은 그림 VI-48에서

$R_A = 975.38\text{kg}$, $R_B = 860.62\text{kg}$ 이다.

② 최대전단력

등분포하중이 작용하는 보에서 전단력은

$S_x = R_A - \omega x$ 이므로

$S_0 = 0 - 720 \times 0 = 0$

좌 $S_A = 0 - 720 \times 0.15 = -108\text{kg}$

우 $S_A = 975.38 - 720 \times 0.15 = 867.38\text{kg}$

$S_{x=1.35} = 975.38 - 720 \times 1.35 = 0$

$S_B = 975.38 - 720 \times 2.55 = -860.62\text{kg}$

$\therefore S_{max} = 867.38\text{kg}$

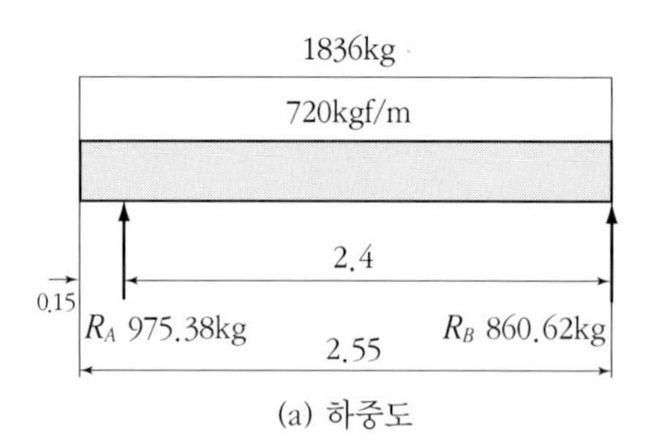

(a) 하중도

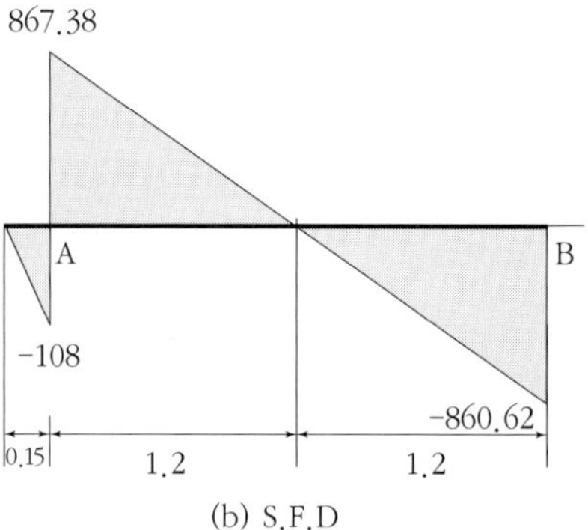

(b) S.F.D

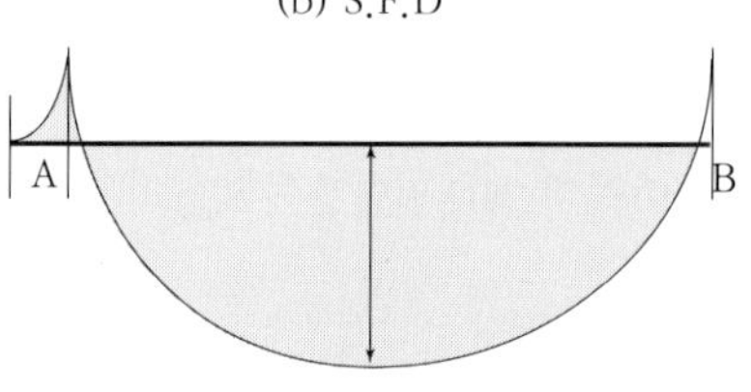

(c) B.M.D

그림 Ⅵ-52. 보에 작용하는 외응력

③ 최대 휨모멘트

최대 휨모멘트는 R_A지단으로부터 1.2m지점에서 일어날 것이며 그 크기는 다음과 같다.

$$M_{\max} = \frac{\omega l^2}{8} = \frac{720 \times (2.4)^2}{8}$$
$$= 518.4\text{kgf} \cdot \text{m} = 51{,}840\text{kgf} \cdot \text{cm}$$

④ 단면계수의 산정 및 단면의 가정

$$Z_r \geqq \frac{M_{\max}}{\sigma_a} = \frac{51{,}840}{90} = 576\text{cm}^3$$

표준화된 기성각재의 경우 단면계수를 만족시키는 것이 없으므로 단면을 가정해 보자.

$$Z_r \geqq \frac{bh^2}{6} = \frac{b^3}{6} \geqq 576\text{cm}^3$$

$\therefore b^3 \geqq 3456 \quad \therefore b \geqq \sqrt[3]{3456} = 15.1\text{cm}$

(b = 16으로 가정한다.)

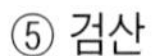

⑤ 검산

• 전단응력

가정단면의 단면적 $A = 16 \times 16 = 256(\text{cm}^2)$

최대전단력 $S_{\max} = 867.38\text{kg}$

따라서 최대전단응력 $\tau_{\max}$는

$$\tau_{\max} = \frac{3}{2} \cdot \frac{S_{\max}}{A} = \frac{3}{2} \cdot \frac{867.38}{256} = 5.08\text{kgf/cm}^2 < \tau_a = 7\text{kgf/cm}^2 \quad \therefore \text{ 안전}$$

• 휨응력

$$\sigma_{\max} = \frac{M_{\max}}{Zr} = \frac{51{,}840}{682.7} = 75.93\text{kgf/cm}^2 < \sigma_a = 90\text{kgf/cm}^2 \quad \therefore \text{ 안전}$$

$$\because Z_r = \frac{b^3}{6} = \frac{16^3}{6} = 682.7\text{cm}^3$$

• 최대 휨모멘트

$$M_r = \sigma_a Z_r = 90 \times 682.7 = 61,443\text{kgf} \cdot \text{cm} > M_{\max} = 51,840\text{kgf} \cdot \text{cm} \quad \therefore \text{ 안전}$$

(3) 기둥의 단면 결정

목재데크의 단면 결정에 있어 마지막 단계는 기둥의 단면을 결정하는 것이다. 기둥 단면을 결정하기 위해서는, 먼저 기둥이 좌굴의 위험이 없는지를 검사하기 위하여, 목재기둥의 세장비 λ가 20 이내에 있는지를 확인하여야 한다. 그림 VI-53에서와 같이 기둥의 길이가 1.5m인 15×15cm의 정사각형 단면을 가정해 보자.

$$\text{세장비 } \lambda = \frac{l}{h} = 150\text{cm} \div 15\text{cm} = 10$$

$$\left(\text{단, 단부조건이 명시된 경우 세장비 } \lambda = \frac{L_k \text{ (좌굴장)}}{i \text{ (단면2차반경)}}\right)$$

세장비는 요구범위 이내이므로 다음으로 최대허용압축응력을 계산한다.

f_c : 좌굴에 안전한 기둥의 최대허용압축응력(kgf/cm²)
l : 기둥의 비지지된 길이(cm)
h : 기둥단면의 최소 직경(cm)

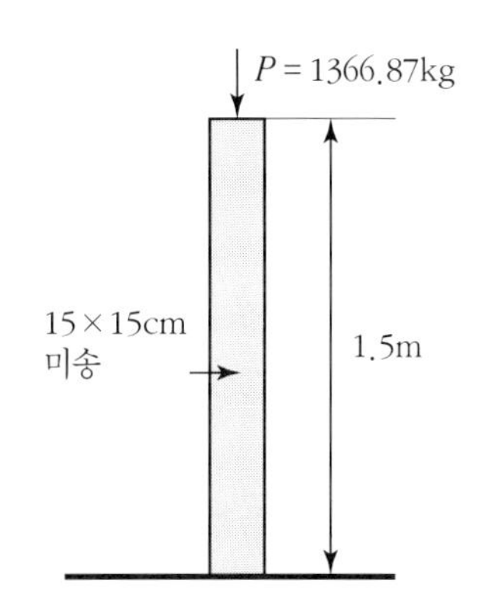

그림 VI-53. 기둥에 작용하는 하중도

표 VI-5에 제시된 허용응력도 값을 사용할 수 있으나 여기서는 표 VI-8의 공식을 적용해 보자.

$$f_a = 70 - 0.48\left(\frac{l}{h}\right)$$
$$= 70 - 0.48\left(\frac{150}{15}\right)$$
$$= 65.2\,(\text{kgf/cm}^2)$$

(단, 허용압축응력에서 좌굴응력에 따른 안전율을 고려하였음)

그림 VI-53에서 기둥에 작용하는 하중은 1366.87kg이므로, 기둥에 작용하는 압축응력은

$$f_c = \frac{P}{A}$$
$$f_c = \frac{1366.87\text{kg}}{15\text{cm} \times 15\text{cm}} = 6.07\text{kgf/cm}^2$$

하중에 대한 최대 허용압축응력은 65.2kgf/cm²이고, 하중에 의해 발생하는 내응력은 6.07kgf/cm²이므로 기둥은 압축력과 좌굴에 대해서 안전하며, 15cm×15cm의 단면은 만족스럽다.

7. 담장의 구조설계

가. 개 요

담장은 비내력벽非耐力壁*non-load wall*으로 구분되며, 이것은 구조적으로 구조물 자체의 중량과 수평 풍하중만이 작용한다는 것을 의미한다. 그러나 경우에 따라서는 지진에 의한 피해를 고려하거나 공장이나 철도 주변에서 진동하중震動荷重이나 충격하중衝擊荷重을 고려하도록 요구하는 곳도 있지만 여기서는 다루지 않기로 한다.

담장의 구조와 관련하여 가장 중요한 것은 담장의 붕괴로부터의 안정성을 확보하는 것이다. 담장의 붕괴는 상부하중에 의한 기초파괴, 침하, 그리고 전도轉倒에 의해 일어나게 된다. 기초파괴는 일반적으로 재료의 허용인장응력을 초과하는 편심하중이 기초부에 작용할 때 발생하게 되고, 침하는 상부하중에 의해 발생되는 지반압축응력이 기초지반의 허용 지내력을 초과할 때 발생하게 되며, 전도는 바람 등 외력에 의해 작용하는 전도모멘트 M_0가 담장의 저항모멘트 M_r을 초과할 때 발생되는 문제이므로, 결국 담장의 구조설계는 이러한 구조적인 문제를 해결하기 위한 것이라고 할 수 있다.

나. 기초의 파괴

담장기초의 파괴에서 고려해야 할 것은 기초저면에 발생되는 최대응력과 허용응력과의 구조역학적인 관계와 편심응력에 대한 해석이다. 이 두 가지 측면은 모두가 편심응력을 계산하기 위한 공식에 기초를 둔 것이지만, 전자는 편심응력의 작용위치에 관심을 두는 반면, 후자는 응력의 계산과 비교에 관심을 두게 된다.

콘크리트나 조적식 구조는 대부분 높은 압축력과 비교적 낮은 인장력을 받는데, 기초에 작용하는 인장력은 기초파괴나 부등침하의 원인이 되므로, 이러한 문제를 예방하기 위해서는 모든 하중의 합이 압축력으로 작용하도록 하여야 한다. 이와 같이 기초에 작용하는 모든 응력이 압축력이고 구조물의 합력이 기초의 중앙부분에 작용해야 기초가 안정하다는 것을 중앙삼분점*middle third*의 원칙이라고 한다. 만약 이 원칙대로 합력이 작용한다면 기초저면의 응력은 모두 압축응력이므로 압축응력과 부재단면의 허용응력을 비교하여 안정성을 검토하게 된다.

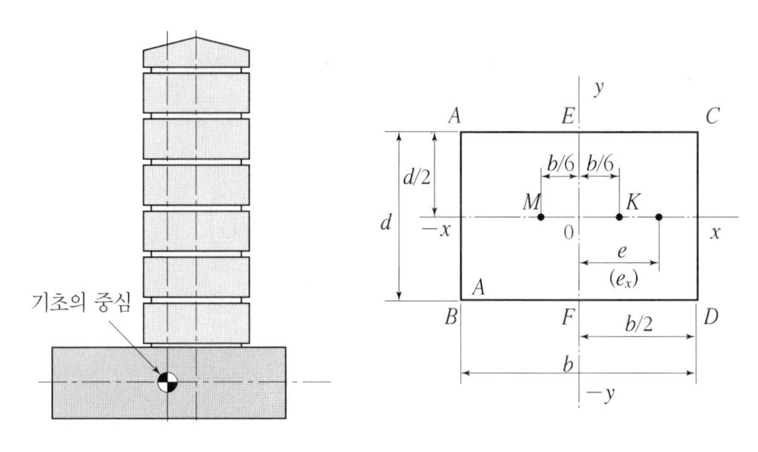

그림 Ⅵ-54. 담장의 입 · 단면　　　　　그림 Ⅵ-55. 담장기초의 단면

그림 VI-54에 나타낸 바와 같이 기초의 중심으로부터 편심거리 e만큼 움직여 작용하는 하중을 편심하중이라 한다. 편심축력偏心軸力이 그림 VI-55와 같이 직사각형 단면의 대칭축상에 작용할 때 AB와 CD변에 생기는 편심응력은 다음과 같다.

$$f = -\frac{P}{A} \pm \frac{M}{Z} = -\frac{P}{bd}\left(1 \pm \frac{6e}{b}\right) \qquad \text{(식 VI-40)}$$

위의 식에서 $-P/A$는 축응력이고, M/Z은 휨응력이다. 그러므로 그림 VI-55의 직사각형 단면 내에 생기는 편심응력은 축응력과 휨응력을 합한 응력이며, 응력이 단면 내에서 축응력과 휨응력의 상대적 크기에 따라 형태가 변한다. 식 VI-40의 편심응력 f값이 0이 될 때를 경계로 하여 단면 내에 동일 종류의 응력이 생기는지 또는 압축 · 인장 두 종류의 응력이 생기는지가 판별된다. 따라서 그림 VI-55의 단면에서 동일 종류의 응력이 생기는 조건은 식 VI-40에 의하여 다음과 같이 된다.

$$f = -\frac{P}{bd}\left(1 \pm \frac{6e}{b}\right) = 0$$

$$e = \pm\frac{b}{6} \qquad \text{(식 VI-41)}$$

즉, 편심축력 P가 KM간(= $b/3$, 중앙삼분점)에 작용할 때에 한하여 단면 내에 동일한 종류의 응력이 생기게 된다. 그림 VI-55에서 편심축력이 y축에 작용할 때에도 위와 같은 관계가 성립된다. 즉, 그때에는 중심점 O를 중점으로 하여 수직방향으로 $d/3$ 이내가 중앙삼분점 구간이 되므로, 이 구간에 합력이 작용하게 되면 기초가 안정적이라고 할 수 있다. 이런 다음 압축응력을 계산하고 기초콘크리트의 허용압축응력을 비교한 후 안정여부를 판단한다.

다. 기초의 침하

기초의 침하는 최대압축응력이 기초지반의 허용 지내력보다 클 경우 발생된다. 만약 지반이 연약층 · 이질지층異質地層 · 성토지반盛土地盤이거나 지하수위가 높은 경우에는 기초의 침하를 방지하고 지반의 지내력을 높여야 하기 때문에 기초를 보강하거나 기초저면의 크기를 크게 해야 한다. 다음 식은 기초지반의 허용 지내력과 기초의 최대응력과의 관계를 표시한 것으로, 허용 지내력에 적합한 기초판의 크기를 결정하거나 침하에 대한 안정성을 검토할 수 있다.

$$\sigma_{max} = -\frac{P}{A} - \frac{M}{Z} = -\frac{P}{A}\left(1 + \frac{6e}{b}\right)$$

$$\therefore \sigma_{max} = \left|-\frac{P}{A}\left(1 + \frac{6e}{b}\right)\right| \leqq f_a \quad \cdots\cdots \text{(식 VI-42)}$$

f_a = 허용 지내력(t/m²)

만약 편심하중에 의한 휨응력이 작용하지 않는다면,

$$\sigma_{max} = \left|-\frac{P}{A}\right| \leqq f_a \quad \cdots\cdots \text{(식 VI-43)}$$

라. 기초의 전도

담장에서 마지막으로 고려해야 할 것은 풍압에 대한 전도모멘트이다. 담장은 바람에 대하여 등분포하중을 받게 된다.

그림 VI-56에서와 같이 담장의 수직축으로부터 모멘트의 작용점인 기초 단까지의 거리(l_2)에 담장과 기초의 무게의 합 W를 곱한 것이 저항모멘트 M_r이다. 한편, 담장의 풍하중 P에 기초 바닥의 작용점으로부터 풍하중이 작용하는 점까지의 거리 l_1을 곱한 것은 전도모멘트 M_0이다. 여기서 주의할 것은 저항모멘트는 전도모멘트보다 커야 담장이 안전하며, 식 VI-44로 표현할 수 있다. 만약 안전율을 1.5로 한다면 식 VI-45와 같다.

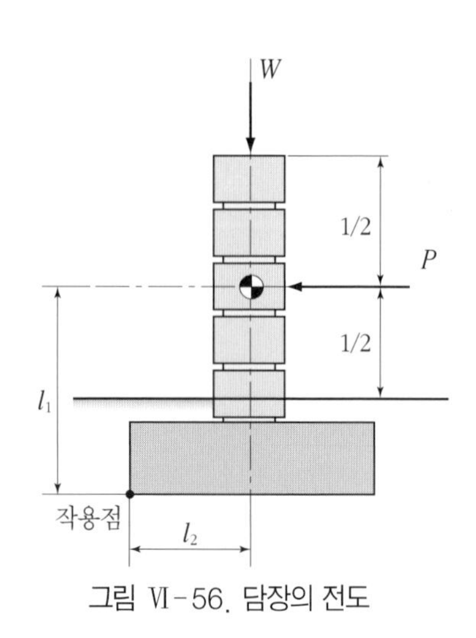

그림 VI-56. 담장의 전도

$$M_0 = Pl_1$$
$$M_r = Wl_2 \qquad M_r \geqq M_0 \quad \text{(식 VI-44)}$$

$$\frac{M_r}{M_0} \geq 1.5 \quad \text{(식 VI-45)}$$

마. 담장의 측지側支

조적식組積式 담장은 기둥*pier*, 벽기둥*pilaster*, 혹은 다른 벽으로부터 그림 VI-57에서 보는 바와 같이 안정을 위해 측지를 필요로 하게 된다.

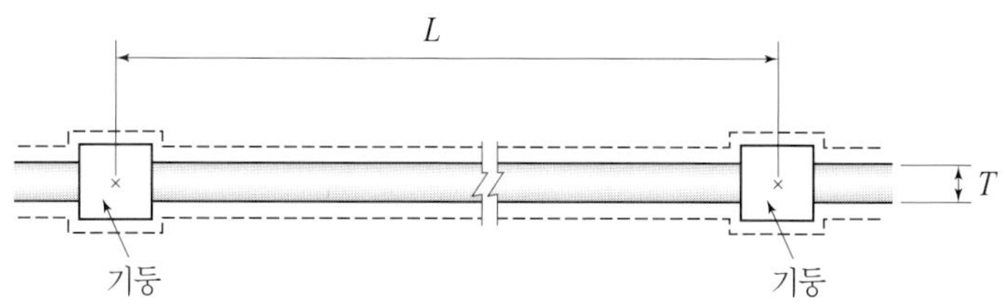

L : 기둥 사이의 거리, T : 담장의 폭

그림 VI-57. 담장의 측지

기둥과 같이 담장을 지지하기 위한 측지 사이의 최대 허용거리는 〈표 VI-10〉에서와 같이 바람의 속도압에 따른 기둥 사이의 거리와 담장 두께의 비로 결정할 수 있다.

예를 들면 속도압이 196kgf/m²인 곳에 1.0B 되게 벽돌 담장을 쌓는다면 〈표 VI-10〉에서 L/T는 12이다. 따라서 벽돌 담장의 폭은 19cm(1.0B)이므로

$$L/19 = 12, \qquad L = 228(\text{cm})$$
$$\therefore\ L = 2.28\text{m}$$

그러므로 2.28m마다 측지를 세우는 것이 좋다.

〈표 VI-10〉 바람의 속도압에 따른 L/T

속도압 kgf/m²	최대비율 (L/T)
24	35
49	25
73	20
98	18
122	16
147	14
171	13
196	12

연습문제

1. 그림 VI-58과 같이 점 O에 60°의 각도로 작용하는 $P_1 = 3\text{t}$, $P_2 = 2\text{t}$인 두 힘의 합력의 크기와 방향을 구하라.

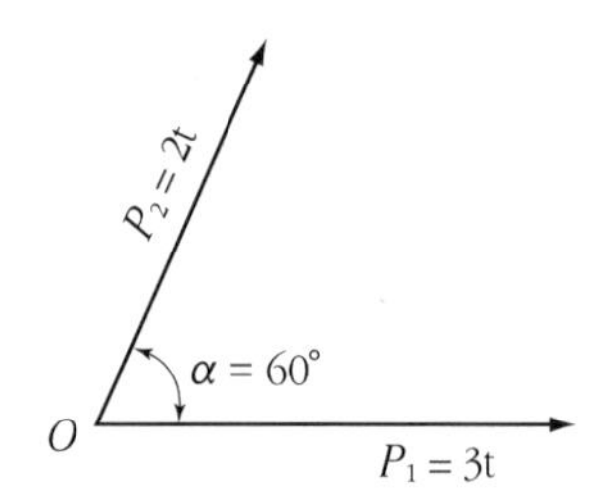

그림 Ⅵ-58. 힘의 합력

2. 그림 VI-59에서 반력 R_A와 R_B를 구하라.

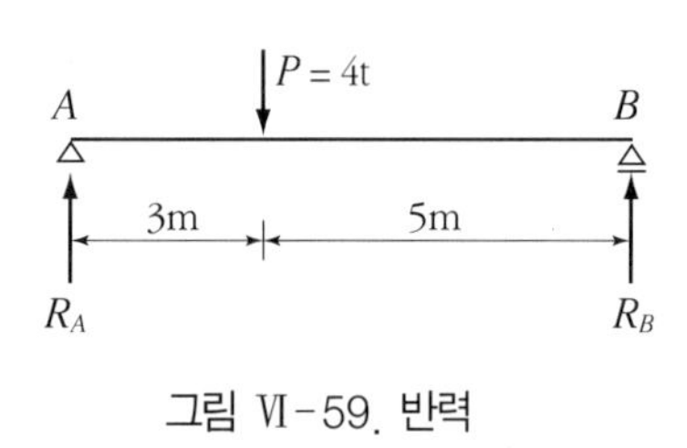

그림 Ⅵ-59. 반력

3. 그림 VI-60의 보梁의 외응력을 구하라.

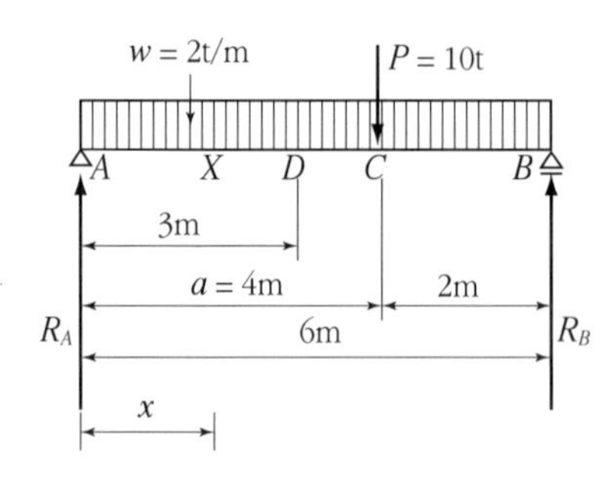

그림 Ⅵ-60. 외응력

4. 그림 VI-61과 같은 단순보에서 발생하는 최대휨응력을 구하라.

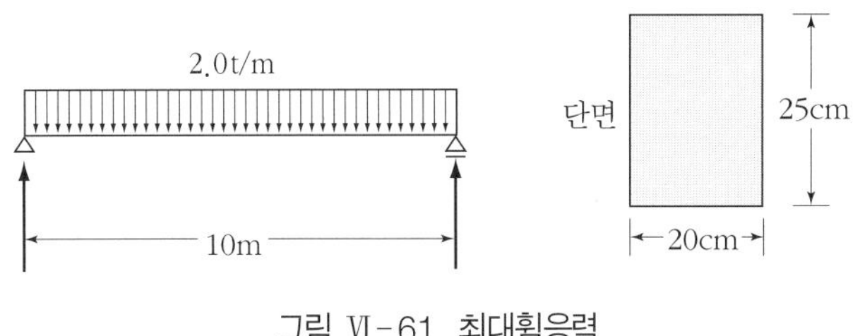

그림 Ⅵ-61. 최대휨응력

5. 그림 VI-62와 같은 보의 최대처짐을 구하라(단, 탄성계수 $E = 100{,}000\text{kgf/cm}^2$, 보의 자중은 무시한다).

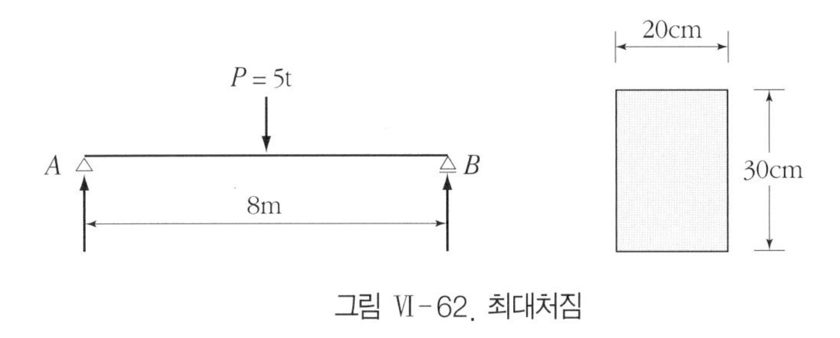

그림 Ⅵ-62. 최대처짐

6. 10cm×30cm인 보의 단면에서 단면의 성질계수 중 단면2차모멘트와 단면계수를 산정하라.
7. 2.0B 되게 벽돌 울타리를 만들려고 한다. 바람의 속도압이 147kgf/m²가 될 때 담장의 측지 사이의 거리와 담장의 폭의 비가 12가 된다면 측지는 몇 m 간격으로 세워야 하는가?
8. 그림 VI-63과 같은 담장의 단면을 참조하여 담장의 전도에 대한 구조적 안정성에 대하여 검토하라.

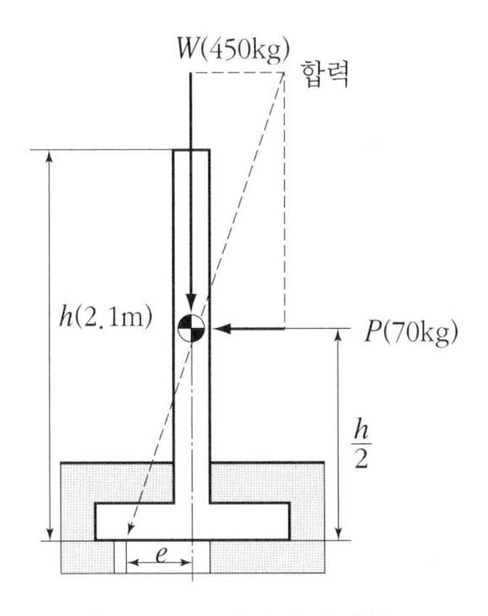

그림 Ⅵ-63. 담장의 안정성

참고문헌

강신업 외 5인, 『토목시공학』, 문운당, 1980.
김경윤, 「옹벽」, 『환경과 조경』 제31호, 1989년 9/10호, pp.128~133.
김정수 외 5인, 『건축일반구조학』, 문연화, 1990.
박영조 외 4인, 『재료역학』, 청문각, 1985.
변보화 외 4인, 『토질역학』, 문운당, 1970.
서연진 외 3인, 『신제 구조역학』, 이우출판사, 1977.
안봉원 외 1인, 『조경공학』, 보성문화사, 1989.
안봉원 외 1인, 『조경공학 · 시공관리』, 명보문화사, 1989.
윤우정 편저, 『옹벽의 설계』, 법문출판사, 1991.
이기철 · 김동필 옮김 · 龜山章 외 3인 편집, 『최첨단의 녹화기술』, 명보문화사, 1992.
이시학, 『건축구조역학』, 도서출판 세진사, 1996.
장기인, 『건축구조학』, 보성문화사, 1979.
전인식 편저, 『99 건설표준품셈』, 건설연구사, 1999.
정인준 · 김상규, 『토질역학』, 동명사, 1979.
최태호, 『토질역학』, 형설출판사, 1998.
탐구문화사 출판부, 『응용역학의 기초』, 탐구문화사, 1995.
함성권, 『기본 건축구조공학』, 건문각, 1967.
황은 외 7인, 『토목시공학』, 반도출판사, 1990.
Albe E. Munson, *Construction Design for Landscape Architects*, McGraw-Hill Book Co., 1974.
Harlow C. Landphair & Fred Klatt, Jr., *Landscape Architecture Construction*, Elsevier North Holland, Inc., 1979.
Harlow C. Landphair & Fred Klatt, Jr., *Landscape Architecture Construction*, Prentice-Hall PTR, 1999.
Charles W. Harris & Nicholas T. Dines, *Time · Saver Standards for Landscape Architecture*, McGraw-Hill Book Co., 1988, p.410.
Frederick S. Merritt, *Building Construction Handbook*, McGraw-Hill Book Co., 1975.
Frederick S. Merritt, *Standard Handbook for Civil Engineers*, McGraw-Hill Book Co., 1976.
Jot D. Capenter, *Handbook of Landscape Architectural Construction*, the Landscape Architecture Foundation, Inc., 1976.
M. F. Downing, *Landscape Construction*, E. & F.N. Spoon, 1977.
Donld E. Breyer, *Design of Wood Structures*.

살수관개시설(Sprinkler Irrigation System)

살수관개시설은 초기에는 농업적인 목적으로 개발되었으나, 지금은 골프장, 공원, 체육시설, 관광휴양지 등의 레크레이션 활동을 위한 공간에서 식물과 잔디의 생육을 위한 물을 공급하는 데 사용되고 있다. 특히 기후가 건조한 지역이나 계절적으로 건조한 시기에 식물의 생육을 위해 살수관개시설은 필수적인 요소이다.

엄밀히 말하면, 관개*irrigation*란 식물의 뿌리 부근까지 인공적으로 물을 유입시키는 것이고, 살수*sprinkler*는 물을 지표면에 뿌리기 위한 기계적인 수단을 의미하지만 때로는 혼합하여 사용하기도 한다. 살수조직은 일정한 압력하에서 물을 식물의 뿌리부분까지 분사시키기 위해 필요한 관 · 밸브 · 펌프 · 계량기 · 살수기와 그 밖의 부속품들의 전체적인 조직의 집합체이다.

오늘날 사용되고 있는 살수관개설비는 제조업체에 따라 다양하며, 효율성이 높은 장치와 특수용도의 비품이 계속적으로 개발되고 있다. 이러한 이유 때문에 살수관개시설의 모든 부품과 장비를 소개하는 것은 한계가 있으므로 여기서는 살수관개에 공통된 부품과 장비를 소개하고, 이를 이용하여 설계를 하기 위한 지식을 알아보고자 한다.

1. 개　요

살수관개시설을 설계하기 위해서는 설계를 결정하는 요인으로서 토양내 수분, 식물의 생육과 수분의 관계, 살수관개시스템에 의해 공급되는 물의 수리특성을 이해하여야 한다. 이러한 요소를 충분히 이해할 때 효율적인 살수관개시설의 설계가 가능하다.

가. 관수의 필요성

우리나라는 연중 강우량은 적지 않으나 여름 장마철에 강우가 집중되어 봄 · 가을의 건조기에는 인공적인 관수가 필요하다. 이러한 관수를 위해서는 수리학의 원칙을 이해하여 공급되는 물의 양과 압력을 명확하게 하고, 효율성 있게 설계하여야 한다. 궁극적으로는 식물생육에 적당한 물을 공급하여 식물이 시들거나 고사하지 않도록 하고 심미적 효과를 높일 수 있도록 하여야 하는 것이다.

식물생육에 필요한 수분은 강우량 및 관수량과 토양의 저수용량 및 고유증발산량固有蒸發散量에 의하여 정해진다. 고유증발산량이란 토양이 충분히 젖었을 때의 증발량과 증산량의 합계이다. 즉, 그 토양이 가질 수 있는 최대의 증발산량이다.

강우량 또는 관수량이 고유의 증발산량보다 많다는 것은 식물의 최대생산에 필요한 충분한 수분이 있다는 것이며, 이 때의 실증발산량實蒸發散量은 고유증발산량과 같아질 수 있다. 그러나 관수량보다 고유증발산량이 많은 상태가 오랫동안 계속되면 식물은 저장된 토양수분을 이용하여야 한다. 그리고 건조가 계속되면 마침내 실증발산량이 고유의 증발산량보다 훨씬 적어지는데, 이 때 두 증발산량간의 차이는 물의 부족량이 된다.

이와 같이 관수량은 고유증발산량, 실증발산량, 그리고 강우량에 의하여 결정되는데 구체적으로 식물의 종류에 따른 증발산율*evapotranspiration rate*, 토양의 침투율과 포장용수량, 유효수분 함량의 기준이 살수관개시설의 규모를 결정하게 된다.

일반적으로 자연상태에 자생하는 잔디는 인공적인 관수가 불필요하나, 정원 · 공원 · 골프장 · 경기장 등 인공적으로 지반이 조성된 곳에 식재되거나 시비施肥 및 잔디깎기 등 집약적인 관리가 요구되는 지역의 잔디는 관수가 필수적이다. 우리나라에서 한국잔디나 훼스큐는 수분이 적은 토양에서도 잘 생육하며, 가뭄이 심한 시기에는 잎이 말려서 가뭄에 저항성을 가지며, 수분이 있으면 다시 회복된다. 그러나 벤트 그래스*bent grass* · 캔터키 블루 그래스*kentucky blue grass* 등은 가뭄에 적응성이 없으며, 건조기에는 인공적인 관수를 해주어야 한다.

나. 토양수분

(1) 토양수의 공급원供給源

자연상태에서 토양수의 공급원은 비와 눈이며, 일부분은 식물에 의해 차단되고 나머지는 토양 속으로 침투되거나 지표면으로 유출된다. 일반적으로 강우량이 적을수록 지피식물에 의한 차단이 심하고, 또 단시간에 많은 비가 내릴 경우에도 차단율이 높다. 온대지방의 삼림에서는 연강수량의 약 25%가 식물에 의해 차단되므로 강우량의 약 75%만이 토양에 침투된다. 그러나 인위적으로 관수를 할 경우에는 효율적인 설계를 통하여 공급수의 유출을 최소화하여야 한다.

공급수원으로 도시와 같이 개발된 지역은 상수도를 이용하지만, 자연지역에서는 호수나 저수지의 물을 이용하여야 한다. 상수도에 의해 공급되는 물은 수질이나 유량이 안정적이지만, 유지관리비용이 많이 드는 반면, 호수나 저수지의 물은 유지관리비용이 적게 들지만 유량과 수질의 변동이 있게 되므로 관리에 주의를 기울여야 한다. 최근에는 지하수를 이용하기도 하지만 지하수원의 고갈과 지하수가 오염되지 않도록 주의해야 한다.

(2) 토양의 공극

토양은 고상, 액상, 기상의 공극으로 구성되어 있다. 고상의 토양입자 사이에는 토양의 공극孔隙으로서 수분이 차지하는 부피인 액상과 기체가 차지하는 부피인 기상이 존재하게 되는데, 이러한 토양 3상의 존재형태가 토양의 물리·화학적인 성질을 지배하게 된다. 토양의 공극량은 토양의 종류에 따라 달라지는데 보통 40~65%의 범위에 해당되지만 토양의 경운상태나 계절적인 영향에 의해 변화된다. 기상과 액상은 상호관계를 이루어 비가 오면 기상공극이 액상공극으로 대체되고 건조해지면 액상공극이 기상공극으로 대체되게 된다.

또한 공극의 크기에 따라 토양공극을 비모세관 공극非毛細管孔隙(대공극)과 모세관 공극毛細管孔隙(소공극)으로 구분하는데, 물로 포화되어 있는 토양을 자연 배수시켜 24시간 후 토양 중에서 기체가 차지하는 대공극을 비모세관 공극으로 간주한다. 비모세관 공극은 과잉수의 배제와 공기의 유통 경로가 되며, 모세관 공극은 수분을 보유하는 공간이 되므로 양자가 알맞은 균형을 유지하는 것이 식물의 생육에 좋은 영향을 끼친다. 일반적으로 사토는 점토보다 공극량은 적지만 대형공극이 많기 때문에 공기와 물의 이동이 빠르지만, 점토는 그 반대이다.

(3) 토양수의 종류

토양수분의 상태를 나타내기 위하여 식물생육 측면에서는 토양입자에 끌리는 힘에 따라 토양수를 결합수, 흡습수, 모세관수, 중력수로 구분한다.

결합수*combined water*는 토양 중의 화합물의 한 성분으로 되어 있어, 토양을 100~110℃로 가열해도 분리되지 않는 물이며, 흡습수*hygroscopic water*는 건조한 토양을 관계습도가 높은 공기 중에 두었을 때, 분자간 인력에 의하여 토양입자의 표면에 흡착되는 물로 식물이 이용할 수 없다. 모세관수*capillary water*는 토양내 모세관 공극에 채워져 있는 물인데 표면장력에 의하여 흡수·유지되어 모세관 이동을 하게 되며, 식물이 주로 이용하는 수분이다. 모세관수량은 온도·염류함량·토성·구조에 따라 달라지며, 입자가 미세한 토양이나 입단구조의 토양에서 많아진다. 마지막으로 중력수는 물이 과다하여 모세관을 채우고 남은 물이 비모세관 공극으로 옮겨져서 중력에 의하여 흘러내리게 되는 유리수이며, 하층에 공극이 발달되어 있는 경우에는 아래쪽으로 흘러 내려가게 되어 토양내 양분을 유실시키는 원인이 된다.

(4) 토양수의 이동

비가 내리거나 관수를 함으로써 괸 물은 점차 땅 속으로 스며들어 가는데, 중력에 의하여 지표면에 가까이 있는 큰 공극을 먼저 메우고 다음에 작은 공극을 메우는 포화이동과 수량이 줄어듦에 따라 모세관 현상에 의한 불포화 운동으로 구분할 수 있는데, 여기서는 포화이동이 그 관심의 대상이다. 중력수의 하향운동은 비모세관 공극이 연결되어 있을 때 빨리 진행되나, 이 때에도 관의 일단이 모세관의 크기로 변하면 막혀서 잘 내려가지 못하게 되며, 기상공극에 물이 부딪쳐도 이동수량이나 이동속도가 달라진다. 이런 이동장애는 사질토양에서보다 식질토양에서 많은데, 그 이유는 식질토양에서는 모세관이 많아서 유리수의 하향운동이 모래땅에서보다 작고 횡운동을 하는 물의 양이 많기 때문이다.

토층단면을 통하여 이동하는 수분의 양은 수분의 공급량, 표토의 침투성, 하층토로의 수분전도도水分傳導度, 토층단면의 수분보전능력水分保全能力에 의해 달라진다. 예를 들면 사토는 침투성과 수분전도도가 높고 수분보유력이 낮으나, 토성이 미세할수록 침투속도는 느려지게 되므로 토양이 점토질이고 구조가 잘 발달하지 못했을 경우 삼투수량이 적고 투수속도도 느리다. 특히 팽윤성점토膨潤性粘土는 건조할 때는 균열이 심하고 담수湛水 직후에 투수속도가 빠르고 투수량도 많지만 점차 물을 흡수하여 팽창되면 균열이 메워지고 모세관도 메워져서 물이 좀처럼 투과되지 못하는 현상을 나타내기도 한다.

〈표 Ⅶ-1〉 경사와 토양의 종류에 따른 최대침투율 (단위: mm/hr)

경 사	사 토	양 토	식 토
0～5%	19	13	6
6～8%	15	10	5
9～12%	14	8	4
13～20%	9	5	3
20% 이상	6	4	2

이와 같은 토양내 수분의 이동은 1시간 동안 토양에 흡수될 수 있는 물의 양, 즉 침투율로서 나타낼 수 있는데, 토양의 종류와 지표면의 경사에 영향을 받는다. 일반적으로 사토는 식토(질흙)보다 침투율이 높으며, 지표면의 경사가 급하면 표면배수가 증가하게 되고 침투율이 감소된다.

(5) 유효수분

토양수의 운동과 존재형태는 식물의 생육에 큰 영향을 주게 되는데, 그 기준은 〈표 Ⅶ-2〉에서 볼 수 있는 바와 같다. 이것은 토양내 유효수분의 범위와 존재형태를 판단하기 위한 것이며, 이러한 판단을 위해서는 위조점, 포장용수량에 대한 이해가 필요하다.

토양수분을 점차 감소시키면 식물은 세포의 팽압膨壓을 유지할 수 없게 되어 시들게 되지만, 이것을 습도가 높은 대기 중에 두면 다시 회복된다. 이와 같이 토양수분이 점차 감소됨에 따라 식물이 시들기 시작하는 수분량을 일시위조점 또는 초기위조점*temporary wilting point*이라고 한

〈표 Ⅶ-2〉 토양수의 흡착력과 토양수의 구분

단위수주의 높이 (cm, mbar)	기 압 (bar)	수주의 log (pF)	토양수의 구분	식물생육 측면으로 본 토양수의 구분	물이 차지한 공극량 (약 %)
1	0.001	0	최대용수량 / 중력수(배수대상)		100
10	0.01	1			
100	0.1	2		전유효수 / 정상생육유효수 / 이효수분	
346	1/3	2.54	포장용수량		50
501	0.5	2.7	모관수(유효수) (식물에 유효)		
1,000	1	3		생장저해 수 분	
10,000	10	4		초기위조점	
15,849	15	4.18	위 조 점	영구위조점	25
31,632	31	4.50	흡습계수 (식물에 무효)	비유효수	15
100,000	100	5	흡습수		
1,000,000	1,000	6			
10,000,000	10,000	7	결합수		0

다. 그러나 초기위조점을 넘어 계속해서 수분이 감소되면 포화습도의 공기 중에 두더라도 시든 식물이 회복되지 않는데, 이것을 영구위조점*permanent wilting point*이라고 하고, 이 때의 토양의 수분흡착력은 15bar이며, 토양내 유효수분의 하한이 된다. 영구위조가 계속되면 식물은 마침내 고사하는데, 영구위조가 시작될 때의 토양의 수분량을 위조계수萎凋係數라 한다. 영구위조 때의 수분함량은 토양에 따라 다르며, 사토砂土에서는 2～3%, 식토埴土에서는 20% 가까이 된다.

식물생육과 관련하여 고려해야 하는 토양 수분량의 기준으로 포장용수량*field moisture capacity*이 있다. 비가 멈추거나 관수 후에 일정시간이 경과하면 토양의 비모세관 공극(대공극)을 채우고 있던 중력수가 빠져나가고 모세관 공극(소공극)을 채운 물만 남게 된다. 이것을 포장용수량이라고 하고, 이 때의 흡착력은 1/3bar(흡착계수(pF) 2.54)이며, 토양이 중력에 견디어 저장할 수 있는 최대의 수분함량으로 유효수분의 상한이다. 포장용수량은 토양의 종류에 따라 차이가 커서 구조가 잘 발달된 식질이나 식양질 토양에서 많고, 구조의 발달이 불량한 토양이나 사토에서는 적다.

식물이 고사되지 않고 유효하게 이용할 수 있는 수분은 포장용수량에서 위조점의 수분량을 뺀 나머지의 수분이며, 토성별 유효수분함량은 〈표 Ⅶ-3〉과 같다.

토양내 유효수분의 양은 식물의 종류와 뿌리의 발달상태, 가뭄에 대한 저항성, 식물의 생육

〈표 Ⅶ-3〉 포장용수량과 위조함수량에서의 토성별 평균수분함량

토 성	포장용수량(%) (1/3기압 이상)	위조함수량(%) (15기압 이상)	유효수분함량(%)
식토	35.43	22.21	13.22
미사질식토	33.11	17.63	15.48
미사질식양토	30.68	16.77	13.91
식양토	28.35	15.42	12.93
사질식토	22.25	13.70	8.55
미사양토	29.49	12.04	17.45
양토	24.35	10.10	14.25
사양토	19.31	8.28	11.03
사질양토	12.93	4.78	8.15
사토	6.00	2.51	3.49

단계와 생육량 등 식물요인과 기온이나 대기의 포화습도 등 기후요인에 의해 달라진다. 또한 수분은 토양입자 표면과 모세관에 저장되는 것이기 때문에 토양입자의 표면성질, 토양입자의 배열상태, 모세관의 성질 및 양 등 토양의 특성에도 영향을 주게 된다.

일반적으로 미세한 입자의 토양일수록, 수분이 침투·저장될 수 있는 토층이 깊을수록 유효수분량이 많아지는데, 이것은 수분이 저장되는 용적이 클 뿐만 아니라 저장된 물이 모세관이동을 하여 쉽게 근계부위에 도달하기 때문이다. 그러나 토층단면 내에 불투층이 있을 때는 물이 삼투·저장되지 못할 뿐만 아니라 식물뿌리도 뻗어가지 못하며, 중간에 모래층이 놓일 때는 근계부위의 수분장력이 높더라도 모래층에서의 모세관이 단절되어 수분의 이동이 끊기게 된다.

2. 살수관개의 비품

살수관개는 기구의 운용에 따라 살수관수*sprinkler irrigation*와 점적관수*drip irrigation*, 작동방식에 따라 수동적 관수*manual irrigation*와 기계적 관수*mechanical irrigation*, 자동조절관수*automatic control irrigation*, 대상에 따라 잔디관수*turf irrigation*, 수목관수*plant irrigation*, 관목관수*shurb irrigation*, 실험관수*experimental irrigation*, 장식관수*ornamental irrigation* 등으로 구분되는데, 경우에 따라서는 이러한 방법이 중복되어 적용되기도 한다.

그러나 어느 방법을 이용하든지 살수관개의 체계는 분무정부噴霧頂部*sprinkler head*·밸브*valve*·조절장치*control devices*·관*pipe*·부속품*fitting*, 그리고 펌프*pump*의 6가지 비품으로 구성된다.

가. 밸브*Valve*

밸브는 물의 흐름을 조절하기 위해 사용되는 장치로, 수동조절밸브*manual flow control valve*, 원격조절밸브*remote control valve*, 방향조절밸브*valve for direction flow control*의 3가지로 분류할 수 있다.

(1) 수동조절밸브

수동조절밸브는 물의 공급을 간편하게 조절하기 위해 사용되며, 고정식 또는 이동식 살수기와 함께 사용할 수 있다. 이 밸브는 구체球體밸브*globe valve* · 게이트밸브*gate valve* 그리고 급연결急連結밸브*quick-coupling valve*의 3종류가 있다.

구체밸브는 쉽게 수리할 수 있고 압력과 흐름을 효율적으로 조정할 수 있기 때문에 가장 많이 쓰인다. 게이트밸브는 구체밸브보다 저렴하지만 물에 모래나 거친 가루가 섞여 있으면 밸브의 대*seat*나 쐐기 모양의 받이*wedge*가 쉽게 망가지게 되어 시설유지의 어려움이 있다. 급연결밸브는 압력이 작용하고 있는 관로에 신속히 연결하여 빠른 시간 내 관수하기 위해 사용된다. 이 밸브의 주요한 목적은 가반식 살수기와 함께 수동적인 관개를 하기 위한 것으로 이전에는 많이 사용되었지만, 회전입상살수기의 개발로 최근에는 거의 사용되지 않는다.

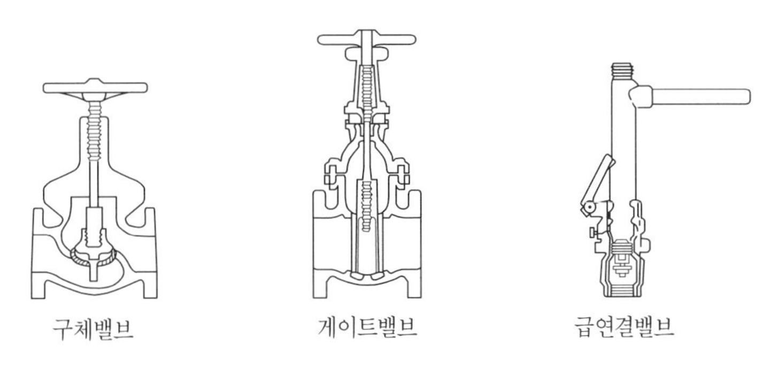

그림 Ⅶ-1. 수동조절밸브의 종류

(2) 원격조절밸브

이 밸브는 중앙조절장치에서 물을 자동으로 개폐하여 관개하는 밸브로서, 원격조절의 에너지는 전력이나 수력압을 이용한다. 전력에 의하여 작동하는 밸브는 밸브를 여는 데 전기를 이용하고, 작동기간 동안에 밸브가 열려 있으며, 전원이 제거되면 밸브는 닫혀진 채로 있기 때문에 일반적으로 폐색식밸브*closed type valve*라고 한다. 수력압에 의해 작용하는 밸브는 밸브를 닫기 위해 다른 수원의 힘에 의존한다. 밸브를 열기 위해서 밸브까지의 수압은 폐색되므로 개방식밸브*open type value*라 한다. 즉, 힘의 원천이 제거되면 밸브가 열린다.

개방식이나 폐색식밸브의 사용 이점은 시설 및 토양종류와 급수상태에 따라 다르다. 즉, 수압식밸브는 골프장과 같은 대규모 시설에, 전력식밸브는 작고 복잡한 시설에서 사용하는 것이 좋다.

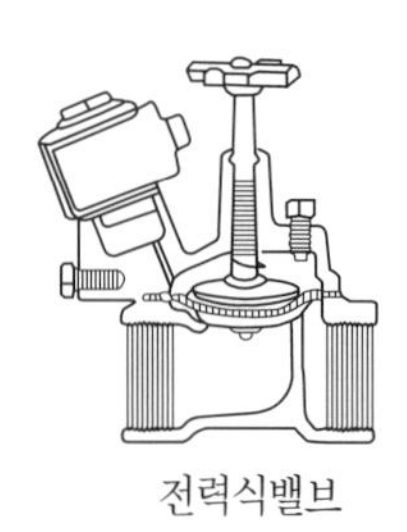

전력식밸브

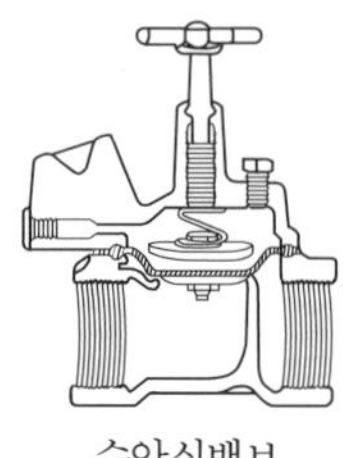

수압식밸브

그림 Ⅶ-2. 원격조절밸브의 종류

(3) 방향조절밸브

방향조절밸브는 관로내부에서 물이 다른 방향으로 흐르지 않도록 하고 공기를 배출시키기 위해 사용하는 것이다. 일반적으로 차단밸브*check valve*, 대기진공차단기*atmospheric vacuum breaker*, 공기배출밸브*air vent valve*가 사용된다.

차단밸브는 수압이 제거되었을 때 관로 내의 물이 배수되는 것을 막기 위해 가장 많이 사용되는 밸브이다. 만약 관로 내부에 수압이 제거된다면 높은 곳에 있는 물은 낮은 곳에 설치된 살수기로 배수되며, 관로에 다시 압력이 가해졌을 때 관로 내부에 발생한 공기로 인하여 높은 조압調壓*high surge pressure*이 발생하여 관과 살수기에 피해를 주기 쉽다.

대기진공차단기는 관로 내부의 물이 역류하여 발생하는 상수도의 오염을 막기 위한 장치로, 관개시설이 상수도와 연결되어 있을 때는 언제나 필요하다. 이것은 관개시설의 제일 앞부분에 설치되며, 관개시설 내에 가장 높은 부분에 설치된 살수기보다 15cm 높게 설치하여야 한다. 이 밸브는 급수선의 수압이 일반적인 대기압보다 낮으면 항상 자동적으로 닫힌다.

공기배출밸브는 관로 내부에 발생한 공기를 배출시키기 위해 관로 내부의 높은 지점에 설치되어 공기에 의한 충격과 마찰손실을 감소시키는 역할을 하게 된다.

위에서 설명한 것 외에도 수압조절밸브*pressure regulation valve*·정류량定流量밸브*flow regulation valve*·감압밸브*pressure relief valve*와 유속조절밸브*velocity control valve* 등이 있으나, 복잡한 살수관개에서 사용하므로 여기서는 설명을 생략하기로 한다.

그림 Ⅶ-3. 조절밸브의 종류

나. 살수기*sprinkler head*

살수기는 식물의 관수 요구량, 토양수분의 침투율, 급수의 흐름과 압력에 의해서 선정되어야 한다. 분무공噴霧孔*nozzle*과 동체胴體*body*는 물을 지면에 살수하는 관개시설의 중요한 구성요소이다.

(1) 분무살수기*spray head*

관개지역을 분무하기 위하여 고정된 동체와 분무공만으로 된 가장 간단한 살수기이다. 살수형태는 정방형, 구형, 원형, 분원형 등으로 다양하다. 비교적 다른 살수기보다 저렴하며, 모든 형태의 관개시설에 이용된다.

살수기는 1～2kg/cm^2(15～30PSI)의 낮은 수압으로 작동되며, 6～12m(20～40ft) 직경의 살수범위를 가지며, 시간당 25～50mm의 관수가 요구될 때 사용하는 것이 효과적이다.

(2) 분무입상살수기噴霧立上撒水器*pop-up spray head*

분무두噴霧頭의 변형으로, 분무공은 같으나 물이 흐를 때 동체가 입상관立上管에 의하여 분무공이 지표면 위로 올라오게 장치되어 있다(그림 VII-4). 이것은 살수할 때 길게 자란 잔디에 의하여 관수가 방해되는 것을 막을 수 있고, 관수가 끝나면 지표면과 같은 높이를 유지하므로 잔디깎기를 용이하게 할 수 있다.

(3) 회전살수기回轉撒水器*rotary head*

회전살수기는 살수를 위해 한 개 또는 여러 개의 분무공을 갖는다. 이것은 원형이나 분원형

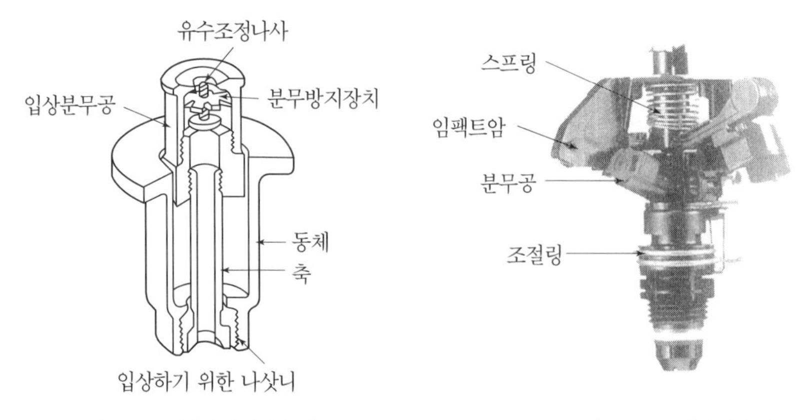

그림 Ⅶ-4. 분무입상살수기

그림 Ⅶ-5. 회전살수기

으로 살포되며, 좁은 지역이나 넓은 지역의 관개를 위해 널리 사용된다.

살수기를 회전시키기 위하여 분사작용*jet action* · 충격운동*impact drive* · 마찰운동*friction drive*과 전동운동*gear drive*에 의한 4개의 조직이 있다. 분사작용은 물이 분무공을 떠날 때 회전할 수 있게 수력을 이용하는 가장 간단한 방식이며, 충격운동은 중력팔과 용수철*spring*을 이용한 것으로, 이 팔에 의하여 생긴 원심력이 분무두를 회전시킨다. 마찰운동은 분무공축*nozzle shaft*에 달린 공*ball*이나 캠*cam*(회전운동을 왕복운동으로 바꾸는 장치)에 대항해서 직접적으로 분무두에 수압을 이용하여 통과하는 물의 마찰이 분무두를 회전시키는 것이며, 전동운동에 의한 분무두는 유입되는 물을 이용하여 추진날개바퀴*impeller*나 고정자固定子*stator*를 움직이도록 하는 것이다.

회전식 살수기는 2～6kg/cm²(30～90PSI)의 높은 압력하에서 작동되고, 24～60m(80～200ft) 직경의 살수범위를 갖고 있으며 시간당 2.5～12.5mm의 낮은 비율로 살포된다. 이 회전식은 넓은 잔디지역에 사용하는 것이 효과적이다.

(4) 회전입상살수기*rotary pop-up head*

살수기에 회전 및 입상기능이 복합된 것으로, 관로에 물이 흐르면 동체로부터 분무공이 올라와서 회전살수되는 것이다. 이 형태는 오늘날 대규모의 자동살수관개조직에서 가장 많이 이용되고 있다.

(5) 특수살수기

특수한 경우에 사용되는 것으로, 분류奔流살수기*stream spray head*와 거품식 살수기*bubbler* 그리고 에미터*emitter*를 사용하는 점적식點滴式 살수법*drip irrigation*이 있다. 분류살수기는 고정분무살수기와 비슷하며 단지 계속적인 작은 줄기로써 물을 살포한다. 이것은 바람의 영향을 적게 받으며, 낮은 압력하에서도 작동하지만, 살수상태가 균일하지 않으므로 잔디지역에는 좋지 않다. 거품식 살수기는 물이 식물의 잎에 직접적으로 접촉되지 않도록 하기 위해 사용한다.

점적식 살수법에 사용되는 기구는 에미터라고 하는데, 이 방법은 각 수목이나 지정된 지역의 지표 또는 지하에 특수한 구조의 작은 분사구*emitter outlet*를 통하여 낮은 압력수를 일정비율로 서서히 관개하는 방법으로 지표에서 관개하는 방법의 40~60% 정도 수량으로도 살수가 가능하다. 관목이나 지피지역에서는 격자양식으로 배치를 하며 교목의 경우는 수목의 근부根部에 관개용수량과 에미터의 용량을 고려하여 보통 2~8개 정도로 배치한다. 특히 이것은 지하에 주로 배치하게 되므로 에미터 주변에 자갈을 채워서 출구가 막히는 현상을 막아야 한다. 이 관개법의 관개량은 시간당 4~8*l*가 일반적이며 그 효율은 90%에 이른다. 또한 이 방법으로 비료도 주입할 수 있어 경제성 측면에서 좋은 방법으로 채택되고 있다.

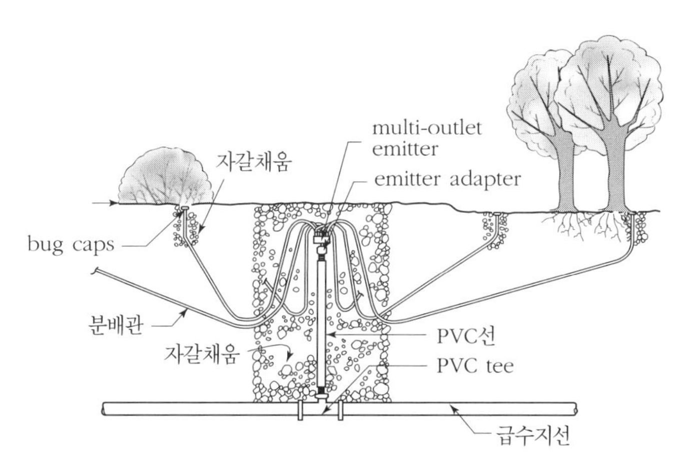

그림 Ⅶ-6. 에미터 설치도

다. 조절기*controllers*

조절기는 살수의 양과 빈도가 다른 지역에서 효율적으로 살수시스템을 관리하기 위해 원격조절밸브를 작동시키기 위해 사용되는 시계장치*clock devices*이다. 넓은 지역의 살수를 위해 사용할 경우 인력과 경비를 절감할 수 있는 기기로서, 여기에는 단일밸브를 작동시키기 위해 사용되는 시계와 같이 단순한 것과 수분장력계水分張力計*tensiometer*를 사용하는 전산화된 체계가 있다.

조절방법으로는 시간주기 및 날짜주기 혹은 요일주기 등의 방법이 있고 수량을 나누어 살수하는 방법이 있다. 조절기를 사용하게 되면 효율적인 살수기의 제어가 가능하므로 관경을 줄이고 펌프의 용량을 줄일 수 있고, 살수한 물이 식물에 유효하게 흡수되도록 할 수 있으며, 토양의 침투속도를 초과해서 살수되는 물의 양을 최소화하여 물의 유출과 표토의 유실을 막을 수 있다.

조절기는 일반적으로 밸브를 제작하는 회사에서 만들며, 조절기를 선택하는 데 있어 주로 고려하는 것은 밸브의 형태, 조절된 밸브의 수와 살수계통에 요구되는 복잡도에 의한다.

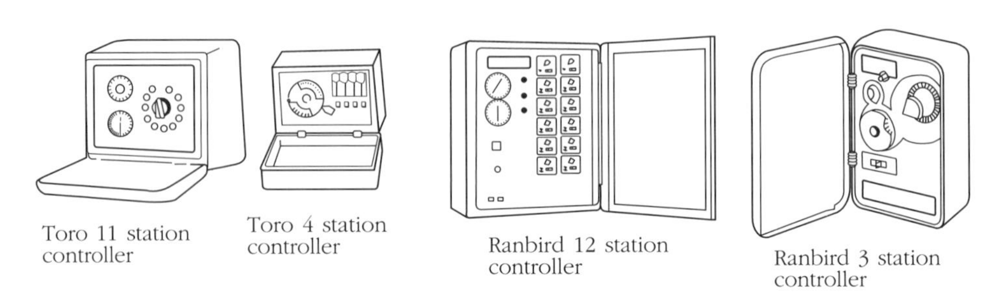

그림 Ⅶ-7. 조절기의 종류

라. 관*pipe*

관은 재료에 따라 다른 특성을 가지게 되므로 재료 및 규격에 따른 특성을 충분히 이해해야만 효율적이고 경제성 있는 설계가 가능하다. 일반적으로 관을 선정할 경우에는 관의 충격·내압·외압에 저항성, 내식성, 수밀성, 관의 연결 및 시공의 용이성 그리고 경제성을 고려하여야 한다.

현재 사용되고 있는 금속관은 강관*steel pipe*, 주철관*cast-iron pipe*, 스테인레스강관*stainless steel pipe*, 동관*copper water tubing*, 플라스틱관으로는 염화비닐관*polyvinyl chloride pipe*, 폴리에틸렌관*polyethylene pipe*, ABS관 그리고 드물게 콘크리트관으로는 석면시멘트관*asbestos-cement pipe*, 원심력철근콘크리트관*hume pipe*이 사용되고 있다.

강관의 수명은 제품에 따라 다소간 차이가 있으나 보통 15년 정도 사용이 가능하다. 그러나 강관에 발생하는 녹이나 이물질로 인하여 노즐이 손상되기도 하며, 송수능력이 50%까지 감소되기도 한다. 주철관은 강관보다는 녹이 적게 발생하므로 송수능력이 비교적 적게 저하되지만 연결이 어렵고 깨지기 쉬운 단점이 있으므로 시공과정이나 시공 후 충격을 받지 않도록 해야 한다. 스테인레스강관은 내식성이 뛰어나고 강관에 비해 기계적 성질이 우수한 재료로서 사용이 증대되고 있으며, 동관은 녹이 잘 생기지 않아 관목식재지에 사용할 수 있으나 가격에 비해 효율성이 높지 않아 많이 사용되지는 않는다.

플라스틱관은 값이 저렴함에도 불구하고 가볍고 부식되지 않으며 내구성이 있으므로 주거지나 상업지역의 관수를 위해 사용된다. 그러나 강도가 낮으므로 수격압이나 지나친 압력에 의해

〈표 Ⅶ-4〉 관의 종류 및 특성

관 종			규 격	호칭경	특 성
비소성관	콘크리트관	· 원심력 철근콘크리트관	KS F 4403	75~1,800mm	중량이 크고 내식성이 있다. B형관은 이음에서 가소성이 있으나 A형관은 가소성이 없다. 이음매의 신뢰도는 다른 관에 비하여 낮으므로 저압의 파이프라인에 적합하다.
		· 코어식프리스트레스트콘크리트관	KS F 4405	500~2,000mm	중량이 크고 내식성이 높으며, 이음매의 신뢰도가 낫다. 비교적 내·외압이 큰 파이프라인에 적합하다.
	석면시멘트관	· 수도용 석면시멘트관	KS F 4410	50~1,500mm	강도는 주철관 및 강관에 비하여 작으며, 내식성이 높다. 내면조도변화가 없다. 내압이 비교적 큰 관로에 적합하다.
		· 수도용 석면시멘트관의 이음관	KS F 4411	50~1,500mm	
		· 수도용 강관이 감아진 석면시멘트관	JWWA A 110	75~150 mm	
	닥타일주철관	· 수도용 원심력 닥타일 주철관	KS D 4311	75~1,500mm	강도가 강하고 내식성이 있음, 내면은 보통 모르터라이닝하므로 녹슨 혹의 발생을 방지할 수 있다. 따라서 모르터라이닝이 된 것에 대해서는 유량계산에 있어서도 매년의 변화를 생각할 필요가 없다. 외면도장은 역청재와 수지를 사용하고 있어서 코올타르도장보다 내식성이 강하다.
		· 닥타일 주철 이형관	KS D 4308	75~1,500mm	
		· K형 원심 닥타일 주철관	JCPA G 1001	75~2,600mm	
		· K형 닥타일 주철 이형관	JCPA G 1002	75~2,600mm	
		· 수도용 T형 원심력 닥타일 주철관	JWWA G 110	750~2,600mm	
		· 수도용T형 닥타일 주철 이형관	JWWA G 111	75~250mm	
		· U형 원심력 닥타일 주철관	JCPA G 1007	700~2,600mm	
		· U형 닥타일 주철 이형관	JCPA G 1008	700~2,600mm	
소성관	강관	· 수도용 도복장 강관(SPTW)	KS D 3565	80~3,000mm	주철관보다 연성 및 내충격성이 우수하여 내외압이 큰 관로나 연약지반의 관로에 적합하다.
		· 수도용 도복장 강관 이형관	KS D 3578	80~1,500mm	
		· 수도용 아연도금 강관(SPPW)	JIS G 3442	10~500mm	
		· 배관용 탄소강관(SPP)	KS D 3507	6~500mm	
		· 배관용 아크용접 탄소강관(SPW)	KS D 3583	350~2,000mm	
		· 배관용 스테인레스 강관(STSXT)	KS D 3595	8~300mm	
	염화비닐관	· 일반용 경질염화비닐관	KS M 3404	13~300mm	경량이고, 내식성·내전식성이 높으며, 내면이 매끈하여 마찰저항이 적다. 연약지반이나 수압이 낮게 작용하는 경우에 사용하면 좋다. RR형 경질염화비닐관은 신축성과 가소성이 뛰어나다.
		· 경질염화비닐관(VP)	KS M 3501	40~800mm	
		· 수도용 경질염화비닐관	KS M 3401	13~150mm	
		· 수도용 경질염화비닐이음관	KS M 3402	13~150mm	
		· 수도용 내충격성 경질염화비닐관	JWWA K 118	13~150mm	
		· RR형 경질염화비닐관(VP)	AS-14	75~300mm	
		· 경질염화비닐관(VU)	AS-18	75~800mm	
	폴리에틸렌관	· 일반용 폴리에틸렌관	KS M 3407	3/8~12인치	염화비닐관보다 경량이며, 내식성이 뛰어나다. 저압이 작용하는 관로에 적합하다.
		· 수도용 폴리에틸렌관	KS M 3408	10~50mm	
	· 섬유강화플라스틱복합관(FRPM)		FRPM K 111	200~1,350mm	합성수지관의 인장강도를 보완하고 강도를 증대시킨 것으로 물리적 성질과 기계적 성질이 뛰어나다.

【주】 KS: 한국공업규격, JIS: 일본공업규격, JWWA: 일본수도협회규격, FRPM: 일본강화플라스틱복합관협회규격, JCPA: 일본주철관협회규격, AS: 일본염화비닐총이음협회규격, DIN: 독일규격

조기에 파손되는 경우가 있다. 따라서 플라스틱관에 작용하는 압력을 고려한 관의 직경과 두께의 비율을 표준화한 SDR-PR(standard dimension ratio-pressure rated)관을 사용하여야 한다. 염화비닐관은 내구성이 높고 내화학성이 있으며, 어느 정도의 강도를 가지므로 주거지역이나 상업지역에 사용되기도 한다. 또한 폴리에틸렌관은 염화비닐관보다는 강도가 낮아 쉽게 파괴되므로 주로 지선이나 압력이 작은 곳에 사용된다.

살수장치에 사용되는 관은 대부분 매설되므로 매설관은 내압(정수압 · 수격압) 외에 토압이나 노면하중 등 외압에도 견딜 수 있어야 하고 수리적인 측면에서 유리해야 한다. 수밀성이 있어야 하고, 유수에 대한 저항도 작아야 하며, 내식성이 높아야 한다. 또한 시공이 쉽고 값이 싸야 한다. 따라서 각종 관의 특성을 고려하여 설계의도에 적합한 관을 선정해서 적재적소에 사용하여야 한다.

관선정에 있어서는 관의 파괴를 최소화하기 위하여 구조역학측면에서 적정한 안전율(안전율＝관 재료의 파괴압력/허용응력)을 고려해야 하는데, 외부하중 및 내수압에 대해서는 안전율을 2 이상으로 하여야 하며, 염화비닐관은 안전율을 3으로 하여 적용한다.

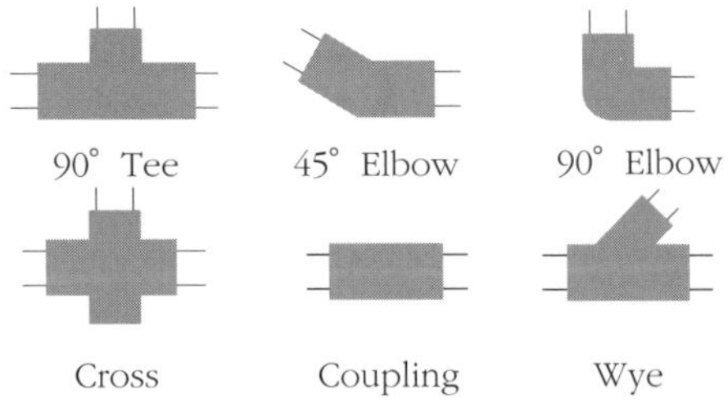

90° Tee　45° Elbow　90° Elbow
Cross　Coupling　Wye

그림 Ⅶ-8. 관의 연결재

관의 연결을 위해서는 관의 종류나 공법에 따라 이음방식이 다양하므로 적합한 연결방법과 연결재를 사용하여야 하며, 이때 압력의 작용으로 인한 누수를 방지하고 재료의 신축에 의한 변형을 방지할 수 있으며, 장시간 안정된 결합상태를 유지할 수 있는 이음방식을 취하는 것이 바람직하다. 일반적으로 사용되는 관의 연결재로는 티*tee* · 엘보우*elbow* · 크로스*cross* · 커플링*coupling* · 와이*wye* 등이 있다.

마. 펌프*pump*

펌프는 수원에서 물을 얻고, 살수조직에 작동할 수 있는 수압을 주어 물을 이동시키며, 살수를 위한 에너지를 제공하기 위한 기계이다. 펌프에는 일반적으로 원심펌프*centrifugal pump* · 터빈펌프*turbine pump* · 잠항潛航펌프*submersible pump*가 있으며, 모두 같은 원리에 의해 작동한다. 모터*motor*나 발동기*engine*는 임펠러*impeller*라고 부르는 판에 날이 붙은 것(날개바퀴)과 연결된 굴대*shaft*를 움직이게 하며, 임펠러는 물을 유수관으로 흐르게 한다. 그러나 임펠러를 사용하는 어떤 펌프도 아주 적은 흡입용량*suction capacity*을 가지고 있다는 것, 즉 펌프는 흡입보다는 물을 밀어내는 것임을 기억하여야 한다.

(1) 원심펌프*centrifugal pump*

일반적으로 펌프나 모터가 함께 장치된 원심펌프는 임펠러가 회전으로 물에 회전운동을 일으킬 때 생기는 원심력의 작용으로 물의 압력을 증가시켜 물을 양수하는 펌프이다. 따라서 임펠러의 직경과 그 회전수가 정해지면 그 최대승압력昇壓力이 정해진다. 원심펌프를 정지하면 펌프 내의 물은 낙하하게 되므로 이를 방지하기 위하여 흡입관 입구에 후트밸브*foot valve*를 달아두어 물이 낙하하는 것을 방지하고, 시동을 용이하게 한다.

원심펌프는 임펠러가 흡입부에서 토출부까지 그대로 통하고 있으며, 원심력만으로 양수하므로, 유출부의 저항이 증대하면 수량이 감소하고, 저항이 감소하면 수량은 증대한다(그림 VII-9(a)).

(a) 원심펌프 (b) 다단터빈펌프

(c) 잠항펌프

그림 VII-9. 펌프의 종류

(2) 터빈펌프*turbine pump*

터빈펌프는 그림 VII-9(b)에서 보는 바와 같이 긴 굴대*long shaft*에 의하여 연결된 것이다. 임펠러의 출구에 안내날개가 있어서 날개에서 튀어나오는 물살을 가지런히 정류定流하여 압력을 상승시키는 데 매우 유용하게 이용된다. 이 펌프는 깊은 우물에서 물을 양수하기에 용이하지만, 곧은 긴 굴대가 요구되기 때문에 곤란을 겪을 때도 있다.

(3) 잠항펌프*submersible pump*

모터*motor*와 펌프가 단일체로 된 잠항펌프는 수원에 잠입시키고 동력선을 연결시켜 작동시킨다. 이 펌프의 주요 이점은 깊은 연못에 설치될 수 있는 반면, 긴 굴대가 필요하지 않다는 점이다. 또한 별도의 기계실이 필요하지 않으므로 공간이용의 효율성이 있으나, 초기 가설비가 많이 들며, 유지비도 원심펌프보다 높다는 단점이 있다.

3. 살수관개시설의 설계

살수관개시설이라 함은 식물생육에 필요한 물을 인공적으로 보급하기 위한 계통*system*을 말하며, 이것은 물을 필요로 하는 지역에, 필요로 하는 시기에, 필요 수량을, 유지관리가 간편하고 경제적으로 안전·확실하게 급수할 수 있도록 구성해야 한다. 따라서 살수관개시설의 설계는 물을 적절히 분배하기 위한 계획과 이에 상응하는 살수기의 선정과 배치, 관의 규격 결정과 관의 계통에 대한 설계, 그리고 밸브, 조절기, 펌프 등 부대시설에 대한 설계를 하는 것이다.

가. 설계의 준비

효율적이고 경제성 있는 살수관개시설을 설계하기 위해서는 설계에 필요한 다양한 자료가 준비되어야 하며, 이를 기초로 설계조건을 명확하게 하여야 한다.

(1) 기초조사

살수계통을 설계하기 위해서는 살수대상 지역의 공간적 범위를 결정짓고, 살수량을 결정하기 위한 기상, 식생, 토양 등 자연환경요소에 대한 자료가 필요하다. 다음은 살수설계를 하기 위해 일반적으로 요구되는 자료항목이다.

① 부지 기본도

살수설계의 공간적 범위를 명확하게 하기 위해 부지의 경계와 형태에 대한 개괄적인 내용이 포함된 부지 기본도가 필요하다. 일반적으로 기본도의 축척은 대상지의 규모에 따라 달라지지만 1/100～1/3,000의 범위에서 사용하고, 가능한 대축척의 도면을 사용하여 정확도를 높이도록 한다.

② 지형도

대상지의 지형은 강우나 살수시에 물의 흐름을 결정짓는 주요 요소이며, 살수계통에 요구되는 압력에 영향을 주게 된다. 일반적인 지형도는 미세한 지형의 기복을 판단하는 데 어려움을 주므로 정밀한 살수설계를 위해서는 별도의 현장측량을 통하여 보완된 대축척의 지형도를 사용하여야 한다.

③ 자연환경 자료

살수설계를 위해 기상, 수문, 지질, 토양, 식생 등 자연환경 요소에 관련된 자료가 필요하다. 강우량과 강우강도 등 강우특성과 일조, 바람은 살수시기와 살수용량, 살수기의 배치에 영향을 주므로 이러한 기상자료를 수집하도록 한다. 동시에 미기후에 대한 조사도 필요하다. 수문자료는 살수계통의 급수원을 결정하거나 지역별로 살수의 필요성을 결정하게 하는 요소이므로 부지내와 인접지역의 하천 · 연못 · 저수지의 위치 및 규모, 지하수 및 표면수의 흐름에 관련된 자료가 요구된다. 지질 및 토양과 관련해서는 수분함유능력과 침투율에 대한 자료가 필요한데, 특히 토양은 살수량을 결정짓는 주요한 요소이다. 식생은 향후 살수설계를 하기 위한 직접적인 대상인 동시에 살수설계를 하기 위해 사전에 부지에 대한 이해를 돕는 중요한 단서가 된다.

④ 인문환경 자료

부지의 토지이용 및 토지소유에 대한 자료와 상수도의 분포, 전력시설 등 공급시설 현황, 건물, 보 · 차도, 주차장, 옹벽 등 구조물의 위치와 규모, 그리고 배수시설에 대한 자료가 필요하다. 이러한 자료는 살수의 범위와 동력원, 살수방법, 살수계통을 결정하는 데 영향을 주게 된다.

⑤ 관계자의 요구

관계자의 의견을 적절히 수렴하고 조경, 건축, 토목, 설비, 전기 등 관련분야의 기술자와 유기적인 관계를 형성하고 살수와 관련된 정보를 수집하여 효율적인 설계가 가능하도록 한다.

(2) 설계 고려사항

살수설계는 기초조사 자료를 토대로 하여야 하며, 특히 다음 사항을 신중하게 고려하여 설계를 하면 더욱 좋은 결과를 얻을 수 있다.

① 살수지역의 높이

살수지역의 높이는 높이차에 따른 압력의 손실과 획득에 직접적으로 관계하므로 살수계통의 압력을 결정짓고 밸브의 위치 선정에 주요한 역할을 한다.

② 수목 및 잔디의 종류

수목 및 잔디의 종류에 따라 생장 및 생육에 필요한 수분요구량이 달라지므로 도입되는 식생의 특성을 반영하여야 한다.

③ 바람

살수기에 의해 분사되는 물은 바람에 의해 위치가 달라지게 되어 살수분포에 큰 영향을 주게 되므로 살수기의 배치와 규격이 달라지게 되는 요인이 된다. 따라서 연중 풍향과 풍속, 미기후

특성을 면밀히 검토하여야 한다.

④ 살수관개 비품의 특성

합리적인 살수관개를 위해서는 살수기, 관, 밸브, 조절기, 펌프, 전기시설 등 다양한 살수비품의 특성을 충분히 고려하여야 한다. 이러한 비품들은 종류와 그 특성이 다양하므로 합리적인 적용을 위해서는 비품의 특성에 대한 충분한 이해가 필요하다.

⑤ 사업비 및 유지관리비

사업비의 규모는 살수계통의 규모와 질을 결정짓는 주요한 전제조건이 된다. 예산이 충분할 경우에는 자동화된 대규모의 시스템을 도입할 수 있으나, 반대인 경우에는 살수계통이 축소될 수 있다. 단순히 사업비를 절약하려다 보면 살수시설 설치 후 관리비용이 과다하게 소모되므로 사업비와 관리비의 관계를 고려하도록 한다.

(3) 살수요구량의 결정

식물에 필요한 관수량은 기본적으로 공급량과 소모량의 차이를 고려하여 결정할 수 있다. 즉, 물이 소모되는 증발산량과 공급요소인 강우량의 차이가 살수요구량에 해당될 것이다. 그러나 여기에 정확성을 기하기 위해서는 다양한 요인을 고려하여야 한다.

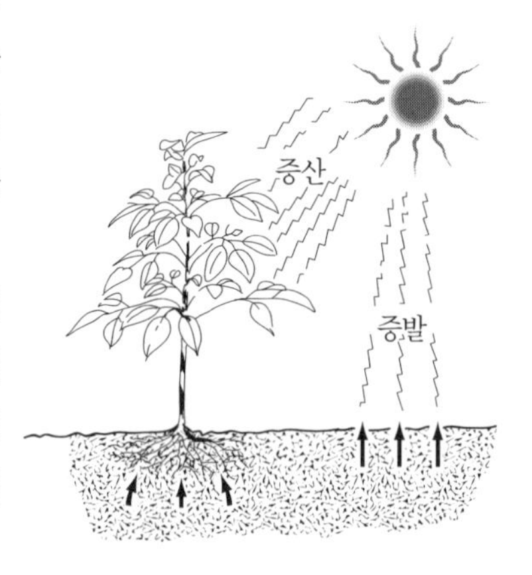

그림 Ⅶ-10. 증발산

식물에 필요한 수량은 토양과 토양표면으로부터 대기로 증발*evaporation*된 감소수량과 식물에 의해 잎이나 줄기를 통해서 소요된 증산*transpiration*량에 의해 결정된다. 이와 같이 증발과 증산을 합쳐서 증발산*evapotranspiration*이라 한다.

기후나 식물의 종류는 증발산에 영향을 주는 주요 요인이며, 이 밖에 지하상태, 수질에 의해 간접적으로 영향을 받기도 한다. 기후요인 중에서 기온, 태양 빛, 습도, 풍속은 증발산율(ET: Evapotranspiration Ratio)을 결정짓는 주요한 변수이며, 이것은 해당지역의 장기간에 걸친 기상자료를 이용해서 알 수 있다. 대기의 온도와 습도에 의해 영향을 받게 되는 식물종류별 증발산율은 〈표 Ⅶ-5〉와 같다.

추가적으로 식물은 규격, 형태, 질감, 색채가 각각 다르고, 음지 및 양지 또는 인공지반에 식재될 수 있으며, 또한 성장단계나 계절에 따라 요구되는 물의 양이 달라지게 되므로 증발산율에 식물요인을 고려한 계수를 적용하여야 한다. 그러나 이와 같은 다양한 요인을 고려한 자료를 구하기가 쉽지 않으므로 여러 조건을 고려한 등급기준(낮음, 보통, 높음)에 따른 계수를 적용

〈표 Ⅶ-5〉 식물종류별 증발산량

식 생	최대증발산량(cm/일)	
	온화한 지역	따뜻한 지역
잔디	0.38~0.50	0.63~0.88
1년생식물	0.38~0.50	0.38~0.63
소관목	0.38~0.63	0.38~0.63
대관목	0.38~0.63	0.63~0.76
소교목	0.38~0.76	0.76~0.88
대교목	0.63~0.88	0.88~1.01

【주】 높은 값은 상대습도가 낮은 곳에 적용한다.

할 수 밖에 없다.

식물에 필요한 공급요소로서 강우량은 일반적인 강우량의 값과는 차이가 있다. 비가 올 경우 강우량의 적지 않은 부분이 표면수로 유출되거나 토양내부로 스며들어 중력이동을 하여 지하수로 되기 때문에 식물생육에 사용되는 물은 줄어들게 되므로 실제로 계산에 사용되는 강우량은 실효강우량*effective rainfall*만을 고려하여야 한다. 그러나 이것 역시 토양, 경사, 지표상황에 따라 달라지므로 그 값을 구하기가 쉽지 않으며 대체적으로 강우량의 2/3 정도를 적용한다.

이 밖에 살수되는 물이 전부 식물에 공급되지 않으므로 이러한 손실을 고려한 살수효율성*irrigation efficiency*을 반영하여야 하며, 보통 70%를 적용하게 된다. 여기서 적용되는 증발산량과 실효강우량, 그리고 살수요구량은 수시로 변하게 되는 불확정성을 가지므로 관련 자료의 안정성을 고려하여 1개월을 기준으로 한다. 이러한 조건을 고려한 살수요구량*irrigation water requirement*을 구하기 위한 공식은 다음과 같다.

$$\text{살수요구량} = \frac{\text{증발산율(ET)} \times \text{식물계수}(P_C) - \text{실효강우량}(E_R)}{\text{살수효율성}(I_E)} \quad \cdots\cdots\cdots\cdots \text{(식 VII-1)}$$

이러한 살수요구량은 급수요구량의 총량을 나타내는 것으로 실제 살수설계에서는 급수용량을 결정하기 위해 살수계통에 요구되는 수압과 수압에 따른 각종 기기의 기준에 따라 추가적으로 수정된 급수용량을 계산하게 되는데 이것이 시간당 급수용량의 개념이다. 급수용량은 작동수압과 압력손실을 고려하여 계량기의 규격, 급수관경, 급수관의 길이, 급수관의 유형에 관련된 자료를 면밀히 검토하여 결정하고, 궁극적으로는 적정한 급수용량(GPM: gallons per minute, LPM: Liters per minute)을 산정하여야 한다.

(4) 살수계통의 개괄적인 검토

기초조사자료와 관수량 및 관수빈도를 근거로 사업비와 유지관리의 경제성과 효율성을 고려하여 시설유형을 선정하고, 그것을 지침으로 급수원으로부터 살수기까지의 배치계획을 만든다. 이 단계에서는 예상할 수 있는 여러 개의 살수계통에 대한 대안을 작성하고 비교 · 평가 · 보완을 하여 최종안으로 발전시킨다.

1) 급수원에 따른 분배방법

물의 분배는 급수원*water source*과 관수분배선*distribution lines* 및 요구점*demand points*으로 구성된다. 급수원은 용적능력으로 평가하는데 L.P.M(liter per minute, *l* /min)이나 G.P.M(gallons per minute, gal/min)을 단위로 한다. 보통 잔디에 1회당 30mm를 관수하는데, m^2당 30 *l* 가 필요하므로, 저수지의 경우 살수면적을 고려하여 최소한 1회 살수분의 수량을 저수할 수 있어야 한다.

물의 분배는 급수원에 근거를 두어 선택되어야 하며, 일반적으로 급수 분배방법은 직선형, 환상형, 그리고 이중급수원에 의한 3가지로 구분할 수 있다. 직선형 분배방법은 일반적으로 많이 사용되며 운반거리가 짧은 급수관로에 효율적이다. 그러나 관수요구점이 멀어질수록 마찰손실이 축적되기 때문에 일반적으로 더 큰 관이 필요하게 된다. 환상형 분배방법은 급수원으로부터 관수요구점까지 2개의 분배선에 의하여 제공되므로 살수계통을 작동시키는 데 요구되는 관의 크기를 감소시키고, 압력손실을 2개의 분배선에 균등배분시킬 수 있다. 그러나 관의 길이가 길어지게 되고 공사비용이 증대된다.

이중급수원 분배방법은 급수원을 2개를 두고 환상식 분배방법과 같이 두 방향에서 관수요구점까지 2개의 분배선을 통하여 관수하게 되므로 시설보수 및 유지관리가 용이하다. 그러나 경제적 효율성이 떨어져 실제로는 거의 적용되지 않는다.

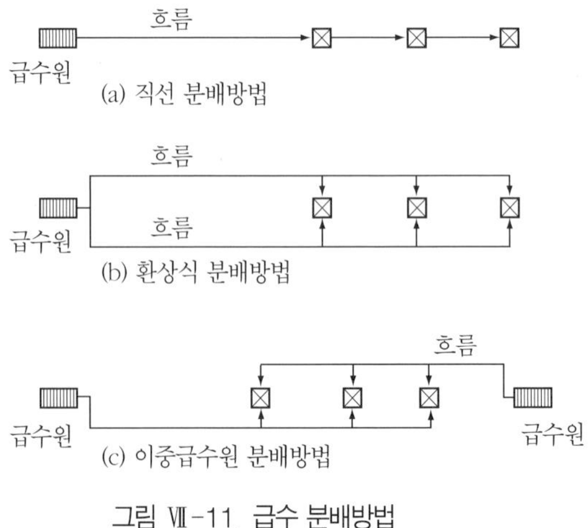

그림 Ⅶ-11. 급수 분배방법

2) 시설유형의 결정

살수관개의 작동원리에 의해 시설유형은 급연결방법, 구역별 조정방법, 그리고 원격조정방법의 3가지로 나눌 수 있다. 작동자가 관수가 요구되는 지역의 관수요구점에서 살수기나 호스를 급연결밸브*quick-coupling valve*에 연결하는 것을 급연결방법*quick-coupling system*이라 한다. 이 방법은 저렴한 가격으로 시설되지만, 살수기를 연결하고 제거하는 데 불편하고, 인력이 필요하게 되며, 또한 살수기를 설치하는 과정에서 작동자의 옷이 젖는 문제가 발생한다. 살수관개면적이 좁거나 고도화된 살수체계가 필요하지 않는 곳에서 사용될 수 있다.

또한, 한 개의 조절밸브에 여러 개의 살수기를 작동시킬 수 있도록 한 구역이나 구간을 선택하여 작동시키는 방법을 구역 또는 구간방법이라 한다. 각 구역에 설치된 밸브는 수동이나 자동으로 작동시킬 수 있으며, 구역이나 구간별 통제가 용이하다.

마지막으로 같은 시간에 광범위한 지역에 살수하거나 어떤 특정한 시간에 단 하나의 살수기만 작동시키기 위해 각 살수기마다 개별적인 밸브가 부착되어 원거리에서 조절할 수 있는 원격조정방법이 있다. 이 방법은 시계장치가 된 조절기를 이용하여 각 살수기를 작동시키는 방법으로, 관리자의 노력은 적게 드는 반면에 시설비가 많이 든다.

시설유형의 결정은 가용한 물의 양, 공급특성, 시설의 경제성, 토지이용 상태, 시설사용의 빈도, 살수의 필요성, 소유자의 요구를 복합적으로 고려하여 위의 3가지 방법 중 하나를 이용하거나, 경우에 따라서는 혼합하여 사용할 수도 있다.

3) 평면계획

개괄적인 물의 분배방법과 시설유형이 결정되면 부지를 대상으로 개괄적인 평면계획을 작성하여야 한다. 평면계획 작성은 살수체계의 구성형태의 골격을 결정하는 것으로, 일반적으로 지형, 부지의 규모, 식물의 분포상태를 고려하여 각 회로*circuit*의 설계를 하게 된다.

회로의 설계를 위해서는, 첫째, 각각의 회로에 전달되는 수량은 비슷하게 하며, 둘째, 회로의 수는 가급적 적게 하되, 총 급수용량과 회로별 급수가능한 수량을 고려하여 결정하며, 셋째, 압력손실을 최소화하도록 해야 한다.

나. 살수기의 선정과 배치

살수하려고 하는 지역에 균일한 강도로 물이 공급되어야 한다. 물론 식생에 따라 물의 요구량이 다소 차이가 있지만 대부분의 살수는 잔디를 대상으로 하는 경우가 많으므로 균등한 살수가 필요하다. 전체 지역에 살수되는 물의 양이 국지적으로 많거나 적을 경우 식물은 건조나 과습에 의한 피해를 받게 되므로 살수시스템의 효율성 측면에서도 균등한 살수가 요구된다. 그러나 살수기의 고유한 살수특성과 바람, 살수기에 작동되는 압력 등 변화요인에 의해 균등한 살수가 어려운 경우가 많으므로 살수설계에 있어서 주의가 요구된다.

(1) 살수기의 성능*sprinkler performance*

1) 살수형태*pattern of sprinkler distribution*

살수기의 형태와 종류에 따라 살수형태가 다르지만 작은 구멍에서 넓은 지역으로 분사되는 물은 수리측면에서 볼 때 고유한 특성을 가지고 있다. 만약 회전 살수기를 가지고 살수를 한다면 분사되는 지역은 그림 VII-12에서와 같이 살수기를 중심으로 동심원상으로 확대되므로 살수면적이 달라지게 된다.

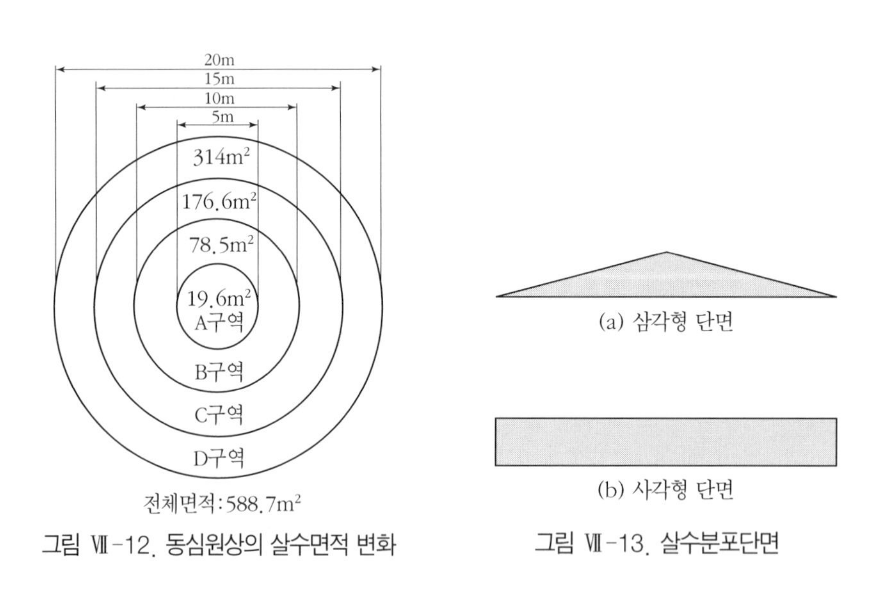

그림 VII-12. 동심원상의 살수면적 변화

그림 VII-13. 살수분포단면

만약 회전 살수기에서 동일한 강도로 물이 분사된다면 분사되는 물의 양이 동일한 반면, 분사되는 지역은 살수기를 중심으로 동심원상으로 확대되므로 살수기에서 먼 지점일수록 살수되는 물의 양은 감소될 것이다(그림 VII-13(a)). 그러므로 살수량을 같게 하기 위해서는 동심원상의 면적의 증가를 고려하여 거리가 멀수록 살수량을 늘리거나 살수기를 중복배치하여 균일한 살수효과를 얻을 수 있다(그림 VII-13(b)).

2) 살수형태의 영향요인*impacting factor*

앞에서 이론적인 살수분포에 대하여 언급했지만 실제 살수기에 의해 살수되는 물의 분포는 바람, 작동수압, 살수기의 회전, 배치형태에 의해 영향을 받게 된다. 여기서는 바람, 작동수압, 살수기의 회전특성에 따른 영향을 살펴보자.

① 바람

살수기의 살수형태는 불확정적인 영향요인인 바람에 의해 영향을 받는다. 바람은 풍속과 풍향이 복합되어 작용하게 된다. 그림 Ⅶ-14(a)는 바람이 10.7mile/hr(17.2km/hr)의 속도로 불었을 때, 변형된 살수형태를 보여주고 있다. 여기서 몇 가지 단서를 찾을 수 있는데, 첫째, 풍하중에 의해 바람 반대 방향의 살수반경이 줄어들고, 둘째, 바람부는 방향의 살수반경이 늘어나는 반면, 물방울이 분산되어 살수강도는 줄어들게 되며, 셋째, 살수기의 회전과 바람의 방향에 의해 바람 방향의 오른쪽 방향의 살수반경이 줄어드는 특성이 있다.

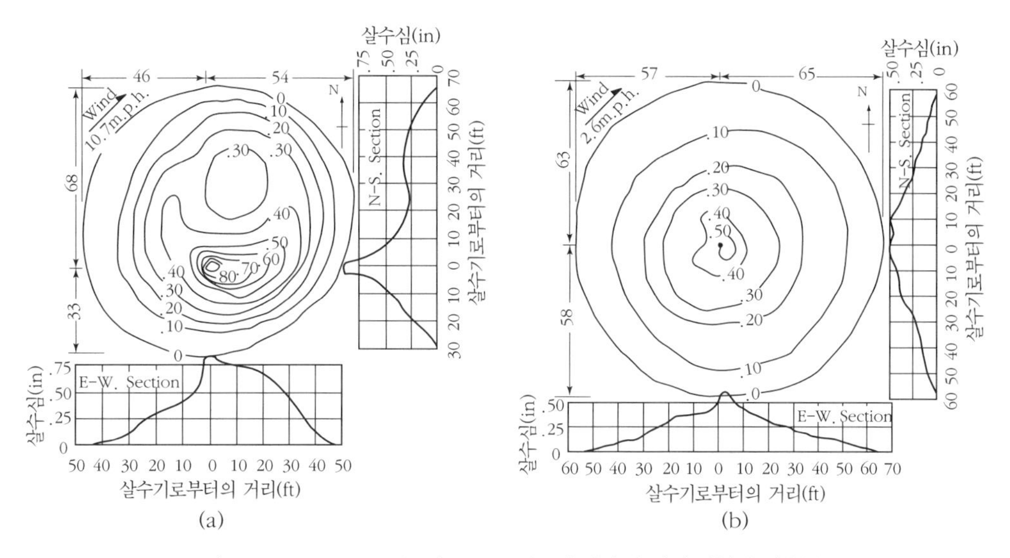

그림 Ⅶ-14. 10.7mile/hr와 2.6mile/hr의 바람에 의해 변형된 살수분포

이와는 달리 바람의 속도를 2.6mile/hr(4.2km/hr)로 줄일 경우 실험결과는 그림 Ⅶ-14(b)와 같이 바람에 의한 변형이 심하지 않게 나타나고 있다. 이와 같은 안정된 범위의 한계를 보통 3mile/hr(4.8km/hr)로 보고 있으나 일반적인 외부환경에서 이와 같이 안정된 기상조건을 기대하기는 어렵다. 바람의 영향은 분사되는 물방울의 크기에 따라 달라지는데, 대체적으로 물방울의 크기가 크면 바람에 의한 영향을 적게 받지만 지표면의 토양입자가 쉽게 파괴된다. 이로 인하여 토양표면의 공극이 줄어들게 되고 수분흡수가 원활하지 못하게 되어 쉽게 표면유출이 발생하게 된다.

② 작동수압

살수기는 적정한 수압에 의해 작동하도록 제작되어 있다. 그러나 그림 Ⅶ-15에서 보는 것처럼 살수기는 살수압이 지나치게 높은 경우 살수반경이 줄어들게 되며, 살수압이 지나치게 낮아져도 살수형태가 변형된다.

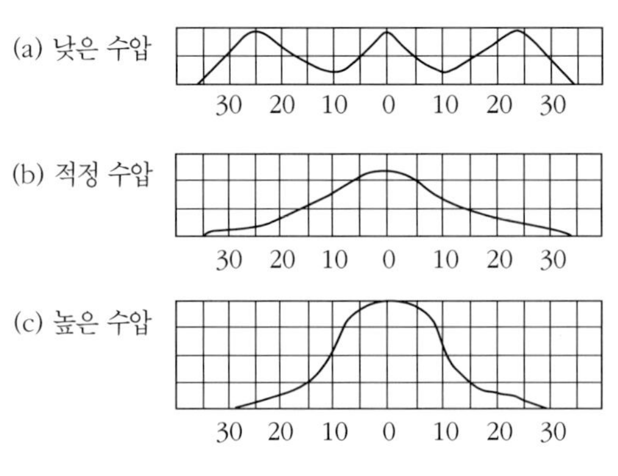

그림 Ⅶ-15. 살수압에 따른 살수분포

③ 살수기의 회전

살수기가 비정상적으로 회전할 때도 살수형태가 달라지게 된다. 그림 Ⅶ-16(a)에서 보는 바와 같이 살수기의 회전속도가 빨라지면 살수범위가 줄어들고 그림 Ⅶ-16(b)에서와 같이 살수기가 일정한 속도로 회전하지 않을 경우에도 살수형태가 변화된다.

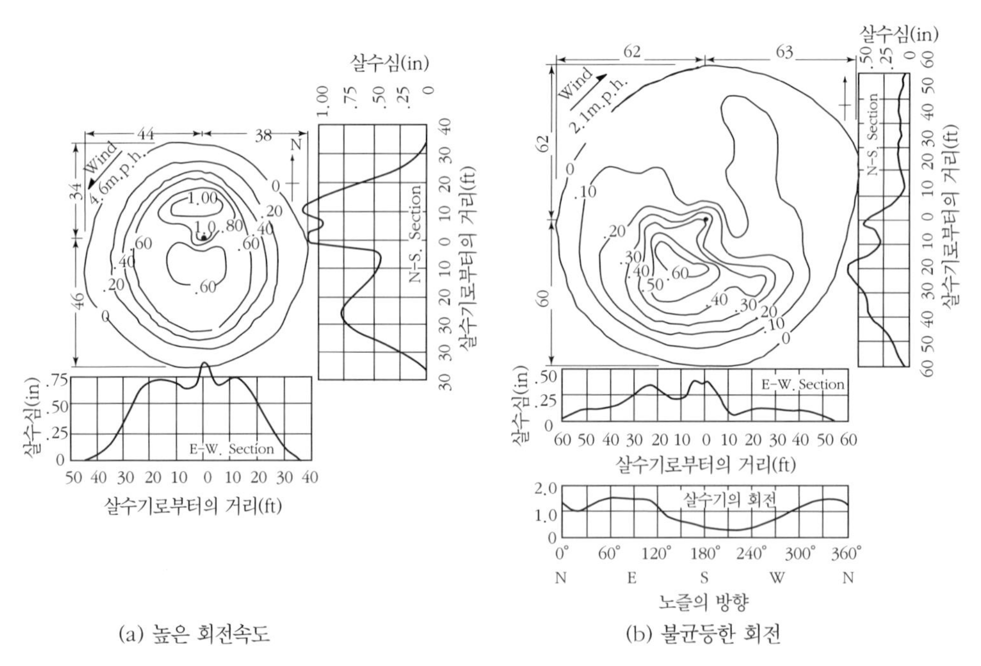

그림 Ⅶ-16. 살수기의 회전에 따른 살수분포

(2) 살수강도의 결정

살수강도를 결정하는 데 영향을 주는 요인은 토양의 흡수력 및 식물의 살수요구량과 공급수량을 살수하는 시간계획이다. 기본적으로 살수강도는 토양의 침투능력보다 크게 해서는 안 되며, 살수 도중에 증발손실을 적게 하도록 허용한계강도의 범위 내에서 가능한 크게 해야 한다.

대체적으로 우리나라의 토양은 점토, 식양토, 양토, 사질양토가 많으며, 사질이 많을수록 수분의 유실이 많아지게 된다. 사질양토는 보통 15cm까지의 깊이에서 25mm 정도의 유효수분을 저장할 수 있고, 퇴적토는 50mm 이상을 저장할 수 있으므로, 평균적으로 보통 30~40mm의 값을 적용할 수 있다. 또한 상토床土에 유기질이나 퍼얼라이트 등의 토양개량제 등이 혼합되었을 경우에는 토양의 보수력이 더욱 증가한다(〈표 Ⅶ-6〉).

〈표 Ⅶ-6〉 최대살수강도

토양구조 및 단면구조	경사나 피복상태에 좌우되는 최대관개강도(mm/hr)							
	경사 0~5%		5~8%		8~12%		12% 이상	
	피복지	나지	피복지	나지	피복지	나지	피복지	나지
2m까지 균질 조사토	50	50	50	38	38	25	25	13
치밀한 심토위 조사토	44	38	31	25	25	19	19	10
2m까지 균질 경輕사양토	44	25	31	20	19	15	19	10
치밀한 심토위 경輕사양토	31	19	25	13	15	10	13	8
2m까지 균질 미微사양토	25	13	20	10	15	8	10	5
치밀한 심토위 미微사양토	15	8	13	6	10	4	8	3
중점토 또는 식양토	5	4	4	3	3	2	3	2

토양이 물을 흡수하는 능력은 물의 공급방법에 따라서 영향을 받게 되며, 저압살수하는 경우에는 물방울이 커서 토양표면의 입단이 파괴되므로 수분흡수가 원활하지 못하여 표면유출을 일으키게 된다. 또한 지표면 상태와 경사도 살수강도의 중요한 결정인자가 된다. 표면에 지피식물이 있는 경우 나지보다 대체적으로 수분흡수율이 높게 되며, 최대살수강도를 다소 높게 할 수 있으나 지표면이 경사진 경우에는 적은 양의 물이 공급되더라도 표면유출이 발생하게 되므로 살수강도를 줄이지 않으면 안 된다.

대부분 잔디와 관목에 요구되는 강수량은 보통의 기후에서 1주일에 약 25mm 정도이고, 건조하고 더운 기후에서는 약 45mm 정도이다. 보통의 기후조건에서는 골프장의 그린은 50mm, 페어웨이는 25mm 정도의 강우가 주간당 요구된다. 또한 토양조건이나 온도 및 일조 등 기후조건에 따라 달라지게 되므로 정확한 살수요구량을 알기 위해서는 지역별 기상자료를 활용하여 별도로 산정하여야 한다.

일본에서는 8~15mm/hr의 강도를 가진 살수기가 많이 사용되고, 미국에서는 살수강도를 5.1mm/hr보다 작지 않도록 해야 한다는 것이 일반적인 견해이다. 이러한 여러 가지 조건을 고려해보면 살수강도는 10mm/hr 정도로 하는 것이 바람직하다.

(3) 살수기 작동시간

살수기의 작동시간은 설계시 매우 중요한 사항으로 하루 중 몇 분간이나 식물에게 살수하여야 하는지, 그리고 어느 정도의 물을 공급해야 하는지를 결정해 준다. 이에 대한 계산식은 다음과 같다.

$$T_d = \frac{L_w \times 60}{P_r \times D_n} \quad \text{(식 VII-2)}$$

T_d : 1일당 작동되는 시간(분/일)
L_w : 1주일당 필요한 살수요구량(인치/주)
P_r : 시간당 회로내 살수율(인치/시)
D_n : 주당 살수가능한 일수(일/주)

예를 들어 주당 $1\frac{1}{2}''$의 살수가 요구되는 곳에 40′반경으로 4.5GPM의 용량을 갖는 노즐을 사용하여 40′×45′ 사각형 배치할 경우 살수기 작동시간을 계산하고, 그 적정여부를 검토해 보자.

$$\text{살수율 } P_r = \frac{96.3 \times 4.5\text{GPM}}{40' \times 45'} = 0.24''/\text{시}$$

$$96.3(\text{단위변환계수}) \fallingdotseq \frac{231.101\,(\text{in}^3/\text{Gal}) \times 60\,(\text{min/hr})}{12\,(\text{in/ft}) \times (\text{in/ft})}$$

$$\text{작동시간 } T_d = \frac{1.5''/\text{주} \times 60\text{분/시}}{0.24''/\text{시} \times 3\text{일/주}} = 125\text{분/일 (3일/주)}$$

그러나 하루에 2시간 5분 동안 관개할 만큼 충분한 시간을 확보하기 어렵다. 특히, 몇 개의 지역이 같은 작동시간을 요구할 경우가 더욱 어렵게 된다. 따라서 이에 대한 문제의 해결책으로 몇 가지 방법이 있다.

① 첫째, 살수를 위한 일수를 늘리는 것으로 주당 6일을 공급하는 것이다.

$$T_d = \frac{1.5''/\text{주} \times 60\text{분/시}}{0.24''/\text{시} \times 6\text{일/주}} = 63\text{분/일 (6일/주)}$$

그러나 여기에도 문제점은 있는데, 제어기 작동시간이 1일당 60분보다 더 커서 효율적이지 못하며, 1일 살수시간을 나눌 수 없는 경우도 있다.

② 두 번째 해결방법으로는 더 큰 살수기 노즐을 선정하는 것이다. 만약, 7GPM의 노즐을 선정한다면

$$P_r = \frac{96.3 \times 7GPM}{40' \times 45'} = 0.38''/\text{시}$$

$$T_o = \frac{1.5''/\text{주} \times 60\text{분}/\text{시}}{0.38''/\text{시} \times 6\text{일}/\text{주}} = 39.5 \rightarrow 40\text{분}/\text{일}\ (6\text{일}/\text{주})$$

그러나 이 밖에도 몇 가지 조건이 있다. 첫째, 토양과 식물이 1시간당 0.38in(9.7mm) 이상으로 급수되는 물을 흡수할 수 있어야 한다는 것이고, 둘째, 주관로와 지선에 공급되는 물의 양이 살수기의 살수용량보다 많이 공급되어야 하며, 셋째, 전체를 살수하기 위한 총 살수체계 작동시간이 하루 허용시간 안에 있어야 한다는 것이다.

(4) 살수기의 선정

앞에서 언급된 영향요인을 고려하고, 살수강도가 결정되면, 급수원의 흐름과 작동압력에 의해서 살수기를 선정하여야 한다. 살수기에 대해서는 앞에서 설명한 다양한 조건을 참조하여 장·단점을 비교하여 선택한다. 살수기를 선정하면서 고려해야 하는 기준은 다음과 같으며, 실례로 미국의 토로*TORO*회사 살수기의 제원을 살펴보면 〈표 Ⅶ-7〉과 같다.

① 같은 구역이나 구간에서 분무식과 회전식 살수기를 혼용해서는 안 된다.
② 동일한 구역 내의 살수기의 살수강도는 같아야 한다. 그렇지 않으면 구역별로 과잉 살수되거나 결핍될 염려가 있다.
③ 동일한 회로 내에 살수기에 작동하는 압력은 제조업자가 권장하는 계통의 효과적인 작동압력의 범위 내에 있어야 하고, 적어도 작동압력의 오차는 10% 이내이어야 한다. 만약 그렇지 못할 경우에는 관의 길이를 줄이거나 별도의 밸브를 설치하여 조정하여야 한다.
④ 토양종류, 지표면 경사, 식물의 종류, 지표면의 형태와 규모, 장애물의 유무를 고려하여 적합한 살수기를 선정한다.
⑤ 살수기의 특성인 금속제의 배합비율, 제작상의 정밀도, 헤드의 성능 등을 고려하여 효율적이고 경제성 있는 살수기를 선정한다.

〈표 Ⅶ-7〉 살수기 제원

Series 500-Shrub Sprinklers.
ADJUSTABLE SHRUB SPRAY

MODEL NUMBER	SPACING △	□	G.P.M.at 25 P.S.I.	RADIUS at 25 P.S.I.	PATTERN
510-10*	–	(6′×20′)	1.3	4′×28′PATTERN	STRIP
522-10	6′	5′	.4	4′	180°
531-10	12′	11′	.5	9′	90°
532-10	12′	(10′×12′)	1.0	9′×18′PATTERN	RECT.
534-10*	11′	10′	1.0	8′	360°
541-10	17′	15′	.7	12′	90°
542-10	17′	15′	1.0	12′	180°
544-10*	17′	15′	2.0	12′	360°

* Non adjustable nozzles

For shrub and ground cover areas where sprinkler is elevated

INLET-1/2″ I.P.S. Thread
ADJUSTABLE RADIUS
SERVICEABLE SCREEN
MAXIMUM WORKING PRESSURE-50P.S.I.

590 Series-Brass Pop-Up Spray. 90°, 180°, 360°. 11′-21′ Spacing.
APPLICATION-For use in special projects which require brass sprinklers.

MODEL NUMBER STANDARD	HI-POP	SPACING △	□	P.S.I.	G.P.M.	RADIUS	PATTERN
591-11	591-21	12′	11′	25	1.3	9′	90°
592-11	592-21	12′	11′	25	1.7	9′	180°
593-11	593-21	12′	11′	25	1.5	9′	120°
594-11	594-21	11′	10′	25	2.2	9′	360°
591-12	591-22	17′	15′	25	1.8	12′	90°
592-12	592-22	17′	15′	25	2.2	12′	180°
593-12	593-22	17′	15′	25	2.0	12′	120°
594-12	594-22	17′	15′	25	3.2	12′	360°
591-13	591-23	21′	18′	35	2.2	15′	90°
592-13	592-23	21′	18′	35	3.4	15′	180°
593-13	593-23	21′	18′	35	2.7	15′	120°
594-13	594-23	21′	18′	35	5.2	15′	360°

SPECIFICATIONS
INLET-1/2″ I.P.S. Thread
HEIGHT-2″ on standard, 4″ on hi-pop
POP-UP-1″ on standard, 2″ on hi-pop
ADJUSTABLE RADIUS
MAXIMUM WORKING PRESSURE-50P.S.I.
Precipitation rate in pattern is approximately 2″ per hour.
Radius and spacings listed are maximum allowable under ideal conditions and make no allowance for wind, contours, etc.

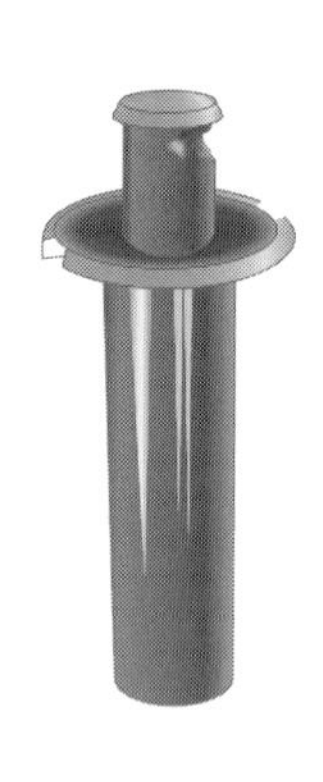

Series 620-Gear Driven Rotary. Full Circle and Adjustaable Part Circle. 30′-34′ Spacing.

360° COVERAGE

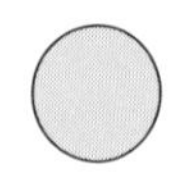

MODEL NUMBER	SPACING[1] △	□	P.S.I[3]	G.P.M.	RADIUS	PREC[2] RATE
624-00-24	40′	35′	35	2.8	38′	.19
	45′	40′	50	3.0	43′	.17
624-00-25	40′	35′	35	4.3	38′	.30
	45′	40′	50	5.0	43′	.28
624-00-26	40′	35′	35	7.0	38′	.48
	45′	40′	50	9.0	43′	.49

[1] Spacing calculated to combat wind to 5m.p.h. For 5 to 10m.p.h., derate spacing using .77 factor.
[2] Precipitation rate is for triangular spacing shown, in inches per hour.

ADJUSTABLE FROM 315°-45°

MODEL NUMBER	SPACING △	□	P.S.I[3]	G.P.M.	RADIUS	PREC[2] RATE
625-00-24	40′	35′	35	2.8	38′	.39
	45′	40′	50	3.0	43′	.33
625-00-25	40′	35′	35	4.3	38′	.59
	45′	40′	50	5.0	43′	.55
625-00-26	40′	35′	35	7.0	38′	.97
	45′	40′	50	9.0	43′	.98

[2] Precipitation rate varies according to arc set. Figures are for 180° arc.
[3] Stream breaker screw must be used when operating at 35 P.S.I to help distribution pattern.

(5) 살수기의 배치

1) 살수기의 중복과 배치방법

대부분의 살수기는 삼각형이나 사각형의 고유한 살수단면을 가지게 되는데, 살수지역에 균일한 살수를 하기 위해서 살수기는 중복률을 고려하여 적절한 간격을 유지하여 설치하여야 한다. 배치간격은 제품마다 다르므로 제조업자가 권장하는 제품사양에 따라 결정한다.

그림 Ⅶ-17은 살수기의 중복에 의한 살수형태를 보여주고 있는데, (b)는 (a)와 같은 살수단면을 갖는 살수기를 살수직경의 40% 중복시켰을 경우, (c)는 50% 중복시켰을 경우의 살수분포를 예시적으로 보여주고 있다. 그림 Ⅶ-18은 중복률을 살수직경의 50%로 하여 정방형으로 배치된 살수기에 의해 살수되는 정방형의 평면의 221개 지점의 살수심에 대한 자료이다. 이를 통하여 살수기의 중복효과를 이해할 수 있다.

균등한 살수가 가능하도록 살수기를 배치하기 위한 기본유형으로는 정사각형이나 정삼각형의 2개의 기하학적인 형태가 사용된다. 여기서 가장 중요한 것은 살수기 사이의 간격을 동일하

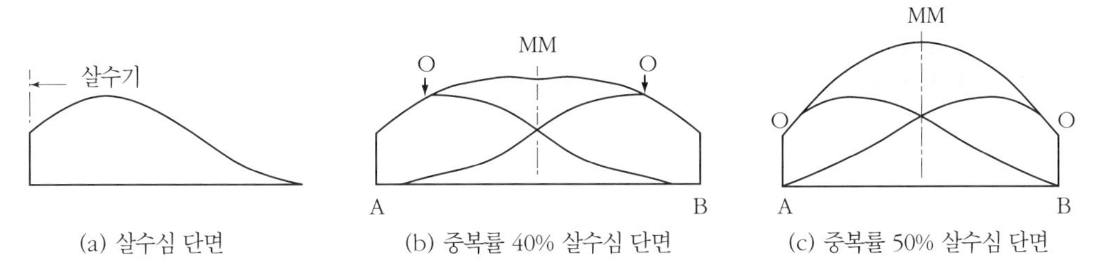

(a) 살수심 단면 (b) 중복률 40% 살수심 단면 (c) 중복률 50% 살수심 단면

그림 Ⅶ-17. 살수기 중복에 의한 살수심 단면

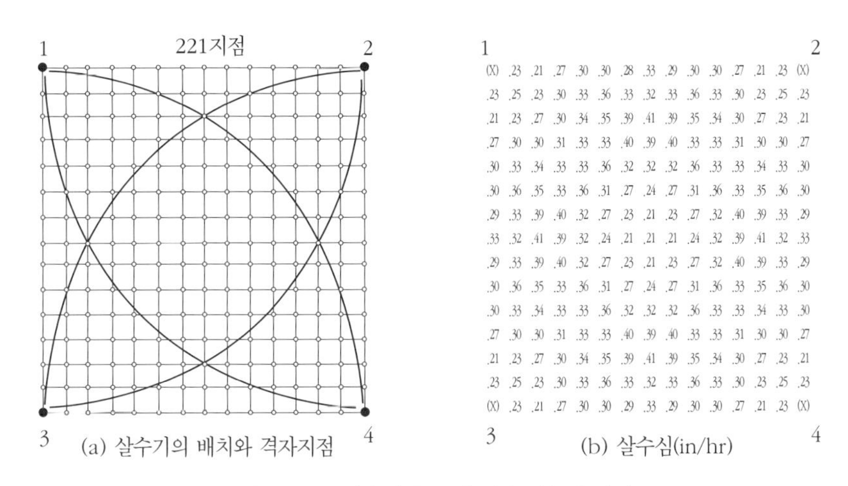

(a) 살수기의 배치와 격자지점 (b) 살수심(in/hr)

그림 Ⅶ-18. 살수기 중복에 의한 살수심 평면

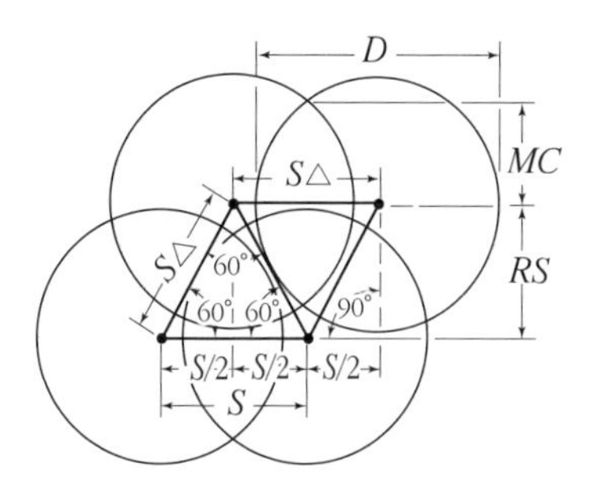

S□ : 정사각형 배치의 헤드간격
S△ : 정삼각형 배치의 등변간격
RS : 헤드열 사이의 간격
D : 살수직경
MC : 평균 살수직경

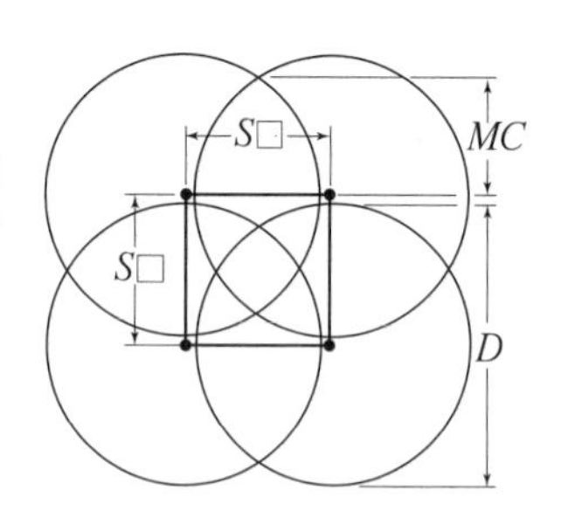

그림 Ⅶ-19. 삼각형 배치

그림 Ⅶ-20. 사각형 배치

게 하여, 이를 통해 균일한 살수율을 갖도록 하는 것이다. 살수기를 배치하기 위해서는 기본 요건이 되는 균등계수를 구하는 것이 필요하다. 균등계수는 살수기 사이에 측정도구를 두고 일정한 시간 동안 살수한 후에 담겨져 있는 물을 상대값인 백분율로 나타낸 것으로, 보통 균등계수가 85~95%이면 효과적인 것으로 간주된다.

삼각형의 배치는 사각형의 배치보다 더 좋은 균등계수均等係數*coefficient of uniformity*를 얻을 수 있기 때문에 선호되지만 최종적인 배치는 부지의 형태와 규모에 의해 결정된다. 살수기를 배치하는 데 있어서 다음 사항을 고려하여야 한다.

① 살수지역의 규모와 형태
② 식물의 규격, 형태, 분포상태
③ 장애물의 유무 및 규격과 형태
④ 사업예산
⑤ 선정된 살수기에 대한 설계자의 지식과 경험
⑥ 물의 공급용량과 가용압력
⑦ 풍속 등 부지조건

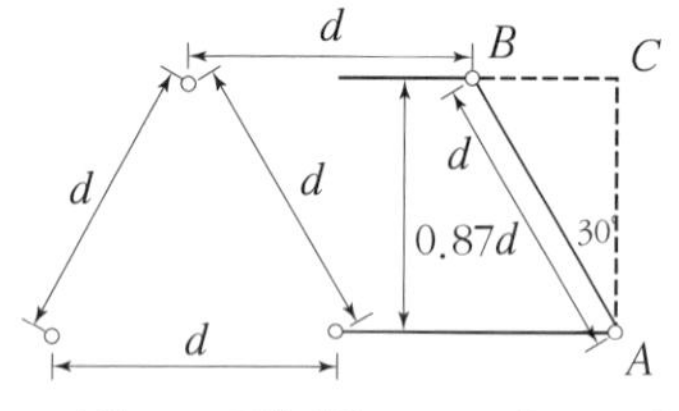

$AC = \cos 30° \cdot AB$ $\cos 30° = 0.866$
$\therefore AC = 0.866 \cdot AB$

그림 Ⅶ-21. 살수기의 삼각형 배치간격

미국에서는 제조업자가 모든 살수기 제품에 헤드의 규격, 작동압력과 살수직경의 관계를 명시하고, 균등계수가 가장 좋은 배치간격을 제시하고 있다. 대부분의 설계에서는 살수기의 열과 열 사이의 최대간격을 살수직경의 60~65%로 제한하고 있다. 그렇지만 삼각형 배치의 경우, 열에서는 살수기의 간격으로 사용되지만 열과 열 사이에서 살수기의 간격은 그림 VI-21에서 보는 바와 같이 87%의 간격으로 배치된다.

강한 바람을 받을 경우에는 살수기의 간격을 효율이 가장 좋은 간격으로 좁혀서 중복배치해야 한다. 바람이 강할수록 중복률은 높아지는데, 살수기의 간격은 풍속 0~2.2m/s에서는 살수직경의 60%, 2.2~4.5m/s에서는 50%, 4.5m/s 이상에서는 20~30%를 취하도록 한다. 또한 압력이 증가하면 살수기의 살포직경은 커지고, 살수도형은 더욱 균등하게 되는 경향이 있다.

2) 살수기의 배치방법에 따른 살수강도의 계산

일정시간에 주어진 양의 물을 살수하는데, 살수시간과 1회 살수량 및 살수기의 배치간격이 정해지면, 다음 식으로 살수기의 용량을 구할 수 있다.

$$q = \frac{DS_l S_m}{60T} \quad \cdots\cdots \text{(식 VII-3)}$$

단, q : 살수기 용량(l/min)

D : 살수심(mm)

S_l : 살수기의 간격(m)

S_m : 살수열의 간격(m)

T : 관개시간(hr)

위의 식에 의해 살수기 용량이 결정되면, 일정구역에 대한 살수강도는 다음 식으로 구한다.

$$I = \frac{60q}{A} \quad \cdots\cdots \text{(식 VII-4)}$$

단, I : 살수강도(mm/hr)

q : 살수기 용량(l/min)

A : 살수기 1개의 살수면적(m^2)($S_l \times S_m$)

식 VII-4에 의해 산출된 살수강도가 허용살수강도보다 작으면 좋으나, 만약 큰 경우에는 살수 용량이 작은 살수기를 선정하든지 또는 노즐을 바꾸든지 혹은 배치간격을 바꾸어 허용살수강도 이내로 하지 않으면 안 된다.

예를 들어 정사각형과 삼각형으로 배치된 살수기에 의한 살수강도를 단위를 다르게 하여 계산해 보자.

① 정사각형 배치의 살수강도 계산(메트릭 단위)

▶ 조건 : 50PSI에서 작동하는 11/64″ 노즐, 살수직경 83ft, 유량 5.95 GPM, 중복률 50%

▶ 단위변환

유량 5.95GPM → 5.95GPM × 3.785 = 22.520(l/min)

살수직경 83ft → 83ft × 0.3048 = 25.298(m)

$S_l = S_m$ = 직경의 50% = 0.5 × 25.298 = 12.649(m)

$$\text{살수강도}(I) = \frac{60 \times 22.520}{12.649 \times 12.649} = 8.445(\text{mm/hr})$$

② 삼각형 배치의 살수강도 계산

▶ 조건 : 50PSI에서 작동하는 11/64″ 노즐, 살수직경 83ft, 유량 5.95GPM, 중복률 60%

S_l = 직경의 60% = 0.6 × 83 = 50ft

S_m = 0.86 × 50 = 43ft

$$\text{살수강도}(I) = \frac{96.3 \times 5.95\text{GPM}}{50' \times 43.5'} = 0.26(\text{in/hr})$$

다. 관의 설계

(1) 관체계의 설계

관체계의 설계는 살수기 헤드를 구역별로 묶어 주고, 관의 배치를 위한 골격을 만들며, 적절한 작동을 위해 필요한 관과 밸브의 규격을 확정짓는 것이다. 효율적인 관계통의 설계는 급수압, 살수설비의 작동압력, 가용한 물의 용량과 이 계통이 수동적으로 작동하는지 자동적으로 작동하는지에 따라 달라진다. 이러한 고려사항은 아래의 예를 통해서 살펴보기로 한다.

첫째로 고려할 사항은 급수원이다. 급수압이나 급수용량은 도시에 급수되는 상수관이나 급수계량기*water meter*에 의하여 고정된 경우와 호수나 연못과 같은 자연상태의 급수원에 의한 경우가 있다. 전자의 경우 관체계의 설계는 급수원에 의해 결정되는데, 급수용량을 초과하지 않는 범위 내에서 시설계통은 여러 구역으로 세분되어야 하고, 또한 급수시간이 제한되어 있다면 구역당 살수기의 수를 감소시켜 더 많은 구역으로 만들어야 한다. 후자의 경우는 살수체계에 도입되는 살수기의 강도와 용량 등 살수체계의 특성과 부지여건에 따라 구역으로 세분하여 살수계통을 설치하고, 여기에 적합한 용량의 펌프를 설치하면 된다.

예를 들어 건물에 급수되는 도시의 상수관은 38mm($1\frac{1}{2}$inch)의 관에 4.55~5.74kg/cm^2(65-82PSI)의 압력으로 227l/min(60GPM)의 용량을 급수한다고 조사되었으므로 이 급수용량을 초과하지 않는 범위에서 구역을 세분하여야 한다. 또한 도시의 급수시설계통에 어떻게 관이 배치되어야 하는가는 각 회사의 살수기의 제품에 규정된 사양을 고려하여 결정한다. 미국 TORO회사(〈표 VII-7〉)의 제품 620계열의 살수기는 2.45~3.5kg/cm^2(35~50PSI)의 압력으로 작동하고, 제품 500계열과 590계열의 살수기는 1.75kg/cm^2(25PSI)의 압력으로 작동된다. 따라서 도시의 상수도의 급수압으로 큰 살수기를 작동할 수 있으며, 여분의 압력은 작은 살수기를 작동시키거나 관·밸브 등 계통의 압력손실에 사용될 수 있다.

살수관개에서 요구되는 전체 조직용량은 다음 식에 의하여 구한다.

$$Q_0 = 166.7 \times \frac{A_u D}{H \cdot F} (l/\text{min}) \quad \text{(식 VII-5)}$$

$$\text{또는 } Q_0 = n \cdot q (l/\text{min}) \quad \text{(식 VII-6)}$$

단, Q_0 : 계통용량(l/min)
A_u : 전면적(ha)
D : 살수량(min)
H : 1일 실작업시간(hr)
F : 살수작업일수(day)

n : 조직(구역)에서 동시에 작동하는 살수기의 수
q : 살수기 1개의 살수용량(l /min)

각 구역은 급수용량이 227 l/min(60GPM)의 범위 내에서 여러 개의 다른 구역으로 세분된다. 이 때 구분된 구역마다 용량의 차이가 매우 다른 경우가 있는데, 작은 구역에서는 별다른 문제가 되지 않지만, 양수능력을 효율적으로 이용하기 위해서 균등하게 급수가 되도록 구역을 세분하여야 한다.

(2) 계통의 총압력손실*total pressure loss for the system*

구역이 세분되면 배관설계를 하고, 구역별로 조절밸브를 설치한다. 배관계획이 확정되면 관의 종류와 크기의 결정에 앞서 계통의 압력손실*pressure loss*을 계산하여야 한다.

물이 관을 흐르기 시작하면 급수계량기, 관벽, 접합 및 연결부, 밸브 등에 의한 마찰과 관수점과 급수점의 고저 차이, 살수기가 요구하는 압력 등 다양한 요인에 의해 압력손실이 생기기 마련이다. 계통의 압력손실은 물의 압력을 나타내는 단위를 사용하는데, 미국에서는 평방인치당 파운드 lbf/in^2(PSI)와 피트로서 물기둥의 높이를 나타내는 feet of head(ft H_2O)를 사용하며, 미터법으로는 kgf/cm^{2}와 m H_2O로서 나타낼 수 있다(부록 1의 단위비교환산표 참조).

급수원이 도시상수관인 경우에 급수과정에서의 압력손실은 급수관*service line*이나 급수계량기*water meter*를 통해서 오는 압력의 손실일 것이다. 〈표 VII-8〉은 여러 규격의 급수계량기에서의 압력손실을 보여준다. 일반적으로 급수계량기는 급수관보다 한 단계 작은 크기로 설치되며, 급수 또는 배출되는 부분에 검인 또는 각인표시를 한다. 살수관개 조직에 요구되는 급수용량은, 급수계량기를 통한 급수량의 75%를 최대안전흐름으로 보거나, 급수주관의 정압靜壓*static pressure*의 10%보다 작게(허용압력손실)하여야 하므로 둘 중에서 낮은 것을 급수계량기에 의한 압력손실로 본다.

살수기가 요구하는 압력은 〈표 VII-7〉에서 보는 바와 같이 제조업자가 제시한 제품안내서를 통해서 알 수 있다. 펌프나 도시상수관에 작용하는 압력이 알려졌다면 관을 포함하는 살수계통에서의 허용압력손실은 급수에서의 압력과 살수기에서 요구되는 압력의 차이일 것이다.

관 계통의 압력손실을 계산하기 위해서는 유량 · 유속 · 마찰손실 · 관경의 관계를 이해하여야 한다. 이러한 관계는 유속한계관경결정공식*velocity limit pipe sizing formula*과 마찰요인관경결정공식*firction factor pipe sizing formula*으로 나타낼 수 있다. 유속한계관경결정공식과 마찰요인관경결정공식은 다음과 같으며, 이 공식들로 미리 계산한 〈표 VII-11〉~〈표 VII-16〉을 사용하면 계산의 번거로움을 덜 수 있다.

① 유속한계관경결정공식

$$V = 0.408\frac{Q}{d^2} \quad \text{(식 VII-7)}$$

V : 유속(fps)
Q : 유량(GPM)
d : 관의 내경

② 마찰요인관경결정공식

$$F_f = \frac{P_o \times P_v}{L_c} \quad \text{(식 VII-8)}$$

F_f : 100ft당 마찰손실(PSI)
P_o : 스프링클러의 작동압력
P_v : 허용압력편차(%)
L_c : 지선의 최장거리(임계길이)

〈표 VII-11〉~〈표 VII-16〉은 각종 형태의 강관에서 각종 흐름에 대한 관의 길이 100피트(33.3m)당 마찰손실을 보여준다. K형태는 두터운 관벽을 가진 것으로 도시급수관으로부터 건물까지 사용되며, L형태는 가장 얇은 관벽을 가진 것으로 강관이 관개용 관으로 사용될 때 이용한다. 어느 동일한 구역에서 살수지관에 의한 압력변화는 살수기에서 필요한 압력의 20%보다는 크지 않아야 하며, 연결부분을 통과할 때의 압력손실은 살수지관의 압력손실의 10% 이내이어야 한다.

전체 조직에 대한 압력손실을 그림 VII-22의 예를 들어 계산해 보자. 그림 VII-22에서는 관개지역에 50GPM 용량에 60PSI의 압력이 작용하는 급수관이 들어오고 있다. 본관에서 1″의 급수계량기까지는 70ft가 되는 K형 동관에 의해 급수관이 들어온다면, 이 관계통의 압력손실은 어떻게 되겠는가? 단, 살수기는 30PSI를 요구하며, 급수관보다 6′ 높게 설치하려고 한다.

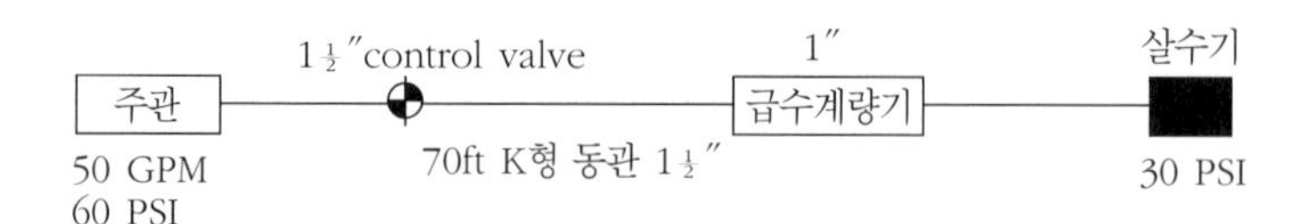

그림 VII-22.

급수계량기를 통과하는 압력손실은 상수도 주관에서의 정압의 10%를 초과하지 않아야 하므로 최대허용압력손실은 6PSI(10%×60PSI)이다. 최대허용압력손실보다 작은 급수용량의 75%, 즉 37.5GPM(50×75%)이 급수계량기를 통과하는 압력손실을 〈표 VII-8〉에서 검토해 보면 30GPM일 때 5.3PSI로 최대허용압력손실보다 작게 되므로, 여기서 급수계량기에는 30GPM이 통과하는 것으로 추정하여야 한다. 또한 직경 11/2″, 유량 30GPM인 K형 동관의 100ft당 압

〈표 Ⅶ-8〉 급수계량기에 의한 압력손실

AWWA STANDARD (단위: PSI)

유량 GPM	NORMAL SIZE							유량 GPM
	5/8	3/4	1	1½	2	3	4	
1	0.2	0.1						1
2	0.3	0.2						2
3	0.4	0.3						3
4	0.6	0.5	0.1					4
5	0.9	0.6	0.2					5
6	1.3	0.7	0.3					6
7	1.8	0.8	0.4					7
8	2.3	1.0	0.5					8
9	3.0	1.3	0.6					9
10	3.7	1.6	0.7					10
11	4.4	1.9	0.8					11
12	5.1	2.2	0.9					12
13	6.1	2.6	1.0					13
14	7.2	3.1	1.1					14
15	8.3	3.6	1.2					15
16	9.4	4.1	1.4					16
17	10.7	4.6	1.6					17
18	12.0	5.2	1.8					18
19	13.4	5.8	2.0					19
20	15.0	6.5	2.2	0.4				20
22		7.9	2.8	0.5				22
24		9.5	3.4	0.6				24
26		11.2	4.0	0.7				26
28		13.0	4.6	0.8				28
30		15.0	5.3	1.0	0.7			30
32			6.0	1.2	0.8			32
34			6.9	1.4	0.9			34
36			7.8	1.6	1.0			36
38			8.7	1.8	1.2			38
40			9.6	2.1	1.3			40
42			10.6	2.4	1.4			42
44			11.7	2.7	1.5			44
46			12.8	3.0	1.6			46
48			13.9	3.3	1.7			48
50			15.0	3.6	1.9	0.7		50
52				3.9	2.1			52
54				4.2	2.2			54
56				4.5	2.3			56
58				4.9	2.5			58
60				5.3	2.7	1.0		60
65				5.7	3.2	1.1		65
70				6.2	3.7	1.3		70
75				6.7	4.3	1.5		75
80				7.2	4.9	1.6	0.7	80
90				8.3	6.2	2.0	0.8	90
100				9.8	7.8	2.5	0.9	100
110				11.3	9.5	2.9	1.0	110
120				12.8	11.3	3.4	1.2	120
130				16.1	13.0	3.9	1.4	130
140				20.0	15.1	4.5	1.6	140
150					17.3	5.1	1.8	150
160					20.0	5.8	2.1	160
170						6.5	2.4	170
180						7.2	2.7	180
190						8.0	3.0	190
200						9.0	3.2	200
220						11.0	3.9	220
240						13.0	4.7	240
260						15.0	5.5	260
280						17.3	6.3	280
300						20.0	7.2	300
350							10.0	350
400							13.0	400
450							16.2	450
500							20.0	500

〈표 Ⅶ-9〉 밸브와 연결부에서 압력손실(표준강관기준 환산거리)

(단위: ft)

관경	Globe Valve	Angle Valve	Sprinkler Angle Valve	Gate Valve	Side Outlet Std. Tee	Run of Std. Tee	Std. Elbow	45° Elbow
1/2	17	9	2	0.4	4	1	2	1
3/4	22	12	3	0.5	5	2	3	1
1	27	15	4	0.6	6	2	3	2
1 1/4	38	18	5	0.8	8	3	4	2
1 1/2	45	22	6	1.0	10	3	5	2
2	58	28	7	1.2	12	4	6	3
2 1/2	70	35	9	1.4	14	5	7	3
3	90	45	11	1.8	18	6	8	4
4	120	60	15	2.3	23	7	11	5
6	170	85	20	3.3	33	12	17	8

〈표 Ⅶ-10〉 글로브 밸브와 연결부에서 압력손실

(단위: PSI)

유량 GPM	밸브규격						유량 GPM	밸브규격					
	1/2	3/4	1	1 1/4	1 1/2	2		1/2	3/4	1	1 1/4	1 1/2	2
2	.6						46	8.7	4.8	1.8	.9		
4	2.2	.7					48	9.4	5.2	2.0	1.0		
6	4.7	1.5	.6				50	10.1	5.6	2.1	1.1		
8	7.9	2.5	1.0				55	12.2	6.6	2.5	1.3		
10	12.2	3.8	1.5				60	14.2	7.8	3.0	1.5	.7	
12	17.2	5.3	2.1	.7			65	16.6	9.1	3.5	1.7	.8	
14	22.8	7.1	2.8	.9			70	19.0	10.4	4.0	2.0	.9	
16		9.0	3.6	1.2	.7		75		11.7	4.5	2.2	1.0	
18		11.2	4.4	1.5	.9		80		13.3	5.1	2.5	1.1	
20		13.7	5.4	1.9	1.0		90		16.6	6.3	3.2	1.4	
22		16.2	6.4	2.2	1.2		100		20.2	7.7	3.8	2.0	.6
24		19.0	7.5	2.6	1.4		120			10.7	5.4	2.7	.8
26		22.1	8.7	3.0	1.7		140			14.3	7.2	3.5	1.1
28			10.0	3.4	1.9	.7	160			18.3	9.2	4.4	1.4
30			11.3	3.9	2.2	.8	180			22.7	11.4	5.5	1.7
32			12.8	4.4	2.5	.9	200				13.9	6.6	2.1
34			14.3	4.9	2.7	1.0	250				20.9	9.7	3.2
36			16.0	5.5	3.0	1.2	300					14.7	4.5
38			17.7	6.1	3.4	1.3	350					16.9	6.0
40			19.5	6.7	3.7	1.4	400					21.6	7.6
42			21.3	7.3	4.1	1.5	450						9.4
44				8.0	4.4	1.7	500						11.4

〈표 Ⅶ-11〉 K형 동관의 마찰손실($C = 140$)

Sizes 1/2″ ~ 3″
Flow 1 ~ 600 GPM

(단위: PSI/100ft)

PIPE SIZE	1/2″		5/8″		3/4″		1″		1 1/4″		1 1/2″		2″		2 1/2″		3″		PIPE SIZE
FLOW G.P.M.	VELOCITY F.P.S.	P.S.I. LOSS	VELOCITY F.P.S.	P.S.I. LOSS	VELOCITY F.P.S.	P.S.I. LOSS	VELOCITY F.P.S.	P.S.I. LOSS	VELOCITY F.P.S.	P.S.I. LOSS	VELOCITY F.P.S.	P.S.I. LOSS	VELOCITY F.P.S.	P.S.I. LOSS	VELOCITY F.P.S.	P.S.I. LOSS	VELOCITY F.P.S.	P.S.I. LOSS	FLOW G.P.M.
1	1.46	1,09	0.95	0,39	0.73	0,20	0.41	0,05	0.26	0,02	0.18	0,01	0.10	0,00					1
2	2.93	3,94	1.91	1,40	1.47	0,73	0.82	0,18	0.52	0,06	0.37	0,03	0.21	0,01					2
3	4.40	8,35	2.87	2,97	2.20	1,55	1.23	0,38	0.78	0,13	0.55	0,05	0.31	0,01	0.20	0,00			3
4	5.87	14,23	3.83	5,05	2.94	2,64	1.64	0,65	1.05	0,22	0.74	0,09	0.42	0,02	0.27	0,01	0.19	0,00	4
5	7.34	21,51	4.79	7,64	3.67	3,99	2.06	0,98	1.31	0,33	0.93	0,14	0.53	0,04	0.34	0,01	0.24	0,01	5
6	8.81	30,15	5.75	10,70	4.41	5,60	2.47	1,37	1.57	0,46	1.11	0,20	0.63	0,05	0.41	0,02	0.28	0,01	6
7	10.28	40,11	6.71	14,24	5.14	7,44	2.88	1,82	1.84	0,61	1.30	0,26	0.74	0,07	0.48	0,02	0.33	0,01	7
8	11.75	51,37	7.67	18,24	5.88	9,53	3.29	2,33	2.10	0,78	1.48	0,34	0.85	0,09	0.55	0,03	0.38	0,01	8
9	13.22	63,89	8.63	22,68	6.61	11,86	3.70	2,90	2.36	0,97	1.67	0,42	0.95	0,11	0.61	0,04	0.43	0,02	9
10	14.69	77,66	9.59	27,57	7.35	14,41	4.12	3,53	2.63	1,18	1.86	0,51	1.06	0,13	0.68	0,05	0.48	0,02	10
11	16.15	92,65	10.55	32,89	8.08	17,19	4.53	4,21	2.89	1,41	2.04	0,61	1.16	0,16	0.75	0,05	0.53	0,02	11
12	17.62	108,85	11.51	38,64	8.82	20,20	4.94	4,94	3.15	1,66	2.23	0,71	1.27	0,18	0.82	0,06	0.57	0,03	12
14			13.43	51,47	10.29	26,87	5.76	6,57	3.68	2,21	2.60	0,95	1.48	0,24	0.95	0,08	0.67	0,04	14
16			15.35	65,83	11.76	34,41	6.59	8,42	4.21	2,83	2.97	1,22	1.70	0,31	1.10	0,11	0.77	0,05	16
18			17.27	81,88	13.23	42,80	7.41	10,47	4.73	3,52	3.34	1,51	1.91	0,39	1.23	0,13	0.86	0,06	18
20			19.19	99,53	14.70	52,02	8.24	12,73	5.26	4,28	3.72	1,84	1.12	0,47	1.37	0,16	0.96	0,07	20
22					16.17	62,06	9.06	15,18	5.79	5,10	4.09	2,19	2.33	0,56	1.51	0,20	1.06	0,08	22
24					17.64	72,92	9.89	17,84	6.31	5,99	4.46	2,58	2.55	0,66	1.65	0,23	1.15	0,10	24
26					19.11	84,57	10.71	20,69	6.84	6,95	4.83	2,99	2.76	0,77	1.78	0,27	1.25	0,11	26
28							11.53	23,73	7.37	7,98	5.20	3,43	2.97	0,88	1.92	0,30	1.35	0,13	28
30							12.36	26,97	7.89	9,06	5.58	3,89	3.18	1,00	2.06	0,35	1.44	0,15	30
35							14.42	35,88	9.21	12,06	6.51	5,18	3.72	1,33	2.40	0,46	1.68	0,19	35
40							16.48	45,95	10.52	15,44	7.44	6,63	4.25	1,70	2.75	0,59	1.93	0,25	40
45							18.54	57,15	11.84	19,20	8.37	8,25	4.78	2,12	3.00	0,73	2.17	0,31	45
50									13.16	23,34	9.30	10,03	5.31	2,57	3.44	0,89	2.41	0,38	50
55									14.47	27,85	10.23	11,97	5.84	3,07	3.78	1,06	2.65	0,45	55
60									15.79	32,71	11.16	14,06	6.37	3,60	4.12	1,25	2.89	0,53	60
65									17.10	37,94	12.09	16,31	6.91	4,18	4.47	1,45	3.13	0,61	65
70									18.42	43,52	13.02	18,70	7.44	4,80	4.81	1,66	3.37	0,70	70
75									19.74	49,46	13.95	21,25	7.97	5,45	5.16	1,89	3.62	0,80	75
80											14.88	23,95	8.50	6,14	5.50	2,13	3.86	0,90	80
85											15.81	26,80	9.03	6,87	5.84	2,38	4.10	1,01	85
90											16.74	29,79	9.56	7,64	6.19	2,65	4.34	1,12	90
95											17.67	32,93	10.09	8,44	6.53	2,93	4.58	1,24	95
100											18.60	36,21	10.63	9,28	6.88	3,22	4.82	1,36	100
110													11.69	11,08	7.56	3,84	5.31	1,62	110
120													12.75	13,01	8.25	4,52	5.79	1,91	120
130													13.82	15,09	8.94	5,24	6.27	2,21	130
140													14.88	17,31	9.63	6,01	6.75	2,54	140
150													15.94	19,67	10.32	6,83	7.24	2,88	150
160													17.01	22,17	11.00	7,69	7.72	3,25	160
170													18.07	24,81	11.69	8,61	8.20	3,64	170
180													19.13	27,58	12.38	9,57	8.69	4,04	180
190															13.07	10,58	9.17	4,47	190
200															13.76	11,63	9.65	4,91	200
225															15.48	14,47	10.86	6,11	225
250															17.20	17,58	12.07	7,43	250
275															18.92	20,98	13.27	8,86	275
300																	14.48	10,41	300
325																	15.69	12,07	325
350																	16.89	13,85	350
375																	18.10	15,73	375
400																	19.31	17,73	400
425																			425
450																			450
475																			475
500																			500
550																			550
600																			600

【주】 유속이 5ft/sec를 초과할 경우 주의

〈표 Ⅶ-12〉 표준강관의 마찰손실($C=100$)

Sizes 1/2″ ～ 6″
Flow 1 ～ 600 GPM

(단위: PSI/100ft)

PIPE SIZE	1/2″		3/4″		1″		1 1/4″		1 1/2″		2″		2 1/2″		3″		4″		6″		PIPE SIZE
FLOW G.P.M.	VELOCITY F.P.S.	P.S.I. LOSS	VELOCITY F.P.S.	P.S.I. LOSS	VELOCITY F.P.S.	P.S.I. LOSS	VELOCITY F.P.S.	P.S.I. LOSS	VELOCITY F.P.S.	P.S.I. LOSS	VELOCITY F.P.S.	P.S.I. LOSS	VELOCITY F.P.S.	P.S.I. LOSS	VELOCITY F.P.S.	P.S.I. LOSS	VELOCITY F.P.S.	P.S.I. LOSS	VELOCITY F.P.S.	P.S.I. LOSS	FLOW G.P.M.
1	1.05	0.91	0.60	0.23	0.37	0.07	0.21	0.02	0.15	0.01	0.09	0.00									1
2	2.10	3.28	1.20	0.84	0.74	0.26	0.42	0.07	0.31	0.03	0.19	0.01	0.13	0.00							2
3	3.16	6.95	1.80	1.77	1.11	0.55	0.64	0.14	0.47	0.07	0.28	0.02	0.20	0.01	0.13	0.00					3
4	4.21	11.85	2.40	3.02	1.48	0.93	0.85	0.25	0.62	0.12	0.38	0.03	0.26	0.01	0.17	0.01					4
5	5.27	17.91	3.00	4.56	1.85	1.41	1.07	0.37	0.78	0.18	0.47	0.05	0.33	0.02	0.21	0.01					5
6	6.32	25.10	3.60	6.39	2.22	1.97	1.28	0.52	0.94	0.25	0.57	0.07	0.40	0.03	0.26	0.01					6
7	7.38	33.40	4.20	8.50	2.59	2.63	1.49	0.69	1.10	0.33	0.66	0.10	0.46	0.04	0.30	0.01					7
8	8.43	42.77	4.80	10.89	2.96	3.36	1.71	0.89	1.25	0.42	0.76	0.12	0.53	0.05	0.34	0.02	0.20	0.00			8
9	9.49	53.19	5.40	13.54	3.33	4.18	1.92	1.10	1.41	0.52	0.85	0.15	0.60	0.06	0.39	0.02	0.22	0.01			9
10	10.54	64.65	6.00	16.46	3.70	5.08	2.14	1.34	1.57	0.63	0.95	0.19	0.66	0.08	0.43	0.03	0.25	0.01			10
11	10.60	77.13	6.60	19.63	4.07	6.07	2.35	1.60	1.73	0.75	1.05	0.22	0.73	0.09	0.47	0.03	0.27	0.01			11
12	12.65	90.62	7.21	23.07	4.44	7.13	2.57	1.88	1.88	0.89	1.14	0.26	0.80	0.11	0.52	0.04	0.30	0.01			12
14	14.76	20.56	8.41	30.69	5.19	9.48	2.99	2.50	2.20	1.18	1.33	0.35	0.93	0.15	0.60	0.05	0.35	0.01			14
16	16.87	54.39	9.61	39.30	5.93	12.14	3.42	3.20	2.51	1.51	1.52	0.45	1.07	0.19	0.69	0.07	0.40	0.02			16
18	18.98	92.02	10.81	48.88	6.67	15.10	3.85	3.98	2.83	1.88	1.71	0.56	1.20	0.23	0.78	0.08	0.45	0.02			18
20			12.01	59.41	7.41	18.35	4.28	4.83	3.14	2.28	1.90	0.68	1.33	0.29	0.86	0.10	0.50	0.03			20
22			13.21	70.88	8.15	21.90	4.71	5.77	3.46	2.72	2.10	0.81	1.47	0.34	0.95	0.12	0.55	0.03	0.24	0.00	22
24			14.42	83.27	8.89	25.72	5.14	6.77	3.77	3.20	2.29	0.95	1.60	0.40	1.04	0.14	0.60	0.04	0.26	0.01	24
26			15.62	96.57	9.64	29.83	5.57	7.86	4.09	3.71	2.48	1.10	1.74	0.46	1.12	0.16	0.65	0.04	0.28	0.01	26
28			16.82	110.8	10.38	34.22	5.99	9.01	4.40	4.26	2.67	1.26	1.87	0.53	1.21	0.18	0.70	0.05	0.31	0.01	28
30			18.02	125.9	11.12	38.89	6.42	10.24	4.72	4.84	2.86	1.43	2.00	0.60	1.30	0.21	0.75	0.06	0.33	0.01	30
35					12.97	51.74	7.49	13.62	5.50	6.44	3.34	1.91	2.34	0.80	1.51	0.28	0.88	0.07	0.38	0.01	35
40					14.83	66.25	8.56	17.45	6.29	8.24	3.81	2.44	2.67	1.03	1.73	0.36	1.00	0.10	0.44	0.01	40
45					16.68	82.40	9.64	21.70	7.08	10.25	4.29	3.04	3.01	1.28	1.95	0.44	1.13	0.12	0.49	0.02	45
50					18.53	100.2	10.71	26.37	7.87	12.46	4.77	3.69	3.34	1.56	2.16	0.54	1.25	0.14	0.55	0.02	50
55							11.78	31.47	8.65	14.86	5.25	4.41	3.68	1.86	2.38	0.65	1.38	0.17	0.61	0.02	55
60							12.85	36.97	9.44	17.46	5.72	5.18	4.01	2.18	2.60	0.76	1.51	0.20	0.66	0.03	60
65							13.92	42.88	10.23	20.25	6.20	6.00	4.35	2.53	2.81	0.88	1.63	0.23	0.72	0.03	65
70							14.99	49.18	11.01	23.23	6.68	6.89	4.68	2.90	3.03	1.01	1.76	0.27	0.77	0.04	70
75							16.06	55.89	11.80	26.40	7.16	7.83	5.01	3.30	3.25	1.15	1.88	0.31	0.83	0.04	75
80							17.13	62.98	12.59	29.75	7.63	8.82	5.35	3.72	3.46	1.29	2.01	0.34	0.88	0.05	80
85							18.21	70.47	13.37	33.29	8.11	9.87	5.68	4.16	3.68	1.44	2.13	0.39	0.94	0.05	85
90							19.28	78.33	14.16	37.00	8.59	10.97	6.02	4.62	3.90	1.61	2.26	0.43	0.99	0.06	90
95									14.95	40.90	9.07	12.13	6.35	5.11	4.11	1.78	2.39	0.47	1.05	0.06	95
100									15.74	44.97	9.54	13.33	6.69	5.62	4.33	1.95	2.51	0.52	1.10	0.07	100
110									17.31	53.66	10.50	15.91	7.36	6.70	4.76	2.33	2.76	0.62	1.22	0.08	110
120									18.88	63.04	11.45	18.69	8.03	7.87	5.20	2.74	3.02	0.73	1.33	0.10	120
130											12.41	21.68	8.70	9.13	5.63	3.17	3.27	0.85	1.44	0.12	130
140											13.36	24.87	9.37	10.47	6.06	3.64	3.52	0.97	1.55	0.13	140
150											14.32	28.26	10.03	11.90	6.50	4.14	3.77	1.10	1.66	0.15	150
160											15.27	31.84	10.70	13.41	6.93	4.66	4.02	1.24	1.77	0.17	160
170											16.23	35.63	11.37	15.01	7.36	5.22	4.27	1.39	1.88	0.19	170
180											17.18	39.61	12.04	16.68	7.80	5.80	4.53	1.55	1.99	0.21	180
190											18.14	43.78	12.71	18.44	8.23	6.41	4.78	1.71	2.10	0.23	190
200											19.09	48.14	13.38	20.28	8.66	7.05	5.03	1.88	2.21	0.26	200
225													15.08	25.22	9.75	8.76	5.66	2.34	2.49	0.32	225
250													16.73	30.65	10.83	10.65	6.29	2.84	2.77	0.39	250
275													18.40	36.57	11.92	12.71	6.92	3.39	3.05	0.46	275
300															13.00	14.93	7.55	3.98	3.32	0.54	300
325															14.08	17.32	8.18	4.62	3.60	0.63	325
350															15.17	19.87	8.81	5.30	3.88	0.72	350
375															16.25	22.57	9.43	6.02	4.15	0.82	375
400															17.33	25.44	10.06	6.78	4.43	0.92	400
425															18.42	28.46	10.69	7.59	4.71	1.03	425
450															19.50	31.64	11.32	8.43	4.99	1.15	450
475																	11.95	9.32	5.26	1.27	475
500																	12.58	10.25	5.54	1.40	500
550																	13.84	12.33	6.10	1.67	550
600																	15.10	14.37	6.65	1.96	600

【주】 유속이 5ft/sec를 초과할 경우 주의

〈표 Ⅶ-13〉 #40 PVC관의 마찰손실($C=150$)

Sizes 1/2″ ~ 6″
Flow 1 ~ 600 GPM

(단위: PSI/100ft)

PIPE SIZE	1/2″		3/4″		1″		1 1/4″		1 1/2″		2″		2 1/2″		3″		4″		6″		PIPE SIZE
FLOW G.P.M.	VELOCITY F.P.S.	P.S.I. LOSS	VELOCITY F.P.S.	P.S.I. LOSS	VELOCITY F.P.S.	P.S.I. LOSS	VELOCITY F.P.S.	P.S.I. LOSS	VELOCITY F.P.S.	P.S.I. LOSS	VELOCITY F.P.S.	P.S.I. LOSS	VELOCITY F.P.S.	P.S.I. LOSS	VELOCITY F.P.S.	P.S.I. LOSS	VELOCITY F.P.S.	P.S.I. LOSS	VELOCITY F.P.S.	P.S.I. LOSS	FLOW G.P.M.
1	1.05	0.43	0.60	0.11	0.37	0.03	0.21	0.01	0.15	0.00											1
2	2.11	1.55	1.20	0.39	0.74	0.12	0.42	0.03	0.31	0.02	0.19	0.00									2
3	3.16	3.28	1.80	0.84	1.11	0.26	0.64	0.07	0.47	0.03	0.28	0.01	0.20	0.00							3
4	4.22	5.60	2.40	1.42	1.48	0.44	0.85	0.12	0.62	0.05	0.38	0.02	0.26	0.01							4
5	5.27	8.46	3.00	2.15	1.85	0.66	1.07	0.18	0.78	0.08	0.47	0.02	0.33	0.01	0.21	0.00					5
6	6.33	11.86	3.60	3.02	2.22	0.93	1.28	0.25	0.94	0.12	0.57	0.03	0.40	0.01	0.26	0.01					6
7	7.38	15.77	4.20	4.01	2.59	1.24	1.49	0.33	1.10	0.15	0.66	0.05	0.46	0.02	0.30	0.01					7
8	8.44	20.20	4.80	5.14	2.96	1.59	1.71	0.42	1.25	0.20	0.76	0.06	0.53	0.02	0.34	0.01					8
9	9.49	25.12	5.40	6.39	3.33	1.97	1.92	0.52	1.41	0.25	0.85	0.07	0.60	0.03	0.39	0.01					9
10	10.55	30.54	6.00	7.77	3.70	2.40	2.14	0.63	1.57	0.30	0.95	0.09	0.66	0.04	0.43	0.01					10
11	11.60	36.43	6.60	9.27	4.07	2.86	2.35	0.75	1.73	0.36	1.05	0.11	0.73	0.04	0.47	0.02					11
12	12.65	42.80	7.21	10.89	4.44	3.36	2.57	0.89	1.88	0.42	1.14	0.12	0.80	0.05	0.52	0.02	0.30	0.00			12
14	14.76	56.94	8.41	14.48	5.19	4.47	2.99	1.18	2.20	0.56	1.33	0.17	0.93	0.07	0.60	0.02	0.35	0.01			14
16	16.87	72.92	9.61	18.55	5.93	5.73	3.42	1.51	2.51	0.71	1.52	0.21	1.07	0.09	0.69	0.03	0.40	0.01			16
18	18.98	90.69	10.81	23.07	6.67	7.13	3.85	1.88	2.83	0.89	1.71	0.26	1.20	0.11	0.78	0.04	0.45	0.01			18
20	21.09	110.23	12.01	28.04	7.41	8.66	4.28	2.28	3.14	1.08	1.90	0.32	1.33	0.13	0.86	0.05	0.50	0.01			20
22			13.21	33.45	8.15	10.33	4.71	2.72	3.46	1.29	2.10	0.38	1.47	0.16	0.95	0.06	0.55	0.01			22
24			14.42	39.30	8.89	12.14	5.14	3.20	3.77	1.51	2.29	0.45	1.60	0.19	1.04	0.07	0.60	0.02			24
26			15.62	45.58	9.64	14.08	5.57	3.17	4.09	1.75	2.48	0.52	1.74	0.22	1.12	0.08	0.65	0.02			26
28			16.82	52.28	10.38	16.15	5.99	4.25	4.40	2.01	2.67	0.60	1.87	0.25	1.21	0.09	0.70	0.02			28
30			18.02	59.41	11.12	18.35	6.42	4.83	4.72	2.28	2.86	0.68	2.00	0.29	1.30	0.10	0.75	0.03			30
35					12.97	24.42	7.49	6.43	5.50	3.04	3.34	0.90	2.34	0.38	1.51	0.13	0.88	0.04	0.38	0.00	35
40					14.83	31.27	8.56	8.23	6.29	3.89	3.81	1.15	2.67	0.49	1.73	0.17	1.00	0.04	0.44	0.01	40
45					16.68	38.89	9.64	10.24	7.08	4.84	4.29	1.43	3.01	0.60	1.95	0.21	1.13	0.06	0.49	0.01	45
50					18.53	42.27	10.71	12.45	7.87	5.88	4.77	1.74	3.34	0.73	2.16	0.26	1.25	0.07	0.55	0.01	50
55							11.78	14.85	8.65	7.01	5.25	2.08	3.68	0.88	2.38	0.30	1.38	0.08	0.61	0.01	55
60							12.85	17.45	9.44	8.24	5.72	2.44	4.01	1.03	2.60	0.36	1.51	0.10	0.66	0.01	60
65							13.92	20.23	10.23	9.56	6.20	2.83	4.35	1.19	2.81	0.41	1.63	0.11	0.72	0.02	65
70							14.99	23.21	11.01	10.96	6.68	3.25	4.68	1.37	3.03	0.48	1.76	0.13	0.77	0.02	70
75							16.06	26.37	11.80	12.46	7.16	3.69	5.01	1.56	3.25	0.54	1.88	0.14	0.83	0.02	75
80							17.13	29.72	12.59	14.04	7.63	4.16	5.35	1.75	3.46	0.61	2.01	0.16	0.88	0.02	80
85							18.21	33.26	13.37	15.71	8.11	4.66	5.68	1.96	3.68	0.68	2.13	0.18	0.94	0.02	85
90							19.28	36.97	14.16	17.46	8.59	5.18	6.02	2.18	3.90	0.76	2.26	0.20	0.99	0.03	90
95									14.95	19.30	9.07	5.72	6.35	2.41	4.11	0.84	2.39	0.22	1.05	0.03	95
100									15.74	21.22	9.54	6.29	6.69	2.65	4.33	0.92	2.51	0.25	1.10	0.03	100
110									17.31	25.32	10.50	7.51	7.36	3.16	4.76	1.10	2.76	0.29	1.22	0.04	110
120									18.88	29.75	11.45	8.82	8.03	3.72	5.20	1.29	3.02	0.34	1.33	0.05	120
130											12.41	10.23	8.70	4.31	5.63	1.50	3.27	0.40	1.44	0.05	130
140											13.36	11.74	9.37	4.94	6.06	1.72	3.52	0.46	1.55	0.06	140
150											14.32	13.33	10.03	5.62	6.50	1.95	3.77	0.52	1.66	0.07	150
160											15.27	15.03	10.70	6.33	6.93	2.20	4.02	0.59	1.77	0.08	160
170											16.23	16.81	11.37	7.08	7.36	2.46	4.27	0.66	1.88	0.09	170
180											17.18	18.69	12.04	7.87	7.80	2.74	4.53	0.73	1.99	0.10	180
190											18.14	20.66	12.71	8.70	8.23	3.02	4.78	0.81	2.10	0.11	190
200											19.09	22.72	13.38	9.57	8.66	3.33	5.03	0.89	2.21	0.12	200
225													15.05	11.90	9.75	4.14	5.66	1.10	2.49	0.15	225
250													16.73	14.47	10.83	5.03	6.29	1.34	2.77	0.18	250
275													18.40	17.26	11.92	6.00	6.92	1.60	3.05	0.22	275
300															13.00	7.05	7.55	1.88	3.32	0.26	300
325															14.08	8.17	8.18	2.18	3.60	0.30	325
350															15.17	9.38	8.81	2.50	3.88	0.34	350
375															16.25	10.65	9.43	2.84	4.15	0.39	375
400															17.33	12.01	10.06	3.20	4.43	0.44	400
425															18.42	13.43	10.69	3.58	4.71	0.49	425
450															19.50	14.93	11.32	3.98	4.99	0.54	450
475																	11.95	4.40	5.26	0.60	475
500																	11.58	4.84	5.54	0.66	500
550																	13.84	5.77	6.10	0.79	550
600																	15.10	6.78	6.65	0.92	600

【주】 유속이 5ft/sec를 초과할 경우 주의

〈표 Ⅶ-14〉 #160 PVC관의 마찰손실($C=150$)

Sizes 1/2″ ~ 6″
Flow GPM 1 ~ 600

(단위: PSI/100ft)

PIPE SIZE	1/2″		3/4″		1″		1 1/4″		1 1/2″		2″		2 1/2″		3″		4″		6″		PIPE SIZE
FLOW G.P.M.	VELOCITY F.P.S.	P.S.I. LOSS	VELOCITY F.P.S.	P.S.I. LOSS	VELOCITY F.P.S.	P.S.I. LOSS	VELOCITY F.P.S.	P.S.I. LOSS	VELOCITY F.P.S.	P.S.I. LOSS	VELOCITY F.P.S.	P.S.I. LOSS	VELOCITY F.P.S.	P.S.I. LOSS	VELOCITY F.P.S.	P.S.I. LOSS	VELOCITY F.P.S.	P.S.I. LOSS	VELOCITY F.P.S.	P.S.I. LOSS	FLOW G.P.M.
1	0.79	0.21	0.47	0.06	0.29	0.02															1
2	1.57	0.76	0.94	0.22	0.57	0.06															2
3	2.36	1.61	1.42	0.46	0.86	0.14	0.52	0.04													3
4	3.15	2.74	1.89	0.79	1.14	0.23	0.69	0.07	0.54	0.04											4
5	3.94	4.14	2.36	1.19	1.43	0.35	0.87	0.10	0.67	0.05											5
6	4.73	5.80	2.83	1.67	1.72	0.49	1.04	0.14	0.80	0.08											6
8	6.30	9.87	3.78	2.84	2.29	0.84	1.39	0.24	1.06	0.13	0.68	0.04									8
10	7.88	14.91	4.72	4.29	2.86	1.27	1.74	0.37	1.33	0.20	0.85	0.07	0.58	0.03							10
15			7.08	9.08	4.29	2.68	2.61	0.78	2.00	0.41	1.27	0.14	0.87	0.05							15
20			9.44	15.46	5.72	4.57	3.49	1.33	2.66	0.70	1.70	0.24	1.16	0.09	0.78	0.04					20
25					7.15	6.90	4.35	2.01	3.33	1.06	2.12	0.36	1.45	0.14	0.97	0.05					25
30					8.58	9.67	5.22	2.81	4.00	1.49	2.55	0.50	1.74	0.20	1.17	0.08					30
35							6.10	3.74	4.66	1.98	2.98	0.67	2.03	0.27	1.35	0.10					35
40							6.95	4.79	5.33	2.54	3.40	0.86	2.32	0.34	1.56	0.13	.94	0.04			40
45									6.00	3.16	3.84	1.06	2.61	0.42	1.75	0.16	1.06	0.05			45
50									6.66	3.84	4.25	1.29	2.90	0.51	1.95	0.19	1.18	0.06			50
60									8.00	5.38	5.10	1.81	3.48	0.72	2.33	0.27	1.41	0.08			60
70									9.32	7.15	5.95	2.41	4.06	0.96	2.72	0.36	1.65	0.11			70
80											6.80	3.08	4.64	1.23	3.11	0.46	1.88	0.14			80
90											7.65	3.84	5.22	1.53	3.50	0.58	2.12	0.17			90
100											8.50	4.66	5.80	1.85	3.89	0.70	2.35	0.20	1.09	0.03	100
125											10.6	7.04	7.25	2.80	4.86	1.06	2.94	0.31	1.36	0.05	125
150											0		8.80	3.93	5.81	1.48	3.53	0.43	1.64	0.07	150
175													10.1	5.22	6.81	1.97	4.11	0.58	1.91	0.09	175
200													5		7.78	2.60	4.70	0.76	2.18	0.12	200
225															8.75	3.17	5.29	0.92	2.45	0.14	225
250															9.73	3.81	5.88	1.12	2.73	0.17	250
275															10.7	4.55	6.46	1.33	3.00	0.20	275
300															0		7.05	1.56	3.27	0.24	300
325																	7.64	1.81	3.54	0.28	325
350																	8.23	2.08	3.82	0.32	350
375																	8.81	2.36	4.09	0.36	375
400																	9.40	2.66	4.36	0.41	400
425																	9.99	2.98	4.63	0.46	425
450																	10.5	3.31	4.91	0.51	450
475																	8		5.18	0.56	475
500																			5.45	0.62	500
550																			6.00	0.73	550
600																			6.54	0.86	600

【주】 유속이 5ft/sec를 초과할 경우 주의

〈표 Ⅶ-15〉 #200 PVC관의 마찰손실(SDR 21, $C = 150$)

Sizes 3/4″ ~ 6″
Flow 1 ~ 600GPM

(단위: PSI/100ft)

PIPE SIZE	3/4″		1″		1 1/4″		1 1/2″		2″		2 1/2″		3″		4″		6″		PIPE SIZE
FLOW G.P.M.	VELOCITY F.P.S.	P.S.I. LOSS	VELOCITY F.P.S.	P.S.I. LOSS	VELOCITY F.P.S.	P.S.I. LOSS	VELOCITY F.P.S.	P.S.I. LOSS	VELOCITY F.P.S.	P.S.I. LOSS	VELOCITY F.P.S.	P.S.I. LOSS	VELOCITY F.P.S.	P.S.I. LOSS	VELOCITY F.P.S.	P.S.I. LOSS	VELOCITY F.P.S.	P.S.I. LOSS	FLOW G.P.M.
1	0.47	0.06	0.28	0.02	0.18	0.01	0.13	0.00											1
2	0.94	0.22	0.57	0.07	0.36	0.02	0.27	0.01	0.17	0.00									2
3	1.42	0.46	0.86	0.14	0.54	0.04	0.41	0.02	0.26	0.01	0.18	0.00							3
4	1.89	0.79	1.15	0.24	0.72	0.08	0.55	0.04	0.35	0.01	0.24	0.01							4
5	2.36	1.20	1.44	0.36	0.90	0.12	0.68	0.06	0.44	0.02	0.30	0.01							5
6	2.83	1.68	1.73	0.51	1.08	0.16	0.82	0.08	0.53	0.03	0.36	0.01	0.24	0.00					6
7	3.30	2.23	2.02	0.67	1.26	0.22	0.96	0.11	0.61	0.04	0.42	0.01	0.28	0.01					7
8	3.77	2.85	2.30	0.86	1.44	0.28	1.10	0.14	0.70	0.05	0.48	0.02	0.32	0.01					8
9	4.25	3.55	2.59	1.07	1.62	0.34	1.24	0.18	0.79	0.06	0.54	0.02	0.36	0.01					9
10	4.72	4.31	2.88	1.30	1.80	0.42	1.37	0.22	0.88	0.07	0.60	0.03	0.40	0.01					10
11	5.19	5.15	3.17	1.56	1.98	0.50	1.51	0.26	0.97	0.09	0.66	0.03	0.44	0.01					11
12	5.66	6.05	3.46	1.83	2.17	0.59	1.65	0.30	1.06	0.10	0.72	0.04	0.48	0.02	0.29	0.00			12
14	6.60	8.05	4.04	2.43	2.53	0.78	1.93	0.40	1.23	0.14	0.84	0.05	0.56	0.02	0.34	0.01			14
16	7.55	10.30	4.61	3.11	2.89	1.00	2.20	0.52	1.41	0.17	0.96	0.07	0.65	0.03	0.39	0.01			16
18	8.49	12.81	5.19	3.87	3.25	1.24	2.48	0.64	1.59	0.22	1.08	0.09	0.73	0.03	0.44	0.01			18
20	9.43	15.58	5.77	4.71	3.61	1.51	2.75	0.78	1.76	0.26	1.20	0.10	0.81	0.04	0.49	0.01			20
22	10.38	18.58	6.34	5.62	3.97	1.80	3.03	0.93	1.94	0.32	1.32	0.12	0.89	0.05	0.54	0.01			22
24	11.32	21.83	6.92	6.60	4.34	2.12	3.30	1.09	2.12	0.37	1.44	0.15	0.97	0.06	0.59	0.02			24
26	12.27	25.32	7.50	7.65	4.70	2.46	3.58	1.27	2.29	0.43	1.56	0.17	1.05	0.07	0.63	0.02			26
28	13.21	29.04	8.08	8.78	5.06	2.82	3.86	1.46	2.47	0.49	1.68	0.19	1.13	0.07	0.68	0.02			28
30	14.15	33.00	8.65	9.98	5.42	3.20	4.13	1.66	2.65	0.56	1.80	0.22	1.22	0.09	0.73	0.02	0.34	0.00	30
35	16.51	43.91	10.10	13.27	6.32	4.26	4.82	2.20	3.09	0.75	2.11	0.29	1.42	0.11	0.86	0.03	0.39	0.01	35
40	18.87	56.23	11.54	17.00	7.23	5.45	5.51	2.82	3.53	0.95	2.41	0.38	1.62	0.14	0.98	0.04	0.45	0.01	40
45			12.98	21.14	8.13	6.78	6.20	3.51	3.97	1.19	2.71	0.47	1.83	0.18	1.10	0.05	0.51	0.01	45
50			14.42	25.70	9.04	8.24	6.89	4.26	4.41	1.44	3.01	0.57	2.03	0.22	1.23	0.06	0.56	0.01	50
55			15.87	30.66	9.94	9.83	7.58	5.09	4.85	1.72	3.31	0.68	2.23	0.26	1.35	0.08	0.62	0.01	55
60			17.31	36.02	10.85	11.55	8.27	5.97	5.30	2.02	3.61	0.80	2.44	0.31	1.47	0.09	0.68	0.01	60
65			18.75	41.77	11.75	13.40	8.96	6.93	5.74	2.35	3.92	0.93	2.64	0.36	1.59	0.10	0.73	0.02	65
70					12.65	15.37	9.65	7.95	6.18	2.69	4.22	1.06	2.84	0.41	1.72	0.12	0.79	0.02	70
75					13.56	17.47	10.34	9.03	6.62	3.06	4.52	1.21	3.05	0.46	1.84	0.14	0.85	0.02	75
80					14.46	19.68	11.03	10.18	7.06	3.44	4.82	1.36	3.25	0.52	1.96	0.15	0.90	0.02	80
85					15.37	22.02	11.72	11.39	7.50	3.85	5.12	1.52	3.45	0.59	2.09	0.17	0.96	0.03	85
90					16.27	24.48	12.41	12.66	7.95	4.28	5.42	1.69	3.66	0.65	2.21	0.19	1.02	0.03	90
95					17.18	27.06	13.10	13.99	8.39	4.74	5.72	1.87	3.86	0.72	2.33	0.21	1.07	0.03	95
100					18.08	29.76	13.79	15.39	8.83	5.21	6.03	2.06	4.07	0.79	2.46	0.23	1.13	0.04	100
110					19.89	35.50	15.17	18.36	9.71	6.21	6.63	2.45	4.47	0.94	2.70	0.28	1.24	0.04	110
120							16.54	21.57	10.60	7.30	7.23	2.88	4.88	1.11	2.95	0.33	1.36	0.05	120
130							17.92	25.02	11.48	8.47	7.84	3.34	5.29	1.29	3.19	0.38	1.47	0.06	130
140							19.30	28.70	12.36	9.71	8.44	3.84	5.69	1.47	3.44	0.43	1.59	0.07	140
150									13.25	11.04	9.04	4.36	6.10	1.68	3.69	0.49	1.70	0.08	150
160									14.13	12.44	9.64	4.91	6.51	1.89	3.93	0.55	1.81	0.08	160
170									15.01	13.91	10.25	5.50	6.91	2.11	4.18	0.62	1.93	0.09	170
180									15.90	15.47	10.85	6.11	7.32	2.35	4.42	0.69	2.04	0.11	180
190									16.78	17.10	11.45	6.75	7.73	2.60	4.67	0.76	2.15	0.12	190
200									17.66	18.80	12.06	7.43	8.14	2.85	4.92	0.84	2.27	0.13	200
225									19.87	23.38	13.56	9.24	9.15	3.55	5.53	1.04	2.55	0.16	225
250											15.07	11.23	10.17	4.31	6.15	1.27	2.83	0.19	250
275											16.58	13.39	11.19	5.15	6.76	1.51	3.12	0.23	275
300											18.09	15.74	12.21	6.05	7.38	1.78	3.40	0.27	300
325											19.60	18.25	13.22	7.01	7.99	2.06	3.69	0.31	325
350													14.24	8.05	8.61	2.36	3.97	0.36	350
375													15.26	9.14	9.22	2.69	4.25	0.41	375
400													16.28	10.30	9.84	3.03	4.54	0.46	400
425													17.29	11.53	10.45	3.39	4.82	0.52	425
450													18.31	12.81	11.07	3.77	5.11	0.57	450
475													19.33	14.16	11.68	4.16	5.39	0.63	475
500															12.30	4.58	5.67	0.70	500
550															13.53	5.46	6.24	0.83	550
600															14.76	6.42	6.81	0.98	600

【주】 유속이 5ft/sec를 초과할 경우 주의

〈표 Ⅶ-16〉 폴리에틸렌(PE)관의 마찰손실(SDR 7, 9, 11.5, 15, C=140)

Sizes 1/2″ ~ 6″
Flow 1 ~ 600 GPM

(단위: PSI/100ft)

PIPE SIZE	1/2″		3/4″		1″		1 1/4″		1 1/2″		2″		2 1/2″		3″		4″		6″		PIPE SIZE
FLOW G.P.M.	VELOCITY F.P.S.	P.S.I. LOSS	VELOCITY F.P.S.	P.S.I. LOSS	VELOCITY F.P.S.	P.S.I. LOSS	VELOCITY F.P.S.	P.S.I. LOSS	VELOCITY F.P.S.	P.S.I. LOSS	VELOCITY F.P.S.	P.S.I. LOSS	VELOCITY F.P.S.	P.S.I. LOSS	VELOCITY F.P.S.	P.S.I. LOSS	VELOCITY F.P.S.	P.S.I. LOSS	VELOCITY F.P.S.	P.S.I. LOSS	FLOW G.P.M.
1	1,05	0,49	0,60	0,12	0,37	0,04	0,21	0,01	0,15	0,00	0,09	0,00									1
2	2,10	1,76	1,20	0,45	0,74	0,14	0,42	0,04	0,31	0,02	0,19	0,01									2
3	3,16	3,73	1,80	0,95	1,11	0,29	0,64	0,08	0,47	0,04	0,28	0,01	0,20	0,00							3
4	4,21	6,35	2,40	1,62	1,48	0,50	0,85	0,13	0,62	0,06	0,38	0,02	0,26	0,01							4
5	5,27	9,60	3,00	2,44	1,85	0,76	1,07	0,20	0,78	0,09	0,47	0,03	0,33	0,01	0,21	0,00					5
6	6,32	13,46	3,60	3,43	2,22	1,06	1,28	0,28	0,94	0,13	0,57	0,04	0,40	0,02	0,26	0,01					6
7	7,38	17,91	4,20	4,56	2,59	1,41	1,49	0,37	1,10	0,18	0,66	0,05	0,46	0,02	0,30	0,01					7
8	8,43	22,93	4,80	5,84	2,96	1,80	1,71	0,47	1,25	0,22	0,76	0,07	0,53	0,03	0,34	0,01					8
9	9,49	28,52	5,40	7,26	3,33	2,24	1,92	0,59	1,41	0,28	0,85	0,08	0,60	0,03	0,39	0,01					9
10	10,54	34,67	6,00	8,82	3,70	2,73	2,14	0,72	1,57	0,34	0,95	0,10	0,66	0,04	0,43	0,01					10
11	11,60	41,36	6,00	10,53	4,07	3,25	2,35	0,86	1,73	0,40	1,05	0,12	0,73	0,05	0,47	0,02	0,27	0,00			11
12	12,65	48,60	7,21	12,37	4,44	3,82	2,57	1,01	1,88	0,48	1,14	0,14	0,80	0,06	0,52	0,02	0,30	0,01			12
14	14,76	64,65	8,41	16,46	5,19	5,08	2,99	1,34	2,20	0,63	1,33	0,19	0,93	0,08	0,60	0,03	0,35	0,01			14
16	16,87	82,79	9,61	21,07	5,93	6,51	3,42	1,71	2,51	0,81	1,52	0,24	1,07	0,10	0,69	0,04	0,40	0,01			16
18	18,98	02,97	10,81	26,21	6,67	8,10	3,85	2,13	2,83	1,01	1,71	0,30	1,20	0,13	0,78	0,04	0,45	0,01			18
20			12,01	31,86	7,41	9,84	4,28	2,59	3,14	1,22	1,90	0,36	1,33	0,15	0,86	0,05	0,50	0,01			20
22			13,21	38,01	8,15	11,74	4,71	3,09	3,46	1,46	2,10	0,43	1,47	0,18	0,95	0,06	0,55	0,02			22
24			14,42	44,65	8,89	13,79	5,14	3,63	3,77	1,72	2,29	0,51	1,60	0,21	1,04	0,07	0,60	0,02			24
26			15,62	41,79	9,64	16,00	5,57	4,21	4,09	1,99	2,48	0,59	1,74	0,25	1,12	0,09	0,65	0,02			26
28			16,82	59,41	10,38	18,35	5,99	4,83	4,40	2,28	2,67	0,68	1,87	0,29	1,21	0,10	0,70	0,03			28
30			18,02	67,50	11,12	20,85	6,42	5,49	4,72	2,59	2,86	0,77	2,00	0,32	1,30	0,11	0,75	0,03	0,33	0,00	30
35					12,97	27,74	7,49	7,31	5,50	3,45	3,34	1,02	2,34	0,43	1,51	0,15	0,88	0,04	0,38	0,01	35
40					14,83	35,53	8,56	9,36	6,29	4,42	3,81	1,31	2,67	0,55	1,73	0,19	1,00	0,05	0,44	0,01	40
45					16,68	44,19	9,64	11,64	7,08	5,50	4,29	1,63	3,01	0,69	1,95	0,24	1,13	0,06	0,49	0,01	45
50					18,53	53,71	10,71	14,14	7,87	6,68	4,77	1,98	3,34	0,83	2,16	0,29	1,25	0,08	0,55	0,01	50
55							11,78	16,87	8,65	7,97	5,25	2,36	3,68	1,00	2,38	0,35	1,38	0,09	0,61	0,01	55
60							12,85	19,82	9,44	9,36	5,72	2,78	4,01	1,17	2,60	0,41	1,51	0,11	0,66	0,01	60
65							13,92	22,99	10,23	10,86	6,20	3,22	4,35	1,36	2,81	0,47	1,63	0,13	0,72	0,02	65
70							14,99	26,37	11,01	12,46	6,68	3,69	4,68	1,56	3,03	0,54	1,76	0,14	0,77	0,02	70
75							16,06	29,97	11,80	14,16	7,16	4,20	5,01	1,77	3,25	0,61	1,88	0,16	0,83	0,02	75
80							17,13	33,77	12,59	15,95	7,63	4,73	5,35	1,99	3,46	0,69	2,01	0,18	0,88	0,03	80
85							18,21	37,79	13,37	17,85	8,11	5,29	5,68	2,23	3,68	0,77	2,13	0,21	0,94	0,03	85
90							19,28	42,01	14,16	19,84	8,59	5,88	6,02	2,48	3,90	0,86	2,26	0,23	0,99	0,03	90
95									14,95	21,93	9,07	6,50	6,35	2,74	4,11	0,95	2,39	0,25	1,05	0,03	95
100									15,74	24,12	9,54	7,15	6,69	3,01	4,33	1,05	2,51	0,28	1,10	0,04	100
110									17,31	28,77	10,50	8,53	7,36	3,59	4,76	1,25	2,76	0,33	1,22	0,05	110
120									18,88	33,80	11,45	10,02	8,03	4,22	5,20	1,47	3,02	0,39	1,33	0,05	120
130											12,41	11,62	8,70	4,90	5,63	1,70	3,27	0,45	1,44	0,06	130
140											13,36	13,33	9,37	5,62	6,06	1,95	3,52	0,52	1,55	0,07	140
150											14,32	15,15	10,03	6,38	6,50	2,22	3,77	0,59	1,66	0,08	150
160											15,27	17,08	10,70	7,19	6,93	2,50	4,02	0,67	1,77	0,09	160
170											16,23	19,11	11,37	8,05	7,36	2,80	4,27	0,75	1,88	0,10	170
180											17,18	21,24	12,04	8,95	7,08	3,11	4,53	0,83	1,99	0,11	180
190											18,14	23,48	12,71	9,89	8,23	3,44	4,78	0,92	2,10	0,12	190
200											19,09	25,81	13,38	10,87	8,66	3,78	5,03	1,01	2,21	0,14	200
225													15,05	13,52	9,75	4,70	5,66	1,25	2,49	0,17	225
250													16,73	16,44	10,83	5,71	6,29	1,52	2,77	0,21	250
275													18,40	19,61	11,92	6,82	6,92	1,82	3,05	0,25	275
300															13,00	8,01	7,55	2,13	3,32	0,29	300
325															14,08	9,29	8,18	2,48	3,60	0,34	325
350															15,17	10,65	8,81	2,84	3,88	0,39	350
375															16,25	12,10	9,43	3,23	4,15	0,44	375
400															17,33	13,64	10,06	3,64	4,43	0,50	400
425															18,42	15,26	10,69	4,07	4,71	0,55	425
450															19,50	16,97	11,32	4,52	4,99	0,62	450
475																	11,95	5,00	5,26	0,68	475
500																	12,58	5,50	5,54	0,75	500
550																	13,84	6,56	6,10	0,89	550
600																	15,10	7,70	6,65	1,05	600

【주】 유속이 5ft/sec를 초과할 경우 주의

력손실은 〈표 Ⅶ-11〉에서 3.89PSI의 압력손실을 가져오므로, 70ft일 경우는 2.72PSI(3.89×0.7)가 된다. 구역 안에서 최대압력손실은 살수기 압력의 20%(30PSI×0.2=6PSI)로 제한되고, 연결부의 압력손실은 구역의 살수지관의 10%(6PSI×0.1=0.6PSI)로 제한된다. 마지막으로 급수관과 살수기의 높이차 6ft에 의한 압력손실은 2.60PSI(6×0.433)이다. 따라서 위의 것을 정리하면 다음과 같다.

2.72PSI(30GPM의 급수용량으로 70ft강관의 급수관의 압력손실)
5.30PSI(30GPM의 급수용량에 대한 1″ 급수계량기의 압력손실)
6.00PSI(살수지관의 압력손실)
0.60PSI(연결부의 압력손실)
2.20PSI(30GPM, 1 1/2″ 조절밸브의 압력손실)
30.00PSI(살수기에 요구되는 압력)
2.60PSI(6ft 높이변화에 따른 손실)

49.42PSI(전체 살수계통에서의 압력손실)

(3) 관경의 결정

관 전체 허용압력손실을 관의 길이로 나누면 1피트당 허용압력손실을 얻을 수 있다. 이것을 가지고, 각 관형과 관재료에 따른 마찰손실표에서 100피트당 허용압력손실을 넘지 않는 범위에서 관경을 선택하여야 한다. 또한 관로에서 유속이 1.5m/sec(5ft/s)를 초과하면 수로손상이 발생하므로 이를 초과하지 않도록 해야 한다.

그림 Ⅶ-23과 같은 예를 들어 관경을 결정하기로 하자. 5.8GPM의 급수용량에 45PSI의 작동압력이 필요한 6개의 살수기를 갖고 있는 살수지관의 관경을 계산하려고 한다. 살수기 간격은 50피트, 관종은 #160 PVC관이며, 급수계량기는 80PSI의 정압을 받고 있고, 조절밸브까지는 K형 강관으로 거리는 200피트이다.

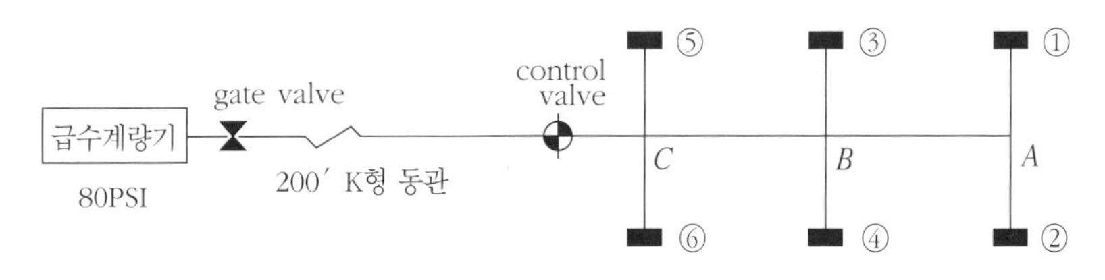

그림 Ⅶ-23. 관의 배치도

①번의 살수기에는 45PSI의 압력이 필요하며, 조절밸브로부터 ①번의 살수기까지는 살수기 작동압력의 20%의 허용압력손실이 있다. 즉, 125피트에 대하여 9PSI(45PSI×0.2)의 허용압력

손실이 있게 된다. 이것은 100피트에 의하여 7.2PSI가 되므로, #160 PVC관의 허용압력손실에서 5.8GPM에 대한 관경을 구하면 1/2″에서 5.46PSI를 얻는다. 따라서 7.2PSI 범위에 들어 있으므로 만족스러운 관경이다. *AB*의 살수지관에는 ①과 ②의 살수기 용량을 운반해야 하므로 11.6GPM의 용량을 통과시켜야 한다. 〈표 Ⅶ-14〉에서 3/4″ 관경에 대한 압력손실을 구하면 5.82PSI를 얻을 수 있어서 7.2PSI 범위에 들어 있으므로 만족스러운 관경이다.

*BC*의 살수지관에는 ①, ②, ③과 ④의 살수기의 용량을 운반해야 하므로 23.2GPM이 필요하므로 〈표 Ⅶ-14〉에서 1″ 관경에 대한 압력손실은 6.06PSI가 계산되어 7.2PSI 범위에 들어 있으므로 만족스러운 관경이다. 그러나 유속한계인 5ft/sec를 넘게 되므로 주의하여야 한다.

급수계량기에서 조절밸브까지 주관에서는 일반적으로 100피트당 5PSI의 최대허용압력손실을 본다. 그러므로 〈표 Ⅶ-11〉의 K형 동관에서 34.8GPM(5.8GPM×6)에 대한 허용압력손실은 $1\frac{1}{2}$″에서 4.7PSI이고, $1\frac{1}{4}$″에서 9.6PSI이므로 $1\frac{1}{2}$″의 관경을 택한다.

게이트밸브는 주관과 같은 크기를 사용하며 관경 $1\frac{1}{2}$″에서 압력손실은 1.0PSI이다. 또한 조절밸브는 일반적으로 한 구역에서 4～6PSI의 허용손실을 보여줄 수 있으므로, 34.8GPM에 대해서 $1\frac{1}{4}$″의 밸브를 택하면 2.7PSI이므로 만족스럽다. 급수계량기는 보통 4～8PSI의 허용압력손실을 허용하므로 〈표 Ⅶ-8〉에서 34.8GPM에 대해서 1″의 급수계량기를 택하면 7.4PSI가 나오므로 만족스럽다.

7.40PSI(1″의 급수계량기)
1.0PSI($1\frac{1}{2}$″의 게이트밸브)
8.40PSI(200′ K형 동관)
2.70PSI(조절밸브)
9.00PSI(살수지관의 압력손실)
0.90PSI(연결부분의 압력손실)
5.00PSI(살수기를 회전시키는 데 최소 5PSI의 손실이 있다)
45.00PSI(살수시 압력손실)

79.4PSI(전체 살수계통에서의 압력손실)

총압력손실은 79.4PSI가 되므로, 정압 80PSI와 비교하면 잉여압력이 0.6PSI가 된다.

(4) 환상급수관에 대한 관경 결정

환상급수관은 주관으로부터 살수지점까지 효율적으로 물을 공급할 수 있으므로 살수관개에서 자주 사용된다. 환상식 급수관에서 주관은 관망을 형성하기 위하여 단일 혹은 다수의 환상선으로 되어 있으며, 물이 필요한 지점까지 여러 방향으로 흐르기 때문에 흐름과 압력에 균형을 줄 수 있다.

그림 VII-24와 같이 완전히 대칭인 환상급수관을 살펴보자. 필요로 하는 급수용량이 100GPM(378.5LPM)이라면, 환상급수관은 각각 50GPM씩 유수시키면 되고, 관을 결정할 때에도 환상급수관의 길이의 반을 허용압력손실로 나눌 수 있다.

살수요구압력이 45PSI이므로 최대허용손실은 9.0PSI(45×0.2)라면, 100피트당 4.5PSI(9.0×100/200)의 허용손실이 있다. #200 PVC관을 사용한다면 1½″ 관이 50GPM의 용량에서 100피트당 4.26PSI의 손실이 있으므로 만족스러운 관경의 결정이다.

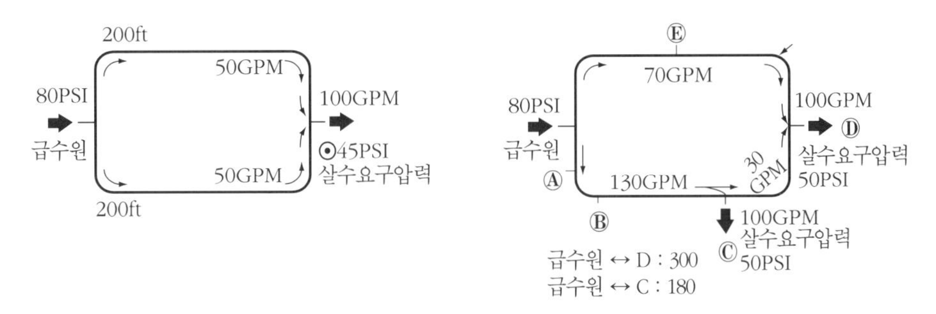

그림 VII-24. 환상급수관의 배치 (1)

그림 VII-25. 환상급수관의 배치 (2)

그림 VII-25와 같은 경우, 두 곳의 요구지점 C, D에는 100GPM이 필요하고, 동시에 작동이 요구되는 것이 더 있는 경우, 환상급수관경을 결정해 보자.

첫째로 가장 많은 용량을 요구하는 두 지점 C, D를 택하고, 그것에 대한 급수관의 길이와 유수관과 유수용량을 추정해야 한다. 그림 VII-25에서 급수원으로부터 살수요구지점까지의 최대허용압력손실은 10PSI(50×0.2)로 하면, 급수원에서 D의 요구지점까지는 100ft당 3.3PSI(10×100/300 = 3.3)의 손실이 있다. 만일 #200 PVC관을 사용한다면 70GPM에 대해서 2″ 관경이 필요하나, 유속이 6.18ft/sec로 높다. 다시 급수원으로부터 C의 살수요구지점까지는 100피트 5.5PSI(10×100/180 = 5.5)의 손실이 있다. #200 PVC 관을 사용한다면 130GPM의 용량에 대해서 2½″의 관경이 필요하나, 과도한 유속이 생기므로 3″의 관경이 타당하다.

살펴본 바와 같이, 환상급수관경의 결정은 타당한 유량과 유수의 방향을 추정하는 것이다. 일반적으로 관의 용량이 큰 경우에는 보다 짧은 관로를 통해서 물이 살수요구지점까지 운반되지만, 가장 짧은 관로의 마찰손실이 가장 긴 관로의 마찰손실과 같거나 초과될 때에는 물은 긴 관로로 움직이게 된다. 다시 말하면, 환상식 급수주관은 내부의 압력차를 균형있게 하려 하고, 용량은 여러 방향으로 변화된다. 그러므로 조경가는 관경을 결정짓기 전에 여러 가지로 유량과 유수의 방향을 추정해 보아야 한다.

라. 살수설계의 사례

다음의 정원에 대한 살수설계를 종합적으로 실습해보자. 살수설계의 과정은 앞에서 언급된 순서로 진행되는데 전체 살수대상 공간을 몇 개의 구역으로 분할하여 관로를 설정하고, 살수방식과 살수기를 선정하여 살수기를 배치한 후, 유량을 산정한다. 다음 제시된 조건에 의해 유속 및 유량과 압력손실을 비교 평가한 후 살수체계의 순환계통을 분배하도록 한다.

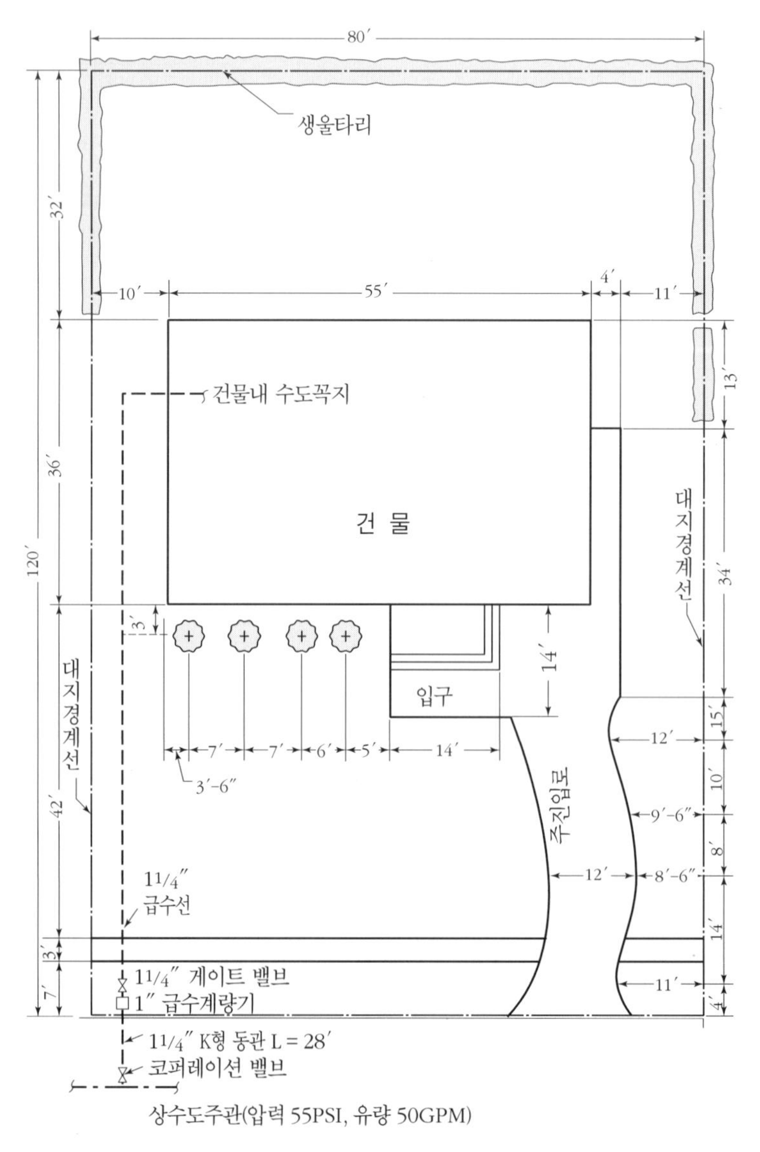

그림 Ⅶ-26. 부지평면도 및 급수선

(1) 구역별 살수기 선정과 위치결정

① 나지

이 지역은 폭이 좁은 나지로 약 7′폭을 가지고 있다. 물의 낭비를 줄이기 위하여 통로 위로 약간의 초과살수가 필요하다. 그리고 그 나지의 폭만큼만 살수되는 살수기를 선정하여야 한다. 한 줄의 살수기로는 물공급이 좀더 요구되므로 두 줄의 반원형 살수기가 요구된다. 여기에는 20PSI 작동압력과 11′의 살수범위를 갖는 살수기를 사용하는 것이 좋다.

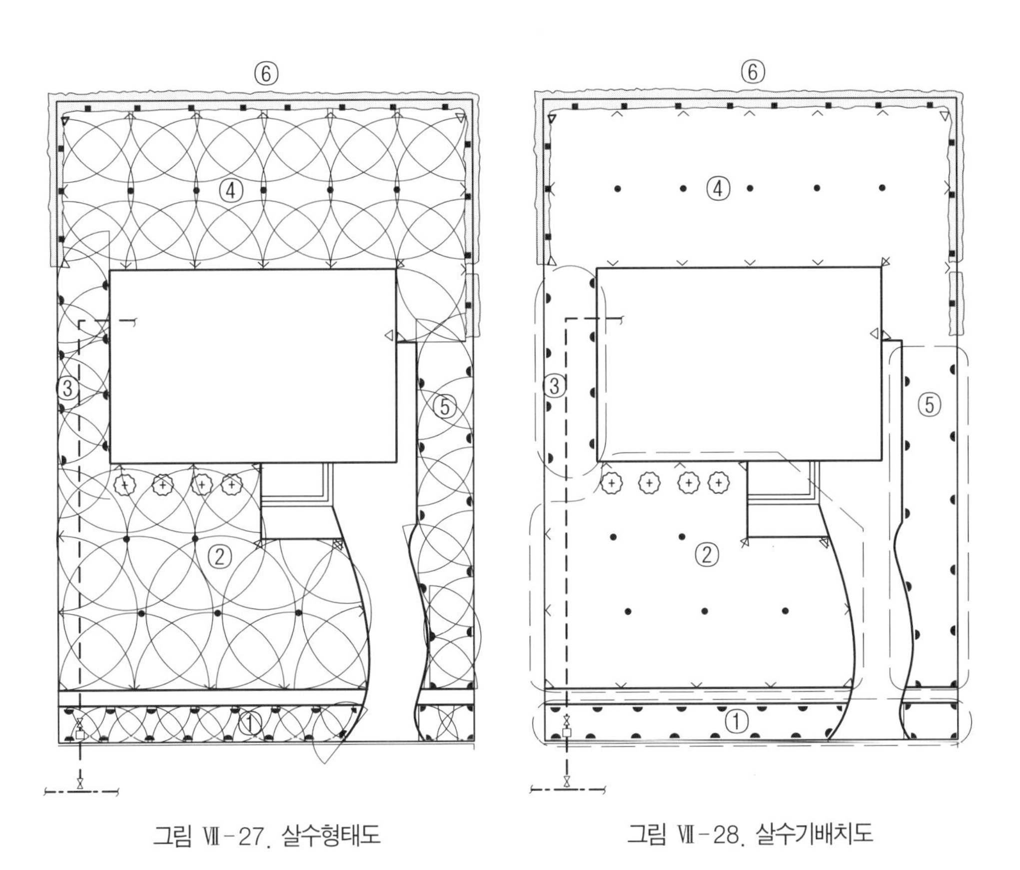

그림 Ⅶ-27. 살수형태도

그림 Ⅶ-28. 살수기배치도

② 전정구역

지역의 크기와 형태 때문에 분무입상 살수기를 사용하여 사각형의 배치를 한다. 최소 20PSI 압력으로 25′직경으로 분무하는 것을 사용한다.

$S_l = S_m$ = 살수기 사이의 간격 = 직경의 55%

$0.55 \times 25' = 14.0'$(최소)

건물로부터 통행로까지 42′이므로 14′ 간격의 살수기를 4줄로 배치한다.

③ 측면구역

이 지역은 반원형 살수기를 두 줄로 배치하고 살수기는 50% 간격으로 위치시킨다.

④ 후정구역

이 곳은 분무입상살수기를 사각형으로 배치한다.

S_l = 직경의 60% = 0.6×25′ = 15.0′(최대)

S_m = 직경의 50% = 0.5×25′ = 12.5′(최소)

건물로부터 울타리까지의 거리가 약 30′이므로 15′ 간격으로 3줄을 배치한다. 각 살수열을 따라 생긴 간격은 약 12.5′에서 13.0′이어야 하고 살수기는 울타리 경계 바로 안쪽에 설치한다.

구 분	살수기모델	GPM	표기	헤드의 수	총 GPM
① 나지	2800 HP-HU(180°)	0.90	◓	13	11.7
	2800 HP-QU(90°)	0.62	◣	6	3.7
	소 계			19	15.4
② 전정구역	2800 HP-F (360°)	3.2	●	5	16.0
	2800 HP-F (180°)	2.0	^	8	16.0
	2800 HP-Q (90°)	1.3	△	3	3.6
	2800 HP-T (120°)	1.5	△	1	1.5
	2800 HP-TQ(270°)	2.6	个	1	2.6
	소 계			18	39.7
③ 측면구역	2800 HP-HU(180°)	0.9	◓	8	7.2
	소 계			8	7.2
④ 후정구역	2800 HP-F (360°)	3.2	●	5	16.0
	2800 HP-H (180°)	2.0	^	12	24.0
	2800 HP-Q (90°)	1.2	△	4	4.8
	2800 HP-TQ (270°)	2.6	个	1	2.6
	소 계			22	47.4
⑤ 측면구역	2800 HP-HU (180°)	0.9	◓	10	9.0
	2800 HP-QU (90°)	0.62	◣	2	1.2
	소 계			12	10.2
⑥ 울타리구역	2600 B	1.0	■	15	15.0
	소 계			15	15.0
	총 계			94	134.9

⑤ 측면구역

곡선부의 처리에 특별한 주의를 기울여야 한다.

⑥ 울타리구역

관목이나 화초류에 사용하는 살수기를 사용해야 하고, 간격은 약 10′내지 15′를 주어야 한다.

(2) 살수용량의 산정

전 지역에 적절히 배치되었는가를 확인하고 각 구역에 배치된 살수기의 총 GPM을 계산하여야 한다.

(3) 유속 · 유량 · 압력손실의 평가

그림 Ⅶ-27에서와 같이 1″ 급수계량기, 1¼″ K형 동관 인입선(L = 28′), 상수도 주관 유량 50GPM, 압력 55PSI이라고 할 때 유량과 압력손실을 평가해 보자.

① 급수계량기의 최대허용압력손실은 5.5PSI(55PSI×10%)이고 급수용량의 75%, 즉 37.5GPM(50×75%)이 급수계량기를 통과할 때 압력손실을 계산하면, 〈표 Ⅶ-8〉에서 30GPM일 때 5.3PSI로 최대허용압력손실보다 작으므로 급수계량기에는 30GPM이 통과하는 것으로 추정하여야 한다. 따라서 최대안전흐름 30GPM에서 1″ 급수계량기에 의한 압력손실은 5.3PSI이다.

② 1¼″K형 동관 인입선은 30GPM에서 관의 100′당 9.06PSI이다. 따라서 동관의 길이가 28′인 경우 압력손실은 2.5PSI이다.

$$\frac{28'}{100'} \times 9.06\text{PSI} = 2.5\text{PSI}$$

③ 급수계량기와 급수선에서의 총압력손실

5.3PSI(급수계량기) + 2.5PSI(급수선) + 1.0PSI(코퍼레이션 밸브) = 8.8PSI ≒ 9PSI

∴ 유용한 물의 압력은 46PSI(정상시의 55PSI - 9PSI)이며, 유량은 30GPM이다.

(4) 살수회로의 분배

30GPM, 46PSI를 이용하여 전체 135GPM의 유량을 공급하기 위해 5개(135÷30) 이상의 순환체계가 요구된다. 그러나 구역별로 분리하여 급수해야 하므로 각 공간별 소요유량을 30GPM으로 나누면

① 나지 15.4GPM / 30GPM = 1 회로
② 전정구역 39.7GPM / 30GPM = 2 회로
③ 측면구역 7.2GPM / 30GPM = 1 회로
④ 후정구역 47.4GPM / 30GPM = 2 회로
⑤ 측면구역 10.2GPM / 30GPM = 1 회로
⑥ 울타리구역 15.0GPM / 30GPM = 1 회로

따라서 총수량은 8 회로로 산출된다.

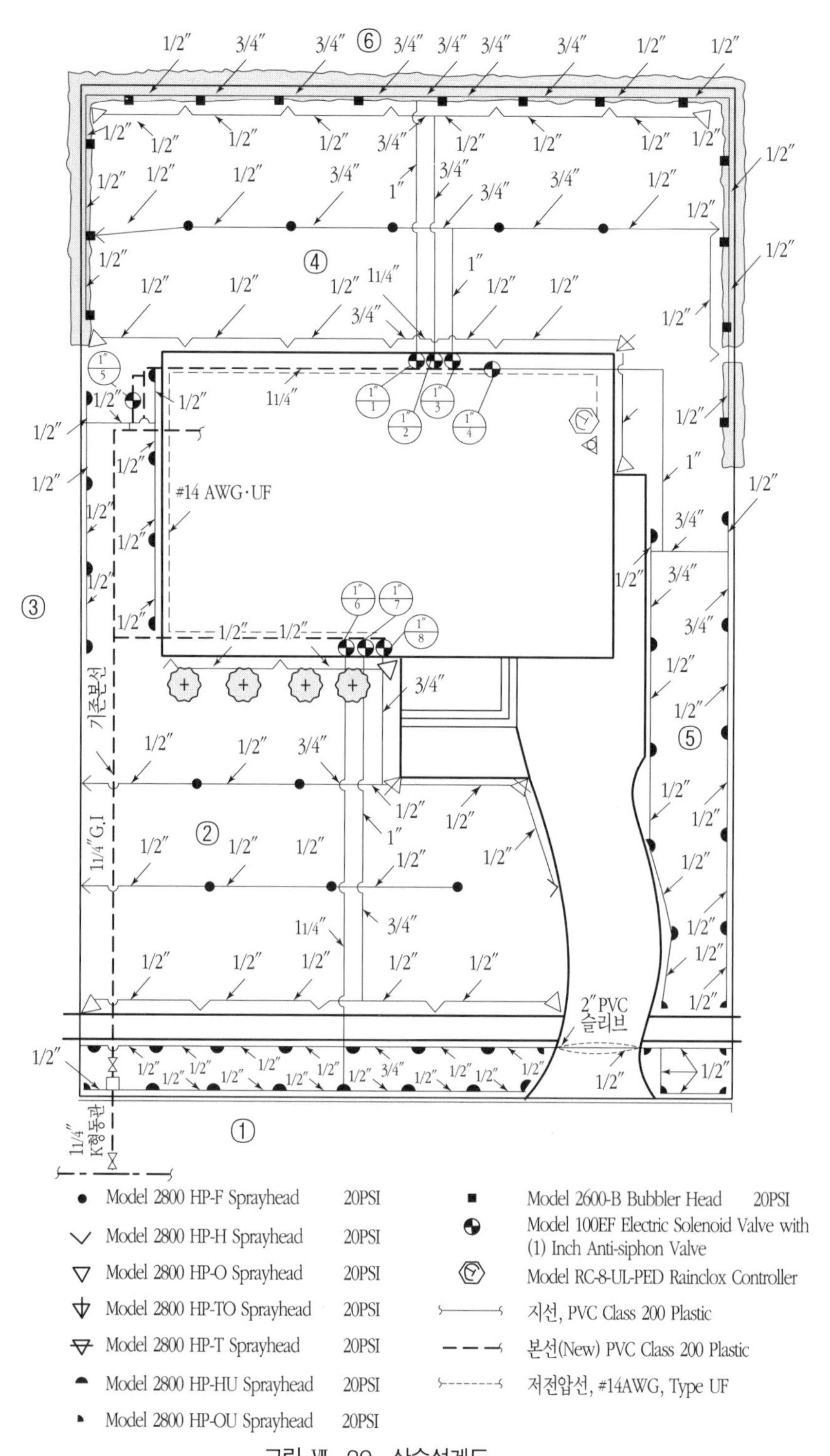
#14 AWG·UF
기존본선
11/4″G.I
2″PVC
슬리브
11/4″
K형동관
Model 2800 HP-F Sprayhead 20PSI
Model 2800 HP-H Sprayhead 20PSI
Model 2800 HP-O Sprayhead 20PSI
Model 2800 HP-TO Sprayhead 20PSI
Model 2800 HP-T Sprayhead 20PSI
Model 2800 HP-HU Sprayhead 20PSI
Model 2800 HP-OU Sprayhead 20PSI
Model 2600-B Bubbler Head 20PSI
Model 100EF Electric Solenoid Valve with (1) Inch Anti-siphon Valve
Model RC-8-UL-PED Rainclox Controller
지선, PVC Class 200 Plastic
본선(New) PVC Class 200 Plastic
저전압선, #14AWG, Type UF

그림 Ⅶ-29 살수설계도

마. 펌프의 설계

(1) 펌프의 위치 선정

많은 살수관개계통은 도시의 상수관으로부터 먼 거리에 설치되는 경우가 많다. 이러한 경우에 물은 호수·저수지·연못 등으로부터 급수되어야 하며, 살수체계에 물을 공급하기 위해서는 인위적인 동력원으로서 펌프를 사용하게 된다.

펌프를 선정하기 위해서는 부지조건에 대하여 충분히 이해하고 펌프에 대한 요구조건을 명확하게 해야 한다. 먼저 펌프의 위치는 물을 공급하려는 최고높이와 공급지점인 수원의 최저높이 사이에 위치하게 되는데 홍수에 의해 침수되지 않고 정압조건에서의 흡입한계 높이보다 낮게 위치시켜야 한다. 또한 펌프를 작동시키기 위한 적정한 전력을 확보하여야 한다.

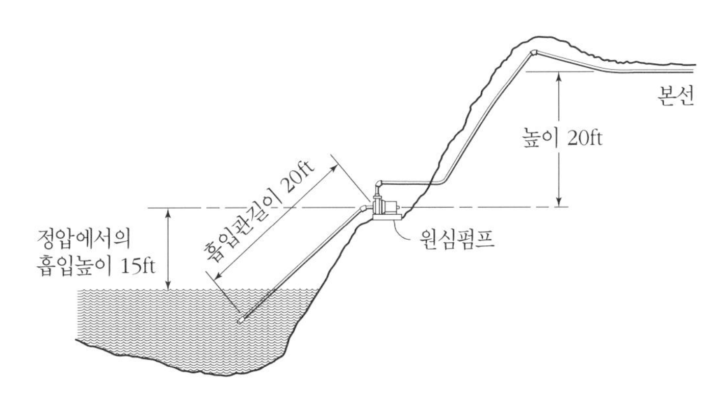

그림 Ⅶ-30. 펌프의 설치 조건

(2) 손실수두와 살수용량의 산정

펌프의 용량을 산정하기 위하여 각 손실수두를 산정하며, 장래 펌프의 용량이 줄어들 것을 예상하여 유량과 살수압력에 10%를 할증한다.

① 유량의 산정

유량을 90.9GPM이라고 가정할 경우, 요구되는 유량은 100GPM(90.9×1.1)으로 한다.

② 살수압력의 산정

살수압력요구를 40PSI(lbf/in^2)라고 하면, 요구되는 압력은 44lbf/in^{2}이며 수주의 높이는 102ft H_2O(44×2.31)이다.

③ 펌프에서 최고 살수점까지의 높이차(그림 Ⅶ-30 참조)

20ft H_2O로 가정

④ 펌프설치조건을 고려

펌프는 수면으로부터 15ft H_2O

⑤ 관로 및 각종 연결재 등 배관의 마찰손실수두

유량 100GPM이고 100ft당

2인치 PVC 흡입관 마찰손실수두 20ft

2in×1.5in 레듀사 마찰손실수두 5ft

2×2 엘보우 마찰손실수두 14ft

∴ 관로 및 각종 연결재의 마찰손실수두의 합은 39ft(20+5+14)

100ft당 마찰손실은 5.40lbf/in^{2}이므로 39ft에 대한 마찰수두손실은 4.9ft H_2O

∴ 5.40lbf/in^2×39/100=2.11lbf/in^2×2.31=4.9ft H_2O

2in 후드밸브의 마찰수두손실 2.2ft H_2O

배관의 총 마찰손실수두는 4.9+2.2=7.1(ft H_2O)

⑥ 증발압력 *vapor pressure* 손실수두

1.2ft H_2O 적용

⑦ 펌프의 전체 양정수두의 합

102+20+15+7.1+1.2=145.3(ft H_2O)

∴ 100GPM과 150 feet of head(ft H_2O)의 펌프가 선정되어야 한다.

(3) 펌프 성능 제원표의 검토

그림 Ⅶ-31을 참조하여 다양한 펌프 중에서 요구조건을 충족하는 성능을 갖는 펌프를 선정

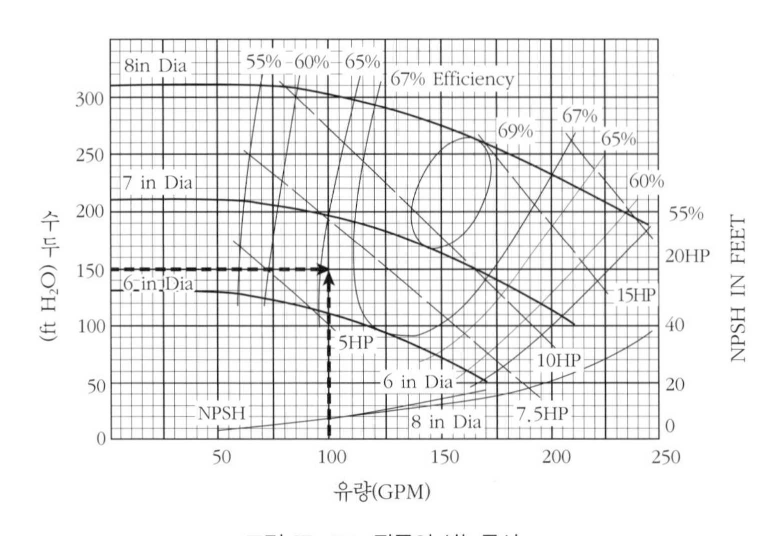

그림 Ⅶ-31. 펌프의 성능곡선

하여야 한다. 선정방법은 다음과 같다.

① 유량*GPM*과 수두*total dynamic head* 축을 기준으로 100GPM과 150 feet of head를 표시한다.

② 표시된 지점을 기준으로 하여 펌프의 흡입구경을 결정하면 $6\frac{3}{8}$in이다.

③ 가용 NPSH(net positive suction head)와 성능제원표상의 표시된 점으로부터 수직으로 내려와 NPSH IN FEET와 만나는 점에서 요구되는 NPSH를 비교하여 가용 NPSH가 커야 한다. NPSH는 물이 펌프로 유입될 수 있도록 하는 유입압력을 의미하며, 가용 NPSH는 펌프의 제조업자에 의해 사양에 미리 제시되어 있는 값으로 여기서는 9.4를 적용하였으며, 요구되는 NPSH는 6이므로 안전하다.

④ 그림의 왼쪽 위에서 대각선으로 내려오는 파선으로부터 펌프의 마력을 결정하며, 여기서는 5와 $7\frac{1}{2}$마력 사이에 있으므로 $7\frac{1}{2}$ 마력(HP)펌프가 선정되게 된다.

⑤ 그림의 중앙 위에서 오른쪽 위로 진행하는 곡선은 펌프의 효율성을 나타내는데 65%를 약간 초과하는 것으로 나타났다.

(4) 펌프의 결정

이러한 과정을 통해서 주어진 조건의 살수체계를 위해 필요한 원심펌프의 성능을 결정하였다. 그러나 요구조건을 충족하는지 재검토하여야 하며, 살수체계의 모든 구역의 유량과 압력조건을 충족시켜야 한다.

연습문제

1. 살수기의 종류는 어떠한 것이 있으며, 각각의 특징은 무엇인가?
2. 살수계통을 설계할 때 살수기 선정에 있어서 고려할 사항은 무엇인가?
3. 5m의 살수반경을 가진 살수기를 2mps(meter per second)의 풍속이 있는 장소에 설치하려면 어떠한 간격으로 설치해야 하는가?
4. 10GPM의 살수기를 50피트 간격으로 정사각형 배열을 하였다면, 하나의 살수기는 시간당 어느 정도(in/hr)를 살수할 수 있는가?
5. 급수계량기에 20GPM의 용량에 60PSI의 정압이 그림 Ⅶ-32와 같이 작용할 때 살수기에서 분무 직전의 압력을 계산하라.

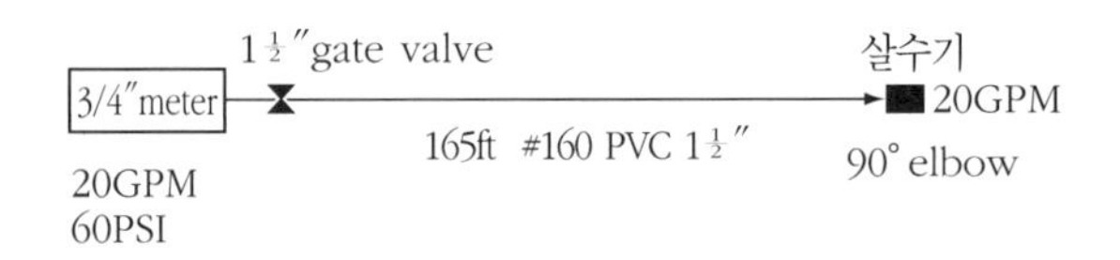

그림 Ⅶ-32.

6. 다음의 주택정원을 대상으로 하여 살수설계를 해보자. 단, 토양은 점토이고, 침투율은 0.25in/hr이며, 바람과 지표면의 경사는 살수에 영향을 주지 않는 것으로 가정한다. 또한 급수계량기의 규격은 3/4in, 인입선은 K형 동관 1in, 상수관의 압력은 55psi이고 유량은 18gpm으로 한다.

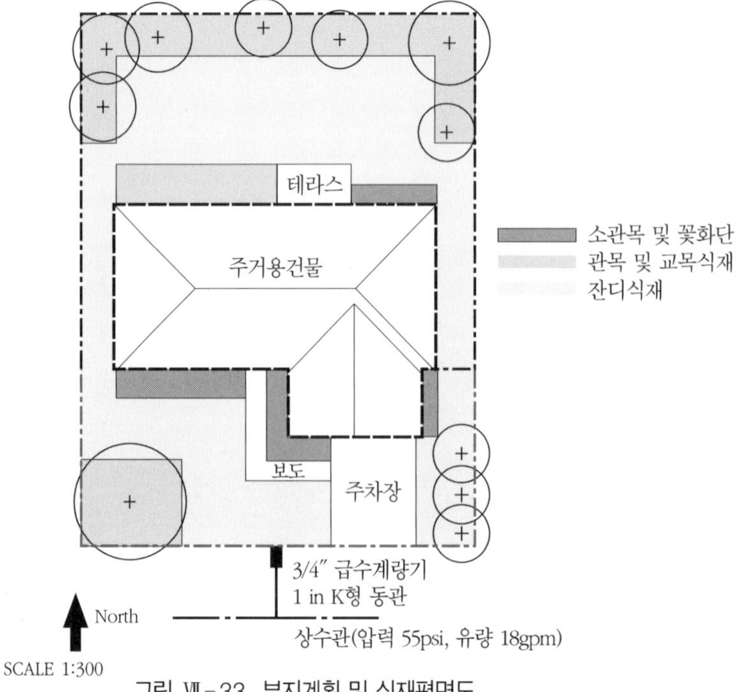

그림 Ⅶ-33. 부지계획 및 식재평면도

참고문헌

건설부, 『상수도시설기준』, 1992.

김동우 · 김선정 · 국정한 공저, 『산업배관공학』, 세진사, 1996.

『밭管漑設計便覽』, 農業振興公社, 1979.

임선욱, 『토양학통론』, 문운당, 1991.

조성진 · 박천서 · 엄대익, 『토양학』, 향문사, 1991.

환경과 조경 편집, 『특집 살수관개시설』, 『환경과 조경』 제35호(90년 5/6월), pp.50～68.

Albe E, Munson, *Construction Design for Landscape Architects*, McGraw-Hill Book Co., 1974.

Charles W. Harris & Nicholas T. Dines, "Irrigation", *Time · Saver Standards for Landscape Architecture*, New York:McGraw-Hill Book Co., 1998, p.750.

Gary O. Robinette, *Water Conservation in Landscape*, NewYork:Van Nostrand Reinhols Co., 1984.

Harlow C. Landphair & Fred Klatt, Jr., *Landscape Architecture Construction*, New Jersey:Prentice-Hall, Inc., 1999.

Hunter Industries, Hunter Manual, 1998.

James L.Sipes, "Virtual Irrigation", *Landscape Architecture*, April 1997, pp.42～47.

Josef D. Zimmerman, *Irrigation*, John Wiley & Sons, Inc., 1966.

Jot D. Carpenter, *Handbook of Landscape Architectural Construction*, The Landscape Architecture Foundation, Inc., 1976.

Kim Sorvig, "Sun on the Water", *Landscape Architecture*, 84.9, pp.32～34.

O.W. Israelsen & V.E. Hansen, *Irrigation Principles and Practices*, John Wiley & Sons, Inc, 1962.

Richard B. Choate, *Turf Irrigation Manual*, the Weathermatic Publication, 1987.

Roberson C. Chaudhry, *Hydraulic Engineering*, NewYork:John Wiley & Sons, Inc, 1995.

Robert Kourik, "Drip Irrigation for Lawns", *Landscape Architecture*, March 1994, pp.39～41.

———, "Drip Irrigation Hardware", *Landscape Architecture*, March 1993, pp.74～78.

USGA, *Wastewater Reuse for Golf Course Irrigation*, London:Lewis publishers, 1994.

수경시설(Fountain, Pool, and Waterfall)

물은 대부분의 조경설계에 도입되는 매체이다. 물은 살수관개의 요소로서 검토될 수 있지만, 물을 이용한 수경관의 연출요소로서도 고려할 수 있다. 물은 어떤 다른 조경요소보다 빨리 공간의 분위기를 바꿀 수 있으며, 주위를 끌어들일 수 있는 능력을 가지고 있다. 연못에서의 반영은 공간에 평정을 가져올 수 있고, 흐르는 물의 움직이는 소리는 공간을 상쾌하게 만들 수 있으며, 분무하는 물의 미묘한 움직임은 조형적인 요소로서 시각적인 관심의 대상이 된다. 수경관을 연출하기 위한 수단으로써 분수 · 풀 · 폭포 · 연못 · 실개울이 있으며, 각 시설마다 고유한 특성을 가지고 있다.

1. 개　요

물을 이용하는 데 있어서 적용할 수 있는 일반적인 원칙은, 첫째, 물은 액체이기 때문에 그 자체로는 형태가 없으므로 외부의 힘에 의해서 형태를 취할 수 있으며, 둘째, 물은 그 자체로는 움직이지 않으며, 기본적으로 중력에 의해서 작용하거나 어떤 인위적인 힘에 의해서 움직이게 된다는 것이다.

물은 세계의 각 지역별로 기후, 종교, 사회, 역사적 배경에 따라 다르게 이용되어 왔다. 물은 건조한 지역에서 관개를 위한 수단으로 사용되었지만, 점차적으로 연못, 분수, 수로 등 경관연출 요소로서 인식되기 시작하였다.

메소포타미아와 이집트에서는 이슬람의 종교적인 특성 때문에 단순히 기하학적인 형태의 연못이나 수로가 사용되었으나 페르시아에서는 물의 역동성을 강조하였고 물에 인위적인 힘을 가하는 기술이 발달하였다. 이러한 물을 다루는 기술은 이탈리아와 유럽으로 전파되었다. 르네상스 시대 초기에는 물이 조각상으로 장식된 간단한 수반의 형태였지만 16세기경 로마에서는 빌라 에스테*Villa D' Este*와 같이 경사지를 이용한 수경관을 연출하게 되었고, 후기에는 점차적으로 프랑스의 베르사이유*Versailles*의 연못이나 영국의 캐널과 연못 등으로 발전하게 되었다.

서양과 마찬가지로 동양에서도 물을 정원의 구성요소로 이용하였다. 우리나라에서는 주로 물을 연못으로 만들어 이용하였으며, 종교적인 수행이나 명상, 마음의 정화를 위해 도입하였고,

때로는 향연을 위한 공간으로 활용하기도 하였다. 오늘날 만들어지고 있는 수경관은 지역적 제한을 뛰어넘어 연출기법과 시설이 다양화되었고, 과거와는 달리 인공화된 수경시설 시스템으로 공원, 정원, 건물조경에 도입되기도 하며, 최근에는 생태계를 복원하기 위한 중요한 수단으로 인식되고 있다.

가. 수경용수

수경시설을 설계하기 위해서는 물의 수리특성을 이해하여야 하고, 물의 연출을 위해 사용되는 적정한 수량이 확보되어야 하며, 물의 이용목적에 부합되는 수질을 유지하기 위한 방법이 강구되어야 한다.

수경용수는 호수, 하천, 지하수, 상수 등 다양한 공급원으로부터 얻을 수 있으나, 일반적으로 도시지역은 상수, 비도시지역은 지하수를 사용하게 된다. 최근에는 우수를 집수처리하여 연못이나 폭포 및 수로에 사용하는 중수를 이용하는 추세가 늘어나고 있다. 이러한 물은 이용목적에 맞는 적정의 수질을 가지고 있어야 하는데, 수경용수에 대한 수질기준은 용도, 목적, 유입수의 사용조건에 따라 〈표 Ⅷ-1〉의 기준을 참조하여 적용한다.

〈표 Ⅷ-1〉 수경용수의 수질 기준

물의 사용조건	기본의 수질 항목					관계수질
	pH	BOD (mg/l)	SS (mg/l)	투시도 (m)	대장균군수 (MPN/1000ml)	
물놀이를 전제로 한 수변공간	5.8~8.6	3 이하	5 이하	1.0	1000 이하	풀, 유영, 친수용수
물놀이를 전제로 하지 않은 수변공간	5.8~8.6	5 이하	15 이하	0.3	-	친수용수 경관용수
감상을 전제로 한 수변공간	5.8~8.6	5 이하	15 이하	0.3	-	경관용수

만약, 유기물이나 광물질이 지나치게 많아 수질이 기준에 부적합하거나 장래 오염될 우려가 있는 경우에는 별도의 수질정화 대책이 필요하다. 예를 들어 연못의 경우, 낙엽과 유기물에 의한 부영양화로 물 속에 용존산소량이 부족하면 부패하게 된다. 호기성 박테리아가 생존하기 위해서는 생물학적 산소요구량(B.O.D: Biological Oxygen Demand)이 8ppm 이상이어야 하므로 강제순환에 의한 산소공급, 자연수와 지하수의 공급 등의 조치가 필요하며, 또한 폐수 및 농약으로 인한 오염, 분진과 쓰레기의 집적을 완화하기 위한 수질정화 조치가 필요하다.

이러한 수질정화방법에는 물리적 · 화학적 · 생물학적 처리방법이 있으므로 수경시설의 수질

유지, 기기 및 배관의 보호, 수경시설의 기능유지, 외관보호를 위해 적정한 방법을 선택하여야 하며, 원수의 수질, 보유수의 수량, 수경시설의 규모 · 목적 · 주변환경, 그리고 유지목표수질을 검토하여야 한다.

나. 물의 이미지와 특성

물은 인간에게 심리적 감동을 유발하는 디자인 요소로서 작용하고 있는데, 그 주요 원인은 흐르고, 비치고, 투명한 물리적 특성이 가져다 주는 물의 이미지와 물의 주변공간과 관계를 통한 공간적 형상화에 기인한 것이다.

(1) 물의 이미지

① 조형성*plasticity*

물은 그 자체로써는 형태를 만들 수 없기 때문에 물의 형태는 물을 담는 용기*container*의 형태에 의해 결정된다. 따라서 동일한 양의 물일지라도 용기의 크기와 형태, 색채 및 질감에 따라 변화될 수 있다. 그러므로 수경시설의 설계에서 용기를 설계하는 것은 매우 중요한 의미를 가지게 된다.

② 유동성*motion*

물은 중력작용에 의해 높은 곳에서 낮은 곳으로 흐르게 된다. 이와 같이 유동체로서의 물은 계곡이나 하천, 폭포 및 용천수에서와 같이 흐르고, 낙하하면서 사람들에게 역동적인 강한 시각적 자극을 주게 된다.

③ 음향성*sound*

물은 움직이거나 다른 물체와 부딪칠 때 소리를 내는데, 그 유량과 유동정도에 따라 다양한 소리를 내어 시각적 측면을 보완하거나 소음을 약화시키고, 인간의 감정에 영향을 주어 긴장감을 완화하기도 하며, 흥분과 생동감을 주기도 한다. 이러한 음향성으로 인하여 물은 외부공간에서 시각적 효과만 가지고 있는 다른 디자인 요소에 비해 훨씬 자극적인 요소가 될 수 있다.

④ 반영성*reflectivity*

물의 또 다른 시각적 특성 중 하나는 주위 환경을 투영한다는 점이다. 정적인 상태의 물은 지형, 식생, 하늘, 건물, 달빛, 사람 등 주위환경을 거울과 같이 반영함으로써 조도照度에 따라 부드럽거나 무거운 느낌으로 변환되어 환상적인 분위기를 주기도 한다. 특히 바닥면이 어두울 경우 그 효과는 더욱 커지게 된다.

⑤ 수평성*horizontality*

물이 가두어진 상태가 되면, 중력의 평형에 의해 수평면을 형성하게 된다. 수평면은 그 규모에 따라 달라지지만 바다와 같은 장대한 경관에서는 장대한 경관을 연출하기도 하고 주변경관에 대한 기반면으로 작용하기도 한다.

⑥ 투명성*transparency*

수경시설에 사용되는 오염되지 않은 물은 투명함을 지니고 있어 맑고 깨끗한 인상을 준다. 물체로부터의 빛이나 색체를 투과시켜 명료한 상이나 색의 조화를 얻을 수 있고, 투명성은 반영성과 동시에 작용하게 되면 더욱 다양한 연출효과를 얻게 된다.

⑦ 변화성*changibility*

물은 온도변화에 따라 액체, 고체, 기체로 달라지게 되며, 자연계에서는 얼음, 눈, 비, 안개, 이슬 등의 다양한 형태로 나타나는 변화무쌍한 속성을 가지고 있다. 과거에는 액상의 물 자체만으로 수경을 연출해 왔으나 최근 들어 분무식 안개분수 등도 제품화되어 기체상태의 수경효과를 연출하기도 한다.

(2) 물의 공간적 특성

공간 속에서의 물의 특성은 공간의 방향에 관한 것, 공간의 한정에 관한 것, 그리고 공간의 통합에 관한 것으로서 물의 물리적 특성에 대한 이미지에 기초하고 있으며, 동시에 공간질서를 나타낸다.

① 방향선

물의 유동적 특성에 의해 일정방향으로 유동하는 물은 공간에 방향성을 주는 선으로서의 이미지를 준다.

② 기반면

물은 수평성에 의해 공간에 수평면을 제공하여 기반면을 구성하게 되며, 그 공간에 안정감을 부여한다.

③ 넓히는 면

수평면은 넓히는 면으로서의 이미지를 주며, 특히 관찰자의 시계를 넘는 수평면은 공간을 넓히는 면의 효과를 높여준다.

④ 병치면

물은 연속체로서 마디가 없고, 스케일감을 주지 않으므로 두 공간에 개재하는 수평면이 두 공간을 병치하는 면이 된다.

⑤ 깊이를 갖는 것

인간은 물에 대해 깊이를 갖는 것으로서의 이미지를 가지게 된다. 깊게 보이는 물이 공간과 함께 지각될 때, 그것은 공간을 가라앉히는 작용을 한다.

⑥ 한정하는 것

물은 접근하기 곤란한 것으로써의 이미지를 줄 수 있으며, 이러한 물이 공간의 일부를 점하고 있을 때, 그것은 공간을 한정하는 것으로 작용한다.

⑦ 분리하는 것

접근이 곤란한 물이 공간을 가로질러 배치되어 있을 때, 그 물은 공간을 분리하는 것이 된다.

⑧ 초점

공간내 놓여진 물은 강력한 시각요소로서의 초점을 형성하고 공간을 한 곳으로 모으는 역할을 하게 된다.

⑨ 축선

가늘고 긴 형태의 풀이나 수로는 공간의 축선으로 작용하여 공간의 구획과 공간의 대칭성을 연출하게 된다.

⑩ 연결선

두 공간에 걸쳐 선상 혹은 수평면상의 물이 지각될 때 공간을 연결하는 선으로 인식된다.

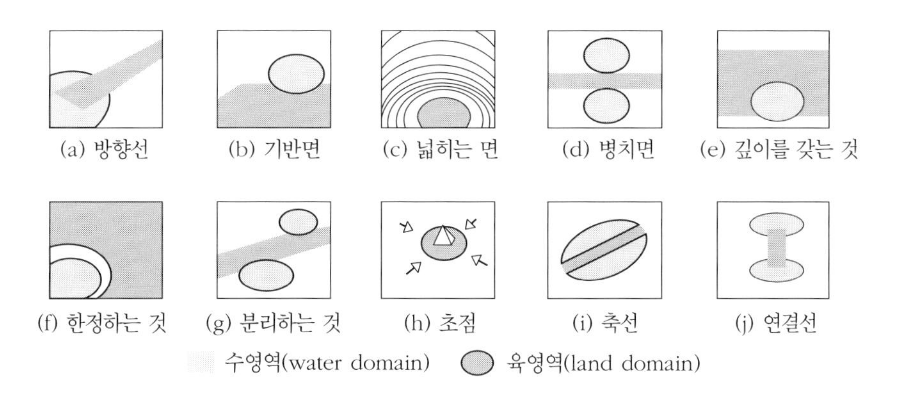

그림 Ⅷ-1. 공간 속의 물의 이미지

(3) 물의 이용 목적

물을 이용한 수경의 연출은 미적 측면에서 사람들에게 많은 감흥을 가져다 주고, 또한 외부공간에서 사람들에게 다양한 위락적 체험을 가능하게 하며, 작은 생태계를 이룰 수 있다.

1) 심미적 효과

설계가는 물을 시각적 요소로서 고려하지만 그 이상의 심리적 효과도 주게 된다. 사람들은 생명체를 구성하고 유지하는 요소로서 물이 갖는 심리적인 효과를 인식하게 되며, 물의 소리나 시원함, 그리고 촉감을 통하여 감정을 느끼게 된다. 물은 공간의 주요한 초점으로 인식되며, 동시에 공간에 연속성을 부여하게 된다. 조용한 물의 흐름이나 잔잔한 연못은 침착함과 고요함을 주지만 폭포나 빠르게 흐르는 물은 흥분감과 극적인 연출을 가능하게 한다. 또한 수경에 의해 만들어지는 소리는 사람들에게 침착함이나 흥분감을 주고, 때로는 소음을 상대적으로 감소시키기 위한 수단이 될 수 있다. 이 밖에 에어레이팅과 같은 물의 분사에 의한 증산작용을 통하여 냉각효과를 일으키게 하고, 공기를 정화하는 기능을 가지게 된다.

2) 위락적 이용

물은 심미적인 감상뿐만 아니라 직접적인 접촉이나 레크레이션의 기회를 제공하게 되는데, 도섭지, 수영장, 연못 등의 수경시설을 이용하여 수영, 낚시, 배타기 등 다양한 위락활동의 매체로서의 역할을 수행하게 된다.

3) 생태적 효과

물은 생태계 구성의 기본요소인 동시에 시작점이다. 물을 이용한 자연형 연못은 다양한 수생 동 · 식물의 생존에 적합한 환경을 제공하고, 인근 생태계에 긍정적인 효과를 가져다 주는 생태계의 거점이 될 수 있다. 또한 우수의 일시적인 유출에 의한 토양수분의 고갈을 방지하여 토양 생태계 및 자연생태계의 복원에 기여할 수 있다.

다. 수경연출 기법

자연계에서 관찰되는 수경의 양태는 첫째, 연못이나 바다 및 호소와 같이 정적인 양태의 평정수형平靜水型*static form*, 둘째, 눈이나 비 또는 폭포와 같이 떨어지는 형태의 낙수형落水型*falling form*, 셋째, 하천, 개울과 같이 흐르는 유수형流水型*flowing form*, 마지막으로 수증기, 용천湧泉 등에서 볼 수 있는 뿜어오르는 양태의 분수형噴水型*spouting form*으로 구분할 수 있다.

이러한 자연계에서 볼 수 있는 수경의 양태를 기본으로 하여, 수경관의 연출효과를 물의 운

〈표 Ⅷ-2〉 물의 양태별 특성

구 분	종류	공간 성격	이미지	물의 운동	음향
평정수	호수 · 연못 · 풀 · 샘	정적	평화로움	고임(정지)	작다
유수	강 · 하천 · 수로	동적	생동감 율동	흐름 + 고임	중간
분수	조형분수 분수	동적	소생 화려함	분출 + 떨어짐 + 고임	유동적
낙수	폭포 · 벽천 캐스케이드	동적	강한 힘	떨어짐 + 흐름 + 고임	크다

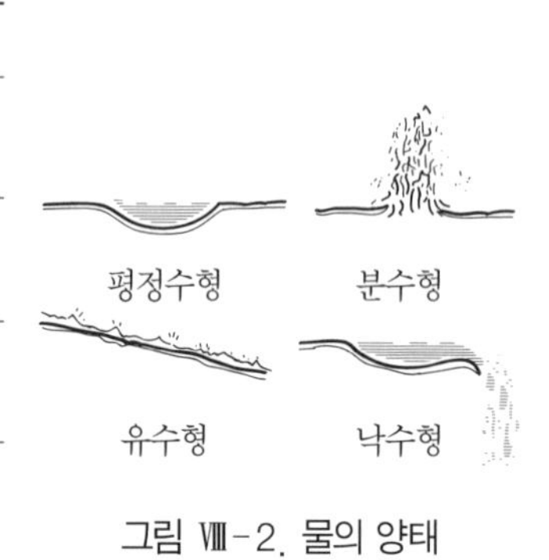

그림 Ⅷ-2. 물의 양태

동성과 수경구조물에 담겨져 있는지의 여부에 따라 구분하면, 용기에 담겨진 물, 흐르는 물, 떨어지는 물, 분사하는 물로 세분할 수 있다.

(1) 용기에 담겨진 물-평정수

용기에 담겨진 물은 단*edge*의 형태가 인위적인 형태로 조성되는 풀*pool*과 자연스럽게 처리된 연못*pond*으로 구분할 수 있다. 연못이나 풀과 같은 용기에 담겨진 물은 전체적인 형태, 바닥의 마감, 단의 처리, 물의 표면의 패턴에 따라 다양한 효과를 연출하게 된다.

풀은 일반적으로 정방형, 방형, 원형 등의 기하학적인 형태로 만들어지게 되는데, 풀의 형태가 단순하면 질서정연함을 주어 공간을 단순하게 하기도 하며, 반대로 형태가 복잡하면 다양함을 느낄 수 있지만 본래 풀을 통하여 추구하고자 하는 잔잔함의 심상을 잃어버리게 된다. 풀의 주요 효과는 반영성으로서 이를 증대시키기 위해서는 다음과 같은 것들이 요구되는데, 첫째, 풀의 크기와 위치는 관찰자와 반영되는 물체를 함께 검토하여야 한다. 단일 물체일 경우 풀은 관찰자와 반영대상물과의 중간에 배치하여야 하며, 길이와 폭은 반영하고자 하는 규모에 따라 다르다. 이 때 주변공간과의 통합된 관찰을 위해서는 Martens의 H/D비를 활용해도 좋다.

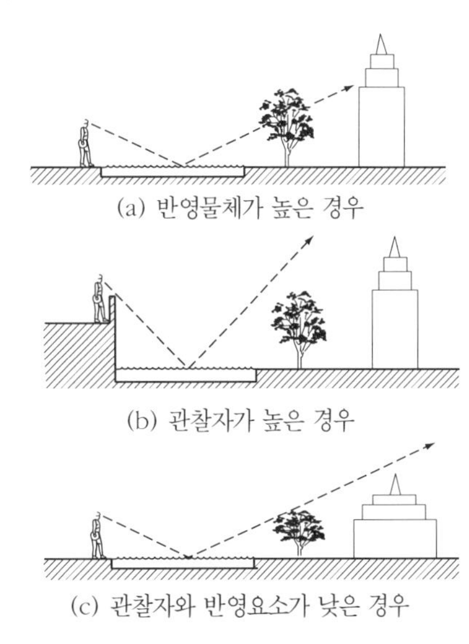

그림 Ⅷ-3. 평정수의 반영

둘째, 풀의 깊이와 용기의 마감재료를 고려해야 하는데, 풀의 표면이 어두울수록 반영효과가 증대되므로 풀의 수심을 깊게 하거나 마감재료의 명도를 낮게 하여야 한다. 셋째, 풀의 수위가 높을수록 반영성은 증대되며, 이 때 수면의 파장이 적고 반사를 저해하는 부유물질이 적을수록 효과적이다. 넷째, 풀의 형태를 단순하게 하여 반영에 대한 시각적 경쟁이 발생하지 않도록 해야 한다. 단, 반영성이 불필요한 곳에서는 투명성을 살려 용기의 마감재료를 독특하게 설계함으로써 시각적 효과를 얻을 수 있으며, 분수를 추가적으로 설치하여 역동성을 느낄 수 있는 분위기를 연출할 수 있다.

일반적으로 연못은 자유형이나 곡선형이므로 자연풍경식 경관과 잘 조화되고 휴식과 평정의 느낌을 연출하는 데 효과적이다. 이러한 느낌은 수면이 경관에 있어서 기준면으로 작용하기 때문이다. 또한 수평성과 관련하여 넓어짐을 연출하기 위해서는 연못 중앙에 조각, 작은 바위, 꽃잎, 반영된 달 등과 같이 주의를 끄는 물체를 도입하고, 대안對岸에 수초나 녹음을 조성하며, 일정한 틀을 통해 시야를 제한하는 것이 좋다.

아울러 연못 단端의 경사가 완만할수록 연못이 크게 보이며, 단이 굴곡되고 수목이나 마운딩에 의해 일부를 차폐할 경우 수면이 양측 깊숙히 퍼져나가 신비스런 인상을 주고 시선이 차단된 부분에 대한 호기심을 유발시킨다. 또한 연못의 물은 주변환경을 구성하는 요소들 간의 부조화를 통합하여 전체적인 통합성을 연출할 수 있다.

(2) 흐르는 물-유수

유수는 경계를 가진 수로를 따라 높은 곳에서 낮은 곳으로 흐르는 물을 뜻하며 수로바닥에 경사가 있을 경우 발생한다. 유수는 공간에서 움직임과 방향 및 에너지 등을 표현하는 활동적 요소로 가장 잘 이용된다. 이러한 유수의 형태와 속도는 유량과 경사, 수로의 형태, 물의 접촉면의 조도계수에 의해 달라지게 된다. 비교적 잔잔한 물은 조도계수가 낮고 일정 수심과 폭을 가진 수로에서 등류等流로 흐를 때 이루어지며, 난류는 수로의 방향이나 폭이 변화되거나, 수로바닥의 조도계수가 높고 급경사일 때 발생한다. 거칠게 흐르는 물은 부드럽게 흐르는 물보다 강한 시선을 끌게 되며, 음향효과와 동시에 흰 수포를 발생시킨다. 수포를 발생시키기 위해서는 매닝공식*Manning formula*을 기준으로 할 경우, 일반적으로 유속은 1.7~1.8m/sec이거나 경사가 16~17%가 되도록 유지하여야 한다.

(3) 떨어지는 물-낙수

낙수는 물이 수로의 높이가 갑자기 떨어지는 지점을 지날 때 발생한다. 낙수는 유수보다 더욱 역동적이므로 시선유인 효과가 더 크다. 낙수는 자유낙수, 방해낙수, 사면낙수로 구분할 수 있다.

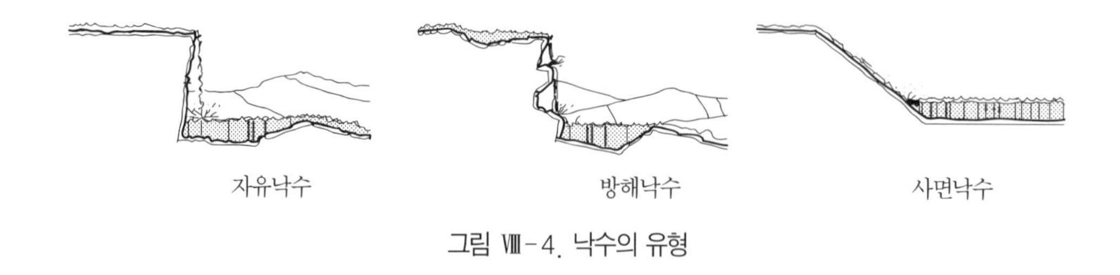

그림 Ⅷ-4. 낙수의 유형

자유낙수는 아무런 표면의 방해를 받지 않고 높은 지점에서 낮은 지점으로 바로 떨어지는 낙수이다. 자유낙수의 형태는 유량, 유속, 낙수고落水高, 월류보越流洑*weir*의 상태에 따라 달라지게 되며, 특히 유량이 적은 경우에는 월류보를 세심하게 다루어야 한다.

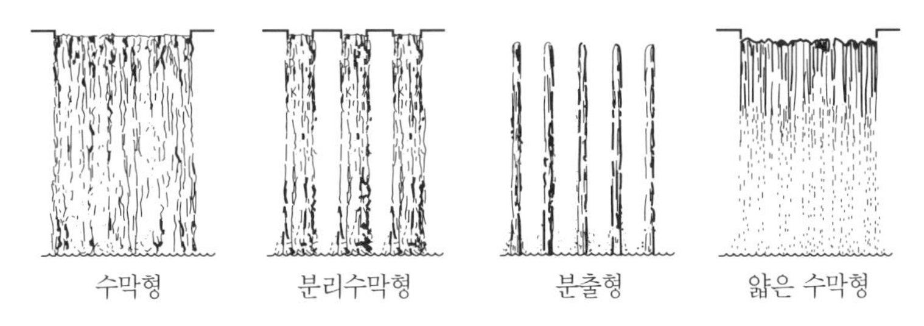

그림 Ⅷ-5. 자유낙수의 유형

낙수의 두 번째 유형인 방해낙수는 물이 어떤 물체나 면에 부딪히거나 접촉하면서 떨어질 때 발생한다. 방해낙수는 수포와 소리가 더 많이 발생하여 시각유인도가 높으며, 유량, 낙수고, 벽면을 조절함으로써 매우 다양하고 흥미로운 효과를 유발할 수 있다.

방해낙수의 유형에는 자유낙수와 유수의 혼합형으로 수직벽을 타고 물이 흘러내리는 수벽 *water wall* 이 있는데, 이것은 수직벽 표면의 조도에 따라 기포가 발생하는 기포수벽, 부드러운 수벽, 수직면에 돌출된 구조물에 의한 폭포형 수벽으로 구분할 수 있다.

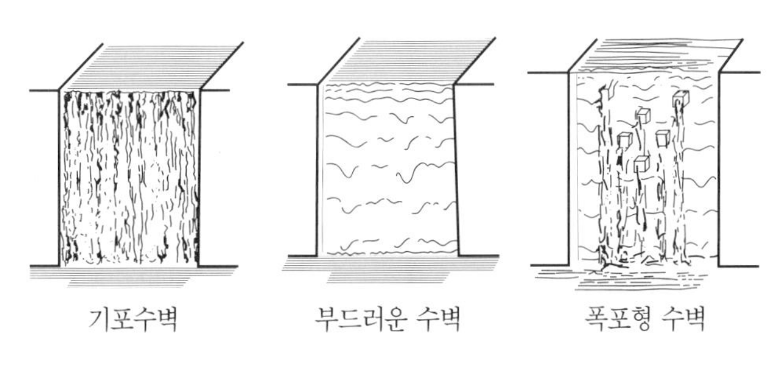

그림 Ⅷ-6. 방해낙수의 유형

낙수의 세 번째 유형은 흐르는 물의 효과를 높여 수면에 단차를 두어 물이 아래로 떨어지는

그림 Ⅷ-7. 사면낙수의 유형

형태의 사면낙수이다. 사면낙수*cascade*는 사면이 다양한 크기의 단차나 조각물에 의해 구성되어 조형적 형태를 갖는 조형식*form cascade*, 사면을 여러 개의 단으로 구성한 단차식*stepped cascade*, 그리고 단의 크기를 크게 하여 수조의 형태로 단을 구성한 수조식 사면낙수*pool cascade*로 구분할 수 있다.

사면낙수의 중요한 연출기법 중 하나는 흰 수포를 발생시키는 기포형 사면낙수이다. 이 폭포는 3단 수법에 의해 기포를 만들어내는데, 첫째 단은 부드러운 물을 만들어내고, 두 번째 단은 물을 변형시키며, 세 번째 단은 공기가 다량 포함된 물을 만들어내는 방식이다. 기포발생은 단의 크기와 월류수심에 의해 결정되는데, 단의 높이와 너비의 비율은 1:1～1:1.5의 범위에 있어야 하고, 월류수심은 최소 1/2″ 이상이어야 한다. 그림 Ⅷ-8과 〈표 Ⅷ-3〉은 기포발생 사면낙수를 위한 기준이다.

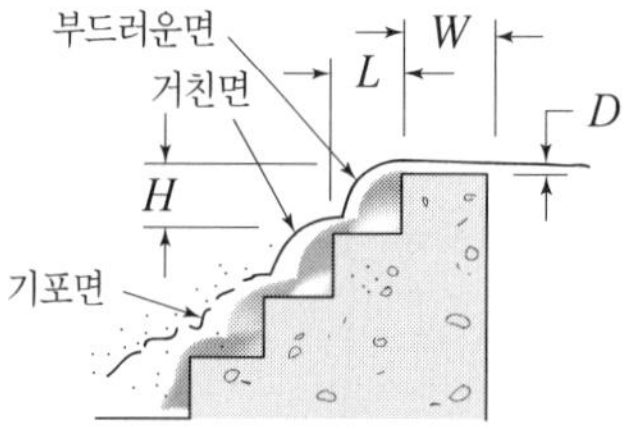

그림 Ⅷ-8. 기포형 사면낙수

〈표 Ⅷ-3〉 기포형 사면낙수

(D) 월류수심	(L) 단너비	(H) 단높이
1/2″	4″ ～ 8″	4″
3/4″	6″ ～ 10″	6″
1″	8″ ～ 12″	8″
1 1/4″	10″ ～ 16″	10″(최소 8″)
1 1/2″	12″ ～ 18″	12″(최소 9″)
1 3/4″	12″ ～ 18″	18″(최소 10″)
2″	12″ ～ 18″	18″(최소 12″)

W(Width) : 최소 4″～최대 8″

(4) 분사하는 물-분수*fountain*

분수는 수압을 이용하여 중력의 반대방향으로 노즐을 통해 물을 뿜어 올림으로써 형성된다. 분수는 낙수의 특성과 대조될 뿐만 아니라 수직성과 빛에 의한 상호작용으로 인해 특징적인 경관을 연출하는 설계요소이다.

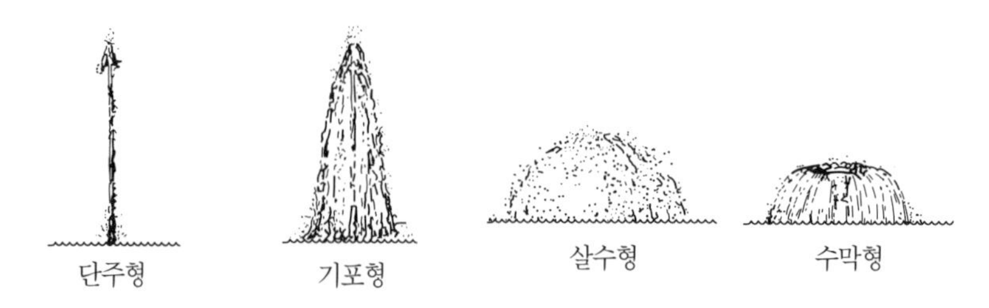

그림 Ⅷ-9. 분수의 유형

분수는 유량과 수압에 의해 규모가 결정되고 다양한 분사를 통하여 여러 가지 분위기를 연출할 수 있는데, 분사되는 형태는 일반적으로 단주형 · 기포형 · 살수형 · 수막형 등 4가지로 구분할 수 있으며, 어떤 경우든지 물을 담기 위한 수조나 집수시설이 필요하다.

(5) 기 타

앞에서 언급한 시설 이외에 수경의 연출효과로 풀을 얕게 만들어 아이들이 지척거리며 이용할 수 있도록 한 도섭지*wading pool*, 개울*stream*보다 더욱 인공적이고 기하학적인 형태로 만든 수로*channel*가 있다. 최근에는 더욱 적극적인 이용효과를 얻기 위하여 인위적인 힘과 표면의 변화를 통한 물결과 이를 이용한 인공파도, 물의 흐름과 미끄럼의 기능을 중복시킨 워터슬라이드, 대규모의 물의 흐름을 이용하여 즐길 수 있도록 만든 유수타기, 어린이 놀이시설과 물이 복합적으로 사용된 놀이기구 분수가 사용되며, 이러한 시설을 종합하여 한 공간에서 다양하게 즐길 수 있도록 한 수경놀이공원이 만들어지고 있다.

2. 분수 · 풀 · 폭포의 설계일반

대표적인 수경시설인 분수 · 풀 · 폭포는 그 양태는 다르나 기본적으로 유사한 작동특성을 가지게 되며, 이러한 수경시설을 만들기 위해서는 구조체 · 기계설비 · 전기조명에 대한 설계기준과 일반적인 설계기준을 명확하게 하여야 한다. 여기서는 대표적인 수경시설에 대한 일반적인 설계지침과 설계과정을 다루기로 하자.

가. 설계지침

① 상수, 중수, 하천수, 지하수 등 공급수원의 종류와 위치, 공급용량, 그리고 경제성을 고려하여 적합한 수원을 결정한다.
② 수경시설에 동력을 공급하고, 조명을 위해 필요한 공급전력을 확인하고 공급용량, 공급방식, 변압기의 설치, 콘트롤 패널의 위치, 조작방식을 결정한다.
③ 수경시설이 위치할 지역의 공간규모, 배경, 지형, 기후 등 자연환경을 파악하여 수경시설의 설계에 적용하여야 한다.
④ 물의 연출기법과 수경시설의 형태, 조명방식, 그리고 주변경관과의 조화를 고려하여 수경시설의 미적 특성을 명확하게 하도록 한다.
⑤ 사용되는 재료 및 부품의 특성을 명확하게 이해하여 효율적이고 합리적인 설계가 가능하

도록 해야 한다.

⑥ 이용자들의 이용실태와 선호도를 고려하고, 접근성을 고려한 설계를 하도록 한다.

⑦ 수경시설을 위해 사용되는 물의 효과를 최적화하도록 한다.

⑧ 시공의 경제성과 유지관리의 효율성을 달성할 수 있는 수경시설을 설계하도록 한다.

나. 설계과정

① 연출효과의 결정

부지규모, 주변환경, 수경시설의 형태를 고려하여, 원하는 연출효과를 결정하도록 한다.

② 수조의 크기와 형태를 결정

부지의 형태나 규모에 적합하고 가용한 물의 공급량을 고려하여 수조의 크기 및 형태, 재료를 결정한다.

③ 펌프와 관로의 설계

물의 연출효과, 관로의 길이, 높이 차, 밸브와 부속품의 종류와 수량을 고려하여 펌프의 규모를 결정한다. 규모가 큰 수경시설은 보통 원심펌프나 터빈펌프를 사용하고 규모가 작고 설치공간의 여유가 없는 경우에는 잠항펌프를 사용한다.

④ 여과시스템의 결정

물의 투명성과 수질조건을 충족시키기 위하여 여과시설을 선택하며, 처리하고자 하는 물의 양을 고려하여 적합한 여과시설을 설치하도록 한다.

⑤ 조명 설계

분수, 풀, 폭포의 수경연출을 고려하여 이에 적합한 강조조명, 플러드 조명 등의 조명연출에 대한 설계를 한다.

⑥ 부속설비의 결정

물의 순환과 공급을 위해 필요한 밸브, 수위조절장치, 여과장치, 조명, 각종 감응장치를 배치하고, 이에 적합한 배관설계를 한다.

⑦ 전기 및 조절장치의 설계

펌프의 작동, 여과, 밸브의 작동, 조명시설을 효율적으로 통제하기 위한 전기설비와 조절장치를 설계한다.

⑧ 기계 및 전기실의 설계

수경시설의 작동에 필요한 전기조절장치, 물의 순환 및 공급을 위한 펌프, 여과시설, 밸브의 설치공간을 설계하고 공간에 필요한 부대시설을 설계한다.

⑨ 기본설계과정에 대한 검토 및 설계의 구체화

위와 같은 기본적인 사항에 대한 결정이 완료되면 이를 토대로 하여 물의 공급 및 여과설비, 전기조명설비에 대한 구체적인 부품을 결정하고 그 적합성을 검토하도록 한다.

3. 구조체 설계

구조체의 설계는 옥외공간에서 수경시설의 위치와 수경시설의 형태를 결정하는 것이며, 수경의 연출을 위한 기본적인 구조를 결정하는 것이다.

가. 위치 · 규모 · 형태

조경의 요소로서 물을 이용할 때 가장 중요한 고려사항이다. 수경시설은 외부공간의 다양한 시설과 배치와 규모에 있어서 조화를 이루어야 하지만, 때로는 개별적인 시설로써 설치되는 경우가 많다. 그것은 수경시설을 전체 환경의 부분으로 인식하지 못하고 별도의 분리된 설계과정을 거치기 때문이다. 수경시설의 위치 및 규모와 형태를 결정하기 위해서는 다음 단계를 거치는 것이 바람직하다.

첫째, 분수나 풀이 위치할 전체적인 공간에 대해 분석하고 이에 적합한 분수나 풀의 위치 및 규모를 결정한다. 또한 수경시설이 주변공간이나 시설의 기능과 복합적인 기능을 수행하여야 한다면, 다른 시설과의 연계관계를 면밀히 고려하여야 한다. 둘째, 수경시설의 형태와 구성요소들의 상대적인 크기를 결정하도록 한다. 여기서는 수반의 깊이와 크기, 부속시설의 비율과 높이 등 수경시설을 구성하는 요소들의 형상을 구체화하도록 한다. 개괄적인 형태가 결정되면, 전체적인 환경측면에서 재검토하도록 한다.

나. 수조의 크기와 깊이

(1) 수조의 크기

수조는 노즐로부터 분사되는 물과 월류보에 넘치는 물을 담기에 충분한 크기를 가져야 한다. 수조의 중앙에 1개의 노즐이 설치되어 있다면, 수조의 크기는 분사되는 높이의 2배의 크기이어야 하며, 분사되는 물의 최고점과 수조의 경계부위는 45°의 각도를 이루게 된다. 그러나 바람이 부는 장소에서는 바람에 의해 분사되는 물이 이동을 하게 되므로 수조의 크기는 분사되는 높이의 4배의 크기이어야 한다. 만약, 바람이 지속적으로 한 방향으로 부는 곳이라면 바람이 부는 방향으로만 수조의 크기를 크게 할 수도 있으며, 바람을 차단하기 위한 시설이 설치된다면 수조의 크기는 바람의 영향을 고려하지 않아도 된다. 또한 월류보로 넘치는 물을 담기 위한 수조의 크기는 월류보의 높이만큼을 취하면 된다.

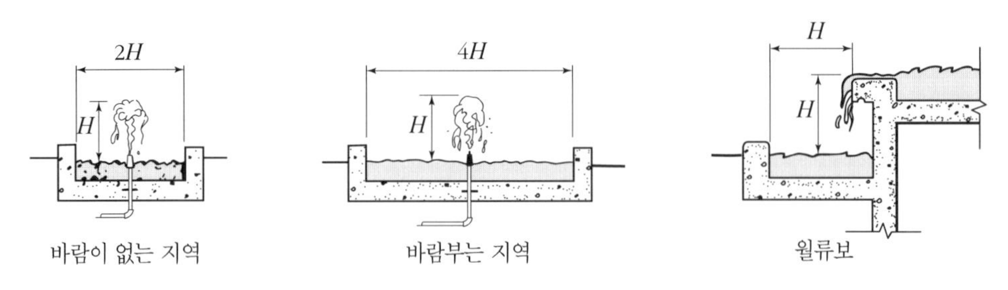

그림 Ⅷ-10. 분수고와 수조의 크기

(2) 수조의 깊이

수조는 물의 순환과 설비의 작동에 적합한 깊이를 가져야 하는데 수조의 깊이가 적절하지 못하면 많은 문제가 발생하게 된다. 수조의 깊이에 대해서는 다양한 기준들이 제시되고 있지만 대체적으로 35~60cm를 적정깊이로 제시하고 있다. 예를 들어 깊이가 35cm보다 작으면 풀의 수면 아래에 수중등을 설치하기가 어렵다.

만약 어류가 생육하고 있는 연못에서 겨울철에 물이 결빙되면 어류의 생육에 지장을 주게 되므로 수조의 일부에 더 깊은 곳을 만들어야 하며, 적합한 깊이는 그 지역의 최저온도를 고려하여 결정한다. 또한 수조의 깊이가 너무 깊게 되면 가끔 수조에 들어가는 어린이들에게 위험을 초래하게 되므로 적정한 깊이와 수조바닥에 8% 미만의 완만한 경사를 두어 안전성을 고려하도록 한다. 이 외에도 수중등, 노즐 등과 같이 수조에 설치되는 시설은 최소 5cm 이상의 두께로 수중에 위치하여야 하고, 분사된 물이 떨어져 수면에 큰 물결을 일으키지 않아야 하며, 구조적인 측면에서 수조와 물의 중량이 수조의 응력과 지반의 지내력을 초과하지 않도록 수조의 깊이를 결정하여야 한다.

(3) 수조의 깊이와 물의 작동수위

수조의 깊이와 관련하여 설계자들은 물의 작동수위를 고려하여야 한다. 일반적으로 수조의 깊이는 수조에 물이 담겨진 고정수위*static water level*를 의미한다. 그러나 실제적으로 물은 노즐과 월류보를 통하여 대기 중이나 보다 낮은 수조로 이동되게 되므로 수조에서의 물의 깊이는 변화된 수위를 가지게 되며, 이것을 작동수위*operation water level*라고 한다. 수경시설이 작동하고 있을 때, 높이가 높은 상부수조의 경우 작동수위는 고정수위보다 높은 반면, 하부수조에서는 작동수위가 고정수위보다 낮다. 이것은 물의 순환시스템이 중단되었을 경우 상부수조로부터 월류보를 통하여 넘치는 물을 하부수조에 담기 위한 여유공간에 해당되며, 보통 2.5~5.0cm 이지만 수위의 차와 수반의 크기에 따라 변하게 된다. 일반적으로 하부수조는 상부수조로부터의 물을 효과적으로 받기 위해 더 크게 만들어지는데, 이렇게 함으로써 여분의 물이 넘쳐 흘러 소비되는 것을 방지하고 수위조절장치의 추가적인 가동 없이 물의 균형을 이룰 수 있다. 결국 상부수조에서 고정수위보다 높은 작동수위상태의 월류되는 물의 양과 하부수조의 고정수위보다 낮은 작동수위상태에서의 물의 수용력이 균형을 이루어야 하는 것이며, 이것은 상·하부수조의 면적과 작동수심과 고정수심과의 차이를 곱한 값이 같아야 함을 의미한다.

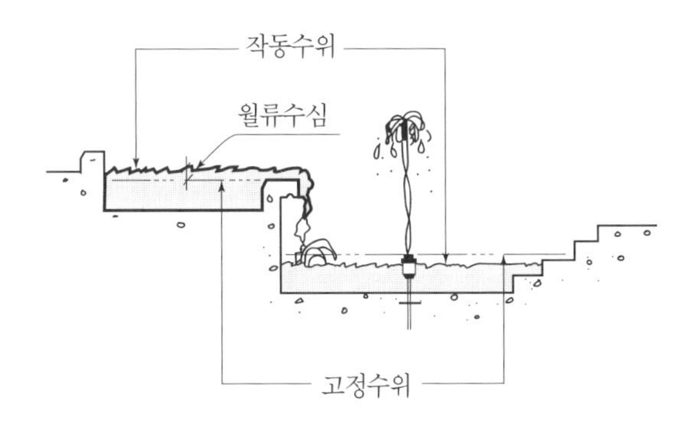

그림 Ⅷ-11. 수조의 고정수위와 작동수위

상부수조의 면적×(상부수조의 작동수위－상부수조의 고정수위)
＝ 하부수조의 면적×(하부수조의 고정수위－하부수조의 작동수위)

다. 단端*edge*

수경시설에서 단은 물의 경계를 확정하고 형태를 만드는 요소이다. 단의 단면은 다양한 형태를 취할 수 있으며, 전반적인 형태로 보면 수직의 단으로는 갓돌형*cantilevered coping*, 수직벽형*vertical wall*, 곡선단형*rounded edge*, 식재단형*planted edge*, 그리로 경사진 단으로는 계단형*stepped recess*, 곡선 포장형*warped pavings*, 경사진 자갈포장형*loose-set cobbles*, 식생사면형*planting slope*으로 구분할 수 있으며, 추가적으로 단의 외부에 트렌치의 설치여부에 따라 세분될 수 있다.

여기서 갓돌형은 가장 일반적으로 사용되는 것이며, 계단형, 곡선포장형은 수경시설과 주변환경과의 연결을 효율적으로 할 수 있고, 물과의 접촉을 용이하게 할 수 있어 도시나 공원의 광장에 사용하는 것이 바람직하며, 경사지 자갈포장, 식생사면형과 같이 부드러운 단은 자연형 수로, 연못, 호수에 사용하는 것이 바람직하다.

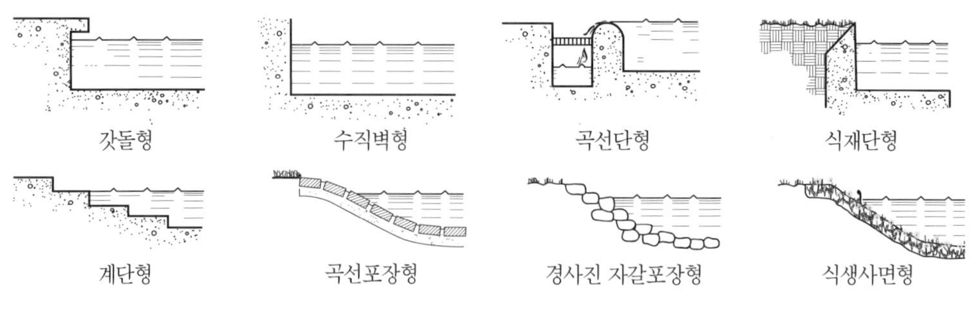

그림 Ⅷ-12. 단의 단면

라. 월류보*weirs*

떨어지는 물의 효과를 다루는 방법에는 2가지가 있다. 그림 Ⅷ-13(a)와 같이 넓은 수평면을 흐르는 물이 립*lip*을 넘어 낙수되는 경우와, 그림 Ⅷ-13(b)와 같이 풀에 괴어 있는 물이 비교적 좁은 월류보*weirs*를 넘쳐 흐르는 경우가 있다. 이 2가지 경우의 시각적인 효과는 아래에서 보면 매우 비슷한 것처럼 보이지만, 위에서 볼 때는 아주 다르다.

그림 Ⅷ-13. 립과 월류보

립이 사용될 때 떨어지는 물의 난류와 희게 보이는 물의 효과는 립 위를 흐르는 수심에 대한 용적과 수평면을 따라 움직여 나오는 유속에 의해 결정된다. 립의 단에 대한 정확한 처리는 물의 효과에 큰 영향을 주며, 물의 양을 조절하는 데 매우 중요하다.

월류보를 사용하면 상부풀의 물의 동요를 흡수하고 효과적으로 물의 유속을 감소시킬 수 있기 때문에 많은 물의 용량을 부드러운 면으로 흐르게 하기가 쉽다. 또한 월류보의 표면을 다양하게 처리함으로써 흐르는 물을 부드럽게 하거나 거칠게 만들 수 있다. 즉, 표면처리가 거칠면 거칠수록 물의 효과는 더욱 거칠어진다.

(1) 월류보의 종류

물의 흐름에 대하여 단에 위치한 월류보는 평면형태에 따라 직선형, 요철형, 톱니형으로 구분할 수 있으나 일반적으로는 단면형태에 따라 구분한다. 단면형태에 따른 구분에서는 그림

Ⅷ-15에서와 같은 단면을 표준형태로 생각할 수 있으며, 월류보 갓의 형태에 따라 예리한 형, 둥근형, 넓은 갓형, 삼각형, V홈형으로 구분한다.

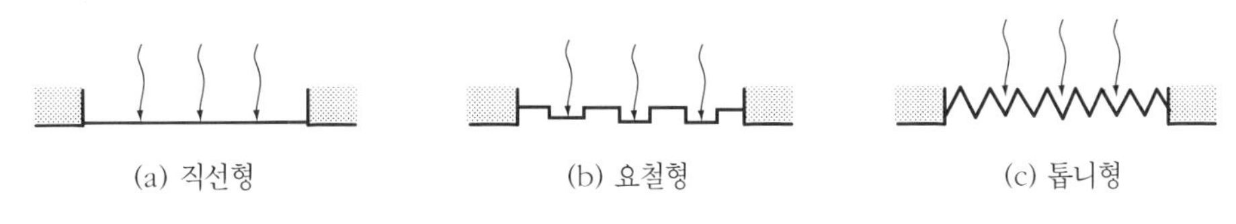

그림 Ⅷ-14. 월류보의 평면형태에 따른 구분

그림 Ⅷ-15. 월류보의 단면형태에 따른 분류

월류보를 넘쳐 흘러 떨어지는 물은 낙수가 수막을 형성할 수도 있고 수포를 발생시킬 수도 있는데, 이것은 월류보의 단면형태, 낙수고, 월류벽의 두께, 월류수심에 따라 달라지게 된다. 다음의 표는 월류보의 단면유형별 수막형성 낙수고의 실험기준을 제시하고 있으며, 기준수치 이상으로 낙수고가 높아지면 수포가 발생하게 된다.

1) 상향 월류보

이 월류보는 직접 현장에서 콘크리트로 만들거나 갓돌의 형태로 만든다. 이것은 월류보 끝단에서의 유속이 낮아지기 때문에 다른 월류보보다 많은 물이 필요하다.

〈표 Ⅷ-4〉 상향 월류보

높이	깊이(*D*)	벽두께(*W*)
0′～2′	1/2″	8″～12″
2′～4′	3/4″	10″～14″
4′～6′	1″	12″～16″

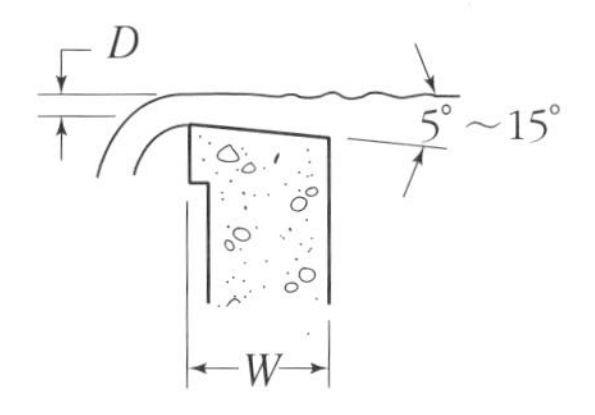

그림 Ⅷ-16. 상향 월류보

2) 평탄 월류보

이 월류보는 부드러운 물살을 만들어내는 데 효과적이며 일반적으로 갓돌의 형태로 만든다.

〈표 Ⅷ-5〉 평탄 월류보

높이	깊이(D)	벽두께(W)
0′~2′	3/8″	6″~8″
2′~4′	1/2″	8″~10″
4′~6′	3/4″	10″~12″
6′~8′	2″	12″~14″
8′~10′	1 3/4″	12″~14″
10′~12′	1 1/2″	14″~16″
12′~14′	1 3/4″	14″~16″
14′~16′	2″	16″~18″

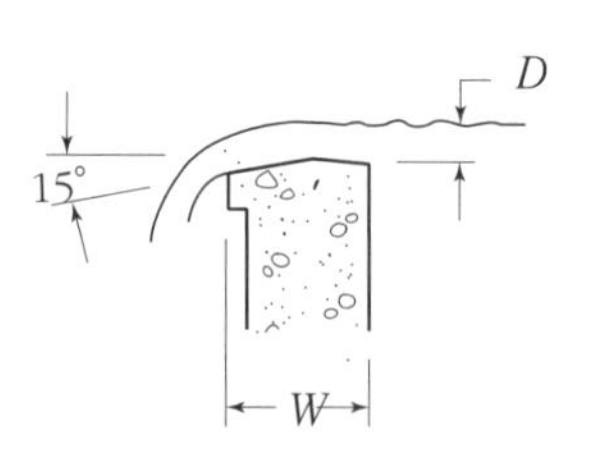

그림 Ⅷ-17. 평탄 월류보

3) 하향 월류보

금속을 부착하거나 하향의 단면형태를 가지는 하향 월류보는 물의 흐름이 원활하고 부드러운 물살을 만들어내는 데 가장 효과적이다.

〈표 Ⅷ-6〉 하향 월류보

높이	깊이(D)	벽두께(W)	금속판길이(L)
0′~2′	1/4″	4″~6″	1″
2′~4′	3/8″	5″~7″	1 1/2″
4′~6′	1/2″	6″~8″	2″
6′~8′	3/4″	7″~9″	2 1/2″
8′~10′	1″	8″~10″	3″
10′~12′	1 1/4″	9″~11″	3″
12′~14′	1 1/2″	10″~12″	4″
14′~16′	1 3/4″	11″~13″	5″
16′~18′	2″	12″~14″	6″

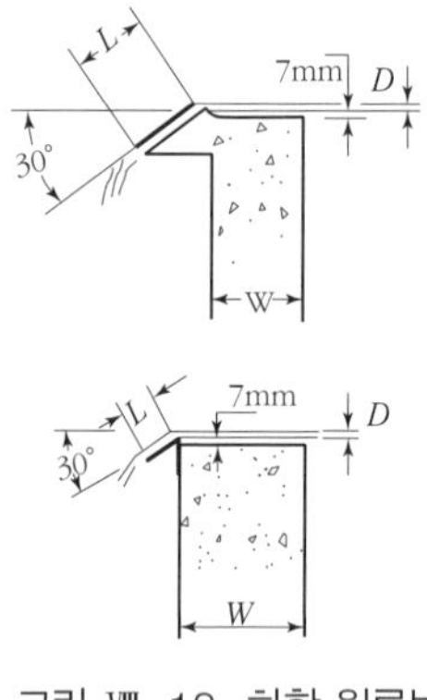

그림 Ⅷ-18. 하향 월류보

(2) 월류보의 설계와 유량산출

풀을 상·하로 만들어 월류보에 의해 낙수되는 효과를 얻기 위한 계속적인 흐름을 만들기 위해서는 물의 유량이 얼마나 필요한가를 결정하여야 한다. 그림 Ⅷ-19에서처럼 월류보 갓의 단면이 예리한 형태인 직사각형 월류보에서는 아래와 같이 계산된다.

$$Q = CLH^{\frac{3}{2}} \quad \cdots\cdots\cdots\cdots \text{(식 Ⅷ-1)}$$

$$C = 1.785 + \left(\frac{0.00295}{H} + 0.237\frac{H}{D}\right)(1+\varepsilon)$$

단, Q : 유량(CFS: ft^3/sec)
L : 월류보 갓의 폭(ft)
H : 월류수심(ft)
C : 유량계수

그림 Ⅷ-19. 직사각형 월류보의 유량

이 공식에는 $1+\varepsilon$이라는 보정항이 있는데, ε은 $D \leqq 1$m인 경우에는 $\varepsilon=0$이고, $D>1$m인 경우에는 $\varepsilon=0.55(D-1)$이며, 이 공식의 적용범위는 $B \geqq 0.05$m, $D=0.3 \sim 25$m, $H=0.03 \sim 0.8$m, 또 $H \leqq D$이고, 아울러 $H \leqq B/4$이다. 유량계수 C는 식 Ⅷ-1을 사용할 수 있으나 그림 Ⅷ-18을 이용하여 간편하게 구할 수 있다. 월류보 갓의 폭(L), 수조나 수로의 폭(b), 수조의 바닥에서 월류보 갓까지의 높이(P), 그리고 월류수심(H)을 고려하여 결정한다.

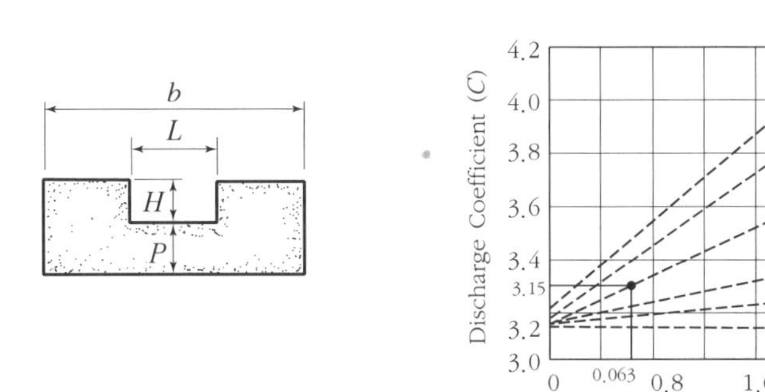

그림 Ⅷ-20. 유량계수의 결정

그림 Ⅷ-21에서와 같이 월류보의 폭(L) 4ft, 수로의 폭(b) 5ft, 수로의 바닥에서 월류보의 갓까지의 높이(P) 1,333ft, 월류수심(H) 0.0833ft인 월류보가 있다. 월류보를 통해 흐르는 유량을 산출하라.

앞의 그래프에서 유량계수는

$L/b=4/5=0.8,\quad H/P=0.0833/1.33=0.063 \quad \therefore C=3.15$

유량공식에 대입하면

$$
\begin{aligned}
Q &= 3.15 \times 4.0 \times 0.0833^{\frac{3}{2}} \\
&= 12.6 \times 0.024 \\
&= 0.302 \text{ CFS} (\text{ft}^3/\text{sec}) \\
&= 135.55 \text{ GPM} (\text{gal}/\text{min})
\end{aligned}
$$

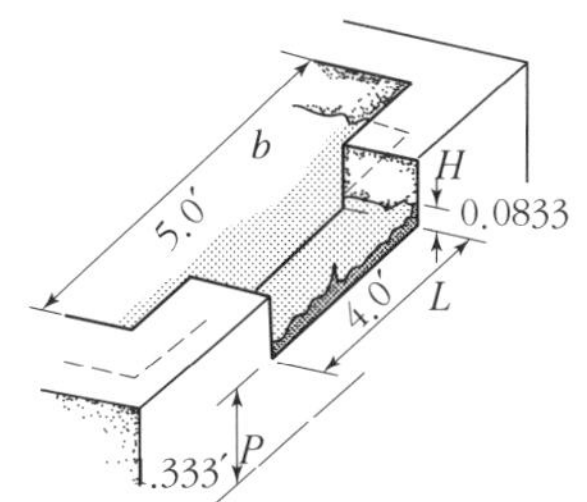

그림 Ⅷ-21. 직사각형 월류보

또한 V홈형의 월류보는 식 Ⅷ-2를 적용한다.

$$Q = 2.48H^{\frac{5}{2}} \tan\frac{\theta}{2} \quad \cdots\cdots\cdots\cdots\cdots\cdots\cdots \text{(식 Ⅷ-2)}$$

만약 $\theta=90^\circ$인 경우 $Q=2.48H^{\frac{5}{2}}$

$\theta=60^\circ$인 경우 $Q=1.43H^{\frac{5}{2}}$

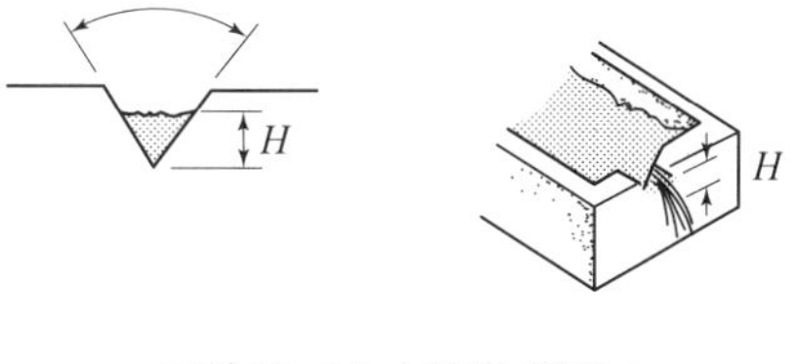

H

H

그림 Ⅷ-22. V홈형 월류보

4. 기계 · 설비의 설계

수경시설을 작동시키기 위해서는 자연에너지를 이용하는 방법과 펌프 등의 인위적인 힘을 가하는 방법이 있다. 자연에너지를 이용하는 방법은 경제성은 높지만 통제가 어렵고 다양한 수경연출이 어려우며, 특히 자연의 힘을 빌릴 수 없는 지역에서는 사용이 곤란하다. 따라서 여기서는 오늘날 가장 일반적으로 적용되고 있는 기계 · 설비를 이용한 체계에 대하여 다루기로 한다.

가. 수경설비의 체계

수경시설의 기계 · 설비의 설계를 위해서는 작동시스템을 이해하고 사용되는 기계 · 설비에 대한 지식을 구비하여야 한다.

조경분야에서 일반적으로 사용되는 수경설비의 체계는 조절방식에 따라 잠항방식(수중펌프형)과 원격조절방식(기계실형)으로 구분할 수 있다. 잠항방식은 비교적 좁은 공간의 간단한 수경연출을 위해 사용되며, 별도의 기계실을 필요로 하지 않아 공사비가 적게 든다. 그러나 설비가 분산배치되고, 일반적으로 여과 및 배수시설이 없기 때문에 며칠 간격으로 배수와 청소를 해야 하며, 유지관리와 전기적인 안전이 중요하다. 풀의 바닥에 설치되는 잠항설비는 펌프를 보호하고 이물질을 차단하기 위하여 망이나 그레이팅에 의해 보호되어야 하고, 잠항펌프는 부식되지 않는 재료로 만들어져야 하며, 전기적인 연결을 위해 잠항연결함을 사용하여야 한다.

원격조절방식은 대규모의 수경연출에 적합하며, 시스템을 집약적으로 관리할 수 있고, 자동

범 례

① 물웅덩이
② 그레이팅
③ 낙엽차단망
④ 잠항펌프. 100GPM
⑤ 1½″ 네오프렌호스와 조임새
⑥ 2½″×1½″ 동레듀샤엘보
⑦ 2½″ 동관
⑧ 2½″ 동조절코크
⑨ 4″ 배수구
⑩ 연결함

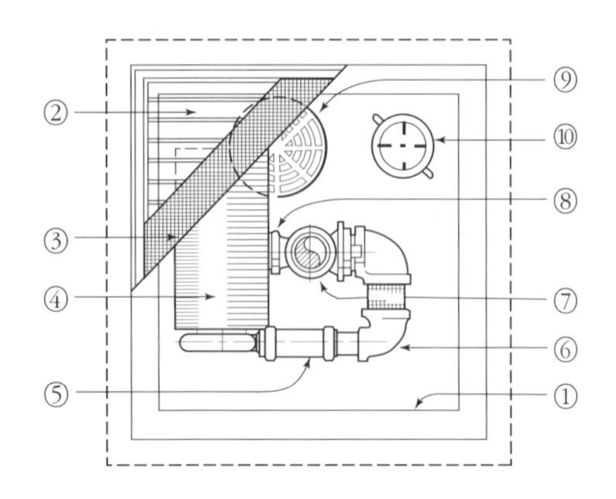

그림 Ⅷ-23. 잠항방식

화된 시스템의 도입이 용이하다. 설비체계는 잠항방식에 비해 복잡하지만 구성비품이 명확하여 이해가 용이하며, 일반적으로 사용되는 방식이다. 원격조절방식의 구성체계는 수경연출을 위한 체계와 물의 흡입 및 여과, 그리고 배수를 위한 보조체계로 구성된다. 그림 Ⅷ-24에서 진하게 그려진 선은 수경연출체계이며, 가는 실선으로 그려진 선이 보조체계이고, 화살표는 물의 흐름방향을 나타낸다.

(1) 수경연출체계

① 물흡입시설*return fitting*: 풀에서 펌프로 물을 되돌리기 위한 시설

② 선형여과기*line strainer*: 나뭇잎이나 이물질의 여과시설

③ 차단밸브*shut-off valve*: 공급되는 물의 양을 조절하기 위한 밸브

④ 펌프*pump*: 물의 이동 및 수경연출을 위해 수압을 가하는 동력원

⑤ 검사밸브*check valve*: 높이가 다른 수조가 사용되는 경우에만 사용되며, 관로를 통하여 높은 곳의 물이 낮은 곳으로 배수되지 않도록 하기 위한 밸브

⑥ 드로틀밸브*throttle valve*: 급수라인의 물의 공급을 조절하기 위한 밸브

⑦ 물공급장치*supply fitting*: 수경연출을 위해서 노즐이 사용되거나 월류보를 통한 연출을 하고자 할 경우에는 물 속에 설치하는 수도 있다.

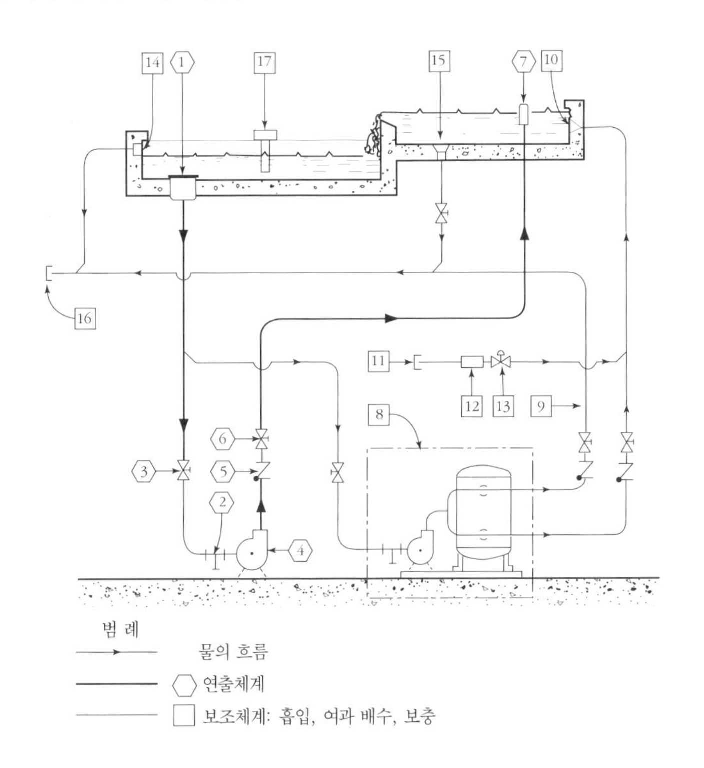

그림 Ⅷ-24. 원격조절방식

(2) 보조체계

1) 여과체계

여과기를 사용하여 물을 여과한 후 풀로 되돌리기 위한 설비

⑧ 여과장치*filter package*: 여과장치는 여과기, 순환펌프, 여과탱크, 여과기로 구성된다.
⑨ 여과역류라인*filter backwash line*: 여과기에 물을 역류시켜 여과기의 고운모래에 포집된 이물질을 제거한다.
⑩ 물공급장치*supply fitting*: 여과기에서 여과된 물을 풀에 재공급

2) 물보충체계

풀의 고정수위와 작동수위를 적절히 유지하기 위한 설비

⑪ 상수도와 연결된 물 공급선
⑫ 역류방지장치*backflow preventer*: 풀의 오염된 물이 상수도로 역류하는 것을 방지
⑬ 솔레노이드밸브*solenoid-activated valve*: 적절한 수위를 유지하기 위해 수위조절장치와 연계된 밸브

3) 배수체계

과도한 물을 배수시키고 청소나 겨울철에 물의 결빙을 방지하기 위해 풀의 물을 배수시키기 위한 설비

⑭ 오버플로우*overflow fitting*: 강우 및 관개수의 유출, 그리고 과다한 물의 공급으로 인하여 과다한 물을 배수
⑮ 배수시설*drain fitting*: 풀을 청소하고 유지관리를 위해 풀의 물을 배수
⑯ 하수설비*sewer*: 수경시설에서 배수시키는 물을 하수도에 연결
⑰ 수위감응장치

나. 노 즐

관로에 유속 및 유압을 증가시켜 제한된 구멍으로 물을 분사 또는 분무의 효과를 나타내게 하는 장치를 노즐*nozzle*이라 한다. 노즐의 형상과 구조는 정밀공학의 지식이 요구되므로 여기서는 만들어진 노즐의 이용과 관련된 노즐의 특성을 나타내고자 한다.

(1) 단일구경 노즐

투명하고 부드러운 물기둥을 얻기 위한 가장 단순한 형태의 노즐이다. 분사구의 크기는 분수의 규모, 분사의 높이와 유용한 수량에 따라 다르며, 일반적으로 분사의 높이가 높을수록 분사구가 큰 것이 요구된다. 이 형태의 노즐이 수직적으로 놓여지면 그것의 정상에 포말폭포를 만들 수 있는 수정이나 유리와 같은 물기둥의 외관을 볼 수 있다. 또한 분사된 물의 포말이 대기

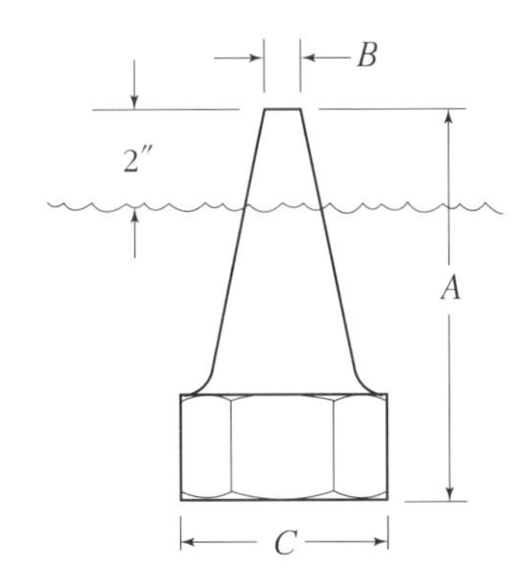

Model Number	규격 Dimensions					분사고 Spray Height								
	NPT	A	B	C		5′	10′	15′	20′	30′	40′	60′	80′	90′
N-110	1″	4″	3/8″	13/4″	GPM	7	12	15	19					
					HEAD	8′	14′	20′	27′					
N-111	11/2″	5″	5/8″	21/4″	GPM	20	28	38	44	58				
					HEAD	8′	14′	20′	27′	42′				
N-112	2″	6″	7/8″	23/4″	GPM	38	52	68	80	102	120			
					HEAD	8′	14′	20′	27′	42′	55′			
N-113	3″	93/4″	11/8″	4″	GPM	63	92	115	130	160	188	235		
					HEAD	8′	14′	20′	27′	42′	55′	82′		
N-114	4″	111/2″	11/2″	51/8″	GPM	112	163	195	225	265	300	380	430	
					HEAD	8′	14′	20′	27′	42′	55′	82′	110′	
N-115	5″	131/4″	2″	63/8″	GPM	198	292	350	410	480	600	730	830	880
					HEAD	8′	14′	20′	27′	42′	55′	82′	110′	130′

【자료】 The Fountain People, *The Fountain Design Guide*, 1992.

그림 Ⅷ-25. 단일구경노즐

중에 날리게 되어 햇빛을 받게 되면 무지개가 만들어지기도 하고, 조명이 부대시설로 설치되면 흥미있는 효과를 주게 된다.

(2) 에어레이팅 노즐*aerating nozzle*

이 노즐은 수천의 공기 물방울과 혼합된 물기둥을 일으키게 하며, 분사구의 크기는 단일구경노즐보다는 크고, 높은 작용압력을 필요로 한다. 물기둥은 주간 또는 야간의 높은 조명 밑에서 가시도가 높기 때문에 단일 물기둥을 설치하고자 할 경우나 먼 거리에서 볼 수 있도록 분수를 설치하고자 할 때 많이 사용된다.

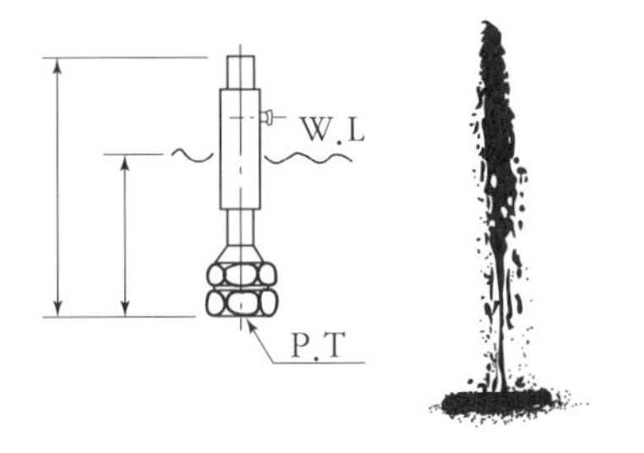

그림 Ⅷ-26. 에어레이팅 노즐

기포발생장치를 한 노즐은 기부 근처의 여러 개의 작은 분사구나 기포발생장치에 의하여 작동되며, 공기와 물이 섞여 단일분사로 방출되게 된다. 물이 적절한 양의 공기와 혼합되기 위해서는 노즐 근처의 수면에 대한 수위조절을 조심스럽게 해야 하며, 만약 수면허용높이가 5cm 이하라면 수면높이조절을 위한 월류장치가 필요하다.

(3) 형태를 이루는 노즐

버섯이나 나팔꽃 모양 등 특정한 형태를 이루어 분사하게 하는 노즐을 말한다. 오늘날 형태를 이루는 노즐은 매우 다양하게 개발되고 있다.

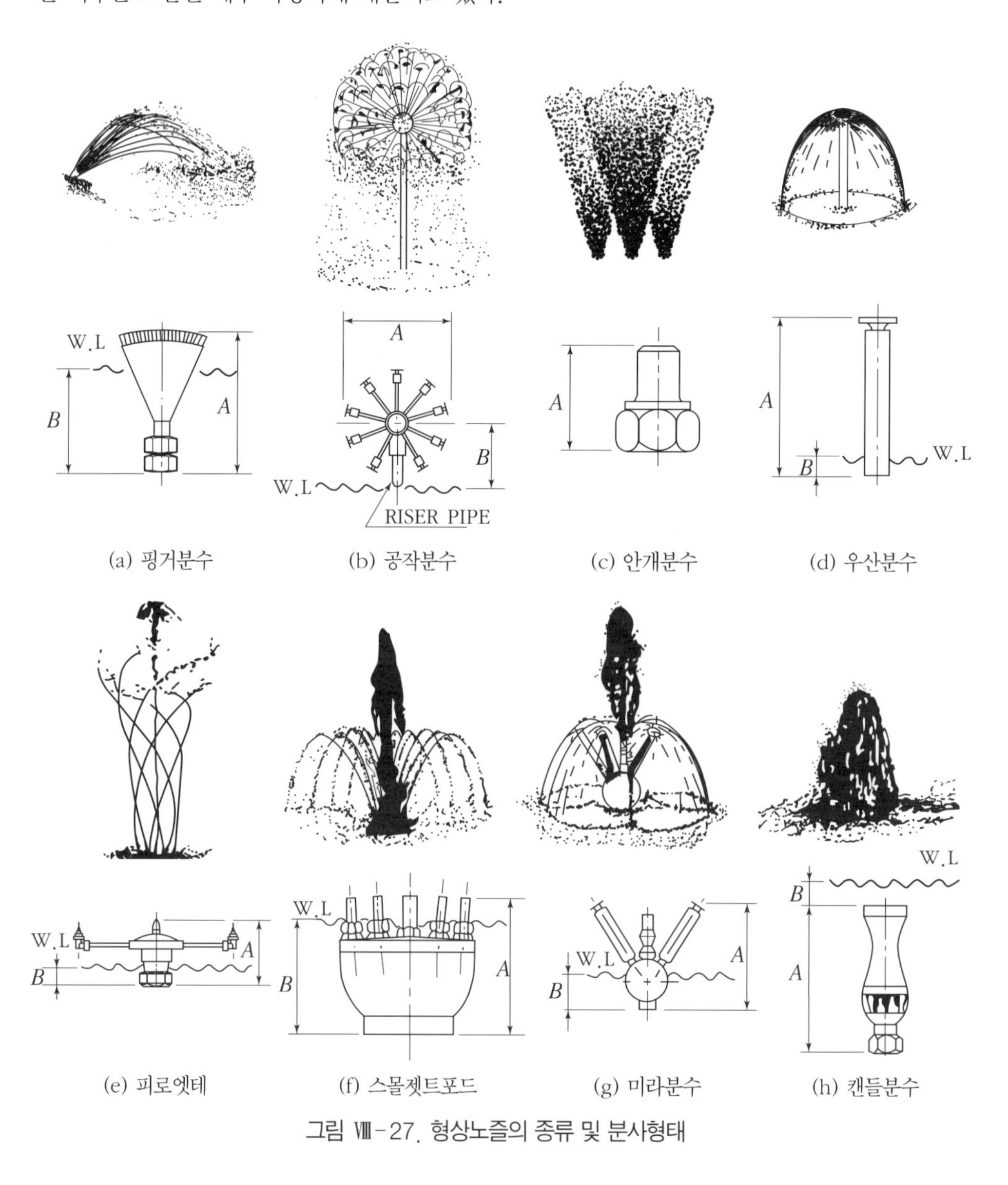

그림 Ⅷ-27. 형상노즐의 종류 및 분사형태

다. 펌 프

분수나 풀에서 사용하는 펌프는 살수관개시설에서 소개한 것과 비슷하다. 분수시설에서는 풀로부터 직접 물을 얻거나 계통 내에서 재순환되기 때문에 원심력펌프나 잠항펌프를 사용한다. 일반적으로 높은 작동압력과 많은 유량이 요구되는 분수에서는 원심력펌프가 좋지만, 단점은 풀 근처에 펌프 및 전기 · 설비를 설치하기 위한 기계실을 별도로 조성해야 한다는 점이다. 잠항펌프는 보통 작동압력이 1마력 이하인 경우가 많으므로 일반적으로 작은 규모의 분수에서 사용한다. 이것은 전선의 방수시설을 제외하고는 특수한 장비나 시설장소가 요구되지 않기 때문에 편리하지만 수중에 설치되므로 반드시 누전회로차단기를 설치해야 하고 노출된 전선이 3m 이상이 되지 않도록 한다. 또한 펌프가 과열되었을 때 자동적으로 전원이 차단되도록 해야 한다.

라. 물의 공급 · 배수시설

풀과 분수에는 전자식*electronic type*과 부유형*float type* 두 종류의 수위조절장치가 있다. 전자식은 풀을 완전히 채우기 위해 전기솔레노이드*electric solenoid*를 작동시키는 작고 민감한 감응장치를 이용한 것이고, 부유형은 수위가 떨어지면 밸브를 열고, 수위가 차면 밸브를 닫는 장치이다. 이렇게 함으로써 풀과 분수에 작동에 필요한 공급수를 제어할 수 있다. 또한 물의 공급을 위해서는 풀에 있는 물을 재사용하기 위한 흡입시설이 필요한데, 이 때에는 수조의 바닥이나 벽면에 이를 설치하고, 이물질이 침투하여 관로나 펌프에 주는 피해를 최소화하도록 거름망을 설치하여야 한다.

풀과 분수에서는 적정수위를 유지하기 위해 월류장치가 필요한데, 월류장치는 수조의 벽면에 설치하는 오버플로우(a)와 수조내부에 수직으로 배수관을 설치하여 월류시키는 오버플로우와

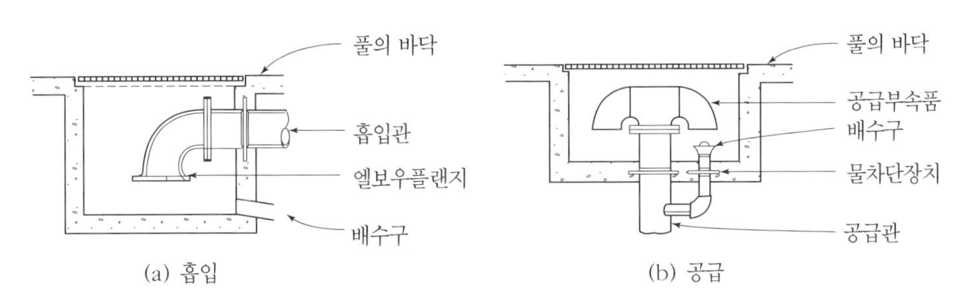

그림 Ⅷ-28. 물의 흡입 및 공급시설

드레인이 혼합된 방법(b), 그리고 풀의 청소 및 겨울철 결빙을 방지하기 위하여 풀의 물을 완전 배수시켜야 할 때 사용하는 배수구가 있다. 풀의 바닥은 배수시설을 향하여 경사져 있으며, 바닥에 설치된 배수시설을 통하여 물을 배수시킬 수 있다.

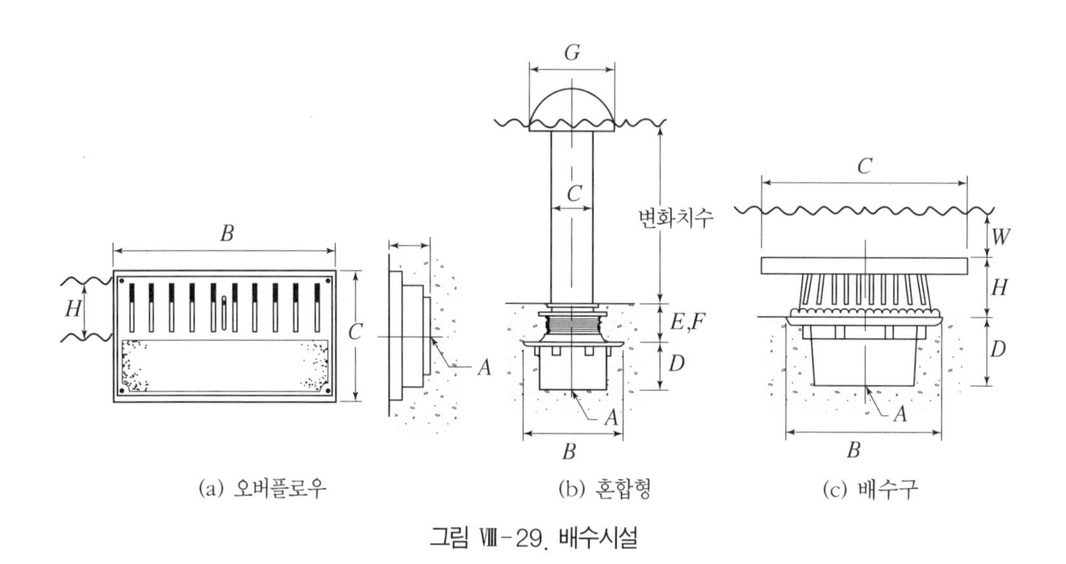

(a) 오버플로우 (b) 혼합형 (c) 배수구

그림 Ⅷ-29. 배수시설

마. 여과장치

여과장치는 물 속의 이물질을 여과하여 노즐과 펌프의 피해를 방지하기 위하여 사용되며, 펌프와 모터, 여과기, 그리고 흡입라인 및 배출라인으로 구성된다. 여과장치에 사용되는 펌프와 모터는 수경연출시스템과는 별도로 작동하게 되며, 여기서 발생되는 힘으로 여과기를 통하여 물을 거르게 된다. 여과기는 카트리지 여과기*cartridge filters*와 규조토 여과기*diatomaceous earth filters*, 그리고 모래 여과기*sand filters*를 사용한다. 카트리지 여과기는 소규모 수경시설에 사용되는 것으로 규칙적으로 여과기를 교체하여야 하며, 경제성은 있지만 관리에 주의가 필요하고 규조토 여과기는 모래 여과기보다 여과기능이 뛰어나지만, 여과기를 오래 사용하면 여과기가 막히게 되어 수압이 감소하므로 만약 수압이 많이 감소하면, 물을 역류시켜 여과기에 부착된 이물질을 제거하도록 한다. 모래 여과기는 실리카질 모래를 포함한 것으로, 작동방법은 규조토 여과기와 유사하지만 유지관리비를 절약할 수 있고 수명이 길어 수경시설에서 가장 많이 사용된다.

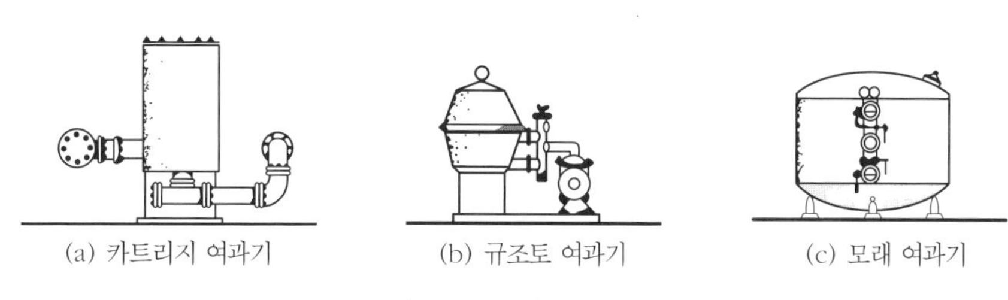
(a) 카트리지 여과기 (b) 규조토 여과기 (c) 모래 여과기

그림 Ⅷ-30. 여과기의 종류

여과용 흡입라인으로는 여과기에 물을 적정하게 공급하기 위한 시설인 안티-보텍스*anti-vortex* 와 수면의 이물질을 거르기 위한 수면거름장치, 진공의 원리를 이용한 실트질 제거장치, 흡입시설의 용량에 균형을 맞추기 위한 흡입조절밸브, 이외에도 흡입차단밸브와 스트레이너가 사용된다. 여과용 배출라인에는 배출차단밸브, 아이볼*eyeball* 이 사용된다.

바. 에어레이터

물의 온도층화 현상에 의해 생기는 상부의 규조류는 물을 썩게 하는데, 에어레이터는 물 속의 유기물질을 분해하여 이를 막는 물순환장치의 하나로 공기 중의 산소를 물 속에 끌어들임으로써 규조류 발생을 막아 물을 깨끗하게 한다. 여름철이 되기 전에 에어레이팅을 실시하면 효과가 크다. 그러나 규조류가 발생된 이후에 설치할 경우 물을 깨끗이 하는 데는 시간이 많이 걸리며 이미 죽은 규조류가 층을 이루고 있으면 우선 물리적으로 제거한 다음 에어레이팅을 하도록 한다.

에어레이팅에는 1/6~10마력이 유용한데, 1/6마력의 펌프는 24시간 동안 1백만 갤런 이상을 순환시킬 수 있고, 1마력의 펌프는 6.25GPM으로 24시간 동안 5백만 갤런 이상을 순환시킬 수 있으며, 10마력의 펌프는 2천2백만 갤런 이상을 순환시킬 수 있다.

5. 전기 · 조명 설계

물이 주요 소재인 수경시설에 조명을 하는 것은 다른 부문에서의 조명보다 훨씬 위험성이 높다. 따라서 안전성을 확보하고, 원하는 연출효과를 얻을 수 있도록 하기 위한 노력이 필요하다.

가. 수중조명 기법

수경시설에 조명을 하기 위해서 적용할 수 있는 조명기법은 일광日光조명*daylighting*, 일광溢光조명*floodlighting*, 수중조명*underwater lighting*으로 구분할 수 있다. 일반적으로 수중조명이 가장 많이 사용되지만 다른 조명방식에 대해서도 적절히 고려하여 사용하여야 한다.

일광日光조명은 자유수의 낙수와 형태분수, 기포분수, 사면낙수 등 상세한 수경연출상태를 조명하는 데 효과적으로 이용될 수 있으며, 일광溢光조명은 가끔 시각대상을 혼돈시키므로 현명하게 사용하도록 해야 한다. 수중조명은 가장 극적인 분위기를 연출할 수 있으며, 자유낙수와 제트분수에 잘 어울린다. 그러나 수중조명은 수중에 설치되므로 안전성, 부식방지, 유지관리측면에서 다른 조명방식보다 3～5배의 비용이 들게 되므로 현명하게 사용하여야 한다.

수중조명은 상향조명*up-lighting*과 수조조명*pool lighting*으로 구분되는데, 상향조명은 제트분수나 사면낙수에 사용되어 더욱 극적인 분위기를 연출할 수 있으며, 수조조명은 수조의 표면수를 밝게 하는 데 사용된다. 따라서 수조조명의 경우 풀의 내부면을 밝은 재료로 만들어야 하는 동시에 유지관리에 주의가 필요하다.

나. 설계원칙

수경시설의 조명을 위해서는 동일한 수경시설에서 각각 조명해야 할 대상을 명확히 하고 각 조명방식이나 피조명체의 특성을 적절히 고려하여 조합하여야 한다. 또한 조명의 밝기에서도 일반조명 대상에 비해 주조명 대상은 10배, 부조명 대상은 3배의 밝기를 가지도록 조명의 밝기를 달리하여 변화를 주어야 하며, 동일 대상물인 경우 조명의 밝기는 최고값과 최저값이 3배 이상 차이나지 않도록 한다.

수중조명시설은 적절한 깊이에 설치해야 하고, 미관을 보호하기 위해 시설을 최소화하도록 해야 한다. 수중등은 수납기구에 넣어져 설치되어야 하며, 등에서 발생되는 열이 이것을 통하여 물 속으로 빠져 나가도록 해야 한다. 만약 수위가 낮아지면 등이 과열되고 파손되므로 램프

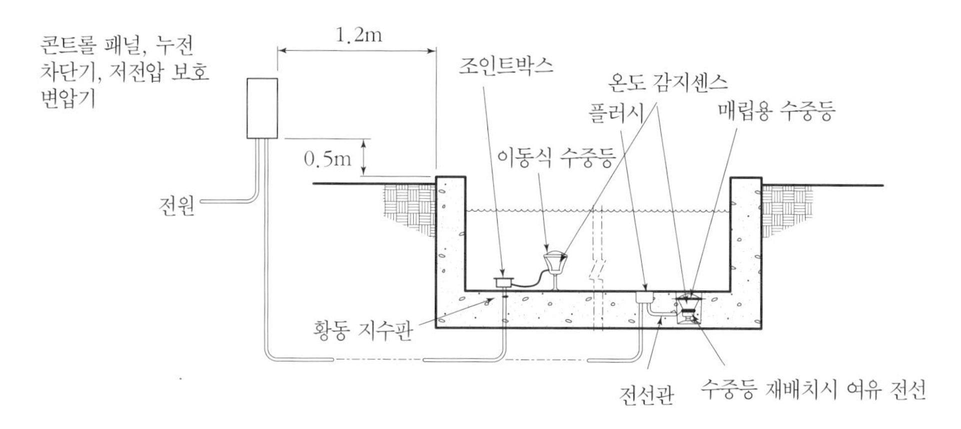

그림 Ⅷ-31. 전기조명시설의 설치단면

와 렌즈의 파손을 방지하기 위해 시설을 잠수시킨다. 최소잠수깊이는 25mm이며, 수위의 변화와 수면의 파장을 고려하여 50mm 이상의 깊이로 잠수시켜야 한다. 또한 수중조명에는 연결함, 전선 등의 시설이 사용되는데 가급적 노출을 최소화하도록 해야 한다.

적용광원은 백열전구, 할로겐전구, 수은램프, 메탈할라이드를 기본적으로 사용하며, 색채를 연출하기 위하여 적색, 녹색, 황색, 청색, 백색의 휠터를 사용한다.

다. 안전기준

물을 주요 소재로 사용하는 수경시설은 물과 관련된 전기시설의 사용이 불가피하여, 항상 잠재적인 위험성을 내포하고 있다. 따라서 누전에 의한 사고를 예방하고 시설의 안전성을 높이기 위해 분수용 전기기구들의 설치와 관련된 법규 및 기준을 준수해야 한다. 다음 사항은 안전한 수중조명을 위한 시설의 설치기준이다.

① 전기회로 보호 및 감전사고 예방

풀장 내부에 설치된 분수기구와 30V 이상이 작동하는 모든 회로에는 A등급의 누전회로차단기(GFCI: Ground Fault Circuit Interuptor)를 설치하여 누전에 의한 피해를 방지하여야 하며, 30V 미만에서 작동하는 기구는 사양표의 지시에 따라야 한다.

② 수중등 보호

수중등은 수면 위로 돌출된 경우 반드시 렌즈보호기에 의해 감싸져야 하며, 만약 수중등이 이동식으로 설치되어 물의 굽이침에 의해 노출될 가능성이 있다면 움직임에 의한 변동이 없도록 적절한 방법으로 보호하여야 한다.

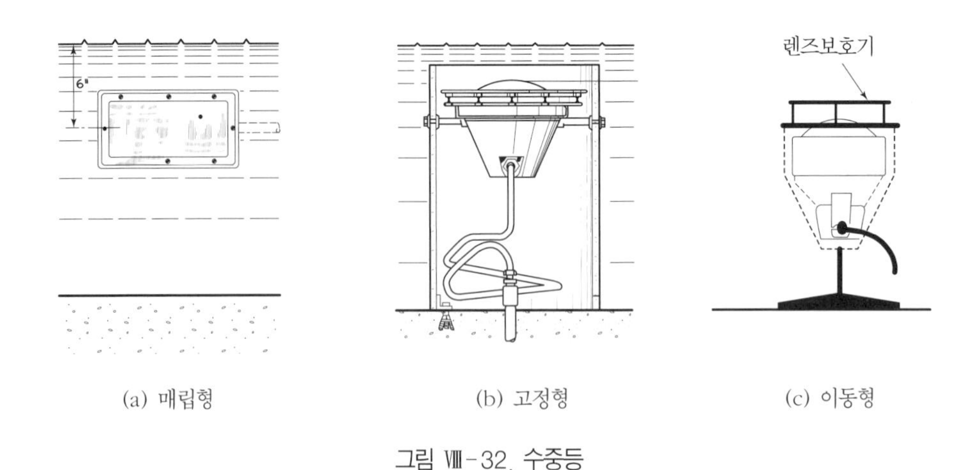

그림 Ⅷ-32. 수중등

③ 수중등의 재설치와 유지관리 고려

수중등은 재설치와 정기적인 보수를 위해 물에서 꺼내어 이동시킬 수 있도록 3m 정도 여유있게 전선을 설치하여야 한다.

④ 규격에 맞는 연결함과 온도조절 센서

수중조명과 수중펌프용의 전선관을 연결하기 위한 연결함은 압축, 팽창을 제어하기 위해 철저히 봉해야 하며, 매립형 수중등도 마찬가지이다.

⑤ 규격에 맞는 연결함 지지대 사용

연결함을 고정하기 위한 지수판은 반드시 동을 사용하도록 한다.

⑥ 수분침투의 방지

수중의 모든 전선과 연결부위는 완벽하게 수분침투를 방지하고 배수작업시 물이 콘트롤 패널에 침투하지 않도록 반드시 수밀처리를 해야 한다.

⑦ KS 전선을 사용

콘트롤 패널과 수중 조인트박스 사이에 설치되는 모든 전선은 부하에 맞게 적절한 것을 사용해야 하며, KS 기준에 적합한 것이어야 한다.

⑧ 접지

분수와 관련된 모든 전기기구들과 금속관은 반드시 KSC에 규정된 사항을 준수하고 접지시킨다. 수중펌프의 대지전압은 300V 이하를 표준으로 하고 특별 3종접지(접지저항 10Ω 이하)를 하는 것을 기준으로 하며, 접지극은 지하 75cm 이상의 깊이에 매설한다.

6. 풀 설계 실습

그림 Ⅷ-33과 같은 간단한 수조형 캐스캐이드를 설계해 보자. 그림은 캐스캐이드의 개념적 구조를 나타낸 것으로, 상부수조는 12ft×12ft의 정방형 수조이고, 하부수조는 12ft×20ft의 장방형 수조이며, 풀의 평균깊이는 16in이다. 또한 하부수조 가까운 곳에 여과시스템, 펌프, 전기조절장치를 포함한 기계실에 있다.

드레인은 재급수를 위해 여과시설로 연결되고 배수를 위해 배수로와도 연결되며, 상부수조와 하부수조에 입상배수관은 물의 넘침을 방지하고 배수역할을 하게 된다. 또한 월류보 표면은 투명한 수막을 만들기 위해 금속판으로 설계되었다.

풀은 현장타설콘크리트로 만들어지고 마감은 방수구조를 가지도록 하였다.

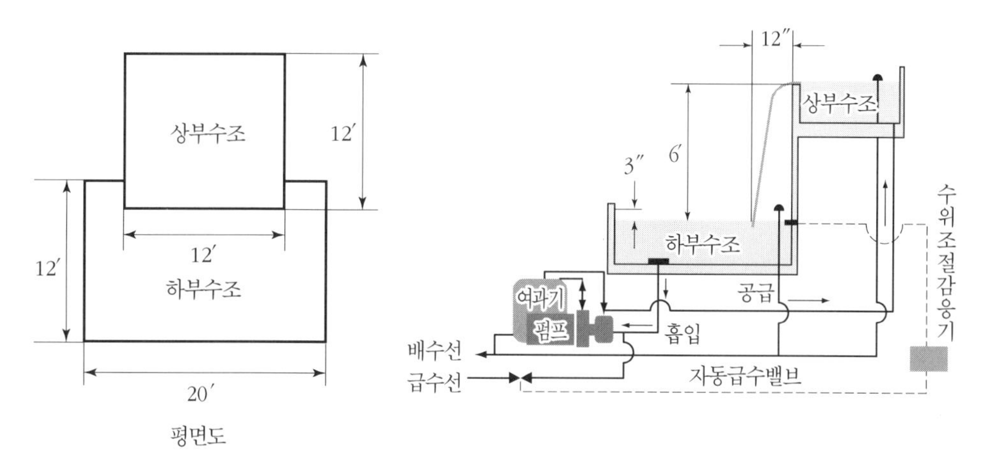

그림 Ⅷ-33. 캐스캐이드의 구조

가. 수조와 캐스캐이드의 물용량 산정

캐스캐이드 설계의 첫 번째 단계는 2개 수조의 물용량을 산정하고 캐스캐이드를 가동시키기 위해 얼마만큼의 물이 필요한지를 결정하는 것이다.

상부수조 = 12ft×12ft×1.33ft
= 191.52cf×7.48gal/cf = 1,433gal

하부수조 = 20ft × 12ft × 1.33ft
　　　　= 319.20cf × 7.48gal/cf = 2,398gal
수조 전체의 물용량 = 1,433 + 2,398 = 3,831(gal)

나. 펌프의 용량 산정 및 선정

캐스캐이드의 높이가 6ft이므로 다음의 표에서 월류보가 깨끗한 수막을 형성하기 위해서는 월류수심은 3/4~1in이어야 한다. 안전하게 월류수심을 1in를 적용할 경우, 월류보 1in당 펌프는 40GPM의 용량을 가져야 한다. 캐스캐이드의 길이가 12ft이므로 필요한 펌프의 용량은 다음과 같다.

펌프용량 = 12ft × 40GPM/ft = 480GPM

〈표 Ⅷ-7〉 월류수심과 유량(수막형)

월류수심(in)	월류보의 단위길이당 유량(GPM)	최대수직높이(ft)
1/2	13	1~2
3/8	2	2~4
3/4	24	4~6
1	40	6~8
11/4	52	8~10
11/2	66	10~15
2	102	15~20
3	187	20~30

【자료】 The Fountain People, *The Fountain Design Guide*, 1992.

이 경우, 가격이 저렴하고 성능과 적용범위가 넓은 원심력펌프가 적당하며, 가급적이면 소음과 진동이 적고 내구성이 높은 저회전펌프(1,450~1,750RPM)를 사용하는 것이 좋다.

그림 Ⅷ-34에는 선정된 원심력펌프의 성능곡선이며 유량*GPM*, 수두*total dynamic head*, 마력(*HP : horsepower*), 효율성*efficiency*이 나타나 있다. 먼저 유량 480GPM의 작동압력은 116ft · H_2O(116 × 0.433 = 50.2(psi))이다. 캐스캐이드의 높이차가 6~8ft이므로, 관로나 연결부위에서의 압력손실을 고려하더라도 충분한 값이다.

다음에는 모터의 필요한 마력수를 결정해야 하며, 펌프의 효율성은 임펠러 곡선상의 작용점 위에서 고려해야 한다. 그림 Ⅷ-34에서 작용점은 78%의 효율성 곡선 안에 있다. 일반적으로 펌프의 효율성이 75~80%이면 매우 효율적인 것으로 간주한다.

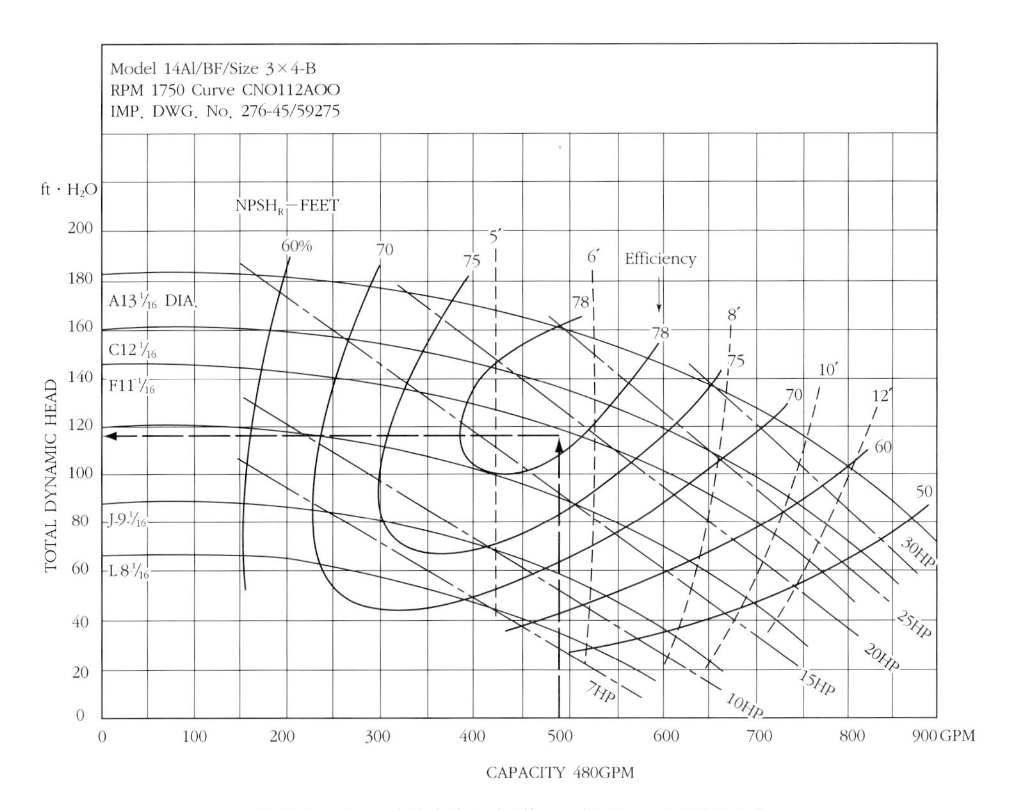

그림 Ⅷ-34. 원심력펌프의 성능곡선(60Hz, 1750RPM)

다. 드레인 및 배수관 규격

2개의 수조내 물의 용량은 3,831gal이다. 관리상의 이유로, 수조의 물을 2시간 동안 배수시킨다면 분당 배수량은 32GPM이다.

$$\text{배수량(GPM)} = \frac{3{,}831\text{gal}}{2 \times 60\text{min/hr}} = 32\text{GPM}$$

〈표 Ⅷ-8〉에서 흐름량 32GPM에 적합한 배수관의 규격은 2~3in이다. 그러므로 3in 규격의 배수관을 선정하고 이에 적합한 배수연결시설로 배수관을 설계하면 그림 Ⅷ-35와 같다.

〈표 Ⅷ-8〉 배수관 규격에 따른 흐름량

규격(in)	흐름량(GPM)
2	25
3	50
4	100
6	300
8	600
10	1,000

【자료】 The Fountain People, *The Fountain Design Guide*, 1992.

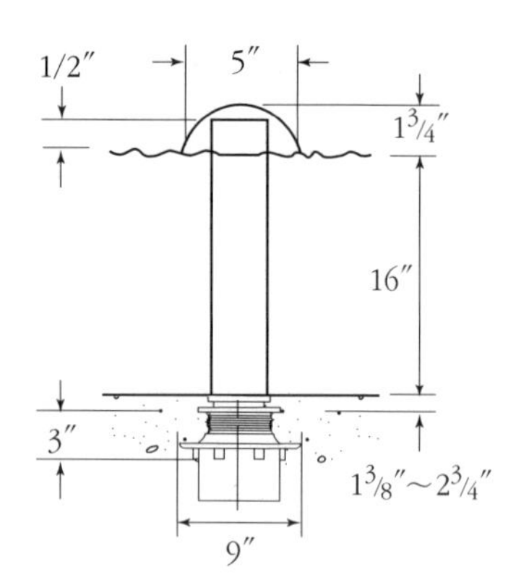

그림 Ⅷ-35. 3in 입상배수관 및 연결재

라. 안티-보텍스*anti-vortex* 및 수위조절장치

하부 수조의 흡입선 위에서 소용돌이를 방지하고 상부수조의 공급선에서 끓임을 방지하기 위해서는 안티-보텍스를 설치하여야 하며, 480GPM 흐름을 수용할 수 있어야 한다. 그림 Ⅷ-36에 제시된 것은 600GPM까지 수용할 수 있는 것을 나타낸다.

또한 수조의 물을 적정한 수위로 유지하기 위해 그림 Ⅷ-37과 같은 수위조절장치를 설치하여야 하며, 수조벽에 매립되는 구조로 하여 반달리즘으로부터 보호하고 튀어나오지 않도록 해야 한다.

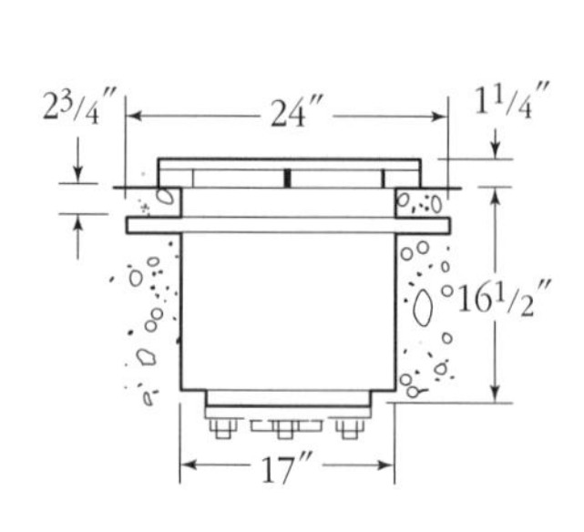

그림 Ⅷ-36. 안티-보텍스

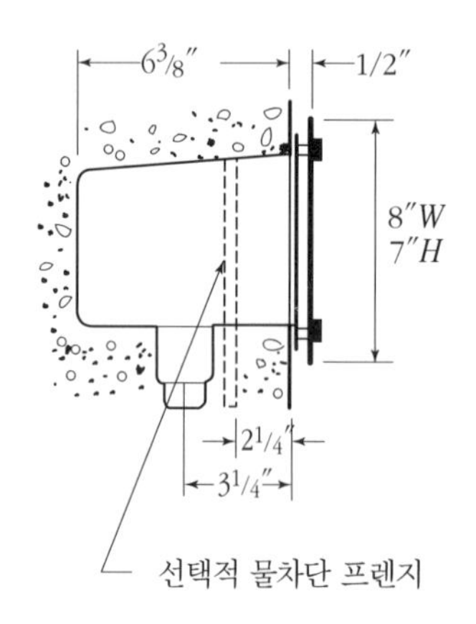

그림 Ⅷ-37. 매립형 수위조절장치

마. 여과기

수조가 상당히 지저분한 환경에 위치하고 있다고 가정하면, 여과기는 매 4시간마다 물을 완전히 교환할 수 있도록 설계한다. 여과되어야 할 물이 총 3,871gal이므로 4시간마다 물을 여과하기 위해서는 여과기용량은 16GPM이다.

$$여과기용량 = \frac{3,831gal}{4hr \times 60min/hr} = 16(GPM)$$

〈표 Ⅷ-9〉 카트리지 여과기의 여과능력

여과기면적(ft^2)	여과기용량(GPM)
25	9.4
50	18.8
75	28.1
100	37.5
150	56.3

만약 카트리지 여과기를 사용한다면 여과기 면적이 50ft^2인 것이 적합한 것으로 판단된다.

바. 시공상세도의 작성

펌프와 하드웨어가 결정되면, 시공상세도가 만들어져야 한다. 일반적으로 기계설비상세는 개념적 구조로서 표현되며, 펌프 및 다른 설비에 대한 상세한 정보는 시방서나 관련자료에 제시되어야 한다. 예시적으로 기본적인 개념도를 제시하면 다음과 같다.

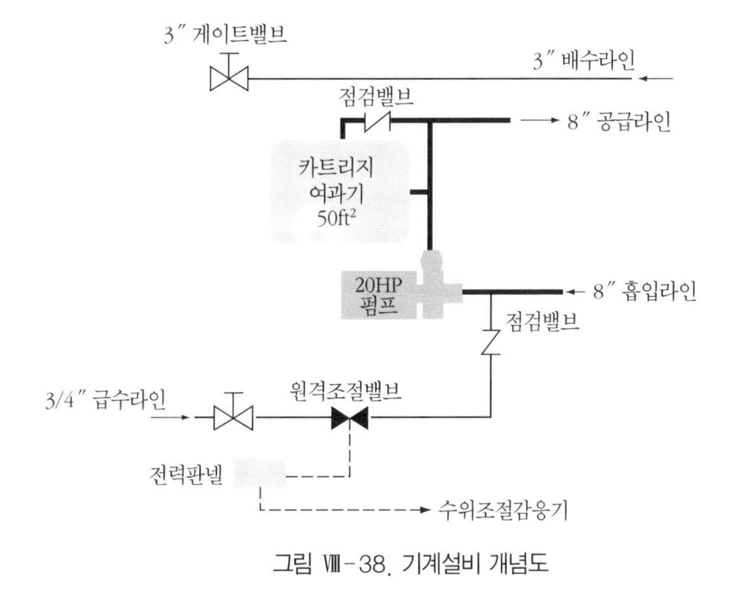

그림 Ⅷ-38. 기계설비 개념도

또한 풀의 구조물과 부속물에 대한 시공상세가 요구되는데 월류보는 형태, 규격, 마감이 제시되어야 하고, 모든 관로 및 부속의 규격이 명시되어야 한다.

풀의 바닥은 최소 1% 이상으로 배수구 방향으로 경사지도록 해야 한다. 상부풀은 간단한 풀로어 드레인을 설치하여 배수가 가능하지만 하부풀은 수위조절을 위해 입상관을 사용한다. 또한 수조의 끝단에는 갓돌을 설치하도록 한다.

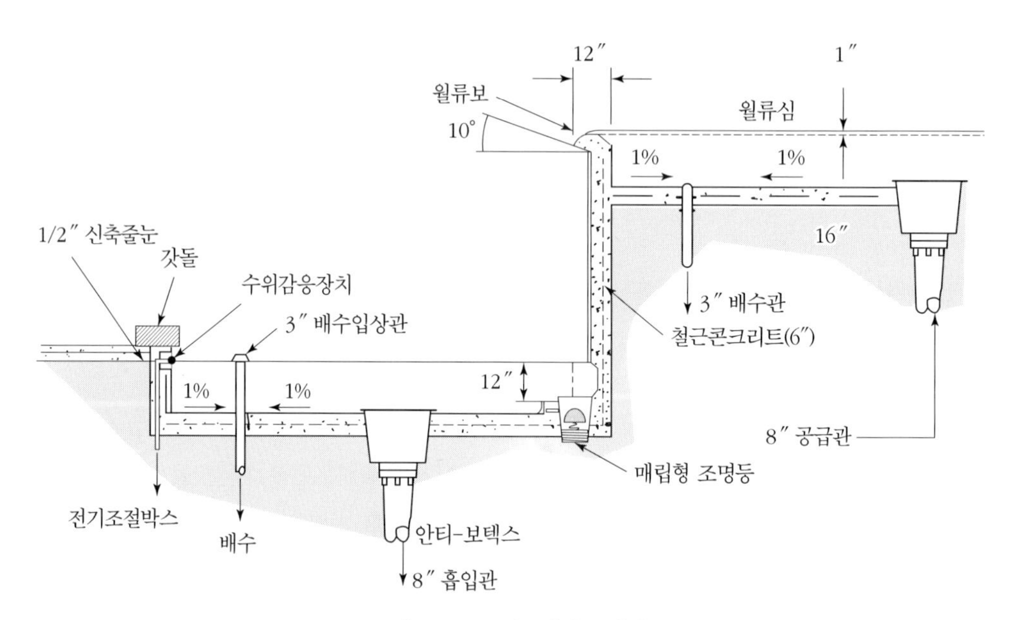

그림 Ⅷ-39. 캐스캐이드 단면

7. 연못의 설계

연못은 수경연출을 위한 대표적인 요소로서 안정감과 풍요로움을 느끼게 한다. 아울러 잔잔한 수면은 주변의 경관을 반사나 투영시킴으로서 고요함을 연출하고 수면의 파동과 물의 움직임은 생명감을 부여하며, 수생식물과 물고기를 길러서 흥미를 높일 수 있다.

자연의 연못은 지형, 수문, 토질, 강우 등의 요인이 복합적으로 작용하여 오랜 시간에 걸쳐 만들어진 것이며, 외부에서 어떤 인위적인 힘이 가해지기 전에는 스스로 유지해 나가는 능력을 가지고 있다. 그러나 인위적으로 조성되는 연못은 단시간에 조성되므로 주변의 자연환경과 조화를 이루기 힘든 경우가 많고 더구나 연못이 만들어지기 어려운 조건에서는 이를 개선하기 위한 다양한 공법을 불가피하게 사용하여야 한다.

가. 부지조성 설계

연못은 물을 담기 위한 그릇이므로 만들고자 하는 형태와 부지의 지형을 면밀히 검토하여야 한다. 연못의 형태는 대부분 부지의 지형에 영향을 받게 되므로 지형조건을 검토하여 연못의 바람직한 형태를 결정하여야 한다. 만약 지형과 어울리지 않는 연못의 형태를 설계하게 되면 대규모의 토공사가 불가피하고 많은 비용이 발생하게 되며, 자연환경을 파괴하게 된다.

부지조성 설계를 위해서는 제일 먼저 부지내부와 주변의 수문현황을 면밀히 검토하여야 한다. 이와 동시에 미기후, 토양 및 토질에 대한 분석이 이루어져야 한다. 연못조성 대상인 부지나 부지주변에 수계가 발달되어 있다면 설계가는 이것을 활용하기 위한 방법이나 차단하기 위한 방법을 생각해야 하며, 기존수로의 변경이 불가피하다면 수로변경으로 인하여 발생될 문제에 대한 대안을 강구하여야 한다.

연못을 위한 부지는 물을 가두기 위해 습지 또는 점토가 많은 토질을 가진 지역이 바람직하며, 만약 부지가 투수성이 높은 토질로 되어 있다면 물을 안전하게 담기 위한 방수 및 구조체가 도입되어야 한다.

일반적으로 연못의 깊이는 1.5m 이내로 평지나 경사형으로 조성하는 것이 바람직하다. 그것은 연못의 깊이가 깊을수록 수질을 깨끗하게 유지하기가 어려우며, 동시에 연못에 많은 물이 담기게 되어 연못의 바닥이나 토양부위에 높은 압력이 가해져 연약한 지반인 경우 지반침하가 발생될 수 있고 높은 수압으로 인한 누수가 발생될 수 있기 때문이다.

나. 급수 및 배수

(1) 급·배수시설

연못의 급수는 하천·계곡·우천시 유입수에 의해 이루어지며, 지하수나 상수를 인위적으로 공급할 수도 있다. 어떤 경우이든지 수질과 수량이 기준에 적합하여야 하며, 가능하다면 자연스럽게 급수와 배수가 조화를 이루는 것이 바람직하다. 연못에 설치되는 배수시설은 연못으로 유입되는 물의 차단과 연못내부 및 연못하부의 물의 배수를 위해 설치된다. 연못을 조성하기 위하여 발생한 절개지나 지형조건으로 인하여 연못 안으로 물이 유입될 가능성이 있을 경우에는 이것을 차단하기 위한 배수시설을 설치하여야 한다. 연못의 물이 적정의 수질을 유지하도록 관리를 위해 배수드레인과 적정수위 이상의 과다한 물을 배수시키기 위해 오버플로우를 설치해야 하는데 오버플로우의 높이는 목표기준 수면의 높이와 같게 해야 한다. 연못하부의 물은 연못의 방수층이나 구조체 하부에서 발생되는 물을 맹암거를 이용하여 유출시키기 위한 것으로, 이렇게 함으로써 구조체의 파괴나 지반침하를 줄일 수 있다.

(2) 에어벤트*air vent*

에어벤트는 면적 1000m^2 이상의 대형연못에서 방수층 아래에 설치되어야 한다. 방수층 아래에 모인 각종 퇴적물이나 유기물은 부패되어 가스를 발생시키게 되며, 가스의 압력으로 방수층을 밀어내거나 깨뜨리게 되어 구조적으로 심각한 문제를 야기할 수 있다. 이와 같은 발생가스를 유출시키기 위해서는 직경 75~100mm의 P.V.C관을 사용하는 것이 바람직하며, 가스 배출구는 시각상 좋지 않으므로 눈에 잘 띄지 않는 곳에 배치하는 것이 좋다.

다. 바닥처리 및 방수

연못바닥의 마감은 진흙, 콘크리트, 석재, 자갈, 타일, 블록 등 다양한 재료를 사용할 수 있으며, 색채나 질감, 내구성, 주변환경과의 조화를 고려하여 적절한 재료를 사용하도록 한다.

연못의 바닥처리방법을 결정하면서 동시에 고려해야 하는 것은 물을 담기 위한 방수공법을 결정하는 것이다. 보통 연못의 기능과 형태에 따라 달라지게 되며, 자연스러운 곡선은 점토공법과 방수시트공법이 유리하고 직선이나 각이 지는 형태는 콘크리트공법이 유리하다.

점토 방수는 자연적인 습지나 지하수위가 높은 곳에서 토양내 점토질이 많은 경우 사용되며, 점토를 30~50cm 정도 다진 후, 비닐을 깔고 다시 점토다짐을 하는 방법으로 자연성은 높지만 다른 공법에 비해 비용이 많이 들고 누수현상이 발생할 가능성이 있다. 만약, 연못이 도시지역에 1000m² 미만의 규모로 만들어진다면 인위적으로 물을 가두기 위해 철근콘크리트로 구조체를 만들게 된다. 이 경우 시멘트 모르타르방수, 방수액방수, 시트방수가 사용되며, 때로는 수밀성콘크리트를 사용할 수 있다. 그러나 연못의 규모가 크고 지반이 약할 때 콘크리트로 시공하면 구조체 균열 및 침하가 발생될 수 있으므로 주의하여야 한다. 시트방수공법은 대형연못에 많이 사용되며, 가격이 저렴하고 시공이 용이한 특성을 가지고 있다. 주로 합성수지인 P.V.C, H.D.P.E, C.P.E와 고무막 재료, 역청질막 재료를 사용하고, 시트보호를 위해 완충작용을 하기 위한 부직섬유를 깔아 주어도 좋다.

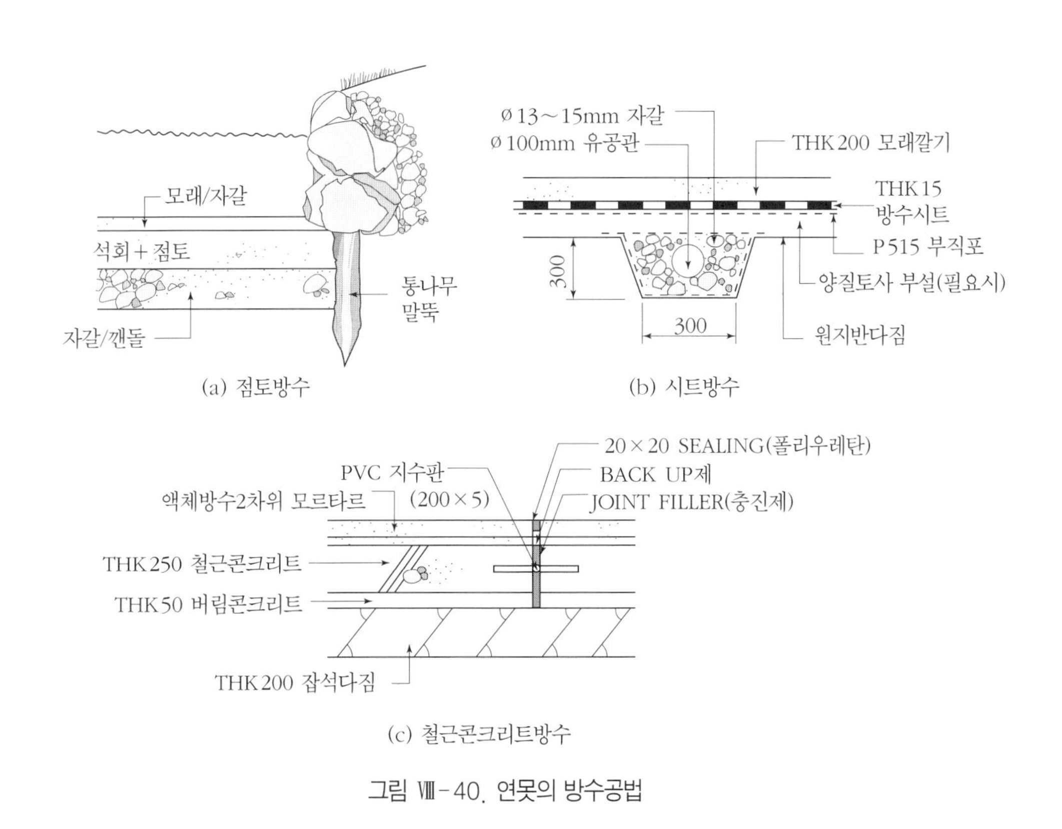

그림 Ⅷ-40. 연못의 방수공법

라. 식생 및 어류

연못에 어류를 도입할 경우에는 월동을 위해 1.5m보다 큰 박스형태의 어류월동보호소를 만들어 주어야 하며, 식생을 도입할 경우에는 식생의 지나친 번식을 제어하기 위해 수중분 식재를 하도록 한다. 또한 식생과 어류는 연못 생태계의 균형을 이룰 수 있도록 하고, 자생하는 어류나 수종을 도입하여 생태계의 교란을 방지하여야 한다.

마. 연못 단*edge* 처리

연못수면의 높이는 인접한 공간의 마감고를 고려하여 약간 낮게 하는 것이 안정감이 있다. 높이 차이가 많거나 접근이 어려운 경우 연못은 이용자들에게 이질감을 느끼게 하고 경관용수로서의 최소한의 역할만 수행하게 된다. 따라서 유아들의 안전에 문제가 없다면 접근이 용이하도록 하고 높이 차이를 적게 하는 것이 바람직하다.

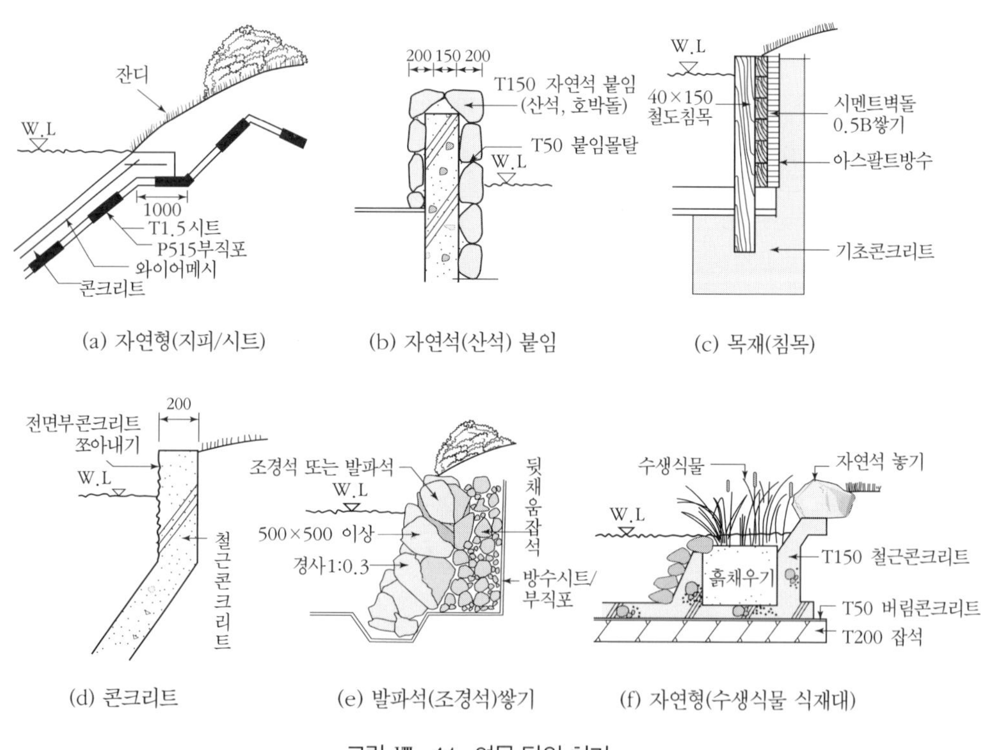

그림 Ⅷ-41. 연못 단의 처리

연못단의 선형은 연못의 형태를 결정짓는 것이므로 주변지형이나 공간의 형태와 잘 조화되도록 자연형 연못에서는 자연석을 쌓거나 목재를 사용하여 자연스러운 분위기를 연출하도록 하며, 호안부의 구조적인 약화를 방지하기 위한 지반다짐 및 구조체 보완시설을 해야 한다.

호안 처리에서는 갈수기와 우수기의 연못의 수위변동을 적절히 고려하여야 하며, 겨울철 결빙으로 인한 구조체의 피해를 방지하고, 또한 어린이나 이용자의 안전을 위한 보호시설 설치에 주의를 기울여야 한다.

연습문제

1. 연못설계에서 물의 반영효과를 얻기 위하여 고려해야 할 사항은 무엇인가?
2. 수경시설의 설계과정에 대하여 설명하라.
3. 바람이 심한 곳에 분수를 설치할 경우, 수조의 크기, 노즐의 종류, 주변 포장을 결정하면서 고려해야 할 사항은 무엇인가?
4. 형상노즐을 3가지 이상 들고 어떠한 원리에 의해 형상을 연출하게 되는지 설명하라.
5. 주변에 설치된 수경시설을 답사하여 단*edge*의 처리기법을 조사하라.

참고문헌

건설교통부, 『조경공사 표준시방서』, 1996, pp.1201～1227.

김경윤, 『수경공간 조성시 주안점 및 디자인 원칙』, 『환경과 조경』 제42호(1991년 7 · 8호), pp.58～63.

김동우 · 김선정 · 국정한 공저, 『산업배관공학』, 서울:세진사, 1996.

한국조경사회, 『조경설계상세자료집』, 1997.

협신, WaterScape Components Catalog, 1996.

Harlow C. Landphair & Fred Klatt, Jr., *Landscape Architecture Construction*, New Jersey : Prentice-Hall Inc., 1999.

C. Douglas Aurand, *Fountains and Pools*, Arizona: PDA Publishers Corp., 1986.

Charles W. Harris & Nicholas T. Dines, "Pool and Fountain", *Time · Saver Standards for Landscape Architecture*, NewYork:McGraw-Hill Book Co., 1998, p.530.

Jot D. Carpenter, *Handbook of Landscape Architectural Construction*, The Landscape Architecture Foundation, Inc., 1976.

The Fountain People, *The Fountain Design Guide*, 1992.

옥외조명(Landscape Lighting)

옥외조명은 다양한 조명기법과 밝기의 대비를 통하여 물체와 구획된 공간에 야경을 연출하는 것으로 안전과 보안, 시설기능의 유지, 미적 경관의 연출이라는 목적을 가지고 있다. 안전은 사람들이 야간에 계단, 교차점, 수경시설, 어린이 놀이시설 등의 시설을 이용함에 있어 시계를 제공하여 잠재적인 위험요인으로부터 보호되는 기능을 말하고, 보안은 불법적인 침입자로부터 이용자를 보호하는 기능이며, 시설기능의 유지는 야간에 공원, 광장, 운동장, 그리고 가로를 이용함에 있어 주간과 같이 이용에 불편함이 없도록 하기 위한 것이다. 마지막으로, 미적 경관의 연출은 조명을 통하여 다양한 야경을 연출하고 이용자들에게 심리적인 만족과 즐거움을 제공하기 위한 것으로 요즘에는 이러한 목적이 매우 중요시되고 있으며, 다양한 연출방법이 개발 및 적용되고 있다.

1. 개　요

가. 시각 특성

외부자극요소인 빛을 이해하기 위해서 조경가는 인간의 눈과 머리가 빛에 대하여 어떻게 작용하며, 상호간에 어떤 관계를 맺고 있는지 이해하여야 한다. 즉, 시각적인 자극은 눈을 통하여 두뇌로 전달되고 이것은 색채, 형태, 크기, 질감 등의 정보로 지각되며, 인지된 지식을 토대로 이러한 지각에 대한 해석을 통하여 반응하게 되는 일련의 과정을 거치게 된다. 이러한 시지각 과정에 대한 이해는 옥외공간의 조명설계를 함에 있어서 매우 중요하며, 특히 물리적 측면과 시각적 측면에서의 시지각 과정에 대해 상세한 지식이 필요하다.

(1) 눈의 작용

인간의 눈은 안구와 시신경으로 되어 있으며, 수정체를 통과한 빛은 망막에 상을 맺게 되는데, 망막에 빛이 투사되면 광화학적 반응을 일으키며, 이것이 전기적 충격을 일으켜서 신경이 흥분되고 신경섬유를 거쳐서 뇌로 전달되어 시지각이 일어나게 된다.

망막에는 추상체錐狀體*cones*와 간상체桿狀體*rods*로 구성된 시세포가 분포되어 있는데, 망막의 시세포의 동작과 눈의 밝고 어두운 곳에서의 반응은 상호관계를 가지고 있다. 예를 들어 0.01lx 이하의 어두운 곳에서 인간의 눈의 상태를 암소시暗所視*scotopic vision*라고 하며, 간상체가 동작하여 빛의 밝고 어두운 것만을 느끼게 된다. 그러나 2lx 이상의 밝은 곳에서는 주로 추상체가 동작하고 색감을 느끼게 되는데, 이 때 눈의 상태를 명소시明所視*photopic vision*라고 한다.

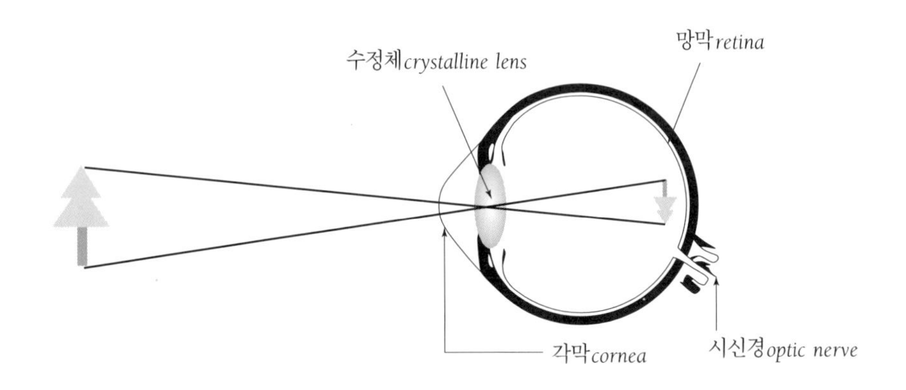

그림 Ⅸ-1. 눈의 단면구조

(2) 시감도*luminous efficiency*

육안에서 빛으로 느껴지는 전자파의 파장범위는 380~760nm(nanometers)이며, 암소시에서는 507nm(녹색), 명소시에서는 555nm(황녹색)에서 최대 감도를 가지게 된다. 예를 들어 주간의 밝은 곳에서는 같은 밝기로 보이는 청색과 적색이, 해가 져서 어두어지면 적색이 어둡고 청색이 더 밝게 보이는데, 그 이유는 사람의 시각 체계가 명소시에서 암소시로 바뀌기 때문이며, 이것을 퍼킨제 현상*purkinje phenomenon*이라고 한다.

방사에너지에 의한 밝음의 느낌은 파장波長*wave length*과 사람에 따라서 다르지만, 많은 사람들에게 각 파장의 분광반사를 같은 밝음으로 느끼게 하는 데 요구되는 에너지량의 역수로 그 정도를 표시하는데, 이것을 시감도라 한다. 따라서 명소시에서는 파장 555nm(황녹색)의 방사가 최대 시감도이며, 분광발광 효율은 680lm/W이다. 이에 대한 다른 파장의 시감도의 비를 비시감도比視感度라고 하며, 그림 IX-2는 최대 시감도를 1로 하고 다른 파장에 대한 비시감도

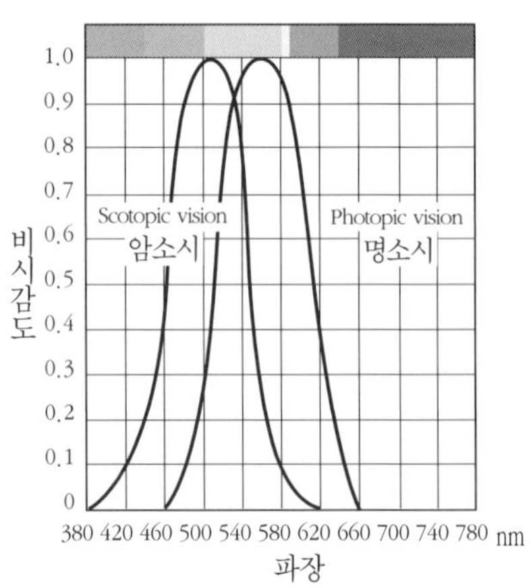

그림 Ⅸ-2. 명소시와 암소시의 비시감도

를 곡선으로 표시한 것이다.

(3) 순응順應*adaptation*

대낮에 어두운 영화관에 들어가면 처음에는 컴컴하여 좌석이 보이지 않으나 10분 정도 지나면 어두움에 익숙해져 통로나 좌석이 보이게 된다. 이와 반대로, 어두운 곳에서 밝은 곳으로 나가게 되면 눈이 부시게 되는데, 1분 정도 지나면 밝음에 익숙해지게 된다. 이와 같이 사람의 눈은 빛의 밝고 어두움의 변화에 저절로 적응하게 되는데, 이러한 현상을 순응이라 한다. 밝은 곳으로 나왔을 경우의 순응을 명순응明順應*light adaptation*이라 하며, 어두운 곳에서의 순응을 암순응暗順應*dark adaptation*이라고 한다. 터널이나 빛의 밝기가 급격히 변하는 공간에서는 시각의 혼란을 완화시키기 위하여 설계가는 순응현상을 적절하게 활용하여야 한다.

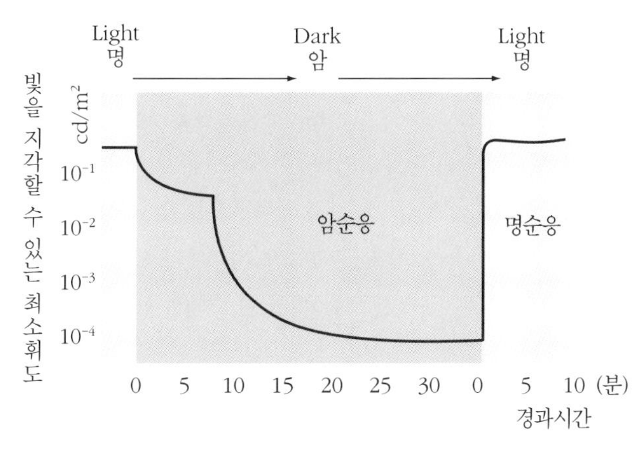

그림 Ⅸ-3. 명순응과 암순응

나. 색 채

(1) 색채의 표시법

어느 정도 이상의 밝은 빛이 눈에 들어오면 색감을 느끼게 된다. 스스로 빛을 발산하는 물체의 색을 광원색이라 하고, 외부로부터 빛을 받아서 나타내는 색을 물체색이라고 한다.

색은 3가지 속성을 가지고 있는데, 붉고 푸른 느낌의 색상*hue*, 밝고 어두운 느낌의 명도*luminosity*, 선명하고 흐릿한 느낌의 채도*saturation* 등이다. 이러한 색의 속성이나 광원색과 물체색의 상호관계를 잘 이해하게 되면, 옥외조명에서 다양한 연출과 적합한 조명을 할 수 있다.

색채를 표시하기 위해서는 먼셀색표계*Munsell color system*, 오스발트 색표계*Ostwald color system*, C. I. E 색표계*standard colorimeric system*를 사용할 수 있다. 이중에서 가장 널리 사용되는 먼셀

색표계는 색상, 명도, 채도를 감각적인 등간격으로 나란히 나타낸 색표계로서 표면색을 표시하는 데 적합하다. 명도는 검정색을 0, 흰색을 10으로 하여 단계를 표시하고, 색상은 빨강(적)색 R, 주황색 O, 노랑색 Y, 연두색 GY, 녹색 G, 청록색 BG, 파랑(청)색 B, 남색 PB, 보라(자)색 P, 자주(적자)색 RP 등의 10가지를 각각 등간격으로 0에서 10까지 표시하며, 채도는 모든 색상과 명도에 공통으로 해맑은, 어두운, 엷은, 우중충한, 밝은, 짙은 등의 일정한 감각적 척도로 표시한다. 자세한 색이름과 색에 관한 용어는 한국산업규격인 KS A 0011과 KS A 0064에 제시되어 있다.

(2) 색채의 혼합

색채가 다른 여러 가지 광원을 사용하는 경우 색은 혼합되어 다른 색을 띠게 되는데, 예를 들어 전구와 수은등을 같이 병용하든지, 색채가 다른 형광등을 사용할 경우 색이 혼합된다. 이와 같이 2개 이상의 색광을 겹쳐서 새로운 색광을 만드는 것에는 가색혼합加色混合*additive mixture of colors*과 감색혼합減色混合*subtractive mixture*이 있는데, 가색혼합은 3원색인 적색, 녹색, 청자색광을 혼합하여 백색을 비롯한 모든 색을 얻는 것이며, 감색혼합은 어떤 물체색을 다른 물체로부터 반사 또는 투과시켜서 새로운 색광을 얻는 것으로, 기본색으로는 시안*cyan*(스펙트럼의 빨간색 부분 흡수), 마젠타*magenta*(녹색 부분 흡수), 노랑(청자색 부분 흡수)의 3색이 사용된다. 예를 들어 적색, 황색, 청색 필터가 백색광 위에 겹쳐져 있으면 모든 빛을 흡수하게 된다.

(3) 연색성演色性*color rendering properties*

같은 색일지라도 광원의 종류에 따라 달리 보이게 되는데, 이와 같이 광원의 빛의 분광특성이 물체의 색의 보임에 미치는 효과를 연색성이라 하며, 태양광선 밑에서 본 물체의 색과 광원의 빛에 의해 보이는 색이 달라질수록 연색성이 떨어지게 된다. 예를 들어 백열등으로 조명된 적색의 꽃은 더욱 생생한 색채효과를 주지만, 가로등으로 사용되는 수은등에 조명된 적색의 꽃은 황갈색의 칙칙한 효과를 주게 된다.

연색성의 평가방법에는 KS C 0075(광원의 연색성 평가방법)가 있고, 적, 황, 청 등의 8가지 색에 대해서 광원이 물체의 색깔을 표준광에서의 색깔에 얼마나 가깝게 재생할 수 있는지를 나타내는 지수인 평균연색평가수(Ra : general color rendering index)가 있다. 또 높은 채도색, 나뭇잎의 녹색, 사람 피부색 등 7가지 색에 대해서 각각 색 차이를 표시한 특수광원 평가수(R9-R15)가 있다.

물체의 색이 자연스럽게 보이기 위해서는 각 파장의 빛이 충분히 함유되어야 한다. 백열전구에는 청록색 계통의 색이 부족하고, 수은램프나 형광램프에서는 적색 계통의 빛이 부족하기 때문에 전구와 혼합하여 종종 사용된다. 연색성은 광원의 스펙트럼 분포뿐만 아니라 조도에 의해서도 달라진다. 조도가 낮으면 스펙트럼 분포가 좋아도 연색성이 나빠진다. 그 때문에 색검사 등에는 연색성이 좋은 스펙트럼 분포의 광원을 사용함과 동시에 조도는 적어도 300~500lx 혹은 그 이상이 필요하다.

일반적으로 공원이나 쇼핑몰 등에서 물체가 아름답게 보이도록 하려면, 연색성이 높은 것이 바람직하지만 고속도로나 터널에서와 같은 곳에서는 연색성이 반드시 높아야만 좋은 것은 아니다. 우리가 외부공간의 조명에 사용하는 빛이 태양광일지라도 아침, 낮, 저녁에 따라 연색성이 달라지게 되며, 인공광인 경우 광원의 종류에 따라 달라지게 된다. 예를 들어 낮은 색온도*color temperature*를 갖는 고압나트륨등은 물체가 붉은 색을 띠도록 하고, 높은 색온도를 갖는 수은등은 물체가 파란색을 띠도록 하지만, 형광등과 메탈할라이드등은 모든 색을 생생하게 재현할 수 있어 연색성이 뛰어나다.

다. 빛의 측정단위와 특성

(1) 가시광선*visible light*

전자파로 전달되는 에너지를 방사放射라 하고, 파장에 따라 적외선, 광선, 자외선, 감마(γ)선, X선, 방송파 등으로 구분되는데, 이 중에서 인간의 눈에 보이는 파장의 범위는 380~760nm으로 이것을 가시광선이라 하며, 자색, 청색, 녹색, 황색, 주황색, 적색을 띠게 된다.

전자파는 파장에 따라 고유한 특성을 가지고 있는데, 자외선*ultraviolet rays*은 10~380nm의 방사로서 화학·살균·형광작용을 하고, 적외선*infrared rays*은 760~3000nm의 범위로 온열효과를 가지고 있다.

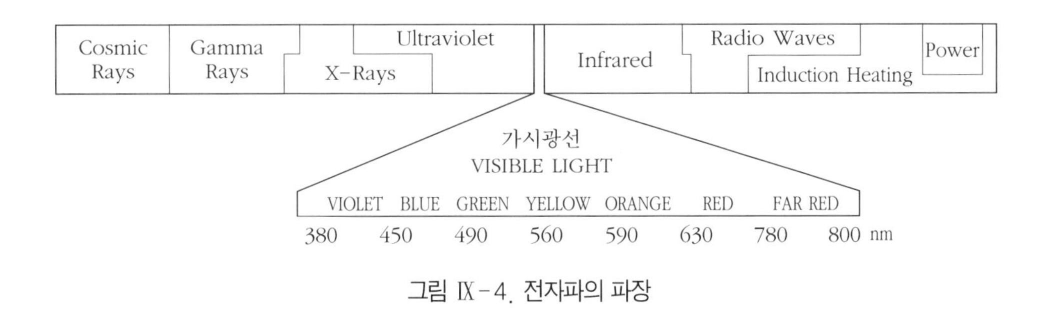

그림 Ⅸ-4. 전자파의 파장

(2) 광속光束*luminous flux*

방사에너지의 시간에 대한 비율을 방사속放射束이라고 하는데, 그 단위는 W(와트)*watt*이다. 방사속 중에서 가시광선의 방사속을 눈의 감도를 기준으로 하여 측정한 것을 광속이라 한다. 광속의 단위는 루멘*lumen*이며, 이것은 단위시간당 통과하는 광량光量이다.

(3) 광도光度*luminous intensity*

광도라 함은 광원의 세기를 표시하는 단위로서, 어떤 발광체가 발하는 방향의 단위입체각에 포함되는 광속수, 즉 광속의 입체각 밀도立體角密度를 말한다. 입체각이란 광원을 정점으로 한 원추의 벌어짐을 말하며, 그 단위를 steradian이라 하여 다음 식으로 표시한다.

$$\text{입체각 } \omega = \frac{S}{R^2} \quad \cdots\cdots (\text{식 IX-1})$$

$$\text{한 점 주위의 입체각 } \omega_0 = \frac{4\pi R^2}{R^2} = 4\pi \quad \cdots\cdots (\text{식 IX-2})$$

S : 반경　R : 구면의 원추체

단위입체각에 대해서 1lum의 광속이 방사되었을 때의 광도를 기본단위로 하며, 이것을 촉광燭光(cd; candle power)이라고 한다. 광도는 방향을 가지고 있으나, 경우에 따라서는 어떤 범위의 방향에 대한 광도의 평균치를 의미하기도 하며, 이것을 평균촉광平均燭光이라 한다.

그림 IX-5에서와 같이 한 점 O로부터 입체각 ω를 갖는 광선이 발산되고 있다. 이 경우 광속 F가 클수록 광속의 집중도는 커지며, 다음과 같은 식으로 표시한다.

$$I = F/\omega\,(cd) \quad \cdots\cdots (\text{식 IX-3})$$

I : 광속의 입체각밀도

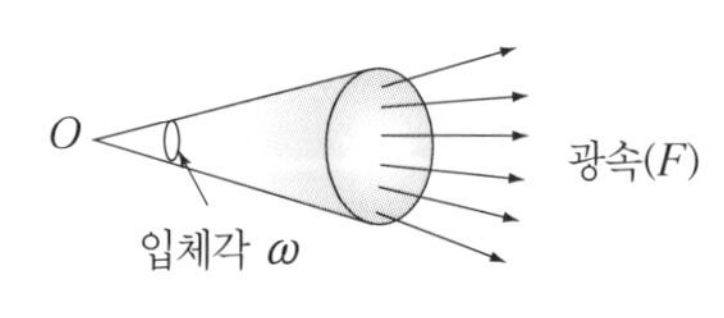

그림 IX-5. 광도

(4) 조도照度*illumination*

조도는 단위면에 수직으로 투하된 광속밀도를 말하는 것으로, 그림 IX-6에서와 같이 S(m²)의 면적에 F(lum)의 광속이 분포되어 있는 경우에 단위면적당 광속밀도를 E라 하면 $E = F/S$로 표시된다. 이 E를 조도라고 하며, 단위는 룩스*Lux*(lx)를 사용하고, 1룩스는 1m²에 1lm의 광속이 투사되고 있을 때의 조도이다.

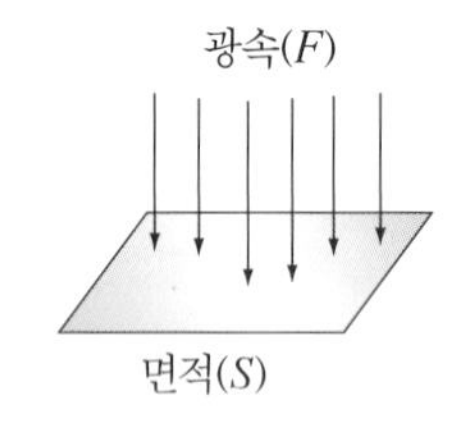

그림 IX-6. 조도

그림 IX-7에서 광도 I(cd)인 점광원의 경우를 생각해 보자. 피조면被照面 A'에 대한 법선 PN이 빛의 투사방향 IP와 각 θ를 이룰 경우, 점 P의 둘레에 미소면적微小面積을 잡고 광원과 점 P와의 거리 R이 크면 점 P의 부근에서는 평행광선으로 생각되므로, 평면 A' 위의 조도 E'(lx)는

$$E' = En\ \cos\theta = I/R^2\ \cos\theta\,(lx) \quad \cdots\cdots (\text{식 IX-4})$$

즉, 어떤 면 위의 임의의 한 점의 조도는 광원의 광도 및 $\cos\theta$에 비례하고, 거리의 제곱에 반비례한다. 이와 같이 입사각 θ의 여현餘弦에 비례하는 것을 입사각여현법칙*cosine law of incident angle*이라 하며, 조명에서 적용되는 중요한 법칙이다.

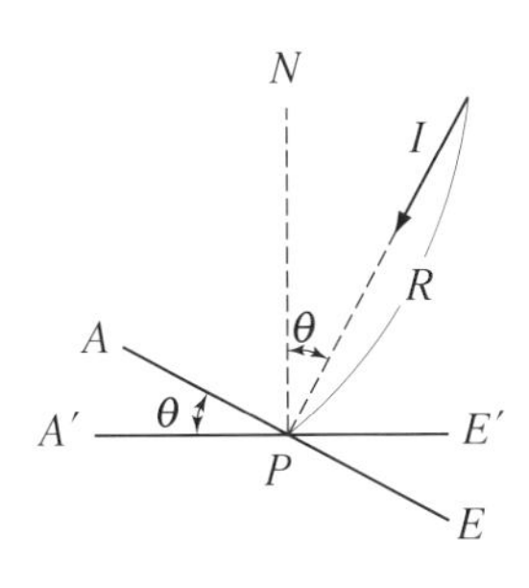

그림 Ⅸ-7. 입사각여현법칙

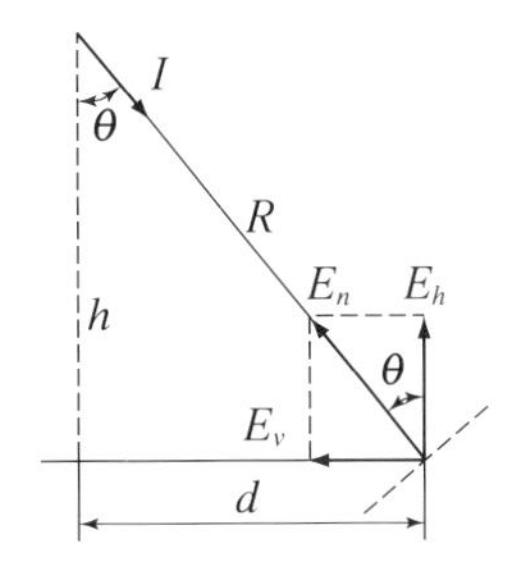

그림 Ⅸ-8. 수평 · 수직조도

그림 IX-8에서 조도는 법선조도法線照度E_n ; *normal illumination*, 수평조도E_h ; *horizontal illumination*, 수직조도E_v ; *vertical illumination* 등이 있다. 법선조도는 광선에 수직인 면의 조도를 말한다.

$$E_n = I/R^2$$

$$E_h = E_n \cos\theta = \frac{I}{R^2}\cos\theta = \frac{I}{h^2}\cos^3\theta = \frac{I}{d^2}\sin^2\theta \cdot \cos\theta \quad \cdots\cdots\cdots\cdots\cdots\cdots \text{(식 IX-5)}$$

$$E_v = E_n \sin\theta = \frac{I}{h^2}\cos^2\theta \cdot \sin\theta = \frac{I}{d^2}\sin\theta$$

〈표 Ⅸ-1〉 조도의 사례

장 소	조도(lx)	장 소	조도(lx)
직사일광의 지면 위(여름)	100,000	맑은 날의 북쪽 창가	2,000
약간 흐린 날	30,000~50,000	밝은 방(맑은 날)	200~500
몹시 흐린 날	10,000~20,000	독서에 적당한 밝음	200~500
푸른 하늘	10,000	1cd 점광원으로부터 1m	1.0
보름달	0.2	1cd 점광원으로부터 1km	10^{-6}

(5) 휘도輝度*luminance*

휘도는 광원 또는 조명면의 밝기이며, 광원면에서 어느 방향의 광도를 그 방향에서의 투영면적으로 나눈 것, 즉 광도의 밀도를 말한다. 눈으로 물체를 식별하는 것은 면의 휘도의 차이에 의한 것이며, 휘도가 균등하면 모두 평판으로 보이게 된다. 휘도는 눈으로부터 광원까지의 거리와는 관계가 없다. 휘도의 단위로는 sb(스틸브) 및 nt(니트)를 사용하며, 1sb = 1cd/cm²이고, 1nt = 1cd/m²이다. 눈부심을 느끼는 한계휘도는 0.5sb이며, 맑은날 오후의 태양은 165,000sb, 100watt의 백열전구는 600sb이고, 주광색晝光色 형광램프는 0.35sb, 고압수은등은 50sb, 적색네온등은 0.08sb, 양초는 0.5sb, 달의 면은 0.3sb이다.

(6) 반사 · 투과 · 흡수 · 확산

그림 IX-9에서와 같은 면(젖빛 유리면의 면)에 광속 F가 입사하고 있다. 이 광속 F 중 일부분 F_1은 이 면에서 반사하고, 다른 일부분 F_2는 이 면을 투과한다. 나머지 부분 $F-(F_1+F_2)$는 이 면에 흡수된다. 이들 사이의 관계를 표시하면 다음 식과 같다.

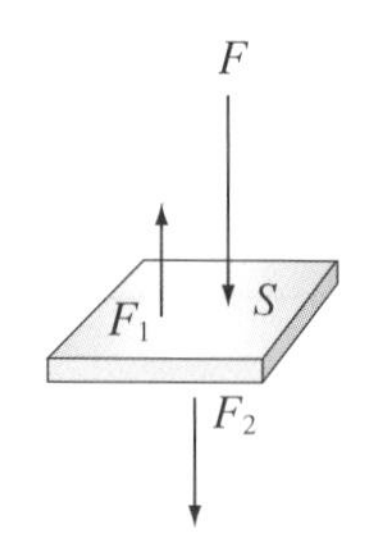

그림 IX-9. 빛의 반사 및 투과

반사율 $\rho = F_1/F$

투과율 $\tau = F_2/F$ ………………………………………… (식 IX-6)

흡수율 $\alpha = [F-(F_1+F_2)]/F$

$\rho + \tau + \alpha = 1$ ………………………………………………………………… (식 IX-7)

그림 IX-10의 (a)와 같이 입사각과 반사각이 같은 반사를 정반사正反射, (b)와 (c) 같이 정반사 이외의 반사를 확산반사라 하며, 반사면에 따라서 그 정도가 다르다. (d)와 같이 반사면에서 정사광속이 $I_\theta = I_n \cos\theta$로 되는 것을 완전확산반사라 하며, 어느 방향에서 보아도 휘도는 같다. 또한 이와 같이 투과광이 같은 상태로 투과하는 것을 완전확산투과라 한다.

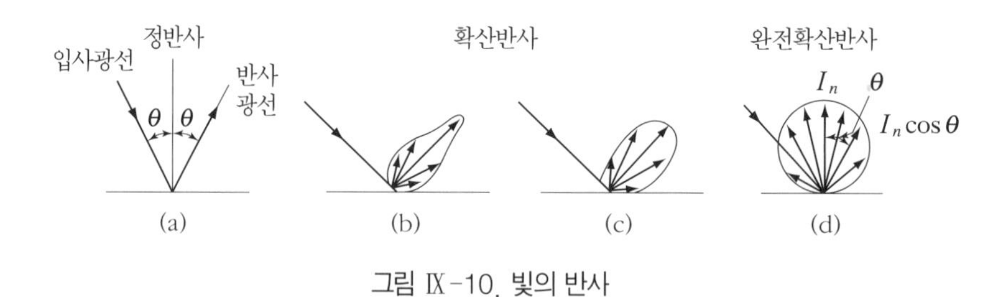

그림 IX-10. 빛의 반사

(7) 배광곡선配光曲線

광선의 광도는 방향에 따라 그 크기가 다르다. 광원을 중심으로 각 방면에 직선을 긋고 그 직선의 길이를 광도의 크기에 비례하게 하면, 그 끝은 공간에서의 광도분포를 나타내는 입체를 만들게 된다. 이것을 배광입체配光立體라 한다. 배광입체는 실용성이 없으며, 전구의 베이스를 위로 하고 광축을 수직으로 세운 광심을 포함하는 평면 위의 배광곡선을 수직배광곡선이라 한다(그림 IX-11).

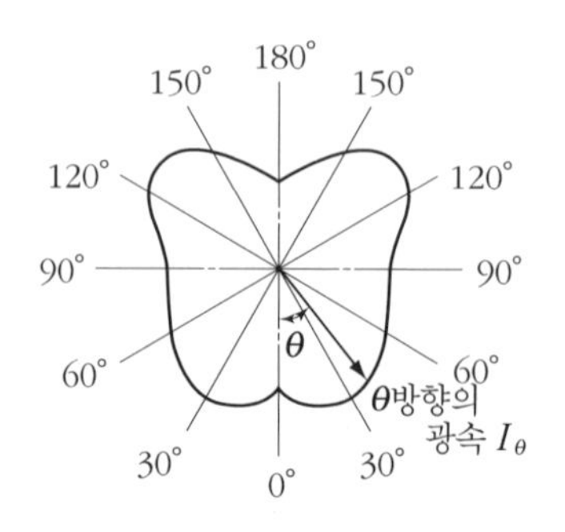

그림 IX-11. 수직배광곡선

일반적으로 배광곡선은 그 형태에 따라 전방향 확산형, 하·횡방향 주체형, 하방향 주체형, 하방향 배광형으로 구분된다.

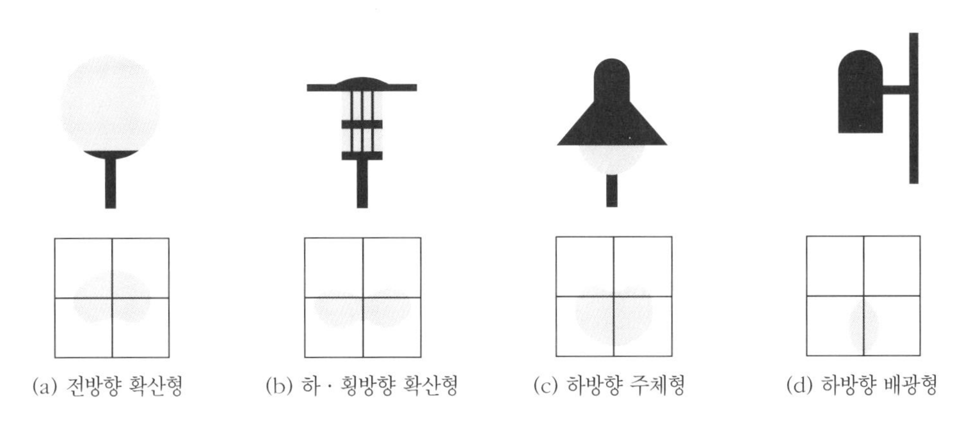

(a) 전방향 확산형 (b) 하·횡방향 확산형 (c) 하방향 주체형 (d) 하방향 배광형

그림 IX-12. 배광곡선

1) **전방향 확산형**全方向 擴散型

발광부분을 직접 볼 수 있도록 하기 위해 등 자체로 경관을 연출할 수 있도록 해야 한다. 도로면의 밝기를 얻을 수 있으며, 동적인 분위기 연출이 가능하므로 상점가로와 역전광장 등에 적당하다.

2) **하·횡방향 확산형**下·橫方向 擴散型

전방향 확산형에 비해 위쪽 방향을 상당히 제한하고 아래쪽을 주방향으로 한 것이다. 횡방향은 발광부분을 제법 볼 수 있으므로 등 자체에 공간을 연출하는 효과와 동시에 지상의 조명효과도 얻을 수 있다. 반짝거림과 동시에 노면의 밝기를 얻고자 하는 공원, 광장, 유보도, 보도 등에 적당하다.

3) **하방향 주체형**下方向 主體型

횡방향으로는 발광부분 전체를 볼 수 없고, 빛의 대부분은 완전히 하방향으로 쏟아진다. 눈에 잘 띄지 않는 도로면을 밝게 해주므로 건물 측면에 빛을 억제하고자 하는 상업빌딩과 주택가로, 오피스텔의 건물주변 등에 적당하다.

4) **하방향 배광형**上方向 配光型

횡방향에서는 발광부분을 볼 수 없으며, 빛은 전부 아래쪽 방향으로 확산된다. 따라서 보행로나 보행자의 안전이 요구되는 곳에 사용되며, 또한 벽부형인 경우에는 벽에 일정한 조명패턴을 연출할 수도 있다.

(8) 광원과 기구의 효율

그림 IX-13에서와 같이 P(W)의 전력을 소비하는 광원이 F_0(lum)의 광속을 발생한다고 하자. 또한 이 광속은 조명기구에서 일부분 흡수되며, F'(lum)의 광속을 외부로 발산한다. 이 때 광원의 효율 η는 다음 식과 같다.

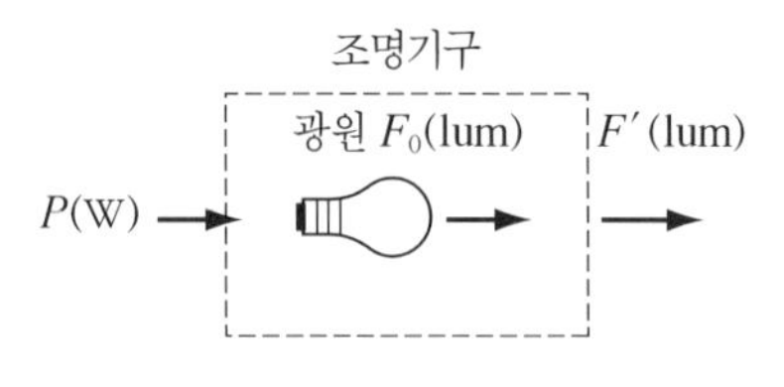

그림 IX-13. 광원과 기구의 효율

$$\eta = \frac{F_0}{P} \quad \cdots\cdots (식\ IX\text{-}8)$$

단, η : 광원의 효율(lum/W)

P : 광원의 소비전력(W)

F_0 : 광원으로부터 발생하는 광속(lum)

또한 조명기구의 효율 K는 다음 식과 같다.

$$K = \frac{F'}{F_0} \quad \cdots\cdots (식\ IX\text{-}9)$$

K : 조명기구의 효율

F' : 조명기구 외부로 방사하는 광속(lum)

(9) 조명률照明率

그림 IX-14에서 조명시설에 의하여 면적 S(m²)의 피조면被照面은 E(lux)의 조도를 받고 있다. 그러면 피조면에 도달한 광속은 ES(lum)가 된다. 광원으로부터 방사된 광속 F_0와 피조면이 받는 광속과의 비율인 조명률 U는 다음과 같이 표시된다.

$$U = ES/F_0 \quad \cdots\cdots (식\ IX\text{-}10)$$

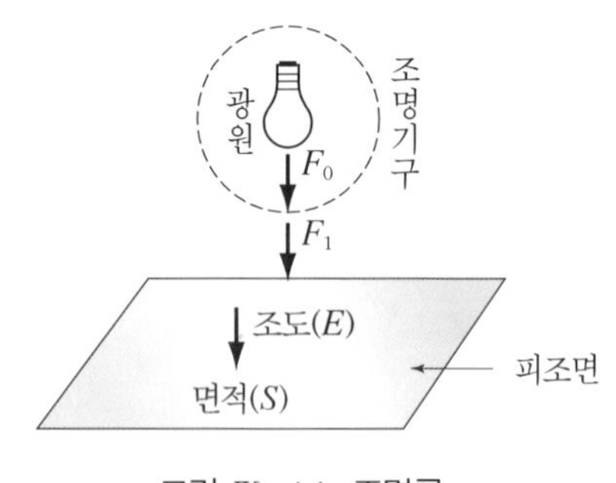

그림 IX-14. 조명률

라. 빛의 분포

조명장치는 사용되는 조명등의 종류가 아닌 빛의 발광특성에 따라 분류가 가능하다. 앞에서 언급한 배광곡선은 조명원으로부터의 광도의 분포를 나타낸 것이지만, 빛의 분포는 공간상의 빛의 분포 특성으로 수직적인 빛의 분포와 측방향의 빛의 분포로 나뉜다.

(1) 수직적인 빛의 분포*vertical light distribution*

수직적인 빛의 분포는 짧은 분포*short distribution*, 중간 분포*medium distribution*, 긴 분포*long* *distribution*로 구분되는데, 발광체의 최대 촉광점*point of maximum candle power*이 중심 바로 아래에서부터 세로를 기준으로 1MH(mounding height)에서 2.25MH 사이에 위치하게 되면 발광체는 짧은 분포의 특성을 가지게 되고, 최대 촉광점이 2.25~3.75MH에 위치하게 되면 중간 분포, 만약 최대 촉광점이 3.75MH 이상인 경우에는 조명원이 긴 분포의 특성을 가지게 된다.

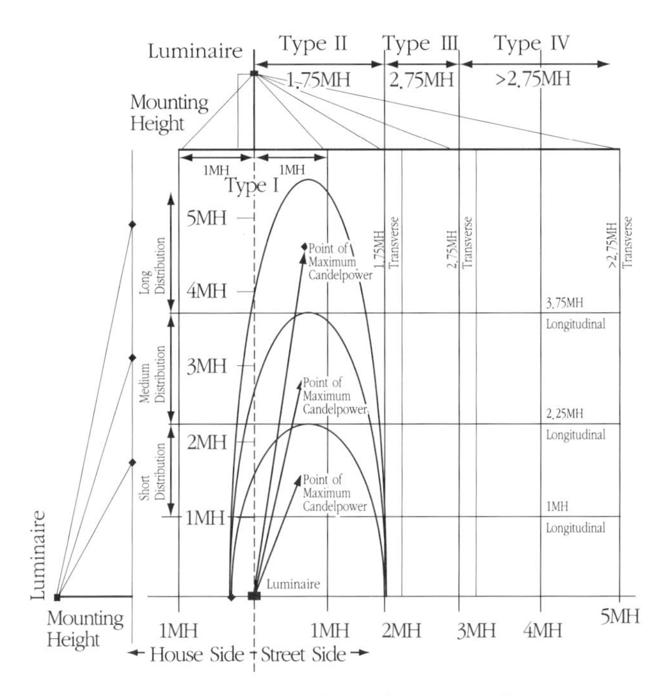

그림 Ⅸ-15. 발광체 빛의 분포 형태

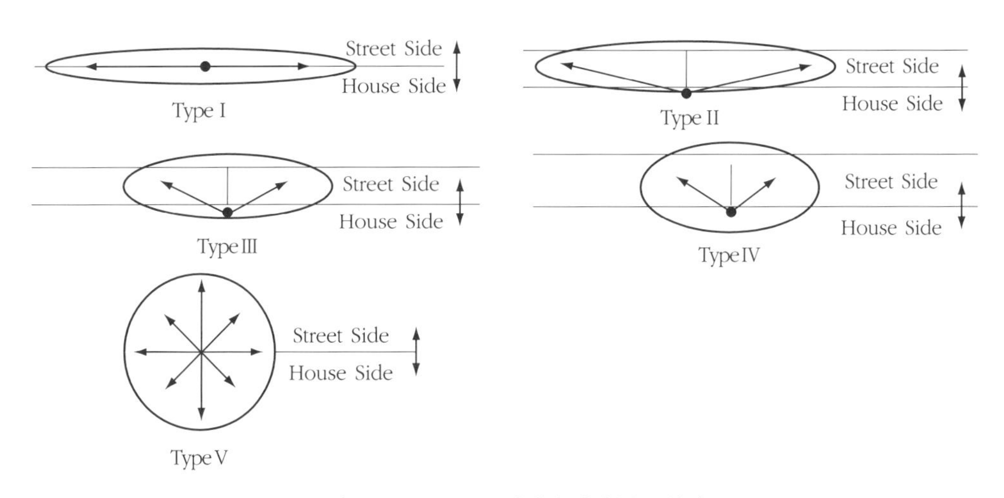

그림 Ⅸ-16. 도로 조명원의 빛의 분포 형태

(2) 측방향의 빛의 분포*lateral light distribution*

빛의 측방향의 분포는 조명원의 단위 높이에 따른 조명되는 지역의 넓이*ratio of width to mounting height*에 따라 그림 IX-15에서와 같이 I, II, III, IV, 그리고 V의 5가지 형태로 구분될 수 있으며, 다시 조명원의 위치에 따른 빛의 확산특성에 따라 I, V의 유형과 II, III, IV의 두 가지 유형으로 구분될 수 있다. I, V유형은 조명원이 조명하려는 지역의 중심에 위치하는 유형으로 I형은 최대 촉광*maximum candle power*을 가로측*street side*과 건물측*house side*으로 절반씩 분배하게 되며, 수직적으로 짧은 분포, 중간 분포, 긴 분포를 가지게 될 것이다. V형은 조명원의 둘레에 균등한 분포를 제공하는 대칭적 분포를 가지게 된다. 이러한 조명 분포는 주차장이나 면적조명을 위해 적용되는 것이 바람직하다.

II, III, IV형은 가로측의 한 측면을 조명하기 위한 유형으로 가로, 보도, 주차장, 많은 시설조명에 적용이 가능하며, I형과 마찬가지로 수직적으로 짧은 분포, 중간 분포, 긴 분포를 가지게 될 것이다. II형은 측면상으로 최대 촉광의 절반을 1~1.75MH에 분포시키며, III형은 1~1.75MH에, 그리고 IV형은 2.75MH 이상의 면적 내에 분포시키게 된다.

이러한 수직 및 측방향의 빛의 분포비율을 이용하여 조명률을 산정하고 등주간격을 계산할 수 있다.

마. 옥외조명 설계기준

광원에서 발생하는 광선은 파장이 짧은 진동파이고 일정한 법칙에 따라 움직이므로 수치적으로는 비교적 용이하게 해결할 수 있으나, 사람의 눈으로 감각하기 위해서는 수치만으로 해결할 수 없는 것이 있으며, 좋은 조명을 얻기 위해서는 다음의 사항들을 고려하여야 한다.

(1) 조도*illumination*

조명시설의 밝기는 광원의 종류와 등주의 높이 · 간격 · 위치에 따라 달라지며, 특히 식재수목으로 말미암아 균일한 밝기를 유지하기 곤란한 경우가 많다. 이와 같이 밝고 어두운 곳이 생겨난다는 것은 정서적인 면에서는 아름다움을 느낄 수 있을지 모르지만, 보안의 측면에서는 지장을 초래할 수 있다. 따라서 외부공간에서 주요시설은 2.0lux 이상, 통행자가 많은 원로나 광장은 0.5lux 이상으로 최저의 조도를 유지하여야 한다. 〈표 IX-2〉는 외부공간에서 요구되는 최소 및 권장 조도를 표시한 것이다.

(2) 균일도*uniformity*

인간의 안구는 빛의 증감에 의하여 동공의 면적이 항상 변화함으로써 빛의 입사량을 조절하

〈표 Ⅸ-2〉 조도 분류와 일반 활동 유형에 따른 조도값

활동 유형	시설 사례	조도 분류	조도 범위[lx]	참고 작업면 조명 방법
어두운 분위기 중의 시식별 작업장	영화관 관람석(상영 중), 주택 정원 방범, 병원 심야 병동 복도	A	3-4-6	공간의 전반 조명
어두운 분위기의 이용이 빈번하지 않는 장소	스키 슬로프, 정원 계단 · 길, 공원	B	6-10-15	
어두운 분위기의 공공 장소	공공 · 레저 · 상업용 실외 주차장, 공원(주된 장소), 복잡한 교통 광장	C	15-20-30	
잠시 동안의 단순 작업장	골프 티 · 그린, 일반 운동장, 정원(강조한 나무 및 석조물)	D	30-40-60	
시작업이 빈번하지 않은 작업장	극장 무대, 학교 실외 테니스 코트, 공공주택 계단 · 복도	E	60-100-150	
고휘도 대비 혹은 큰 물체 대상의 시작업 수행	영화관 관람석(관객 이동 시), 도서관 서가, 박물관 전시실(일반 진열품)	F	150-200-300	작업면 조명
일반 휘도 대비 혹은 작은 물체 대상의 시작업 수행	롤러스케이트 실외 경기장, 축구 공식 경기장, 학교 교실	G	300-400-600	
저휘도 대비 혹은 매우 작은 물체 대상의 시작업 수행	프로야구 경기장 외야, 테니스 경기장, 상점 에스컬레이터	H	600-1000-1500	
비교적 장시간 동안 저휘도 대비 혹은 매우 작은 물체 대상의 시작업 수행	프로야구 경기장 내야, 씨름 프로 경기장, 시계 판매점 장식장(중점)	I	1500-2000-3000	전반 조명과 국부 조명을 병행한 작업면 조명
장시간 동안 힘드는 시작업 수행	초정밀 조립 작업, 정밀 수작업 용접	J	3000-4000-6000	
휘도 대비가 거의 안 되며 작은 물체의 매우 특별한 시작업 수행	안과 눈 검사실	K	6000-10000-15000	

【비고】 1. 조도 범위에서 왼쪽은 최저, 밑줄친 중간은 표준, 오른쪽은 최고 조도이다.

【자료】 KS A 3011 조도 기준

게 되는데, 명암의 차가 심한 장소라든지 광원의 광도가 변화하는 경우에는 눈에 피로를 일으키기 쉽다. 따라서 단순히 공간을 밝게 하기 위한 목적이라면, 눈에 고통감이 없는 조도의 균일도는 어떤 구역 내에서 최고 및 최저의 조도와 그 평균조도의 차이를 30% 이내로 해야 한다. 적정한 균일도를 유지하기 위해서는 조명기구에 의한 광선의 산포방식이라든지 광원의 배치방법에 신중을 기해야 한다.

그러나 조명연출을 위해서는 구역이나 물체 간의 조도의 차이를 크게 줄 수 밖에 없으며, 이 경우에는 눈의 순응을 돕기 위하여 적절한 전이조도 구간을 두어야 한다. 일반적으로 조명연출을 위해 적용되는 물체 간이나 구역 간의 조도의 비율은 경계부 인식은 2:1, 주 · 부 초점요소의 대조는 3:1～5:1, 주 초점요소와 주변공간 사이의 대조는 10:1～100:1을 적용하고 있다.

(3) 빛의 색*color of light*

물체의 색은 태양빛 아래의 본래의 대상물의 표면색채와 그 대상물이 비춰지는 광원의 색채, 즉 대상물과 광원 간의 상호작용에 의해 색채연출이 이루어진다. 물체의 색은 태양광 아래에서의 색을 기준으로 하므로, 색의 정확한 판단을 필요로 하는 장소에서는 연색성이 뛰어난 주광색 전등을 사용해야 한다. 그러나 색은 사람의 감정에 영향을 줄 뿐만 아니라 사용되는 장소에 따라 강조될 때도 있고 대조를 이루게 될 때도 있으므로, 광원의 색채를 적절히 사용하면 좋은 연출효과를 얻을 수 있다.

예를 들면 식물의 잎은 녹색광으로 볼 때 가장 효과적이고, 적색은 적색등에서 볼 때 더욱 효과적이다. 그러나 흰색의 물체는 흰색의 등에서는 때때로 냉담하거나 지나치게 인공적으로 보이므로, 대부분의 경우에 흰 물체는 노란색이나 호박색 등에서 볼 때 더욱 효과적이다. 이와 같은 호박색 등은 풀과 분수에도 잘 어울리는 광원이다.

(4) 빛의 방향과 반사

자연광선을 보면 일반적으로 위에서 밑으로 향하여 투사되고, 눈의 구조도 그것에 적합하게 되어 있다. 위에서 아래로 비추는 빛에 대해서는 그다지 눈부신 감이 없으나, 밑에서의 빛에 대해서는 강한 눈부심을 느끼게 된다. 따라서 보통의 조명은 위에서 밑으로 향하게 하면 좋은데, 회화 · 조각 등의 제작실, 기계공장에서는 측면의 광선을 상당히 필요로 하고, 특히 회화진열관에서는 측면광선을 주체로 하는 수도 있다.

또한 빛의 방향과 관련하여 빛의 반사를 고려하여야 한다. 눈은 물체에 반사된 빛의 파장을 통하여 색을 지각하게 되고, 반사에 의해 조도가 변하게 된다. 또한 반사율이 높게 되면, 눈부심 현상이 일어나게 되어 시각상 불편함을 느낄 수도 있다. 반사에 영향을 주는 요인은 색채, 질감, 표면마감상태로서 색이 밝을수록, 질감이 부드러울수록, 그리고 표면에 광택이 날수록 반사율이 높게 된다. 〈표 IX-3〉은 외부공간에 사용되는 각종 재료별 반사율이다.

〈표 IX-3〉 재료별 반사율

재료		반사율(%)
블럭	연황색	48
	짙은 황색	40
	짙은 적색	30
시멘트		27
대리석	(흰색)	45
페인트	흰색(신)	75
	흰색(구)	55
유리	투명	7
	반사	20～30
	색	7
아스팔트		7
지표면		7
인조석 포장		17
잔디		6
머캐덤		18
슬레이트		18
눈	(신)	74
	(구)	64
식생		25
사암		18

(5) 현휘眩輝*glare*

현휘는 눈이 부시는 현상으로 옥외조명에서는 가능하다면 직접 현휘가 없어야 한다. 시계에 광도가 큰 발광체가 들어오면 눈에 심한 긴장을 주어 피로 · 권태를 빠르게 하고, 때로는 눈병을 일으키게 된다. 현휘를 방지하려면 직접조명의 경우에는 반사율의 차단각을 적당하게 하고, 또 적당한 외구外球*globe*를 사용하여 시선에서 20° 이내로 광선을 놓지 않게 하여야 하며, 간접조명과 반간접조명을 취할 수도 있다.

외부공간에 있어서 현휘를 최소화하기 위한 방법으로는 전구부위를 불투명한 차폐장치로 완전히 가려 빛이 눈에 직접적으로 들어오지 않도록 하는 차폐장치법과 광원을 매우 높은 곳에 설치하여 시각선 내에 보이지 않도록 하는 시각선외 광원배치법, 그리고 눈부심이 덜한 광원을 사용하는 방법이 있다.

(6) 시설과의 조화

조명방식 · 조명기구 · 광색 · 조도 등은 시설의 환경에 조화를 이루어야 한다. 시설물과 조화를 이루지 못하기 때문에 값비싼 조명장비가 오히려 역효과를 가져오는 수도 있다. 또한 광색 · 조도 등이 부적당하여 어두운 감을 주거나 경박한 감을 주는 결과가 되어 시설물의 가치를 격감시키는 수가 있으므로, 조명전문가와 충분히 의논하여 설계를 해야 한다.

(7) 경제성

조명설계에 있어서 빛의 양과 질뿐만 아니라 경제성도 중요한 요인이 된다. 즉, 광도의 결정, 조명방식, 광원, 조명기구, 안정기 등의 선정뿐만 아니라 조명을 설치하기 위한 초기 설비비와 조명시설의 가동을 위한 전력비, 그리고 조명시설이 적정성능을 발휘하도록 하기 위한 유지관리비를 고려하여 결정해야 한다. 과도한 전력이 요구되거나 설치 후 조기에 파손될 우려가 있는 조명시설은 가급적 지양하도록 한다.

바. 옥외조명기법

옥외조명을 위해서는 다양한 기법들이 적용되고 있는데, 기본적으로는 빛의 방향, 직 · 간접 조명방식, 광원의 위치 등에 따라 달라지게 된다.

(1) 상향조명*up-lighting*

일반적인 태양광의 투사방향과 반대로 빛이 비춰지기 때문에 강조하거나 극적인 분위기를 연출할 수 있는 방법이다. 관찰자의 시각이 조명된 대상물에 초점화되기 때문에 식생이나 건물, 수경시설, 조각 등 특징적인 물체를 강조할 수 있으며, 외곽과 수평 · 표면 사이의 높은 대조 때문에 물체에 대해 실루엣의 효과를 증진시킬 수 있다.

(2) 하향조명*down-lighting*

조명의 가장 일반적인 형태로서, 사람의 눈은 이러한 조명기법에 익숙하지만, 상향식 조명보다는 다소 덜 인상적인 방법이다. 수목의 정상부분이나 다른 높은 구조물을 통해서 광선을 직접 비춤으로써 지면에 질감상태를 나타낼 수 있는 특징이 있다.

(3) 산포散布조명*diffused lighting or moon lighting*

이 조명방식은 수목, 담이나 장대에 설치한 일광등*flood lamp*에 의하여 빛이 넓은 지역에 부드럽게 펼쳐지게 하며, 빛을 더욱 산포시키기 위하여 부수적인 막을 이용할 수 있다. 이 효과는 물체를 볼 수 있는 부드러운 달빛과 같은 인상을 주며, 물체와 희미한 그림자 사이에 최소한의 대조를 보여준다. 산포된 빛은 전이공간, 테라스, 작은 정원과 같은 사적인 개인적 공간의 분위기를 연출하는 데 유용하다.

(4) 그림자 조명*shadow lighting*

실루엣조명과 대조적인 조명방식으로 물체의 측면이나 하향으로 빛을 비춤으로써 이루어진다. 광원의 배치나 투사점에 따라 그림자의 크기가 결정되는데, 수직적인 배경의 표면에 독특한 그림자를 연출하고, 수목의 경우 바람에 의해 잎이나 가지가 흔들리게 되어 새로운 형상을 만들어내게 된다.

(5) 강조조명*accent lighting*

경관연출을 위하여 특정한 물체를 집중적으로 조명하는 것으로 강조되는 대상물은 주변 요소와 뚜렷한 대조를 보인다. 강조조명을 통하여 공원이나 정원 내에 새로운 공간을 창출하고 미묘한 빛의 경관을 연출할 수 있다. 강조조명보다 더욱 극적인 연출을 위하여 보다 강한 조명방식으로 각광조명*spotlighting*이 있으며, 각광조명은 환경조각물 등에 적용되어 매우 두드러진 시각적 효과를 얻을 수 있는 방법이다.

(6) 실루엣 조명*silhouette lighting*

물체에 단지 외곽부의 형태를 강조하기 위하여 물체의 뒤에 있는 배경면을 조명하여 물체의 실루엣을 강조하고자 하는 것으로, 물체의 형태를 극적인 분위기로 연출할 수 있다. 물체와 배경이 너무 멀게 되면 실루엣이 흐려지게 되므로 물체와 배경이 가까워야 하고, 너무 많은 빛이 배경에 투사되면 마찬가지로 실루엣의 이미지를 잃게 된다.

(7) 간접조명*indirect lighting or bounce lighting*

이것은 반사면을 두어 빛이 직접 투사되지 않고 간접적으로 산포되도록 하는 것으로, 광원이 노출되지 않고 전부 산광이므로, 그림자도 생기지 않고, 현휘가 생길 우려가 없으며, 균일한 조도를 얻을 수 있다.

(8) 벽조명*wall lighting*

광고간판이나 건축물의 거친 표면을 돋보이게 하기 위하여 조명하는 기법이다. 적정하게 배치된 상향등이 부드러운 분위기를 연출하나 낮에는 눈에 띄지 않도록 주변을 은폐하는 기법을 사용한다. 대부분 백열등, 수은등, 나트륨등을 사용하는데, 벽체의 질감을 넓고 독특하게 연출할 수 있다.

(9) 거울조명*mirror lighting*

수면을 거울로 이용하여 조명된 물체를 반사시키는 방법으로 신비로운 분위기를 연출할 수 있다. 또한 바람이 부는 경우에는 물의 파장과 물체의 흔들림에 의한 미세한 변화를 연출하게 된다. 조명효과를 높이기 위해서는 주변공간의 조도가 낮아야 하고, 방해하는 빛이 없어야 한다. 수중조명과는 달리 물가에 조용한 분위기를 연출할 수 있다.

(10) 보도조명*path lighting*

보행자를 위해 나즈막한 높이로 보도의 옆에 부드러운 하향조명을 하는 것이다. 조명을 위한 광원은 규칙적으로 배치되며, 밝고 어두움이 지나치게 대비되지 않도록 하고, 눈부심이 없도록 해야 한다.

(11) 비스타 조명*vista lighting* · 투시조명*perspective lighting*

시각적인 목표점을 제공하고 시선을 점차적으로 반대편으로 유도하기 위하여 전방에 조명원을 설치하는 것으로, 주로 상향 조명방식을 이용하는 경우가 많다. 비스타조명에서 중요한 것은 초점이므로 초점이 흐려지지 않도록 해야 하며, 또한 측면의 조명이 통로로 지나치게 확산되지 않도록 해야 한다.

(12) 질감조명*texture lighting*

수목의 수피나 잔디면, 벽체면 등 표면의 질감을 부드럽게 연출하기 위하여 물체의 표면에 부드럽게 빛을 투사하는 것이다. 밝고 어두움이 적절히 조화를 이룰 수 있도록 하기 위해 측광을 투사하는 경우가 많다. 또한 물체의 표면을 섬세하게 연출해야 하므로 광원의 종류 및 배치를 결정할 때 신중히 해야 한다.

(a) 상향식 조명 (b) 산포식 조명 (c) 투시조명 (d) 보도조명

(e) 벽조명 (f) 각광조명 (g) 그림자조명 (h) 실루엣조명

그림 IX-17. 조명기법의 종류

2. 옥외조명장치

가. 광 원

토머스 에디슨이 백열등을 발명한 이후 많은 종류의 광원이 개발되었으며, 오늘날에는 백열등, 형광등, 네온등, 수은등, 메탈할로겐등 등 다양한 광원이 사용되고 있다. 옥외조명을 위한 광원의 선정은 조명설계의 매우 중요한 단계로서 각 광원의 특성을 고려하여 적절히 선택하여야 한다.

광원을 선정하기 위해서는 각 광원의 전기용량, 광속 및 광도, 색온도, 연색성, 배광분포, 수명, 가격, 전기비용, 조절용이성 등을 복합적으로 평가한 후 조명에 필요한 조건을 충족시키는 것을 선정하여야 한다. 그러나 이러한 모든 조건을 충족시키는 광원은 없기 때문에 우선적으로 필요한 조건을 검토한 후 결정하여야 한다.

전등의 발광원리는 크게 온도에 의하여 빛을 얻는 방법, 방전에 의하여 빛을 얻는 방법, 양자를 혼합한 방법으로 구분될 수 있다. 온도에 의하여 빛을 얻는 방법은 물질의 발열 또는 연소에 의한 것이며, 백열등이 이에 해당되고, 방전에 의하여 빛을 얻는 등에는 형광등, 수은등, 할로겐등, 나트륨등이 있다.

(1) 백열전구*incandescent lamps*

백열전구 중 대표적인 것은 탄소전구 · 진공텅스텐전구 · 가스입텅스텐전구 등이다. 일반적으로 사용되고 있는 것은 가스입텅스텐전구인데, 이 밖에도 특수전구로서 투광기용 전구, 사진전구, 섬광전구, 영사용전구, 자동차용전구, 적외선전구, 요오드전구, 의료용 전구 등이 있다. 백열등은 자연광에 가까운 백색을 띠는 노란색이며, 물체색을 감별할 수 있는 연색성이 뛰어나다. 초기 설치비가 저렴하지만 유지비 및 전력비가 많이 들고 수명이 짧다.

백열등의 구조는 필라멘트 · 유리구 · 봉입가스 · 앵커 · 도입선 · 스템으로 구성되어 있다. 필라멘트는 주로 텅스텐을 사용하고 열손실을 적게 하기 위해 코일필라멘트 또는 이중코일필라멘트로 되어 있으며, 유리구는 통상 납유리나 소다석회유리를 사용하는데, 대용량의 전구에는 붕규산유리가 사용된다. 봉입가스는 보통 질소를 사용하거나 질소를 혼합한 아르곤가스를 사용하기도 하며, 최근에는 열전도율이 높은 크립톤을 사용한 것도 있다. 앵커는 몰리브덴이나 텅스텐을 사용하고, 도입선은 니켈철에 구리를 입힌 듀멧선을 사용하며, 소자와 팽창계수를 같게 하여 냉열변화에 기밀을 잃지 않게 한다.

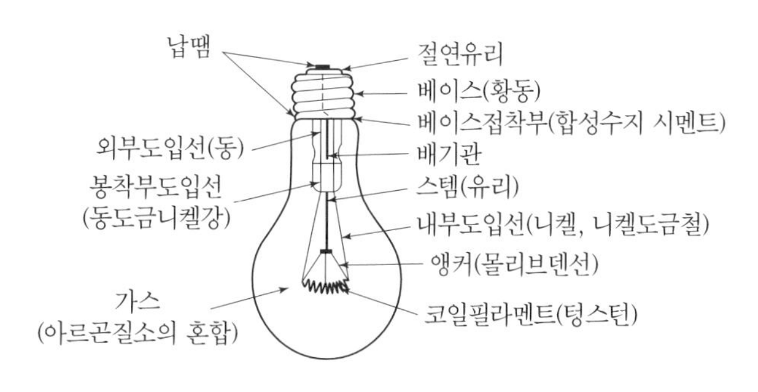

그림 IX-18. 백열전구

전구에는 눈부심을 고려하여 유리구 내면의 윤기를 없앤 프로스트*frost*전구, 엷은 청색의 유리구를 사용하여 태양광선에 가까운 빛을 나오게 하는 주광전구 등이 있다. 전구는 전압이 변화되면 필라멘트의 온도가 변화되고, 저항이 변화되며, 전류 · 전력 · 광속 · 효율 및 수명 등도 따라서 변화한다.

전구의 성능 중 실용적인 측면에서 중요한 것은 전구의 배광, 즉 광속의 분포상태와 전구의 능률 및 수명이다. 전구의 배광은 유리구의 형태, 필라멘트의 제조방법 등에 따라 다르며, 수평배광곡선은 그림 IX-19에 표시한 바와 같이 대략 원형을 이루고, 수직배광곡선은 그림 IX-20과

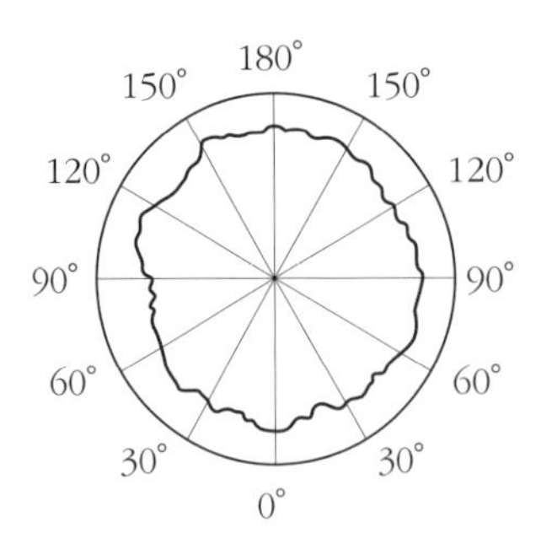

그림 Ⅸ-19. 수평 배광곡선

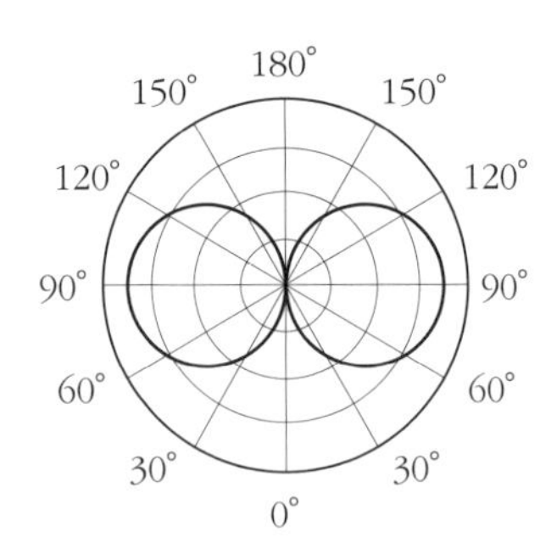

그림 Ⅸ-20. 수직 배광곡선

같은 형상을 이루는 것이 표준이다.

광원의 효율은 소비전력 1와트당 광속수를 가지고 표시한다. 따라서 소비전력이 적고, 많은 광속을 내는 전구가 능률이 좋은 것이다. 전구에서는 입력되는 전력의 6~12%만이 빛으로 이용되며, 대부분은 적외선 및 열손실로 된다.

전구의 수명에는 두 가지 종류가 있는데, 전구가 점화불능이 될 때까지의 시간인 단선수명과 광속이 표준초기 광속의 80%로 감소하는 데 걸리는 시간인 유효수명이 있다. 단선수명은 전구의 종류 · 크기 · 사용조건에 따라 다르나 대략 1,000~2,000시간 정도이다.

점멸횟수가 증가하면 수명은 짧아지며, 굵은 필라멘트일수록 그 영향이 크다. 이것은 점등 순간에 규정전류보다 약 10배에 달하는 과도전류가 흐르게 되어 필라멘트의 수명을 단축시키게 된다. 또한 전구의 크기가 증대함에 따라 효율성이 높아지게 되고, 이중코일전구도 효율성이 높다.

(2) 방전등放電燈*luminescent lamps*

온도방사 이외의 발광을 루미네센스라고 하며, 냉광*cold light*이라고도 한다. 발광을 위해서는 어떤 자극이 필요하며, 자극의 종류에 따라 전기 · 방사 · 열 · 음극선 등 여러 가지 루미네센스가 있다.

방전등은 투명한 관 내부에 기체 또는 금속증기를 봉입하고 그 양단에 전극을 설치하며, 전극이 외부회로 및 전류제한장치와 접속되어 있다. 방전등은 그 내부에 전류가 통할 때의 발광작용을 이용한 것인데, 일반적으로 사용되고 있는 것은 형광방전등*fluorescent lamp* · 네온관*neon tube* · 네온전구*neon lamp* · 수은등*mercury vapor lamp* 등이 있다.

1) 형광방전등*fluorescent lamps*

유리관 내면에 $ZnSiO_3$, $CdSiO_3$, $CaWO_3$ 등의 형광물질을 도장하여 수은 · 아르곤 · 네온 등의 가스를 봉입하고 방전시킨 것이다. 즉, 방전에 의하여 방전등 내벽에 칠한 형광체를 자극시켜 가시부可視部에서 형광을 발산하도록 만든 방전등을 형광등이라 한다.

형광방전등의 특징은 백열전구와 달리 열손실이 적기 때문에 전기에너지의 약 40%를 빛에너지로 변환시키므로 능률이 매우 좋으며, 백열전구의 3배 정도의 능률을 가지고 있다. 또한 주광색을 비롯한 각종 광색을 자유로이 얻을 수 있으며, 동시에 다른 광원에 비해서 광속도가 낮아 빛이 부드럽다.

그 구조는 전원에 스위치를 넣으면 양전극점등관*glow switch* · 안정기*choking coil*를 통해서 전류가 흐른다. 전류에 의하여 양전극은 가열되어 1～2초 후에는 스위치가 열려져서 유발된 고전압이 정전관 단자에 가해지고 방전을 일으켜 점등한다. 점등관이라 함은 미광방전관微光放電管과 바이메탈*bi-metal*을 조합시킨 자동개폐기이다.

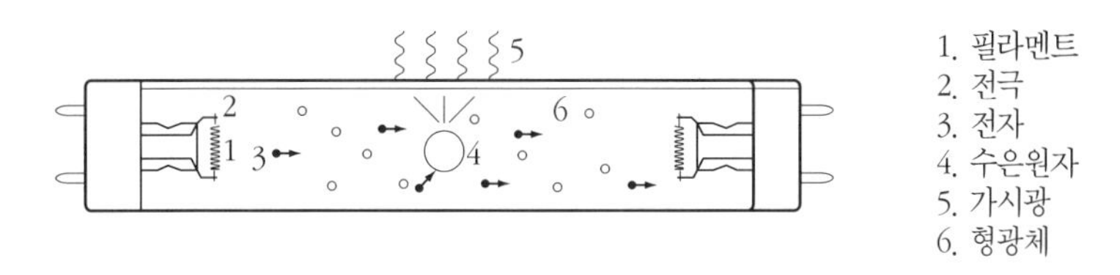

그림 Ⅸ-21. 형광등

2) 네온관 및 네온전구*neon tube and neon lamps*

네온전구는 유리관에 불활성가스를 봉입한 것인데, 연속적으로 균일한 가늘고 긴 임의의 형태의 광원이 얻어지고, 착색전구에 비해서 아름답고 소비전력이 적은 것이 장점이며, 네온사인용으로 사용되고 있다.

전압은 관의 크기 및 만곡에 따라 다르며, 대략 1m는 1,000V 정도를 요한다. 전류는 대략 20mA 정도이고, 관의 길이 및 크기에는 거의 영향이 없다. 관은 가늘수록 높은 전압을 필요로 하고 그 휘도는 크게 된다. 관의 크기는 통상 직경 7, 9, 12, 15, 22mm의 것을 사용하고, 가장 많이 사용되는 것은 12, 15mm이다. 광색은 관 내부에 넣는 가스의 종류에 따라서 달라지게 되는데, 적색은 네온가스, 청색은 수은과 아르곤, 자색은 아르곤을 사용하고, 중간의 광색은 유리를 착색해서 사용한다.

네온전구*neon lamp*는 유리등*glass lamp* 내에 한 대의 전극, 나선상螺旋狀, 원극상圓極狀과 네온가스를 압력 20～30mm로 봉입하고, 스템*stem* 속에 수천 옴*ohm*의 안전용 직렬저항을 저장한 것인데, 파일럿등*pilot lamp*에 사용된다.

3) 수은등*mercury vapor lamps*

수은증기를 봉입한 유리관 또는 석영관 내로 방전을 하여, 황색이 짙고 청백색이 많은 빛을 낸다. 전구가 이중으로 되어 있어 안쪽 전구에는 고압의 수은증기가 들어 있고, 바깥쪽 전구에

인을 코팅하여 빛을 고루 분산시키도록 되어 있다. 대체적으로 수명이 길고 효율이 높으며, 먼 거리 조명에 적합하고, 진동과 충격에 강하므로 도로조명에 많이 사용된다. 그러나 푸른 녹색의 빛이 발산되므로 연색성이 낮으며, 스위치를 넣고 5분 정도 지나야 빛을 발하기 시작하고 완전히 발하려면 10분 정도 경과되어야 하는 단점이 있다.

수은등은 관 내부의 증기를 방전시킬 때 수은증기의 압력의 정도에 따라 증기압이 10^{-3}~10^{-1} mmHg 정도의 저압수은등, 1기압 정도의 것은 고압수은등, 10~200기압 정도의 것은 초고압수은등으로 구분된다. 이 중에서 고압수은등은 가시광선을 다량 방출하므로 도로조명, 공장조명, 투광조명에 널리 사용되고 있다. 대체적으로 수은등은 증기압이 높아질수록 효율이 높아지게 된다.

4) 메탈할라이드등*metal halide lamps*

고압수은등의 효율성을 이용하고 연색성을 개선하기 위해 수은 이외에 금속할로겐을 주입하여 흰 빛을 내므로 연색성이 비교적 뛰어나며 배광제어가 용이하다. 고압나트륨램프와 혼합광원으로 사용하면 효과적이며, 가로·공원·광장에 사용된다.

5) 할로겐등*halogen lamps*

할로겐등은 수은등을 보완하여 만든 것으로 수은등보다는 다소 수명이 짧은 편이다. 스위치를 넣고 15분 정도 경과하여야 완전히 밝아지며, 발광색은 백색으로 물체의 색을 판별하는 연색성이 상당히 좋은 장점이 있고, 에너지 효율이 높아 수은등에 비해 사용비가 적게 든다.

6) 나트륨등

① 고압나트륨등*high pressure sodium lamps*

고압하에 나트륨이 들어 있는 세라믹 아크 튜브*ceramic arc tube*를 사용하는데, 전기에너지의 50%를 빛에너지로 변환시켜 수은등에 비해 두 배 이상의 효율을 가지고 있어 가로등이나 각종 시설조명을 위해 사용되고 있다. 스위치를 넣은 후 발광되는 시간은 약 3분 정도이며, 발광색은 노란색이어서 매우 특징적이므로 미적 효과를 연출하기 용이하지만, 물체의 색을 구별하기 상당히 어렵다. 또한 곤충이 모여들지 않는 특징을 가지고 있다.

② 저압나트륨등*low pressure sodium lamps*

모든 조명등 중에서 가장 효율성이 높은 것으로 전기에너지의 80%를 빛으로 변환할 수 있으며, 수명이 다할 때까지 밝기가 거의 변함이 없고, 특히 안개 속에서 먼 거리까지 잘 비치는 성질을 가지고 있다. 그러나 스위치를 넣은 후 약 10분 정도 경과되어야 발광하게 되며, 발광색은 황갈색이어서 물체의 색을 구별하기 어렵다.

7) 크세논램프

크세논램프의 가장 큰 특징은 발산하는 빛이 천연주광에 매우 가깝다는 것이다. 현재의 인공광원으로는 이와 같이 천연주광에 근사한 빛을 내는 것을 찾을 수 없다. 또한 크세논램프는 수

〈표 IX-4〉 전등의 특성 비교

계열	형태		에너지 효율성 (lum/w)	용량(W)	색온도(K)	연색성 (Ra)	램프 수명 (h)	기타 특징	주요 용도
백열등	Ordinary incandescent lamp		10~18	100~200	2,850	100	1,000	비용 저렴	주택, 정원
	Mini krypton lamp			25~100	2,850	100	2,000	비용 저렴, 소형	주택, 정원
	Sealed beam lamp			60~150	2,850	100	2,000	배광 선택 용이	정원, 공원, 광장
	Halogen beam lamp		20~30	5-500	3,000	100	2,000	소형, 배광 제어 용이	주택, 공원, 광장, 건물 외관
	Dichroic mirror lamp			20~100	3,000	100	2,000	소형, 배광 선택 용이	정원, 공원, 광장
방전등	형광등		6~110	60~75	3,000[*1] 4,200[*2] 5,000[*3] 6,500[*4]	60~88	6,000 ~ 12,000	소형, 배광 선택 용이	정원, 공원, 광장, 가로
HID(고휘도 방전등)	수은등		55~60	40~1,000	5,800[*5] 3,900[*6]	14[*5] 40[*6]	12,000	강한 빛 배광 제어 용이, 안정기 필요	정원, 공원, 광장
	고압나트륨등		130~140 190~200 (LPSM)	50~1,000	2,050[*7] 2,500[*8]	14[*7] 85[*8]	12,000[*7] 6,000[*8]	강한 빛 배광 제어 용이, 안정기 필요	가로, 공원, 광장, 건물 외관
	메탈할라이드등		90~100	70~1,000	3,000~6,500	65~96	6,000 ~ 12,000	강한 빛 배광 제어 용이, 안정기 필요	가로, 공원, 광장, 건물 외관
	메탈할라이드등PAR형			35~70	3,000	81~83	6,000 ~ 9,000	강한 빛 배광 제어 용이, 안정기 필요	가로, 공원, 광장, 건물 외관

【주】 *1전구색 *2백색 *3주백색 *4주광색 *5투명형 *6형광형 *7고효율형 *8고연색형
HID : High Intensity Discharge

은등과 달리 초기발광 시간이 필요하지 않고 순간 재점등도 가능하다. 이는 수은등과 같이 방전열에 의하여 저압의 상태로부터 서서히 고압상태로 증발하지 않고, 초기부터 고압의 크세논이 봉입되어 있기 때문이다.

크세논램프는 휘도가 높고 발광부의 면적도 적으므로 투광용 광원 등에 이용하면 장점을 발휘할 수 있으나, 발광효율이 떨어지고 크세논가스가 비싸다는 단점이 있다.

나. 조명기구

(1) 조명기구의 선정기준

조명기구는 사용하기 쉽고, 튼튼하며, 모양이 좋아야 한다. 또한 조명등을 지지하고 외부환경의 혹독한 조건으로부터 조명등과 전기시설을 보호하며, 조명등이 조명하고자 하는 방향으로 설치되어야 한다. 조명기구는 기둥, 수납기구, 소켓 등 연결부품에 의해 구성되는데, 조명기구를 선정하기 위해서는 미관, 광학, 전기, 기계, 구조적인 특성을 검토하여야 한다.

1) 미 관

조명기구의 외양은 기능적 요소로서 뿐만 아니라 장식적 요소로서도 중요하다. 시각적으로 조명기구는 건물이나 조경의 양식과 적절히 조화되어야 한다. 또한 한 공간 내에는 다양한 형태의 조명기구가 사용되어야 하므로, 이들 조명기구간의 상호관계를 적절히 고려하여야 하며, 조명기구의 크기는 공간의 규모와 어울릴 수 있도록 해야 한다.

2) 광 학

배광을 제어하는 부분으로, 조명기구의 기능상 가장 중요하다. 사용되는 재료는 유리, 플라스틱, 금속 등이 있으며, 이들의 선택에서는 반사율, 투과율, 확산성은 물론 강도, 물 · 습기 · 약품에 대한 내구성을 고려하고, 더러워지지 않으며 청소하기 쉬운 것이어야 한다.

3) 전 기

소켓, 전선, 스위치, 기타 조명등에 전기를 공급하기 위한 부품의 조립과 설치가 용이하고, 전기의 공급과 조명의 연출에 유리한 형태와 구조를 가져야 한다. 또한 외부공간의 습기, 빗물, 빛, 열에 내구성이 있는 재료를 사용하여야 하며, 특히 물이나 습기의 접촉이 우려되는 곳에서는 방습과 방수가 되는 구조로 만들어져야 한다.

4) 기 계

광학적이고 전기적인 부분을 지지하고 보호하며, 그 모양을 유지하고 기능을 완전하게 하는 부분이다. 대체적으로 금속으로 만들어지며, 가볍고 연한 금속판을 압축성형하여 사용하는 경우가 많으나, 견고함이 필요한 경우에는 주물제품을 사용할 수도 있다. 경우에 따라서는 플라스틱을 사용할 수도 있다.

5) 구 조

조명기구의 재료는 내구성이 있어야 하며, 백열전등과 같이 열을 발생하는 조명등에 사용되는 반사갓, 글로브, 디퓨져, 소켓 등에 부착되는 물체에는 경질이거나 불연성 재료를 사용하여야 한다. 또한 조명기구는 일체화된 부품을 사용하여 접속에 있어서 불필요한 노력과 품질을 떨어뜨리지 않도록 해야 한다.

(2) 조명기구의 종류

옥외조명기구는 넓은 도로에 사용되는 높은 기둥형, 보행자 도로나 공원에 사용되는 낮은 기둥형, 정원이나 공원에 사용되는 정원등, 지표면에 설치되는 매립등, 수중에 설치되는 수중등, 계단에 설치되는 계단등, 건물이나 구조체의 벽에 설치되는 벽부등이 있다.

1) 벽부등*bracket*

가로에 면한 건물의 벽에 설치되는 조명기구이다. 벽부등은 보도의 표면과 건물의 표면을 동시에 조명할 수 있다. 벽에 강조조명을 하는 역할을 하며, 가로와 건물이 통합되어 경관을 구성할 수 있도록 한다.

그림 Ⅸ-22. 벽부등

2) 풋라이트*footlight*

계단의 측상에 설치되거나 바닥면보다 30cm 높은 곳에 설치되어 보행을 돕는 역할을 한다. 눈부심을 방지할 수 있는 구조와 방향에 설치되어야 한다.

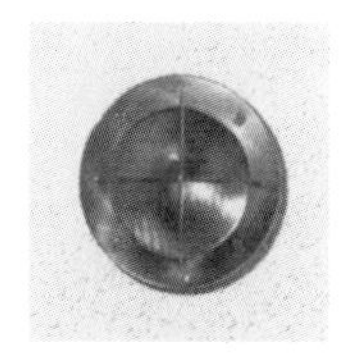

그림 Ⅸ-23. 풋라이트

3) 수중등*underwater fixture*

연못이나 분수에 설치되는 수중등은 수경관을 연출하기 위하여 수중에서 외부로 빛을 발산하는 형태와 수중벽에 설치되어 빛을 발산하는 형태가 있다. 어느 경우이든 이용자의 안전과 전기시설의 보호를 위한 구조를 가져야 한다.

그림 Ⅸ-24. 수중등

4) 지중매설등*embedded fixture*

지표면 가까운 곳에 빛을 발산하기 위하여 지중에 설치되는 조명등으로 식물, 조각, 벽면을 조명하는 방식과 다양한 방향으로 부드럽게 확산조명하는 방식이 사

그림 Ⅸ-25. 지중매설등

용될 수 있다. 어느 경우이든 상부에서의 하중에 견딜 수 있어야 하며, 물이 침투되지 않는 내수성 구조로 만들어져야 한다.

5) 플러드라이트*floodlight*

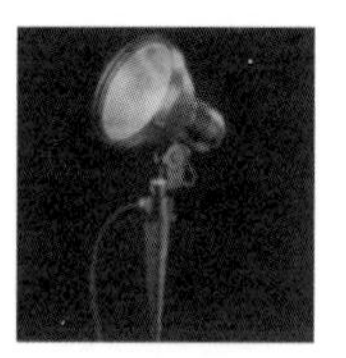

그림 Ⅸ-26. 플러드라이트

벽면이나 건물바닥 표면에 설치되는 조명등으로 다양한 조명연출을 할 수 있다. 다양한 방향으로 조명이 될 수 있도록 조절이 가능하기 때문에 다양한 조명방식에 적용될 수 있으며, 식물이나 건물의 조명에 사용하면 좋다.

6) 정원등*garden light*

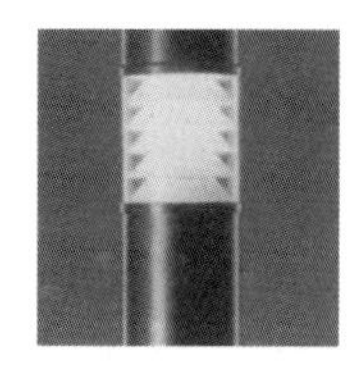

그림 Ⅸ-27. 정원등

지상으로부터 0.5~1.5m 높이에 설치되고, 볼라드와 같은 형태를 취하고 있어 볼라드등이라고도 한다. 가로, 공원, 건물의 보도나 녹지의 조명을 위해 사용되며, 시각상 중요한 위치를 차지하고 있어 조명등의 미관이 중요한 요소가 된다.

7) 기둥형등*pole light*

그림 Ⅸ-28. 기둥형등

기둥형등은 3.0~25.0m에 이르기까지 다양한 높이로 만들어질 수 있다. 3.0m 내외의 등은 주로 보행로나 공원로, 공원의 광장 등에 사용되고, 10m 이상의 높은 등은 가로나 차도의 조명을 위해 사용될 수 있다. 시각상 경관 연출효과가 크므로 고유한 심볼을 사용하는 등 미관적 측면을 고려한 디자인을 해야 하며, 규모가 크므로 구조적인 안정성을 고려하여야 한다. 대체적으로 다른 조명기구보다 넓은 면적을 조명할 수 있다.

다. 조절기

조절기는 조명등, 조명기구, 배선과 함께 조명체계를 구성하는 요소로서, 조명체계가 얼마나 효율적으로 작동하는지를 결정하는 중요한 부분이다. 조절기는 한 개 또는 여러 개의 조명등과 배선에 의해 구성되며, 프로젝트의 종류나 토지이용에 따라 달라지게 된다.

조절기는 조명기구를 점등하고 광도를 조절하는 데 사용되며, 이러한 조절을 위해서는 수동식과 자동식 시스템을 적용할 수 있다. 이를 위해서 제어장치에 사용될 수 있는 것은 조명등 하나를 스위치방식의 간단한 형태로 조작하는 것에서부터 시간대별로 복잡한 조명기구를 조절하기 위한 자동화된 시스템까지 매우 다양하다.

가장 간단한 장치는 스위치*manual on-off switchs*이며, 이보다 발전된 형태가 광도조절기*dimmer switch*이다. 광도조절기를 사용하는 주요 목적은 광원의 밝기를 섬세하게 조절하여 야경을 연출하기 위한 것과 빛을 효율적으로 사용하여 에너지를 절약하기 위한 것이다. 예를 들어 계절적인 변화나 일일시간대별 자연조명의 변화를 고려하고, 이용자의 심리상태를 반영할 수 있으며, 공간의 용도에 따라 광도를 자유롭게 조정할 수 있다. 외부공간에서 구역이나 노선별로 분리하여 채택할 수 있으므로 한 공간에 다양한 광도조절방식을 적용할 수도 있다. 이 외에도 자동화된 시스템으로 주변의 빛의 세기를 측정하여 자동으로 조명등을 작동시키는 광전자 조절방식*photoelectric controls*, 하루의 시간대별로 작동되는 타임스위치*time switchs*, 움직임을 감지했을 때 작동하는 동작탐지방식*motion detectors*이 있다. 이러한 조절기는 혼용되어 사용될 수 있다.

조절기를 선택함에 있어서 주의해야 할 사항은 반드시 자동화되고 첨단의 시스템만이 좋은 것이 아니므로 이용자나 프로젝트의 특성을 고려하여 적절한 제어장치를 도입하여야 한다는 것이다. 왜냐하면 자동화된 시스템일수록 설치비가 많이 들고, 또한 이용자들이 작동에 어려움을 겪을 수 있으며, 단순한 시스템일지라도 처음에 잘 만들어지게 되면 충분한 조명효과를 연출할 수 있기 때문이다.

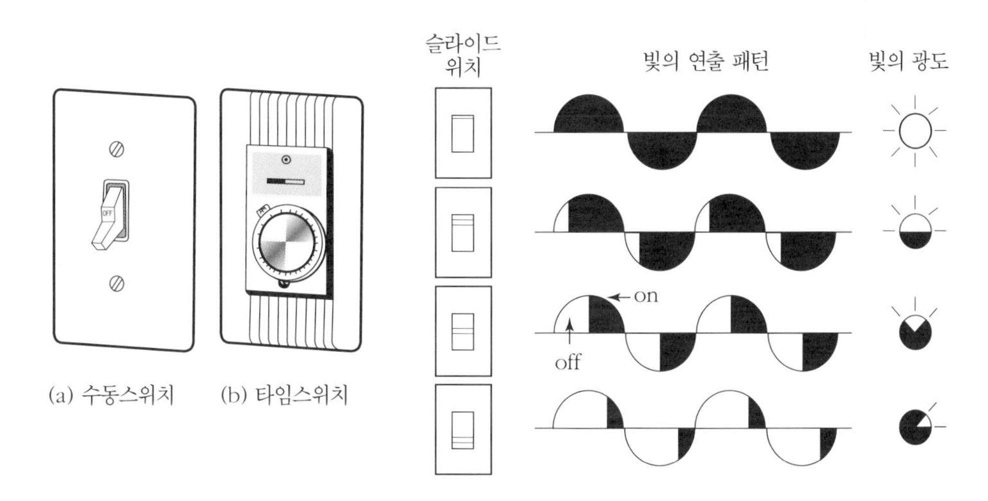

그림 Ⅸ-29. 스위치

그림 Ⅸ-30. 광도조절기 조절 효과의 시각적 표현

라. 전기배선

전기배선은 조명장치를 위한 공급선을 설치하는 것으로, 효율적이고 안전하게 설치하여야 한다. 그러므로 인입되는 전기를 효율적으로 분배하기 위한 분배계획과 이에 기초한 전기배선부품의 설계가 필요하다.

(1) 배전과 분기회로

1) 배전配電

전력을 발생시키는 것을 발전이라 하고, 이것을 이송이 용이한 전압으로 수송하는 것을 송전, 수요지에서 분배하는 것을 배전이라 한다. 보내온 전력을 적당한 전압으로 승압昇壓 또는 강압降壓시켜 보내는 곳이 변전소이다. 2차 분배시스템으로부터 수용가에 배전하는 노선은 그림 IX-31에 나타낸 바와 같이 원칙적으로 고압을 넘지 못하는 전압으로 한다.

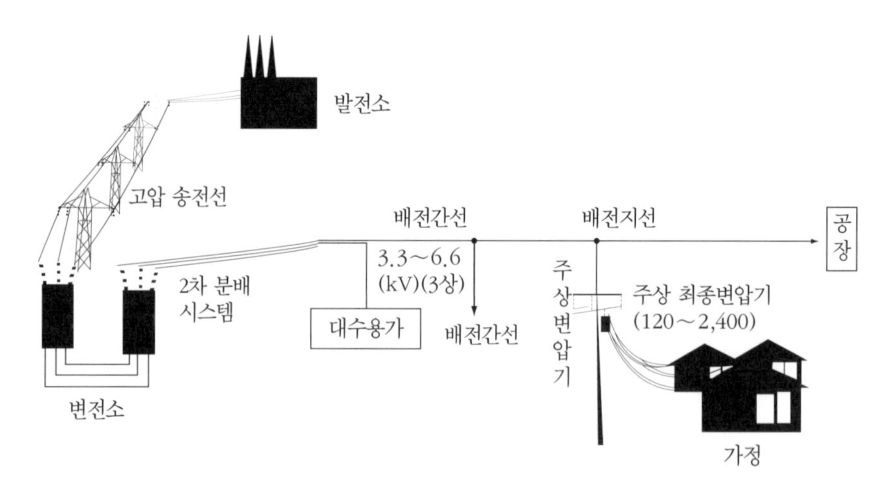

그림 IX-31. 송전 및 배전

2) 간선幹線

배전반으로부터 분전반까지의 배선을 간선이라 하며, 온도의 영향과 전선관 등에 수납하여 배선하는 경우, 전선의 허용전류와 전선의 허용전압강하를 고려하여야 한다. 최대허용전압강하는 2% 이하로 한다. 또한 장래의 증설 및 변경을 고려하여 다소간의 여유를 둘 필요가 있으며, 수요율을 고려하여야 한다. 간선의 전기방식은 소용량의 것은 단상2선식이고, 부하가 커짐에 따라서 단상3선식, 3상3선식, 3상4선식 등이 채택되고 있다.

분전반이 두 개소 이상 있는 곳에서의 간선의 배전방식으로는 그림 IX-32와 같이 평행식平行式 · 수지식樹枝式 · 병용식竝用式 등이 있다. 평행식은 큰 용량의 부하 또는 분산되어 있는 부하에 대하여 배전반으로부터 각 분전반으로 단독회선으로 배선되므로 전압강하가 평균화되고, 사고가 발생하여도 파급되는 범위가 좁아질 수 있으나 배선이 혼잡하고 설비비가 많이 든다. 수지식은 한 개의 간선이 각각의 분전반을 거치며 부하가 감소됨에 따라 간선의 굵기도 감소되므로, 굵기가 변경되는 접속점에는 보안장치가 필요하다. 평행식과 수지식을 병용하는 병용식에는 집중되어 있는 부하의 중심 부근에 분전반을 설치하고, 분전반에서 각 부하에 배선하는 것이다. 보통은 병용식이 많이 사용된다.

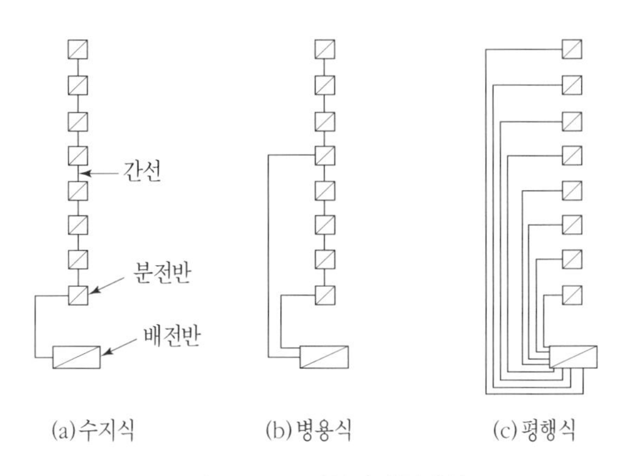

그림 IX-32. 간선의 배전방식

3) 분전반分電盤

분전반*panel board*은 배전반*switch board*으로부터 간선을 통하여 소요의 부하에 배선을 분기하는 곳에 설치되는 것으로, 배전반의 일종이며 KSC 8320의 분전반 통칙에 적합한 것을 사용한다. 분전반은 주개폐기, 분기회로용 분기개폐기*branch circuit*나 자동차단기를 모아서 설치되며, 퓨즈나 서킷 브레이커 등의 보안장치가 추가되어 설치된다.

분전반의 인입점에 개폐기와 과전류 보호기를 설치하도록 하고, 충전부가 노출되지 않는 방수구조를 가지고 있어야 하며, 방수상자 속에 수납된 것을 지상 1.8m 이상의 높이로 설치한다.

분기회로의 전선이 길고 치수가 크면 공사가 매우 힘들고 사고대응이 어려우므로, 분전반의 수를 많이 하고 분기회로의 길이를 짧게 하는 것이 사고범위를 축소시키고 공사를 유리하게 한다. 전기설비를 안전하게 사용하고, 고장의 경우 파급되는 범위를 될 수 있는 대로 좁혀 신속하게 복구하기 위하여 모든 부하는 분기회로에서 사용되어야 한다. 분기회로는 간선으로부터 분기회로로의 분기점에 설치된 분전반을 통하여 분기된다.

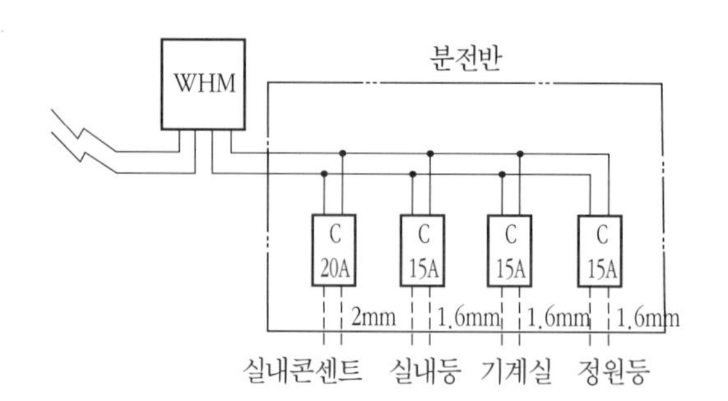

그림 Ⅸ-33. 분기회로

(2) 배 선

1) 전선의 허용전류

전선에는 전류를 통하면 전류의 제곱에 비례하는 주울*joule*열이 발생한다. 1주울이란 질량이 1kg인 물체를 1m/sec 속도만큼 변화시키는 힘인 1뉴톤*newton*(kg · m/sec²)의 힘을 받고 있는 물체를 힘과 반대방향으로 1m 움직이는 데 필요한 에너지를 말한다. 발생하는 열은 전도 · 대류 · 복사 등으로 발열되는데, 발생한 열에 의하여 전선의 온도가 상승한다. 그러므로 전선에 흐르는 전류가 어느 한도를 넘으면 열로 인하여 절연물이 손상되고, 때로는 감전 및 화재의 원인이 되므로, 이와 같은 위험을 방지하기 위하여 절연전선 또는 코드의 종류 · 굵기 및 공사방법에 따라 절연물의 손상 없이 안전하게 흘릴 수 있는 최대전류의 값을 허용전류라고 한다.

전선의 굵기를 선정함에 있어서 기계적 강도와 전압강하를 충분히 고려하였더라도 절연전선이 금속관이나 경질비닐관에 사용될 때는 애자를 사용할 경우에 비하여 방열이 불량하며, 또한 같은 관 내에 넣는 전선수가 많으면 많을수록 관 내의 온도가 높아지게 되므로 같은 관 내에 넣는 전선 수에 따라 허용전류를 계산하여 〈표 IX-5〉에 나타내었다.

〈표 Ⅸ-5〉

(a) 코드의 허용전류

허용전류(A)	심선굵기	
	소선수/지름(mm)	단면적(mm²)
7	30/0.18	0.75
12	50/0.18	1.25
17	37/0.26	2.0
23	45/0.32	3.5
35	70/0.32	5.5

(b) 절연전선의 허용전류

지름(mm)	허용전류(A)	
	옥내용	옥외용
1.2	19	19
1.6	27	27
2.0	35	35
2.6	48	48
3.2	62	63
4.0	81	83
5.0	107	110

2) 전압강하*voltage drop*

전압강하는 전류가 배선을 통하는 사이에 전압이 떨어져 전선의 끝점이 전선의 시작점보다 전압이 낮아지는 것으로, 배선에서는 매우 중요한 문제이다. 전압강하를 줄이기 위해서는 전선의 길이와 부하를 고려하여 전선의 크기를 결정하여야 한다. 실제로 정격전압에 대하여 부하에 공급되는 전압이 1% 강하하면, 백열등의 광속은 3%, 형광등의 광속은 1～2% 감소하게 되며, 10% 이상의 전압강하가 발생하면 조명등의 광색이 달라지게 되고, 사람들의 눈에 드러나게 된다.

3) 전선의 종류

전선은 형태에 따라 단선과 연선, 용도에 따라 절연전선, 코드, 케이블로 구분된다.

단선은 전선의 도체가 한 가닥으로 된 전선을 말하며, 전선의 굵기가 1.6～3.2mm인 것이 많이 사용된다. 연선은 전선의 도체가 여러 가닥으로 꼬아져서 만들어진 전선을 말하며, 도체의 단면적(mm^2)이나 소선의 가닥 수와 소선의 직경으로 나타낸다.

절연전선은 도체의 표면을 절연물로 피복한 것으로, 절연물로는 고무 · 합성수지 · 섬유를 사용한다. 절연물은 유연하고 강도 및 절연저항 · 내열성이 커야 하며, 사용장소에 따라서 화학적인 저항성도 요구된다.

① 옥외용 비닐 절연전선

단심의 전선으로, 경질의 동선 위에 내후성이 좋은 비닐 절연물을 피복한 것이며, 저압의 가공 배전 선로에 사용된다(그림 IX-34(a)).

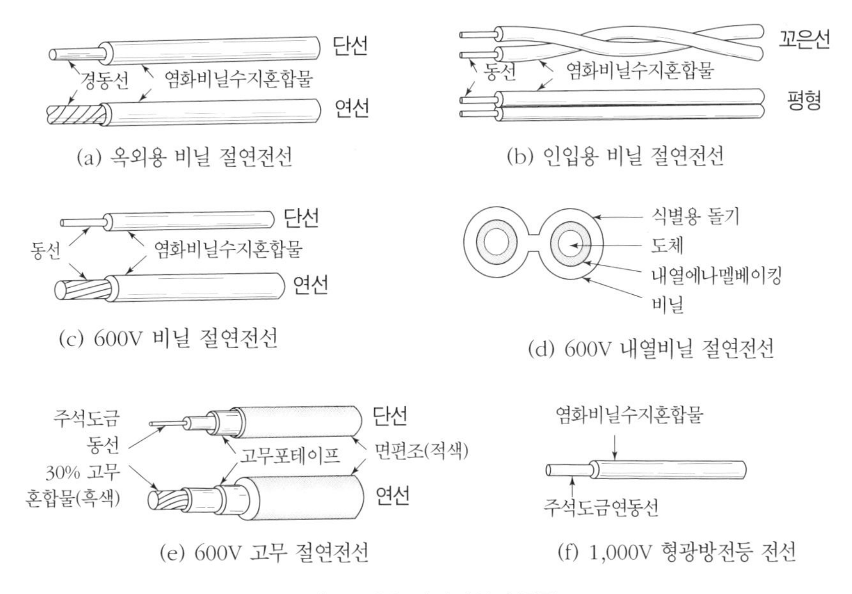

그림 Ⅸ-34. 절연전선의 종류

② 인입용 비닐 절연전선

경동선 또는 경동 연선 위에 비닐 절연 피복을 한 다심의 전선으로, 저압의 가공 인입선로에 사용된다(그림 IX-34(b)).

③ 600V 비닐 절연전선

흔히 PVC 전선이라고 하는데, 단선 또는 연선의 도체 위에 비닐을 피복한 것으로 KS C 3302에 정한 바에 따라 600V 이하의 옥내 배선에 널리 사용된다(그림 IX-34(c)).

④ 600V 내열 비닐 절연전선

내열성이 있는 비닐을 단선이나 연선 위에 피복한 것으로 75℃까지 허용되므로 내열성이 요구되는 곳에서 사용된다(그림 IX-34(d)).

⑤ 600V 고무 절연전선

경동선 또는 연동선의 단선이나 연선에 주석도금을 하고 천연 고무를 사용하여 절연 피복한 후 종이테이프나 면테이프를 감은 후 합성섬유로 편조하고 방습용 도장을 한 것이다. KS C 3301에 정한 바에 따라 600V 이하의 옥내 배선용이기는 하나, 최근에는 별로 사용되지 않는다(그림 IX-34(e)).

⑥ 1000V 형광방전등 전선

단면적 0.75mm²의 연동선을 주석도금하고 염화비닐수지로 절연 피복한 것으로, 형광방전등의 고압측에 사용되고 있다(그림 IX-34(f)).

코드*cord*는 가는 연동선을 여러 가닥 꼬아서 묶음을 만들고, 그 위에 비닐이나 면 또는 고무 등의 절연물로 피복을 한 전선으로, 휘기가 쉽고 끊어지지 않기 때문에 전기기구를 접속하는 데 널리 사용된다. 종류로는 옥내코드 · 기구용 비닐코드 · 캡타이어 케이블 · 전열용 코드 등이 있으며, 구조에 따라 분류하면 단심코드 · 2개꼬임코드와 비닐코드 등이 있다. 단심코드는 연동선을 꼰 것이며, 주로 0.75mm²의 것으로 건조한 장소의 이동용 및 전구용으로 사용된다. 비닐코드는 아연도금연동꼬임선에 염화비닐혼합물을 규정두께로 피복한 것으로 2개꼬임 · 평형 · 둥근형 등이 있다.

케이블은 캡타이어 케이블*captire cable*, 전력 케이블*power cable*, 제어 케이블로 구분될 수 있다. 캡타이어 케이블에는 고무 캡타이어 케이블과 비닐 캡타이어 케이블이 있으며, 공장, 무대, 의

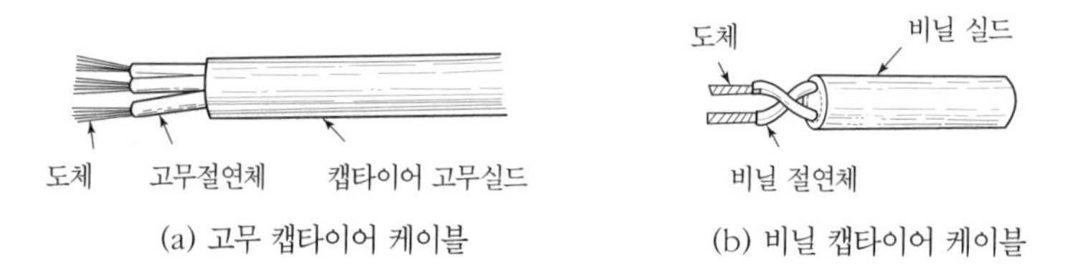

그림 IX-35. 캡타이어 케이블의 종류

료, 수중조명, 전기드릴, 농업용 기계 등에 사용된다. 전력 케이블은 도체 위에 절연물로 피복하여 심선이 외상을 받지 않고, 또한 물, 가스, 화학약품 등의 침투를 방지하기 위하여 절연 피복을 한 것으로, 절연전선보다 안전도가 높고 공사방법이 간단하므로 지중전선, 가공전선 및 배선에 널리 사용된다. 제어 케이블은 회로의 용이한 조정을 위해 사용되며, 종류가 다양한다.

4) 전선의 굵기

전선의 굵기는 기계적 강도나 허용전류 그리고 전압강하를 만족시키는 것이어야 한다. 기계적 강도는 전기공작물규정에 규정한 굵기 이상을 쓰면 되고, 전압강하에 따르는 전선의 굵기를 정하여 이것의 허용전류를 검토하여 충분한 것으로 선정한다. 전압강하를 고려한 전선의 굵기는 간선·분기회로별로 수요율·역률 등을 고려하여 최대사용전류를 산출하고, 전압강하의 한도를 간선·분기회로별로 결정한 후에, 〈표 IX-6〉의 공식에 의하여 계산한다.

〈표 IX-6〉 전선단면적의 계산

회로전기방식	전선단면적 공식	연동선을 쓸 때의 단면적
직류 2선식, 단상 2선식	$S = \frac{2IL}{Ke}$	$S = \frac{35.6IL}{1000e}$
직류 3선식, 단상 3선식, 3상 4선식	$S = \frac{IL}{Ke'}$	$S = \frac{17.8IL}{1000e'}$
3상 3선식	$S = \frac{\sqrt{3}\,IL}{Ke}$	$S = \frac{30.8IL}{1000e}$

S : 전선단면적(mm^2) e : 각 선간의 전압강하(V)
e' : 중심선과 외선, 또는 각 상의 전압강하(V)
I : 전류(A) L : 전선 1선의 길이(m)
K : 전선의 도전도는 다음 값으로 계산한다.
경동선 55.6(도전율 96%) 연동선 56.2(도전율 97%)
알루미늄선 35.3(도전율 61%) 규동선 29.0(도전율 50%)
철선 9.7(도전율 16%)

5) 전선의 접속

전선의 접속점은 전기적·기계적으로도 약점이 되므로 충분히 주의하여 접속하여야 한다. 납땜을 할 경우에는 접속부의 전선을 잘 닦고 페이스트를 발라 토치램프의 불꽃으로 잘 가열하여 실시하고, 그 위에 절연테이프를 감아야 한다. 또한 절연물이 있는 전선인 경우에는 절연물과 동등 이상의 효력이 있는 것으로 충분히 피복한다. 접속에 있어 가급적이면 접속을 위한 부속품을 사용하여 접속의 안정성을 높이도록 한다. 특히 옥외용 조명기구는 비에 노출되거나 습기가 많은 곳에 설치될 수 있으므로 반드시 방수효과 및 내수성과 내후성이 있도록 연결하여야 한다.

6) 배선기구

배선기구로는 계량기·개폐기·접속기·자동차단기 등이 있다. 배선기구는 검침·검사·

보안이 쉬운 노출된 장소에 설치되어야 하며, 옥외에 설치할 때에는 끌어들이는 선이 갈라져 들어오는 점과 끌어들여지는 점 사이에 지표로부터 1.8m 이상 2.2m 이하 되는 곳에 설치하여야 하며, 자동차단기는 2.5m 한도 이내로 설치하도록 한다.

(3) 배선용 부호

배선도면을 작성할 때 설계자가 독자적인 기호를 쓰게 되면, 설계자 이외의 사람은 그 도면을 이해하기 힘들다. 그러므로 우리나라에서는 KSC 0301의 전기 배선용 그림 기호를 표준화하여 사용하고 있다.

(4) 배선설계

전기배선은 안전하고 사용이 편리해야 하며, 저렴한 비용으로 설치가 가능해야 한다. 이러한 조건을 충족시키기 위하여 다음의 사항에 유의하여야 한다.

① 전기공작물규정에 저촉되지 않아야 한다.
② 수용자가 어느 때나 전기를 편리하고 유용하게 사용할 수 있어야 한다.
③ 장래의 수요증가에 대비하여 여유가 있어야 한다.
④ 시설의 강도를 감소시키거나 미관을 손상시키면 안 된다.
⑤ 재료의 낭비가 없고 공사비가 저렴해야 한다.
⑥ 설계와 시공이 단순화되고, 장래의 보수가 용이해야 한다.

1) 부하결정

부하의 종류 · 용량 및 시설위치는 공사설계의 모든 기초가 되는 것으로, 이것을 먼저 결정한다. 전등 · 콘센트 등의 종류 · 용량 및 시설장소의 세부결정은 분기회로의 설계에서 하고, 여기서는 옥외조명기구의 부하산정과 배전함 · 분전반의 위치를 결정한다. 이 부하산정은 전기방식 · 공사방법 및 간선설계의 기초가 되고, 변압기용량 결정의 기초가 된다.

2) 전기방식의 결정

4kW 이하의 전등이 필요한 지역은 100V 단상 2선식, 50kW 미만의 지역은 100/200V 단상 3선식, 200V 3상 3선식 또는 100/200V 3상 4선식을 택하고, 50kW 이상의 경우는 6,000V 3상 3선식의 특별고압으로 하여 전기방식을 결정한다.

3) 공사방법의 선정

조명등의 종류 · 용도, 배선의 외관미, 보수, 내구성, 증설 및 변경의 빈도 등을 검토하고, 아울러 공사비와 전력요금 등 유지관리비의 경제적 사항을 고려하여 공사 종류를 결정한다.

4) 분기회로의 설계

분기회로의 종류는 〈표 IX-7〉과 같이 5종류가 있고, 분기회로 중에서 가장 널리 쓰이는 것은 15A 분기회로로서, 이것만이 전등 · 전동기 · 콘센트 등을 병용할 수 있다.

〈표 IX-7〉 분기회로의 종류

분기회로 명칭	자동차단기의 정격전류	접속할 수 있는 진등 출구	접속할 수 있는 콘센트의 정격	직접 접속할 수 있는 기구의 한계용량
15A 분기회로	15A 이하	제한 없음	10A	12A까지
20A 분기회로	20A 이하	대형 소켓	20A	20A까지
30A 분기회로	30A 이하	대형 소켓	30A	30A까지
50A 분기회로	50A 이하	대형 소켓	50A	50A까지
개별 분기회로	제한 없음		50A 초과	

20A, 30A, 50A 분기회로는 같은 종류로서 용량이 비슷한 것끼리만 병용할 수 있다. 기구 하나의 용량이 50A를 초과하는 것은 개별분기를 하여야 한다. 분기회로는 부하의 종류에 따라 각각 균일한 부하가 걸리도록 하고, 분기회로 수는 신설 당시 10% 정도의 예비를 둔다.

5) 간선의 설계

간선시설의 우열은 전압강하 · 전력손실에 영향을 미치고, 전신시설비에 많은 차이가 생긴다. 간선의 굵기 결정은 그 간선에 걸리는 최대사용전류를 먼저 구하고, 이 전류와 교장轇長에 따라 전선의 굵기를 구한다.

6) 기구재료의 선정

배선기구 및 재료는 사용목적 · 시설장소 · 사용의 빈도 · 시공방법 등에 적합한 것을 설계하여 한국공업규격의 표준규격의 것으로 선정하여야 한다.

7) 인입선

도시지역이나 신도시 지역에서는 대부분 지중선을 사용하고 있으며, 불가피하게 가공선을 사용할 경우에는 보안과 외관을 고려하여 설치한다.

인입구에 가깝고 용이하게 조작할 수 있는 장소에 인입개폐기 및 자동차단기 · 적산전력계(계량기)를 설치하고, 적산전력계 및 인입개폐기는 습기 · 먼지 · 진동 및 기타 유해한 작용이 없는 곳을 선정하여 점검 · 보수 등이 편리한 위치에 설치한다. 적산전력계의 용량은 수용가의 실제 사용전류의 80%로 선정하는 것이 좋다.

3. 옥외조명설계

가. 옥외조명설계의 과정

옥외조명설계는 여러 단계의 과정을 거쳐 진행된다. 첫 번째는 조사단계로서 의뢰자의 요구사항을 파악하고 관련된 설계자와의 면담을 통하여 설계의도를 파악하며, 건축과 조경도면을 검토하여 옥외조명과 관련된 사항을 발췌한다. 이러한 검토가 끝나면 부지를 방문하여 부지의 특성을 조사 · 분석하며, 아울러 부지의 입지특성을 분석한다. 두 번째는 옥외조명을 위한 기본구상 단계로서 설계개념을 설정하고, 옥외조명의 연출에 대한 구상을 한다. 세 번째는 설계단계로서 조도, 광원, 조명방식을 결정하고 조명등을 배치하여 이에 따라 전기배선설계를 시행한다. 마지막으로는 실시설계 성과품을 작성하는 것으로 설계도면, 시방서, 예산서, 공사지침서를 작성하고 유지관리에 대한 계획을 수립하면 설계과정이 끝나게 된다.

① 조사 · 분석
- 의뢰자의 요구사항
- 관련된 설계자의 면담
- 건축 및 조경도면의 검토
- 부지조사분석

② 기본구상
- 설계개념의 설정
- 옥외조명 연출에 대한 구상

③ 설 계
- 조도의 결정
- 광원의 선정
- 조명방식의 선정
- 전기배선설계

④ 실시설계서의 작성

⑤ 시 공

⑥ 평 가

나. 조사 및 분석

옥외조명설계를 위해 필요한 정보를 수집하기 위한 단계로서 의뢰자나 관련된 설계가와의 면담을 하고, 조경설계 개념에 대한 이해를 위해 설계도면을 검토하며, 부지를 방문하여 부지현황과 주변환경에 대한 조사와 시각적인 정보를 입수하고, 이러한 정보를 종합하여 설계아이디어를 개발한다.

(1) 의뢰자의 요구사항

대부분의 고객은 옥외조명에 대한 이해가 부족하므로, 단지 개괄적인 분위기만을 언급할 수 있다. 그러나 의뢰인과의 면담은 조명설계를 위한 기초적인 단계로서, 면담을 통하여 옥외조명에 대한 관심과 신뢰를 얻어낼 수 있다. 주요한 면담의 내용은 옥외조명에 대한 인식과 개념, 야간에 부지를 어떻게 이용할 것인지에 대한 계획, 그리고 유지관리 및 예산에 대한 것이다. 면담은 필요로 하는 정보를 얻기 위하여 질문을 하고, 그 결과를 토대로 하여 의뢰인에게 대안을 제시하며, 이를 토대로 하여 토론하는 과정으로 진행한다. 의뢰인에게 조명설계가의 경험과 조명에 관한 아이디어를 제공하기 위해 과거에 진행되었던 사례를 포트폴리오로 보여주고 조명기법과 효과에 대한 토의를 하도록 한다. 필요하다면 함께 사례지를 답사하여 효과를 높일 수도 있다.

만약, 옥외조명설계를 위한 대상지가 많은 사람들이 이용하는 공공공간이라면, 설문조사나 그동안 조사된 결과를 이용하여 요구사항을 예측하여야 한다.

1) 이용자의 의견

이용자들이 외부공간의 조명에 대하여 어떤 기대를 하고 있는지를 알아낸다. 보통 옥외조명은 야경을 즐기거나 야간활동을 위해서 필요하며, 때로는 어떤 사물의 인식이나 안전을 위해서 필요하다고 인식하고 있다. 설계가는 설계개념을 설정하기 전에 이러한 기대에 대응할 수 있는 명확한 아이디어를 가지고 있어야 한다.

의뢰자의 기대에 대한 조사는 다음 사항을 포함하도록 한다.

① 조명효과와 조명연출기법 등 옥외조명에 대한 선호
② 조명사례 중에서 좋아하는 것과 싫어하는 것
③ 옥외조명에 바라고 싶은 점이나 특별한 요구
④ 만들고자 하는 야경의 이미지
⑤ 방문자들에게 주고 싶은 이미지

⑥ 야간활동

⑦ 실내활동

⑧ 안전과 보안상의 요구

⑨ 장애자나 노인 등 이용자 특성

2) 향후 관리계획

① 데크, 보행로, 구조물, 조각물의 설치 · 제거 · 추가 등 장래 외부공간의 변화

② 유지관리 스케줄

③ 유지관리자의 특성

④ 계절적인 수목 배식상태의 변화 여부

⑤ 수목 배식설계자의 제안

⑥ 비료나 물의 사용 여부

⑦ 조명시설의 유지관리에 대한 계획

3) 예 산

예산은 조명설계를 위한 결정적인 요인이 된다. 대부분의 사람들은 옥외조명에 대한 비용을 정확하게 알지 못하며, 이로 인하여 조명설계에 대한 오해와 불필요하게 시간을 낭비하게 되므로 설계 초기단계에서 예산에 대한 충분한 의견을 교환한다. 사업예산은 어느 정도 준비되었는지를 확인하고 개괄적인 사업비용에 대한 정보를 제공한다. 만약 예산이 부족하다면 장식적인 시설을 배제하여야 하며, 사업을 단계별로 추진하는 방법이 강구되어야 한다.

4) 사업추진일정

사업추진일정과 관련하여 설계 및 시공일정을 명확히 해야 하며, 특히 관련된 부문과의 관계를 고려하여 결정해야 하며, 조명설계의 각 단계별로 소요되는 시간을 고려하여 추진일정에 대한 의견을 조정한다.

(2) 관련된 설계자의 면담

대부분의 옥외조명 프로젝트는 조경, 건축, 토목, 전기, 구조, 기계 등 다양한 분야의 공동 참여로 이루어지게 된다. 이와 같은 관련된 부문이 조명에 어떤 영향을 주는지, 어떻게 조화시켜야 하는지를 생각해야 한다. 특히 조경설계가가 의도하는 설계개념과 옥외조명에 요구되는 사항을 면밀히 조사하고, 다음의 사항을 중점적으로 검토한다.

① 동선패턴

② 운동장, 사람들이 모이는 곳, 위험한 곳 등 특별한 조명이 요구되는 공간에 대한 파악

③ 비스타, 초점경관이 요구되는 지점

④ 조각, 건축물, 식물 등 주요한 경관요소
⑤ 안전을 위해 조명이 필요한 계단이나 경사지

(3) 건축 및 조경도면의 검토

옥외조명설계와 밀접하게 관련된 조경과 건축에 대한 상세한 내용이 필요하며, 이러한 내용을 도면으로부터 얻을 수 있다. 설계도면은 설계가의 의도를 가장 정확하고 구체적으로 전달하는 것이므로, 조명설계가는 조명과 관련된 구체적인 내용을 설계도면으로부터 정보를 얻어내어야 한다. 조명설계와 관련하여 필요한 조경도면, 건축도면과 조명설계를 위해 필요한 정보는 다음과 같다.

1) 조경설계도면

① 부지계획도 – 부지의 개괄적인 계획
② 정지계획도 – 최종적으로 완성될 지형의 윤곽(높이, 형태, 볼륨)
③ 시설계획도 – 보행로, 계단, 파고라 등의 구조물과 공간의 전반적인 배치 및 구성
④ 살수관계계획도 – 살수기의 배치와 살수관로의 구성상태
⑤ 전기 · 설비계획도 – 전기의 공급 및 배전, 주요한 전기시설의 설치
⑥ 식재계획도 – 수목의 전반적인 배식패턴, 주요 수목의 배치
⑦ 상세도 – 시설물의 상세한 구조, 형태, 재료
⑧ 단 · 입면도 – 부지의 상세한 높이, 조명등의 높이와 관계
⑨ 투시도 및 조감도 – 실제로 조성될 경관의 이해

2) 기타 설계도면

① 건물평면 · 입면도 – 건물의 레이아웃 및 형태, 조경과의 관계
② 입 · 단면도 – 건물의 규모와 높이, 창문과 문의 위치, 마감에 대한 정보
③ 인테리어도면 – 가구의 배치 및 실내공간의 분위기

제시된 목록은 옥외조명설계를 위해 필요한 설계도면을 예시한 것이며, 경우에 따라서는 이러한 도면 외에 다른 도면을 추가하거나 불필요한 경우는 제외시킬 수도 있다. 또한 과업 일정상 이러한 도면들이 준비되지 않았거나 작성중일 경우에는 설계자와 협의하여 완성될 형태에 대한 예측이 필요하며, 옥외조명설계에 필요한 내용이 변경되거나 구체화될 경우, 신속하게 반영될 수 있도록 해야 한다.

(4) 부지조사분석

부지의 경관과 현황 여건을 판단하기 위한 조사분석은 조명설계에서 필수적인 과정이다. 설

계가는 부지의 일반현황, 경관, 조명을 위한 전력공급현황, 인접부지와의 관계 등을 면밀히 검토하여야 한다.

1) 자연환경

① 경관 – 부지 내 · 외부의 경관

② 토양 – 토질, 배수특성, 토양단면

③ 수문 – 물의 입수 및 배수특성

④ 기상 – 강우, 바람, 기온

⑤ 지형 – 지형의 기복

2) 인문환경

① 전력공급시설 – 전력공급시설의 위치와 용량

② 현존하거나 잠재적인 위험요인 – 조명설계에 영향을 줄 수 있는 위험요인의 파악

③ 조명과 관련된 중요한 시설의 파악 – 각종 수경시설, 계단, 경사로, 옹벽

④ 인접부지와의 관계 – 부지의 소유 경계선

⑤ 부지의 토지이용 – 공원, 상업지구, 주거지구, 리조트 단지 등

⑥ 지역의 풍토

이러한 조사분석을 위해서는 별도의 조사분석도면을 그리고, 현장에서의 사진촬영이나 간단한 스케치를 하여야 하며, 경우에 따라서는 아이디어를 기록할 수도 있다.

다. 기본구상

조사 및 분석이 끝나면 설계자는 설계개념을 설정하고 옥외조명연출을 위한 구상을 해야 한다. 기본구상 단계에서 설계자는 의뢰인에게 설계개념과 아이디어를 전달할 수 있어야 하며, 이에 대한 승인을 얻어야 한다.

(1) 설계개념의 설정

조명연출을 위해서 설계자는 부지에 어떤 분위기를 창출할 것인지, 어떤 양식을 취할 것인지를 토대로 하여 도입할 조명의 개념과 주제를 결정하여야 한다.

부지의 환경특성, 대상지역의 용도 등 다양한 요소를 고려하여 분위기를 고양시킬 수 있어야 하며, 이용자에게 다양한 체험을 할 수 있도록 해야 한다. 공간별 조명설계에서 언급할 내용이지만, 부지의 용도에 따라 공원에서는 자연의 풍부함과 녹음을 관상하고 즐거운 산책이 가능하도록 해야 하고, 상업지구에서는 다양한 변화감과 활기 있는 분위기를 연출하여야 하며, 주거지

〈표 Ⅸ-8〉 토지 이용에 따른 조명의 특성

지역 구분	조명의 목적	기본적으로 고려할 사항
공 원	자연의 풍부함과 녹음의 관상, 산책의 즐거움을 연출한다.	• 심리적 불안이 없는 조명계획 • 휴식중 침착한 느낌을 주기 위한 낮은 휘도 • 첨경물과 녹음식재 연출
상업지구	변화감과 활기 있는 환경을 연출하고 판매와 오락의 즐거움을 연출한다.	• 주변의 밝기에 따라 적용한 밝기 • 상징성과 변화감을 강조한 디자인 • 연출효과가 있는 배광 • 독자성의 연출
주거지역	보행안전을 확보하고, 휴식하는 느낌과 조용하고 안정된 환경을 연출한다.	• 범죄와 교통안전을 위해 효율이 좋은 등기구가 되도록 균일하게 조명 • 보행자로는 명암의 대비를 작게 함 • 주변가옥에 조명으로 인한 영향을 방지

역에서는 보행의 안전함과 아늑하고 안정된 분위기를 연출하도록 한다.

조명의 이미지로서는 멋, 단순성, 다양한 색채, 변화함, 침착성, 세련, 우아함, 지성감 등을 검토해 볼 수 있으며, 이 밖에 도입 가능한 이미지를 반영하도록 한다. 이와 동시에 이미지에 맞는 분위기를 연출하기 위하여 조명의 전반적인 양식에 대하여 고려하여야 한다. 예를 들어 고전미와 중후함을 느낄 수 있도록 형식적이고 전통적인 공간 분위기를 연출하는 클래식형, 인텔리전트하고 세련된 느낌을 가질 수 있도록 단순하고 현대적인 공간 분위기를 연출하는 모던형, 다양하고 장식적이며 의외성을 느낄 수 있도록 하는 포스트모던형, 밝고 경쾌함을 느낄 수 있도록 하고 자연과의 조화를 도모하는 자연형 등 설계자가 추구하는 개념과 주제에 부합되는 양식을 결정한다.

(2) 옥외조명 연출에 대한 구상

옥외조명의 연출을 위한 구상은 설계 개념을 구체화하여 가시화하기 위한 시작단계로 연출기법을 강구하고 이에 따라 각 부문에서 어떠한 조명효과를 얻을 것인지, 도입 가능한 조명방법은 어떤 것인지, 이에 따른 연출 특성은 어떤지를 개괄적으로 결정하게 된다.

설계개념이 반영된 연출 구상을 위해서는 공간별로 조명에 의한 구획을 할당하고 그 특성을 표현하는 것으로 조명기법, 조명효과에 대한 내용을 표현하며, 구체적으로는 조명의 밝기에 따른 음영, 색채, 방향, 규모 등이 포함되도록 한다. 다음의 그림 IX-36은 조명설계의 개념과 아이디어를 구체화한 연출 구상의 결과를 나타내고 있다.

그림 Ⅸ-36. 조명의 연출 구상

연출구상도는 의뢰자에게 예상되는 조명의 효과를 보여주는 중요한 단계이며, 앞으로 진행될 설계단계에서의 오해와 의견충돌을 방지하기 위하여 충분한 의견을 교환하도록 하고, 조경이나 건축분야의 관계자와도 협의를 해야 한다. 필요하다면 제안된 연출구상은 변경될 수도 있다.

라. 설 계

기본구상을 토대로 하여 설계를 구체화하는 단계이며, 조도의 계산, 광원의 선정, 조명방식의 결정, 전기배선설계가 이루어지고, 앞 절에서 다루어진 옥외조명장치에 대한 내용을 참조하여 설계를 진행한다.

(1) 조도의 결정

조도의 결정은 사용되는 시설의 종류에 따라 달라지게 된다. 여러 가지의 조도의 단계는 〈표 IX-1〉과 〈표 IX-2〉에서 기준을 참조할 수 있으며, 세부적인 조명연출은 별도의 자료를 이용할 수 있다. 조도는 일반적으로 바닥면 또는 지면에서의 수평면 조도를 표시하지만, 경우에 따라서 수직면 또는 경사면의 조도를 표시하는 것도 있다. 전반 · 국부조명 병용의 경우에는 전반全般조명의 조도는 국부局部조명에 의한 조도의 1/10 이상이 바람직하다.

조도를 계산하는 방법에는 여러 가지가 있는데, 가장 대표적인 방법으로 여기서는 점광원點光源에 의한 직사조도방법과 평균조도방법이 있다. 직사조도방법과 평균조도방법은 다른 방법에 의해 조도를 계산하지만 그 결과는 유사하게 나타난다.

1) 직사조도방법

정확한 조도계산을 위해 적합한 방법으로, 도로조명, 광장조명, 운동시설조명과 같은 국부조명의 경우에 직사조도만으로 충분한 경우에 사용된다.

그림 IX-37과 같이 I에 배광을 알 수 있는 광원이 있다고 하면, 광원 바로 아래의 점 O로부터 r(m)의 거리에 있는 점 P에서의 조도는 다음 식으로 구한다.

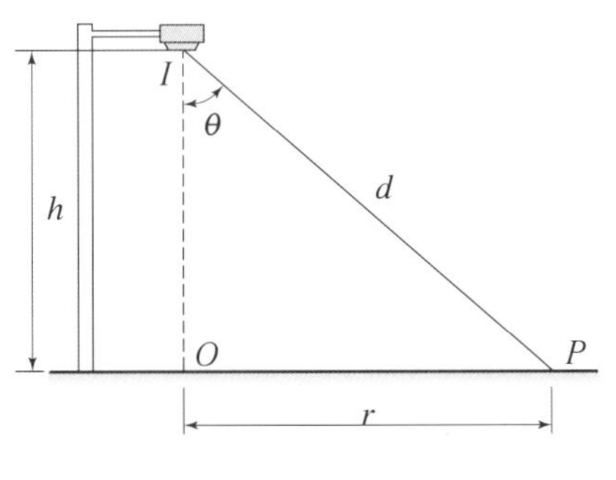

그림 IX-37. 직사조도방법

$$E_h = \frac{I\cos\theta}{d^2} \quad \cdots\cdots\cdots\cdots \text{(식 IX-11)}$$

단, E_h : 수평면의 조도(lx)

I : 광도(cd)

θ : 광원과 지면에 알려진 지점과의 각도

d : 광원에서 알려지 지점과의 거리(m)

그림 IX-38과 IX-39에 나타낸 예를 가지고 직사조도방식에 의해서 조도를 계산해 보기로 하자. 조명기구는 6m 높이에 보도의 한편으로 설치될 예정이며, 제품은 미국의 Kim's Lighting co.의 제품을 사용하기로 한다. 이 회사 조명기구에 대한 자료는 그림 IX-40과 같다.

그림 IX-38의 여러 조명등 중에서 A점에 관한 조도계산을 통해 살펴보기로 한다. 설치된 등

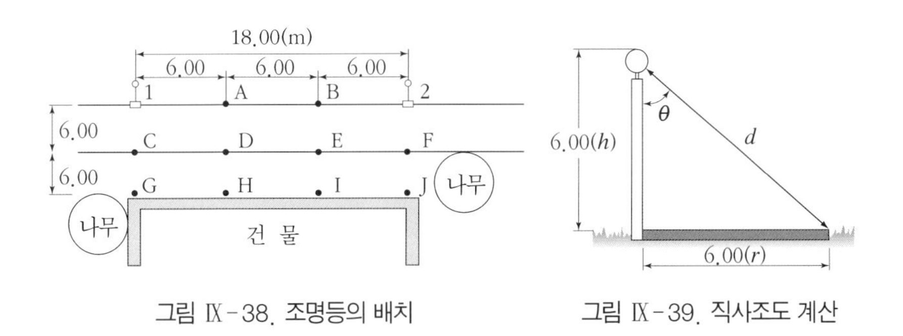

그림 IX-38. 조명등의 배치　　그림 IX-39. 직사조도 계산

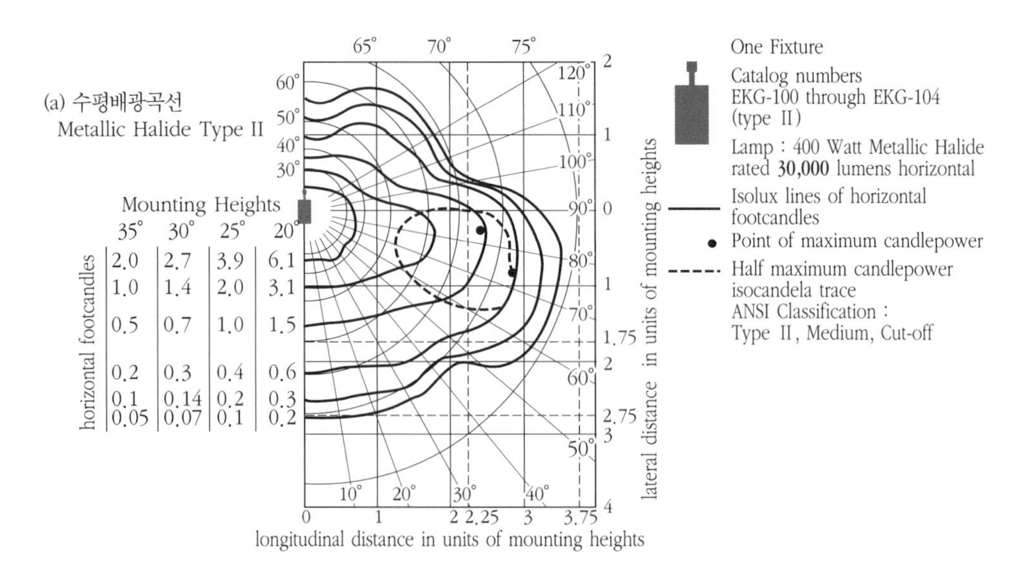

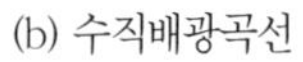
(b) 수직배광곡선

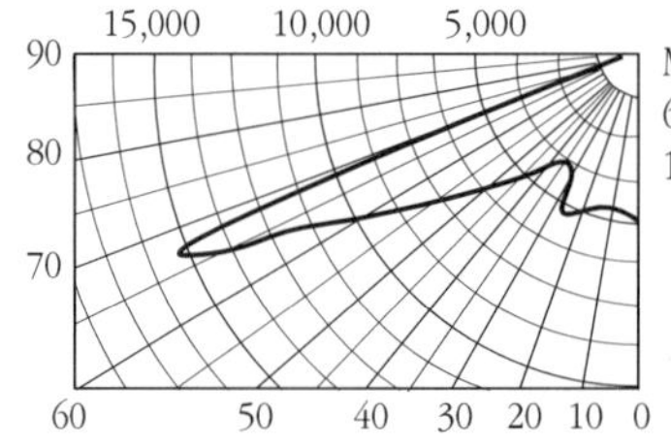

Maximum candela at
67° vertical, 84° horizontal,
15,070 candlepower

Angle	Candela
90°	0
85°	65
75°	572
67°	15070
65°	12490
55°	7540
45°	5430
35°	3630
25°	5770
15°	4840
5°	4770
0°	5490

(c) 조명률

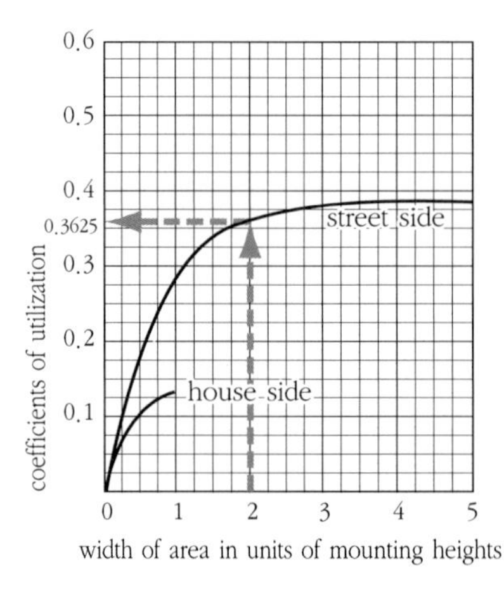

	Lumens
Downward Street Side	11467
Downward House Side	4180
Downward Total	15647
Upward Total	0

그림 IX-40. 조명등 자료

을 입면으로 살펴보면 그림 IX-39와 같이 6m 높이에 등이 설치되어 있고, 6m의 보도를 비추고 있다. 공식에 의해서 광원에서부터 비추어야 할 지점까지의 거리와 지면과 이루어진 각도를 계산할 수 있다.

그림 IX-40(b)에서 45° 각도에 대한 광도는 5430cd임을 알 수 있다.

$$\therefore E_h = \frac{5430 \times \cos 45^\circ}{72} = 53.33\text{lx} \quad (\because \cos 45^\circ = 0.7071)$$

그러나 조도가 결정되더라도 추가적으로 고려해야 할 조건이 있는데, 하나는 광원은 사용함에 따라 광속이 저하되며, 이로 인하여 초기에 비출 수 있는 광속을 그대로 유지할 수 없다는 것이다. 그러므로 조명등의 조명 능력의 저하에 대한 조정이 필요하다. 또한 조명 능력의 저하에 첨가하여 외부조명 시설은 먼지나 기름 · 피막으로 인하여 광도가 저하되며, 특히 관리가 부실할 경우 이러한 현상이 심각해진다. 대부분의 지역에서 조도의 감소율(보수율)은 50% 정도, 매우 불결한 상태하의 고속도로의 경우에는 감소율이 70%까지 된다. 이렇게 조정된 조도는 평균적으로 유지될 수 있는 실제적인 값이 된다. 따라서 감소율을 50%로 본다면 수평면에 대한 조도는 26.67lx가 된다.

2) 평균조도방법

평균조도방법은 점광원에 의한 직사조도방법보다 정확도가 떨어지지만, 주어진 지역에 평균적으로 유지되는 조도 값을 구할 수 있다. 이 방법은 보도나 주차지역과 같은 곳에 등의 간격을 빨리 결정할 수 있다. 평균조도는 다음 식에 의하여 구할 수 있다.

$$E = \frac{I\mu M}{LW} \quad \cdots\cdots \text{(식 IX-12)}$$

단, E_l : 평균조도(lx)
I : 등의 광도(cd)
μ : 조명률
M : 보수율(단, 감광보상률 $D = \frac{1}{M}$)
L : 조명기구 사이의 수평거리(m)
W : 조명되어야 할 지역의 폭(M)

그림 IX-40(a)의 조명등 자료에서 광도(I)는 30,000lum이고, 그림 IX-40(c)에서 2(12m÷6m=2)에 대한 조명률이 0.3625임을 알 수 있다. 보수율을 50%로 본다면 다음과 같이 평균조도를 구할 수 있다.

$$E_l = \frac{I\mu M}{LW} = \frac{30000 \times 0.3625 \times 0.5}{18 \times 12} = 25.17\,(\text{lx})$$

이 방법에 의하여 얻어진 값과 앞에서 구한 결과가 매우 비슷함을 알 수 있으며, 조명기구의 최대 간격도 위의 공식에 의하여 구할 수 있다.

(2) 광원의 선정

조명설계에 있어 어떤 광원을 사용할 것인가는 단순히 조도에 의해서만 결정되어서는 안 된다. 조명등의 사용전압, 연색성, 색온도, 수명, 효율성 등 다양한 요인을 고려하여 결정해야만 경제성 있고 조명연출효과가 높은 조명들을 선정할 수 있다. 또한 조명등은 계속적으로 새로운 제품이 개발되고 있으므로 설계자는 이에 대한 관심을 가져야 한다. 광원의 선정에 관련하여 광원의 결정은 앞 절의 내용을 토대로 하여 결정한다.

(3) 조명방식의 선정

조명방식은 조명기구의 의장, 배광, 배치, 설치방법, 높이에 따라 각각 나타내는 효과가 다르므로, 이것들을 이해하고 어떠한 방식을 채용할 것인가를 고려하여야 한다.

1) 의장에 의한 분류

광원이 점 또는 점에 가까운 형체로 보이는 단등單燈방식, 몇 개의 광원을 모은 다등多燈방식, 광원이 보이는 모양이 선 또는 선 모양으로 되어 있는 연속열連續列방식, 발광면이 평면으로 보이는 면발광面發光방식 등으로 나누어진다. 기구의 의장에는 장식적인 것과 효율 중심의 것이 있다. 보통은 단순히 밝게 하기 위해서는 광원이 큰 연속렬이나 면발광 방식이 좋고, 분위기 연출을 위해서는 단등이나 다등방식이 넓게 활용되고 있다.

2) 배광에 의한 분류

조명기구는 그 배광특성에 따라 직접 · 반직접 · 전반확산 · 반간접 · 간접의 5종류로 분류되고 있다. 조경시설지역의 조명효과를 얻기 위해서는 반사면을 어떻게 조정할 것인가가 중요한 문제가 된다. 일반적으로 빛의 대부분이 광원으로부터 직접 투사되면 효율이 높아지고, 같은 조도의 경우에는 비용이 저렴해지며, 반사면에 의해서 간접적으로 비추면 눈부심이 없고, 밝음의 차이와 그늘이 없는 균일한 조도가 얻어진다.

3) 배치에 의한 분류

중요시설과 이용지역에 등을 배치하는 것이 국부조명이다. 주차장이나 운동장 등에는 부분마다 개개의 기구를 가설하는 것보다는 모아서 설치하는데, 이 때에는 고용량의 광원이 사용되며, 이것을 전반조명이라 한다. 국부적으로 더욱 높은 조도가 필요할 때는 전반국부병용조명, 전반조명에 다시 중점부분을 더 한층 밝게 하기 위하여 기구의 배열을 고안한 중점배열전반조명 등이 사용되고 있다.

4) 설치방법에 의한 분류

조명기구의 설치방법에는 가장 일반적인 형태로써, 별도의 등주로 분리하여 설치하는 등주형과 벽에 부착하는 벽부형, 그리고 시설물이나 지면에 매입하는 매입형이 있다. 국부조명은 보통 등주나 브래킷 등으로 벽이나 기둥에 설치하거나 조명효과에 따라 지면 또는 시설물 등에 매입하기도 한다. 일반적인 가로등은 등주형을 취하게 되는데, 등주와 등구는 바람의 하중에 견딜 수 있어야 하며, 가로수의 전도나 차량사고로 인한 충격에 견딜 수 있어야 한다.

등주는 금속 또는 콘크리트제의 견고한 것, 또는 10cm 각 혹은 말구末口 직경 9cm 이상의 나무기둥을 쓴다. 금속제와 콘크리트제의 등주는 콘크리트 기초로 견고히 세워져야 하며, 브래킷등이나 현수등은 교통에 지장을 주지 않도록 주의를 기울여 설치하여야 한다.

5) 높이에 의한 분류

조명기구의 높이에 의해서도 분류하게 되며, 다음의 4단계로 구분한다.

① 높은 등주 조명방식(높이 15∼25m)

- 폭이 넓은 도로나 광장의 포인트가 되는 위치에 설치함으로써 중심감이 생기고 상징적인 경관을 창출한다.
- 등주*pole*의 난립을 방지하고, 효율성이 좋은 경제적인 조명을 행한다.

② 일반 등주 조명방식(높이 4∼12m)

- 일반도로의 조명을 위해서 사용되어 배광제어가 용이하다.
- 높이 3∼4배 간격으로 배치되어 반복적인 배치에 의한 경관효과를 얻을 수 있다.

③ 낮은 등주 조명방식(높이 1∼4m)

- 기구는 노면의 밝기 확보와 '빛과 그림자'를 조합한 광원의 액센트 효과를 얻을 수 있다.
- 주로 보행로나 상징가로에 적용되며, 등주의 시각적 효과를 고려하여 설치한다.
- 시설보수는 용이하다.

④ 낮은 위치 조명방식(1m 이하)

- 공원, 정원, 건물 주변에 보행자의 보행을 돕기 위한 보행등에 사용된다.
- 규모가 작고 시야에 가까우므로 시각적 효과가 높아야 한다.
- 사람들의 접촉으로 인한 피해가 빈번히 발생한다.

⑤ 지하매설 조명방식

- 수목이나 조각, 또는 중요시설에 상향조명을 하기 위해 사용되거나 보행로의 미관성을 고려하여 조명하고자 할 때 사용된다.
- 수분침투가 되지 않고 답압에 견딜 수 있어야 한다.

마. 실시설계서의 작성

옥외조명을 구체화하기 위해서는 시공을 전제로 한 실시설계 성과품으로서 설계도면, 시방서가 만들어져야 한다. 설계자는 시공을 위해 필요한 모든 정보를 여기에 포함시켜야 한다.

(1) 설계도면의 작성

설계도면은 시공을 위해 필요한 각종 도면을 포함하여야 한다. 이것은 프로젝트마다 내용이 달라지게 되지만 조명기구의 위치, 전기배선, 부속장치들의 배치, 각 장치들의 상세도, 투시도가 포함되어야 한다.

옥외조명설계도는 다른 부문의 도면과도 적합한 축척을 사용하여야 하며, 동시에 다양한 조명장치에 대한 표기기호를 사용하여 의사전달이 원활하게 이루어지도록 한다. 만약, KSC 0301에 규정되지 않은 옥외조명을 위한 기호는 예시적으로 다음과 같은 표기기호를 사용할 수 있다.

기 호	명 칭	기 호	명 칭
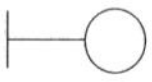 ├─○	벽부등	 •—•—•	백열전구
⊙	펜던트형	■	변압기
◗	계단 조명등	[J]	연결함
 ⊕	보행로 조명등	S	단주스위치
 ○—▭	가로등	S_D	광도조절기
⊞	볼라드	⧄	배전반

그림 Ⅸ-41. 표기기호의 사례

(2) 시방서 작성

설계도면과 조화된 시방서가 작성되어야 하며, 설계도면에 표현하지 못하는 재료, 품질기준, 설치기준, 시공방법 등이 기술되어야 한다. 시방서는 우선적으로 전기공사 표준시방서와 조경공사 표준시방서를 참조하여 프로젝트에 적합한 특기시방서를 작성하여야 한다. 만약, 옥외조명공사가 다른 공사에 부속된 경우에는 프로젝트 전체 시방서의 부분으로 만들어질 것이다.

1996년에 만들어진 조경공사 표준시방서에서는 제13장 옥외장치물 제5절 경관조명시설에서 옥외조명공사에 관한 시방내용을 제시하고 있으며, 시공일반, 재료, 시공으로 구성되어 있다. 재료부문은 백열전구, 형광등, 고휘도방전등, 분전반 및 배선기구에 대한 내용을 기술하고 있고, 시공부문은 등기구의 구조일반 및 배선, 등기구의 전압과 점멸, 등기구의 배치 및 설치, 지중전선로의 설치, 백열전구, 형광등, 고휘도 방전등 설비, 정원등, 공원등, 분수용 조명장치에 대한 내용을 기술하고 있다.

4. 공간별 조명

현대에 들어와서 옥외조명은 외부공간을 구성하는 주요한 요소가 되고 있다. 그 기능에 있어서도 단순히 밝기를 제공하는 차원을 넘어서 야경의 연출수단으로서 중요성이 부각되고 있다. 설계가는 다양한 공간에 특화된 조명방식을 사용하여 기능과 예술성을 달성하고자 하는 것이다. 여기서는 옥외조명이 활발히 적용되고 있는 주요공간에서의 조명 설계기준과 외부공간을 구성하는 주요한 시설에 대한 조명기준을 제시하고자 한다.

가. 정 원

개인주택의 정원은 사적인 공간으로서 주인의 취향에 따른 특이한 조명연출을 할 수 있다. 주택정원에 사용될 수 있는 주요한 개념은 분위기의 연출, 안전성, 실내조명과의 조화, 창문을 통한 정원조명의 연출, 정원의 확장효과, 초점요소의 강조, 사계절 변화감의 연출, 수경공간의 연출을 들 수 있다.

분위기의 연출을 위해 따뜻하고 낮은 색온도를 갖는 조명등을 사용하고, 보도나 계단의 이용이 원활하도록 배치한다. 또한 실내조명과 일체화를 위하고 창문을 통한 정원조명의 연출을 원활하게 하기 위하여 실내에서 외부로의 빛의 확산과 실내공간의 배경으로서 정원의 역할을 수행할 수 있도록 적절한 대비와 조화가 필요하다. 일반적으로 정원의 조명은 섬세하고 낮은 조도하에서 연출이 가능하며, 특징적인 연출이 가능하다.

공원이나 대규모의 광장과 달리 정원의 규모는 제한적이므로 정원을 보다 크게 보일 수 있도록 해줄 필요가 있다. 담장이나 수목울타리 등에 조명등을 설치하여 경계를 확장시키거나 근거

(a) 휴게공간 조명

(b) 수목 조명

그림 IX-42. 정원의 조명연출

리는 낮은 색온도의 조명등을 배치하고, 원거리에는 높은 색온도의 조명등을 배치하여 거리감을 줄 수도 있다. 또한 정원내 초점이 되는 수목, 수경시설, 조각에 강조조명을 하여 정원에 깊이를 느끼게 할 수 있으며, 수목의 계절에 따른 변화를 느낄 수 있도록 강조조명을 해도 좋다.

진입공간과 계단은 방문자의 편의나 보안을 위해 밝게 하향조명을 하고, 데크는 조용한 대화나 야외식사를 할 수 있도록 아늑한 분위기를 연출해야 하며, 후정은 보안을 위해 벽체 위에 각광등을 설치할 수 있다. 또한 수경시설의 조명은 안전하고 매력적인 경관을 연출할 수 있도록 한다.

나. 공 원

공원은 많은 사람들이 이용하는 공적인 공간으로서 규모가 크므로 이용자들이 안전하게 이용하고, 보행의 즐거움을 얻을 수 있도록 해야 하며, 특징적인 요소를 강조하기 위한 조명이 필요하다. 또한 공원 내 자연공간을 아름답게 돋보이게 하기 위한 조명이 요구된다.

보행로나 광장, 계단이나 램프, 공원입구 부근, 입구에서 주요시설에 이르는 원로간, 광고판 주위 및 교차점과 편익 및 휴양시설 등과 같이 사람이 많이 모이는 곳이나 보안상 어두운 부분이나 식수에 의해 그림자가 생기는 부분에 등주형 등을 설치하여 밝게 조명함으로써 심리적 만족감을 주고 효율적인 이용이 가능하게 된다.

보행로나 정형적 형태의 광장에는 낮은 기둥형 조명등을 리듬감 있게 배치하여 경관을 꾸밀 수 있고, 특징적인 공간에 대해서는 강조조명을 하여 연출효과를 높일 수 있다.

이용자가 불안감 없이 안심하고 휴식할 수 있는 장소나 원로 광장을 중심으로 조명을 하며 중요한 장소는 5～30lux, 기타 장소는 1～10lux가 바람직하다. 일반적으로 공원조명에 사용되는 광원으로는 효율이나 수명이 우수한 수은램프가 많다. 특히 잔디밭이나 수목의 녹색을 선명하게 나타내려면 투광형 수은램프가 좋고, 공원입구나 화단의 조명으로는 황색성이 우수한 메

(a) 수목조명

(b) 계단조명

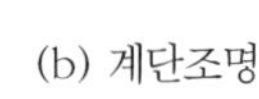

그림 IX-43. 공원의 조명연출

탈할라이드 램프나 백열전구, 형광램프가 적당하다.

공원에 사용되는 조명등은 정원등보다 튼튼하도록 안전한 구조로 만들어져야 한다. 대체로 사용되는 재료는 금속재, 목재 등이며, 조명등의 파손을 최소화할 수 있는 구조로 만들어져야 한다.

다. 도 로

(1) 개 요

도시공간구성에서 중요한 요소 중 하나인 가로등의 조명효과는 어떤 물체를 인식할 때 명확성과 입체감을 주어 도로의 통행을 원활하게 하며, 가로등의 연출에 의한 도시경관의 창출에 목적이 있다. 도로조명에서의 큰 문제는 원광과 피사면과의 심한 휘도 차이로 인하여 눈부심이 심하게 일어나는 것이며, 이로 인하여 교통사고를 일으키기 쉬우므로 눈부심을 방지하기 위하여 도로면의 적당한 높이에 광원을 가설한다. 그림 IX-44는 광원의 설치 높이에 따른 눈부심의 영향을 표시한 것이다.

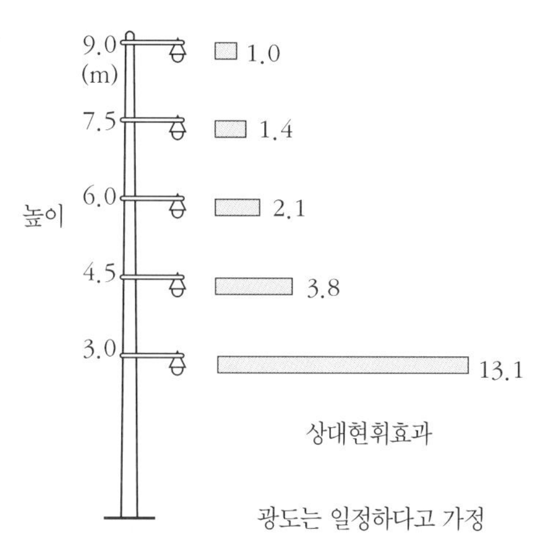

그림 IX-44. 광원의 설치 높이에 따르는 눈부심

(2) 광원의 종류

도로조명의 광원으로는 수은등 · 형광등 · 나트륨등 · 크세논등이 사용되며, 각각의 특징을 고려하여 설계하여야 한다. 유지관리가 용이하고, 내구성이 있으며, 도로의 통행기능에 적합한 광도와 광색을 가진 것을 사용해야 한다. 도로조명의 기구는 일반 실내조명기구와는 달리 가늘고 긴 면적을 조명하므로, 그의 배광에는 특별한 배려가 필요하다. 즉, 램프로부터 나오는 빛을 노면에 될 수 있는 대로 균일하게 분포시키고, 또한 효율이 좋은 것이 요망된다. 조명기구를 형태와 배광으로 대별하면 다음의 3종류로 분류된다.

① 주두형*pole head*

등주의 꼭대기에 직접 설치하는 기구를 주두형이라 하며, 외구는 대부분 젖빛유리나 플라스틱제이다. 이의 배광은 위쪽으로 상당량의 빛을 내고, 도로면에 도달하는 광량은 전체의 1/2 정도이므로 조명률은 나쁘다. 젖빛유리 외구의 이점은 상점가에 사용하면 건물의 벽면도 조명되며, 밝음의 집단적인 미와 더불어 시가지를 밝게 하여 번화한 분위기를 이룬다는 것이다. 주두형은 투명한 렌즈글로브를 채용하여 조명률을 좋게 한 것이 있는데 이 렌즈글로브는 위쪽으로는 빛이 적고 건물의 벽면까지 충분히 조명되어 효율이 좋은 조명으로서 많이 사용되고 있다.

② 현수형*bracket*

등주로부터 암*arm*을 내어 매달리게 하는 형으로, 글로브는 젖빛유리 또는 플라스틱이며, 조명효과는 주두형과 거의 같고, 기구 바로 아래가 밝게 된다.

③ 하이웨이형*highway type*

등주에 암을 내고 이에 기구를 가설하는 것으로, 글로브가 있는 것은 유리제가 많다. 배광은 가늘고 긴 도로의 조명에 가장 적합하게 설계되어 있으며, 효율이 높은 기구이다.

(3) 조명기구의 배치

① 직선부

대칭식 · 지그재그식 · 중앙열식 · 편측식 등이 있으며, 분리대가 있을 경우에는 이에 준한다. 보통 가로등의 위치는 도로폭이 보통인 가로에는 교호되게 설치하며, 넓은 폭에서는 대칭이 되게 설치한다. 도시가로등의 재료는 견고하며 다양한 장식을 할 수 있는 철재나 콘크리트가 좋고, 등의 높이는 5~10m가 적당하며, 간격은 30~40m 전후가 일반적이다.

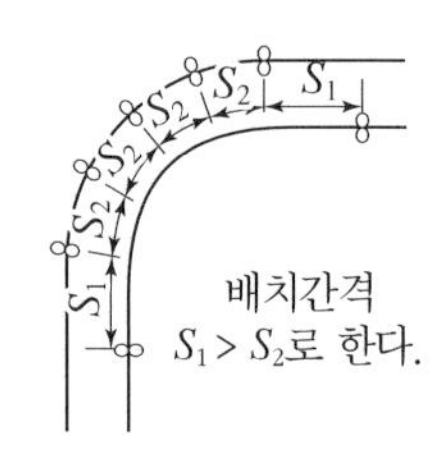

그림 Ⅸ-45. 곡선부의 조명기구 배치

② 곡선부

멀리서도 도로의 곡선 모양을 알 수 있도록 하기 위하여, 양측배치의 경우는 대칭식으로 하고, 편측배치의 경우는 곡선의 바깥쪽으로만 배치한다. 곡선의 곡률반경이 작을수록 조명기구의 간격을 짧게 한다(그림 IX-45).

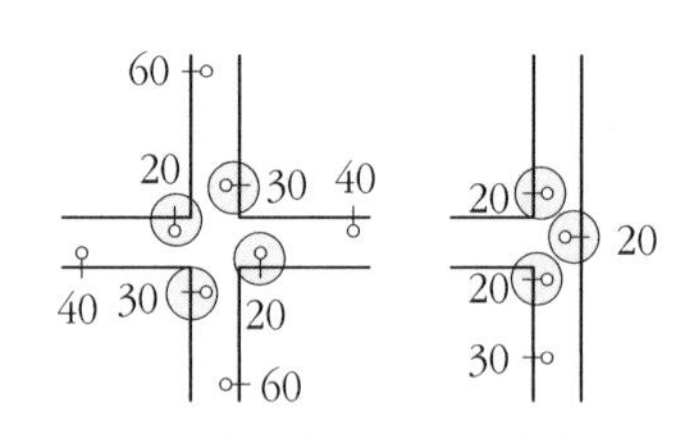

그림 Ⅸ-46. 교차로에서의 조명기구 배치

③ 교차로

교차점은 사고가 일어나기 쉬운 장소이므로, 높은 조도를 필요로 하며, 특히 횡단보도 주변을 밝게 한다. 교차로에서는 조명등의 높이가 매우 높으며, 간격은 20~40m 정도가 좋고, 수평선 아래의 방향으로 방사하도록 한다.

(4) 도로조명의 계산

① 조도

조도기준을 참조하여 결정한다. 조도가 높으면 밝아서 좋지만 경제성이 떨어지게 된다.

② 광원 및 기구의 선정

광원은 조명하려는 도로의 성격에 알맞게 광색 · 광질 · 밝음과 유지관리 등을 고려하여 정하며, 조명기구도 모양에만 치우치지 말고 배광, 기구의 보수 난이도, 견고성 등을 충분히 검토하여 선정하여야 한다.

③ 조명계산

위의 사항들이 정해지면, 평균조도방법의 공식에 따라서 다음 식이 만들어지며, 추가적으로 이용률과 광원의 열수가 고려되었다.

$$F = \frac{E \times W \times L \times M}{N \times \mu \times S} \quad \cdots\cdots \text{(식 IX-13)}$$

단, F : 사용 광원 한 개당 광속(lum)
L : 광원(기구)의 간격(m)
E : 노면의 평균조도(lx)
W : 도로의 폭(m)
N : 광원의 열수
μ : 조명률
M : 보수율(단, 감광보상률 $D = \frac{1}{M}$)
S : 이용률

여기서 감광보상률*decreation factor*은 백열전구를 사용할 때 보통 깨끗한 곳에서는 30%, 특히 먼지가 많은 곳에서는 100%의 여유를 보는데, 전자의 경우 감광보상률은 1.3, 후자의 경우는 2.0으로 본다. 형광등은 1.3～2.4까지 보고 있다. 그런데 감광보상률 대신에 이의 역수인 보수율*maintenance factor*을 사용하는 이유는 방전등의 경우, 광도감소의 구배가 급하여 수명의 끝 부근에서는 대단히 어두워지기 때문이다.

광원을 크게 하면 설치간격(L)도 커져서 기구의 수는 감소되고 건설비는 싸진다. 그러나 조도의 얼룩짐이 커지고 균일도가 나빠진다. 이와 반대로 광원을 적게 하면 조도의 얼룩짐은 적어지나 기구의 수가 증가하여 건설비가 높아진다. 도로의 경우 설치간격은 40m 전후가 많으며, 설치간격은 조명기구의 배광특성 때문에 너무 크게 할 수 없다.

대체로 설치높이는 5.5～7m로 하지만 도로의 특성에 따라 높이를 높이거나 낮출 수 있다. 설치높이와 조명원의 유효조명거리가 결정되면 조명률 μ을 구할 수 있으며, 이렇게 함으로써 요구되는 광원의 광속을 알아낼 수 있다. 일반적으로 5m 높이의 가로등에서는 3,000～5,000lum, 6m의 가로등에서는 5,000～8,000lum의 광속이 필요하다.

다음을 사례로 하여 가로등의 조명률과 등주간격을 계산하고 배치 후의 조도를 계산해 보자.
(단, 보수율은 65%, 이용률은 85%로 한다.)

(단위: m)

도로넓이		조명배율		유효 조명거리			높 이	비 고
차도	인도	형식	배열	W_1	W_2	W	8	광원 : NL200W 광원 : 22,000lum 조도 : 10lx
16	2	A	편측	2.03	13.97	16		

① 조명률

ⓐ house side(W_1/H)

$$\frac{W_1}{H} = \frac{2.03}{8} \fallingdotseq 0.25$$

이를 조명률 곡선에서 구하면

$U_1 \fallingdotseq 0.025$

ⓑ street side(W_2/H)

$$\frac{W_2}{H} = \frac{13.97}{8} \fallingdotseq 1.75$$

이를 조명률 곡선에서 구하면

$U_2 \fallingdotseq 0.425$

ⓒ 조명률계 = 0.025 + 0.425 = 0.45

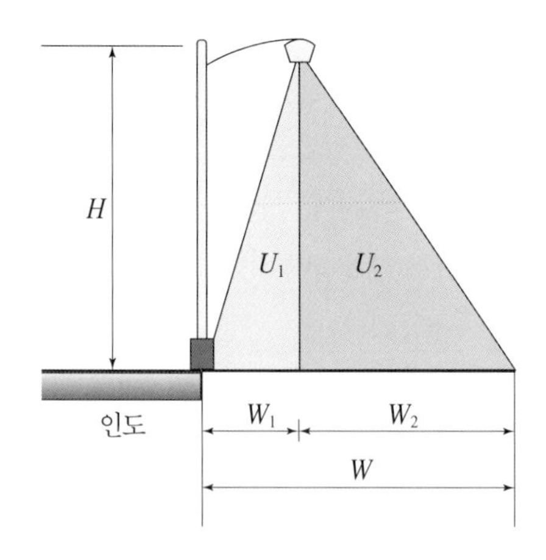

그림 Ⅸ-47.

② 등주의 배치간격

$$L = \frac{N \times F \times \mu \times M \times S}{E \times W}$$

$$= \frac{1 \times 22,000 \times 0.45 \times 0.65 \times 0.85}{10 \times 16}$$

$$= 34.2(\text{m})$$

N : 광원의 열수 편측(1), 양측(2)
F : 램프 광속(lum)
μ : 조명률
S : 이용률
M : 보수율
E : 평균조도(lx)

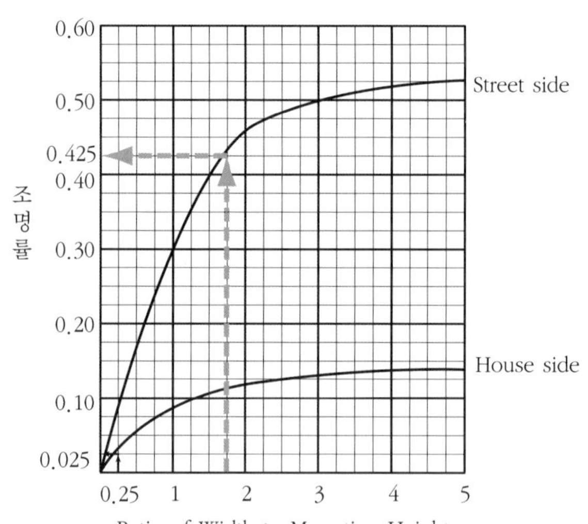

그림 Ⅸ-48. 조명률 곡선

따라서 등주의 배치 간격은 30m 편측 배열로 한다.

③ 배치 후의 조도

$$E = \frac{N \cdot F \cdot \mu \cdot M \cdot S}{L \cdot W} = \frac{1 \times 22,000 \times 0.45 \times 0.65 \times 0.85}{30 \times 16} = 11.4(\text{lx})$$

라. 상업가로 및 보행자 전용도로 조명

상업가로는 일반도로와는 달리 보행자들이 쇼핑을 하거나 만나는 장소이므로 휴식과 즐거움이 있는 공간이어야 하므로, 안전성과 쾌적성이 있어야 하는 생활공간이다. 따라서 조명은 차도와는 다르게 사람들이 보행하면서 주변의 가로경관을 감상할 수 있도록 아늑하고 리듬감과 연속성이 있는 경쾌한 분위기를 연출하도록 한다. 그러므로 경관조명을 하는 것이 바람직하다. 보행자 전용도로는 상업가로보다 더 독자성이 강하므로 상업가로에서 추구하는 개념을 적용하되 경관조명의 질을 더욱 높이도록 하며, 조명등의 광원과 조명기구를 통일하여 통합된 이미지를 구축하도록 한다.

상업가로 및 보행자 전용도로에 사용되는 조명등은 높이가 4m를 초과하지 않도록 하여 보행자에게 친밀감을 줄 수 있어야 한다. 동시에 조명등은 단순히 조명의 기능뿐만 아니라 가로경관 요소로서 가로환경시설과 조화를 이룰 수 있어야 하며, 장식적이고 미관적인 효과를 낼 수 있도록 해야 한다. 조명등은 대부분 보행로의 선형을 따라서 설치하고, 등주의 간격은 일반도로보다 가깝게 배치하도록 한다. 조명기구의 재료는 부드러운 질감의 목재나 금속재를 사용한다.

① 보도면 조명

등주형으로 설치되고 조용한 분위기를 연출하며, 만약 등주가 낮으면 밝고 어두움의 효과가 높아진다(그림 IX-49(a), (b)).

② 건물벽면 이용 조명

가로에 인접한 건물벽면에 기구를 설치하여 건물벽면과 가로를 동시에 조명하는 것으로 가로폭이 좁을 때 효과적인 방법이다(그림 IX-49(c)).

③ 집합장소 조명

버스정류장 등 사람들이 모이는 곳을 밝게 조명하는 것이다(그림 IX-49(d)).

④ 일반확산 조명

빛을 모든 방향으로 확산시켜 즐거운 분위기를 연출하는 것으로 눈부심이 일어나거나 조도저하로 인하여 분위기가 저하되지 않도록 해야 한다(그림 IX-49(e)).

⑤ 가로수 상향조명

가로수 상향조명은 가로경관에 영향이 크며, 전체 가로조명차원에서 다루어져야 한다. 또한 지나친 조명은 수목의 생육에 지장을 주게 되므로 주의하여야 한다(그림 IX-49(f)).

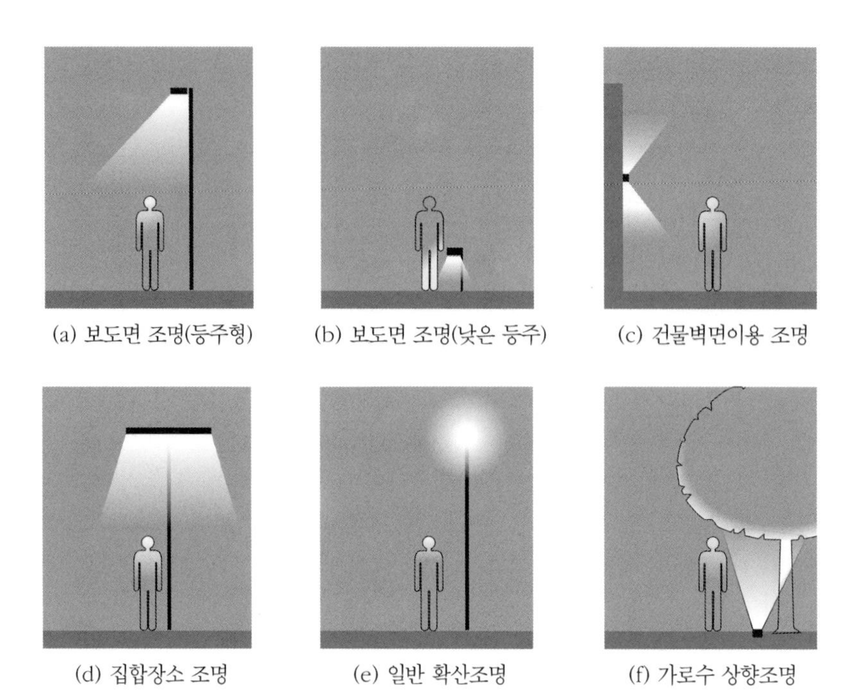

(a) 보도면 조명(등주형) (b) 보도면 조명(낮은 등주) (c) 건물벽면이용 조명

(d) 집합장소 조명 (e) 일반 확산조명 (f) 가로수 상향조명

그림 Ⅸ-49. 상업가로 및 보행자 전용도로의 조명연출

마. 문화재 및 사적지

문화재 조명은 문화재를 아름답고 안전하게 보존하기 위한 것으로, 문화재의 역사와 주변지역의 특성을 고려하여 연색성이 뛰어나고 효율이 높은 투광기를 사용하며, 백색이나 황색계열의 메탈할라이드등과 나트륨등을 사용한다.

최근에는 서울의 남대문, 동대문 등 전국적으로 각 도시마다 주요한 랜드마크가 되는 문화재를 대상으로 야간의 경관효과를 높이기 위한 다양한 프로젝트가 시행되고 있는데 조명을 통하여 피조명체의 독창성과 예술성을 높이는 효과를 얻고 있다.

사적지는 지역의 역사적 특성을 고려하여 조명등과 조명기구를 선택하여야 한다. 역사적 특성을 표현할 수 있는 형태의 조명기구를 사용하며, 고유의 문양을 도입하여 전통성을 강조하도록 한다. 대체적으로 조명등의 색채는 황색 계열의 조명등을 사용하여 온화하고 아늑한 분위기를 연출하도록 하며, 조명등의 높이는 4m를 초과하지 않도록 한다. 시각적 효과를 위해 초롱등의 형태나 석등의 형태를 도입할 수 있다.

바. 야외 이벤트 조명

야외 이벤트 조명은 야간의 외부공간을 대상으로 하여 이루어지는 연출조명이다. 야외 이벤트의 연출을 위해서는 효과조명이 필요하며, 이에 필요한 광원과 부대장치가 요구된다.

(1) 연출효과

효과조명은 자유로운 각도에서 임의의 밝기로 색채, 모양을 변화시켜 피사체를 보여주는 방법을 이용하여, 미적 표현을 추구하는 것이다. 효과조명을 크게 분류해 보면, 색채의 효과, 빛과 그림자에 의한 깊이감 · 입체감 등을 강조하는 효과, 특수한 효과기구를 사용한 터치에 의한 효과, 일반기구 스포트라이트를 사용한 터치의 효과, 건물이나 수목에 영상을 투과하는 효과로 나뉜다.

(2) 야외이벤트 조명에 사용되는 광원

연출조명에 사용되는 광원은 할로겐전구, 백열등, 형광등, HID 계열 램프가 있지만 색의 연출이 중요하므로 연색성이 좋고 점멸 및 조광이 용이하며, 효율이 좋은 HID 계열의 등을 많이 사용한다. 야외 이벤트 연출조명에 사용되는 조명장비는 다음과 같다.

① PAR 64

초협각(VN), 협각(N), 중각(M), 광각(W)의 광폭으로 빔형성 효과를 낸다.

② 원격제어라이트*moving light*

원격제어에 의해 색채의 변환, 빔폭조절, 고보*matt*, 수평 · 수직 · 자유자재로 등기구를 개별 · 그룹으로 조작할 수 있다.

③ PANI

피사체에 대형 정지화면을 투영하는 프로젝터로 대형이벤트, 도시환경을 대상으로 하는 이벤트에 큰 효과를 얻을 수 있는 영상 투영 프로젝터이다.

④ PAE

피사체에 대형 정치화면을 이동하면서 투영하는 고보 프로젝터*GOBO projector*로 대형 야외 이벤트에서 각광을 받는 새로운 움직이는 프로젝터이다.

⑤ 스카이 트랙커*sky tracker*

컴퓨터 제어로 작동하는 고출력의 서치라이트로 빔이 가장 밝고 멀리까지 투광할 수 있어서 야외 이벤트에서 공간을 수놓는 데 큰 역할을 한다.

⑥ 레이저*laser*

금세기 최대의 발명품 중의 하나로서, 직진성 · 단색성 · 간섭성의 특징을 가진 인공광원이다.

⑦ 컬러체인저*color changer*

컴퓨터 제어에 의한 컬러 스크롤러*color scroller*, 다이크로익 필터*dichroic filter*에 의한 혼색광 등이 있다.

⑧ 불꽃*fire work*

공간에 가장 풍부하게 환상적인 형상을 표현한 것으로, 최근에는 첨단 장비를 이용하여 특정 도형까지 공간에 재현시킨다.

⑨ 수막*water screen*

수중 강력 반원형 분사 펌프에 의한 수막을 형성하여, 필름 · 레이저 · 대형 프로젝터 등의 영상재현에 사용된다.

⑩ 춤추는 분수*dancing fountain*

음악에 맞춰 율동하는 분수로, 현란한 수중조명과 함께 다양한 물의 연출형태를 보여준다.

⑪ 공기막 조형물*baloon structure*

블로어*blower*에 의한 공기막 조형물로 형태는 사람, 동물, 기하학적 형태 등 다양하며, 조명을 내장시켜 하나의 등기구 조형물로 사용된다.

5. 조명요소별 조명

외부공간을 구성하는 요소는 공간의 종류에 따라 달라지게 되지만, 여기서는 외부공간을 구성하는 데 공통적으로 적용되는 요소를 대상으로 하여 조명연출을 검토한다. 그러므로 옥외조명을 하기 위해서는 앞에서 언급한 공간별 조명기준과 더불어 다음의 공간요소별 조명기준을 혼합하여 활용하여야 한다.

가. 수 목

수목은 계절의 변화를 느낄 수 있으며, 다양한 야간경관을 연출할 수 있는 매체이다. 수목은 종류가 다양하며, 수목의 잎, 꽃, 줄기에 따라 다른 분위기를 연출할 수 있으므로 이러한 요소들은 조명의 주요한 대상이 된다. 수목을 조명하기 위해서는 일반조명에서와 같은 밝기를 제공하는 것보다는 수목의 종류에 따른 미관적 가치를 연출할 수 있는 조명이 더욱 바람직하며, 이를 위해서는 상향조명, 하향조명, 국부조명 방식이 사용될 수 있다. 다음의 그림 IX-50은 수목의 조명에 적용될 수 있는 연출패턴들이다.

(a) 건물벽면에 부착된 조명　(b) 수목간 조명　(c) 대교목 내부 조명　(d) 수목넓이 조명

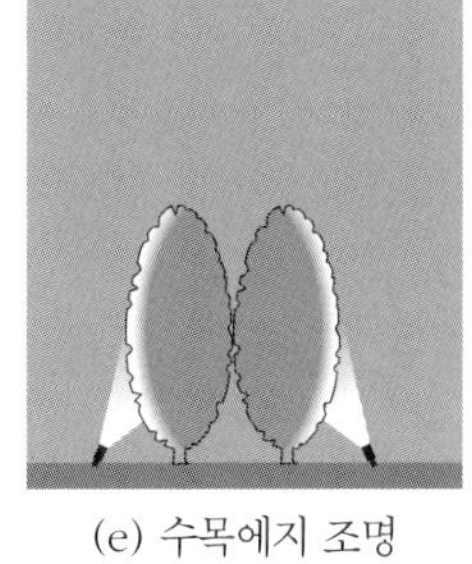

(e) 수목에지 조명

(f) 수목하부 확산조명

(g) 대교목 상향조명①

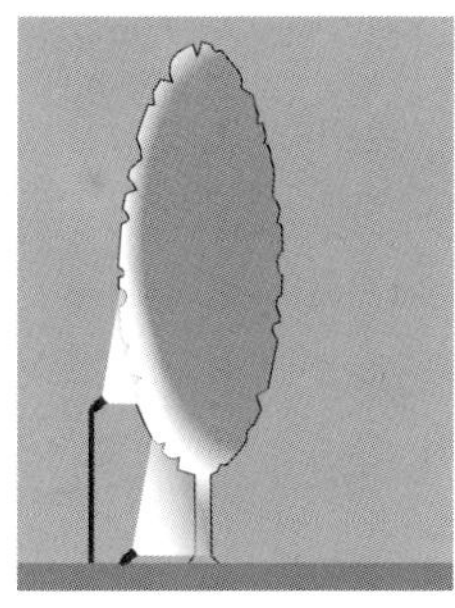

(h) 대교목 상향조명②

그림 Ⅸ-50. 수목의 조명연출

나. 조　각(기념물)

조각이나 기념물은 그 지역의 랜드마크로서 광장과 같이 사람들이 기다리며 모일 수 있는 외부공간의 중심이 되는 곳에 설치된다. 조각을 조명하기 위해서는 볼륨, 크기, 물리적 특성, 형태 등 조각의 고유한 특성과 주위의 배경과 조각과의 관계를 적절히 조화와 대비를 이룰 수 있도록 해야 한다.

조각의 조명은 단순히 밝게 하는 기능보다는 예술적 표현을 위한 또다른 수단으로 생각하여야 한다. 작품의 본래 이미지가 변형되거나 손상되지 않도록 주의해야 하므로 때로는 조각가와 협의를 통하여 조명설계를 해야 할 경우도 있다.

조각을 조명하기 위해서는 조명의 상하방향과 평면상의 방향에 따른 조명효과를 이해하여야 한다. 상하방향에 따라 상향조명과 하향조명 방식을 취할 수 있으나 하향조명의 경우 조각이 가지고 있는 본래의 질감과 형태를 왜곡시킬 수 있으므로 주의해서 사용하여야 한다. 평면상의 방향은 다양한 각도에서 조명이 가능하며, 일반적으로 시각에 따라 단방향과 다방향 시점으로 구분할 수 있으며, 이에 따른 세부적인 조명기법을 적용할 수 있다.

(1) 단방향 조명

단방향 방식은 조각물을 일방향에서 조명하는 방식으로, 일반적으로 조각의 전면이나 측면을 조명하게 된다. 단방향 방식의 기법은 그림 IX-51에서와 같이 중앙, 측면, 양측면, 중앙측면, 중앙측면후면 조명기법이 사용될 수 있다.

① 중앙기법

조각의 상세한 모습을 보여줄 수는 있으나 3차원적인 형태나 질감을 제대로 나타낼 수 없다(그림 IX-51(a)).

② 측면기법

질감이 잘 나타나며 조명등과 가까운 부분을 강조할 수 있다(그림 IX-51(b)).

③ 양측면기법

각의 양측면을 동등하게 조명하는 가장 일반적으로 사용되는 기법이다(그림 IX-51(c)).

④ 중앙측면기법

조각의 상세한 모습을 볼 수 있으며, 동시에 한 측면을 강조할 수 있다(그림 IX-51(d)).

⑤ 중앙측면후면기법

배경에 대한 조명을 통하여 공간의 깊이를 더할 수 있으며, 조각의 시각적인 배경을 제공한다(그림 IX-51(e)).

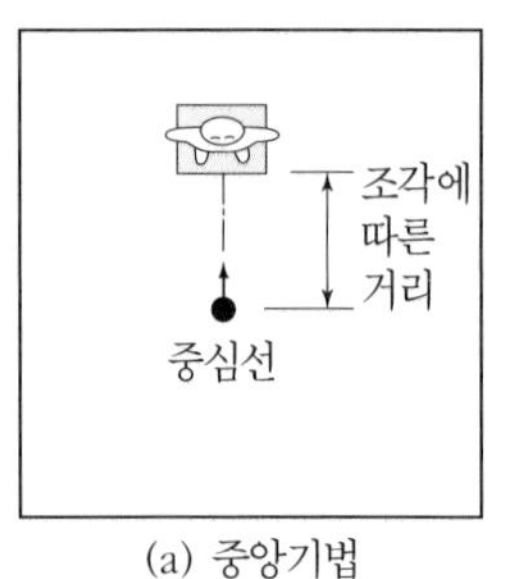

(a) 중앙기법

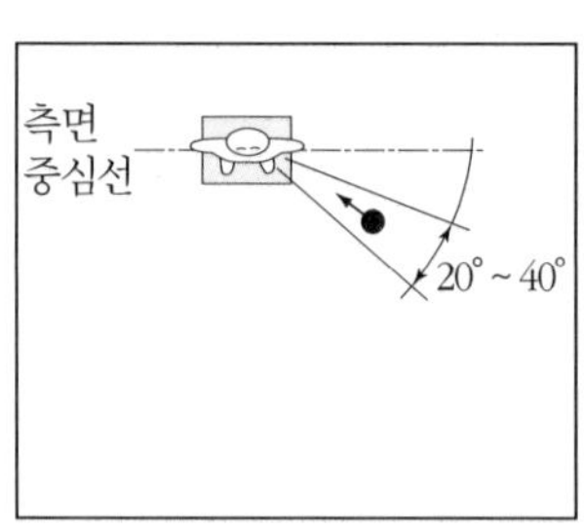

(b) 측면기법

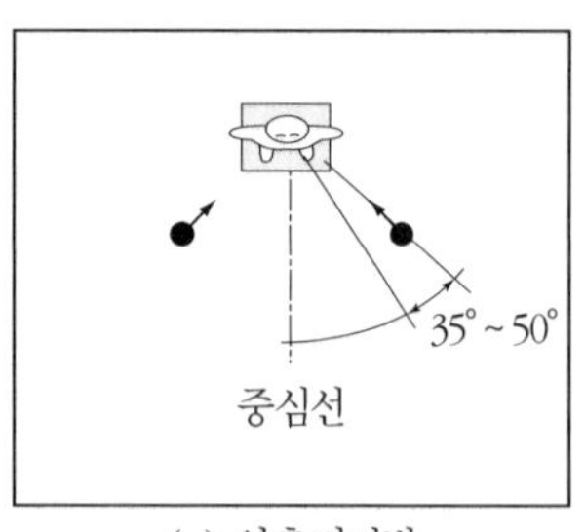

(c) 양측면기법

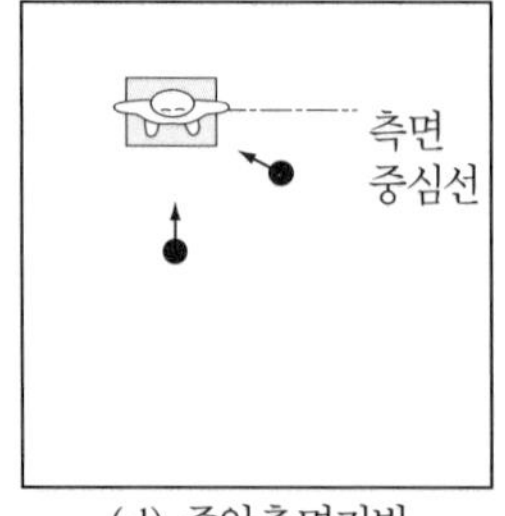

(d) 중앙측면기법

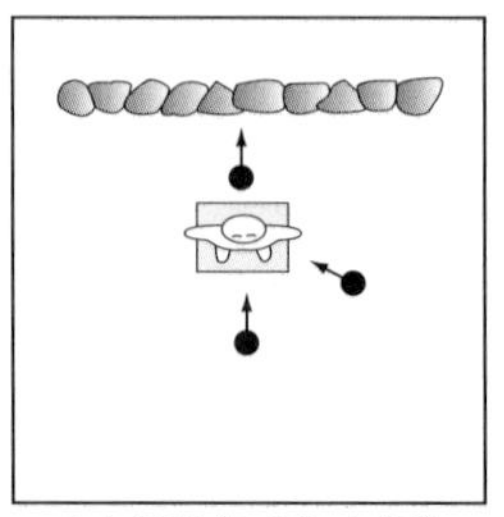
(e) 중앙측면후면기법

그림 IX-51. 조각(기념물)의 단방향 조명기법

(2) 다방향 조명

다방향 시점에서는 사람들이 조각의 주변을 이동하게 되며, 다양한 위치에서 조각을 볼 수 있게 되므로 조명연출이 더욱 복잡해진다. 단방향과 마찬가지로 다방향 시점에서도 여러 가지의 조명기법을 적용할 수 있다.

① 전후방 강조기법

조각의 형태와 상세한 모습을 보여주며, 선택적으로 적용되는 조명은 밝기의 대조를 완화시켜주고, 조각의 전반적인 형태를 볼 수 있게 해준다(그림 IX-52(a)).

② 측면 강조기법

측면이 강조됨으로써 조각의 형태, 질감, 색채를 상세하게 볼 수 있다(그림 IX-52(b)).

③ 사방 강조기법

균형을 이루며, 조각을 주변보다 강하게 부각시킬 수 있다(그림 IX-52(c)).

④ 대각선 강조기법

조각의 형태와 윤곽을 강조한다. 강조조명 이외의 조명등에는 저전압등을 사용한다(그림 IX-52(d)).

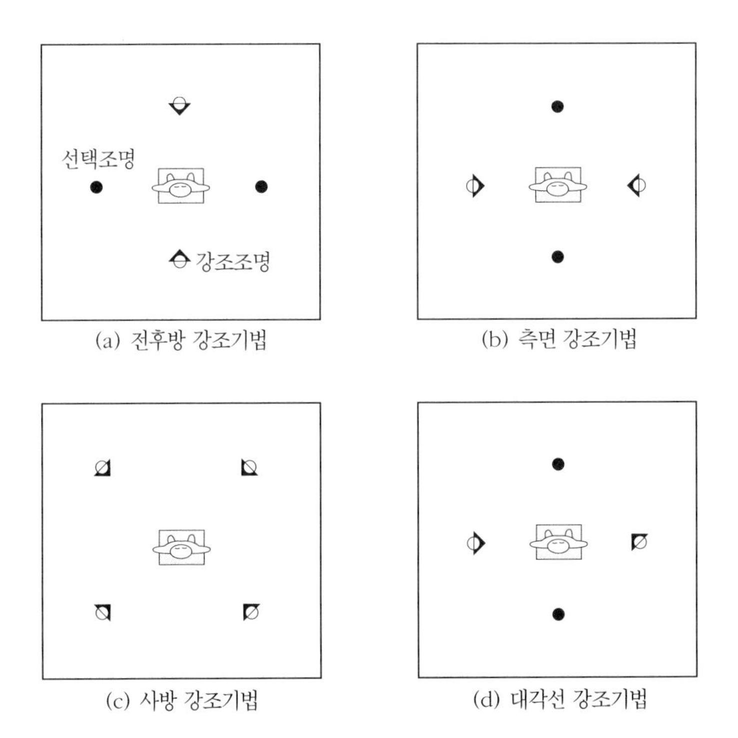

그림 IX-52. 조각(기념물)의 다방향 조명기법

다. 주차장

주차장은 차량의 원활한 통행과 주차가 용이하도록 충분한 조도를 제공하여야 한다. 그러므로 미관적 효과보다는 차량의 원활한 주차를 위한 적정한 조도를 균일하게 제공하는 것이 중요하다. 눈부심 현상이 일어나지 않도록 하고, 주차장 조명이 외부로 지나치게 확산되지 않아야 하며, 진출입로에서의 사고를 예방하기 위하여 조도를 높게 한다. 주차장의 규모가 커질수록 높은 등주를 사용한다.

라. 건물외관조명

건물조명은 도시의 야경을 형성하는 주요한 요소이다. 건물조명을 위해서는 건물의 형태와 설계개념에 적합한 방법이 사용되어야 하며, 광원의 위치를 신중하게 결정하여야 한다. 광원의 위치에 따라 건물조명의 지표면 투광기 설치법, 건축물 자체 투광기 설치법, 인근 구조물 투광기 설치법, 높은 등주 설치법, 점광원 기법, 내조식 기법으로 구분된다.

① 지표면 투광기 설치법

건물 주변에 여유공간이 있을 때, 지표면에 투광기를 설치하여 건물을 조명하는 방법이며, 조명원이 시야보다 아래에 위치하므로 눈부심을 방지하고 반달리즘에 의한 피해를 예방하여야 한다(그림 IX-53(a)).

② 건물 자체 투광기 설치법

건물에 국부적으로 조명을 할 경우 효과적이며, 미관효과를 고려하여, 투광기가 시야에서 지나치게 드러나지 않도록 해야 한다(그림 IX-53(b)).

③ 인근 구조물 투광기 설치법

건물조명을 위해 조명거리가 적합한 인근의 건물이나 구조물을 이용하여 투광기를 설치하여 조명하는 방법이다(그림 IX-53(c)).

④ 높은 등주 설치법

건물주변의 보도 · 광장 · 녹지에 높은 등주를 설치하여 건물을 조명하는 것으로 눈부심을 방지하고 반달리즘 피해를 줄일 수 있으나, 등주가 시각상 지나치게 두드러지게 되거나, 공간이용의 효율성을 저하시키지 않도록 해야 한다(그림 IX-53(d)).

⑤ 점광원 기법

건물의 모서리에 설치된 점광원을 이용하여 건물의 윤곽을 연출하는 방법이다(그림 IX-53(e)).

⑥ 내조식 조명

건물 내부로부터 외부로 빛이 확산되도록 하는 방식으로, 주로 건물의 창을 이용한다. 건물설계 단계에서 조명연출에 대한 고려가 필요하다(그림 IX-53(f)).

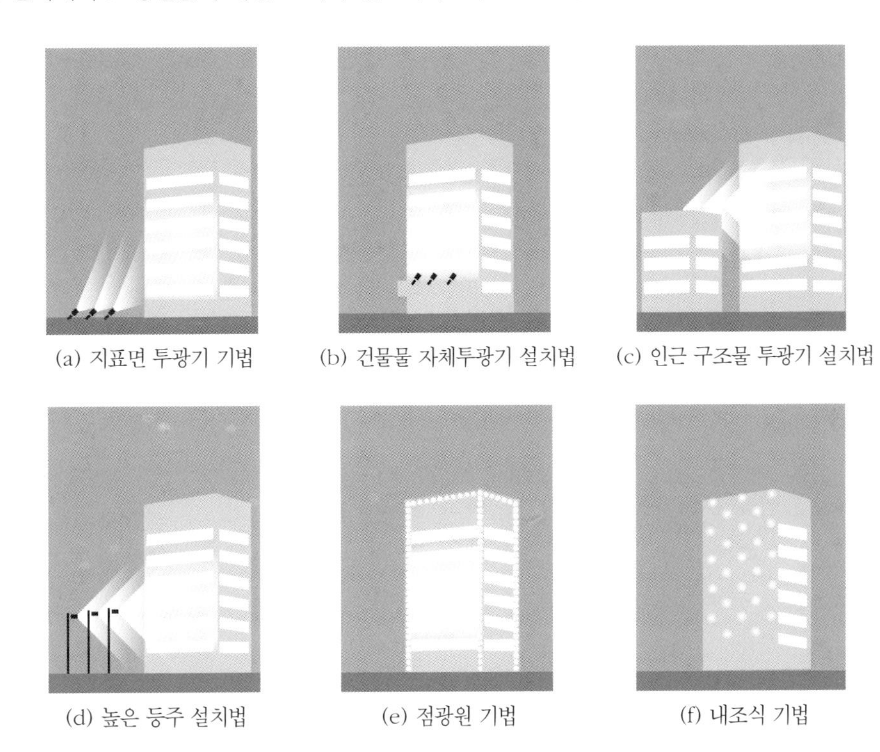

그림 Ⅸ-53. 건물조명기법

마. 수경시설

본래 물과 조명은 상호보완적인 역할을 한다. 적절한 조명기법과 함께 물이 사용된다면 보다 재미있는 공간이 만들어질 수 있다. 수경시설의 조명설비에 대한 일반사항은 수경시설설계에서 다루었으므로 여기서는 수경시설의 조명연출 패턴에 대한 것을 언급하기로 한다.

(1) 분 수

분수의 조명은 물 속에서 위로 상향조명하는 것이 효과적이며, 다양한 분위기를 연출하기 위해 색 조명을 할 수 있다. 분수조명은 물의 형태, 규모 등을 고려하여 다양한 방법이 적용될 수 있는데, 분사되는 물의 형태, 역동감의 표현, 물의 볼륨의 강조, 물의 분사높이를 강조하여 조명할 수 있다.

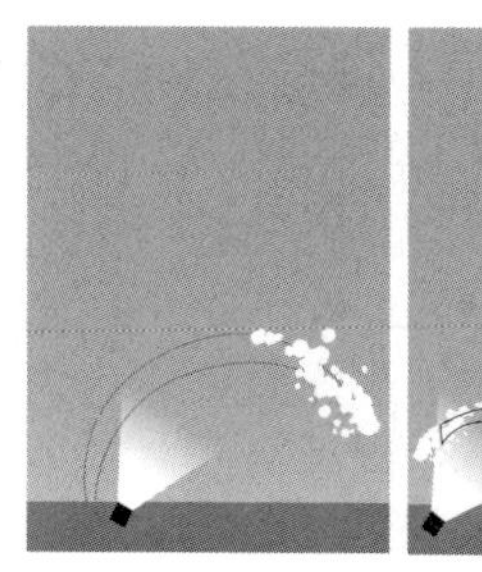
(a) 물의 곡선형태 강조

(b) 역동감의 표현

(c) 물의 볼륨 강조①

(d) 물의 볼륨 강조②

(e) 분사높이 강조

그림 Ⅸ-54. 분수조명 기법

(2) 폭 포

폭포의 조명은 분수와 마찬가지로 물의 형태와 규모를 고려하여야 하며, 동시에 폭포의 구조적인 형태를 반영하여야 한다. 폭포의 형태는 다양하지만 공통적인 연출의 포인트는 물의 흐름, 폭포수가 떨어지는 깊은 웅덩이, 수목 등을 효과적으로 조명하고, 즐거움, 약동감, 물의 반짝임, 청량감 등을 표현하는 것이다.

물의 화려함을 연출하는 경우에는 하안의 낮은 위치에 수면방향으로 빛이 분출되는 등기구를 배치하고, 광원은 휘도가 높은 것을 사용하면 효과적이다. 또한 폭포의 조명은 아래쪽으로부터 투광조명을 하고 물방울이 튀는 것을 부각시켜 다이나믹한 물의 흐름을 연출한다.

(a) 볼륨이 작은 경우

(b) 볼륨이 큰 경우

(c) 높이가 낮은 경우

(d) 높이가 높은 경우

그림 Ⅸ-55. 폭포조명기법

폭포에 적용되는 조명기법은 떨어지는 물의 양과 낙차의 크기에 따라 구분하게 된다. 물의 양이 적은 경우 떨어지는 물 바로 앞에 조명등을 설치하게 되면 수막*water curtain* 효과를 얻을 수 있고, 물의 양이 많은 경우에 떨어지는 물이 수조의 표면과 접촉하는 지점에 조명등을 설치하게 되면 역동감을 연출할 수 있다. 또한 낙차의 높이가 낮은 경우에 배광분포가 넓은 조명등을 상향조명으로 설치하면 낙차면에 은은한 효과를 줄 수 있고, 낙차가 높은 경우에는 배광분포가 좁은 고전압 조명기구를 설치하여 빛의 방향성과 배광의 형태에 따른 시각적 효과를 얻을 수 있다.

연습문제

1. 전등 수요지역의 최대전력이 각각 200W, 300W, 800W, 1700W, 2500W라 하면 주상변압기의 크기는 얼마가 적당한가?
2. 전선의 허용전류와 전압강하에 대해 설명하라.
3. 광원의 종류에 따른 특성을 설명하고 외부공간에서 적용사례를 들어라.
4. 조경시설물에서 조명효과를 낼 수 있는 조명방법에 대해 설명하라.
5. 바닥면의 P점 바로 위로 4m, 수평으로 3m 떨어진 곳에 점광원이 있다. 이 점광원의 광도를 P방향으로 72cd라고 하면, P점의 법선 · 수평선 · 수직면의 각 조도는 얼마인가?
6. 폭이 24m인 도로의 양쪽에 20m 간격으로 지그재그식의 등주를 배치하여, 도로 위의 평균조도가 5lx 되도록 할 경우 요구되는 광원의 광속은 얼마인가?(단, 조명률은 50%, 이용률은 25%이다.)

참고문헌

건설교통부, 『조경공사 표준시방서』, 1996.

김덕수 · 이덕출, 『건축전기설비』, 기문당, 1996.

『도로전기시설계획 및 유지관리요령』, 서울특별시, 1991.

박진옥 외 8인, 『전기전자공학개론』, 청문각, 1980.

서주환 · 진승범, 『경관색채학』, 명보문화사, 1994.

조명과 인테리어사, 『조명과 인테리어』(1997. 3/4), pp.104~107.

조명과 인테리어사, 『조명과 인테리어』(1997. 7/8), pp.150~153.

지철근, 『건축전기설비』, 문운당, 1980.

환경과조경사, 『환경과조경』 통권 제 49호(1992.5), pp.60~99.

환경과조경사, 『환경과조경』 통권 제 50호(1992.6), pp.64~96.

Alto lighting, *Lighting Catalogue* 97/98.

Charles W. Harris & Nicholas T. Dines, *Time · Saver Standards for Landscape Architecture*, McGraw-Hill Co., 1988, p.540.

Callwey Munchen, *Landscape Lighting Design Book*, Tokyo : ALS Landscape Design Institute, 1998.

Harlow C. Landphair & Fred Klatt, Jr., *Landscape Architecture Construction*, New Jersey:Prentice-Hall, Inc., 1999.

Janet Lennox Moyer, *The Landscape Lighting Book*, John Wiley & Sons, Inc., 1992.

J.F.Caminada & Motoko Ishii, *Lighting(Exteriors & Landscapes)*, NewYork:PBC International, Inc., 1993.

KIM LIGHTING, *Kim Landscape Lighting*, 1997.

부 록

1. 단위비교환산표

길 이

단위	cm	m	인치	피트	야드	마일	자	간	정	리
1cm	1	0.01	0.3937	0.0328	0.0109	***	0.033	0.0055	0.00009	***
1m	100.0	1	39.37	3.2808	1.0006	0.0006	3.3	0.55	0.0097	0.00025
1인치	2.54	0.0254	1	0.0823	0.0278	***	0.0838	0.0140	0.0002	***
1피트	30.48	0.3048	12	1	0.3333	0.00019	1.0058	0.1676	0.0028	***
1야드	91.438	0.9144	36	3	1	0.0006	3.0175	0.5029	0.0083	0.0002
1마일	160930	1609.3	63360	5280	1760	1	5310.8	855.12	14.752	0.4098
1尺	30.303	0.303	11.93	0.9942	0.3314	0.0002	1	0.1667	0.0028	0.00008
1間	181.818	1.818	71.582	5.965	1.9884	0.0011	6	1	0.0167	0.0005
1町	10909	109.091	4294.9	357.91	119.304	0.0678	360	60	1	0.0278
1里	392727	2927.27	154619	12885	4295	2.4403	12960	2160	36	1

* 1海里(nautical mile) = 1,852m
  1길(丈) = 10尺 = 100치(寸)

넓 이

단위	평방자	평	단보	정보	m^2	아아르(a)	ft^2	yd^2	acre
1평방자	1	0.02778	0.00009	0.000009	0.09182	0.00091	0.98841	0.10982	***
1평	36	1	0.00333	0.000033	3.3058	0.03305	35.583	3.9537	0.00081
1단보	10800	300	1	0.1	991.74	9.9174	10674.9	1186.1	0.24506
1정보	10800	3000	10	1	9917.4	99.174	106749	11861	2.4506
$1m^2$	10.89	3025	0.001008	0.001	1	0.01	10.764	1.1958	0.00024
1a	1089	30.25	0.10083	0.01008	100	1	1076.4	119.58	0.02471
$1ft^2$	1.0117	0.0281	0.00009	0.000009	0.062903	0.000929	1	0.1111	0.000022
$1yd^2$	9.1055	0.25293	0.00084	0.00008	0.83613	0.00836	9	1	0.000207
1acre	44071.2	1224.2	4.0806	0.40806	4046.8	40.468	43560	4840	1

부 피

단위	홉	되	말	cm^3	m^3	리터(l)	in^3	ft^3	yd^3	gal(미국)
1홉	1	0.1	0.1	180.39	0.00018	0.18039	11.0041	0.0066	0.00023	0.04765
1되	10	1	0.1	1.8039	0.00180	1803.9	110.041	0.0637	0.00234	0.47656
1말	100	10	1	18039	0.01803	18.039	1100.41	0.63707	0.02359	4.76563
$1cm^3$	0.00554	0.00055	0.00005	1	0.00001	0.001	0.06102	0.00003	0.00001	0.00026
$1m^3$	5543.52	554.325	55.4352	1000000	1	1000	611027	35.3165	1.30802	264.186
$1\ l$	5.54352	0.55435	0.05543	1000	0.001	1	61.027	0.03531	0.00130	0.26418
$1in^3$	0.09083	0.00908	0.00091	16.386	0.00001	0.01638	1	0.00057	0.00002	0.00432
$1ft^3$	156.966	15.6666	1.56966	28316.8	0.02931	28.3169	1728	1	0.03703	7.48051
$1yd^3$	4238.09	423.809	42.3809	764511	0.76561	764.511	46656	27	1	301.974
1gal	20.9833	2.0983	0.20983	3875.43	0.00378	3.78543	231	0.16388	0.00495	1

무 게

단위	g	kg	t	그레인	온스(oz)	파운드(lb)	돈(匁)	근(斤)	관(貫)
1g	1	0.001	0.0000001	15.432	0.03527	0.0022	0.26666	0.00166	0.000265
1kg	1000	1	0.001	15432	35.273	2.20459	266.666	1.6666	0.26666
1t	1000000	1000	1	***	35273	2204.59	266666	1666.6	266.666
1그레인	0.06479	0.00006	***	1	0.00228	0.00014	0.01728	0.00108	0.000017
1온스	28.3459	0.02835	0.000028	437.4	1	0.0625	7.56	0.0473	0.00756
1파운드	453.592	0.45359	0.00045	7000	16	1	120.96	0.756	0.12096
1돈	3.75	0.00375	0.000004	47.872	0.1323	0.00827	1	0.00625	0.001
1근	600	0.6	0.006	9259.556	21.1647	1.32279	160	1	0.16
1관	3750	3.75	0.00375	57872	132.28	8.2672	1000	6.25	1

유 량

단 위	ft^3/sec	gal/min GPM	gal/d (gpd)	l/S	l/min(LPM)	m^3/hr
1 Cubic feet per second (ft^3/s)	1	448.83	646 317.	28.317	1 699.0	101.94
1 Gallons per minute (gal/min)	0.00223	1	1 440	0.06309	3.7854	0.22713
1 Gallons per day (gal/d)	1.55×10^{-6}	6.94×10^{-4}	1	4.38×10^{-5}	2.63×10^{-3}	1.58×10^{-4}
1 Litres per second	0.035315	15.850	22 824	1	60	3.6
1 Litres per minute (l/min)	5.89×10^{-4}	0.26417	380.41	0.01667	1	0.06
1 Cubic metres per hour	9.81×10^{-3}	4.4029	6 340.1	0.27777	16.666	1

유 속

단 위	(ft/s)(fps)	mi/h(mph)	m/sec	km/hr
1 Feet per second (ft/s)	1	0.68182	0.3048	1.09728
1 Miles per hour (mi/h)	1.4666	1	0.44704	1.60934
1 Metres per second	3.28084	2.2369	1	3.6
1 Kilometres per hour	0.91134	0.62137	0.27777	1

수 압

단 위		atm	lbf/in^2 (PSI)	kgf/cm^2	m H_2O @15° C	ft H_2O @60° F
1 Standard atmospheres	(atm)	1	14.696	1.03328	10.342	33.932
1 Pounds per square inch	(lbf/in^2)	0.06805	1	0.07031	0.70370	2.3089
1 Kilograms per square centimetre	(kgf/cm^2)	0.96784	14.223	1	10.009	32.841
1 Feet water @ 60° F	(ft H_2O@60° F)	0.02947	0.43310	0.03045	0.30477	1
1 Metres water @ 15° C	(m H_2O@15° C)	0.09669	1.4211	0.09991	1	3.2811

2. 그리스문자

문 자	명 칭	문 자	명 칭	문 자	명 칭
A α	alpha(알파)	I ι	iota(아이오타)	P ρ	rho(로)
B β	beta(베타)	K κ	kappa(카파)	Σ σ, ς	sigma(시그마)
Γ γ	gamma(감마)	Λ λ	lambda(람다)	T τ	tau(타우)
Δ δ	delta(델타)	M μ	mu(뮤)	Υ υ	upsilon(웁실론)
E ε	epsilon(입실론)	N ν	nu(뉴)	Φ φ, ø	phi(피, 파이[fail)
Z ζ	zeta(제타)	Ξ ξ	xi([크사이(크시)]	X χ	chi(카이)
H η	eta(에타)	O o	omicron(오미크론)	Ψ ϕ	psi(사이)
Θ θ, ϑ	theta(쎄타)	Π π	pi(파이[pail)	Ω ω	omega(오메가)

3. 각종 단면의 단면성질계수

단면형	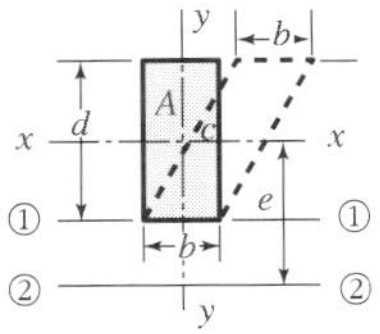	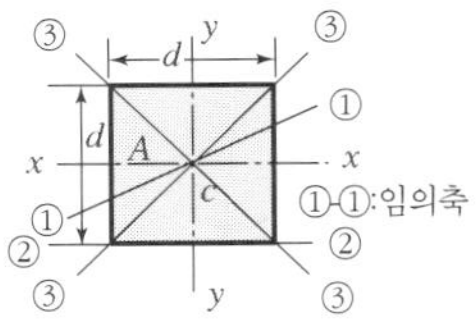 ①-①:임의축	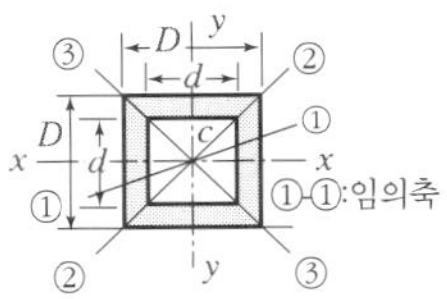 ①-①:임의축	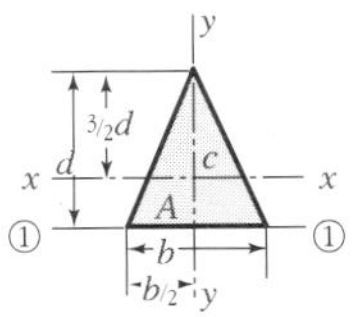
I	$I_x = {}^1/_{12} \cdot bd^3 = {}^1/_{12} \cdot Ad^2$ $I_y = {}^1/_{12} \cdot db^3 = {}^1/_{12} \cdot Ab^2$ $I_1 = {}^1/_3 \cdot bd^3 = {}^1/_3 \cdot Ad^2$ $I_2 = I_x + Ae^2$	$I_x = I_y = I_1 = I_3$ $= {}^1/_{12} \cdot d^4 = {}^1/_{12} \cdot A^2$ $I_2 = {}^1/_3 \cdot d^4$	$I_x = I_y = I_1 = I_2$ $= {}^1/_{12} \cdot (D^4 - d^4)$	$I_x = {}^1/_{36} \cdot bd^3 = {}^1/_{18} \cdot Ad^2$ $I_y = {}^1/_{48} \cdot b^3 d = {}^1/_{24} \cdot Ab^2$ $I_1 = {}^1/_{12} \cdot bd^3 = {}^1/_6 \cdot Ad^2$
Z	$Z_x = {}^1/_6 \cdot bd^2 = {}^1/_6 \cdot Ad$ $Z_y = {}^1/_6 \cdot db^2 = {}^1/_6 \cdot Ab$	$Z_x = Z_y$ $= {}^1/_6 \cdot d^3 = {}^1/_6 \cdot Ad$ $Z_3 = {}^1/\sqrt{72} \cdot d^3 = 0.118d^3$	$Z_x = Z_y$ $= {}^1/_6 \cdot (D^4 - d^4)/D$ $Z_2 = \sqrt{2}/_{12} \cdot (D^4 - d^4)/D$ $= 0.118(D^4 - d^4)/D$	$Z_x = {}^1/_{24} \cdot bd^2 = {}^1/_{12} \cdot Ad$ $Z_y = {}^1/_{24} \cdot b^2 d = {}^1/_{12} \cdot Ab$
i	$i_x = {}^1/\sqrt{12} \cdot d = 0.289d$ $i_y = {}^1/\sqrt{12} \cdot b = 0.289b$	$i_x = i_y = i_1 = i_3$ $= {}^1/\sqrt{12} \cdot d = 0.289d$	$i_x = i_y = i_1 = i_2$ $= 0.289\sqrt{D^2 + d^2}$	$i_x = 0.236d$ $i_y = 0.204b$ $i_1 = 0.408d$
I_p	${}^1/_{12} \cdot bd(b^2 + d^2)$	${}^1/_6 \cdot d^4$	${}^1/_6 \cdot (D^4 + d^4)$	—

단면형		①-①:임의축		
I	$I_x = \dfrac{(6b^2 + 6bb_1 + b_1^2)\,d^3}{36\,(2b + b_1)}$ $= \dfrac{(B^2 + 4Bb + b^2)\,d^3}{36\,(B + b)}$ $I_y = \dfrac{(B^4 - b^4)\,d}{48\,(B - b)}$ $I_1 = {}^1/_{12} \cdot (B + 3b)\,d^3$ $I_2 = {}^1/_{12} \cdot (3B + b)\,d^3$	$I_x = I_y = I_1$ $= \dfrac{5\sqrt{3}}{16}\,a^4 = 0.5413a^4$ $= 0.06\,d^4$	$I_x = I_y$ $= {}^1/_{24} \cdot A\,(6a^2 - c^2)$ $= {}^1/_{48} \cdot A\,(12b^2 + c^2)$	$I_x = {}^1/_{12} \cdot (BD^3 + bd^3)$
Z	$Z_x = \dfrac{(6b^2 + 6bb_1 + b_1^2)\,d^2}{12\,(3b + 2b_1)}$ $= \dfrac{(B^2 + 4Bb + b^2)\,d^2}{12\,(2B + b)}$ $Z_y = \dfrac{(B^4 - b^4)\,d}{24B\,(B - b)}$	$Z_x = 0.5413a^3$ $= 0.104d^3$ $Z_y = 0.625a^3$ $= 0.12d^3$	—	$Z_x = \dfrac{1}{6D}\,(BD^3 + bd^3)$
i	$i_x = \dfrac{d}{12b + 6b_1}\sqrt{12b^2 + 12bb_1 + 2b_1^2}$ $= \dfrac{d}{6\,(b + b_1)}\sqrt{2\,(B^2 + 4Bb + b^2)}$ $i_y = \sqrt{\dfrac{B^2 + b^2}{24}} = 0.2041\sqrt{B^2 + b^2}$	$i_x = i_y = i_1$ $= 0.456a$ $= 0.262d$	$i_x = i_y$ $= {}^1/_6 \cdot b\,\sqrt{9 + 3\tan^2\theta}$	$i_x = \sqrt{\dfrac{BD^3 + bd^3}{12\,(BD + bd)}}$
I_p	—	$1.0826a^4 = 0.12\,d^4$	—	—

단면형	①-①:임의축		①-①:임의축	
I	$I_x = I_y = I_1$ $= {}^1/_{64} \cdot \pi d^4 = 0.0491d^4$ $= {}^1/_4 \cdot \pi r^4 = 0.785r^4$	$I_x = \left(\frac{\pi}{8} - \frac{8}{9\pi}\right) r^4$ $= 0.1098r^4 = 0.0068d^4$ $I_y = {}^1/_8 \cdot \pi r^4 = 0.3927r^4$ $I_1 = {}^1/_8 \cdot \pi r^4 = 0.3927r^4$	$I_x = I_y = I_1$ $= \frac{\pi}{64}(D^4 - d^4)$ $= \frac{\pi}{4}(R^4 - r^4)$	$I_x = {}^1/_4 \cdot \pi a^3 b$ $= 0.7854a^3 b$ $I_y = {}^1/_4 \cdot \pi ab^3$ $= 0.7854ab^3$
Z	$Z_x = Z_y = Z_1$ $= {}^1/_{32} \cdot \pi d^3 = 0.0982d^3$ $= {}^1/_4 \cdot \pi r^3 = 0.785r^3$	$Z_{x1} = 0.0323d^3 = 0.2587r^3$ $Z_{x2} = 0.0239d^3 = 0.1908r^3$ $Z_y = {}^1/_8 \cdot \pi r^3 = 0.3927r^3$ $Z_1 = {}^1/_8 \cdot \pi r^3 = 0.3927r^3$	$Z_x = Z_y = Z_1$ $= \frac{\pi}{32D}(D^4 - d^4)$ $= \frac{\pi}{4R}(R^4 - r^4)$	$Z_x = {}^1/_4 \cdot \pi a^2 b$ $= 0.7854a^2 b$ $Z_y = {}^1/_4 \cdot \pi ab^2$ $= 0.7854ab^2$
i	$i_x = i_y = i_1$ $= \frac{r}{2}$	$i_x = 0.1319d = 0.2638r$ $i_y = {}^1/_2 \cdot r$ $i_1 = {}^1/_2 \cdot r$	$i_x = i_y = i_1$ $= {}^1/_4 \cdot \sqrt{D^2 + d^2}$ $= {}^1/_2 \cdot \sqrt{R^2 + r^2}$	$i_x = \frac{a}{2}$ $i_y = \frac{b}{2}$
I_p	$0.0982d^4 = 1.57r^4$	$0.5025r^4$	$\frac{\pi}{32}(D^4 - d^4) = \frac{\pi}{2}(R^4 - r^4)$	—

4. 보의 전단력 · 휨모멘트 · 처짐의 표(EL: 불변)

하중상태	전단력도 휨모멘트도	지점반력 및 전단력	휨모멘트	처 짐	최대처짐	처짐각
A, B, C, P, x, 1, 2, $l/2$, $l/2$	S ⊕ ⊖, M ⊕	$R_A = R_B$ $= \frac{P}{2}$ $S_1 = S_2$ $= \frac{P}{2}$	$M_1 = \frac{P_x}{2}\left(x \leqq \frac{1}{2}\right)$ $M_c = \frac{Pl}{4}$	$y_1 = \frac{Pl^3}{16EI}\left(\frac{x}{l} - \frac{4}{3} \cdot \frac{x^3}{l^3}\right)$ $\left(x \leqq \frac{l}{2}\right)$	$y_c = \frac{Pl^3}{48EI}$	$\theta_A = -\theta_B$ $= \frac{Pl^2}{16EI}$
A, B, C, P, x_1, x_2, 1, 2, a, b, l	S ⊕ ⊖, M ⊕	$R_A = S_1$ $= \frac{Pl}{l}$ $R_B = -S_2$ $= \frac{Pa}{l}$	$M_1 = \frac{Pb}{l}x_1$ $(x_1 \leqq a)$ $M_2 = \frac{Pa}{l}x_2$ $(x_2 \leqq b)$ $M_c = \frac{Pab}{l}$	$y_1 = \frac{Pa^2b^2}{6EIl}\left(2\frac{x_1}{a} + \frac{x_1}{b} - \frac{x_1^3}{a^2b}\right)$ $(x_1 \leqq a)$ $y_2 = \frac{Pa^2b^2}{6EIl}\left(2\frac{x_2}{b} + \frac{x_1}{a} - \frac{x_2^3}{ab^3}\right)$ $(x_1 \leqq b)$	$y_c = \frac{Pa^2b^2}{3EIl}$	$\theta_A = \frac{Pl^3}{6EI}\left(\frac{b}{l} - \frac{b^3}{l^3}\right)$ $\theta_B = \frac{Pl^3}{6EI}\left(\frac{a}{l} - \frac{a^3}{l^3}\right)$
A, B, P, P, x, 1, 2, 3, a, a, l	S ⊕ ⊖, M ⊕	$R_A = R_B$ $= P$ $S_1 = -S_3$ $= P$ $S_2 = 0$	$M_1 = Px$ $M_2 = Pa$ $M_3 = P(l-x)$	$y_1 = \frac{Px}{6EI}\{3a(l-a) - x^2\}$ $(x_1 \leqq a)$ $y_2 = \frac{Pa}{6EI}\{3x(l-x) - a^2\}$ $(a \leqq x \leqq l-a)$	$y_{max} = \frac{Pa}{24EI}$ $(3l^2 - 4a^2)$	$\theta_A = -\theta_B$ $= \frac{Pal}{2EI}\left(1 - \frac{a}{l}\right)$
A, B, ω, x, l	S ⊕ ⊖, M ⊕	$R_A = R_B$ $= \frac{\omega l}{2}$ $S = \frac{\omega l}{2}$ $\times\left(1 - \frac{2x}{l}\right)$	$M = \frac{\omega l^2}{2}\left(\frac{x}{l} - \frac{x^3}{l2}\right)$ $M_{max} = \frac{\omega l^2}{8}$	$y = \frac{\omega l^4}{24EI}\left(\frac{x}{l} - 2\frac{x^3}{l^3} + \frac{x^4}{l^4}\right)$	$y_{max} = \frac{5}{384}\frac{\omega l^4}{EI}$	$\theta_A = -\theta_B$ $= \frac{wl^3}{24EI}$

하중상태	전단력도 휨모멘트도	지점반력 및 전단력	휨모멘트	처 짐	최대처짐	처짐각
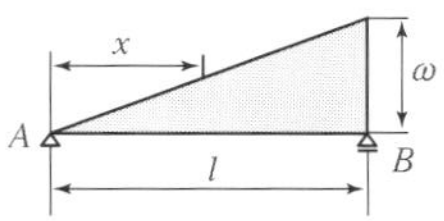	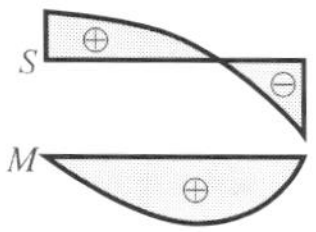	$R_A = \frac{\omega l}{6}$ $R_B = \frac{\omega l}{3}$ $S = \frac{\omega l}{6}\left(1 - 3\frac{x^2}{l^2}\right)$	$M = \frac{\omega l^2}{6}\left(\frac{x}{l} - \frac{x^3}{l^3}\right)$ $M_{\max} = \frac{\omega l^2}{9\sqrt{3}}$ $= 0.0612\omega l^2$ $(x = l\sqrt{3} = 0.577l)$	$y = \frac{\omega l^4}{360EI}$ $\times\left(7\frac{x}{l} - 10\frac{x^3}{l^3} + 3\frac{x^5}{l^5}\right)$	$y_{\max} = 0.00652\frac{\omega l^4}{EI}$ $(x = 0.519l)$	$\theta_A = \frac{7}{360}\frac{\omega l^3}{EI}$ $\theta_B = \frac{8}{360}\frac{\omega l^3}{EI}$
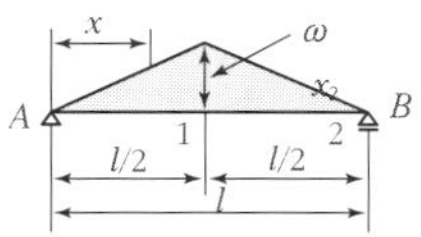	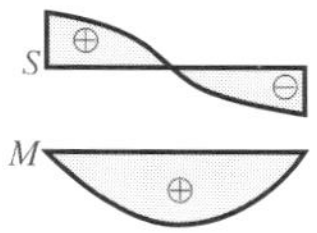	$R_A = R_B = \frac{\omega l}{4}$ $S = \frac{\omega l}{4}\left(1 - 4\frac{x^2}{l^2}\right)$	$M_1 = \frac{\omega l}{4}x$ $\left(1 - \frac{4}{3}\frac{x^2}{l^2}\right)$ $(x \leqq l/2)$ $M_{\max} = \frac{\omega l^2}{12}$	$y_1 = \frac{\omega l^4}{24EI}$ $\times\left(\frac{5}{8}\frac{x}{l} - \frac{x^3}{l^3} - \frac{2}{5}\frac{x^5}{l^5}\right)$ $(x \leqq l/2)$	$y_{\max} = \frac{\omega l^4}{120EI}$	$\theta_A = -\theta_B$ $= \frac{5}{192}\frac{\omega l^3}{EI}$
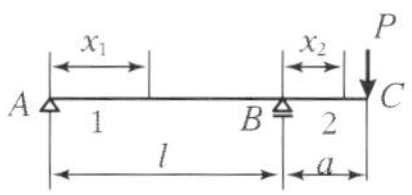	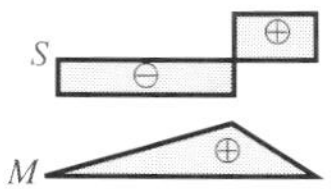	$R_A = -P\frac{a}{l}$ $R_B = P\frac{l+a}{l}$ $S_1 = R_A,\ S_2 = P$	$M_1 = -P\frac{ax_1}{l}$ $M_2 = -P(a - x_2)$	$y_1 = \frac{Pal^2}{6EI}\left(\frac{x_1}{l} - \frac{x_1^3}{l^3}\right)$ $y_2 = \frac{Palx_2}{3EI} + \frac{Pa^3}{6EI}\left(3\frac{x_2^2}{a^2} - \frac{x_2^3}{a^3}\right)$	$y_{1\max} = 0.064 - \frac{Pal^2}{EI}$ $(x = l/\sqrt{3})$ $y_{2\max} = \frac{Pa^2(a+l)}{3EI}$	—
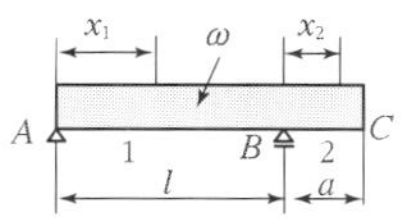	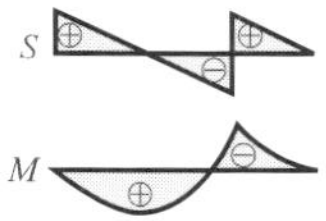	$R_A = \frac{\omega l}{2} - \frac{\omega a^2}{2l}$ $R_B =$ $\frac{\omega l}{2} + \omega a + \frac{\omega a^2}{2l}$	$M_1 = R_A x_1 - \frac{1}{2}\omega x_1^2$ $M_2 = \frac{\omega}{2}(a - x_2)^2$ $+M_{\max}$ $= \frac{R_A^2}{2\omega}\left(x - \frac{R_A}{\omega}\right)$ $-M_{\max} = \frac{1}{2}\omega a^2$ $(x_2 = 0)$	$y_1 = \frac{1}{34EI}$ $\times\{4R_A(x_1^3 - l^2 x_1)$ $-\omega(x_1^4 - l^3 x_1)$ $y_2 = \frac{1}{24EI}\{\omega(6a^2 x_2^2$ $-4ax_2^3 + 3l^3 x_2$ $+x_2^4) - 8R_A l^2 x_2\}$	—	—
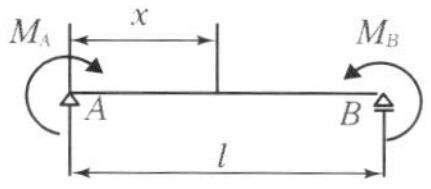	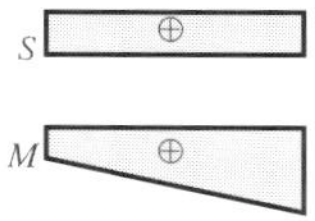	$R_A = -R_B$ $\frac{M_B - M_A}{l}$ $S = R_A$	$M =$ $\frac{M_A(l-x) + M_B x}{l}$	$y = \frac{l^2}{6EI}\left\{M_A\left(2\frac{x}{l} - 3\frac{x^2}{l^2}\right.\right.$ $\left.\left.+\frac{x^3}{l^3}\right) + M_B\left(\frac{x}{l} - \frac{x^3}{l^3}\right)\right\}$	—	$\theta_A = \frac{(2M_A + M_B)}{6EI}$ $\theta_B = \frac{(M_A + 2M_B)}{EI}$

하중상태	전단력도 휨모멘트도	지점반력 및 전단력	휨모멘트	처　짐	최대처짐	처짐각
x, x', P, A, B, l	S ⊕, M ⊖	$R_A = P$ $S = P$	$M = -Px'$ $M_{max} = -Pl$	$y = \frac{Pl^3}{6EI}\left(3\frac{x^2}{l^2} - \frac{x^3}{l^3}\right)$	$y_B = \frac{Pl^3}{3EI}$	$\theta_B = \frac{Pl^2}{2EI}$
P, x, x', A, 1, a, 2, b, B, l	S ⊕, M ⊖	$R_A = P$ $S_1 = P$ $(x \leqq a)$ $S_2 = 0$	$M_1 = -(a-x)$ $(x' \leqq a)$ $M_2 = 0$ $M_{max} = -Pa$	$y_1 = \frac{Pa^3}{6EI}\left(3\frac{x}{a} - 1\right)$ $y_2 = \frac{Pa^3}{6EI}\left(3\frac{x^2}{a^2} - \frac{x^3}{a^3}\right)$	$y_B = \frac{Pa^2(3l-a)}{6EI}$	$\theta_B = \frac{Pa^2}{2EI}$
x, x', ω, A, B, l	S ⊕, M ⊖	$R_A = \omega l$ $S = \omega(l-x)$	$M = \frac{\omega(l-x)^2}{2}$ $M_{max} = -\frac{\omega l^2}{2}$	$y = \frac{\omega l^4}{24EI}\left(6\frac{x^2}{l^2} - 4\frac{x^3}{l^3} + \frac{x^4}{l^4}\right)$	$y_B = \frac{\omega l^4}{8EI}$	$\theta_B = \frac{\omega l}{6EI}$
ω, x, A, B, l	S ⊕, M ⊖	$R_A = \frac{\omega l}{2}$ $S = \frac{\omega x^2}{2l}$	$M = \frac{\omega x^3}{6l}$ $M_{max} = -\frac{\omega l^2}{6}$	$y = \frac{\omega l^4}{120EI}\left(4 - 5\frac{x}{l} + \frac{x^5}{l^5}\right)$	$y_B = \frac{\omega l^4}{30EI}$	$\theta_B = \frac{\omega l^3}{24EI}$
x, $\overline{M}$, A, B, l	S, M ⊖	$R_A = 0$ $S = 0$	$M = -\overline{M}$	$y = \frac{\overline{M}x^2}{2EI}$	$y_B = \frac{\overline{M}l^2}{2EI}$	$\theta_B = \frac{\overline{M}l}{EI}$

찾아보기(국문)

ㅇ

ㅈ

ㅊ

ㅋ

ㅌ

ㅍ

ㅎ

찾아보기(영문)

A

B

C

D

E

F

G

T

U

V

W

Y

Z

조경구조학

1판 1쇄 펴낸날 2002년 8월 15일
1판 8쇄 펴낸날 2019년 3월 20일

지은이 | 최기수 · 이상석
펴낸이 | 김시연

펴낸곳 | (주)일조각
등록 | 1953년 9월 3일 제300-1953-1호(구 : 제1-298호)
주소 | 110-062 서울시 종로구 경희궁길 39
전화 | 02-734-3545 / 02-733-8811(편집부)
02-733-5430 / 02-733-5431(영업부)
팩스 | 02-735-9994(편집부) / 02-738-5857(영업부)
이메일 | ilchokak@hanmail.net
홈페이지 | www.ilchokak.co.kr

ISBN 978-89-337-0428-8 93530
값 35,000원